教育部高等学校电子信息类专业教学指导委员会规划教材
高等学校电子信息类专业系列教材

Principles of EDA and Verilog HDL
The Design of Transistor, Gate and Digital System on Xilinx Vivado

EDA原理及Verilog HDL实现

从晶体管、门电路到Xilinx Vivado的数字系统设计

何宾　编著
He Bin

清华大学出版社
北京

内容简介

本书是为高等学校电子信息类及相关专业编写的数字系统设计教材，共分为11章，主要内容包括数字逻辑基础、可编程逻辑器件工艺和结构、Vivado集成开发环境IP设计流程、Vivado集成开发环境Verilog HDL设计流程、Verilog HDL语言规范、基本数字单元Verilog HDL描述、Verilog HDL数字系统设计和实现、创建和封装用户IP设计和实现、Vivado调试工具原理及实现、数字系统高级设计方法和数模混合系统设计。

本书以Xilinx Artix-7系列FPGA器件和Xilinx最新一代的Vivado 2015.4集成开发环境为设计平台，根据数字系统设计课程的教学要求以及作者多年的教学经验，将本科传统的数字电子技术(数字逻辑)课程与复杂数字系统设计课程相结合，遵循循序渐进、由浅入深的原则，内容涵盖了晶体管、门电路、数字逻辑理论、组合逻辑和时序逻辑、可编程逻辑器件结构、Vivado集成开发环境设计流程、Verilog HDL语言、Verilog HDL复杂数字系统设计、IP封装与调用、在线逻辑分析仪工具以及数模混合系统设计等方面。

为了方便教师教学和学生自学，书中给出了大量设计实例，并提供了配套的教学资源(详见书中的学习说明)。本书可作为本科生和研究生学习数字系统设计等相关课程的教材，或作为从事Xilinx FPGA设计的工程技术人员的参考用书，也可作为Xilinx大学计划培训的授课教材。

图书在版编目(CIP)数据

EDA原理及Verilog HDL实现：从晶体管、门电路到Xilinx Vivado的数字系统设计/何宾编著. —北京：清华大学出版社，2017(2022.9重印)
(高等学校电子信息类专业系列教材)
ISBN 978-7-302-45032-0

Ⅰ.①E… Ⅱ.①何… Ⅲ.①电子电路—电路设计—计算机辅助设计—高等学校—教材
Ⅳ.①TN702

中国版本图书馆CIP数据核字(2016)第218477号

责任编辑：盛东亮　赵晓宁
封面设计：李召霞
责任校对：时翠兰
责任印制：丛怀宇

出版发行：清华大学出版社
网　　址：http://www.tup.com.cn，http://www.wqbook.com
地　　址：北京清华大学学研大厦A座　　**邮　　编**：100084
社 总 机：010-83470000　　**邮　　购**：010-62786544
投稿与读者服务：010-62776969，c-service@tup.tsinghua.edu.cn
质量反馈：010-62772015，zhiliang@tup.tsinghua.edu.cn
课件下载：http://www.tup.com.cn，010-83470236
印 装 者：三河市龙大印装有限公司
经　　销：全国新华书店
开　　本：185mm×260mm　　**印　　张**：37　　**字　　数**：899千字
版　　次：2017年1月第1版　　**印　　次**：2022年9月第5次印刷
定　　价：93.00元

产品编号：068317-02

高等学校电子信息类专业系列教材

序

FOREWORD

我国电子信息产业销售收入总规模在2013年已经突破12万亿元，行业收入占工业总体比重已经超过9%。电子信息产业在工业经济中的支撑作用凸显，更加促进了信息化和工业化的高层次深度融合。随着移动互联网、云计算、物联网、大数据和石墨烯等新兴产业的爆发式增长，电子信息产业的发展呈现了新的特点，电子信息产业的人才培养面临着新的挑战。

(1) 随着控制、通信、人机交互和网络互联等新兴电子信息技术的不断发展，传统工业设备融合了大量最新的电子信息技术，它们一起构成了庞大而复杂的系统，派生出大量新兴的电子信息技术应用需求。这些"系统级"的应用需求，迫切要求具有系统级设计能力的电子信息技术人才。

(2) 电子信息系统设备的功能越来越复杂，系统的集成度越来越高。因此，要求未来的设计者应该具备更扎实的理论基础知识和更宽广的专业视野。未来电子信息系统的设计越来越要求软件和硬件的协同规划、协同设计和协同调试。

(3) 新兴电子信息技术的发展依赖于半导体产业的不断推动，半导体厂商为设计者提供了越来越丰富的生态资源，系统集成厂商的全方位配合又加速了这种生态资源的进一步完善。半导体厂商和系统集成厂商所建立的这种生态系统，为未来的设计者提供了更加便捷却又必须依赖的设计资源。

教育部2012年颁布了新版《高等学校本科专业目录》，将电子信息类专业进行了整合，为各高校建立系统化的人才培养体系，培养具有扎实理论基础和宽广专业技能的、兼顾"基础"和"系统"的高层次电子信息人才给出了指引。

传统的电子信息学科专业课程体系呈现"自底向上"的特点，这种课程体系偏重对底层元器件的分析与设计，较少涉及系统级的集成与设计。近年来，国内很多高校对电子信息类专业课程体系进行了大力度的改革，这些改革顺应时代潮流，从系统集成的角度，更加科学合理地构建了课程体系。

为了进一步提高普通高校电子信息类专业教育与教学质量，贯彻落实《国家中长期教育改革和发展规划纲要(2010—2020年)》和《教育部关于全面提高高等教育质量若干意见》(教高【2012】4号)的精神，教育部高等学校电子信息类专业教学指导委员会开展了"高等学校电子信息类专业课程体系"的立项研究工作，并于2014年5月启动了《高等学校电子信息类专业系列教材》(教育部高等学校电子信息类专业教学指导委员会规划教材)的建设工作。其目的是为推进高等教育内涵式发展，提高教学水平，满足高等学校对电子信息类专业人才培养、教学改革与课程改革的需要。

本系列教材定位于高等学校电子信息类专业的专业课程，适用于电子信息类的电子信息工程、电子科学与技术、通信工程、微电子科学与工程、光电信息科学与工程、信息工程及其相近专业。经过编审委员会与众多高校多次沟通，初步拟定分批次（2014—2017年）建设约100门课程教材。本系列教材将力求在保证基础的前提下，突出技术的先进性和科学的前沿性，体现创新教学和工程实践教学；将重视系统集成思想在教学中的体现，鼓励推陈出新，采用“自顶向下”的方法编写教材；将注重反映优秀的教学改革成果，推广优秀的教学经验与理念。

为了保证本系列教材的科学性、系统性及编写质量，本系列教材设立顾问委员会及编审委员会。顾问委员会由教指委高级顾问、特约高级顾问和国家级教学名师担任，编审委员会由教育部高等学校电子信息类专业教学指导委员会委员和一线教学名师组成。同时，清华大学出版社为本系列教材配置优秀的编辑团队，力求高水准出版。本系列教材的建设，不仅有众多高校教师参与，也有大量知名的电子信息类企业支持。在此，谨向参与本系列教材策划、组织、编写与出版的广大教师、企业代表及出版人员致以诚挚的感谢，并殷切希望本系列教材在我国高等学校电子信息类专业人才培养与课程体系建设中发挥切实的作用。

吕志伟 教授

前言

PREFACE

随着半导体技术的不断演进和发展，基于现场可编程门阵列(field programmable gate array，FPGA)的数字系统设计正逐步走向系统化和集成化。特别是，作为全球最大的可编程逻辑器件厂商，美国赛灵思(Xilinx)公司不断推出新器件、新设计工具和新设计方法，这些都将进一步地扩展 FPGA 在通信、人工智能、机器学习等复杂数据处理方面的应用，FPGA 也将成为电子信息类专业学生必须掌握的一项专业技能。

目前，国内电子信息类专业学生所学的传统数字逻辑理论和设计方法远不能满足要求，因此国内很多高校的电子信息类专业在开设传统数字逻辑课程的基础上，又单独开设了基于硬件描述语言(hardware description language，HDL)的数字系统设计课程。这种授课方式不但不利于知识点之间的有机衔接，同时也加重了学生的学习负担。

国内越来越多高校的电子信息类专业授课教师希望将传统数字逻辑课程和基于 HDL 的数字系统设计课程进行系统化融合。在这种需求背景下，作者根据多年的授课经验和学生实训成果，将传统的数字逻辑课程和基于 HDL 的数字系统设计课程进行系统化深度融合，编写了该教材。在编写教材的过程中本着由浅入深、由易到难的原则，在参考国外已经出版的数字设计教材和作者已经出版的《Xilinx FPGA 数字设计——从门级到行为级双重 HDL 描述》教材基础上，对复杂数字系统设计所需要的知识点进行了系统化融合。本书内容涵盖晶体管、门电路、布尔逻辑、组合逻辑与时序逻辑、可编程逻辑器件结构、IP 核封装和调用、Vivado 集成开发工具设计流程、Verilog HDL 语言规范、Verilog HDL 复杂数字系统设计以及在线逻辑分析仪工具等，目的是打通数字设计相关课程的知识通道，使学生能系统、全面、扎实地掌握数字设计相关的理论知识和设计方法，为高等学校电子信息类数字设计相关课程的教学改革和课程整合提供教学素材。

本书与作者已经出版的《Xilinx FPGA 数字设计——从门级到行为级双重 HDL 描述》一书相比，主要进行了以下重要的改变：

(1) 采用 Xilinx 28nm 工艺的 Artix-7 系列 FPGA 和 Xilinx 最新的 Vivado 2015.4 集成开发环境为设计平台。

(2) 突出以 IP 核为中心的设计思想，增加了 IP 核封装和 IP 核调用的内容。

(3) 增加在线逻辑分析仪工具内容的讲解，使得读者更熟练地使用该工具对复杂数字系统进行调试。

(4) 删除原书最后一章软核处理器 PicoBlaze 原理及应用的内容(注：该部分内容将使用 ARM 公司 Cortex-M0 MCU 代替，并作为单独教材进行更详细的讲解)。

(5) 将原书中的 VHDL 和 Verilog HDL 语言语法及设计案例，以两个不同版本教材的形式分开介绍，更具有针对性。

(6) 在介绍数模混合系统一章的内容时，使用 Xilinx Artix-7 系列 FPGA 器件内集成的 XADC 模块，使得读者能更深刻地体会半导体技术的发展对未来电子系统设计方法的影响以及 SoC 器件的概念。

通过对原书内容的更新和调整，本教材既涵盖了数字系统设计所必需的知识点，同时也反映了复杂数字系统设计的最新发展动态。

在讲授和学习本书内容时，教师和学生可以根据教学时数和内容的侧重点不同，适当将相关章节的内容进行调整和删减。为了让读者更好地掌握相关内容，本书还给出了大量设计示例程序和习题。本书不仅可以作为大学信息类专业讲授数字电子线路、数字逻辑和复杂数字系统设计相关课程的教学用书，也可以作为从事相关课程教学和科研工作者的参考用书。

为了方便教师教学和学生自学，本书还提供了相应的教学课件和所有设计实例的完整设计文件，这些设计资源可以在本书学习说明给出的网站上进行下载。

本书编写时引用和参考了许多著名学者和专家的研究成果，以及 Xilinx 公司的技术文档和手册。在本书编写过程中，Xilinx 的多位技术专家解答了作者所遇到的各种问题，在此特别向他们表示衷心的感谢。作者的学生李宝隆、张艳辉、汤宗美、杨天翔、王中正负责第 1～第 11 章部分内容的编写和设计实例的验证工作，在此一并向他们表示感谢。在本书的出版过程中，得到了 Xilinx 公司大学计划和 TI 大学计划及 RIGOL 大学计划的大力支持和帮助，同时也得到了清华大学出版社各位编辑的帮助和指导，在此表示深深的谢意。

由于作者水平有限，编写时间仓促，书中难免有疏漏之处，敬请读者批评指正。

编　者

2016 年 8 月于北京

学 习 说 明
Study Shows

本书视频课堂的网址

书中提及的完整的公共免费高清视频可到北京汇众新特科技有限公司网络课堂观看学习，网址为

http://www.edawiki.com

本书教学课件(PPT)及工程文件的下载地址

北京汇众新特科技有限公司页面，网址为

http://www.edawiki.com

注：所有教学课件及工程文件仅限购买本书读者学习使用，不得以任何方式传播。

本书作者的联络方式

网站：http://www.gpnewtech.com

电子邮件：hb@gpnewtech.com

本书配套的 A7-EDP-1 开发板及配件由北京汇众新特科技有限公司负责

市场及服务支持热线：010-83139076　010-83139176

作者联络方式

电子邮件：hb@gpnewtech.com

FPGA 交流 QQ 群号：212132681

作者微信公众号

目录

CONTENTS

第1章 数字逻辑基础

CHAPTER 1

本章主要介绍数字逻辑的发展史、开关系统、半导体数字集成电路、基本逻辑门电路分析、逻辑代数理论、逻辑表达式的化简、毛刺产生及消除、数字码制表示和转换、组合逻辑电路、时序逻辑电路和有限自动状态机。

本章内容是数字系统的设计基础，读者必须理解并掌握本章的内容，为后续学习现代数字系统设计方法打下坚实的基础。

1.1 数字逻辑的发展史

在过去的60年中，数字逻辑改变了整个世界，整个世界朝着数字化方向发展。今天我们所熟悉的计算机在第二次世界大战后才出现在人类世界中。表1.1给出了在计算机和数字逻辑发展历史上的重大事件，从该表可以看出数字逻辑设计技术近400年逐步进化的过程。

16世纪，人类才开始真正设计帮助人类进行计算的机器。这些计算机器中，最著名的是Blaise Pascal于19岁时发明的Pascaline，用于帮助其父亲进行税务计算工作。Pascal建立了5～8个数字版本的Pascaline，每个数字和一个表盘、轴和齿轮关联，该计算器能进行加法和减法（通过生成减数的9位补码进行加法运算）计算。该计算器由于机械故障导致失败，其运算能力是有限的。

Charles Babbage被认为是“计算机之父”，他在1822年建立了差分机工作模型，这个机器能用于计算数学表（比如对数），通过差分方法来计算在一个表中的6位数字。Babbage为全面的差分机制定了详细的计划，该机器可以最多计算到20位，并且，可以生产一个金属盘用于打印表格。这个机器使用蒸气运行，10英尺高，10英尺宽，5英尺深。通过英国政府的资助，Babbage和他的主要机械工程师一起工作，尝试建立差分机器。这里有很多技术和个人问题（当前的机器工具不能满足Babbage的精度要求、他妻子的病逝和机械师的意见不一致），一直妨碍着这个机器的建成。在1834年，Babbage设想了一种更强的分析机，该分析机用于解决数学问题。但是，政府于1842年终止了这个项目。尽管Babbage知道在那个时代不可能建立分析机，但是在他余生致力于设计这种机器，他给出了分析机的大量的注释，包含成百个轴和上千个齿轮，也包括今天计算机的很多元件（包括存储器和CPU，其中的打孔卡用于机器的外部编程）。

表 1.1　计算机和数字逻辑发展历史上的重大事件

年　代	事　件
1614—1617 年	John Napier，苏格兰数学家，发明了对数，允许通过加进行乘法运算和通过减进行除法运算。他发明了棒子或者数支，这样可以通过一种特殊的方法移动棍子来实现对大数的乘或者除运算
1623 年	Wilhelm Schickard，德国教授，发明了第一个机械式计算器，称为“计算钟”
1630 年	William Oughtred，英国数学家和牧师，发明了计算尺
1642—1644 年	Blaise Pascal，法国数学家、物理学家和宗教哲学家，发明了第一个机械计算器 Pascaline
1672—1674 年	Gottfried Wilhelm Von Leibniz，德国数学家、外交官、历史学家、法学家和微分的发明家，发明了一个称为步进式计算器的机械计算器。计算器有一个独一的齿轮——莱布尼茨轮，用于机械式的乘法器。尽管没有使用这个计算器，但是该设计对未来的机械式计算器的发展产生了深远的影响
1823—1839 年	Charles Babbage，英国数学家和发明家，开始设计差分机，该机器用于自动地处理对数计算。但由于各种因素最终没有完成差分机。1834 年，Babbage 开始设计一个功能更强的机器，称为分析机，它被称为第一个通用计算机。由于不能在时间上准确地产生所要求精度的机械齿轮，因此没有运行。所以，Babbage 被认为是“计算机之父”
1854 年	George Boole，英国逻辑学家和数学家，出版了 *Investigation of the Law of Thought*，给出了逻辑数学的基础
1890 年	Herman Hollerith，美国发明家，使用打孔卡片制表用于 1890 年的普查。1896 年，他成立了打卡机公司，最终于 1924 年演变成了 IBM 公司
1906 年	Lee De Forest，美国物理学家，发明了三极管。直到 1940 年前，这些管子没有用于计算机中
1936 年	Alan M Turing，英国逻辑学家，发表了一篇论文 *On Computable Numbers*，说明任意的计算都可以使用有限状态机实现。Turing 在第二次世界大战后英国早期的计算机研制中扮演了重要的角色
1937 年	George Stibitz，贝尔电话实验室的一个物理学家，使用继电器构建了二进制电路，能进行加、减、乘和除运算
1938 年	Konrad Zuse，德国工程师，构建了 Z1——第一个二进制计算机器。1941 年，完成了 Z3——通用的电子机械式计算机器
1938 年	Claude Shannon，基于他在 MIT 的硕士论文，发表了 *A Symbolic Analysis of Relay and Switching Circuits*，在该著作中，他说明了将符号逻辑和二进制数学应用到继电器电路中的方法
1942 年	John V. Atanasoff，爱荷华州立大学教授，完成了一个简单的电子计算机器
1943 年	IBM-Harvard Mark Ⅰ，一个大型的可运行的电子机械式计算器
1944—1945 年	J Presper Eckert 和 John W Mauchly，在宾夕法尼亚大学的电气工程摩尔学院，设计和建立了 EMIAC，它是首个全功能的电子计算器
1946 年	John von Neumann，ENIAC 项目的顾问，在该工程后，写了一个很有影响力的报告，之后，在普林斯顿高等研究院开始他自己的计算机项目
1947 年	Walter Brattain，John Bardeen 和 William Schockley 在贝尔实验室发明了晶体管
1948 年	在英国，在 Manchester Mark 1 电子计算机上运行第一个存储程序
1951 年	发布第一个商业制造的计算机，Ferranti Mark 1 和 UNIVAC

续表

年　代	事　件
1953 年	IBM 发布了一个电子计算机-701
1958 年	Jack Kilby，德州仪器公司的一名工程师，建立一个可移相的振荡器，作为第一个集成电路(Integrated Circuit，IC)
1959 年	Robert Noyce，1958 年所建立的仙童半导体公司联合创始人，生产了第一个集成电路平面工艺，这使得实际可以大规模地生产可靠的集成电路。1968 年，Ncyce 成立了 Intel 公司
1963 年	数字设备公司 DEC 生产了首个小型计算机
1964 年	IBM 生产了 System/360 系列电脑主机
1965 年	在电子杂志上，Gordon Moore 预测一个集成芯片上的元件数量每一年将翻一倍。这就是著名的"摩尔定律"。在 1975 年，修改了该定律，大约每两年翻一倍
1969 年	IBM 的研究人员开发了第一个片上可编程逻辑阵列(programmable logic array，PLA)
1971 年	Marcian E Hoff，Jr，Intel 公司的工程师，发明了第一个微处理器
1975 年	Intersil 生产了第一片现场可编程逻辑阵列(field programmable logic array，FPLA)
1978 年	单片存储器引入了可编程阵列逻辑(programmable array logic，PAL)
1981 年	IBM 个人计算机诞生。美国国防部开始开发 VHDL。VHDL 中的 V 表示 VHSIC(very high speed integrated circuit，超高速集成电路)，HDL 代表(hardware description language，硬件描述语言)
1983 年	Intermetrics，IBM 和 TI 授权开发 VHDL
1984 年	Xilinx 成立，并发明了现场可编程门阵列(field programmable gate array，FPGA) Gateway 设计自动化公司，引入了硬件描述语言 Verilog HDL
1987 年	VHDL 成为 IEEE 标准(IEEE 1076)
1990 年	Cadence Design Systems 收购 Verilog HDL
1995 年	Verilog HDL 成为 IEEE 标准(IEEE 1364)

使用自动织机打孔进行编程的方法由 Joseph Marie Jacquard 于 1801 年发明。在 1880 年，Herman Hollerith 作为美国人口普查的代理人开始工作，1880 年普查的数据将花费很多年进行制表。在此期间的 1882 年，他成为 MIT 的机械工程教员，随后发明了一个电子机械式系统，该系统能用于对包含统计数据的打孔卡进行计算和分类。该系统用于在 6 个星期内对 1890 年的人口统计数据进行制表。1896 年，Hollerith 成立了制表机器公司，后来成为 IBM 公司。

研制计算机方面的下一个主要推动力是第二次世界大战，在宾夕法尼亚大学的电气工程摩尔学院，J. Presper Eckert 和 John W. Mauchly 开始研制电子数字积分器和微分器 ENIAC，他们是这个大型电子计算器的主要设计者。从 1944 年开始，他们专注下一个计算机，即电子离散变量计算机 EDVAC 的研制，这是首个存储程序计算机。然而，由于在专利权方面的意见不一，他们于 1946 年离开了摩尔学院，建立他们自己的公司——电子控制公司，其目的是生产通用的自动化计算机 UNIVAC。由于资金问题所困，他们于 1948 年重新组建了 Eekert-Mauchly 计算机公司，并于 1950 年将其卖给了 Remington Rand。

IBM 公司于 1953 年发布了首台电子计算机，比贝尔实验室发明晶体管提早了 6 年。晶体管的出现对数字逻辑和计算机产生了深远的影响。半导体内的电子能控制电流和电压的思想，对现代半导体的发展产生了深远的影响。固态技术的不断推进，使得在20 世纪 60

年代产生了集成电路，并分别在70和80年代诞生了微处理器和可编程逻辑器件。

1965年戈登·摩尔提出了世界上著名的“摩尔定律”，并且于1975年进行了修正。在过去的40年被证明是非常正确的。该定律的主要内容包括：大约每隔18个月，集成电路上可容纳的晶体管数目就会增加一倍，性能也将提升一倍。也就是说，当价格不变时，每一美元所能买到的计算机性能，将每隔18个月翻两倍以上。这一定律成为半导体工艺不断发展的指南。如图1.1所示，该图给出了Intel公司CPU的发展路线，该路线清楚地表明了半导体发展趋势和摩尔定律相吻合。

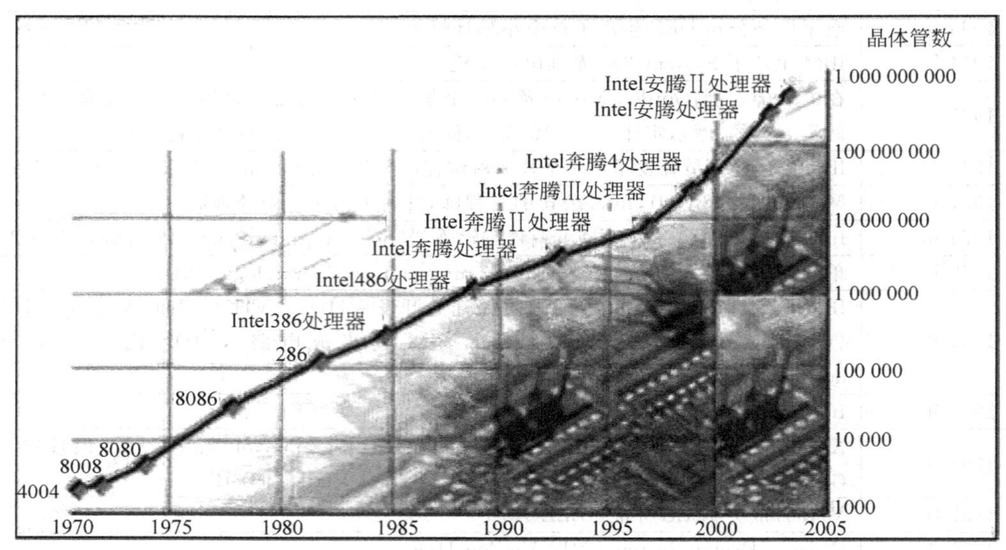

图1.1 摩尔定律与集成电路的发展趋势

微处理器的发展，对人类的生活产生了重要的影响。今天，处理器几乎嵌入到所有的产品中，范围从手机到汽车等方面。通用微处理器执行保存在存储器里的程序指令，用于实现特定的算法。

随着现场可编程门阵列(field programmable gate array，FPGA)的发展，很多算法可以在硬件中直接实现，而不需要在存储器中保存程序指令。当使用硬件直接实现时，算法的实现更快。

思考与练习1-1 请说明数字系统发展史上的一些重大事件。

1.2 开关系统

开关系统是构成数字逻辑的最基本结构，它通过半导体物理器件，实现数字逻辑中的开关功能。

所谓的开关系统，实际上就是常说的由工作在“0”或者“1”状态下的物理器件所构成的数字电路。典型的如家里的普通电灯，通过开关的控制，要么闭合(灯亮)，要么断开(灯灭)。此外，用于强电设备控制的继电器也是典型的数字器件，要么处于常开状态，要么处于常闭状态。

1.2.1　0和1的概念

数字电路中的信号是一个电路网络，通过这个网络，将一个元件的输出电压传送到所连接的另一个元件或者更多其他元件的输入。与模拟电路中的信号变化具有连续性相比，数字电路中的信号变化是不连续的。在数字电路中，信号的电压取值只有两种情况，即 V_{dd} 或者 GND。V_{dd} 表示逻辑高电平，GND 表示逻辑低电平。这样，数字电路中用于表示所有的数据的信号只有两个取值状态。只使用两个状态来表示数据的系统，称为二进制系统；具有两个状态的信号称为二进制信号。所有由二进制构成的输入信号，其操作产生二进制的输出结果。电压值的集合{V_{dd}，GND}定义了数字系统中一个信号线的状态，通常表示为{1，0}，其中“1”表示 V_{dd}，“0”表示 GND。因此，数字系统只能出现表示两个状态的数据，并且已经给这两个状态分配了数字符号“0”和“1”，于是出现了用二进制数表示数字系统的方法。数字电路中的每一条信号线携带着信息的一个二进制数字，也称为比特位(bit)。总线是由工作在开关状态下的多个信号线构成，因此，总线可以包含多个比特，可以定义一个二进制数。在数字电路中，使用比特表示数据可以让人们在学习数字电路时能够很容易地接受现存的数字和逻辑技术。如图 1.2 所示，很明显，要让灯泡点亮，K_1 和 K_2 键必须同时闭合。如果只闭合 K_1，而断开 K_2；或者只闭合 K_2，而断开 K_1；或者 K_1 和 K_2 都断开时，不会点亮灯泡。这样一种关系，可以表示为一个 AND(逻辑与)的关系。假设，将 K_1 当成变量 A，K_2 当成变量 B，变量 A 和变量 B 其取值只有两种状态，即闭合或者断开。我们将其闭合的状态表示为“1”，而将其断开的状态表示为“0”。此外，将灯当成变量 Y，并且定义灯亮的状态表示为“1”，灯灭的状态表示为“0”，这个典型的开关系统可以用表 1.2 表示。表 1.2 所表示的关系，是一种典型的逻辑与关系。在后面会详细地说明。也就是，当 A 和 B 的条件同时成立，即为“1”的时候，Y 状态才为“1”；否则为 0。

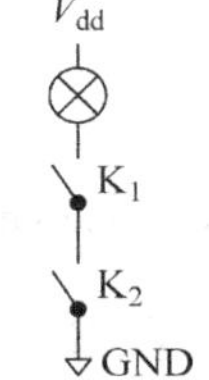

图 1.2　典型开关系统

表 1.2　开关系统的关系

A	B	Y	A	B	Y
0	0	0	1	0	0
0	1	0	1	1	1

1.2.2　开关系统的优势

与数字电路相比，模拟电路使用的信号电压值并不限定在 V_{dd} 和 GND 两个不同的值，而是可以在 V_{dd} 和 GND 之间的任何值。许多输入元件，特别是那些用作电传感器的元件(例如麦克风、照相机、温度计、压力传感器、运动和接近传感器等)，在它们的输出端产生模拟电压。现代电子设备中，在信号输入到元件前，将模拟信号转换为数字信号是有可能的。例如，一个数字语音备忘录，通过一个模拟麦克风电路记录元件设备，在内部电路节点将声压波转换成电压波。在数字电路中，一种称作模数转换器或 ADC 的特殊器件，将模拟电压转换成数字总线能够表示的数字电压。ADC的功能是，通过采样输入的模拟信号，测量输入电压信号的大小(通常以GND作为参考)，然后为这个测量值分配一个二进制数。只要将一个模拟信号转换成所对应的一个二进制数，总线就能够携带这个数字信息并将其贯穿于电路中。同样的方式，通过使用数模转换器DAC可以将数字信号重新恢复成模拟信号。这样，可以将一个表示音频波形采样值的二进制数转换成模拟信号，例如，驱动扬声器。

模拟信号对噪声源敏感，信号强度随着时间的推移和传输距离的增大会衰减。但是，数字信号对噪声和信号强度的衰减相对不是很敏感。这是因为数字信号有定义为“0”和“1”的两个宽电压带，在一个电压带内的任何电压都有可接受的编码。如图1.3所示，对于一个包含数十、数百毫伏噪声的数字信号，在噪声容限范围内，可以定义成稳定的“0”和“1”状态。如果这个数量级的噪声出现在模拟信号中，该模拟电路将不能正常地工作。正是由于数字信号更稳定、更容易工作的特点，使得全世界的电子产业已走向了数字化。

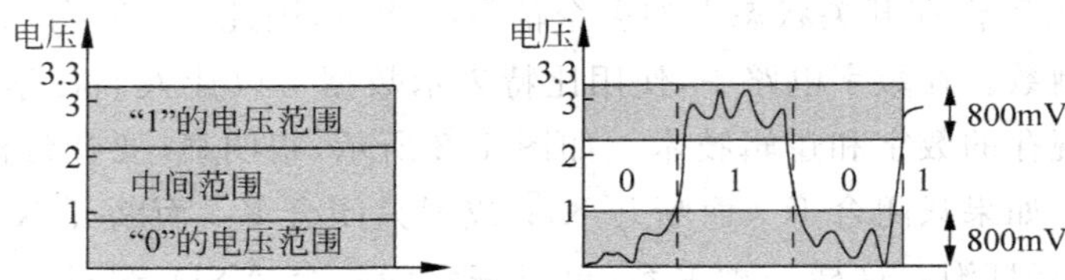

图1.3 包含数十、数百毫伏噪声的数字信号

数字电路的研究方法是逻辑分析和逻辑设计，所需要的工具是逻辑代数。

1.2.3 晶体管作为开关

前面所提到的开关系统，通过机械开关控制。很明显，使用机械开关控制灵活性差，而且切换系统的速度很低，开关的工作寿命也十分有限。因此，人们就使用半导体器件作为电子开关来取代机械开关，用于对开关系统进行控制。与机械开关不同的是，半导体物理器件的导通和截止是靠外面施加的电压进行控制。用于现代数字电路的晶体管开关称为金属氧化物半导体场效应晶体管(metal oxide semiconductor field effect transistor，MOSFET)。如图1.4所示，MOSFET是三端口器件，当在第三个端口(栅极)施加合适的逻辑信号时可以在两个端口(源极和漏极)之间流通电流。在最简单的FET模型中，源极和漏极之间的电阻是一个栅-源电压的函数，即栅极电压越高，这个电阻就越小。因此，就可以通过越大的电流。当应用在模拟电路中，比如音频放大器，栅-源电压值可以取GND和V_{dd}之间的任何值。但是，在数字电路中，栅-源电压值只能是V_{dd}或GND(当然，当栅极电压从V_{dd}变化到GND或从GND变化到V_{dd}时，必须假定电压在V_{dd}和GND之间)。这里，假设状态变化的过程非常快，所以忽略栅极电压在这段变化时间的FET特性。

在一个简单的数字电路模型中，可以将MOSFET当作一个可控的断开(截止)或者闭合(导通)的电子开关。如图1.4所示，根据不同的物理结构，FET包含两种类型，即nFET和pFET。

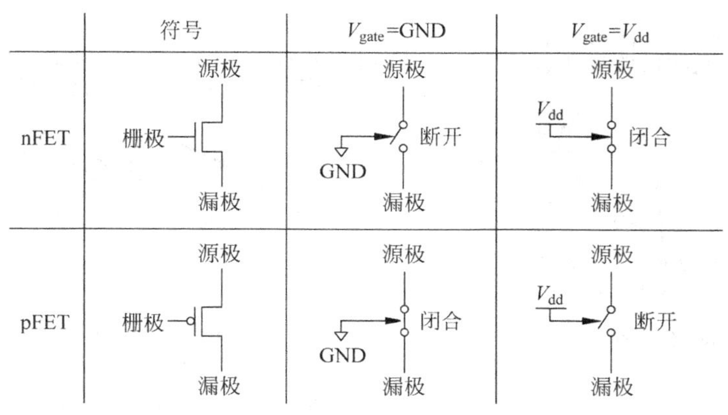

图 1.4 nFET 和 pFET 的电路特征和等效开关

1. nFET

当栅极输入信号为 V_{dd} 时，源极和漏极导通，即闭合；否则，当栅极输入信号为 GND 时，源极和漏极断开，即截止。

2. pFET

当栅极输入信号为 GND 时，源极和漏极导通，即闭合；否则，当栅极输入信号为 V_{dd} 时，源极和漏极断开，即截止。

单个的 FETs 经常用作独立的电子可控开关，例如，对于一个 pFET，将电源接到源极，负载(如发动机、灯或其他应用中的电子元件)接到漏极。在该应用中，pFET 可以用作断开或闭合的开关。当栅极接入 GND 时，导通负载元件；而栅极接入 V_{dd} 时，断开负载元件。典型地，打开一个 FET 需要一个相对小的电压(几伏特的量级)，即使这个 FET 正在切换的是一个大电压和大电流。用于这种目的的单个 FET 通常是相当大的(巨大的)设备。

FET 也可以用在电路中实现有用的逻辑功能，如 AND、OR、NOT 等。在这种应用中，几个非常小的 FET 组成一个简单的小硅片(或硅芯片)。然后，用同样大小的金属导线将它们互连起来。典型地，这些微小的 FET 占用的面积小于 $1\times10^{-7}\,m^2$。因此，一个硅芯片的一端可以是几个毫米，一个单芯片上可以集成数百万的 FET。当把所有的电路元件整合到同一块硅片上时，将这种形式构成的电路称为集成电路。

1.2.4 半导体物理器件

大多数的 FET 使用半导体硅制造，如图 1.5(a)所示，制造过程中，植入离子的硅片在这个区域的导电性能更好，用作 FET 源极和漏极区域，这些区域通常称作扩散区。接下来，如图 1.5(b)所示，在这些扩散区的中间创建一个绝缘层；并且，在这个绝缘材料的上面“生长”另一个导体。

这个“被生长”的导体(典型的用硅)形成了栅极，如图 1.5(c)和图 1.5(d)所示，位于栅极之下、扩散区之间的区域称为沟道。最后，用导线连接源极、漏极和栅极，于是这个 FET 就可以连接到一个大的电路中。生产晶体管需要几个条件，包括高温、精确的物理布局和各种材料。

实际上，FET 基本工作原理非常直观。下面仅对 nFET 最基本的应用进行介绍。pFET 的工作原理完全相似，但是必须将电压颠倒过来。

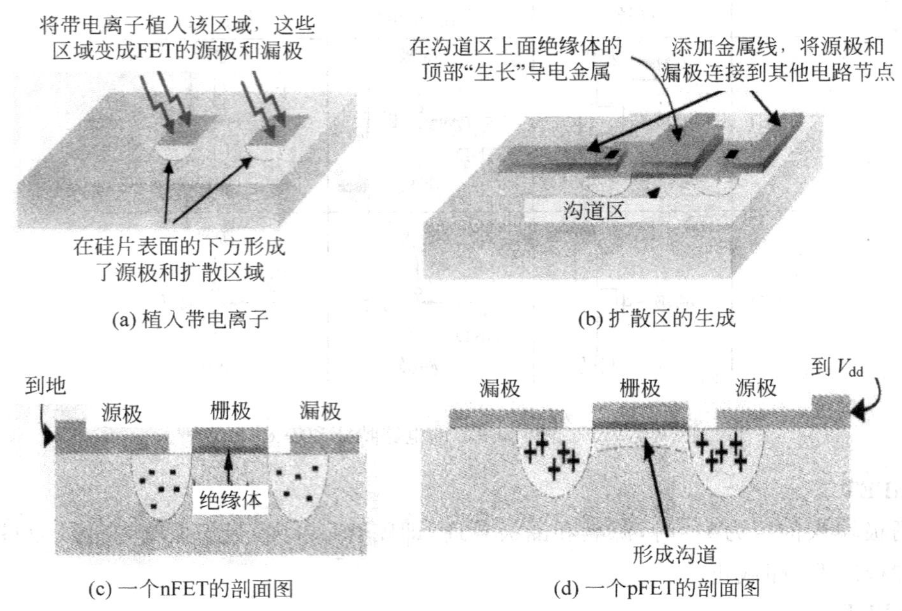

(a) 植入带电离子

(b) 扩散区的生成

(c) 一个nFET的剖面图

(d) 一个pFET的剖面图

图 1.5　FET 的制造工艺

如图 1.6 所示，一个 nFET 的源极和漏极扩散区都植入带负电荷的粒子。当一个 nFET 用于逻辑电路时，它的源极接到 GND；于是，nFET 的源极像 GND 节点一样，拥有丰富的带负电荷的粒子。如果 nFET 的栅极电压和源极电压一样(如 GND)，那么栅极上存在的带负电荷的粒子立刻排斥栅极下面来自带沟道区域的负电荷的粒子(注意，在半导体(如硅)中，正负电荷是可以移动的，在带电粒子形成的电场影响下，移动半导体晶格)。正电荷聚集在栅极下面，形成两个反向的正-负结(称为 PN 结)，这些 PN 结阻止任何一个方向的电流流过。如果栅极上的电压上升超过源极电压，并且超过了阈值电压(或 V_{th}，大于等于 0.5V)时，正电荷开始在栅极聚集，并且立即排斥栅极下沟道区域的正电荷。负电荷聚集在栅极下时，在栅极下面及源极和漏极扩散区域之间形成一个连续的导电区域。当栅极电压达到 V_{dd} 时，形成一个大的导电沟道，并且 nFET 处于强导通状态。

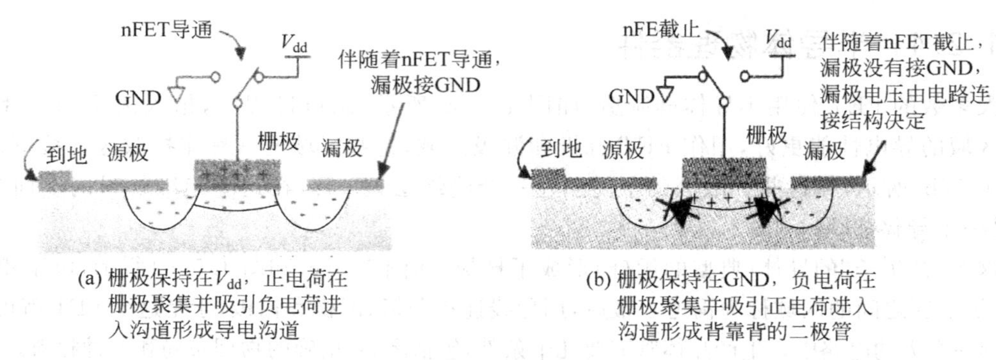

(a) 栅极保持在 V_{dd}，正电荷在栅极聚集并吸引负电荷进入沟道形成导电沟道

(b) 栅极保持在GND，负电荷在栅极聚集并吸引正电荷进入沟道形成背靠背的二极管

图 1.6　nFET 的导通与截止

如图 1.7 所示，用于逻辑电路中的 nFET，把其源极接到 GND，栅极接到 V_{dd}，就可以使它导通(闭合)，而对于 pFET，将其源极接 V_{dd}，栅极接 GND，就可以使它导通(闭合)。

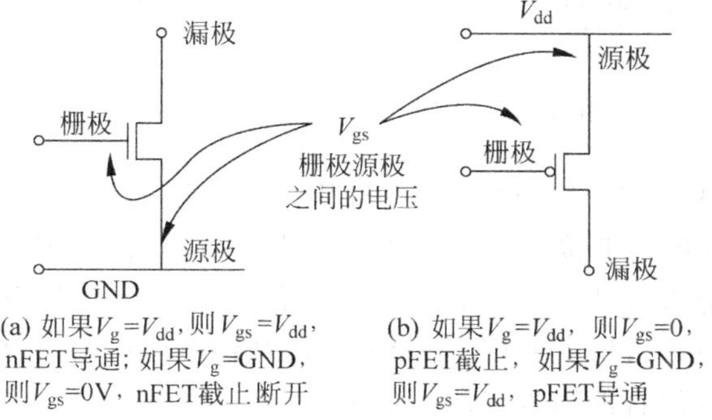

图 1.7 逻辑电路中的 nFET 和 pFET

根据上述原理可知，源极接 V_{dd}时，不会强行打开 nFET。所以，很少将 nFET 的源极连接到 V_{dd}。类似的，源极接到 GND 时，也不能很好地打开 pFET。所以，很少将 pFET 的源极接到 GND。

注：这就是常说的，nFET 传输强 0 和弱 1；而 pFET 传输强 1 和弱 0。

1.2.5 半导体逻辑电路

只要掌握 FET 工作的基本原理，就可以构建基本逻辑电路，这样，就可以实现所有的数字和运算。根据逻辑功能要求，这些逻辑电路组合一个或多个逻辑输入信号，并且产生一个逻辑输出信号。接下来讨论最基本的逻辑功能(如 AND、OR 和 INV)电路，但是 FET 电路也能容易地构建更复杂的逻辑电路。

当构建一个 FET 电路用来实现逻辑关系时，必须注意下面的四个基本规则：

(1) pFET 的源极必须连接到 V_{dd}，nFET 的源极必须连接到 GND；

(2) 电路输出必须通过一个 pFET 连接到 V_{dd}，电路输出必须通过一个 nFET 连接到 GND(例如，电路输出永远不能悬空)；

(3) 逻辑电路的输出不能同时连接到 V_{dd}和 GND(例如，电路输出不能短路)；

(4) 电路尽量使用最少数量的 FET。

遵循这四个原则，构造一个两输入信号的“与(AND)”关系的电路。但是，首先要注意在如图 1.8 所示的电路中，当且仅当两个输入 A 和 B 都接 V_{dd}时，输出(标记为 Y)才连接到 GND，也就是 Q_1 和 Q_2 是导通的。这个逻辑关系可以描述如下：

当 A 和 B 都连接逻辑高电平(logic high voltage，LHV)，即 V_{dd}时，Y 的输出为逻辑低电平(logic low voltage，LLV)。

在如图 1.9 所示的电路中，构造一个两输入信号的“或(OR)”关系的电路。如果 A 或者 B 连接到 V_{dd}，输出 Y 连接到 GND，也就是 Q_3 和 Q_4 两个 nFET 中的一个是导通的。这个逻辑关系可以描述如下：

当 A 或者 B 连接逻辑高电平(logic high voltage，LHV)，即 V_{dd}时，Y 的输出为逻辑低电平(logic low voltage，LLV)。

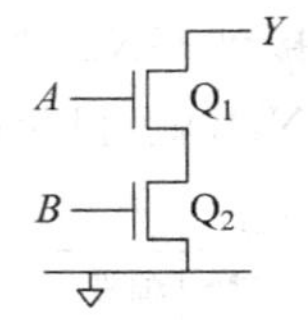

图 1.8 串行配置

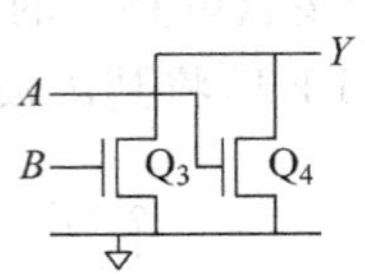

图 1.9 并行配置

如图 1.10 所示，Q_1 和 Q_2 组成的 AND 结构。仅使用两个 FET，当 A 和 B 都接到 V_{dd} 时，Y 接到地。当 A 和 B 不都接到 V_{dd} 时，必须确保输出 Y 接到 V_{dd}；换句话说，当 A 或 B 接 GND 时，必须确保输出 Y 接 V_{dd}。如图 1.11 所示，Q_3 和 Q_4 的 FET 可以实现一个 OR 的结构。如图 1.12 所示，给出了使用 AND 和 OR 结构所构成的组合逻辑电路，表 1.3 给出了所有四种可能的输入组合的输入电压和输出电压。

注意，这个电路遵循上述的所有规则——pFET 只连接到 V_{dd}，nFET 只连接到地，输出总是连接到 V_{dd} 或连接到 GND，但绝不同时连接到 V_{dd} 和 GND，并且尽可能地使用最少数量的 FET。

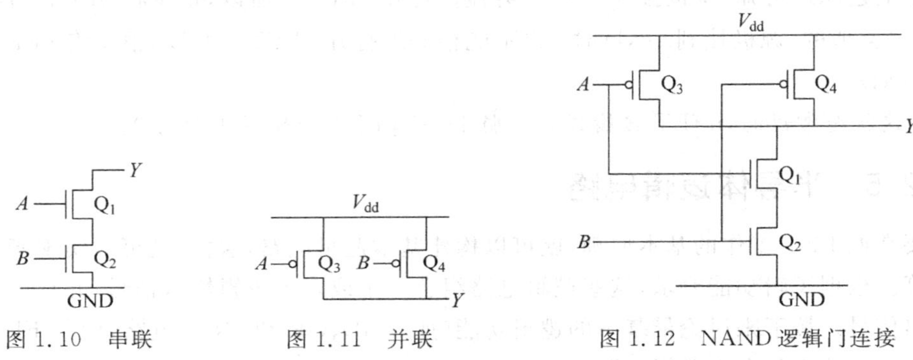

图 1.10 串联　　图 1.11 并联　　图 1.12 NAND 逻辑门连接

表 1.3 NAND 逻辑门运算表

A	B	Y	A	B	Y
GND	GND	V_{dd}	V_{dd}	GND	V_{dd}
GND	V_{dd}	V_{dd}	V_{dd}	V_{dd}	GND

下面对这个逻辑门电路进行分析：

(1) 当两个输入 A 和 B 都接到 V_{dd} 时，Q_1 和 Q_2 同时导通，而 Q_3 和 Q_4 截止。因此，Y 的输出电压为 GND。

(2) 当输入 A 接到 GND 和输入 B 接到 V_{dd} 时，Q_3 和 Q_2 同时导通，而 Q_1 和 Q_4 截止。因此，Y 的输出为 V_{dd}。

(3) 当输入 A 接到 V_{dd} 和输入 B 接到 GND 时，Q_1 和 Q_4 同时导通，而 Q_2 和 Q_3 截止。因此，Y 的输出为 V_{dd}。

(4) 当输入 A 接到 GND 和输入 B 接到 GND 时，Q_3 和 Q_4 同时导通，而 Q_1 和 Q_2 截止。因此，Y 的输出为 V_{dd}。

为了让电路的性能匹配上述的 AND 逻辑真值表，规定输入信号为 V_{dd} 时，表示逻辑"1"；输入信号为 GND 时，表示逻辑"0"。并且，必须使输出信号为 GND 时，表示逻辑"1"。这就构成了一个潜在的矛盾，即："1"表示一个门的输入信号为 V_{dd}，并且同样的"1"也表示门的输出信号为 GND。

注意，如果将真值表 Y 列的输出翻转(也就是，如果 V_{dd} 变为 GND，GND 变为 V_{dd})，那么，逻辑"1"可以同时代表输入和输出的 V_{dd}，结果符合前面的 AND 的真值表。由于这个原因，以上所述的电路称为 NOT AND(与非)门(NOT 意为取反)，简写为 NAND 门。为了构建一个可以将输入信号和输出信号与 V_{dd} 信号和逻辑"1"关联的 AND 电路，NAND 门的输出必须加上一个取反电路，即：当一个取反电路的输入为 GND 时，产生输出为 V_{dd}，反之亦然。如图 1.13 所示，列出了 5 个基本的逻辑电路：NAND、NOR、AND、OR 和 INV(取反电路)。这些基本的逻辑电路通常称为逻辑门。读者可以验证所有的真值表，以确认正确的电路操作。

注：用于表示一个逻辑门电路输入和输出关系的表格，称之为真值表。

这些逻辑门中的每一个，使用最少数量的 FET 产生所要求的逻辑功能。如图 1.14 所示，每个逻辑电路由下面的 n 个 nFET 和上面的 n 个 pFET 构成，它们执行互补的操作。当 nFET 表示或关系时，pFET 表示与关系。显示出互补特性的 FET 电路也称为互补金属氧化物半导体(complementary metal oxide semiconductor，CMOS)电路。迄今为止，在数字和计算机电路中，CMOS 电路占有统治地位。MOS 名字是指以前的半导体工艺，门的材料是由金属构成，门下面的绝缘体是由硅氧化物构成。这些基本的逻辑电路是构成数字和计算机电路的基础。

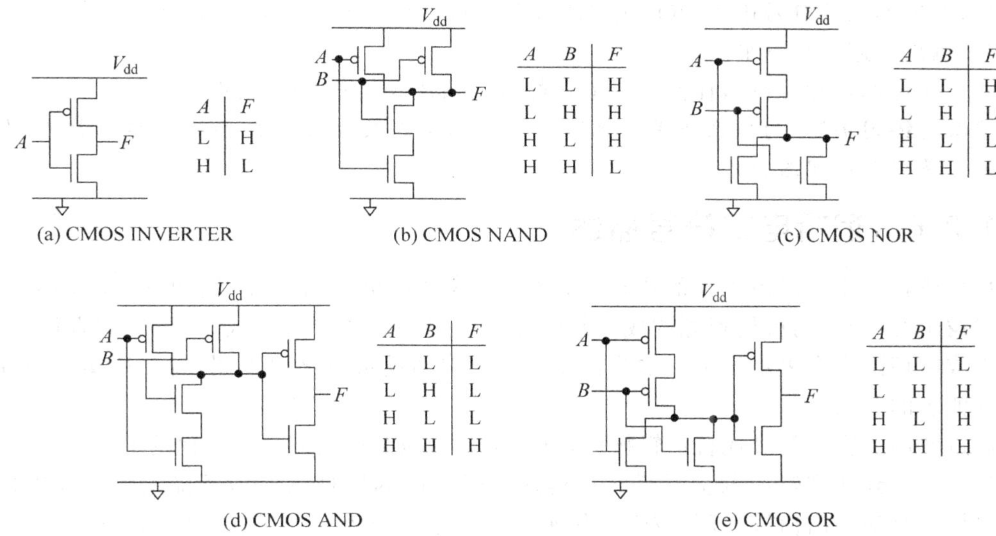

图 1.13 5 个基本逻辑电路

当在原理图中绘制这些电路时，使用如图 1.15 所示的符号，而不是 FET 电路结构。这是由于直接绘制 FET 电路显得太过于冗长乏味，而且对整个逻辑电路的分析来说显得很不方便。

注：

① 一个符号的输入端是一直角，输出端是一个光滑的曲线表示 AND；

② 输入端是曲线边且指向输出端的是 OR；

③ 输入端的小圆圈表示输入必须是逻辑低电平时，才

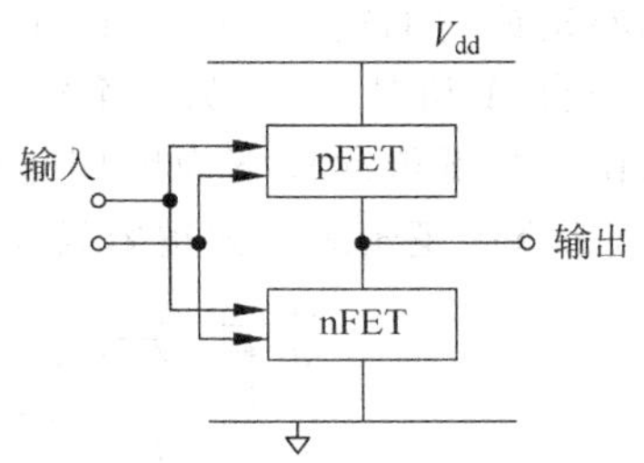

图 1.14 pFET 和 nFET 构成的逻辑电路

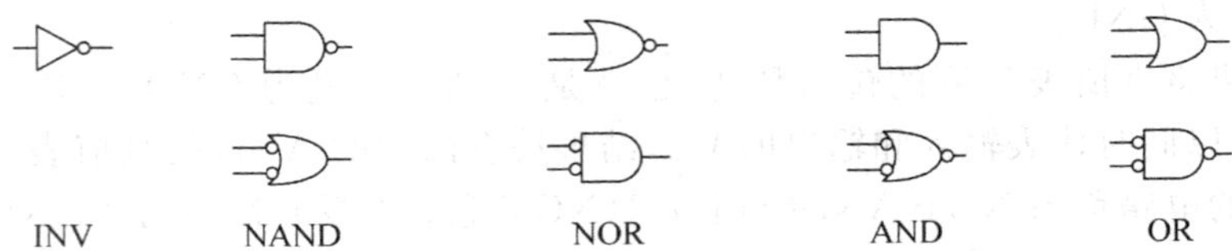

图 1.15　原理图中基本电路图形

能产生所表示逻辑功能的输出；

④ 输出端的小圆圈表示逻辑功能的结果产生一个逻辑低电平输出信号；输出端没有小圆圈时，表示逻辑功能产生一个逻辑高输出电平信号；

⑤ 输入端没有小圆圈表示信号必须是逻辑高电平，才能实现所需要表示的功能。

图 1.15 所示的每一个符号都有两个表现形式。上方的符号是基本的符号，下方的符号是共轭符号(正常情况，每个符号都是其他的共轭)。共轭符号交换 AND 和 OR 的形状，并且输入和输出变换电平。读者应该验证这两个适合于底层 CMOS 电路的符号。例如：

(1) AND 形状的符号用于 NAND 电路时，表示如果输入 A 和 B 都是逻辑高电平，那么输出是逻辑低电平。

(2) OR 形状的符号用于 NOR 电路时，表示如果两个输入 A 和 B 中的一个是逻辑低电平，那么输出是逻辑高电平。

两种描述都正确，所以，任何逻辑电路都可以描述成其共轭的形式。

思考与练习 1-2　为什么使用共轭形式？(提示：在某些设置中，使用合适的符号，人们能够更容易理解原理图。)

1.2.6　逻辑电路符号描述

数字逻辑电路可以由单独的逻辑芯片构成，或者由更大的芯片(例如 Xilinx 的大规模可编程逻辑芯片)上的可用资源构成。忽略逻辑电路的具体实现方式，其可以用真值表、逻辑方程或原理图完全表示出来。本节将介绍如何识别逻辑电路原理图，后面用实验研究电路和真值表的关系。

通过使用逻辑门符号代替逻辑操作，可以很容易地描述任何逻辑方程的逻辑电路原理。逻辑输入表示到达逻辑门的信号线。在构建逻辑电路的原理图时需要确定哪个逻辑操作(即逻辑门)驱动输出信号，哪些逻辑操作驱动内部电路节点。如果在逻辑等式中需要明确表示逻辑操作的顺序，那么可以在逻辑表达式中通过使用括号实现这一目的。例如，如图 1.16(a)所示，逻辑等式“$F=A\cdot B+C\cdot B$”的原理图使用 OR 门驱动输出信号 F，两个与门驱动或门的输入；如图 1.16(b)所示，使用一个三输入的与门驱动 F，其中：两个输入直接来自 A 和 B 信号，另一个输入由“$B+C$(或)”后的或门驱动。如果没有使用圆括号，优先级由高到低依次按下面顺序排列：与非/与、异或、或非/或、取反。通常地，如果先画输出门，那么由逻辑表达式很容易绘制出电路。

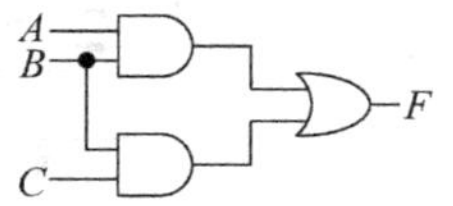

(a) 两个两输入与门驱动一个两输入或门

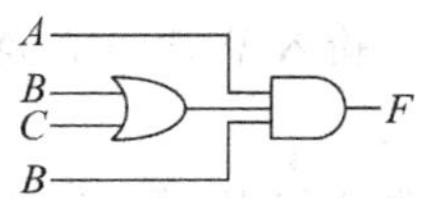

(b) 一个两输入或门驱动一个三输入的与门

图 1.16　$F=A\cdot B+C\cdot B$ 的两种不同理解方式

在逻辑等式中，反相器用来表示在驱动一个逻辑门之前输入信号必须取反。例如，逻辑表达式

$$F = \overline{A} \cdot B + C$$

注：在逻辑表达式或者逻辑等式中，符号“·”表示逻辑与关系，符号“+”表示逻辑或关系。

在逻辑信号 A 输入到一个两输入的 AND 门之前加上一个非门。逻辑等式也可表示逻辑功能输出取反，在这种情况下，可以使用一个非门，或使用前面介绍的电路符号表示一个反相的输出（例如前面介绍的输出有一个小圆圈的符号）。

如图 1.17 所示，从原理图去理解逻辑表达式比较直观。驱动输出信号的逻辑门定义了主要的逻辑操作，并且决定了组合等式中其他项的方法。如图 1.18 所示，反相器（或者是输出一个有小圆圈的逻辑门）表示要求取反的信号或功能，其作为“下游”门的输入。如图 1.19 所示，一个逻辑门的输入端添加有一个小圆圈可以认为信号在进入这个门之前取反。

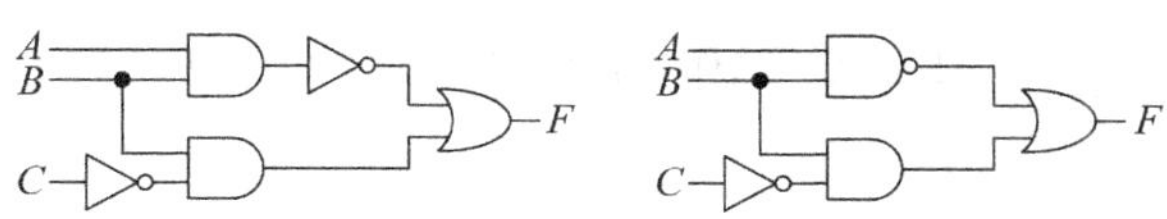

图 1.17 $F=\overline{A \cdot B}+\overline{C} \cdot B$ 的两种不同实现方式

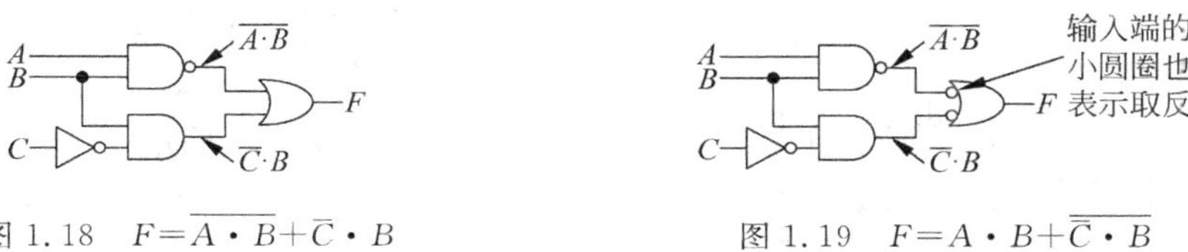

图 1.18 $F=\overline{A \cdot B}+\overline{C} \cdot B$ 图 1.19 $F=A \cdot B+\overline{\overline{C} \cdot B}$

两个“背靠背”的信号取反相互抵消。这就是说，如果一个信号取了反，然后在任何使用到这个信号的位置又立即对信号再次取反，那么这个电路与同时移除这两个取反的电路等效。如图 1.20 所示，两个电路都具有等效的逻辑功能，图 1.20(b)的电路是简化了的电路，去掉了图 1.20(a)信号 C 上的两个非门。并且，通过在内部节点增加取反使所实现的逻辑电路更高效，所以，一个包含 4 个晶体管的 NAND 门可以用来代替包含 6 个晶体管的 AND/OR 门。

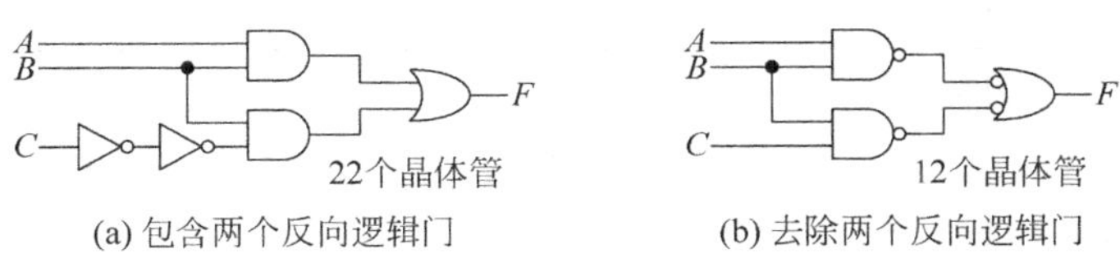

(a) 包含两个反向逻辑门 (b) 去除两个反向逻辑门

图 1.20 $F=A \cdot B+C \cdot B$

思考与练习 1-3 请根据给出的逻辑表达式，画出真值表。并画出其门电路的实现结构。

(1) $X=\overline{A} \cdot B+C$

(2) $X=A \cdot B \cdot \overline{C}+B \cdot C$

(3) $X=B \cdot \overline{C}+\overline{B} \cdot C$

思考与练习 1-4 使用开关和电阻实现下面的电路：当两个信号 A 和 B 都为“0”，或者

第三个信号 C 为“1”的时候(不考虑 A 和 B 的状态)，将输出 X 为 LHV(规定开关闭合为“1”，开关断开为“0”)。并使用真值表说明其逻辑关系。

思考与练习 1-5 分析图 1.21～图 1.25 给出的半导体晶体管电路结构，完成表 1.4～表 1.8，并说明所实现的逻辑关系。

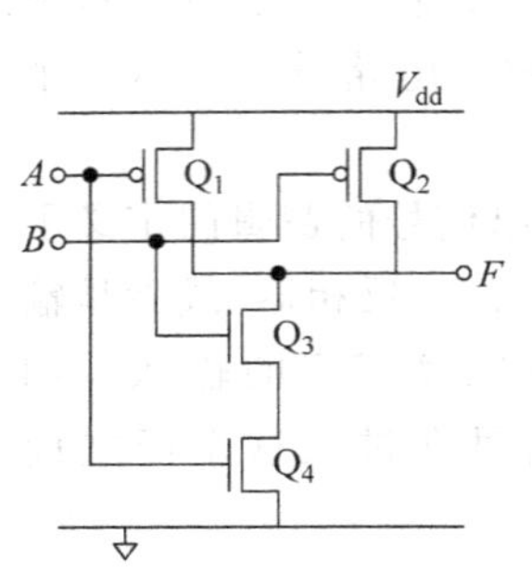

图 1.21 晶体管构成逻辑电路 1

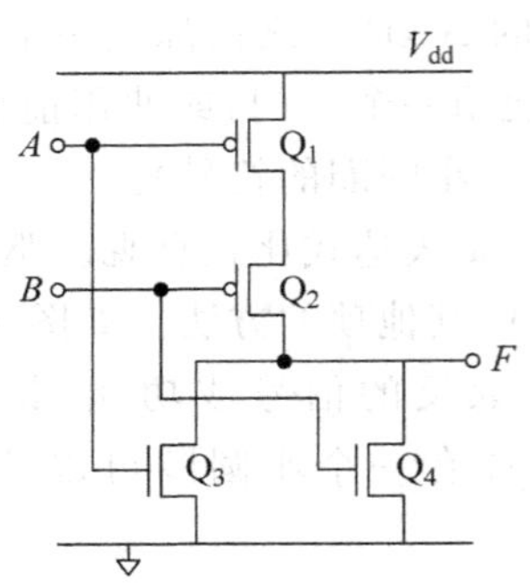

图 1.22 晶体管构成逻辑电路 2

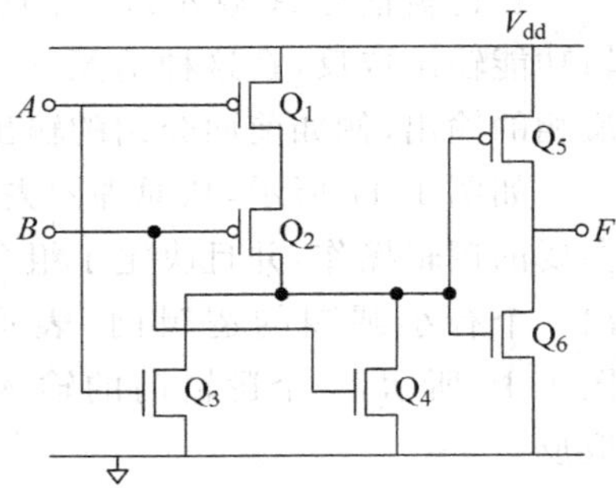

图 1.23 晶体管构成逻辑电路 3

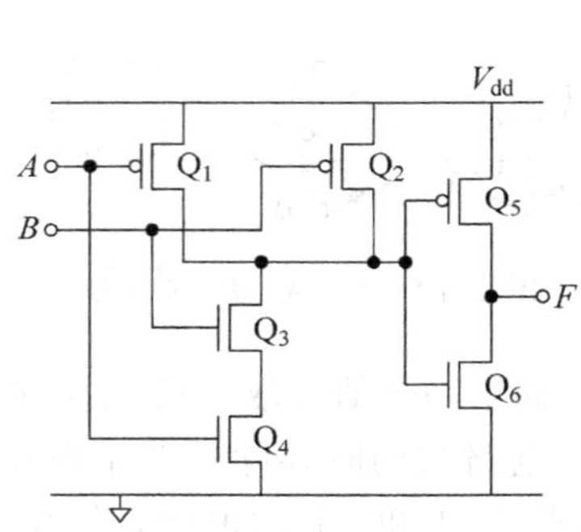

图 1.24 晶体管构成逻辑电路 4

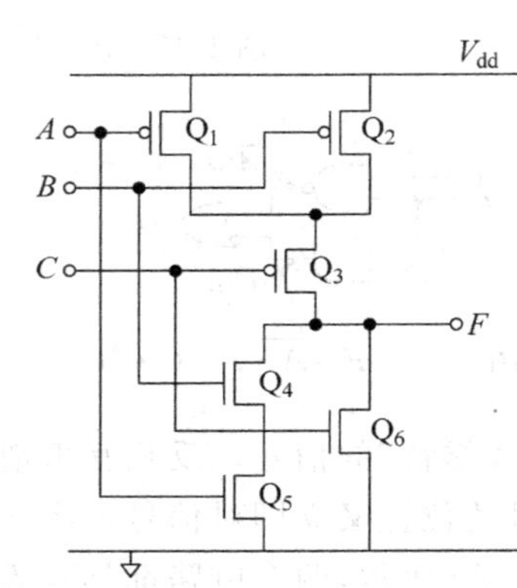

图 1.25 晶体管构成逻辑电路 5

表 1.4 晶体管功能表(1)

A	B	Q_1	Q_2	Q_3	Q_4	F
0	0					
0	1					
1	0					
1	1					

表 1.5 晶体管功能表(2)

A	B	Q_1	Q_2	Q_3	Q_4	F
0	0					
0	1					
1	0					
1	1					

表 1.6 晶体管功能表(3)

A	B	Q_1	Q_2	Q_3	Q_4	Q_5	Q_6	F
L	L							
L	H							
H	L							
H	H							

表 1.7 晶体管功能表(4)

A	B	Q_1	Q_2	Q_3	Q_4	Q_5	Q_6	F
L	L							
L	H							
H	L							
H	H							

表 1.8 晶体管功能表(5)

A	B	C	Q_1	Q_2	Q_3	Q_4	Q_5	Q_6	F
L	L	L							
L	L	H							
L	H	L							
L	H	H							
H	L	L							
H	L	H							
H	H	L							
H	H	H							

思考与练习 1-6 请说明为实现下面的逻辑运算关系，所需要的最少的晶体管个数。NAND ________，OR ________，INV ________，AND ________，NOR ________。

思考与练习 1-7 如图 1.26 所示，分别写出下面逻辑电路所实现的逻辑表达式。

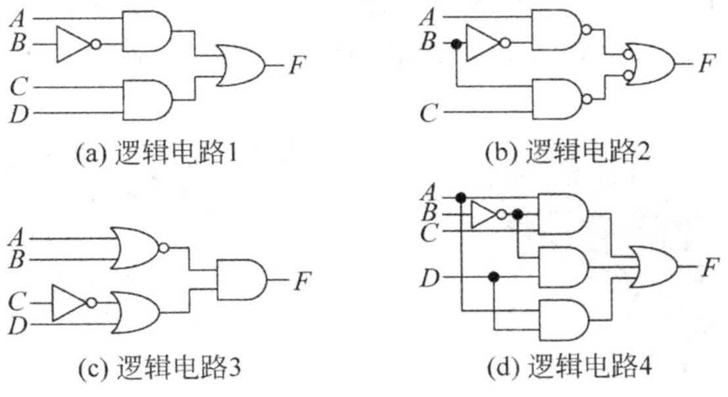

图 1.26 不同逻辑电路

1.3 半导体数字集成电路

本节将介绍集成电路的发展、构成和集成电路版图。

1.3.1 集成电路的发展

从数字逻辑发展图可以知道集成电路的发展分为四个主要的阶段：

(1) 20 世纪 60 年代早期出现了第一片集成电路，其集成的晶体管数量少于 100 个，该集成电路称为小规模集成电路(small-scale integrated circuit, SSI)。

(2) 60 年代后期出现了中规模集成电路(medium-scale integrated circuit, MSI)，其集成的晶体管数量达到几百个。

(3) 70 年代中期，出现了大规模集成电路(large-scale integrated circuit, LSI)，其集成的晶体管数量达到几千个。

(4) 80 年代早期，出现了超大规模集成电路(very-large-scale-integrated circuit, VLSI)，其集成晶体管的数量超过了 100 000 个。80 年代后期，集成的晶体管数量超过了 1 000 000 个。到 90 年代，集成的晶体管数量超过了 10 000 000，而到了 2004 年，这一数量已经超过了100 000 000 个。现在这一数量已突破 1 000 000 000 个。

1.3.2 集成电路构成

术语“芯片”和集成电路都是指半导体电路，即在一个硅片上，集成了大量的微型晶体管。这些芯片的功能有些只能实现很简单的逻辑开关功能，有些则可以实现非常复杂的处理功能。对于实现比较简单逻辑功能的芯片来说，一个硅片上可能只集成了少量的晶体管；而对于功能比较复杂的芯片来说，一个硅片上可能集成了几百万个晶体管。有些已经存在了很长时间的芯片，只实现最基本的功能，如“74XXX”系列芯片，是最简单的小规模集成电路，只集成了少量的逻辑电路，其中 7400 芯片，包含四个独立的与非门逻辑电路。

如图 1.27(a)和(b)所示，芯片本身，即芯片裸片远远小于其外部的封装。在制造芯片的过程中，这个小的、脆弱的芯片被粘到(使用环氧树脂)封装中间的底部，将键合线连接到器件裸片，并且和外部的引脚进行连接，然后，将封装的上半部分进行永久粘合。对于小的集成电路来说，只有几个外部引脚，而对于规模较大的集成电路，引脚的个数可能超过几百个，甚至达到几千个。图 1.28 给出了集成电路的另一种常用的 LQFP 封装的内部结构。

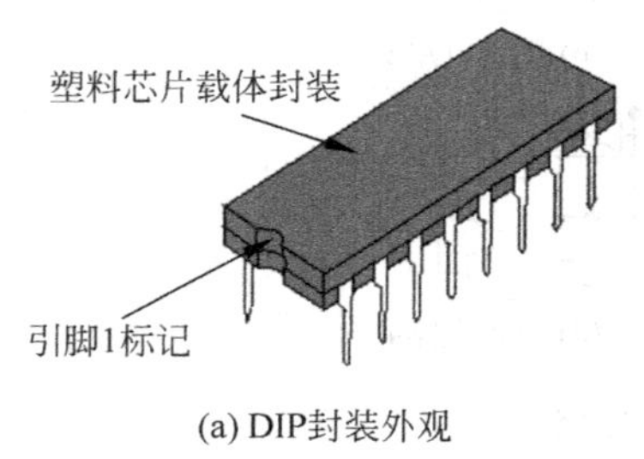

(a) DIP封装外观

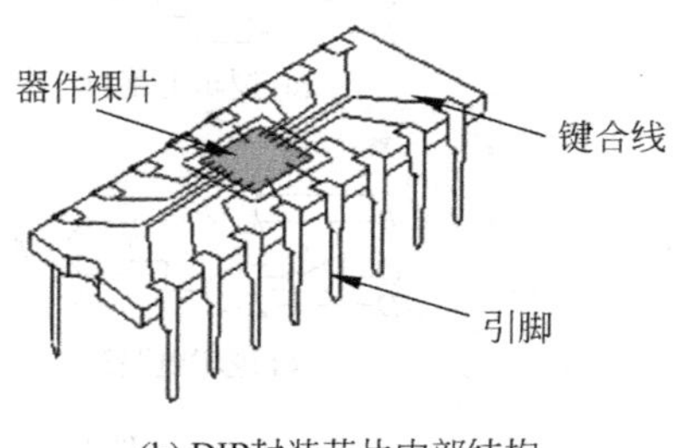

(b) DIP封装芯片内部结构

图 1.27 集成电路的 DIP 封装

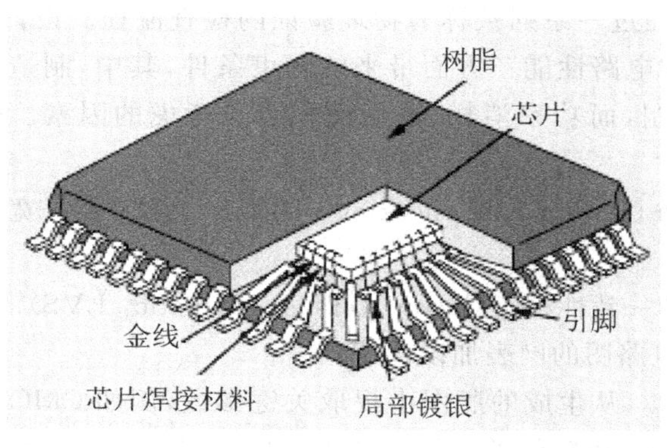

图 1.28 集成电路的 LQFP 封装

1.3.3 集成电路版图

集成电路版图(integrated circuit layout),是真实集成电路物理情况的平面几何形状描述,图 1.29 所示集成电路版图是集成电路设计中最底层步骤物理设计的成果.物理设计通过布局、布线技术将逻辑综合的成果——门级的网表转换成物理版图文件,这个文件包含了各个硬件单元在芯片上的形状、面积和位置信息。版图设计的结果必须遵守制造工艺、时序、面积、功耗等的约束,版图设计是借助电子设计自动化工具来完成的。集成电路版图完成后,整个集成电路设计流程基本结束。随后,半导体加工厂会接收版图文件,使用具体的半导体器件制造技术制造实际的硬件电路。

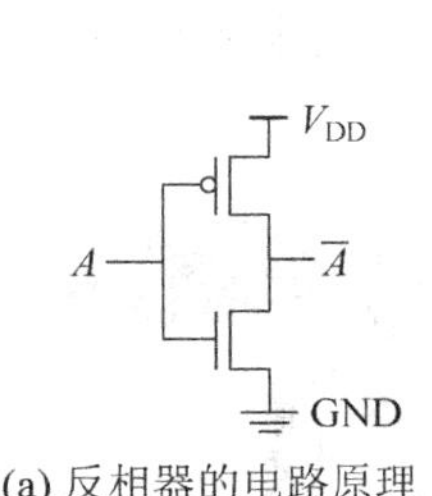

(a) 反相器的电路原理

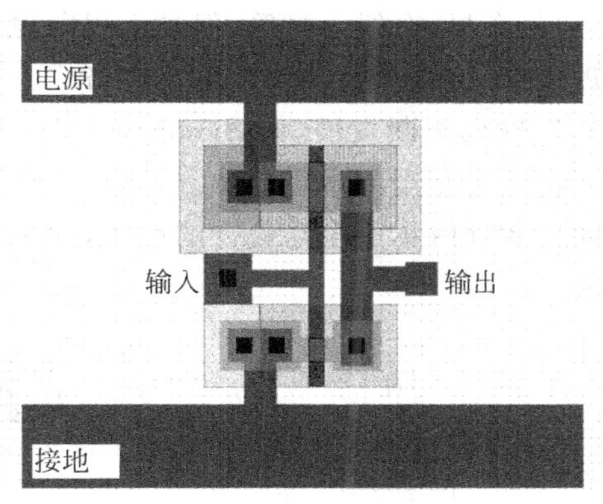

(b) 反相器的集成电路版图

图 1.29 反相器的电路原理和集成电路版图

如果以标准的工业流程进行集成电路制造,即化学、热学以及一些与光刻有关的变量可以得到精确控制,那么最终制造出的集成电路的行为在很大程度上取决于不同“几何形状”之间的相互连接以及位置决定。集成电路布局工程师的工作是将组成集成电路芯片的所有组件安置和连接起来,并符合预先的技术要求,通常这些技术要求包括性能、尺寸和制造可行性。在版图图形中,不同颜色图形形状分别代表金属、二氧化硅或组成集成电路组件的其他半导体层。同时,版图可以提供导体、隔离层、接触、通孔、掺杂注入层等方面的信息。

生成的版图必须经过一系列被称为物理验证的检查流程。设计人员必须使版图满足制造工艺、设计流程和电路性能三方面带来的约束条件，其中，制造工艺往往要求电路符合最小线宽等工艺限制，而功率消耗、占用面积也是考虑的因素。验证流程中常见的步骤如下：

(1) 设计规则检查(design rule checking, DRC)　通常会对宽度、间距、面积等进行检验。

(2) 版图与电路图一致性检查(layout versus schematic, LVS)　将原始电路图的网表与版图中提取出来的电路图的网表加以比较。

(3) 版图参数提取　从生成的版图中提取关键参数，例如CMOS的长宽比、耦合电容等。另外可以获得电路的逻辑门延迟和连线延迟参数，从而进行更精确的仿真。

(4) 电学规则检查　检查是否存在通路、短路、孤立节点等情况。

在所有的验证完成之后，版图数据会转换成一种在工业界通用的标准格式，通常是GDSII格式，然后将它送到半导体硬件厂商进行制造。这一数据传送过程被称为下线，这一术语源于这些数据以往是通过磁带运输到工厂的。半导体硬件厂商进一步将标准格式的数据转换成另一种格式，并用它来生产用于进行半导体器件制造中光刻步骤的掩膜等精密规格的器材。

在集成电路发展的早期，集成电路的复杂程度较低，因此设计任务也没如今那么困难，其版图设计主要依靠人工在不透明的磁带和胶片上完成，这在一定程度上类似人们使用印刷电路板来完成中小型电路的设计。现代超大规模集成电路的版图设计通常需要在集成电路版图编辑器等软件的辅助下完成，大多数复杂的步骤都可以使用电子设计自动化工具代替人工劳动，包括布局、布线工具等，但是工程师也必须掌握操作这些软件的技术。整个有关版图的物理设计、仿真往往涉及大量文件格式。随着计算机功能的不断强化，自动化集成电路版图工具软件也不断发展，如Synopsys、Mentor Graphics、Cadence、Compass和Daisy等公司的产品占据了相当的市场份额。

为了帮助读者理解集成电路设计的版图，图1.30给出了与非基本逻辑单元集成电路的版图表示方法。

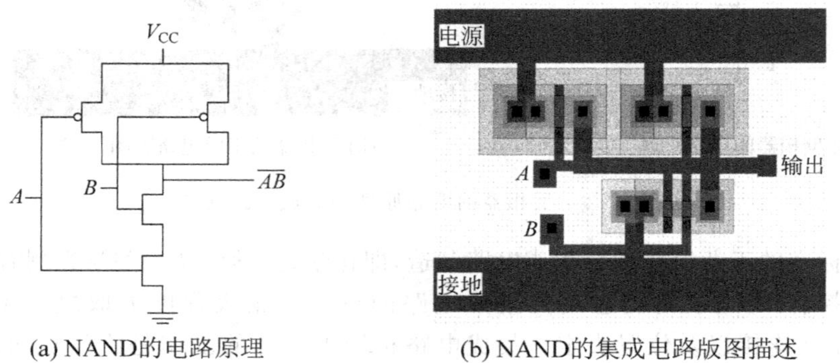

(a) NAND的电路原理　(b) NAND的集成电路版图描述

图1.30　NAND的电路原理和集成电路版图描述

思考与练习1-8　请说明一个芯片包含哪些部分。

思考与练习1-9　请说明集成电路版图的作用。

1.4 基本逻辑门电路分析

在数字电路中,所谓的基本逻辑门就是实现基本逻辑关系的电路,包括逻辑非门、逻辑与门、逻辑与非门、逻辑或门、逻辑或非门、逻辑异或门、逻辑同或门。本节对这些门进行分析。

1.4.1 基本逻辑门电路的描述

1. 逻辑非门(反相器)

图 1.31 给出了逻辑非门的符号,英文称为 NOT 或者 INV。逻辑非门的特性是逻辑输出电平和逻辑输入电平相反。

表 1.9 给出了非门输入和输出关系真值表描述,图 1.32 给出了逻辑非门的输入和输出关系图(在本节中,"1"表示逻辑高电平,"0"表示逻辑低电平)。

图 1.31 非门的不同符号表示

表 1.9 逻辑非门输入和输出的真值表

逻辑输入	逻辑输出
1	0
0	1

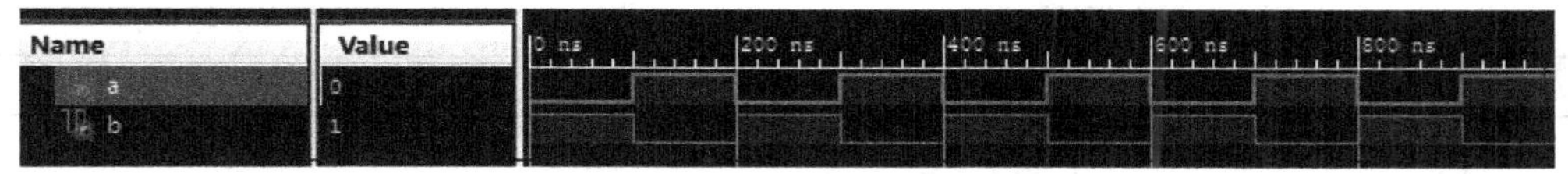

图 1.32 逻辑非门的输入和输出关系

注:在本书中,除非有特别声明外,"1"表示逻辑高电平,"0"表示逻辑低电平。

2. 逻辑与门

图 1.33 给出了逻辑与门的符号,英文称为 AND。逻辑与门的特性是当所有逻辑输入电平为高的时候,输出才为高电平;否则,在其他逻辑输入情况下,输出均为低电平。

图 1.33 逻辑与门的不同符号表示

表 1.10 给出了逻辑与门输入和输出关系真值表描述,图 1.34 给出了逻辑与门的输入和输出关系图。

表 1.10 逻辑与门输入和输出的真值表

逻辑输入		逻辑输出
A	B	X
0	0	0
0	1	0
1	0	0
1	1	1

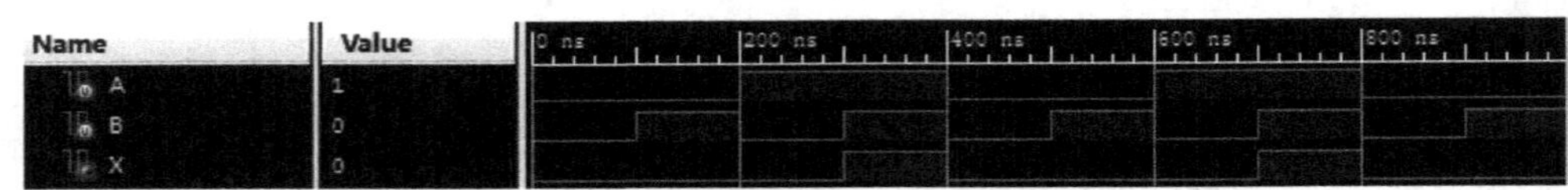

图 1.34　逻辑与门的输入和输出关系

3. 逻辑与非门

图 1.35 给出了逻辑与非门的符号，英文称为 NAND。逻辑与非门与逻辑与门的特性相反，逻辑与非门的特性是当所有逻辑输入电平为高的时候，输出为低电平；否则，在其他逻辑输入情况下，输出均为高电平。

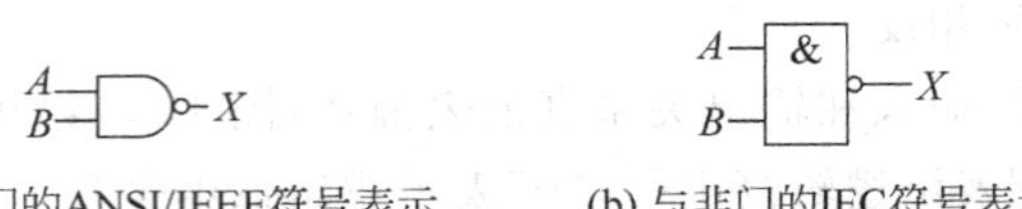

(a) 与非门的ANSI/IEEE符号表示　　(b) 与非门的IEC符号表示

图 1.35　逻辑与非门的不同符号表示

表 1.11 给出了逻辑与非门输入和输出关系真值表描述，图 1.36 给出了逻辑与非门的输入和输出关系图。

表 1.11　逻辑与非门输入和输出的真值表

逻辑输入		逻辑输出
A	B	X
0	0	1
0	1	1
1	0	1
1	1	0

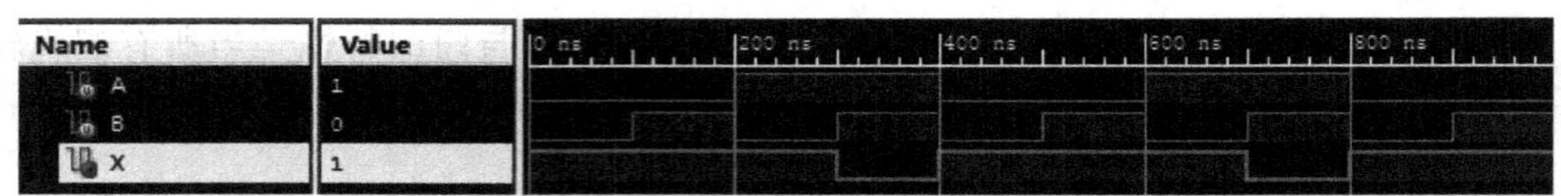

图 1.36　逻辑与非门的输入和输出关系

4. 逻辑或门

图 1.37 给出了逻辑或门的符号，英文称为 OR。逻辑或门的特性是当逻辑输入存在高电平的时候，输出就为高电平；只有在所有逻辑输入都为低电平情况下，输出才为低电平。

(a) 或门的ANSI/IEEE符号表示　　(b) 或门的IEC符号表示

图 1.37　逻辑或门的不同符号表示

表 1.12 给出了逻辑或门输入和输出关系真值表描述，图 1.38 给出了逻辑或门的输入和输出关系图。

表 1.12　逻辑或门输入和输出的真值表

逻辑输入		逻辑输出
A	B	X
0	0	0
0	1	1
1	0	1
1	1	1

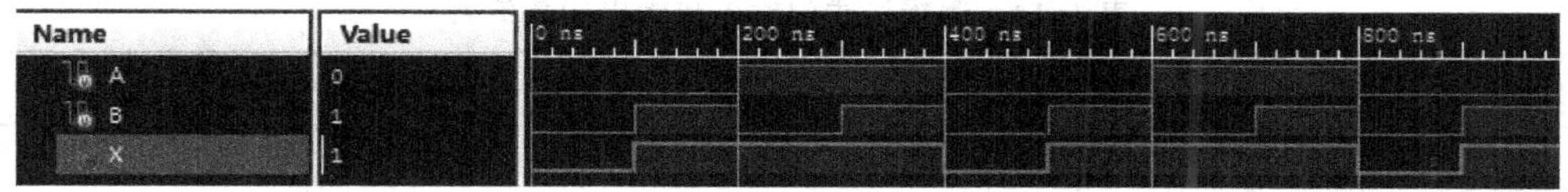

图 1.38　逻辑或门的输入和输出关系

5. 逻辑或非门

图 1.39 给出了逻辑或非门的符号，英文称为 NOR。逻辑或非门和逻辑或门的输出特性相反，逻辑或非门的特性是当逻辑输入存在高电平的时候，输出就为低电平；只有在所有逻辑输入都为低电平情况下，输出才为高电平。

(a) 或非门的ANSI/IEEE符号表示　(b) 或非门的IEC符号表示

图 1.39　逻辑或非门的不同符号表示

表 1.13 给出了逻辑或非门输入和输出关系真值表描述，图 1.40 给出了逻辑或非门的输入和输出关系图。

表 1.13　逻辑或非门输入和输出的真值表

逻辑输入		逻辑输出
A	B	X
0	0	1
0	1	0
1	0	0
1	1	0

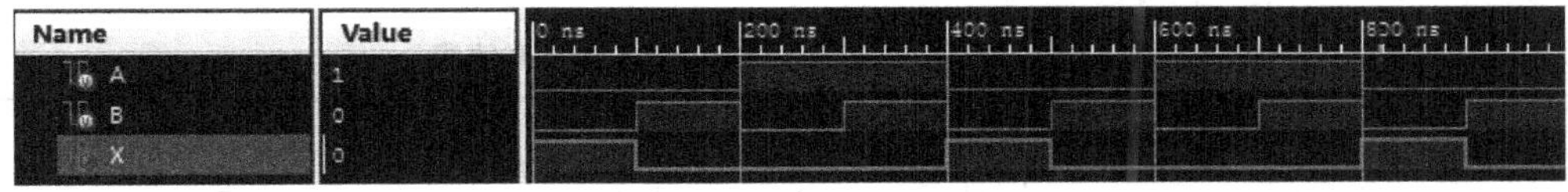

图 1.40　逻辑或非门的输入和输出关系

6. 逻辑异或门

图 1.41 给出了逻辑异或门的符号，英文称为 XOR。逻辑异或门的特性是当逻辑输入电平不相同的时候，输出为高电平；否则，当逻辑输入电平相同的时候，输出为低电平。

(a) 异或门的ANSI/IEEE符号表示　　(b) 异或门的IEC符号表示

图 1.41　逻辑异或门的不同符号表示

表 1.14 给出了逻辑异或门输入和输出关系真值表描述，图 1.42 给出了逻辑异或门的输入和输出关系图。

表 1.14　逻辑异或门输入和输出的真值表

逻辑输入		逻辑输出
A	*B*	*X*
0	0	0
0	1	1
1	0	1
1	1	0

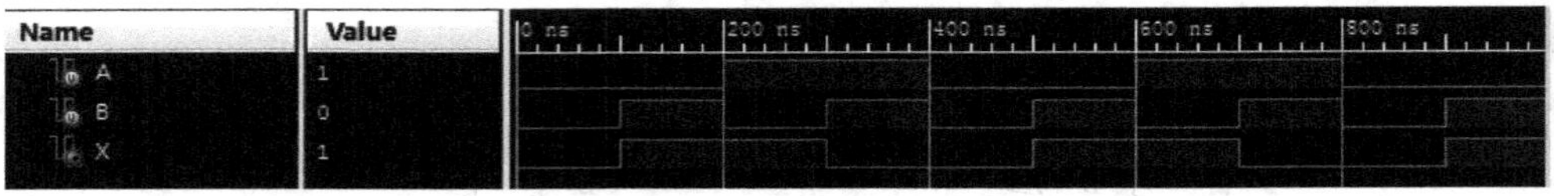

图 1.42　逻辑异或门的输入和输出关系

7. 逻辑异或非门(逻辑同或门)

图 1.43 给出了逻辑异或非门的符号，英文称为 XNOR。逻辑异或非门的输出特性和逻辑异或门的输出特性相反，逻辑异或非门的特性是当逻辑输入电平相同的时候，输出为高电平；否则，当逻辑输入电平不相同的时候，输出为低电平。

(a) 异或非门的ANSI/IEEE符号表示　(b) 异或非门的IEC符号表示

图 1.43　逻辑异或非门的不同符号表示

表 1.15 给出了逻辑异或非门输入和输出关系真值表描述，图 1.44 给出了逻辑异或非门的输入和输出关系图。

表 1.15　逻辑异或非门输入和输出的真值表

逻辑输入		逻辑输出
A	*B*	*X*
0	0	1
0	1	0
1	0	0
1	1	1

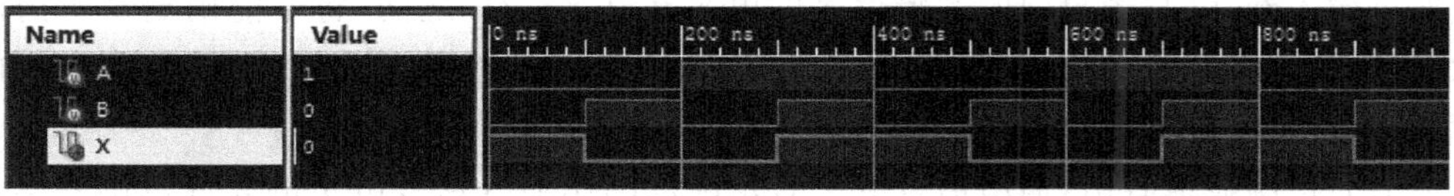

图 1.44 逻辑异或非门的输入和输出关系

1.4.2 逻辑门电路的传输特性

逻辑门电路的传输特性主要包括逻辑电平、噪声容限、传输延迟、扇入和扇出、功耗等指标。

1. 逻辑高电平和逻辑低电平

逻辑门电路的输入和输出只有两种类型的信号，即“高(1)”和“低(0)”，它们通过一个变化的电压表示：一个满的供电电压用于表示“高”状态，而零电压用于表示“低”状态。在一个理想的世界中，所有的逻辑电路信号只存在这些电压的极值，不会和它们不同(比如“高”状态小于满供电电压，“低”状态高于零电压)。然而，在实际中，由于晶体管本身的原因，逻辑信号的电平很少能达到这些理想的极限。因此，需要理解门电路信号电平的限制。

1) TTL 逻辑高电平和逻辑低电平

图 1.45 给出了一个 TTL 半导体工艺生成的非逻辑门的内部结构，其供电电压 V_{cc} 为 5±0.25V。理想情况，一个 TTL 的信号逻辑高电平为5.00V，逻辑低电平为 0.00V。然而，一个真实的 TTL 门不能输出这样完美的电压值。所以，如图 1.46 所示，需要接受 TTL 的输出的“高”和“低”状态，偏离这些理想值的事实。

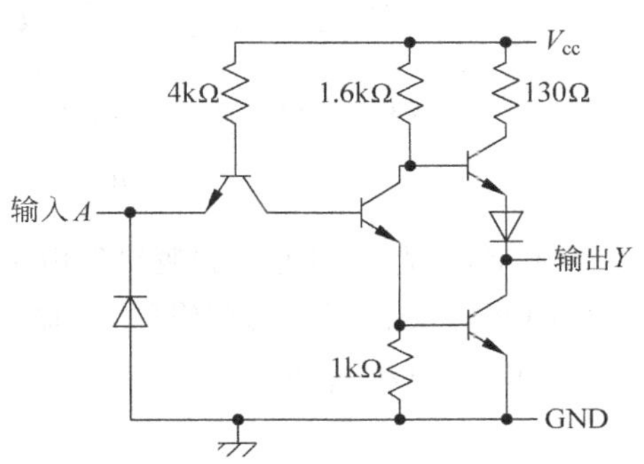

图 1.45 74LS04 非门的 TTL 内部结构

(1) 对于输入信号来说，可以接受的“低”逻辑状态范围为 0～0.8V，表示为 V_{IL}(输入逻辑低门限)；可以接受的“高”逻辑状态范围为 2～5V，表示为 V_{IH}(输入逻辑高门限)。

(2) 对于输出信号来说，可以接受的范围由芯片的制造厂商，在一个给定的负载条件范围给定。输出为“低”状态范围为 0～0.5V，表示为 V_{OL}(输出逻辑低门限)；输出为“高”状态范围为 2.7～5V，表示为 V_{OH}(输出逻辑高门限)。

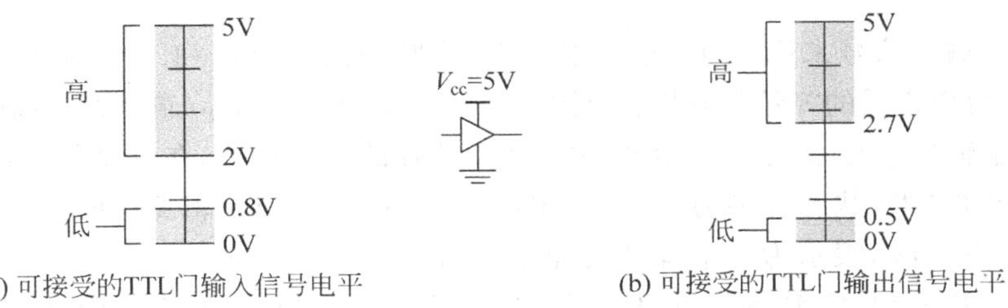

(a) 可接受的TTL门输入信号电平 (b) 可接受的TTL门输出信号电平

图 1.46 TTL 逻辑门输入和输出信号电平

如果输入到TLL逻辑门的逻辑信号的电平在0.8～2V之间，将不能确定逻辑门的输出状态。此时，将逻辑门输出的信号称为不确定的，芯片制造厂商没有对这个电平范围的逻辑信号进行明确的定义。

由上面很明显地看出，输出信号电平的允许范围比输入信号电平的允许范围要窄。这样，当把一个TTL逻辑门的输出送入到另一个TTL门的输入时，保证其范围在另一个TTL逻辑门可接受的范围内。将所允许的输入和输出范围之间的不同称为逻辑门的噪声容限。如图1.47所示，对于TTL逻辑门来说，低电平噪声容限为

$$0.8V-0.5V=0.3V$$

高电平噪声容限为

$$2.7V-2V=0.7V$$

简单地说，噪声容限是虚假的或者"噪声"电压的峰值量，它是叠加在一个弱的门输出电压上，接收逻辑门可能错误地理解它。

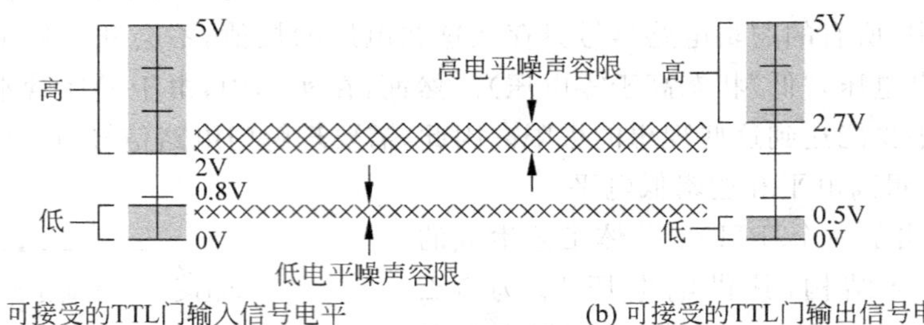

图1.47　TTL逻辑门噪声容限

2）CMOS逻辑高电平和逻辑低电平

CMOS半导体工艺的逻辑门，其输入和输出规范不同于TTL，图1.48为工作在供电电压为5V的CMOS逻辑门。

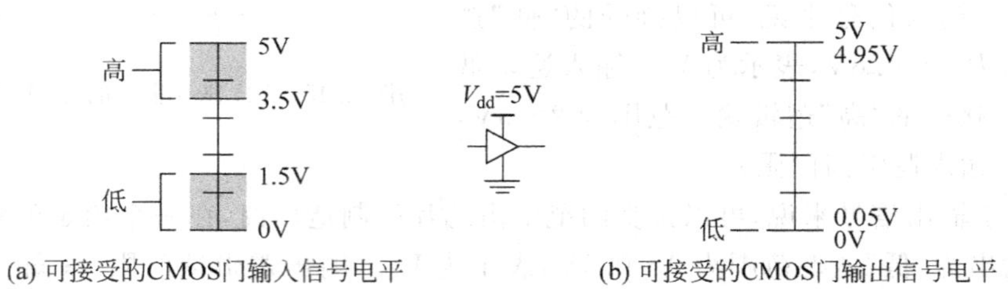

图1.48　5V CMOS逻辑门输入和输出信号电平

(1) 对于输入信号来说，可以接受的"低"逻辑状态范围为0～1.5V，表示为V_{IL}(输入逻辑低门限)；可以接受的"高"逻辑状态范围为3.5～5V，表示为V_{IH}(输入逻辑高门限)。

(2) 对于输出信号来说，可以接受的范围由芯片的制造厂商，在一个给定的负载条件范围给定。输出的"低"状态范围为0～0.05V，表示为V_{OL}(输出逻辑低门限)；输出的"高"状态范围为4.95～5V，表示为V_{OH}(输出逻辑高门限)。

从图中可以看出，CMOS门电路的噪声容限要大于TTL的噪声容限，CMOS低电平和高电平的噪声容限为1.45V，远远大于TTL门电路的噪声容限。换句话说，在不发生逻辑理解错误的前提下，CMOS电路可容忍叠加的噪声电压是TTL的两倍。

当工作在更高的工作电压时，CMOS 噪声容限将更大。不像 TTL，其供电电压限制在 5V。而 CMOS 的供电电压最高可以达到 15V（一些 CMOS 可以达到更高的 18V）。图 1.49 给出了当供电电压为 10V 时的输入和输出信号电平，图 1.50 给出了当供电电压为 15V 时的输入和输出信号电平。图中，可接受的“高”和“低”信号的容限更大。基于制造商给出的规范，它表示了输入信号性能的“最坏情况”。

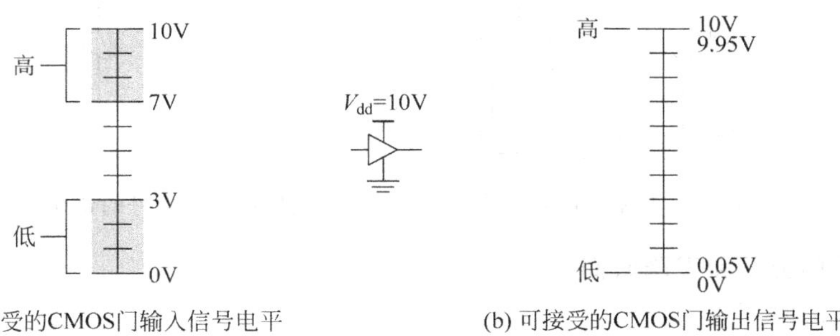

图 1.49　10V CMOS 逻辑门输入和输出信号电平

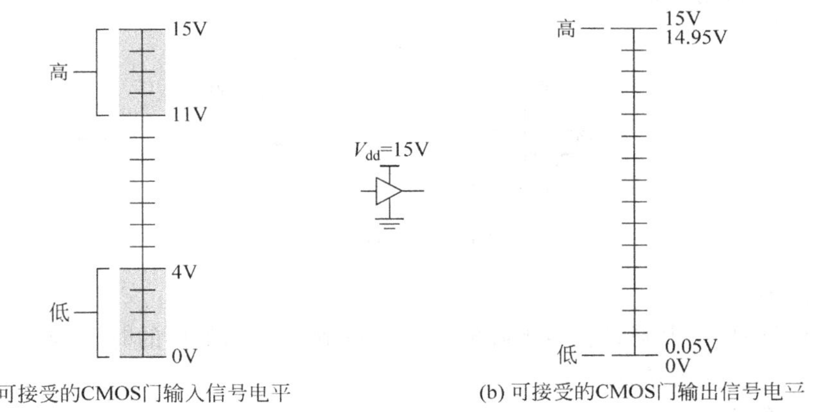

图 1.50　15V CMOS 逻辑门输入和输出信号电平

3）逻辑电路对一个可变输入电压的响应

由上面的分析可以知道，所谓的逻辑高电平和逻辑低电平用于控制逻辑门的状态发生翻转变化。逻辑门的翻转变化，主要是逻辑高到逻辑低，以及从逻辑低到逻辑高；当然，还允许出现高阻和不确定状态。如图 1.51 所示，当输入电压大于高或者低于低逻辑输入门限时，逻辑门的输出电平在 5V 和 0V 这两个状态值上变化。

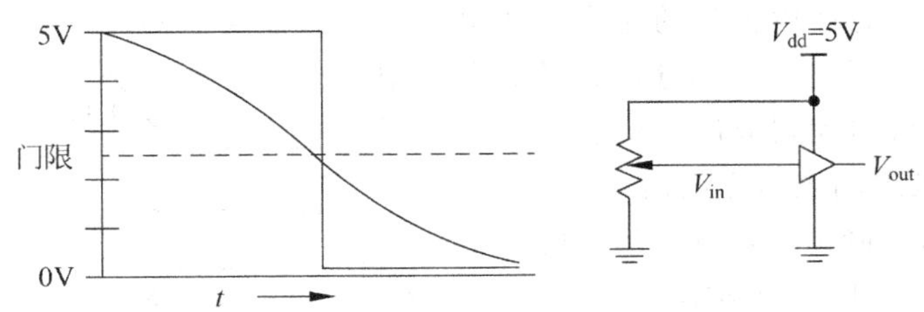

图 1.51　TTL 逻辑门对可变连续输入电压的响应

4）逻辑电路对噪声的容限

如图1.52所示，在直流输入信号上叠加了交流噪声电压。当交流噪声电压超过噪声容限时，将造成逻辑电路对输入信号错误的理解。

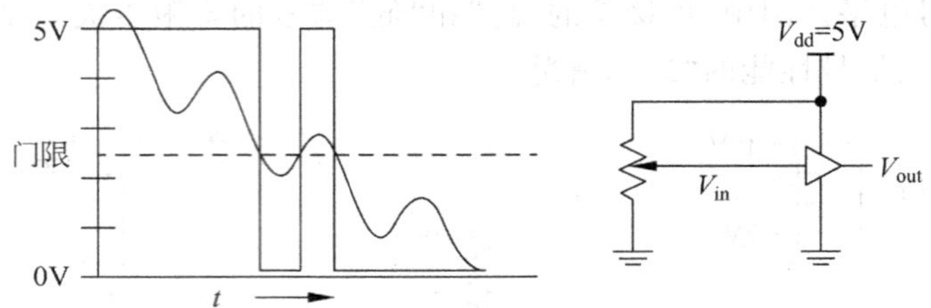

图1.52　叠加在直流上的交流噪声造成逻辑电路对信号的错误理解

2. 逻辑门上升和下降时间

1）上升沿时间

如图1.53所示，从脉冲信号上升沿10%上升到90%所经历的时间，表示从逻辑低到逻辑高变化的快慢，用 t_r 表示。

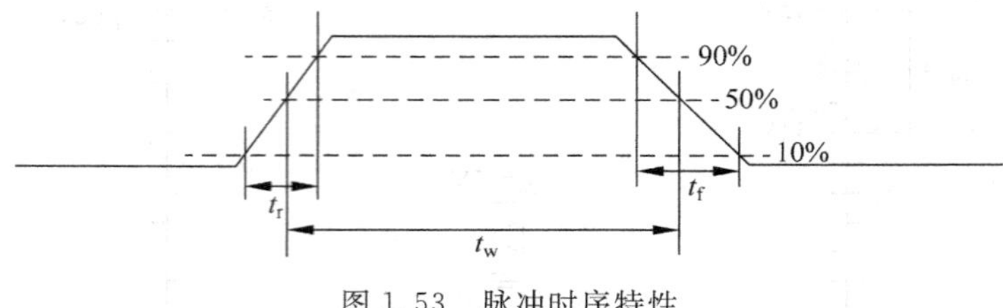

图1.53　脉冲时序特性

2）下降沿时间

如图1.53所示，从脉冲信号下降沿90%下降到10%所经历的时间，表示从逻辑高到逻辑低变化的快慢，用 t_f 表示。

3. 脉冲宽度

如图1.53所示，两个脉冲幅值的50%的时间点之间所跨越的时间，用 t_w 表示。脉冲宽度的最小值受到半导体器件工艺特性的约束。当脉冲宽度的最小值小于半导体器件导通或者截止的时间要求时，输入脉冲的状态变化不会反映到逻辑门的输出。

4. 逻辑门传输延迟

传输延迟时间是衡量门电路开关速度的重要参数，用于说明当给逻辑门输入脉冲时，需要用多长时间，才能在逻辑门的输出反映出来。如图1.54所示，很明显，不管什么样的半导体工艺，逻辑门从输入到输出一定会存在着传输延时。传输延迟的表示方法是：

（1）输出波形下降沿与输入波形下降沿中点之间的时间间隔，用 t_{PHL} 表示。

（2）输出波形上升沿与输入波形上升沿中点之间的时间间隔，用 t_{PLH} 表示。

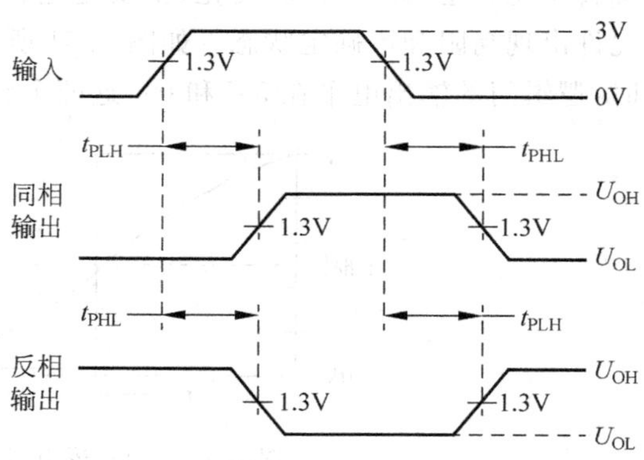

图1.54　逻辑门传输延迟特性

下面通过一个具体的例子，说明传输延迟对数字逻辑的影响。如图 1.55 所示，假设每个逻辑门的延迟都是相同的，表示为 τ_D。逻辑信号 B 在进入与非门前，通过了一个反相器，结果 $\overline{B}$ 比 C 延迟 τ_D 到达逻辑门，在延迟 $2\tau_D$ 时间后，输入的变化才反映到输出，然后输入给最后一个与非门。

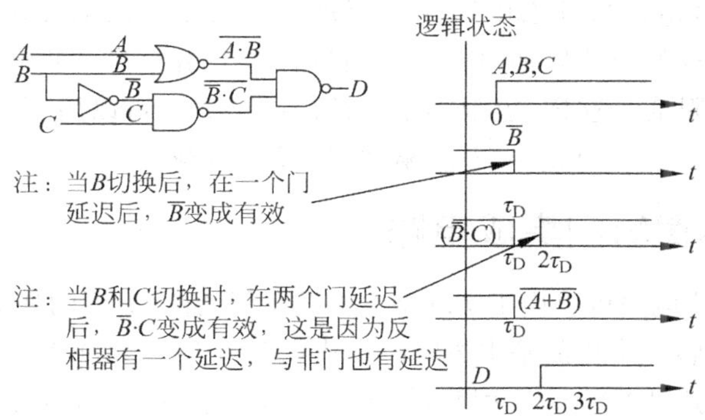

图 1.55　传输延迟对数字逻辑的影响

5. 功耗

功耗是衡量逻辑门的一个重要指标。典型地，当 CPU 正常工作时，需要用一个风扇散热。如果散热不好，则会导致 CPU 温度过高，计算机发生死机情况。任何逻辑门，必须解决好功耗问题，否则会严重影响半导体器件的“寿命”。一个逻辑门的功耗包含两部分，即静态功耗和动态功耗。

1）静态功耗

静态功耗是指逻辑电路没有发生逻辑状态翻转时，所消耗的能量。对于 TTL 工艺的半导体器件，存在较大的静态功耗，而对于 CMOS 工艺来说，静态功耗几乎为零。所以，在半导体数字集成电路中，多采用 CMOS 工艺来制造半导体集成电路。

2）动态功耗

动态功耗是指逻辑电路发生逻辑状态翻转时，所消耗的能量。通常，CMOS 的动态功耗用下式表示

$$P_T = (C_{PD} + C_L)V_{DD}^2 f$$

其中，f 为输出信号的翻转频率，单位为 Hz；V_{DD} 为逻辑门的供电电压，单位为 V；C_{PD} 为功耗电容，单位为 F；C_L 为负载电容，单位为 F。

很明显，降低器件的翻转速度和逻辑门的供电电压就可以显著地降低逻辑门的功耗，这就是为什么近年来，半导体厂商不断改进工艺，降低供电电压的重要原因。比如，CMOS 的最低供电电压已经降低到 1V 以下。

6. 扇入和扇出

1）扇入

逻辑门输入端口的个数，比如一个 2 输入的与门，其扇入数为 2。

2）扇出

在逻辑门正常工作下，所能驱动同类型门电路的最大个数。扇出数越大，表示逻辑门的驱动能力越强。扇出驱动能力受到下面两个因素的限制：

（1）拉电流：负载电流从驱动门流向外部电路。当负载的个数增加时，总的拉电流将增加，会引起输出高电压的降低，但不能低于输出高电平的下限值，这就限制了负载门的个数。可用下面的公式表示

$$N_{OH} = I_{OH}(\text{驱动门})/I_{IH}(\text{负载门})$$

（2）灌电流：负载电流从外部电路流入驱动门。当驱动门的输出为低电压时，负载电流流入驱动门。当负载的个数增加时，灌电流将增加，会引起输出低电压的升高，但是，不能高于输出低电平的上限值。这样，也限制了负载门的个数。可以用下面的公式表示

$$N_{OL} = I_{OL}(\text{驱动门})/I_{IL}(\text{负载门})$$

1.4.3 基本逻辑门集成电路

很多小规模的集成电路可以用于实现基本的逻辑门功能，典型的如74LSXX系列的器件。如图1.56和图1.57所示，常用的基本逻辑门集成电路大多采用DIP封装，引脚的个数为14。这些DIP封装的电源引脚在第14个引脚，标记为V_{cc}，地引脚在第7个引脚，标记为GND。

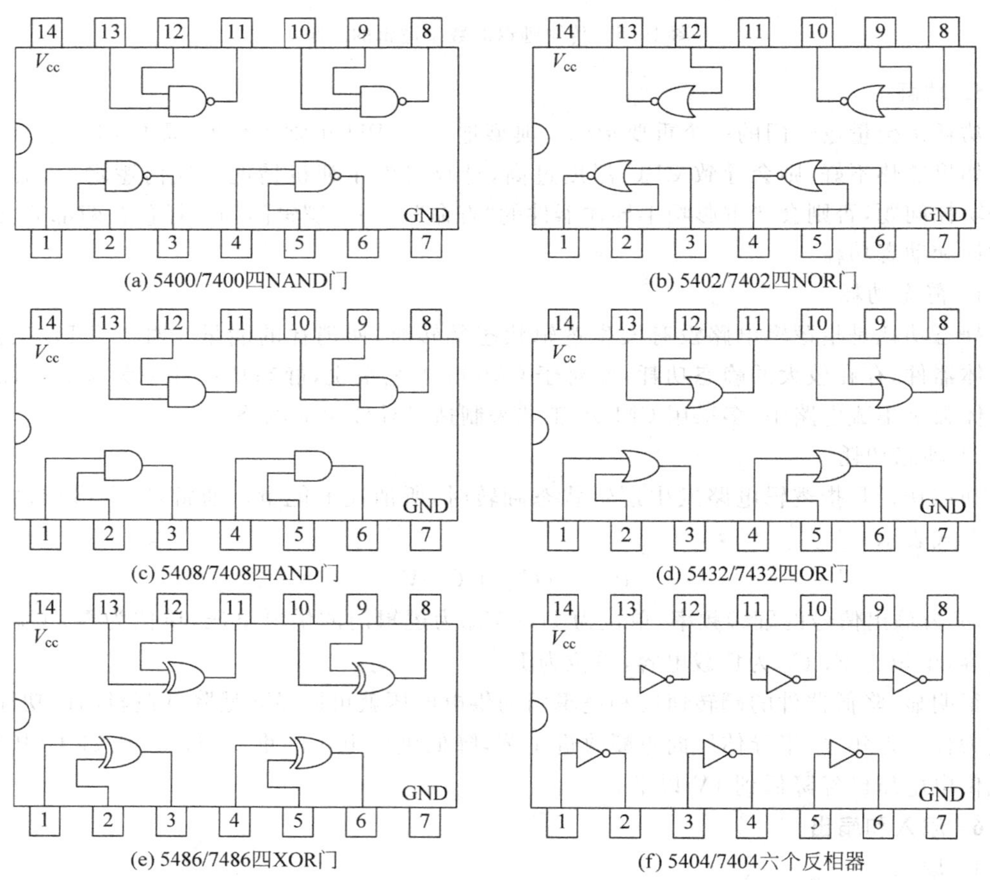

图1.56 基本逻辑门集成电路(1)

当器件型号以74开头时，表示是商用级TTL。如果器件型号以54开头，表示是军用级，其工作温度更宽。

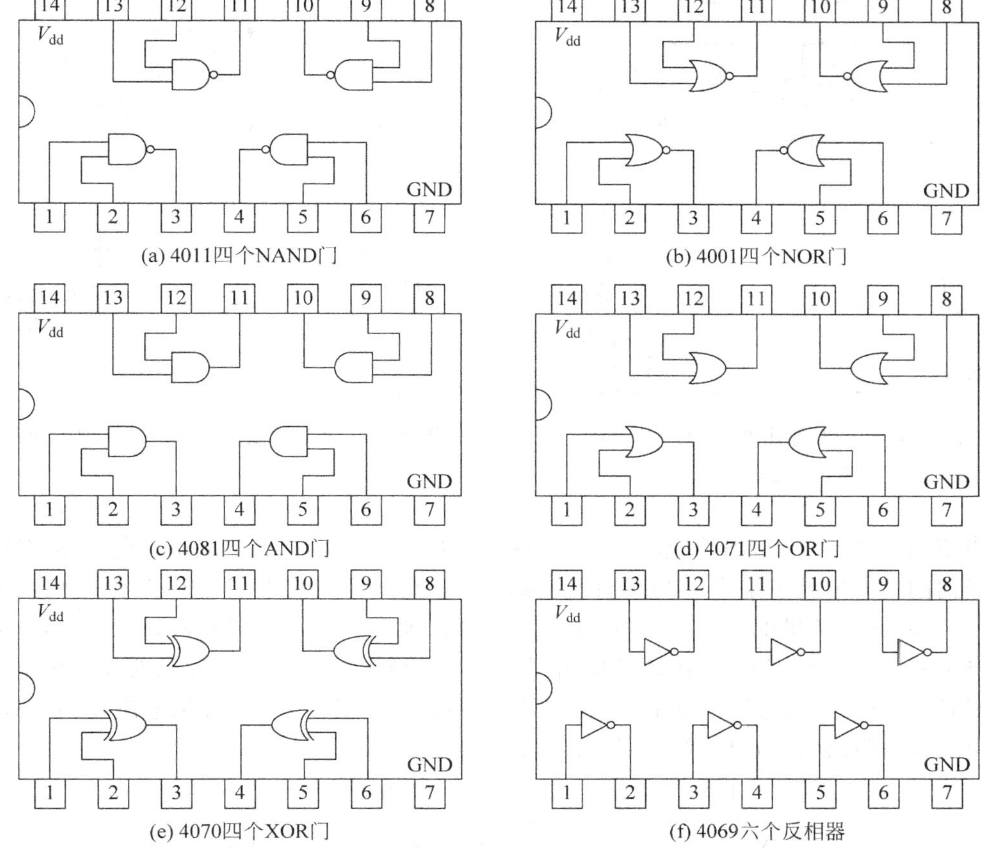

图 1.57　基本逻辑门集成电路(2)

74/54 后面的字母"LS"表示"低功耗的肖特基"电路，使用了肖特基势垒二极管和晶体管，用于降低功耗。不使用肖特基的门电路，将消耗更多的功耗，但是由于更快的切换时间，因此器件可以工作在更高的工作频率上。

1.4.4　不同工艺逻辑门的连接

由于 TTL 和 CMOS 技术所要求的电平不一样，因此当在一个系统中使用两种不同工艺制造的逻辑门时，会出现问题。尽管 TTL 和 CMOS 都可以在 5V 供电电压下正常工作，但是 TTL 输出电平和 CMOS 输入电平的要求并不一致。

1. TTL 逻辑门驱动 CMOS 逻辑门

如图 1.58 所示，一个 TTL NAND 门的输出，送给一个 CMOS 的反相器。所有的逻辑门都是通过 5V 供电(V_{cc})。如果 TTL 门输出一个"低"信号(在 0～0.5V 之间)，CMOS 逻辑门输入将正确地理解这个 TTL 的输出低信号，将其作为 CMOS 逻辑门的低输入信号(CMOS 的期望低电压输入范围 0～1.5V)。然而，如果 TTL 逻辑门输出一个高信号(范围 2.7～5V 之间)，可能 CMOS 门输入就不能正确地理解这个高输出(CMOS 的高输入范围 3.5～5V 之间)。TTL 的输出在 2.7～3.5V 之间时，将认为是 CMOS 的不确定区域。如

图 1.59 所示，通过在 TTL 输出端上拉一个电阻，解决这个电平不匹配的问题。

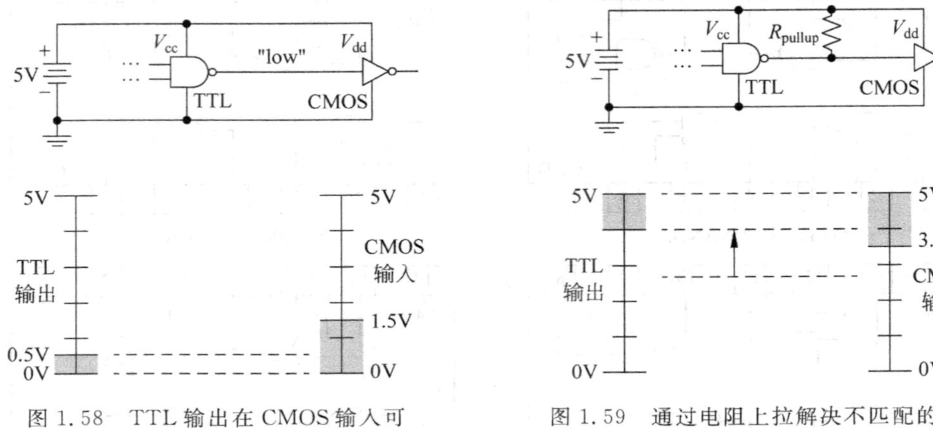

图 1.58　TTL 输出在 CMOS 输入可接受的范围

图 1.59　通过电阻上拉解决不匹配的问题

当使用 10V 给 CMOS 供电时，这种处理方法也同样适用。对于低电平的理解，CMOS 没有任何问题。但是当来自 TTL 门的高输出信号就是另一回事了。TTL 的高输出范围 2.7～5V，而在 10V 供电时，CMOS 的输入高有效范围是 7～10V。如图 1.60 所示，如果使用集电极开路的 TTL 门代替图腾柱输出门，10V 的上拉电阻会将 TTL 门的高输出电压抬高到 CMOS 门的供电电压。由于集电极开路的门只能是灌电流，没有拉电流，高状态电平完全由上拉电阻决定。这样，解决了不匹配的问题。

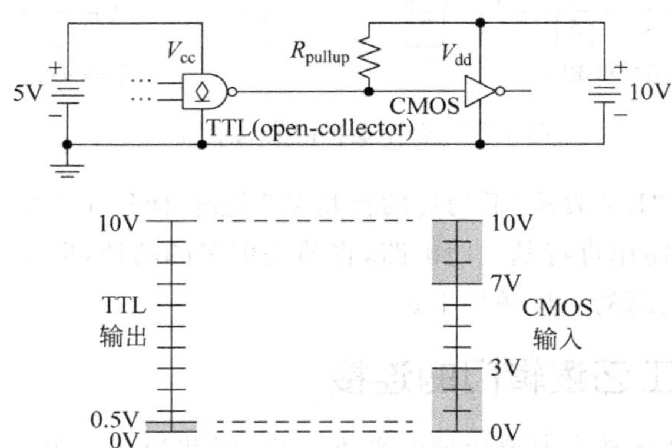

图 1.60　TTL 的高低输出都在 CMOS 的输入范围

2. CMOS 逻辑门驱动 TTL 逻辑门

由于 CMOS 门优良的输出电压特性，当 CMOS 输出连接到 TTL 输入时没有任何问题。唯一需要注意的问题是 TTL 输入端的电流负载。当在低状态时，对于每个 TTL 输入来说，CMOS 输出必须是灌电流。

当 CMOS 由超过 5V 的电源供电时，将导致一个问题，即 CMOS 的高输出将大于 5V，将高于 TTL 门输入允许的高信号范围。如图 1.61 所示，解决这个问题的方法是使用一个分立的 NPN 晶体管构造一个集电极开路的反相器，将 CMOS 逻辑门连接到 TTL 逻辑门。

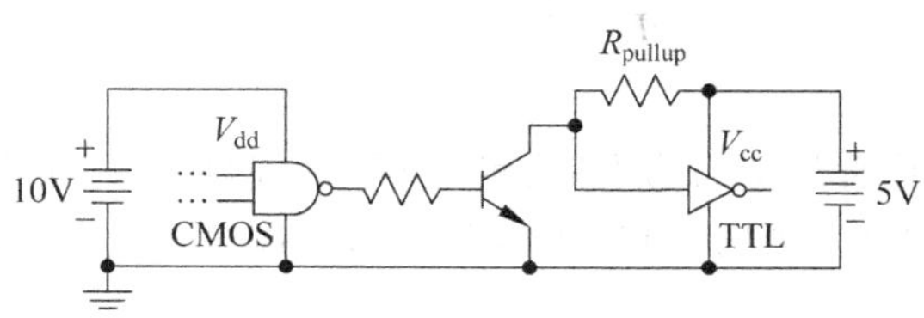

图 1.61　CMOS 逻辑门驱动 TTL 逻辑门

思考与练习 1-10　根据图 1.45，分析 74LS04 非门的工作原理。

思考与练习 1-11　请说明用于描述逻辑门传输特性的指标。

思考与练习 1-12　请解释噪声容限，并说明计算方法。

思考与练习 1-13　对于 5V 供电的 TTL 和 CMOS 电路来说，分别说明对于输入和输出端，其逻辑高电平和逻辑低电平门限。

思考与练习 1-14　请说明逻辑门上升时间和下降时间的定义及计算方法。

思考与练习 1-15　请说明逻辑门脉冲宽度的定义及计算方法。

思考与练习 1-16　请说明逻辑门延迟的定义及计算方法。

思考与练习 1-17　请说明逻辑电路功耗的定义及计算方法。

思考与练习 1-18　请说明逻辑电路扇入和扇出的定义及计算方法。

思考与练习 1-19　请说明 74 系列和 54 系列数字集成电路的区别。

思考与练习 1-20　请举例说明 TTL 和 CMOS 电路之间的连接方法。

1.5　逻辑代数理论

逻辑代数，也叫作开关代数。起源于英国数学家乔治·布尔(George Boole)于 1849 年创立的布尔代数，是数字电路设计理论中的数字逻辑科目的重要组成部分。逻辑变量之间的因果关系以及依据这些关系进行的布尔逻辑的推理，可用代数运算表示出来，这种代数称为逻辑代数。其定义为：逻辑代数是一个由逻辑变量集、常量“0”和“1”及“与”“或”“非”三种运算所构成的代数系统，其中，逻辑变量集是指逻辑代数中所有变量的集合。

1.5.1　逻辑代数中运算关系

参与逻辑运算的变量称为逻辑变量，用字母 $A,B,\cdots,Z$ 表示。每个变量的取值非“0”即“1”。“0”“1”不表示数的大小，而是代表两种不同的逻辑状态。

1. 正、负逻辑规定

(1) 正逻辑体制。高电平为逻辑“1”，低电平为逻辑“0”。

(2) 负逻辑体制。低电平为逻辑“1”，高电平为逻辑“0”。

除非特殊的说明，本书使用的都是正逻辑体制。

2. 逻辑函数

如果有若干个逻辑变量(如 A、B、C、D)按与、或、非三种基本运算组合在一起，得到一个表达式 L。对逻辑变量的任意一组取值(如 0000、0001、0010)，L 有唯一的值与之对应，则称 L 为逻辑函数。由逻辑变量 A、B、C、D 所表示的逻辑函数记为

$$L=f(A、B、C、D)$$

3. 逻辑运算与性质

两个主要的二元运算符号定义为∧(逻辑与)和∨(逻辑或)，把单个一元运算符号定义为¬(逻辑非)；还使用值0(逻辑假)和1(逻辑真)。逻辑代数有下列性质：

1) 结合律

$$a \wedge (b \wedge c) = (a \wedge b) \wedge c$$

$$a \vee (b \vee c) = (a \vee b) \vee c$$

2) 交换律

$$a \vee b = b \vee a$$

$$a \wedge b = b \wedge a$$

3) 吸收律

$$a \vee (a \wedge b) = a$$

$$a \wedge (a \vee b) = a$$

4) 分配律

$$a \vee (b \wedge c) = (a \vee b) \wedge (a \vee c)$$

$$a \wedge (b \vee c) = (a \wedge b) \vee (a \wedge c)$$

5) 互补律

$$a \vee \neg a = 1$$

$$a \wedge \neg a = 0$$

6) 幂等律

$$a \vee a = a$$

$$a \wedge a = a$$

7) 有界律

$$a \vee 0 = a$$

$$a \vee 1 = 1$$

$$a \wedge 1 = a$$

$$a \wedge 0 = 0$$

8) 德-摩根定律

$$\neg (a \vee b) = \neg a \wedge \neg b$$

$$\neg (a \wedge b) = \neg a \vee \neg b$$

9) 对合律

$$\neg \neg a = a$$

为了和目前各种教科书的表示方法进行兼容，在本书后面将逻辑与表示成“·”，逻辑或表示为“+”，逻辑非表示为“－”，异或表示为⊕。

4. 逻辑代数的基本规则

1) 代入规则

任何一个包含变量 X 的等式，如果将所有出现 X 的位置，都用一个逻辑函数 F 进行替换，此等式仍然成立。例如，等式

$$B \cdot (A + C) = B \cdot A + B \cdot C$$

将所有出现 A 的地方，用函数 $E+F$ 代替，则等式仍然成立

$$B \cdot [(E + F) + C] = B \cdot (E + F) + B \cdot C = B \cdot E + B \cdot F + B \cdot C$$

2）对偶规则

设 F 是一个逻辑函数式，如果将 F 中的所有的 · 变成 +，+ 变成 ·，0 变成 1，1 变成 0，而变量保持不变。那么就得到了一个逻辑函数式 $\overline{F}$，这个 $\overline{F}$ 就称为 F 的对偶式。如果两个逻辑函数 F 和 G 相等，则它们各自的对偶式 $\overline{F}$ 和 $\overline{G}$ 也相等。例如

$$F = A + B$$

使用对偶规则将上式改写为

$$\overline{F} = A \cdot B$$

吸收律 $A+\overline{A} \cdot B=A+B$ 成立，则它们的对偶式

$$A \cdot (\overline{A} + B) = A \cdot B$$

也是成立的。

3）反演规则

当已知一个逻辑函数 F，求 $\overline{F}$ 时，只要把 F 中的所有 · 变成 +，+ 变成 ·，0 变成 1，1 变成 0，原变量变成反变量，反变量变成原变量，即得 $\overline{F}$。例如，等式

$$F = \overline{A} \cdot \overline{B} + C \cdot D$$

使用反演规则，得到 $\overline{F}$ 表示为

$$\overline{F} = (A + B) \cdot (\overline{C} + \overline{D})$$

1.5.2 逻辑函数表达式

所有的逻辑函数表达式，不管逻辑关系多复杂，一定可以使用“与或”表达式或者“或与”表达式表示。由于在逻辑函数表达式中，逻辑与关系用符号“·”表示，逻辑或关系用符号“+”表示。所以，与或表达式也称之为积之和(sum of product，SOP)表达式，或与表达式也称之为和之积(product of sum，POS)表达式。

1. “与或”表达式

“与或”表达式指由若干“与项”进行“或”运算构成的表达式。每个“与项”可以是单个变量的原变量或者反变量，也可以由多个原变量或者反变量相“与”组成。例如：AB、$\overline{A}BC$、$\overline{C}$ 均为“与项”。“与项”又被称为“乘积项”。将这 3 个“与项”相“或”便可构成一个 3 变量函数的“与或”表达式，表示为

$$F(A,B,C) = A \cdot B + \overline{A} \cdot B \cdot C + \overline{C}$$

更进一步地，用真值表确切地来表示“与或”表达式，如表 1.16 所示。对于 SOP 表达式来说：

(1) 对于包含 3 个输入变量 A、B 和 C 的真值表，可以使用 3 输入变量的逻辑与门。对于真值表中 Y 输出为“1”的每一行，要求一个 3 输入的逻辑与门。

(2) 如果该行的某个输入变量出现“0”，表示对该输入变量取反。

(3) 所有的逻辑与项连接到一个 M 输入的逻辑或门(M 为 Y 输出为“1”的行的个数，在

此处 $M=3$）。

（4）逻辑或门的输出是该逻辑函数的输出。

所以，最后 Y 的输出用下面的逻辑等式表示

$$Y = A \cdot \overline{B} \cdot C + \overline{A} \cdot B \cdot C + \overline{A} \cdot \overline{B} \cdot C$$

表 1.16　真值表

A	B	C	Y	最小项
0	0	0	0	
0	0	1	1	$\overline{A} \cdot \overline{B} \cdot C$
0	1	0	0	
0	1	1	1	$\overline{A} \cdot B \cdot C$
1	0	0	0	
1	0	1	1	$A \cdot \overline{B} \cdot C$
1	1	0	0	
1	1	1	0	

2. “或与”表达式

指由若干“或项”进行“与”运算构成的表达式。每个“或项”可以是单个变量的原变量或者反变量，也可以由多个原变量或者反变量相“或”组成。例如：$A+B$、$B+C$、$A+\overline{B}+C$、D 均为“或项”。将这 4 个“或项”相“与”便可构成一个 4 变量函数的“或与”表达式，表示为

$$F(A,B,C,D) = (A+B) \cdot (B+C) \cdot (A+\overline{B}+C) \cdot D$$

更进一步地，用真值表确切地来表示“或与”表达式，如表 1.17 所示。对于 POS 表达式来说：

表 1.17　真值表

A	B	C	Y	最大项
0	0	0	0	$A+B+C$
0	0	1	1	
0	1	0	0	$A+\overline{B}+C$
0	1	1	1	
1	0	0	0	$\overline{A}+B+C$
1	0	1	1	
1	1	0	0	$\overline{A}+\overline{B}+C$
1	1	1	0	$\overline{A}+\overline{B}+\overline{C}$

（1）对于包含 3 个输入变量 A、B 和 C 的真值表，可以使用 3 输入变量的逻辑或门。对于真值表中 Y 输出为“0”的每一行，要求一个 3 输入的逻辑或门。

（2）如果该行的某个输入变量出现“1”，表示对该输入变量取反。

（3）所有的逻辑或项连接到一个 M 输入的逻辑与门（M 为 Y 输出为“0”的行的个数，在

此处 $M=5$）。

（4）逻辑与门的输出是该逻辑函数的输出。

所以，最后 Y 的输出用下面的逻辑等式表示

$$Y=(A+B+C)\cdot(A+\overline{B}+C)\cdot(\overline{A}+B+C)\cdot(\overline{A}+\overline{B}+C)\cdot(\overline{A}+\overline{B}+\overline{C})$$

通常，逻辑函数表达式可以被表示成任意的混合形式，例如

$$F(A,B,C)=(A\cdot\overline{B}+C)(A+\overline{B}\cdot C)+B$$

该逻辑函数既不是“与或”式也不是“或与”式。但不论什么形式最终都可以变换成 SOP 或者 POS 这两种最基本的形式。

3. 最小项和最大项

在上面的 SOP 表达式中，每个乘积项包含所有三个输入变量。同样，在 POS 表达式中，每个和项包含所有三个输入变量。包含三个输入变量的乘积项称为最小项，包含三个输入变量的和项称为最大项。如果将一个给定行上的输入 1 或者 0 当作一个二进制数，则最大项或者最小项的数字可以分配到真值表中的每一行。因此，上面的 SOP 等式包含最小项 1,3 和 5；POS 等式包含最大项 0,2,4,6 和 7。在 SOP 等式内的最小项中，输入变量值为 1 表示取输入变量的原值，而输入变量为 0 表示取输入变量的反值。如表 1.18 所示，为上面的真值表添加最小项和最大项的表示。

表 1.18　用最小项和最大项表示

A	B	C	#	最小项	最大项	F
0	0	0	0	$\overline{A}\cdot\overline{B}\cdot\overline{C}$	$A+B+C$	0
0	0	1	1	$\overline{A}\cdot\overline{B}\cdot C$	$A+B+\overline{C}$	1
0	1	0	2	$\overline{A}\cdot B\cdot\overline{C}$	$A+\overline{B}+C$	0
0	1	1	3	$\overline{A}\cdot B\cdot C$	$A+\overline{B}+\overline{C}$	1
1	0	0	4	$A\cdot\overline{B}\cdot\overline{C}$	$\overline{A}+B+C$	0
1	0	1	5	$A\cdot\overline{B}\cdot C$	$\overline{A}+B+\overline{C}$	1
1	1	0	6	$A\cdot B\cdot\overline{C}$	$\overline{A}+\overline{B}+C$	0
1	1	1	7	$A\cdot B\cdot C$	$\overline{A}+\overline{B}+\overline{C}$	0

通过对最小项和最大项编码，将 SOP 和 POS 等式用简化方式表示。SOP 等式使用符号 $\sum$，表示乘积项求和；POS 等式使用 $\prod$，表示和项求积。真值表内输出为 1 的一行定义了一个最小项，输出为 0 的一行定义了最大项。下面给出使用最小项和最大项的简单表示方法

$$F=\sum m(1,3,5)$$

$$F=\prod M(0,2,4,6,7)$$

思考与练习 1-21　请画出下面等式所表示的逻辑电路。

$$F=\sum m(1,2,6)$$

$$G=\prod M(0,7)$$

思考与练习 1-22 请画出下面等式所表示的逻辑电路。

$$F=\sum m(1,5,9,11,13)$$

$$G=\prod M(0,4,7,10,14)$$

1.6 逻辑表达式的化简

一个数字逻辑电路由很多逻辑门构成，这些逻辑门由输入信号驱动，然后，由这些逻辑门产生输出信号。逻辑电路的行为要求可以通过真值表或者逻辑表达式进行描述。这些方式定义了逻辑电路的行为，即：如何对逻辑输入进行组合，然后驱动输出。但是，它们并没有说明如何构建一个电路以满足这些要求。

对于任何特定的逻辑关系来说，只存在一个真值表，但是可以找到很多的逻辑等式和逻辑电路来描述和实现相同的关系。为什么会存在很多的逻辑等式呢？这是由于这些逻辑等式可能存在多余的、不必要的逻辑门。这些逻辑门的存在和消除，并不会改变逻辑输出。如图 1.62 所示，图中只有一个真值表，但是存在不同的电路描述，分成 POS 和 SOP 两种方式，这些表达式有些是最简的，有些不是最简的，即存在冗余的逻辑门。

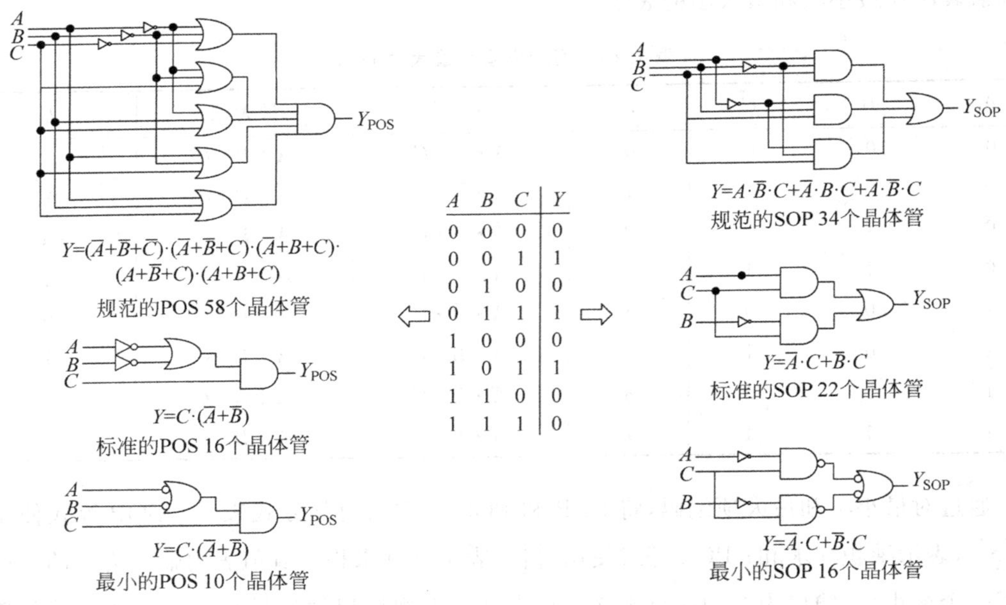

图 1.62 逻辑关系的不同电路表示方式

逻辑表达式化简的目的是使实现要求的逻辑功能所消耗的逻辑门个数最少，也就是所消耗晶体管的个数是最少的。通过得到最简的逻辑表达式，使得实现所要求逻辑功能的物理成本降到最低。逻辑表达式的化简可以通过下面的两种方式实现：

(1) 运用逻辑代数的基本公式及规则可以对逻辑函数进行变换，从而得到表达式的最简形式。这里所谓的最简形式是指最简“与或”逻辑表达式或者是最简“或与”逻辑表达式，它们的判别标准有两条，即①项数最少；②在项数最少的条件下，项内的文字最少。

(2) 卡诺图是遵循一定规律构成的。由于这些规律,使逻辑代数的许多特性在图形上得到形象而直观的体现,从而使它成为公式证明、函数化简的有力工具。

1.6.1 使用运算律化简逻辑表达式

布尔代数也许是化简逻辑方程最古老的方法。它提供一个正式的算术系统,使用这个算术系统来化简逻辑方程,尝试找到用于表达逻辑功能的最简方程。这是一个有效的算术系统:

(1) 它有三个元素集{"0","1","A"},其中"A"是可以假设为"0"或"1"的任意变量。

(2) 两个二进制操作("逻辑与"或交集,"逻辑或"或并集)。

(3) 一个一元运算(取反或互补)。

集合之间的操作通过三种运算实现,很容易就能从这些运算的逻辑真值表得出基本的与、或、非运算规则,结合律、交换律和分配律可以直接使用真值表证明。下面只列出分配律的真值表,如表 1.19 所示,深色的列使用了分配律,两边等效。这里没有给出用真值表证明简单结合律和交换律的过程,但是能够推导出来。

表 1.19 真值表验证分布律

A B C	A+B	B+C	A+C	A·B	B·C	A·C	A·(B+C)	(A·B)+(A·C)	A+(B·C)	(A+B)·(A+C)
0 0 0	0	0	0	0	0	0	0	0	0	0
0 0 1	0	1	1	0	0	0	0	0	0	0
0 1 0	1	1	0	0	0	0	0	0	0	0
0 1 1	1	1	1	0	1	0	0	0	1	1
1 0 0	1	0	1	0	0	0	0	0	1	1
1 0 1	1	1	1	0	0	1	1	1	1	1
1 1 0	1	1	1	1	0	0	1	1	1	1
1 1 1	1	1	1	1	1	1	1	1	1	1

"逻辑与"运算优先于"逻辑或"运算,使用括号可以指定逻辑运算的优先级。因此,下面的两个等式是两个等效的逻辑表达式。

$$A \cdot B + C = (A \cdot B) + C$$

$$A + B \cdot C = A + (B \cdot C)$$

在定义共轭逻辑门运算时,为了观察其特性,德-摩根定律提供了一个规范的代数描述方法,即同一个逻辑电路可以用 AND 或 OR 功能实现来表示,这取决于输入和输出电压值的表示方式。德-摩根定律适用于任意多个输入的逻辑系统中,表现形式为

$$\overline{A \cdot B} = \overline{A} + \overline{B} \quad \text{(NAND 形式)}$$

$$\overline{A + B} = \overline{A} \cdot \overline{B} \quad \text{(NOR 形式)}$$

德-摩根定律一般也适用于 XOR 功能,只是使用了一个不同的形式。当 XOR 奇数个输入信号有效时,那么 XOR 的输出也是有效的;对于 XNOR 来说,当偶数个输入信号有效

时，其输出也是有效的。因此，对 XOR 功能的单个输入取反，或者对它的输出取反，等效于 XNOR 的功能；同样地，对 XNOR 功能的单个输入取反，或者对它的输出取反，等效于 XOR 功能。对一个输入及输出取反，或者对两个输入取反，XOR 的功能将变为 XNOR，反之亦然。观察这些结果推导出一个适用于输入为任意数目的 XOR 功能的德-摩根定律

$$F=A\ \text{xnor}\ B\text{xnor}\ C\Leftrightarrow F=(\overline{A\oplus B\oplus C})\Leftrightarrow F=\overline{A}\oplus B\oplus C\Leftrightarrow F=(\overline{\overline{A}\oplus\overline{B}\oplus C})$$

$$F=A\ \text{xor}\ B\ \text{xor}\ C\Leftrightarrow F=A\oplus B\oplus C\Leftrightarrow F=\overline{A}\oplus\overline{B}\oplus C\Leftrightarrow F=(\overline{A\oplus\overline{B}\oplus C})$$

注：在多输入的 XOR 电路中，单个输入取反可以移动到任何一个其他的信号线上且不会改变逻辑结果。其次是任何信号取反都可以用一个同相信号和一个 XNOR 功能代替。在后续的内容中这些性质将非常有用。

如图 1.63～图 1.66 所示的电路都表明了布尔代数的规则。

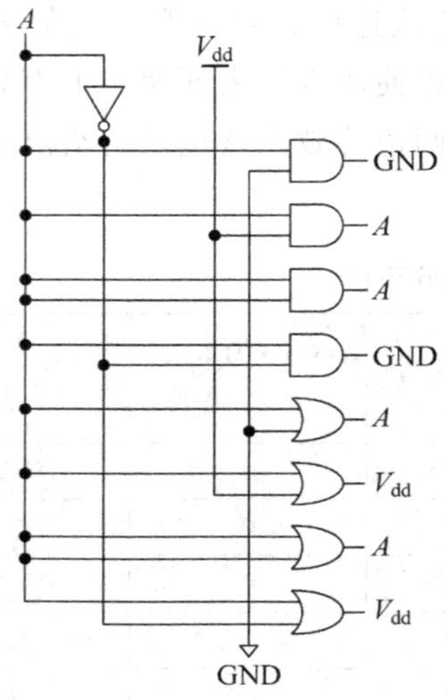

图 1.63　AND/OR 规则

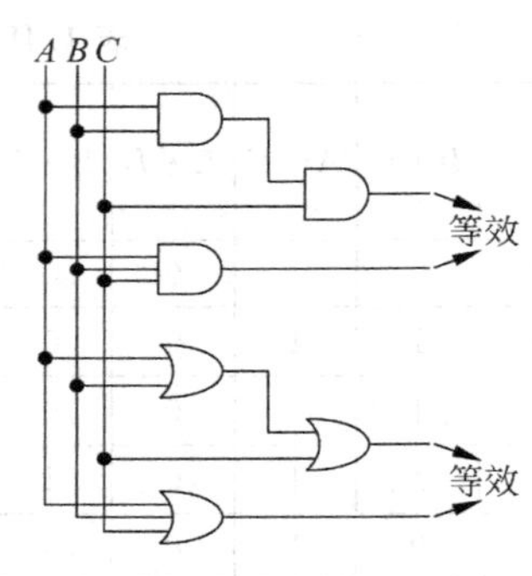

图 1.64　结合律

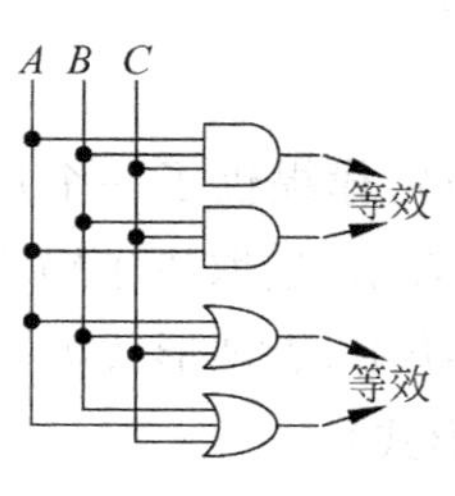

图 1.65　交换律

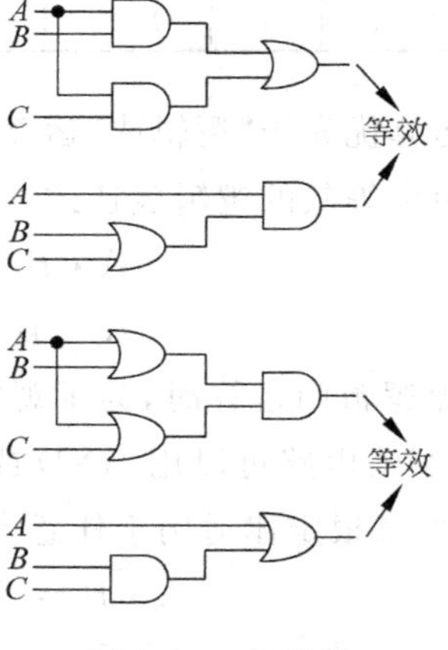

图 1.66　分配律

下面的例子说明了使用布尔代数寻找简化逻辑方程的过程。

$F=A\cdot B\cdot C+A\cdot B\cdot \overline{C}+\overline{A}\cdot B\cdot C+\overline{A}\cdot B$
$F=A\cdot B\cdot (C+\overline{C})+\overline{A}\cdot B\cdot (C+1)$ 因式分解
$F=A\cdot B\cdot (1)+\overline{A}\cdot B\cdot (1)$ OR 规则
$F=A\cdot B+\overline{A}\cdot B$ AND 规则
$F=B\cdot (A+\overline{A})$ 因式分解
$F=B\cdot (1)$ OR 规则
$F=B$ AND 规则

$F=(A+B+C)\cdot (A+B+\overline{C})\cdot (A+\overline{C})$
$F=(A+B+C)\cdot (A+\overline{C})\cdot (B+1)$ 因式分解
$F=(A+B+C)\cdot (A+\overline{C})\cdot (1)$ OR 规则
$F=(A+B+C)\cdot (A+\overline{C})$ AND 规则
$F=A+((B+C)\cdot (\overline{C}))$ 因式分解
$F=A+(B\cdot \overline{C}+C\cdot \overline{C})$ 分配律
$F=A+(B\cdot \overline{C}+0)$ AND 规则
$F=A+(B\cdot \overline{C})$ OR 规则

$F=(\overline{A\cdot B\cdot C})+\overline{A}\cdot B\cdot C+(\overline{A\cdot C})$
$F=(\overline{A}+\overline{B}+\overline{C})+\overline{A}\cdot B\cdot C+(\overline{A}+\overline{C})$ 德-摩根定律
$F=\overline{A}+\overline{A}+(\overline{A}\cdot B\cdot C)+\overline{B}+\overline{C}+\overline{C}$ 交换律
$F=\overline{A}(1+1+B\cdot C)+\overline{B}+\overline{C}$ 因式分解
$F=\overline{A}(1)+\overline{B}+\overline{C}$ OR 规则
$F=\overline{A}+\overline{B}+\overline{C}$ AND 规则

$F=(A\oplus B)+(A\oplus \overline{B})$
$F=\overline{A}\cdot B+A\cdot \overline{B}+\overline{A}\cdot \overline{B}+A\cdot B$ XOR 扩展
$F=\overline{A}\cdot B+\overline{A}\cdot \overline{B}+A\cdot B+A\cdot \overline{B}$ 交换律
$F=\overline{A}(B+\overline{B})+A(B+\overline{B})$ 因式分解
$F=\overline{A}(1)+A(1)$ OR 规则
$F=\overline{A}+A$ AND 规则
$F=1$

$F=A+\overline{A}\cdot B=A+B$
$F=(A+\overline{A})\cdot (A+B)$ 因式分解
$F=(1)\cdot (A+B)$ OR 规则
$F=A+B$ AND 规则

$F=A\cdot (\overline{A}+B)=A\cdot B$
$F=(A\cdot \overline{A})+(A\cdot B)$ 交配律
$F=(0)+(A\cdot B)$ AND 规则
$F=A\cdot B$ OR 规则

$F=\overline{(A\oplus B)}+A\cdot B\cdot C+\overline{(A\cdot B)}$
$F=\overline{A}\cdot \overline{B}+A\cdot B+A\cdot B\cdot C$
$\quad +(\overline{A}+\overline{B})$ 德-摩根定律
$F=\overline{A}\cdot \overline{B}+\overline{A}+\overline{B}+A\cdot B+A\cdot B\cdot C$ 交换律
$F=\overline{A}(\overline{B}+1)+\overline{B}+A\cdot B(1+C)$ 因式分解
$F=\overline{A}+\overline{B}+A\cdot B$ OR 规则
$F=\overline{A}+(\overline{B}+A)\cdot (\overline{B}+B)$ 因式分解
$F=\overline{A}+(\overline{B}+A)\cdot (1)$ OR 规则
$F=\overline{A}+\overline{B}+A$ AND 规则
$F=1$ OR 规则

$F=\overline{(\overline{A}+\overline{B})}+\overline{(A+B)}+\overline{(A+\overline{B})}$
$F=\overline{(\overline{A})}\cdot \overline{(\overline{B})}+(\overline{A}\cdot \overline{B})+(\overline{A}\cdot B)$ 德-摩根定律
$F=A\cdot B+\overline{A}\cdot \overline{B}+\overline{A}\cdot B$ NOT 规则
$F=A\cdot B+\overline{A}\cdot (\overline{B}+B)$ 因式分解
$F=A\cdot B+\overline{A}\cdot (1)$ OR 规则
$F=A\cdot B+\overline{A}$ AND 规则
$F=(A+\overline{A})\cdot (B+\overline{A})$ 因式分解
$F=(1)\cdot (B+\overline{A})$ OR 规则
$F=\overline{A}+B$ AND 规则/交换律

$F=A\cdot \overline{B}+\overline{B}\cdot C+\overline{A}\cdot C=A\cdot \overline{B}+\overline{A}\cdot C$
$F=A\cdot \overline{B}+\overline{B}\cdot C\cdot 1+\overline{A}\cdot C$ AND 规则
$F=A\cdot \overline{B}+\overline{B}\cdot C\cdot (A+\overline{A})+\overline{A}\cdot C$ OR 规则
$F=A\cdot \overline{B}+A\cdot \overline{B}\cdot C+\overline{A}\cdot \overline{B}\cdot C+\overline{A}\cdot C$ 分配律
$F=A\cdot \overline{B}\cdot (1+C)+\overline{A}\cdot C\cdot (\overline{B}+1)$ 因式分解
$F=A\cdot \overline{B}\cdot (1)+\overline{A}\cdot C\cdot (1)$ OR 规则
$F=A\cdot \overline{B}+\overline{A}\cdot C$ AND 规则

例如 $F=A+\overline{A}\cdot B=A+B$ 和 $F=A\cdot(\overline{A}+B)=A\cdot B$ 的关系也称为“吸收”规则；$F=A\cdot\overline{B}+\overline{B}\cdot C+\overline{A}\cdot C=A\cdot\overline{B}+\overline{A}\cdot C$ 经常称为“一致”规则。所谓的吸收规则很容易用其他的规则进行证明，所以没有必要使用这些关系作为规则。特别是当使用规则时，不同的等式形式使验证变得困难。一致规则也很容易证明。

1.6.2 使用卡诺图化简逻辑表达式

在最小化逻辑系统时，真值表并不实用，并且布尔代数的应用也有限制。逻辑图为逻辑系统的最小化提供了一个简单实用的方法。逻辑图和真值表一样，包含了相同的信息。但是，逻辑图更容易表示出冗余的输入。逻辑图是一个二维（或三维）结构，它包含了真值表所包含的确切的、同样的信息。但是，它以阵列结构排列来遍历所有的逻辑域。因此，很容易验证逻辑关系。真值表的信息也能很容易地使用逻辑图表示。如图 1.67 所示，将一个三输入的真值表映射到一个八单元的逻辑图；逻辑图每个单元内的数字是真值表每行输入变量的数字编码。

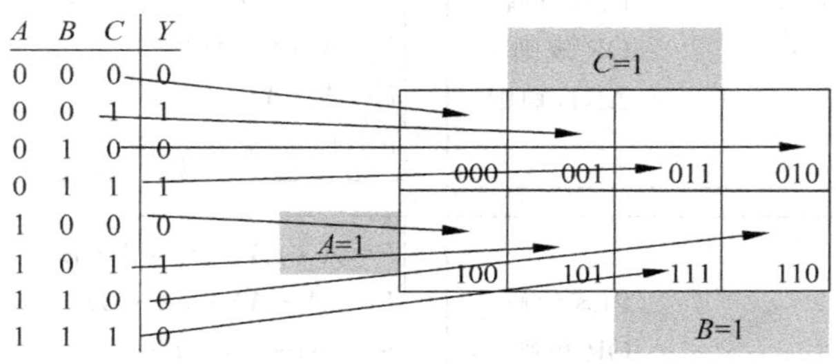

图 1.67 三输入的真值表映射到八单元的逻辑图

在图 1.67 中，逻辑图的每个单元和真值表的每一列之间存在一对一的对应关系，并且，为每行输入变量进行数字编码。因此，每一个逻辑变量域由一组四个连续的单元表示（A 域是一行四单元，B 和 C 域是一个四个单元的方块）。逻辑图内的单元排列并不是只有一种可能，但是它拥有在两个单元内让每一个域重叠其他域的有用属性。如图 1.67 所示，在逻辑图中逻辑域连续，但是在真值表中并不连续。由于在逻辑图中逻辑域是连续的，因此使得它们非常有用。

典型地，当表示逻辑图时，在逻辑图的边缘标出变量名，相邻单元行和列的值 0 或者 1 表示行和列的变量值。

可以从左到右读取逻辑图边缘的变量值，以便寻找相应给定单元所对应真值表中的一行。如图 1.68 所示，真值表中 $A=1$ 的行、$B=1$ 的行、$C=1$ 的行，对应逻辑图的阴影单元。

如图 1.69 所示，将真值表输出列的信息转换到逻辑图的单元中，所以，真值表和逻辑图包含了同样的信息。在逻辑图中，相邻的（要么垂直要么水平）1 称为“逻辑相邻”，这些“相邻”表示存在可以找到并且消除冗余输入的机会。因此，以这种方式使用的逻辑图称为卡诺图（或者 K-映射）。

如图 1.70 所示，一个四输入的真值表映射到一个 16 单元的卡诺图中。

在一个逻辑系统中，使用卡诺图来找到和消除多余输入的关键是：确定真值为 1 的组的积之和（SOP）表达式或真值为 0 的和之积（POS）表达式。一个有效的组合必须是 2 的幂

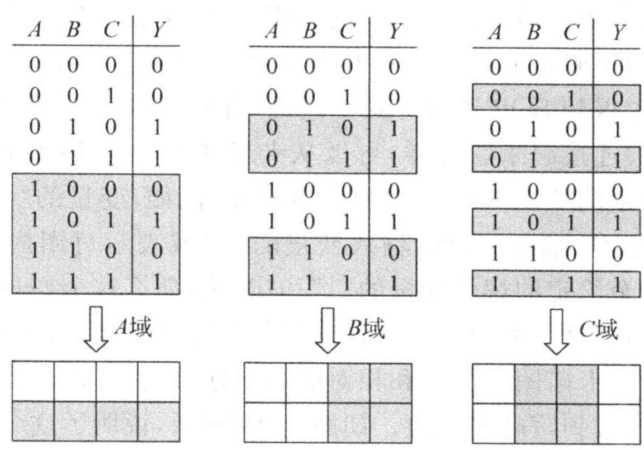

图 1.68 逻辑图的典型形式

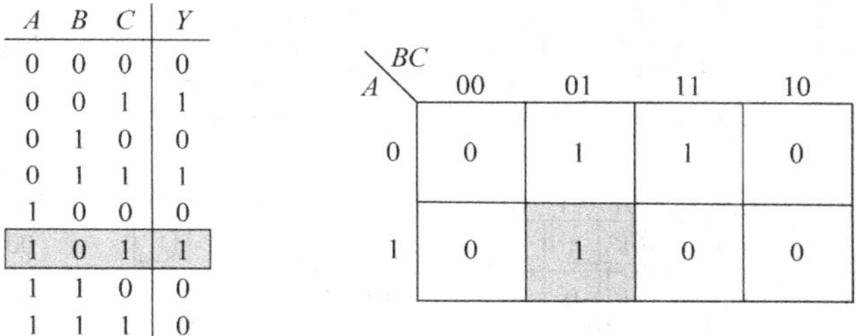

图 1.69 真值表信息转换到逻辑图单元

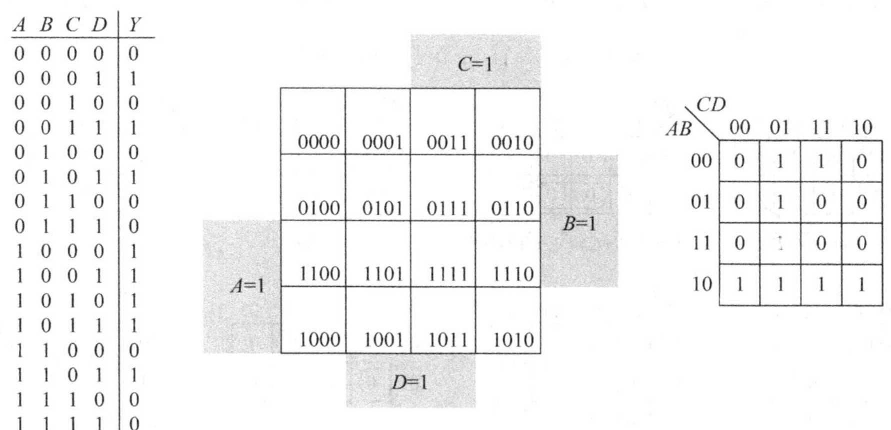

图 1.70 四输入的真值表映射到 16 单元的卡诺图

次方(意思就是只允许存在 1、2、4、8 或 16 的组合),它必须是正方形或长方形,但不能是斜角、弯角或其他的不规则的图形。在一个 SOP 的卡诺图中,每一个"1"必须至少出现在一组里面,每一个"1"必须出现在最大可能的组里面(同理,POS 卡诺图中的"0")。要求所有的 1 项(或 0 项)组合在最大可能的组,这意味着 1 项(或 0 项)可以出现在几个组里面。实际上,在卡诺图中画一个圈去包含给定的组里 1 项(或 0 项)。一旦在卡诺图中,将所有的 1 项(或 0 项)组合在一个尽可能大的组合圈中,那么就完成了分组过程。并且,可以直接从卡诺图中读取逻辑表达式。如果正确地执行了前面的过程，可以确保得到一个最小的逻辑表达式。

首先，写出所画圈内所确定的每一个乘积项；然后，用或关系将这些乘积项连接起来；这样，就可以从卡诺图中得到SOP逻辑等式。同理，首先，写出所画圈内所确定的每一个和项，用与关系把这些和项连接起来。这样，可以从卡诺图中得到POS逻辑等式。由卡诺图外围逻辑变量确定圈起来的项。SOP使用最小项编译（例如，变量的“0”域表示对圈内乘积项的取补），POS使用最大项编译（例如，输入变量的“1”域表示对圈内和项的取补）。如果一个圈内同时包含了一个给定的逻辑变量的“1”和“0”域，那么这个变量是多余的，其不会出现在圈定的项内。但是，当这个圈内只包含该变量的“1”或“0”域时，该逻辑变量则出现在圈内所包含相应逻辑项里。卡诺图的一边和相对的边是连续的，所以一个圈在中间不组合“1”或“0”的情况下可以从一边到跨越另一边。如图1.71所示，说明了这个过程。

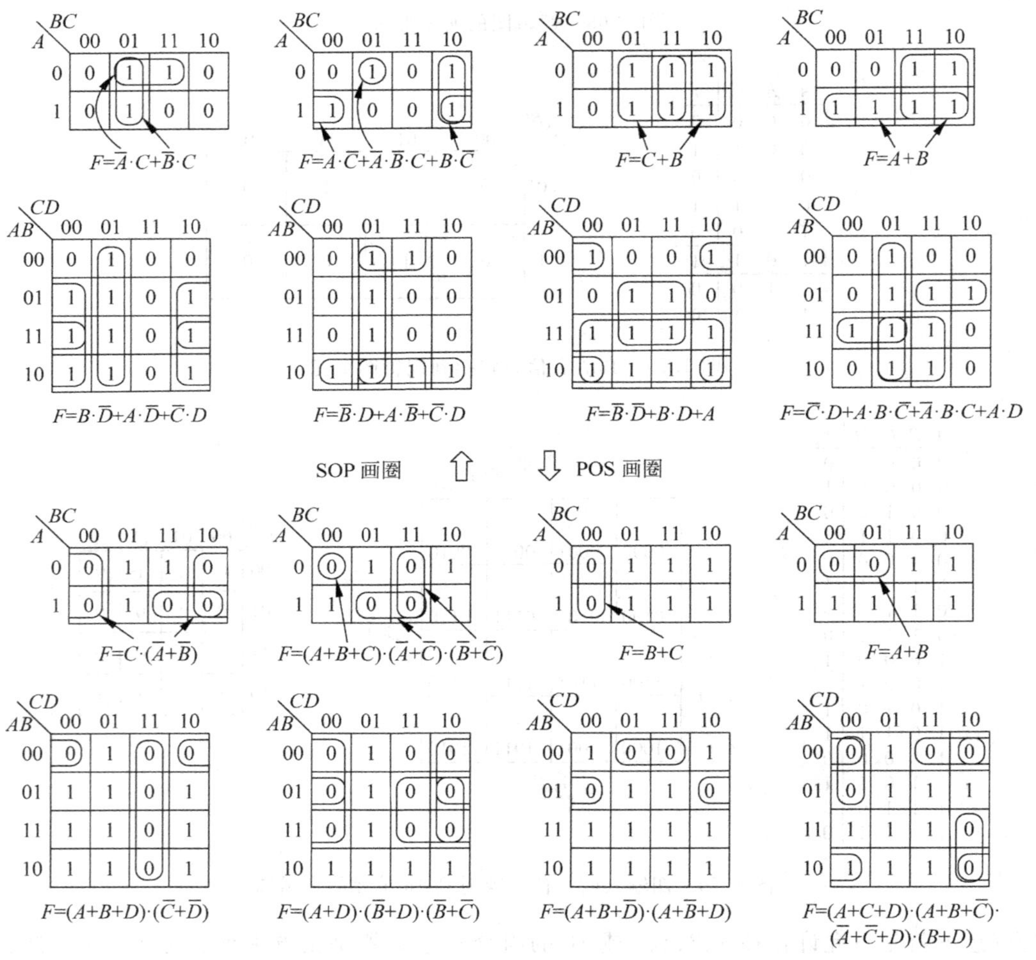

图1.71 卡诺图化简系统最小逻辑表达式

卡诺图可用于求解2、3、4、5或6输入变量系统的最小逻辑表达式（如果超过6个变量，这个方法就变得复杂）。对于2、3或4输入变量的系统，这个方法比较直观，如图1.71所示，下面的几个例子将对其进行说明。一般情况下，画圈的过程应以“1”（或“0”）开始。画圈时，确保所有的“1”（或“0”）都已经分配到每一个圈内。

将等式中的“1”（对于 SOP 等式）和“0”（对于 POS 等式）简单地分配到逻辑单元中，就可以很容易地将最小项 SOP 等式和最大项 POS 等式映射到卡诺图中。对于 SOP 等式，没有列出“1”的任何单元都写成“0”，对于 POS 等式也可以用这种方式实现。如图 1.72 所示，对这个过程进行了说明。

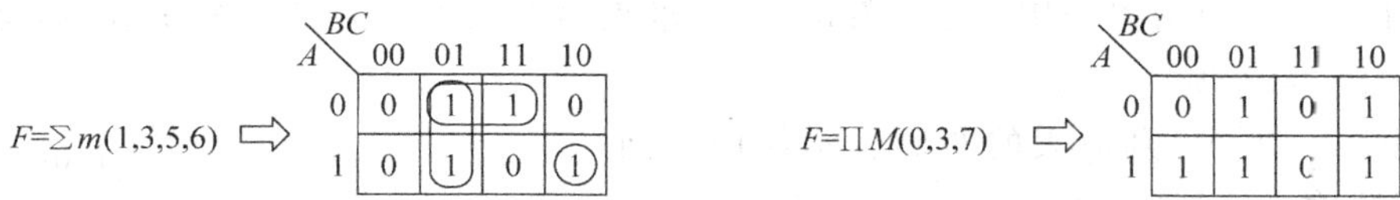

图 1.72 逻辑等式转换到卡诺图过程

对于 5 变量或 6 变量的系统，可以用两种不同的方法。一个方法使用 4 变量卡诺图嵌套在 1 变量或 2 变量的超图中，另一种方法使用“输入变量图”。如图 1.73 所示，超图方法求解 5 变量或 6 变量最小方程式近似于使用 2、3、或 4 变量求解的方法，但是 4 变量卡诺图必须内嵌于 1 变量或 2 变量的超图。在相邻的超图单元中，子图之间逻辑相邻可以通过在相同编号中识别 1 或 0 寻找。这个图的模式表示了卡诺图中相邻单元的例子。

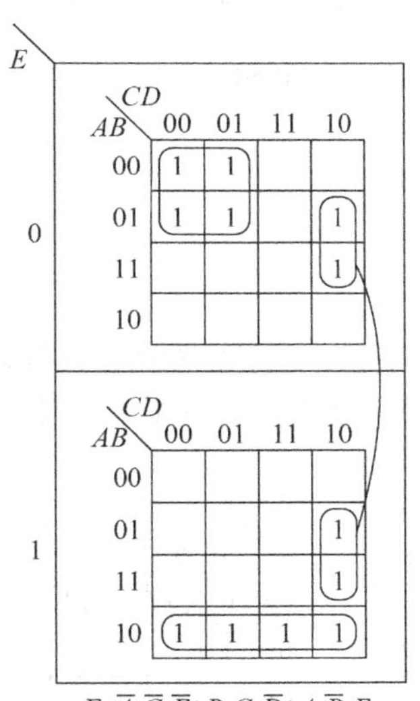

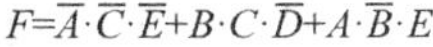

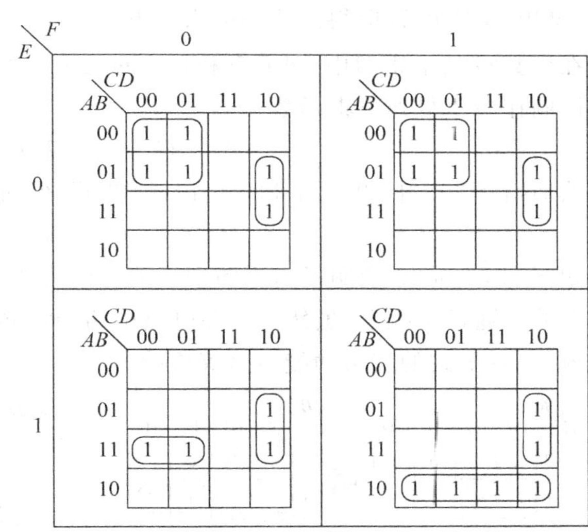

$F=\overline{A}\cdot\overline{C}\cdot\overline{E}+B\cdot C\cdot\overline{D}+A\cdot\overline{B}\cdot E\cdot F+A\cdot E\cdot\overline{C}\cdot E\cdot\overline{F}$

图 1.73 超图中逻辑相邻的寻找

注：当 1 位于子图的相同编号单元时，超图的变量不出现在乘积项中。

1.6.3 不完全指定逻辑功能的化简

当电路有 N 输入信号，但并不是所有 2^N 个输入组合都有用时，会出现不完全指定逻辑功能的情况。或者说，如果所有的 2^N 组合都可以，但一些组合是不相关的。例如，假设一个远程电视遥控器能够在电视、VCR 或 DVD 之间进行控制，有些遥控器可能有像快进的操作模式按钮的物理切换电路；其他遥控器可能使用相同的模型，将这个按钮放置在电路的左边，但是它们的功能完全不同。不管怎么样，一些输入信号的组合对于电路的正确操作完全无关。因此，就可以利用这些有利条件对逻辑电路进一步地最小化。

当输入变量组合不影响逻辑系统的功能时，可能用来驱动电路的输出高或低。这就是说，设计人员并不关注这些不可能或无关的输入对电路的影响。在真值表和卡诺图中，这个信息使用特殊的“无关项”符号表示，表明这个信号可以是“1”或“0”时，并不影响电路的功能。一些教科书使用“X”来表示无关项，但是这会和名字为“X”的信号（表示信号的不确定状态）产生混淆。也可以使用一个更好的、与标准信号名没有联系的符号来表示，这里使用符号“Φ”表示无关项。

如图 1.74 所示，真值表的右侧表示使用相同的三个逻辑输入后，产生的两个输出函数 F 和 G，两个输出各自都包含两个无关项。同样地，用卡诺图表示相关的信息。在表示函数 F 逻辑功能的卡诺图中，对于最小项 2 和 7，设计者不关心是否输出是“1”还是“0”。因此，在卡诺图的 2、7 单元可以是“1”或“0”。很明显，把圈到的单元 7 作为“1”，单元 2 作为“0”将得到更简的逻辑电路。在这样的情况下，SOP 与 POS 都能得到相同的表达方式。

A	B	C	F	G
0	0	0	0	1
0	0	1	1	ϕ
0	1	0	ϕ	1
0	1	1	0	ϕ
1	0	0	1	1
1	0	1	0	0
1	1	0	0	0
1	1	1	ϕ	0

F：

A \ BC	00	01	11	10
0	0	1	0	ϕ
1	1	0	ϕ	0

G：

A \ BC	00	01	11	10
0	1	ϕ	ϕ	1
1	1	0	0	0

图 1.74　三输入的两个函数 F 和 G

在函数 G 的卡诺图中，单元 1 和 3 中的无关项可以圈作 1 或 0。在 SOP 中，两个无关项都可以圈作“1”，得到逻辑函数

$$G=\overline{A}+\overline{B}\cdot\overline{C}$$

然而，在 POS 中，单元 1 和 3 可以圈作“0”，得到逻辑函数

$$G=\overline{C}\cdot(\overline{A}+\overline{B})$$

如图 1.75 所示，说明了卡诺图中无关项的应用。由布尔代数可知，这两个函数等式是不相等的。通常情况下，虽然它们在电路中功能相同，但是由具有无关项的卡诺图所得到的 SOP 和 POS 等式的逻辑功能不是等价的。

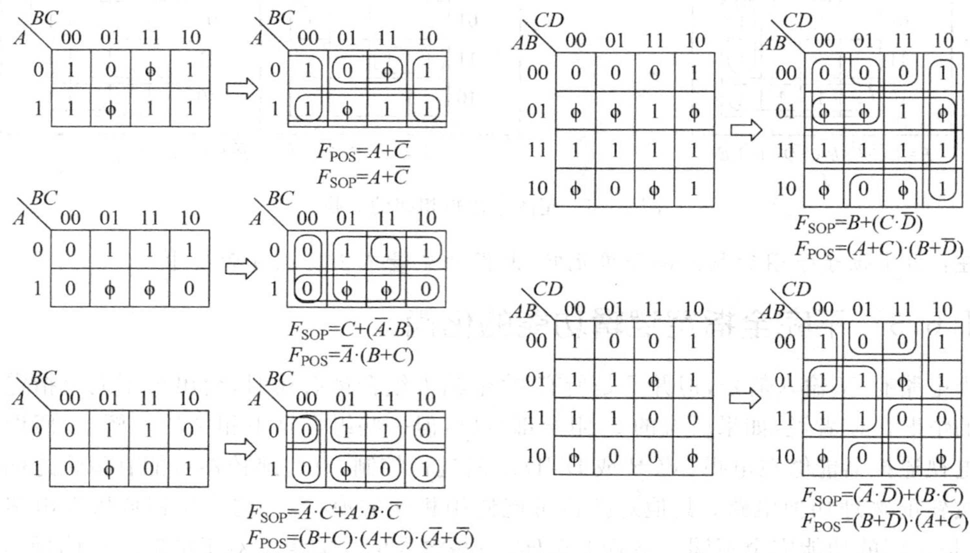

图 1.75　卡诺图中无关项的应用

1.6.4　输入变量的卡诺图表示

真值表为实现一个给定组合逻辑电路的具体行为提供了最好的机制，卡诺图为表示和最小化数字逻辑电路的输入-输出关系提供了最好的机制。到目前为止，在真值表左上方和卡诺图周围表示出输入变量。这样，允许将输出信号的每一个状态定义为一个真值表中给定行上“0”和“1”项的输入模式的函数，或定义为给定卡诺图单元的二进制编码。在不丢失任何信息的情况下，通过将真值表的左上方的输入变量移动到真值表输出列，或通过将卡诺图单元从外部移动到内部，这样就可以将真值表和卡诺图转换成更简洁的形式。尽管到了后面的模块才变得清晰，但是输入变量的使用以及真值表和卡诺图简化使得一个多变量系统看上去更加直观和简洁。

图 1.76 说明了传输机制，一个 16 行的真值表被化简成两个 8 行和 4 行的真值表。如图 1.76(b)所示，在 8 行的真值表中，输入列不再使用变量 D。取而代之的是，它出现在了输出列中，表示输出逻辑值的两行和输入 D 之间的关系。如图 1.76(c)所示，在 4 行的真值表中，输入列不再使用变量 C 和 D，它们出现在输出列中，表示输出逻辑值和输入 C、D 的关系。

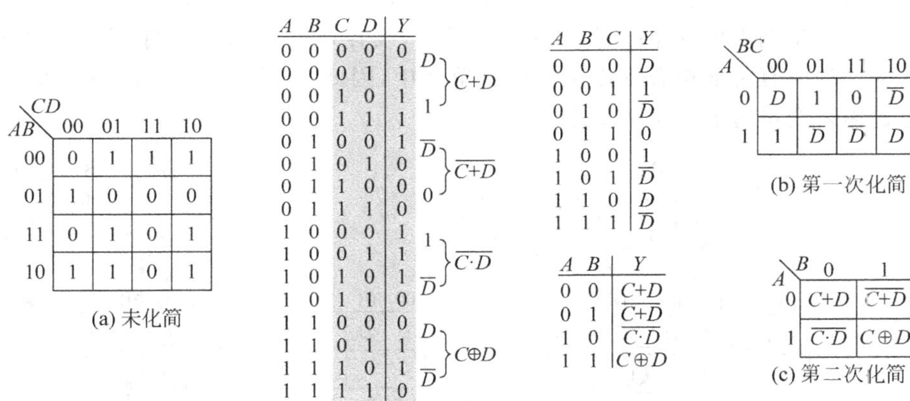

图 1.76　真值表和卡诺图的化简

如图 1.77 所示，给出四单元的卡诺图。从图中可以看出隐含的子图，对于 A 和 B 变量每个确定的逻辑值，它表示了 C 和 D 之间的关系。对于任何输入变量的卡诺图，考虑子图可以用于帮助对输入变量进行正确的编码。

通过读取卡诺图中索引编码，真值表的行号可以映射到子图中的单元。从子图外的映射开始编码，后面添加子图编码。比如图中子图中阴影块的编码为 1110。

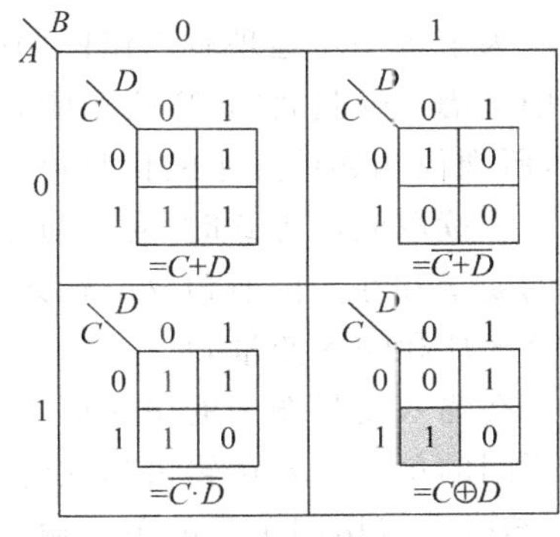

图 1.77　包含子图的卡诺图

最小项 SOP 表达式和最大项 POS 表达式也可以直接翻译成输入变量的卡诺图。如图 1.78 所示，图中卡诺图每个单元下面较小的数字表示分配给该单元的最小项或者最大项。

当把最小项和最大项编码到卡诺图中时，取输入变量的最小二进制编码。比如，如果最大的最小项用14 表示，则假设为四个输入变量。

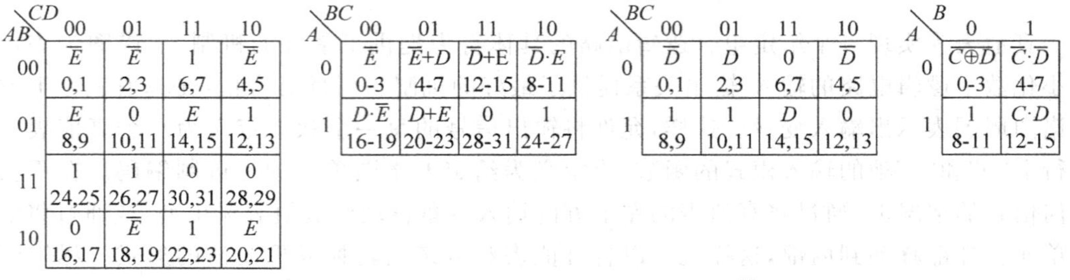

图 1.78　SOP 和 POS 输入变量卡诺图

循环输入变量卡诺图遵循相同的原则，即：循环"1-0"映射，寻找 1 构成的最优组和输入变量(enter variable，EV)用于 SOP 电路；寻找 0 构成的最优组合输入变量用于 POS 电路。规则是相似的，即所有输入变量和所有的 1(或者 0)必须被分组到最大可能的 2 幂次方的长方形或者正方形框中。当所有的输入变量和所有的 1(或者 0)被包含在一个最优的框中时，该过程结束。不同之处在于，相似的输入变量本身或者 1(或者 0)可以包含在圈中。如图 1.79 所示，特别需要注意的是，当圈住包含 1(或者 0)的输入变量时，由于"1"(或者 0)表示输入变量的所有可能组合都出现在映射单元中，因此，包含 1(或者 0)和输入变量的圈经常只包含输入变量可能组合的子集。

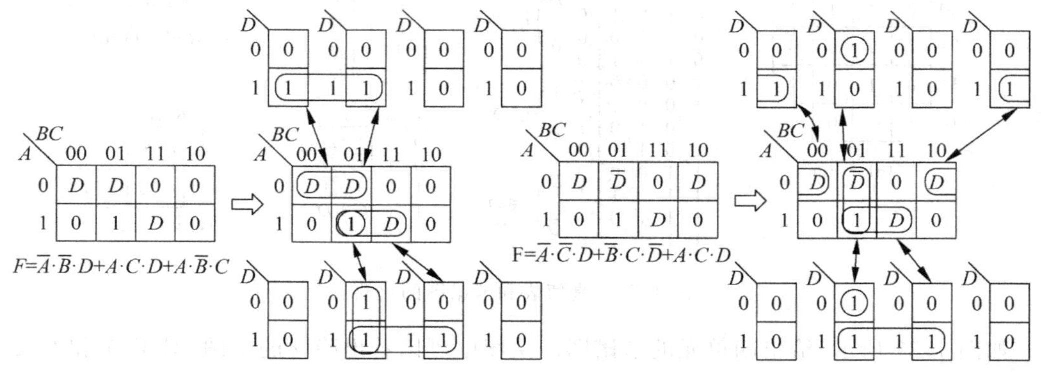

图 1.79　输入变量的化简

为了进一步地理解卡诺图中的输入变量画圈的方法，从每个卡诺图单元中所隐含的子图中考虑。通过将"1-0"信息圈入到隐含的子图中，产生卡诺图中的变量。在卡诺图变量中，所圈住相邻单元中的信息可以包含出现在子图中相同位置的"1"(或者"0")。

当读取圈内等式时，对于每个圈的 SOP 乘积项(或者 POS 和项)必须包含定义了圈范围的变量和在圈内所包含的输入变量。比如，图 1.79 内的第一个乘积项 $\overline{A}\cdot\overline{B}\cdot D$ 包含圈域 $\overline{A}\cdot\overline{B}$ 和输入变量 D。

在输入变量图中的单元可能包含单个输入变量或者包含两个以上变量的逻辑表达式。当所圈的单元包含逻辑表达式时，它可以帮助识别 SOP 和 POS 画圈的机制。如图 1.80 所示，与一个卡诺图单元的单个输入变量相比，一个单元内的乘积项表示一个较小的 SOP 域。

这是由于在一个乘积项的“逻辑与”变量越多，其所定义的逻辑域就越小。一个单元内的和项表示一个较大的 SOP 域。这是由于在一个和项的“逻辑或”变量越多，其所定义的逻辑域就越大。当从一个输入变量图圈 SOP 等式时，与包含单个输入变量的单元相比，包含乘积项的单元在它们的子图中有很少的 1。类似地，当从一个输入变量图圈 POS 等式时，与包含单个输入变量的单元相比，包含和项的单元在它们的子图中有很少的 0，而包含乘积项的单元在它们的子图中有更多的 0。

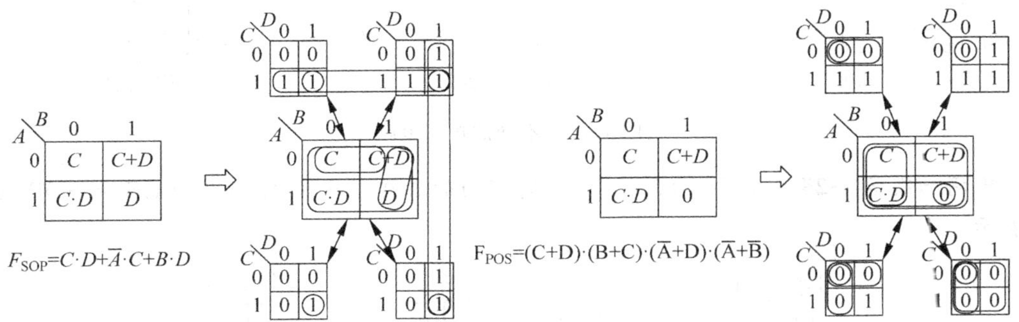

图 1.80　输入变量化简子图说明

在输入变量卡诺图中的无关项和在“1-0”图中的目的相同。它们表示输入条件不会发生或者无关，它们能包含在 1、0 或者输入变量中，用于简化逻辑。

如图 1.81 所示，一个给定的无关项可以作为“1”、“0”或者输入变量，用于任何特定的圈内。

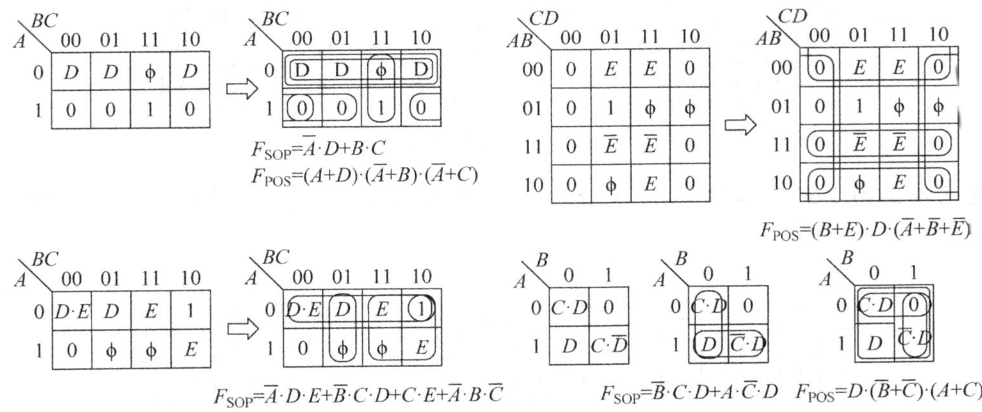

图 1.81　包含无关项的输入变量化简子图说明

思考与练习 1-23　如图 1.82 所示，请分别说明下面的电路所使用的晶体管的数量。

思考与练习 1-24　使用布尔代数化简下面的逻辑表达式：

(1) $X=(A\oplus\overline{B}\cdot C)+A\cdot(B+\overline{C})$

(2) $X=A\cdot\overline{B}\cdot C+\overline{A}\cdot\overline{B}\cdot C\cdot D+\overline{(A\cdot B\cdot D)}+\overline{A}\cdot B\cdot C\cdot D$

(3) $X=((A\oplus\overline{B})\cdot C)+A\cdot\overline{B}\cdot C+A\cdot B\cdot C+\overline{\overline{A}+\overline{C}}$

(4) $X=\overline{\overline{A\cdot\overline{A\cdot B}}\cdot\overline{B\cdot\overline{A\cdot B}}}$

（5）$X=\overline{A\cdot\overline{B}}\oplus\overline{B+C}$

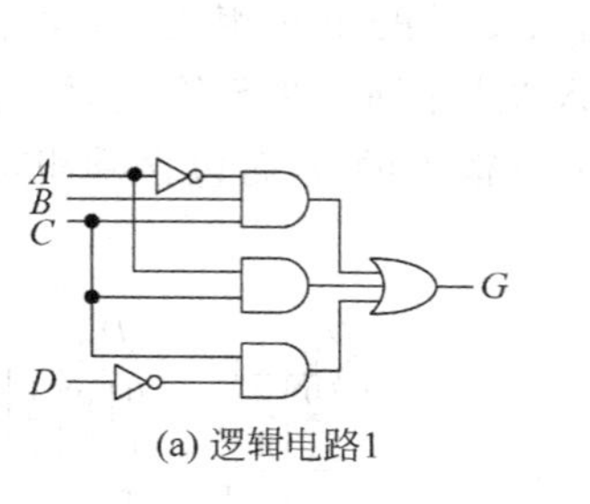

(a) 逻辑电路1

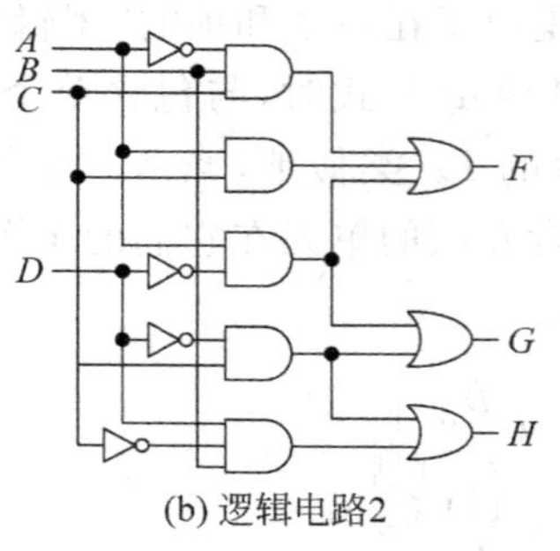

(b) 逻辑电路2

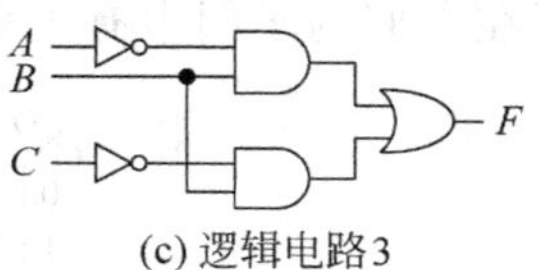

(c) 逻辑电路3

图 1.82　不同的逻辑电路

思考与练习 1-25　如图 1.83 所示，化简下面的二变量卡诺图，并用 POS 和 SOP 表达式表示。

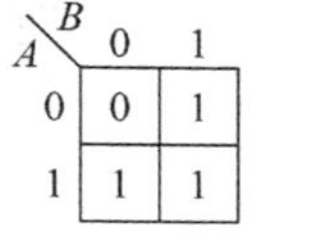

A\B	0	1
0	0	1
1	1	1

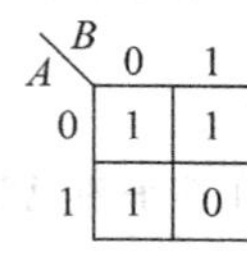

A\B	0	1
0	1	1
1	1	0

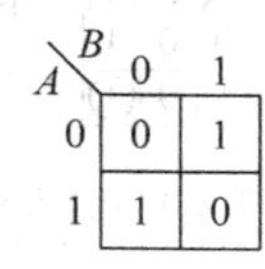

A\B	0	1
0	0	1
1	1	0

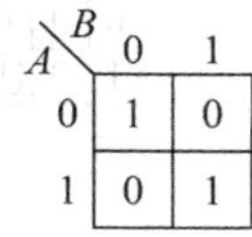

A\B	0	1
0	1	0
1	0	1

图 1.83　二变量卡诺图

思考与练习 1-26　如图 1.84 所示，化简下面的三变量卡诺图，并用 POS 和 SOP 表达式表示。

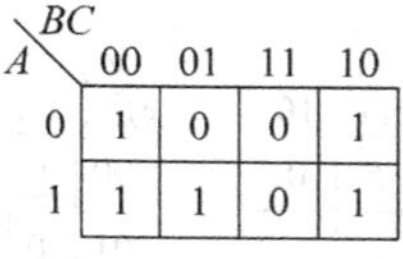

A\BC	00	01	11	10
0	1	0	0	1
1	1	1	0	1

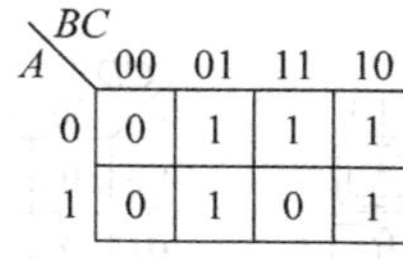

A\BC	00	01	11	10
0	0	1	1	1
1	0	1	0	1

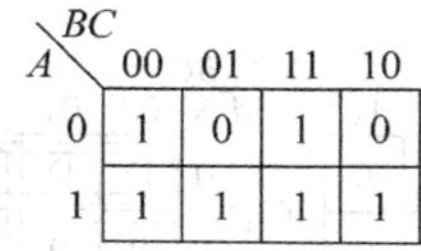

A\BC	00	01	11	10
0	1	0	1	0
1	1	1	1	1

图 1.84　三变量卡诺图

思考与练习 1-27　如图 1.85 所示，化简下面的四变量卡诺图，并用 POS 和 SOP 表达式表示。

AB\CD	00	01	11	10
00	1	0	0	1
01	1	1	1	1
11	1	1	0	0
10	1	0	0	1

AB\CD	00	01	11	10
00	0	1	1	1
01	0	1	1	1
11	0	1	1	0
10	0	1	0	0

AB\CD	00	01	11	10
00	0	1	1	0
01	1	0	1	1
11	1	0	1	1
10	0	1	1	0

图 1.85　四变量卡诺图

思考与练习 1-28　如图 1.86 所示，化简下面的多变量卡诺图，并用 POS 和 SOP 表达式表示。

思考与练习 1-29　根据下面的等式，画出并化简卡诺图，然后 POS 和 SOP 表达式表示。

$$F=\sum m(0,1,4,5)$$

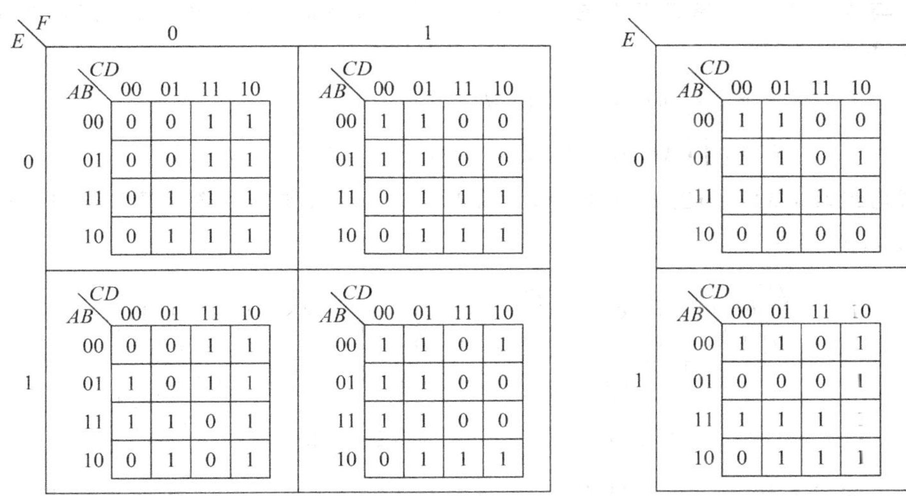

E=0, F=0:

AB\CD	00	01	11	10
00	0	0	1	1
01	0	0	1	1
11	0	1	1	1
10	0	1	1	1

E=0, F=1:

AB\CD	00	01	11	10
00	1	1	0	0
01	1	1	0	0
11	0	1	1	1
10	0	1	1	1

E=1, F=0:

AB\CD	00	01	11	10
00	0	0	1	1
01	1	0	1	1
11	1	1	0	1
10	0	1	0	1

E=1, F=1:

AB\CD	00	01	11	10
00	1	1	0	1
01	1	1	0	0
11	1	1	0	0
10	0	1	1	1

E=0:

AB\CD	00	01	11	10
00	1	1	0	0
01	1	1	0	1
11	1	1	1	1
10	0	0	0	0

E=1:

AB\CD	00	01	11	10
00	1	1	0	1
01	0	0	0	1
11	1	1	1	[illegible]
10	0	1	1	1

图 1.86 多变量卡诺图

$$G=\prod M(0,1,3,4,5,7,13,15)$$

思考与练习 1-30 如图 1.87 所示，化简下面包含无关项的二变量卡诺图，并用 POS 和 SOP 表达式表示。

A\B	0	1
0	0	1
1	1	ϕ

A\B	0	1
0	1	1
1	1	ϕ

A\B	0	1
0	0	1
1	ϕ	0

A\B	0	1
0	1	0
1	ϕ	1

图 1.87 包含无关项二变量卡诺图

思考与练习 1-31 如图 1.88 所示，化简下面包含无关项的三变量卡诺图，并用 POS 和 SOP 表达式表示。

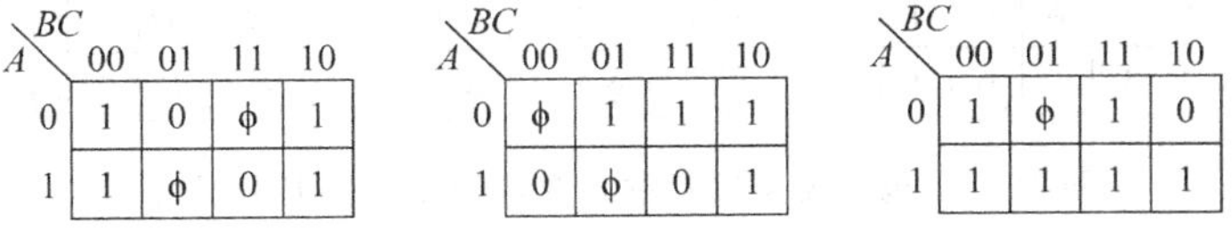

A\BC	00	01	11	10
0	1	0	ϕ	1
1	1	ϕ	0	1

A\BC	00	01	11	10
0	ϕ	1	1	1
1	0	ϕ	0	1

A\BC	00	01	11	10
0	1	ϕ	1	0
1	1	1	1	1

图 1.88 包含无关项三变量卡诺图

思考与练习 1-32 如图 1.89 所示，化简下面包含无关项的四变量卡诺图，并用 POS 和 SOP 表达式表示。

AB\CD	00	01	11	10
00	1	0	ϕ	1
01	1	ϕ	1	1
11	ϕ	1	0	0
10	1	0	0	1

AB\CD	00	01	11	10
00	ϕ	1	1	1
01	0	1	1	1
11	0	1	ϕ	0
10	ϕ	1	0	0

AB\CD	00	01	11	10
00	0	1	1	0
01	1	ϕ	1	1
11	1	ϕ	1	1
10	0	1	1	0

图 1.89 包含无关项四变量卡诺图

思考与练习 1-33 根据下面包含无关项的等式，画出并化简卡诺图，然后用 POS 和 SOP 表达式表示。

$$F = \sum m(0,1,4,5) + \phi(2,7)$$

$$G = \prod M(0,1,3,4,5,7,13,15) + \phi(2,3,11,12,14)$$

思考与练习 1-34 如图 1.90 所示，化简下面包含输入变量的多变量卡诺图，并用 POS 和 SOP 表达式表示。

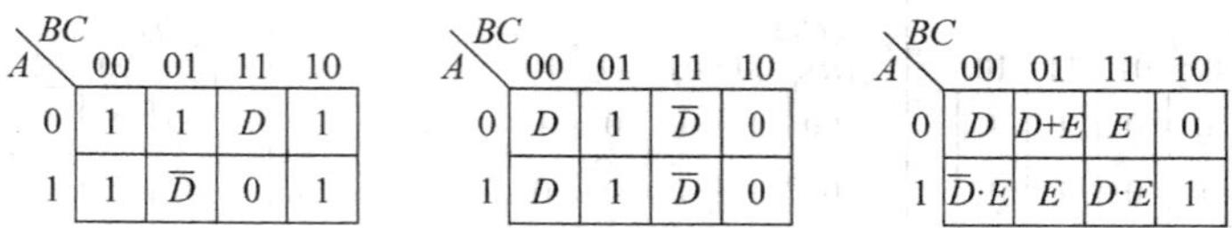

A\BC	00	01	11	10
0	1	1	D	1
1	1	$\overline{D}$	0	1

A\BC	00	01	11	10
0	D	1	$\overline{D}$	0
1	D	1	$\overline{D}$	0

A\BC	00	01	11	10
0	D	$D+E$	E	0
1	$\overline{D}\cdot E$	E	$D\cdot E$	1

图 1.90 包含输入变量的多变量卡诺图(1)

思考与练习 1-35 如图 1.91 所示，化简下面包含输入变量的多变量卡诺图，并用 POS 和 SOP 表达式表示。

AB\CD	00	01	11	10
00	1	1	D	D
01	1	D	D	D
11	1	D	D	0
10	1	1	0	0

AB\CD	00	01	11	10
00	1	1	1	1
01	0	D	D	D
11	0	1	1	0
10	0	$\overline{D}$	$\overline{D}$	0

AB\CD	00	01	11	10
00	$\overline{D}$	1	1	E
01	$\overline{D}\cdot E$	$\overline{D}$	1	$D\cdot\overline{E}$
11	E	0	D	$D+E$
10	$\overline{D}$	1	1	E

图 1.91 包含输入变量的多变量卡诺图(2)

思考与练习 1-36 如图 1.92 所示，化简下面包含无关项和输入变量的多变量卡诺图，并用 POS 和 SOP 表达式表示。

A\BC	00	01	11	10
0	1	ϕ	D	1
1	1	$\overline{D}$	ϕ	1

A\BC	00	01	11	10
0	D	1	$\overline{D}$	0
1	ϕ	ϕ	$\overline{D}$	ϕ

A\BC	00	01	11	10
0	D	$D+E$	E	ϕ
1	$\overline{D}\cdot E$	E	ϕ	1

图 1.92 包含无关项和输入变量的多变量卡诺图(1)

思考与练习 1-37 如图 1.93 所示，化简下面包含无关项和输入变量的多变量卡诺图，并用 POS 和 SOP 表达式表示。

AB\CD	00	01	11	10
00	ϕ	1	$\overline{D}$	D
01	1	D	ϕ	D
11	1	ϕ	$\overline{D}$	0
10	1	ϕ	1	ϕ

AB\CD	00	01	11	10
00	1	ϕ	ϕ	1
01	0	D	D	D
11	ϕ	1	1	0
10	0	$\overline{D}$	$\overline{D}$	0

AB\CD	00	01	11	10
00	$\overline{D}$	1	ϕ	E
01	$\overline{D}\cdot E$	$\overline{D}$	1	$D\cdot E$
11	ϕ	0	ϕ	1
10	$\overline{D}$	1	1	E

图 1.93 包含无关项和输入变量的多变量卡诺图(2)

1.7 毛刺产生及消除

传输延迟不仅限制电路工作的速度，它们也会在输出端引起不期望的多余跳变，这些多余的跳变，称为“毛刺”。当其中一个信号发生改变时，这将给信号提供两条或更多的流过电路的路径，并且其中一条路径的延迟时间比其他路径长。当多个信号路径在输出门重组时，一条路径上增加的时间延迟会产生毛刺。如图 1.94(a)所示，当一个输入信号通过两条路径或多条路径驱动的一个输出，其中一条路径有反相器而另外一条没有时，通常会出现非对称的延迟。

如图 1.94(b)所示，这个毛刺(输出端 Y 的 1-0-1 跳变)和反相器有相同的延迟。

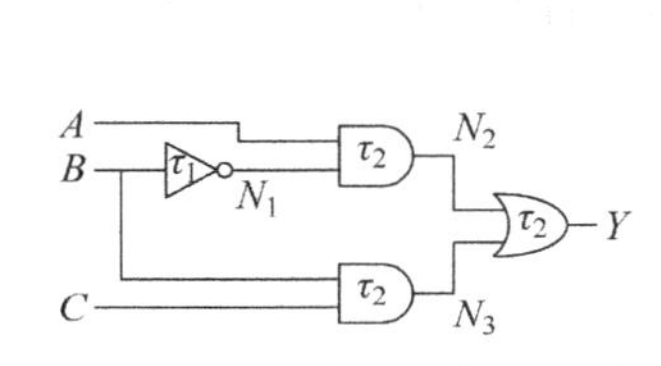

(a) 包含反相器会产生毛刺的组合逻辑结构

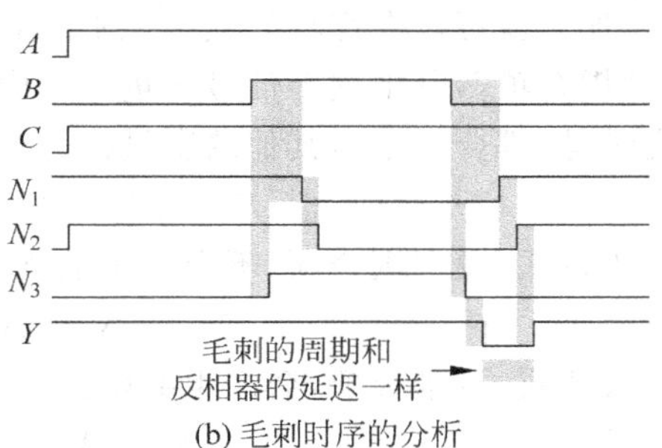

(b) 毛刺时序的分析

图 1.94 毛刺生成逻辑结构和时序分析

所有的逻辑门都会对输入逻辑信号添加一些延迟，延迟量由它们的结构和输出时延决定。如图 1.94 所示，反相器比其他的门(由 τ_2 表示)具有更高的时延(由 τ_1 表示)。这个精心设计的例子使用了一个较长的反相器延迟来清楚地表示当输出产生毛刺时反相器的作用。

不管延迟时间多长，都会有毛刺产生。仔细观察这个时序图，可以清楚地知道反相器时延与输出毛刺之间的关系。

如图 1.95 所示，当一个输入用于两个乘积项(或者和之积等式的两个和项)，以及在其中一项中有反相器而另一项中没有反相器时，将会产生毛刺。在该卡诺图中，两个圆圈决定了最小逻辑表达式。$B \cdot C$ 独立于 A，即如果 B 和 C 都是“1”时，那么不管 A 怎么变化输出都为“1”。同样，$A \cdot \overline{B}$ 也是独立于 C 的，即如果 A 是“1”且 B 是“0”时，不管 C 怎么变化输出都是“1”。但是，假若 A 是“1”，且 C 是“1”时，输出总是“1”，且和 B 无关。但是，没有任何一个驱动输出的信号项独立于 B。这是问题所在之处，当 A 和 C 都是“1”时，两种不同的积项使输出保持为“1”，即一种是当 B 为“1”($B \cdot C$)；另一种是当 B 为“0”($A \cdot \overline{B}$)。所以，当 B 变化时，两种不同的乘积项必须在输出时重组以保持输出为高，这就是引起毛刺的原因。

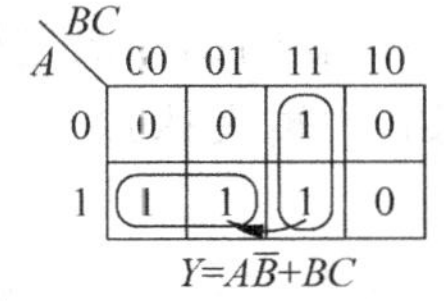

图 1.95 毛刺的卡诺图表示

可以通过原理图、卡诺图或者是逻辑等式，验证电路产生毛刺。在原理图中，输入后面有多条到达输出的路径，并且其中一条有反相器而其他路径没有反相器时就会产生毛刺。在卡诺图中，假如画的圈是相邻的但不重叠，那么那些没有被圈圈住的相邻项将有可能产生短时脉冲干扰。如图 1.96 所示，只有图 1.96(a)将会产生毛刺，而图 1.96(b)和

图1.96(c)不会产生毛刺。

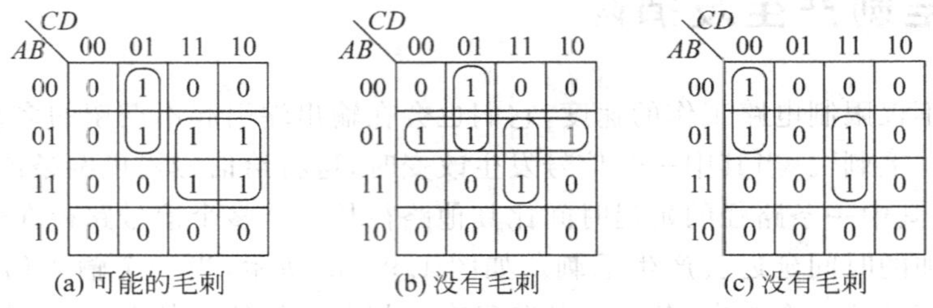

图1.96 毛刺的卡诺图分析

如果两项或更多的项包含了同一个逻辑信号，并且这个信号在一项中取反，但在其他项不取反，那么就可以在逻辑等式中识别毛刺。为讨论这个问题，每一对包含一个信号变量的项称为"耦合项"，其中这个信号变量在其中一项里取反在另一项里不取反，这个取反/不取反的变量是"耦合变量"，其他的变量称为"残留项"。下面给出例子

$$X=(A+\overline{B})\cdot(A+C)\cdot(\overline{B}+C)$$

该逻辑表达式，没有耦合项，不会产生毛刺。

$$X=A\cdot\overline{B}+\overline{A}\cdot C$$

该逻辑表达式，有耦合项，会产生毛刺。

$$X=\overline{A}\cdot\overline{C}+A\cdot B+\overline{B}\cdot C$$

该逻辑表达式，有耦合项，会产生毛刺。

在某些应用中，当耦合变量改变状态时，期望清除毛刺以保持输出稳定。如图1.97所示，只有当B和C同时为高才会使Y产生毛刺。这种情况可以推广，对于毛刺的产生，一个逻辑电路必须对驱动所有输入到适当的水平的耦合变量"很敏感"，这样就只有耦合变量可以影响输出。在一个SOP电路中，这意味着除了耦合输入外的所有输入必须被驱动到"1"，这样它们对第一级与门的输出就不会产生影响。

这种情况为逻辑电路消除毛刺提供了一个直观的方法，即将所有多余的输入信号组合到一个新的第一级逻辑输入(例如SOP电路的与门)，并将这个新增加的门添加到电路中。例如，逻辑表达式

$$F=\overline{A}\cdot B+A\cdot C$$

耦合项是A，多余项可以组合成$B\cdot C$项的形式，将这项添加到电路等式$F=\overline{A}\cdot B+A\cdot C+B\cdot C$。如图1.97所示，这个逻辑等式的卡诺图，原等式是最小逻辑表达式。为了不产生毛刺，在最小逻辑表达式中增加了一个冗余项。

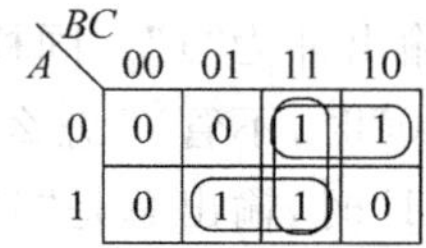

图1.97 添加冗余项消除毛刺

总是这样，即消除毛刺需要一个更大的具有冗余逻辑项的电路。实际中，大多数设计都偏向于设计一个最小电路，并用其他方法(后面的模型中讨论)处理毛刺。也许最好的教学方法是意识到在一般情况下，组合电路的输入无论何时变化，都可能产生毛刺(至少，在未证明之前)。

在如图1.96(a)所示的问题中，原始的SOP表达式画圈并没有重叠，这就是毛刺潜在的特点。当增加了冗余项的圈时，每个圈至少重叠其他一项，那就不会产生毛刺。

如图1.96(c)所示，如果在不相邻的卡诺图单元中存在不重叠的圈，即没有耦合项，没

有耦合变量，那就不可能增加一个或多个圈使所有的圈至少有一个和其他的圈重叠。在这样的情况下，信号输入改变不会引起毛刺。在这种类型的电路中，两个或更多的输入可能“在同一时刻”直接改变状态。该图所表示的方程式为

$$F = \overline{A} \cdot \overline{C} \cdot \overline{D} + B \cdot C \cdot D$$

在电路中，可能希望所有的输入同时从“0”变化到“1”。作为响应，输出保持连续为“1”。实际中，不可能同时改变所有的输入（至少，在一个皮秒内）。因此，输出会在输入信号不同时变化的时间段出现毛刺跳变。像这样不期望的跳变并不能通过增加多余项消除。当然，必须通过重定义电路或采样进行处理。在这里，将进一步处理由于多输入变化引起不期望的输出跳变。

到目前为止，大部分讨论的毛刺都是关于 SOP 的电路。但是，POS 的电路现象也是一样的。POS 电路出现毛刺的原因与 SOP 电路（到达多输入门的一个输入的不对称的路径延迟）一样。正如所期望的，需要的条件相似，但是和 SOP 情况不完全相同。

这些简单的实验证明了门延迟对数字电路的基本影响，即输入的跳变可能产生输出毛刺，通过不对称电路路径延迟提供输入形成输出。在更一般的情况下，任何时候一个输入通过两个不同的电路路径，并且这两个路径在电路的“下游”节点重组，就可能产生像毛刺一样的时间问题。再者，这里是为了意识到信号在逻辑电路中传输消耗时间，不同的电路路径具有不同的延迟。在某些特定的情况下，这些不同的延迟可能出现问题。

思考与练习 1-38　请分析下面的逻辑表达式，是否会产生毛刺以及能否消除毛刺。

$$Y = \overline{A} \cdot B + A \cdot C$$

1.8　数字码制表示和转换

本节将介绍不同数字码制的表示以及不同码制之间的转换方法。

1.8.1　数字码制表示

正如前面所介绍的那样，数字逻辑工作在开关状态下，即二进制状态。为了满足不同的运算需求，人们又制定了使用八进制、十进制和十六进制表示数字的规则，其中十进制是日常生活中经常使用的一种表示数字的方法。

1. 二进制码制

二进制是以 2 为基数的进位制，即逢 2 进位；在二进制中，0 和 1 是基本的数字。现代的电子计算机全部采用二进制体系。因为只使用 0 和 1 两个数字符号，所以非常简单方便，易于用半导体元器件实现。

2. 十进制码制

十进制是以 10 为基数的进位制，即逢 10 进位。在十进制表示的数字中，只出现 0～9 这十个数字，0～9 的数字组合就可以用于表示任何一组数字。用十进制码制表示的数字，其运算规律满足“逢十进一”的规则。

3. 八进制码制

八进制是以 8 为基数的进位制，即逢 8 进位。在八进制表示的数字中，只使用数字 0～7。当从二进制数转换到八进制数时，可以将 3 个连续的数字拼成 1 组，再独立转成八进制的数

字。例如$(74)_{10}$即为二进制的1001010，3个二进制位为1组变成1，001，010，表示为$(112)_8$。

4. 十六进制码制

十六进制是以16为基数的进位制，即逢16进位。在十六进制表示的数字中，用数字0～9和字母A～F表示(其中：A～F对应于十进制数的10～15)。

表1.20给出了不同进制数之间的对应关系。这种对应关系，只限制在非负的整数范围。对于负数整数的描述，将在后面介绍加法器时，进行详细的说明。

表1.20 不同进制数之间的对应关系

十进制数	二进制数	八进制数	十六进制数
0	0000	0	0
1	0001	1	1
2	0010	2	2
3	0011	3	3
4	0100	4	4
5	0101	5	5
6	0110	6	6
7	0111	7	7
8	1000	10	8
9	1001	11	9
10	1010	12	A
11	1011	13	B
12	1100	14	C
13	1101	15	D
14	1110	16	E
15	1111	17	F
16	1,0000	20	10
17	1,0001	21	11
18	1,0010	22	12
19	1,0011	23	13
20	1,0100	24	14

为了方便理解，下面说明不同进制的表示方法：

(1) 对于一个4位十进制数7531，用10的幂表示为

$$7\times10^3+5\times10^2+3\times10^1+1\times10^0$$

(2) 对于一个5位二进制数10101，用2的幂表示为

$$1\times2^4+0\times2^3+1\times2^2+0\times2^1+1\times2^0$$

其等效于十进制数21。

(3) 对于一个4位十六进制数13AF，用16的幂表示为

$$1\times16^3+3\times16^2+10(\text{等效于 A})\times16^1+15(\text{等效于 F})\times16^0$$

其等效于十进制数 5039。

推广总结：

(1) 对于一个 N 位的二进制数，最低位为第 0 位，最高位为第 $N-1$ 位。其计算公式为

$$Y = S_{N-1} \cdot 2^{N-1} + S_{N-2} \cdot 2^{N-2} + \cdots + S_1 \cdot 2^1 + S_0$$

其中，S_i 为第 i 位二进制数的值，取值为 0 或者 1；2^i 为第 i 位二进制数的权值；Y 为等效的十进制数。

(2) 对于一个 N 位的十六进制数，最低位为第 0 位，最高位为第 $N-1$ 位。其计算公式为

$$Y = S_{N-1} \cdot 16^{N-1} + S_{N-2} \cdot 16^{N-2} + \cdots + S_1 \cdot 16^1 + S_0$$

其中，S_i 为第 i 位十六进制数的值，取值范围为 0～9，A～F；16^i 为第 i 位十六进制数的权值；Y 为等效的十进制数。

前面介绍了使用其他进制数表示十进制整数的方法。那么，对于一个十进制的小数，又该如何表示呢？

(1) 对于一个 3 位十进制小数 0.714，用 10 的幂表示为

$$7 \times 10^{-1} + 1 \times 10^{-2} + 4 \times 10^{-3}$$

(2) 对于一个 5 位二进制小数 0.10101，用 2 的幂表示为

$$1 \times 2^{-1} + 0 \times 2^{-2} + 1 \times 2^{-3} + 0 \times 2^{-4} + 1 \times 2^{-5}$$

其等效于十进制小数 0.65625。

推广总结：

(1) 对于一个 N 位的二进制小数，最高位为第 0 位，最低位为第 $N-1$ 位。其计算公式为

$$Y = S_0 \cdot 2^{-1} + S_1 \cdot 2^{-2} + \cdots + S_{N-2} \cdot 2^{-(N-1)} + S_{N-1} \cdot 2^{-N}$$

其中，S_i 为第 i 位二进制小数的值，取值为 0 或者 1；$2^{-(i+1)}$ 为第 i 位二进制小数的权值；Y 为等效的十进制小数。

从上面可以看出，二进制整数和二进制小数的区别是二进制整数的权值为整数，而二进制小数的权值为小数。

(2) 对于一个既包含整数又包含小数的二进制数来说，就是将整数部分和小数部分分别用整数二进制计算公式和小数二进制计算公式表示。

1.8.2　数字码制转换

整数部分，把十进制转成二进制一直分解至商数为 0。从最低左边数字开始读，之后读右边的数字，从下读到上。小数部分，则用其乘 2，取其整数部分的结果，再用计算后的小数部分依此重复计算，算到小数部分全为 0 为止，之后读所有计算后整数部分的数字，从上读到下。

1. 将十进制数 59.8125 转成二进制

1) 整数部分的计算方法

$$59 \div 2 = 29 \cdots 1$$ （前面表示商，后面表示余数）

$$29 \div 2 = 14 \cdots 1$$
$$14 \div 2 = 7 \cdots 0$$
$$7 \div 2 = 3 \cdots 1$$
$$3 \div 2 = 1 \cdots 1$$
$$1 \div 2 = 0 \cdots 1$$

即整数部分 59 的二进制是 111011。

2）小数部分的计算方法

$0.8125 * 2 = 1.625$　取整是 1

$0.625 * 2 = 1.25$　取整是 1

$0.25 * 2 = 0.5$　取整是 0

$0.5 * 2 = 1.0$　取整是 1

即 0.8125 的二进制是 0.1101（第一次所得到为最高位，最后一次得到为最低位）。因此，$(59.8125)_{10} = (111011.1101)_2$。

2. 十进制数 4877 转成十六进制数的计算方法

$$4877 \div 16 = 304 \cdots 13(D)$$
$$304 \div 16 = 19 \cdots 0$$
$$19 \div 16 = 1 \cdots 3$$
$$1 \div 16 = 0 \cdots 1$$

因此，$(4877)_{10} = (130D)_{16}$。

将十进制数转换成二进制数，可以使用比较法。该方法要比传统的转换方法容易理解和记忆，因此推荐使用这种方法。下面使用比较法将十进制数 59.8125 转换对应的二进制数，转换过程如表 1.21 所示。

表 1.21　使用比较法将十进制数转换成对应的二进制数

十进制数	59.8125	27.8125	11.8125	3.8125	3.8125	1.8125	0.8125	0.3125	0.0625	0.0625
权值	$2^5(32)$	$2^4(16)$	$2^3(8)$	$2^2(4)$	$2^1(2)$	$2^0(1)$	$2^{-1}(0.5)$	$2^{-2}(0.25)$	$2^{-3}(0.125)$	$2^{-4}(0.0625)$
余数	27.8125	11.8125	3.8125	3.8125	1.8125	0.8125	0.3125	0.0625	0.0625	0
二进制数	1	1	1	0	1	1	1	1	0	1

其中：

（1）最大的权值应该小于所要比较的十进制数，并且离该十进制数距离最近。

（2）权值从大到小依次递减排列。整数部分的权值表示为 2^i（i 为整数，且 $i \geqslant 0$），小数部分的权值表示为 2^{-i}（i 为整数，且 $i > 0$）。

比较规则描述为：

（1）将十进制数与所对应的权值进行比较。

① 当十进制数大于权值时，对应的二进制数值为 1。用十进制数减去对应的权值，得到余数，该余数作为下一次比较的十进制数；

② 当十进制数小于权值时，对应的二进制数值为 0。不做减法操作，该十进制数仍旧作为下一次比较的十进制数；

③ 当余数为 0 时，比较过程结束。

(2) 权值 $2^0(1)$之前(包括 $2^0(1)$)所有权值所对应的二进制数，按权值从高到低依次排列，得到整数部分。在该例子中，整数部分对应的二进制数表示为 111011。

(3) 权值 $2^0(1)$之后(不包括 $2^0(1)$)所有二进制权值所对应的二进制数，按权值从高到低依次排列，得到小数部分。在该例子中，小数部分对应的二进制数表示为 1101。

思考与练习 1-39　完成下面整数的转换(使用最少的位数)：

(1) $(35)_{10}=(\_\_\_\_\_\_\_\_)_2=(\_\_\_\_\_\_\_\_)_{16}=(\_\_\_\_\_\_\_\_)_8$

(2) $(213)_{10}=(\_\_\_\_\_\_\_\_)_2=(\_\_\_\_\_\_\_\_)_{16}=(\_\_\_\_\_\_\_\_)_8$

(3) $(1034)_{10}=(\_\_\_\_\_\_\_\_)_2=(\_\_\_\_\_\_\_\_)_{16}=(\_\_\_\_\_\_\_\_)_8$

思考与练习 1-40　完成下面定点数的转换(使用最少的位数)：

(1) $(13.076)_{10}=(\_\_\_\_\_\_\_\_)_2$

(2) $(247.0678)_{10}=(\_\_\_\_\_\_\_\_)_2$

1.9　组合逻辑电路

从前面的逻辑表达式的化简过程可以很清楚地知道下面的事实，即不管数字系统有多复杂，总可以用 SOP 或者 POS 表达式表示。

我们都知道人的大脑具有复杂的推理和记忆功能，人的大脑可以指挥人的四肢进行工作。人是在不断地记忆新知识的过程中成长的。数字系统类似于人的大脑和四肢，即一个完整的数字系统应该既包含推理部分，又应该包含记忆部分，还有执行部分。在数字系统中，所谓的推理和执行部分称之为组合逻辑电路；而记忆部分称之为时序逻辑电路。

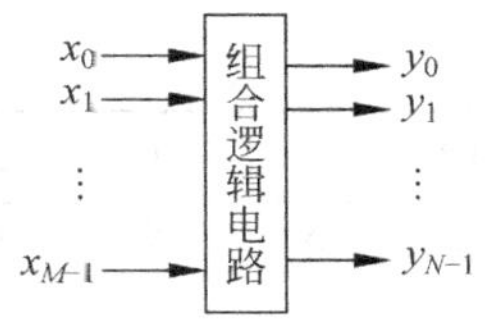

图 1.98　组合逻辑电路原理

组合逻辑电路是一种逻辑电路，即它任一时刻的输出，只与当前时刻逻辑输入变量的取值有关。图 1.98 给出了组合逻辑电路的结构原理，图中组合逻辑电路的输入和输出可以用下面的关系描述

$$
\begin{aligned}
y_0 &= f_0(x_0, x_1, \cdots, x_{M-1}) \\
y_1 &= f_1(x_0, x_1, \cdots, x_{M-1}) \\
&\vdots \\
y_{N-1} &= f_{N-1}(x_0, x_1, \cdots, x_{M-1})
\end{aligned}
$$

其中，$x_0, x_1, \cdots, x_{M-1}$ 为 M 个逻辑输入变量；$y_0, y_1, \cdots, y_{N-1}$ 为 N 个逻辑输出变量；$f_0()$，$f_1(), \cdots, f_{N-1}()$表示 M 个输入和 N 个输出对应的布尔逻辑表达式。

换句话说，如果我们可以通过测试仪器确定输入和输出逻辑变量的关系，就可以通过真值表描述它们之间的关系；然后，通过卡诺图化简，就可以得到 $f_0(), f_1(), \cdots, f_{N-1}()$所表示的逻辑关系。

时序逻辑电路是一种特殊的逻辑电路，即它任何一个时刻的输出，不仅与当前时刻逻辑输入变量的取值有关，而且还和前一时刻的输出状态有关。其具体的原理将在后面详细说明。

典型地，组合逻辑电路包含编码器、译码器、数据选择器、数据比较器、加法器、减法器和乘法器。

1.9.1 编码器

在数字系统中，编码器用于对原始逻辑信息进行变换，例如8-3线编码器。

本节将以74LS148 8-3线编码器为例，说明编码器的实现原理。图1.99给出了74LS148编码器的符号描述。其中，EI（芯片上的第5个引脚）为选通输入端，低电平有效。EO（芯片的第15引脚）为选通输出端，高电平有效。GS（芯片的第14引脚）为组选择输出有效信号，用作片优先编码输出端。当EI有效，并且有优先编码输入时，该引脚输出为低。A_0、A_1、A_2（芯片的第9、7和6引脚）为编码输出端，低电平有效。

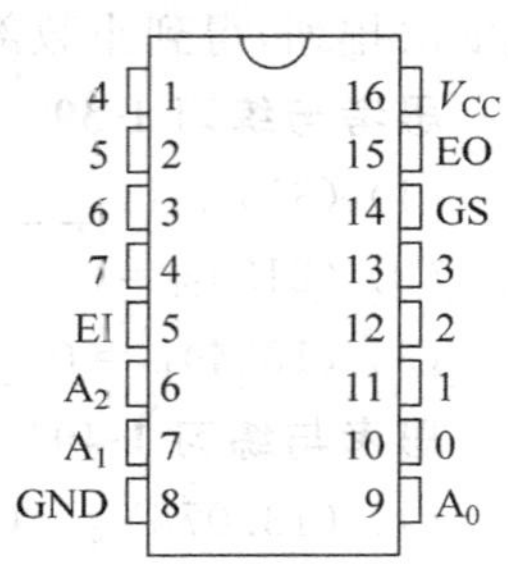

图1.99 编码器符号

表1.22给出了编码器的真值表描述，表中X表示无关项。下面对该表的逻辑功能进行分析：

(1) 当EI为低有效时，编码器才能正常工作。

(2) 74LS148输入端优先级别的次序依次为7,6,…,0；当某一输入端有低电平输入，且比它优先级高的其他输入端没有低电平输入时，输出端才输出对应于该输入端的代码。例如，当输入5为逻辑0，且输入6和输入7为逻辑高时，则此时输出代码010，为5(101)的反码表示。

表1.22 8-3线编码器的真值表

EI	0	1	2	3	4	5	6	7	A_2	A_1	A_0	GS	EO
1	X	X	X	X	X	X	X	X	1	1	1	1	1
0	1	1	1	1	1	1	1	1	1	1	1	1	0
0	X	X	X	X	X	X	X	0	0	0	0	0	1
0	X	X	X	X	X	X	0	1	0	0	1	0	1
0	X	X	X	X	X	0	1	1	0	1	0	0	1
0	X	X	X	X	0	1	1	1	0	1	1	0	1
0	X	X	X	0	1	1	1	1	1	0	0	0	1
0	X	X	0	1	1	1	1	1	1	0	1	0	1
0	X	0	1	1	1	1	1	1	1	1	0	0	1
0	0	1	1	1	1	1	1	1	1	1	1	0	1

注：表中X表示无关项。

对表1.22的真值表使用布尔代数进行化简，得到下面的逻辑表达式

$$A_0 = \overline{(\bar{1}\cdot 2\cdot 4\cdot 6+\bar{3}\cdot 4\cdot 6+\bar{5}\cdot 6+\bar{7})\cdot \overline{EI}}$$

$$A_1 = \overline{(\bar{2}\cdot 4\cdot 5+\bar{3}\cdot 4\cdot 5+\bar{6}+\bar{7})\cdot \overline{EI}}$$

$$A_2 = \overline{(\bar{4}+\bar{5}+\bar{6}+\bar{7})\cdot \overline{EI}}$$

$$EO = \overline{0\cdot 1\cdot 2\cdot 3\cdot 4\cdot 5\cdot 6\cdot 7\cdot \overline{EI}}$$

$$GS = \overline{E_0\cdot \overline{EI}}$$

图1.100给出了74LS148 8-3线编码器的内部逻辑结构。

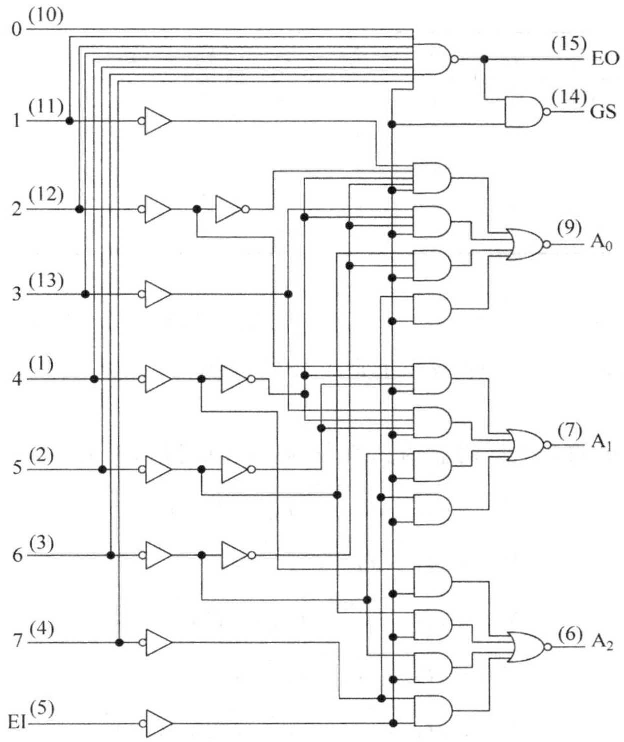

图 1.100　74LS148 8-3 线编码器内部结构

1.9.2　译码器

译码器是电子技术中一种多输入多输出的组合逻辑电路，负责将二进制代码翻译为特定的对象（如逻辑电平等），功能与编码器相反。典型的如 3-8 译码器，七段码译码器。

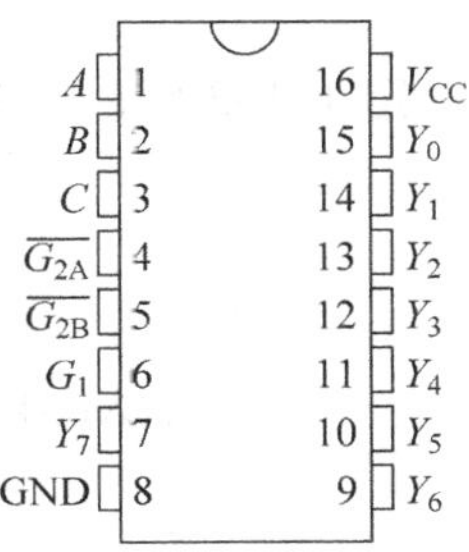

图 1.101　74LS138 符号

1. 3-8 译码器

本节将介绍 74LS138 3-8 译码器的实现原理。图 1.101 给出了 74LS138 译码器的符号描述。表 1.23 给出了编码器的真值表描述。编码从 C，B，A 引脚输入。输出 $Y_7 \sim Y_0$ 用来表示输入编码的组合。在一个时刻输出引脚 $Y_7 \sim Y_0$ 中只有一位为低，其余输出均为高，即当 $CBA=n$ 时，$n \subseteq \{0,1,2,3,4,5,6,7\}$，输出满足

表 1.23　74LS138 译码器的真值表

G_1	G_{2A}	G_{2B}	C	B	A	Y_0	Y_1	Y_2	Y_3	Y_4	Y_5	Y_6	Y_7
X	1	X	X	X	X	1	1	1	1	1	1	1	1
X	X	1	X	X	X	1	1	1	1	1	1	1	1
0	X	X	X	X	X	1	1	1	1	1	1	1	1
1	0	0	0	0	0	0	1	1	1	1	1	1	1
1	0	0	0	0	1	1	0	1	1	1	1	1	1
1	0	0	0	1	0	1	1	0	1	1	1	1	1

续表

G_1	G_{2A}	G_{2B}	C	B	A	Y_0	Y_1	Y_2	Y_3	Y_4	Y_5	Y_6	Y_7
1	0	0	0	1	1	1	1	1	0	1	1	1	1
1	0	0	1	0	0	1	1	1	1	0	1	1	1
1	0	0	1	0	1	1	1	1	1	1	0	1	1
1	0	0	1	1	0	1	1	1	1	1	1	0	1
1	0	0	1	1	1	1	1	1	1	1	1	1	0

$$Y_n = 0,\quad Y_m = 1,\quad m \subseteq \{0,1,2,3,4,5,6,7\}\text{ 且 } m \neq n$$

从表 1.23 可以看出，74LS138 译码器正常工作的前提条件是 $G_1=1$，$\overline{G_{2A}}=0$，$\overline{G_{2B}}=0$ 同时有效。

根据表 1.23 给出的 3-8 译码器的真值表，通过化简得到输出 $Y_0 \sim Y_7$ 的逻辑表达式为

$$Y_0 = \overline{(G_1 \cdot \overline{G_{2A}} \cdot \overline{G_{2B}}) \cdot \overline{C} \cdot \overline{B} \cdot \overline{A}}$$

$$Y_1 = \overline{(G_1 \cdot \overline{G_{2A}} \cdot \overline{G_{2B}}) \cdot \overline{C} \cdot \overline{B} \cdot A}$$

$$Y_2 = \overline{(G_1 \cdot \overline{G_{2A}} \cdot \overline{G_{2B}}) \cdot \overline{C} \cdot B \cdot \overline{A}}$$

$$Y_3 = \overline{(G_1 \cdot \overline{G_{2A}} \cdot \overline{G_{2B}}) \cdot \overline{C} \cdot A \cdot B}$$

$$Y_4 = \overline{(G_1 \cdot \overline{G_{2A}} \cdot \overline{G_{2B}}) \cdot C \cdot \overline{B} \cdot \overline{A}}$$

$$Y_5 = \overline{(G_1 \cdot \overline{G_{2A}} \cdot \overline{G_{2B}}) \cdot C \cdot \overline{B} \cdot A}$$

$$Y_6 = \overline{(G_1 \cdot \overline{G_{2A}} \cdot \overline{G_{2B}}) \cdot C \cdot B \cdot \overline{A}}$$

$$Y_7 = \overline{(G_1 \cdot \overline{G_{2A}} \cdot \overline{G_{2B}}) \cdot C \cdot B \cdot A}$$

图 1.102 给出了 74LS138 译码器的内部结构图。

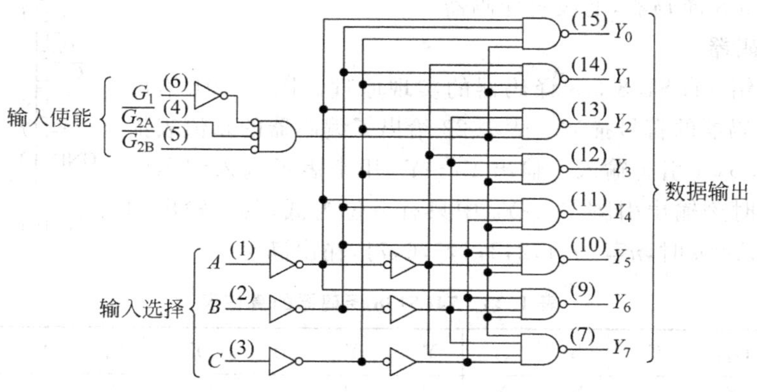

图 1.102　74LS138 内部结构

2. 七段码编码器

七段数码管亮灭控制的最基本原理就是当有电流流过七段数码管 a，b，c，d，e，f，g 的某一段时，该段就发光。图 1.103 给出了共阴极七段数码管的控制原理。当：

(1) $V_{CA}-V_{公共端}<V_{th}$时，a 段灭；否则，a 段亮。
(2) $V_{CB}-V_{公共端}<V_{th}$时，b 段灭；否则，b 段亮。
(3) $V_{CC}-V_{公共端}<V_{th}$时，c 段灭；否则，c 段亮。
(4) $V_{CD}-V_{公共端}<V_{th}$时，d 段灭；否则，d 段亮。
(5) $V_{CE}-V_{公共端}<V_{th}$时，e 段灭；否则，e 段亮。
(6) $V_{C}-V_{公共端}<V_{th}$时，f 段灭；否则，f 段亮。
(7) $V_{CG}-V_{公共端}<V_{th}$时，g 段灭；否则，g 段亮。

注：V_{th}为七段数码管各二极管的门限电压。

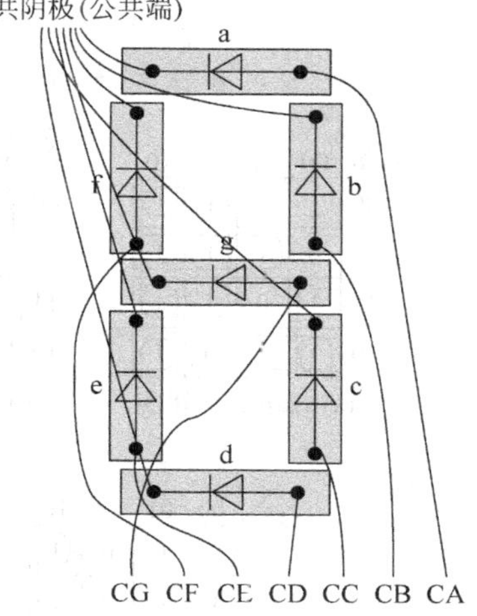

图 1.103　共阴极七段数码管原理

控制七段数码管显示不同的数字和字母时，只要给不同段二极管的阳极高电平即可。下面将设计二进制码到七段码转换的逻辑电路。该逻辑电路将二进制数所表示的数字或字符，显示在七段数码管上。表 1.24 给出了二进制码编码为七段码的真值表描述。

表 1.24　二进制码到七段码转换的真值表

x_3	x_2	x_1	x_0	g	f	e	d	c	b	a
0	0	0	0	0	1	1	1	1	1	1
0	0	0	1	0	0	0	0	1	1	0
0	0	1	0	1	0	1	1	0	1	1
0	0	1	1	1	0	0	1	1	1	1
0	1	0	0	1	1	0	0	1	1	0
0	1	0	1	1	1	0	1	1	0	1
0	1	1	0	1	1	1	1	1	0	1
0	1	1	1	0	0	0	0	1	1	1
1	0	0	0	1	1	1	1	1	1	1
1	0	0	1	1	1	0	1	1	1	1
1	0	1	0	1	1	1	0	1	1	1
1	0	1	1	1	1	1	1	1	0	0
1	1	0	0	0	1	1	1	0	0	1
1	1	0	1	1	0	1	1	1	1	0
1	1	1	0	1	1	1	1	0	0	1
1	1	1	1	1	1	1	0	0	0	1

根据这个真值表的描述，使用图 1.104 所示的卡诺图表示二进制码和七段码的对应关系，并进行化简。

使用卡诺图化简后，得到 a,b,c,d,e,f,g 和 x_3,x_2,x_1,x_0对应关系的逻辑表达式为

$$a=\overline{x_2}\cdot\overline{x_0}+x_3\cdot\overline{x_2}\cdot\overline{x_1}+x_3\cdot\overline{x_0}+x_2\cdot x_1+\overline{x_3}\cdot x_1+\overline{x_3}\cdot x_2\cdot x_0$$

$$b=\overline{x_3}\cdot\overline{x_2}+\overline{x_2}\cdot\overline{x_1}+\overline{x_2}\cdot\overline{x_0}+\overline{x_3}\cdot x_1\cdot x_0+x_3\cdot\overline{x_1}\cdot x_0+\overline{x_3}\cdot\overline{x_1}\cdot\overline{x_0}$$

$$c=\overline{x_2}\cdot\overline{x_1}+x_3\cdot\overline{x_2}+\overline{x_1}\cdot x_0+\overline{x_3}\cdot x_2+\overline{x_3}\cdot x_0$$

$$d=\overline{x_2}\cdot\overline{x_1}\cdot\overline{x_0}+x_3\cdot\overline{x_1}+\overline{x_2}\cdot x_1\cdot x_0+x_2\cdot\overline{x_1}\cdot x_0+\overline{x_3}\cdot\overline{x_2}\cdot x_1+x_2\cdot x_1\cdot\overline{x_0}$$

$$e=\overline{x_2}\cdot\overline{x_0}+x_1\cdot\overline{x_0}+x_3\cdot x_2+x_3\cdot x_1$$

$$f = \overline{x_1} \cdot \overline{x_0} + x_3 \cdot \overline{x_2} + x_3 \cdot x_1 + \overline{x_3} \cdot x_2 \cdot \overline{x_1} + \overline{x_0} \cdot x_2$$

$$g = \overline{x_2} \cdot x_1 + x_1 \cdot \overline{x_0} + x_3 \cdot \overline{x_2} + x_3 \cdot x_0 + \overline{x_3} \cdot x_2 \cdot \overline{x_1}$$

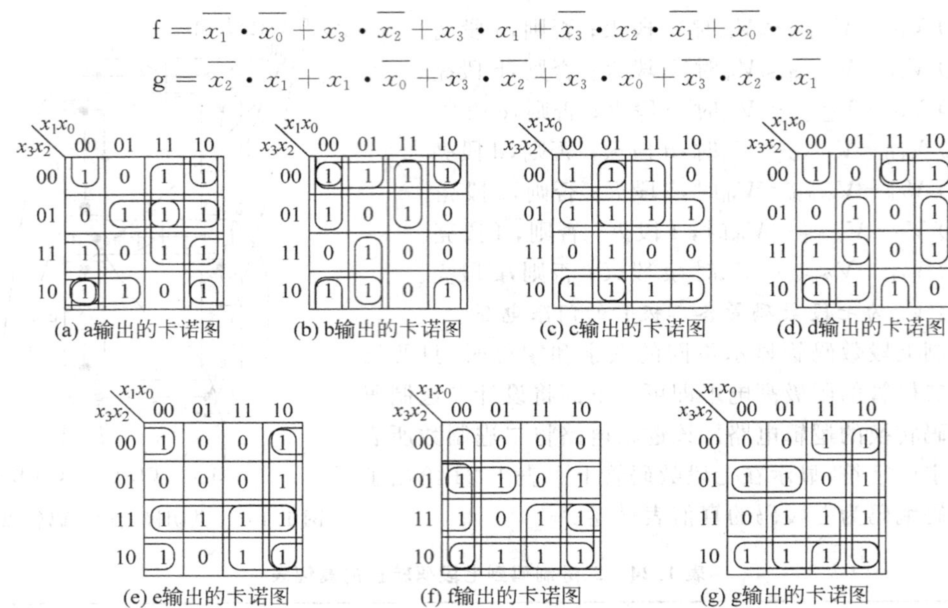

图 1.104　七段码逻辑的卡诺图化简

1.9.3　码转换器

本节将学习码转换器的实现。典型地，格雷码转换器以及二进制数到BCD码转换器。

1. 格雷码转换器

Gray(格雷码)的编码特点是在相邻的两个编码中，只有一位不同。表1.25给出了二进制数和相对应的格雷码的真值表表示。

表 1.25　二进制数对应的 Gray 码真值表映射关系

x_3	x_2	x_1	x_0	g_3	g_2	g_1	g_0	x_3	x_2	x_1	x_0	g_3	g_2	g_1	g_0
0	0	0	0	0	0	0	0	1	0	0	0	1	1	0	0
0	0	0	1	0	0	0	1	1	0	0	1	1	1	0	1
0	0	1	0	0	0	1	1	1	0	1	0	1	1	1	1
0	0	1	1	0	0	1	0	1	0	1	1	1	1	1	0
0	1	0	0	0	1	1	0	1	1	0	0	1	0	1	0
0	1	0	1	0	1	1	1	1	1	0	1	1	0	1	1
0	1	1	0	0	1	0	1	1	1	1	0	1	0	0	1
0	1	1	1	0	1	0	0	1	1	1	1	1	0	0	0

对上面的真值表进行化简，得到二进制数到Gray码转换的逻辑表达式为

$$g_i = x_{i+1} \oplus x_i$$

2. 二进制数到 BCD 码转换器

表1.26给出了二进制数到BCD码转换的对应关系，从表中可以看出来，实际上就是十六进制数转十进制数。图1.105给出了BCD码中每一位和二进制输入数的卡诺图描述。

表 1.26 二进制数到 BCD 码转换的对应关系

十六进制	二进制数				二进制编码的十进制数					BCD
	b_3	b_2	b_1	b_0	p_4	p_3	p_2	p_1	p_0	
0	0	0	0	0	0	0	0	0	0	00
1	0	0	0	1	0	0	0	0	1	01
2	0	0	1	0	0	0	0	1	0	02
3	0	0	1	1	0	0	0	1	1	03
4	0	1	0	0	0	0	1	0	0	04
5	0	1	0	1	0	0	1	0	1	05
6	0	1	1	0	0	0	1	1	0	06
7	0	1	1	1	0	0	1	1	1	07
8	1	0	0	0	0	1	0	0	0	08
9	1	0	0	1	0	1	0	0	1	09
A	1	0	1	0	1	0	0	0	0	10
B	1	0	1	1	1	0	0	0	1	11
C	1	1	0	0	1	0	0	1	0	12
D	1	1	0	1	1	0	0	1	1	13
E	1	1	1	0	1	0	1	0	0	14
F	1	1	1	1	1	0	1	0	1	15

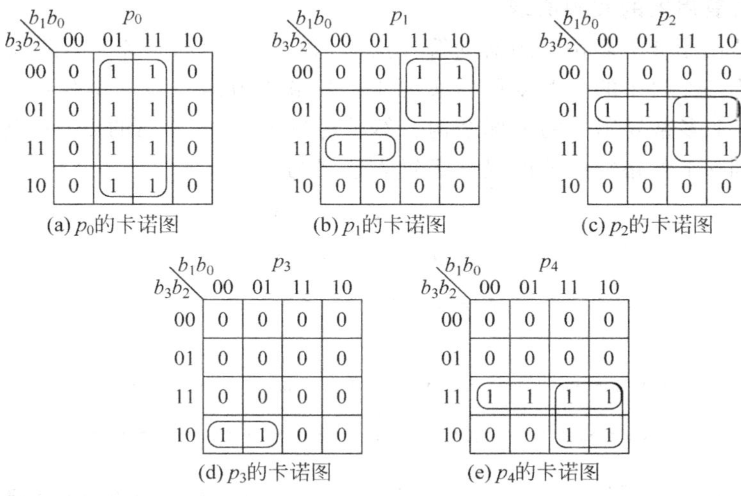

图 1.105 逻辑的卡诺图化简

$$p_0 = b_0$$

$$p_1 = b_3 \cdot b_2 \cdot \overline{b}_1 + \overline{b}_3 \cdot b_1$$

$$p_2 = \overline{b}_3 \cdot b_2 + b_2 \cdot b_1$$

$$p_3 = b_3 \cdot \overline{b}_2 \cdot \overline{b}_1$$

$$p_4 = b_3 \cdot b_2 + b_3 \cdot b_1$$

1.9.4 数据选择器

在数字逻辑中，数据选择器也称为多路复用器，它从多个输入的逻辑信号中选择一个逻辑信号输出。

1. 多路复用器的实现原理

图 1.106 给出了 2-1 多路复用器的符号描述，表 1.27 给出了 2-1 多路复用器功能的真值表描述。使用图 1.107 所示的卡诺图对表 1.27 的逻辑功能进行化简，得到 2-1 多路复用器的最简逻辑表达式为

$$y = a \cdot \bar{s} + b \cdot s$$

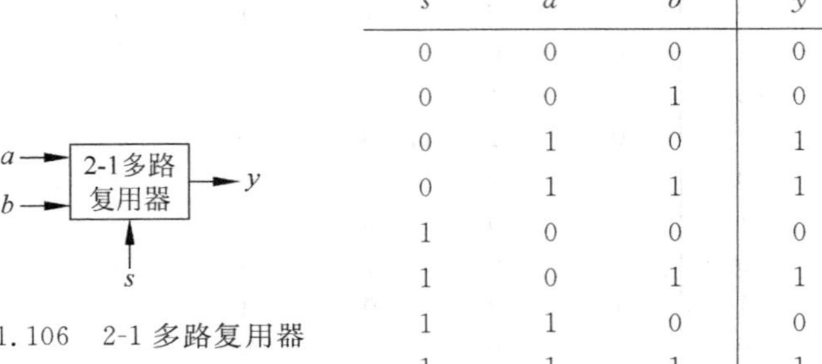

图 1.106　2-1 多路复用器符号描述

表 1.27　2-1 多路复用器真值表

s	a	b	y
0	0	0	0
0	0	1	0
0	1	0	1
0	1	1	1
1	0	0	0
1	0	1	1
1	1	0	0
1	1	1	1

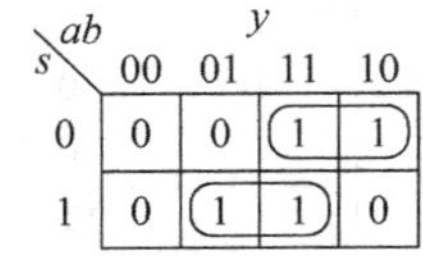

图 1.107　多路复用器的卡诺图映射

2. 4-1 多路复用器的实现原理

图 1.108 给出了 4-1 多路复用器的符号描述，表 1.28 给出了 4-1 多路复用器的真值表描述。下面使用三个 2-1 的多路复用器实现 4-1 多路复用器。图 1.109 给出了级联 2-1 多路复用器实现 4-1 多路复用器的内部结构。然后通过表 1.28 给出的 2-1 多路复用器的逻辑功能真值表得到 4-1 多路复用器的最简逻辑表达式为

$$v = c_0 \cdot \bar{s}_0 + c_1 \cdot s_0$$

$$w = c_2 \cdot \bar{s}_0 + c_3 \cdot s_0$$

$$z = v \cdot \bar{s}_1 + w \cdot s_1$$

得到

$$\begin{aligned} z &= (c_0 \cdot \overline{s_0} + c_1 \cdot s_0) \cdot \overline{s_1} + (c_2 \cdot \overline{s_0} + c_3 \cdot s_0) \cdot s_1 \\ &= c_0 \cdot \overline{s_0} \cdot \overline{s_1} + c_1 \cdot s_0 \cdot \overline{s_1} + c_2 \cdot \overline{s_0} \cdot s_1 + c_3 \cdot s_0 \cdot s_1 \end{aligned}$$

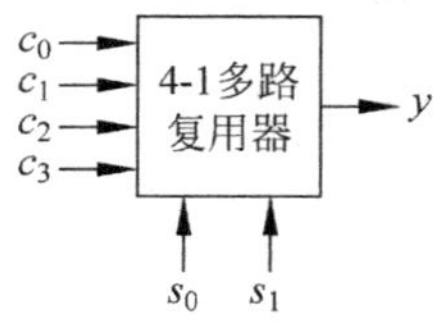

图 1.108　4-1 多路复用器符号描述

表 1.28　4-1 多路复用器真值表

s_1	s_0	y
0	0	c_0
0	1	c_1
1	0	c_2
1	1	c_3

3. 数据选择器集成电路

74LS00 系列集成电路提供了一些专用的数据选择器，表 1.29 给出了典型的数据选择器专用集成电路。

图 1.109 4-1 多路复用器的级联实现

表 1.29 典型的数据选择器专用集成电路

数据选择器	功 能	输 出 状 态
74LS157	四 2 选 1 数据选择器	输出原变量
74LS158	四 2 选 1 数据选择器	输出反变量
74LS153	双 4 选 1 数据选择器	输出原变量
74LS352	双 4 选 1 数据选择器	输出反变量
74LS151	8 选 1 数据选择器	输出反变量
74LS150	16 选 1 数据选择器	输出反变量

1.9.5 数据比较器

本节主要介绍多位数字比较器的设计及实现方法。多位数字比较器的实现通过两步实现：

(1) 首先实现一位数字比较器；

(2) 然后通过级联一位数字比较器，实现多位数字比较器。

1. 一位比较器的实现原理

图 1.110 给出了一位比较器的符号描述，比较器的功能满足下面的条件：

(1) 如果 $x>y$，或者 $x=y$ 且 $G_{in}=1$，则 $G_{out}=1$；

(2) 如果 $x=y$ 且 $G_{in}=0$，$L_{in}=0$，则 $E_{out}=1$；

(3) 如果 $x<y$，或者 $x=y$ 且 $L_{in}=1$，则 $L_{out}=1$。

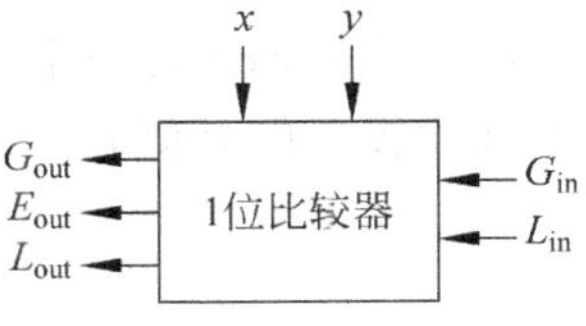

图 1.110 一位比较器符号描述

则根据上面的三个条件，则得到表 1.30 一位比较器的真值表描述。如图 1.111 所示，对表 1.30 给出的逻辑关系通过卡诺图进行化简，得到最简的逻辑表达式

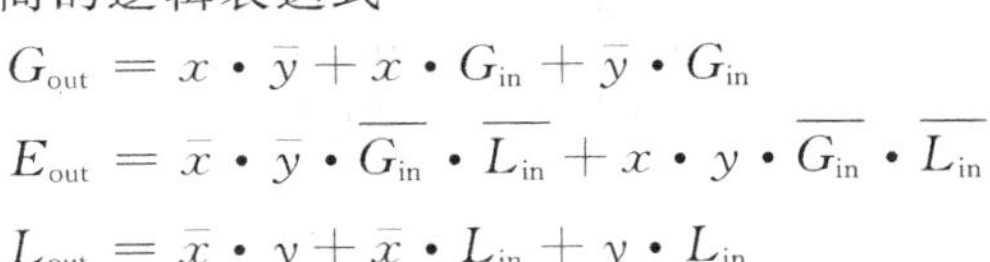

$$G_{out}=x\cdot\bar{y}+x\cdot G_{in}+\bar{y}\cdot G_{in}$$

$$E_{out}=\bar{x}\cdot\bar{y}\cdot\overline{G_{in}}\cdot\overline{L_{in}}+x\cdot y\cdot\overline{G_{in}}\cdot\overline{L_{in}}$$

$$L_{out}=\bar{x}\cdot y+\bar{x}\cdot L_{in}+y\cdot L_{in}$$

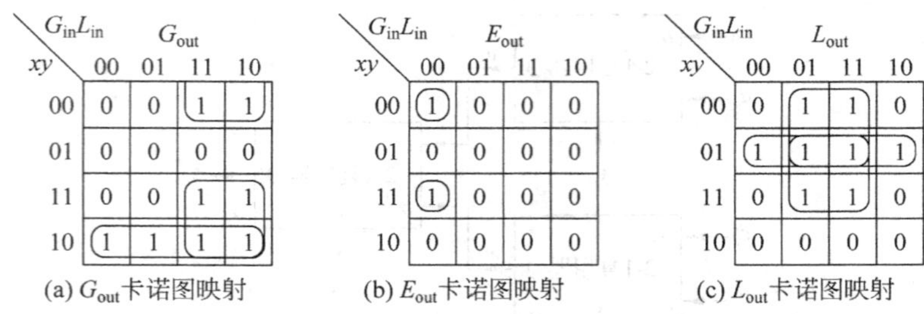

(a) G_{out}卡诺图映射　(b) E_{out}卡诺图映射　(c) L_{out}卡诺图映射

图 1.111　一位比较器输出的卡诺图映射

表 1.30　一位比较器的真值表描述

x	y	G_{in}	L_{in}	G_{out}	E_{out}	L_{out}	x	y	G_{in}	L_{in}	G_{out}	E_{out}	L_{out}
0	0	0	0	0	1	0	1	0	0	0	1	0	0
0	0	0	1	0	0	1	1	0	0	1	1	0	0
0	0	1	0	1	0	0	1	0	1	0	1	0	0
0	0	1	1	1	0	1	1	0	1	1	1	0	0
0	1	0	0	0	0	1	1	1	0	0	0	1	0
0	1	0	1	0	0	1	1	1	0	1	0	0	1
0	1	1	0	0	0	1	1	1	1	0	1	0	0
0	1	1	1	0	0	1	1	1	1	1	1	0	1

2. 多位比较器的实现原理

多位比较器可以由一位比较器级联得到，图 1.112 给出了使用 4 个一位比较器级联得到 1 个四位比较器的实现结构。

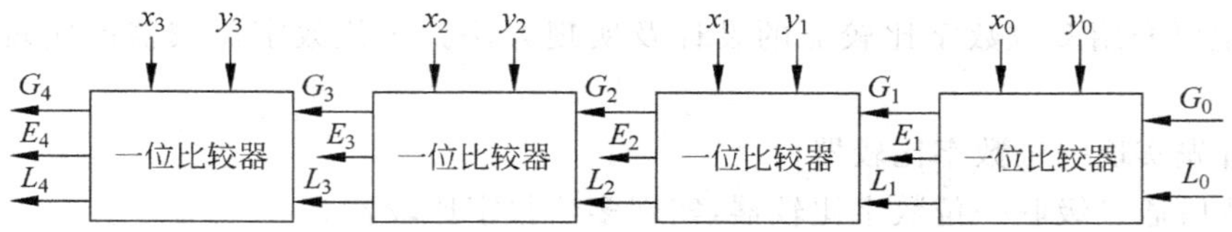

图 1.112　四位比较器的实现

此外，74LS85 是一个专用的四位比较器芯片，图 1.113 给出了其符号描述。表 1.31 给出了该比较器的真值表。

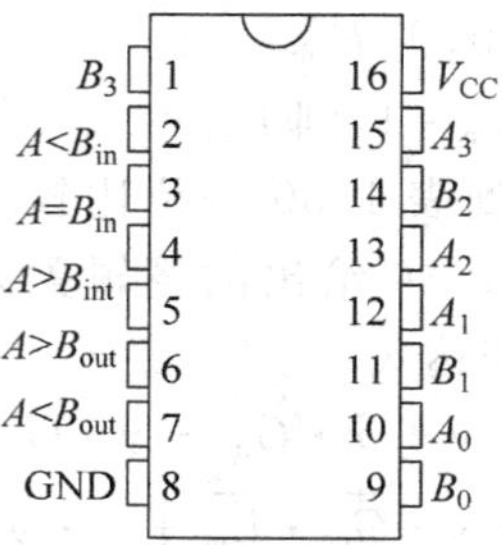

图 1.113　74LS85 符号

表 1.31　74LS85 真值表

比较输入				级联输入			输出		
A_3,B_3	A_2,B_2	A_1,B_1	A_0,B_0	$A>B$	$A<B$	$A=B$	$A>B$	$A<B$	$A=B$
$A_3>B_3$	×	×	×	×	×	×	H	L	L
$A_3<B_3$	×	×	×	×	×	×	L	H	L
$A_3=B_3$	$A_2>B_2$	×	×	×	×	×	H	L	L
$A_3=B_3$	$A_2<B_2$	×	×	×	×	×	L	H	L
$A_3=B_3$	$A_2=B_2$	$A_1>B_1$	×	×	×	×	H	L	L
$A_3=B_3$	$A_2=B_2$	$A_1<B_1$	×	×	×	×	L	H	L
$A_3=B_3$	$A_2=B_2$	$A_1=B_1$	$A_0>B_0$	×	×	×	H	L	L
$A_3=B_3$	$A_2=B_2$	$A_1=B_1$	$A_0<B_0$	×	×	×	L	H	L
$A_3=B_3$	$A_2=B_2$	$A_1=B_1$	$A_0=B_0$	H	L	L	H	L	L
$A_3=B_3$	$A_2=B_2$	$A_1=B_1$	$A_0=B_0$	L	H	L	L	H	L
$A_3=B_3$	$A_2=B_2$	$A_1=B_1$	$A_0=B_0$	×	×	H	L	L	H
$A_3=B_3$	$A_2=B_2$	$A_1=B_1$	$A_0=B_0$	H	H	L	L	L	L
$A_3=B_3$	$A_2=B_2$	$A_1=B_1$	$A_0=B_0$	L	L	L	H	H	L

1.9.6　加法器

在电子学中，加法器是一种用于执行加法运算的数字电路部件，是构成电子计算机核心微处理器中算术逻辑单元的基础。在这些电子系统中，加法器主要负责计算地址、索引数据等。除此之外，加法器也是其他一些硬件，例如二进制数乘法器的重要组成部分。

1. 一位半加器的实现

表 1.32 给出了半加器的真值表，根据真值表可以得到半加器的最简逻辑表达式：

$$s_0 = \bar{a}_0 \cdot b_0 + a_0 \cdot \bar{b}_0 = a_0 \oplus b_0$$

$$c_1 = a_0 \cdot b_0$$

根据最简逻辑表达式，可以得到图 1.114 所示的半加器逻辑图。

表 1.32　半加器真值表

a_0	b_0	s_0	c_1
0	0	0	0
0	1	1	0
1	0	1	0
1	1	0	1

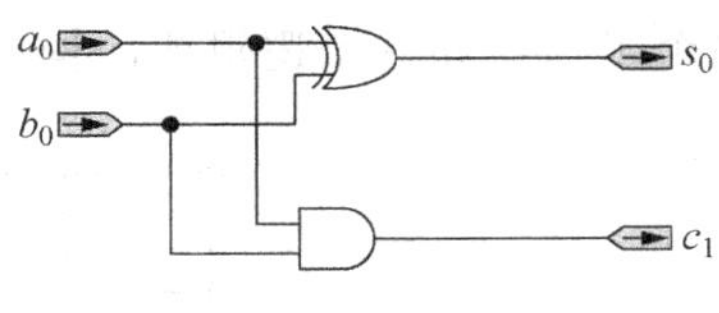

图 1.114　半加器逻辑图

2. 一位全加器的实现

表 1.33 给出了全加器的真值表，使用图 1.115 所示的卡诺图映射，可以得到全加器的最简逻辑表达式

$$\begin{aligned} s_i &= \bar{a}_i \cdot b_i \cdot \bar{c}_i + a_i \cdot \bar{b}_i \cdot \bar{c}_i + \bar{a}_i \cdot \bar{b}_i \cdot c_i + a_i \cdot b_i \cdot c_i \\ &= \bar{c}_i \cdot (a_i \oplus b_i) + c_i \cdot \overline{(a_i \oplus b_i)} \\ &= (a_i \oplus b_i \oplus c_i) \end{aligned}$$

$$\begin{aligned}
c_{i+1} &= a_i \cdot b_i + b_i \cdot c_i + a_i \cdot c_i \\
&= a_i \cdot b_i + c_i \cdot (a_i + b_i) \\
&= a_i \cdot b_i + c_i \cdot (a_i \cdot (b_i + \overline{b}_i) + b_i \cdot (a_i + \overline{a}_i)) \\
&= a_i \cdot b_i + c_i \cdot (a_i \cdot \overline{b}_i + b_i \cdot \overline{a}_i) \\
&= a_i \cdot b_i + c_i \cdot (a_i \oplus b_i)
\end{aligned}$$

表 1.33　全加器真值表

c_i	a_i	b_i	s_i	c_{i+1}	c_i	a_i	b_i	s_i	c_{i+1}
0	0	0	0	0	1	0	0	1	0
0	0	1	1	0	1	0	1	0	1
0	1	0	1	0	1	1	0	0	1
0	1	1	0	1	1	1	1	1	1

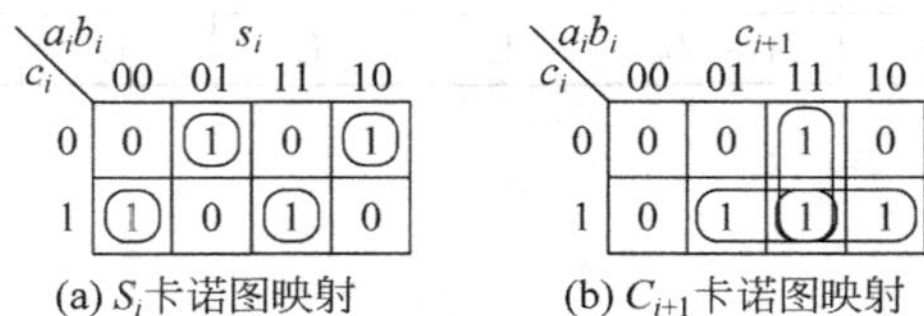

(a) S_i卡诺图映射　　(b) C_{i+1}卡诺图映射

图 1.115　卡诺图化简

根据最简逻辑表达式，可以得到图 1.116 所示的全加器逻辑图。

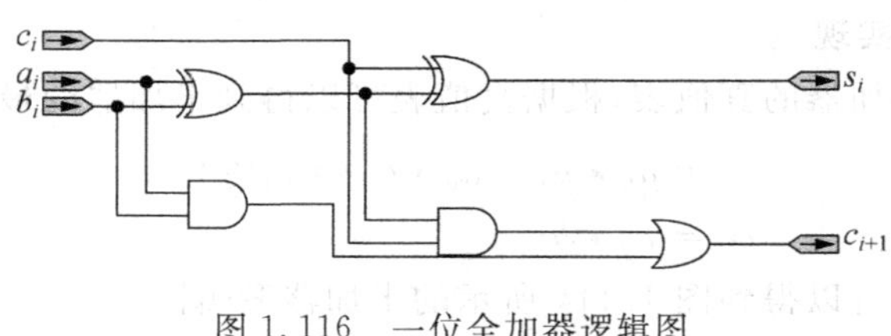

图 1.116　一位全加器逻辑图

对图 1.116 进一步观察可以得到图 1.117 所示的全加器结构，可以看到全加器实际上是由两个半加器和一个逻辑或门构成。

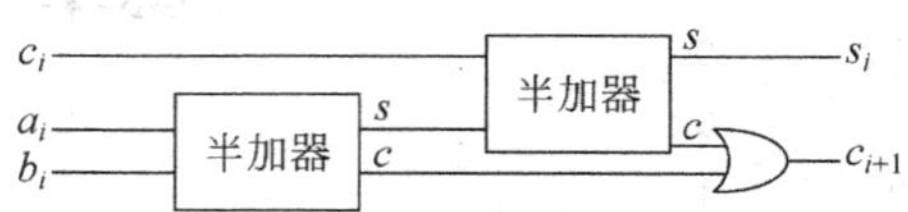

图 1.117　由半加器构成的全加器结构

3. 多位全加器的实现

1）串行进位加法器

多位全加器可以由一位全加器级联而成。图 1.118 给出了一位全加器级联生成 4 位全加器的结构。前一级全加器的进位作为下一级进位的输入。很显然，串行进位加法器需要一级一级地进位，有很大的进位延迟。

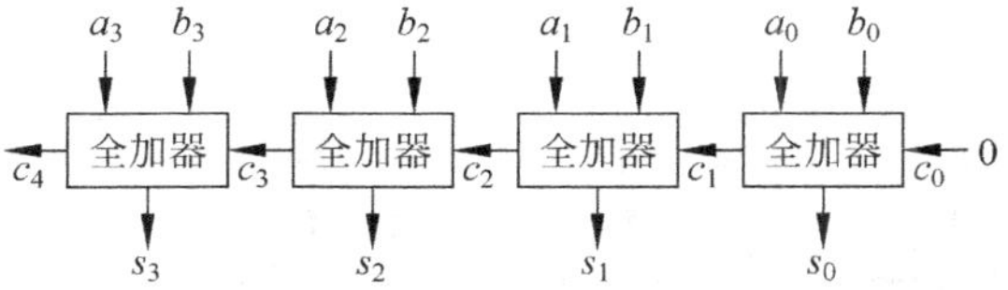

图 1.118 四位全加器结构

2）超前进位加法器

为了减少多位二进制数加减计算所需的时间，出现了一种比串行进位加法器速度更快的加法器，这种加法器称为超前进位加法器。

假设二进制加法器的第 i 位输入为 a_i 和 b_i，输出为 s_i，进位输入为 c_i，进位输出为 c_{i+1}。则有

$$s_i = a_i \oplus b_i \oplus c_i$$

$$c_{i+1} = a_i \cdot b_i + a_i \cdot c_i + b_i \cdot c_i = a_i \cdot b_i + c_i \cdot (a_i + b_i)$$

令

$$g_i = a_i \cdot b_i, \quad p_i = a_i + b_i$$

则

$$c_{i+1} = g_i + p_i \cdot c_i$$

（1）当 a_i 和 b_i 都为 1 的时候，$g_i=1$，产生进位 $c_{i+1}=1$；

（2）当 a_i 或 b_i 为 1 的时候，$p_i=1$，传递进位 $c_{i+1}=c_i$。

因此，g_i 定义为进位产生信号，p_i 定义为进位传递信号。g_i 的优先级高于 p_i，也就是说，当 $g_i=1$ 的时候，必然存在 $p_i=1$，不管 c_i 为多少，必然存在进位；当 $g_i=0$，而 $p_i=1$ 时，进位输出为 c_i，跟 c_i 之前的逻辑有关。

下面以 4 位超前进位加法器为例，假设四位被加数和加数分别为 a 和 b，进位输入为 c_{in}，进位输出为 c_{out}，对于第 i 位产生的进位，$g_i=a_i \cdot b_i$，$p_i=a_i+b_i (i=0,1,2,3)$

$$c_0 = c_{in}$$

$$c_1 = g_0 + p_0 \cdot c_0$$

$$c_2 = g_1 + p_1 \cdot c_1 = g_1 + p_1 \cdot (g_0 + p_0 \cdot c_0) = g_1 + p_1 \cdot g_0 + p_1 \cdot p_0 \cdot c_0$$

$$c_3 = g_2 + p_2 \cdot c_2 = g_2 + p_2 \cdot g_1 + p_2 \cdot p_1 \cdot g_0 + p_2 \cdot p_1 \cdot p_0 \cdot c_0$$

$$c_4 = g_3 + p_3 \cdot c_3 = g_3 + p_3 \cdot g_2 + p_3 \cdot p_2 \cdot g_1 + p_3 \cdot p_2 \cdot p_1 \cdot g_0 + p_3 \cdot p_2 \cdot p_1 \cdot p_0 \cdot c_0$$

$$c_{out} = c_4$$

由此可以看出，各级的进位彼此独立，只与输入数据和 c_{in} 有关，因此消除了各级之间进位级联的依赖性。所以，显著降低了串行进位产生的延迟。

每个等式与只有三级延迟的电路对应，第一级延迟对应进位产生信号和进位传递信号，后两级延迟对应上面的积之和。

同时，可以得到第 i 位的和为

$$s_i = a_i \oplus b_i \oplus c_i = g_i \oplus p_i \oplus c_i$$

图 1.119 给出了四位超前进位加法器的结构。

如图 1.120 所示，给出了 74LS283 超前进位加法器的符号。图 1.121 给出了该超前进位加法器的内部逻辑电路结构。

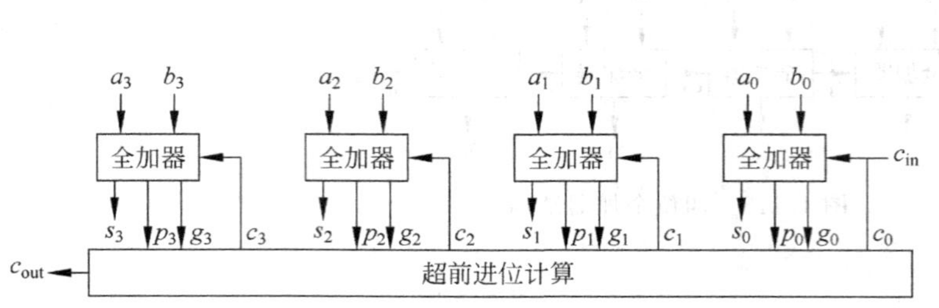

图 1.119 四位超前进位全加器结构

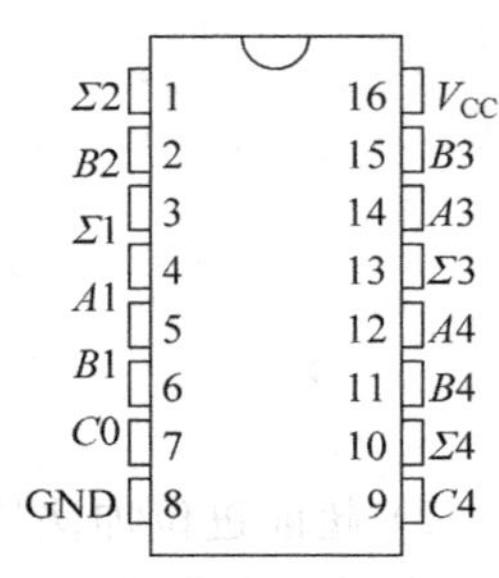

图 1.120 74LS283 全加器

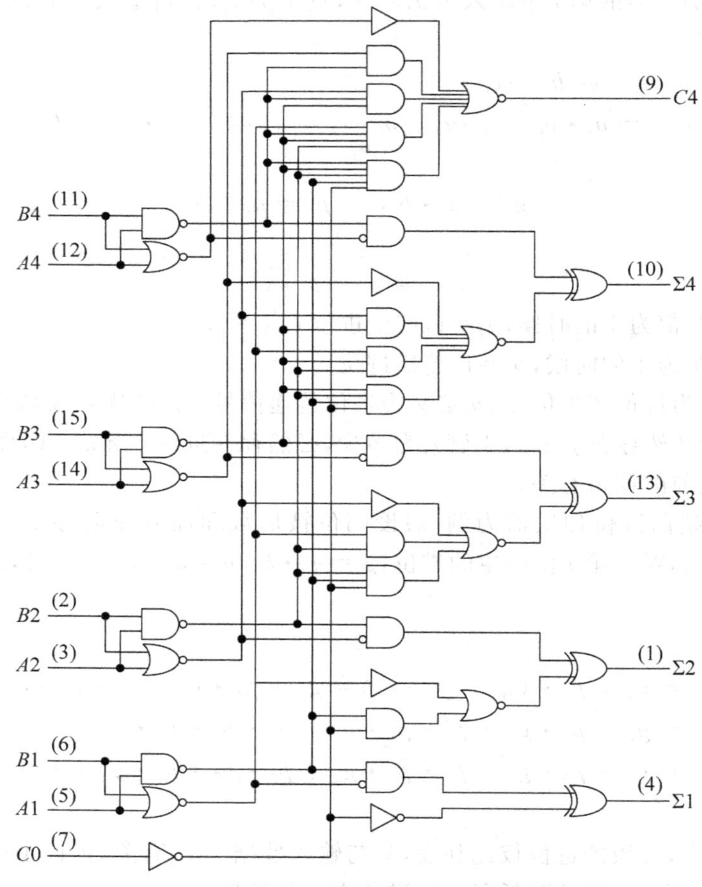

图 1.121 74LS283 全加器内部逻辑电路结构

1.9.7 减法器

减法器的设计类似于加法器的设计方法，可以通过真值表实现。一旦设计了一位减法器电路，就可以将其复制 N 次，创建一个 N 位的减法器。

1. 一位半减器的实现原理

表 1.34 给出了半减器的真值表关系，根据真值表可以得到半减器的最简逻辑表达式

$$d_0 = \overline{a_0} \cdot b_0 + a_0 \cdot \overline{b_0} = a_0 \oplus b_0$$

$$c_1 = \overline{a_0} \cdot b_0$$

根据最简逻辑表达式，可以得到图 1.122 所示的半减器逻辑图。

表 1.34 半减器真值表

a_0	b_0	d_0	c_1
0	0	0	0
0	1	1	1
1	0	1	0
1	1	0	0

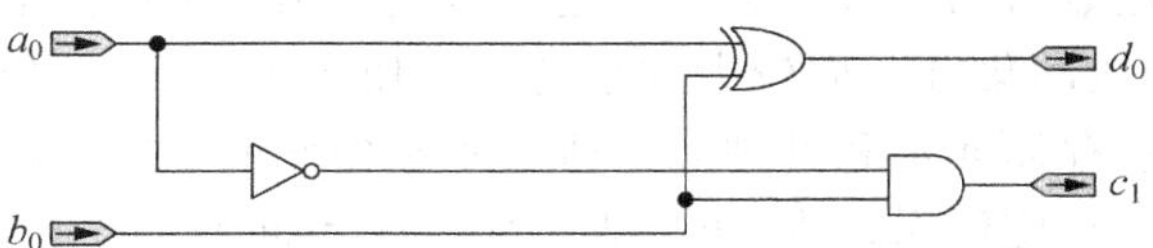

图 1.122 半减器逻辑电路

2. 一位全减器的实现原理

表 1.35 给出了全减器的真值表，使用图 1.123 所示的卡诺图映射，可以得到全减器的最简逻辑表达式

表 1.35 一位全减器真值表

c_i	a_i	b_i	d_i	c_{i+1}
0	0	0	0	0
0	0	1	1	1
0	1	0	1	0
0	1	1	0	0
1	0	0	1	1
1	0	1	0	1
1	1	0	0	0
1	1	1	1	1

$$\begin{aligned}
d_i &= \bar{a}_i \cdot b_i \cdot \bar{c}_i + a_i \cdot \bar{b}_i \cdot \bar{c}_i + \bar{a}_i \cdot \bar{b}_i \cdot c_i + a_i \cdot b_i \cdot c_i \\
&= \bar{c}_i \cdot (a_i \oplus b_i) + c_i \cdot \overline{(a_i \oplus b_i)} \\
&= (a_i \oplus b_i \oplus c_i) \\
c_{i+1} &= c_i \cdot b_i + \bar{a}_i \cdot b_i + \bar{a}_i \cdot c_i \\
&= \bar{a}_i \cdot b_i + c_i \cdot (\bar{a}_i + b_i) \\
&= \bar{a}_i \cdot b_i + c_i \cdot (\bar{a}_i \cdot (b_i + \bar{b}_i) + b_i \cdot (a_i + \bar{a}_i)) \\
&= \bar{a}_i \cdot b_i + c_i \cdot (\bar{a}_i \cdot \bar{b}_i + b_i \cdot a_i) \\
&= \bar{a}_i \cdot b_i + c_i \cdot \overline{(a_i \oplus b_i)}
\end{aligned}$$

根据最简的逻辑表达式，可以得到图 1.124 所示的全减器逻辑图。

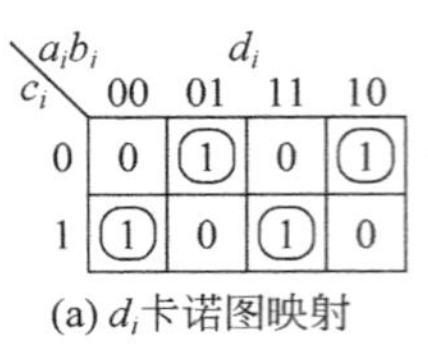

(a) d_i卡诺图映射

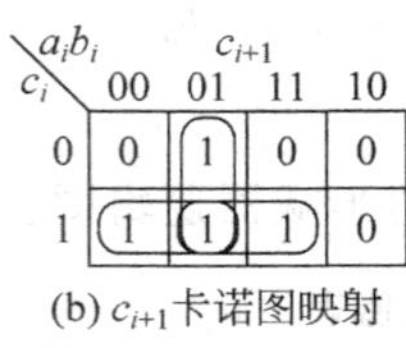

(b) c_{i+1}卡诺图映射

图 1.123　卡诺图映射

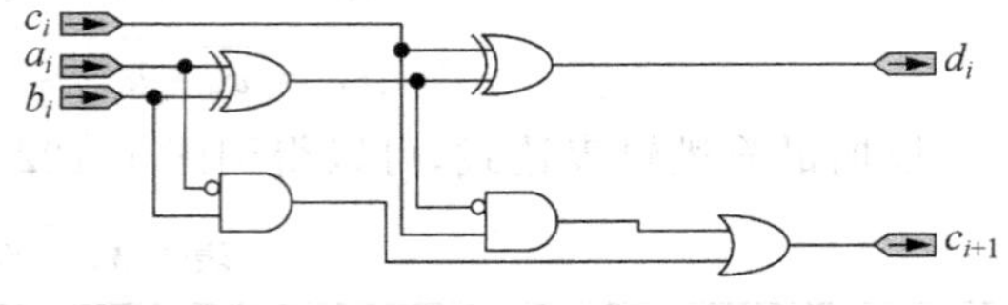

图 1.124　全减器逻辑电路

3. 负数的表示

对于一个减法运算，比如 5－3，我们可以重写成 5＋(－3)。这样，减法运算就变成了加法运算。但是，正数变了负数。因此，在数字电路中必须有表示负数的方法。

数字系统中有固定数目的信号来表示二进制数，较小的简单系统可能使用 8 位宽度总线(即多位二进制信号线的集合)，而较大的系统可能使用 16、32、64 位宽度的总线。不管使用多少位，但是信号线、存储元素和处理元素所表示和操作的数字数据的位数是有限的。可用的位数决定了在一个给定的系统中，可以表示多少个不同的数。在数字电路中，用于执行算术功能的部件经常需要处理负数。所以，必须要定义一种表示负数的方法。一个 N 位的系统总共可以表示 2^N 个数，因此一个有用的编码就是使用一半可用的编码($2^N/2$)表示正数，另一半表示负数。可以将一个比特位设计成一个符号位，用于区分正数和负数。如果符号位为“1”，则所表示的数为负数；否则，所表示的数为正数。在一个有限位宽的数据中，最高有效位(most significant bit，MSB)可以作为符号位，如果该位为“0”，表示一个正数。在配置数的幅度时，可以将其忽略。

在所有可能的负数编码方案中，经常使用两种，即符号幅度和二进制补码。符号幅度就是简单地用 MSB 表示符号位，剩下的位表示幅度。在一个 8 位的符号幅度系统中，$(16)_{10}$ 表示为“00010000”，而$(-16)_{10}$表示为“10010000”。这种表示方法，很容易理解。但是，用于数字电路最不利的方面表现在，如果 0 到 2^N 的计数范围从最小到最大变化，则最大的正数将出现在所表示范围一半的地方。然后，跟随最小的负数。而且，最大的负数出现在范围的末尾，更多的计数将出现“回卷”。这是由于这种方法不能表示 2^N+1。因此，在计数范围内，2^N 后面跟着 0，这样最大的负数就立即调整到最小的正数。由于这个原因，一个简单的操作“2－3”，其要求计数返回两三次，将不会产生所希望的结果“－1”，它是系统中的最大负数。一个更好的系统应该将最小的正数和负数放在相邻的位置。因此，引入了二进制补码的概念。图 1.125(a)给出了 8 位有符号数的符号幅度表示法，图 1.125(b)给出了 8 位有符号数二进制补码表示法。

在二进制补码编码中，MSB 仍是符号位，“1”表示负数，“0”表示正数。在二进制补码中，“0”由一个包含所有“0”的比特定义；其余的 2^N-1 个数表示非零的正数和负数。由于 2^N-1 是奇数，$(2^N-1)/2$ 个编码表示负数，$(2^N-1)/2-1$ 个编码表示正数。换句话说，可以表示的负数比正数要多一个。最大负数的幅度要比最大正数的幅度多一。

二进制补码编码不利的地方是，不容易理解负数。一个简单的算法，用于将一个正数转换为一个二进制补码编码同样幅度的负数。负数的二进制补码算法描述是：将该负数所对应的正数按位全部取反(包括符号位)；将取反后的结果加 1。

例如，＋17 转换为－17 的二进制补码计算公式：

(1) 对应 17 的原码为 00010001；

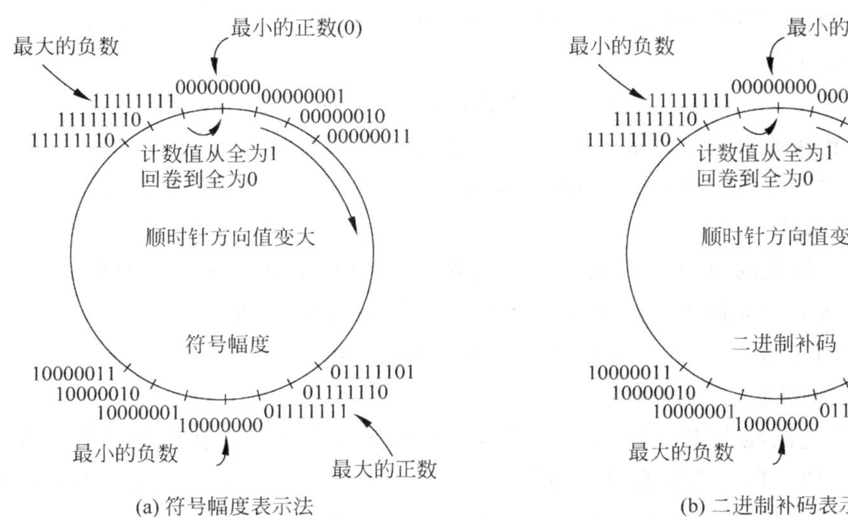

图 1.125 8 位有符号数表示法

(2) 按位取反后变成 11101110；

(3) 结果加 1，变成 11101111。

例如，−35 转换为 +35 的二进制补码计算公式：

(1) 对应的 −35 的补码为 11011101；

(2) 按位取反后变成 00100010；

(3) 结果加 1，变成 00100011。

例如，−127 转换为 +127 的二进制补码计算公式：

(1) 对应的 −127 的补码为 10000001；

(2) 按位取反后变成 01111110；

(3) 结果加 1，变成 01111111。

例如，+1 转换为 −1 的二进制补码计算公式：

(1) 对应的 +1 的原码为 00000001；

(2) 按位取反后变成 11111110；

(3) 结果加 1，变成 11111111。

在前面介绍了使用比较法实现十进制正数转换成二进制正数的方法。类似地，下面介绍使用比较法实现十进制有符号数转换成二进制有符号数补码的方法。

1) 有符号整数的二进制补码

以十进制有符号负整数 −97 转换为所对应的二进制补码为例，在该例子中假设使用 8 位宽度表示所对应的二进制补码，如表 1.36 所示。表中：

表 1.36 十进制有符号负整数的二进制补码比较法实现过程

转换的数	−97	31	31	31	15	7	3	1
权值	$-2^7(-128)$	$2^6(64)$	$2^5(32)$	$2^4(16)$	$2^3(8)$	$2^2(4)$	$2^1(2)$	$2^0(1)$
二进制数	1	0	0	1	1	1	1	1
余数	31	31	31	15	7	3	1	0

(1) 首先，得到需要转换负数的最小权值，该权值为负数，以-2^i表示(i为所对应的符号位的位置)，使其满足：

$$-2^i \leqslant \text{需要转换的负数}$$

并且，-2^i与所要转换的负整数有最小的距离，保证绝对差值最小。

(2) 然后，取比该权值绝对值2^i小的权值，以$2^{i-1}, 2^{i-2}, \cdots, 2^0$的幂次方表示。

比较过程描述如下：

(1) 首先，需要转换的负数$+2^i$，得到了正整数，该正整数作为下一次需要转换的数。

(2) 然后，后面的比较过程与前面所介绍的正整数转换方法一致。

因此，有符号负整数－97所对应的二进制补码为10011111。

2) 有符号纯小数的二进制补码

对于有符号十进制纯小数二进制补码来说，方法与前面介绍十进制有符号负整数补码中所使用的方法类似。以十进制有符号纯负小数－0.03125转换为所对应的二进制补码为例。在该例子中，假设使用8位宽度表示二进制补码，如表1.37所示。

表1.37 十进制有符号纯小数的二进制补码表示

转换的数	－0.03125	0.96875	0.46875	0.21875	0.09375	0.03125
权值	$-2^0(-1)$	$2^{-1}(0.5)$	$2^{-2}(0.25)$	$2^{-3}(0.125)$	$2^{-4}(0.0625)$	$2^{-5}(0.03125)$
二进制数	1	1	1	1	1	1
余数	0.96875	0.46875	0.21875	0.09375	0.03125	0

(1) 首先，得到需要转换负数的最小权值，以$-2^0(-1)$表示。

(2) 然后，取比权值2^0小的权值，以$2^{-1}, 2^{-2}, \cdots, 2^{-N}$幂次方表示。

比较过程描述如下：

(1) 首先，将需要转换的有符号纯小数加1，得到纯正小数，然后以该正小数为比较基准。

(2) 后面的比较过程与前面所介绍的正小数转换方法一致。

因此，使用比较法得到十进制纯负小数－0.03125所对应的二进制补码为1.1111100。

1.9.8 加法器/减法器

比较前面给出的一位半加器和一位半减器的结构，二者的差别只存在于：

(1) 当结构是半加器时，取a参与半加器内的逻辑运算；

(2) 当结构是半减器时，对a进行逻辑"非"后参与半减器内的逻辑运算。

1. 一位加法器/减法器的实现原理

假设，一个逻辑变量E用来选择实现半加器还是半减器功能。规定$E=0$时，为半加器，否则为半减器。因此，二者之间的差别可以用下面的逻辑关系式表示

$$\overline{E} \cdot a + E \cdot \overline{a}$$

这样，半加器和半减器就可以使用一个逻辑结构实现。图1.126给出了半加/半减器的统一结构。

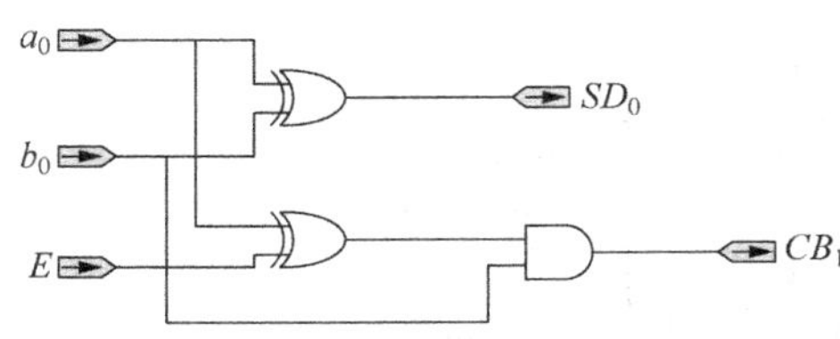

图 1.126　半加器/半减器统一结构

图中 SD_0 为半加器/半减器的和/差结果，CB_1 为半加器/半减器的进位/借位。

也可以采用另一种结构实现 4 位加法器/减法器结构。将表 1.33 全加器的真值表重新写成表 1.39 的形式，并与表 1.38 所示的全减器真值表进行比较。可以很直观地看到全减器和全加器的 c_i 和 c_{i+1} 互补，b_i 也互补。如图 1.127 所示，可以得到这样的结果，如果对 c_i 和 b_i 进行求补，则全加器可以用作全减器使用。

表 1.38　全减器真值表

c_i	a_i	b_i	d_i	c_{i+1}
0	0	0	0	0
0	0	1	1	1
0	1	0	1	0
0	1	1	0	0
1	0	0	1	1
1	0	1	0	1
1	1	0	0	0
1	1	1	1	1

表 1.39　重排的全加器真值表

c_i	a_i	b_i	s_i	c_{i+1}
1	0	1	0	1
1	0	0	1	0
1	1	1	1	1
1	1	0	0	1
0	0	1	1	0
0	0	0	0	0
0	1	1	0	1
0	1	0	1	0

2. 多位加法器/减法器的实现原理

下面介绍多位加法器/减法器的实现原理。如果把图 1.127 的结构级联可以生成一个 4 位的减法器。但是将取消进位输出和下一个进位输入的取补运算，这是因为最终的结果只是需要对最初的进位输入 c_0 取补。对于加法器来说 c_0 为 0；而对于减法器来说，c_0 为 1。这就等效于 a 和 $\sim b$ 的和加 1，这其实就是补码的运算。这样，使用加法器进行相减运算，只需要用减数的补码，然后相加。图 1.128 给出了使用全加器实现多位加法和减法的结构。注意当用作减法时($E=1$)，则输出进位 c_4 是输出借位的补码。

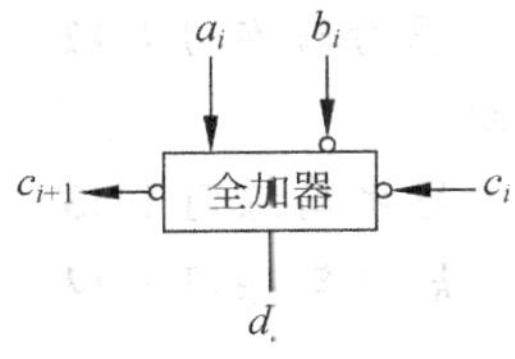

图 1.127　全加器用作全减器

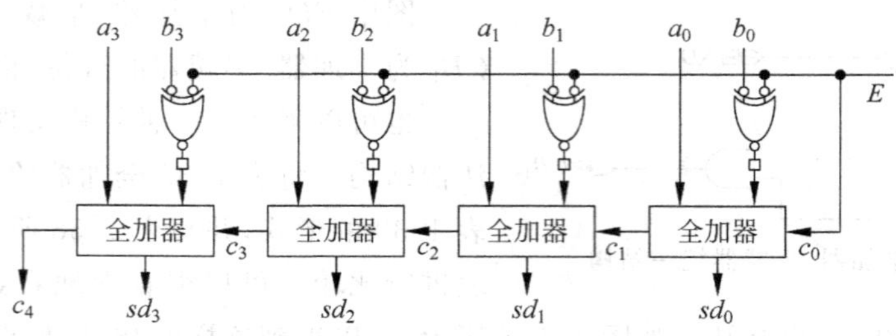

图 1.128 全加器实现加法和减法运算

1.9.9 乘法器

二进制乘法器是数字电路的一类元件，它可以将两个二进制数相乘。本质上乘法器由更基本的加法器组成。

可以使用很多方法来实现数字乘法器。大多数方法包含对部分积的计算，然后，将部分积相加。这一过程与多位十进制数乘法的过程类似，不过在这里根据二进制的情况进行了修改。

本节将介绍乘法器的实现原理。图 1.129(a)给出了 4×4 二进制乘法实现的一个具体的例子，并对这个例子进行扩展给出了形式化的图 1.129(b)所示的一般结构。对这个结构进行进一步的分析，乘法运算的本质实际上是“部分乘积移位求和”的过程。图 1.130(a)给出了 A×B 得到的部分积，图 1.130(b)给出了部分积相加的过程。

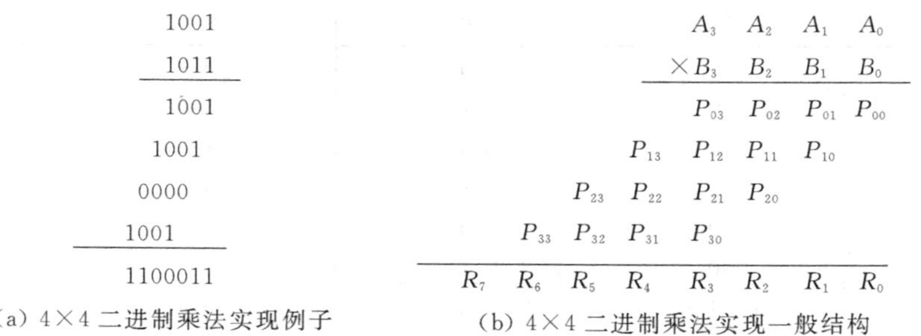

图 1.129 乘法器原理

思考与练习 1-41 请用基本门电路实现上面二进制数到七段码的译码器电路。

思考与练习 1-42 请根据共阴极七段数码管的原理，实现共阳极七段数码管的译码电路。

思考与练习 1-43 请用基本门电路实现上面二进制数到 BCD 码的逻辑电路。

思考与练习 1-44 完成下面有符号数的转换：

(1) $(-19)_{10}=(\_\_\_\_\_\_\_\_)_2$ (2) $(10011010)_2=(\_\_\_\_\_\_\_\_)_{10}$

(3) $(10000000)_2=(\_\_\_\_\_\_\_\_)_{10}$ (4) $(-101)_{10}=(\_\_\_\_\_\_\_\_)_2$

思考与练习 1-45 完成下面 8 位二进制补码的运算，并对结果进行判断：

(1) 17－11

(2) －22＋6

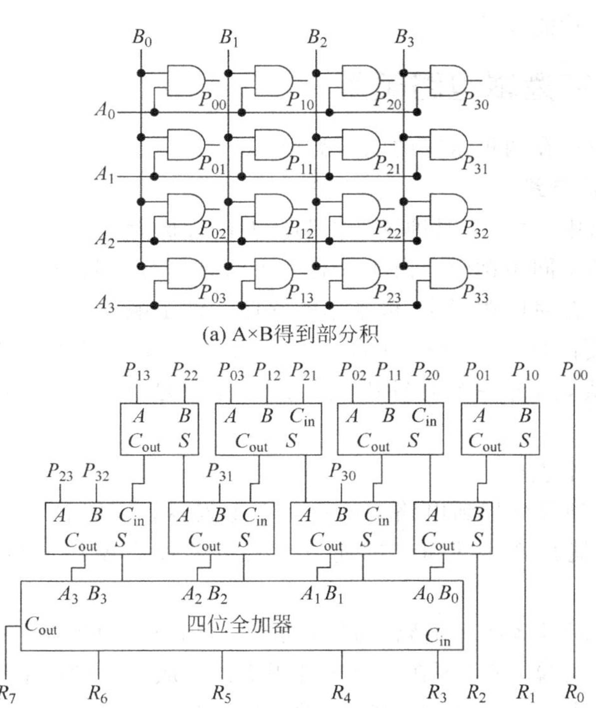

(a) A×B得到部分积

(b) 部分积相加得到结果

图 1.130　A×B 的具体实现过程

(3) 35－42

(4) 19－(－7)

思考与练习 1-46　算术逻辑单元(ALU)是计算机中央处理器(CPU)的重要功能部件，请用门电路，设计一个组合逻辑电路，实现表 1.40 所示的 8 位算术逻辑功能。

表 1.40　ALU 功能描述

操作码	ALU 功能	操作码	ALU 功能
000	$A+B$	100	A XOR B
001	$A+1$	101	$\overline{A}$
010	$A-B$	110	A OR B
011	$A-1$	111	A AND B

1.10　时序逻辑电路

在数字电路中，时序逻辑电路是指电路当前时刻的稳态输出不仅取决于当前时刻的输入，还与前一时刻输出的状态有关。这跟组合逻辑电路不同，组合逻辑的输出只会跟当前的输入成一种逻辑函数关系。换句话说，时序逻辑包含用于存储信息的存储元件，而组合逻辑则没有。这就是两者的本质区别。但是，需要注意的是，构成时序电路的基本存储元件也都是由组合逻辑电路实现的，只不过是由于这些组合逻辑电路存在“反馈”。所以，就成为具有记忆信息能力的特殊功能部件。

1.10.1 时序逻辑电路类型

时序逻辑电路中存在两种重要的电路类型。

1. 同步时序逻辑电路

在同步时序电路中，由一个时钟统一控制所有的存储元件，存储元件由触发器构成。绝大多数的时序逻辑都是同步逻辑。由于只有一个时钟信号，因此所有内部的状态只会在时钟的边沿发生变化。在时序逻辑中，最基本的存储元件是触发器。

同步逻辑最主要的优点是它很简单，每一个电路里的运算必须在时钟的两个脉冲之间固定的间隔内完成，称为一个时钟周期。只有在满足这个条件时，才能保证电路是可靠的。

同步逻辑也有两个主要缺点：

(1) 时钟信号必须要分配到电路上的每一个触发器。而时钟通常都是高频率信号，这会导致消耗功率，也就是产生热量。即使每个触发器没有做任何事情，也会消耗少量的能量。

(2) 最大可能的时钟频率由电路中最慢的逻辑路径(关键路径)决定。也就是说，从最简单到最复杂的逻辑运算，都必须在一个时钟周期内完成。一种用来消除这种限制的方法，是将复杂的运算分成若干个简单的运算，这种方法称为流水线，这种技术在微处理器中非常有用，可用来提高处理器的时钟频率。

2. 异步时序逻辑电路

异步时序逻辑是时序逻辑的普遍本质。由于它的不同步关系，所以它也是设计上难度最高的。最基本的存储元件是锁存器，锁存器可以在任何时间改变它的状态。根据其他锁存器信号的变化，产生新的状态。随着逻辑门的增加，异步电路的复杂性也迅速增加。因此，大部分异步时序电路仅仅用于小的应用电路中。然而，计算机辅助设计工具可以简化这些工作，因而允许更复杂的设计。

也可能构造出混合的电路，包含同步触发器和异步锁存器(它们都是双稳态元件)。

对于构成时序电路的那些基本存储元件来说，至少需要两个输入信号，一个是需要保存的数据；另一个是时序控制信号，该信号用于准确地指示将要保存数据的时间。在操作过程中，当控制输入有效时，数据输入信号驱动存储电路保存节点为逻辑“1”或者逻辑“0”。一旦存储电路翻转到新的状态，就重新保存这个状态。

1.10.2 时序逻辑电路特点

由于时序逻辑电路有“记忆”信息的功能，因此它可以用于保存数字系统的工作状态。大量的电子设备包含数字系统，数字系统使用存储电路来定义它们的工作状态。事实上，任何能够创建或者响应事件序列的电子设备必须要包含存储电路。典型地，这样的设备有手表和定时器、家电控制器、游戏设备和计算设备。如果一个数字系统包含 N 个存储器件，并且每个存储器件存储一个“1”或者“0”，则可以使用 N 位的二进制数来定义系统的工作状态。包含 N 个存储器件的数字系统最多有 2^N 个状态，每个状态的值由系统中存储器件所创建的二进制数定义。

在任何一个时刻，保存在内部存储器件的二进制数定义了一个数字系统的当前状态。输入到数字系统的逻辑信号可能引起一个或者多个存储器件的状态发生改变（从“1”变化到“0”，或者从“0”变化到“1”）。因此，引起数字系统的状态发生改变。这样，当保存在内部存储器的二进制数发生变化时，就会引起数字系统状态改变或者状态跳变。通过状态到状态的跳变，数字系统就能创建或者响应事件序列。

在数字系统中，主要关心两状态或者双稳态电路。双稳态电路有两个稳定的工作状态，一个状态是输出逻辑“1”（或者 V_{DD}），另一个状态是输出逻辑“0”（或者 GND）。当双稳态存储电路处于其中一个状态时，需要外界施加能量，使其从一种状态变化到另一种状态。在两个状态跳变期间，输出信号必须跨越不稳定状态区域。因此，在设计存储电路时不允许无限停留在不稳定区域内。一旦它们进入不稳定状态，则立即尝试重新进入两个稳定状态中的一个。

如图 1.131 所示，给出了状态变迁的示意图。图中小球表示保存在存储电路中的值，山表示不稳定区域，表示存储电路从保存的一个值跳变到另一个值所穿越的区域。在这个图中，有第三个潜在的稳定状态，有可能在山顶上球处于平衡状态。同样地，存储电路也有第三个潜在的稳定状态，当存储电路在两个稳定状态之间进行跳变时，确保为电路施加足够的能量，使其可以穿越不稳定区域。

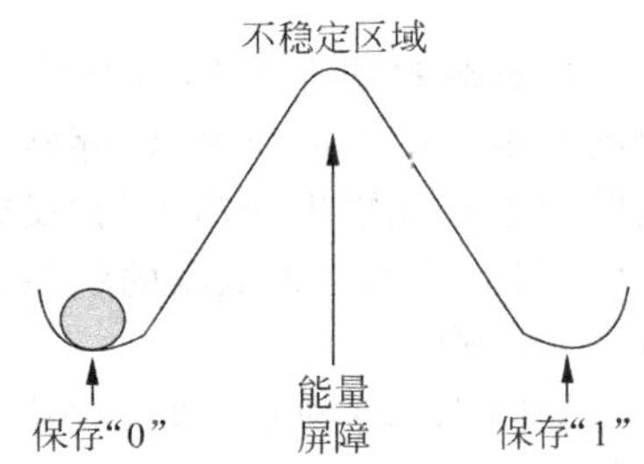

图 1.131 状态变迁

在双稳态电路中，一旦得到了“0”或者“1”的状态，则很容易维持这个状态。用于改变电路状态的控制信号必须满足最小的能量，用于穿过不稳定区域。如果所提供的能量大于所需的最小能量，则跳变过程很快；如果所提供的能量小于所需的最小能量，则重新返回到最初的状态。如果输入给出了错误的能量大小，即足够引起跳变的开始，但不足以使得它快速通过不稳定区域，则电路可以暂时处于不稳定区域。所以，存储电路的设计要尽可能地减少这种情况的发生。如果存储器件处于不稳定区域的时间太长，则输出可能产生振荡，或者待在“0”和“1”的中间，将使得数字系统经历意外的或者不期望的行为。一个处于不稳定区域的状态，称为亚稳定状态。一旦进入亚稳定状态，存储器件将出现时序问题。

一个静态存储电路要求反馈，任何带有反馈的电路是存储器。如果输出信号简单的反馈，并且连接到输入，则称为包含反馈的逻辑电路。大多数的反馈电路，输出要不就是“1”或者“0”，要不就是永无停止振荡。一些反馈电路是双稳态的和可控的，这些电路就可作为存储电路的备选电路。图 1.132 给出了简单的反馈电路，它们标记为可控的/不可控的和双稳态/非双稳态。

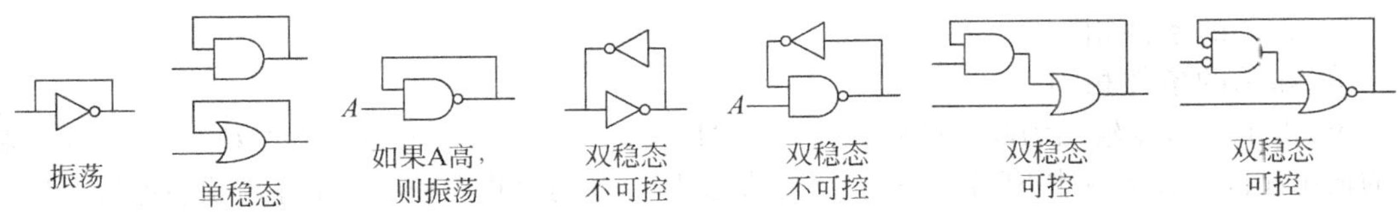

图 1.132 不同的反馈电路

1.10.3 基本 SR 锁存器

图 1.133 给出了基本 SR 锁存器的结构，其中$\overline{Q}$和 Q 呈现互补的逻辑关系。表 1.41 给出了基本 SR 锁存器的真值表。

注：表中 Q_0 表示前一个时刻 Q 的输出，$\overline{Q}_0$ 表示前一个时刻$\overline{Q}$的输出。

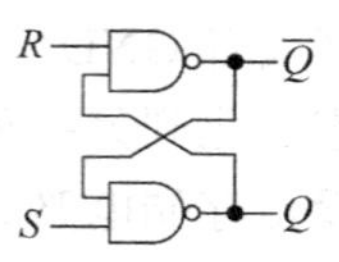

图 1.133 基本 SR 锁存器的结构

表 1.41 基本 SR 锁存器的真值表

S	R	Q	$\overline{Q}$	状态
0	0	1	1	不期望
0	1	1	0	置位
1	0	0	1	复位
1	1	Q_0	$\overline{Q}_0$	保持

仔细观察图 1.133，虽然基本 SR 锁存器还是由基本的逻辑门组成，但是和前面组合逻辑电路最大的不同点是，锁存器增加了输出到基本逻辑门的“反馈”路径，而前面的组合逻辑电路并不存在输出到输入的“反馈”路径。这个反馈路径的重要作用表明在有反馈的逻辑电路中，当前时刻逻辑电路的状态，是由当前时刻逻辑电路的输入和前一时刻逻辑电路的输出状态共同确定。

如图 1.134 所示，通过对基本 SR 锁存器的时序分析，帮助读者理解基本 SR 锁存器的工作原理。

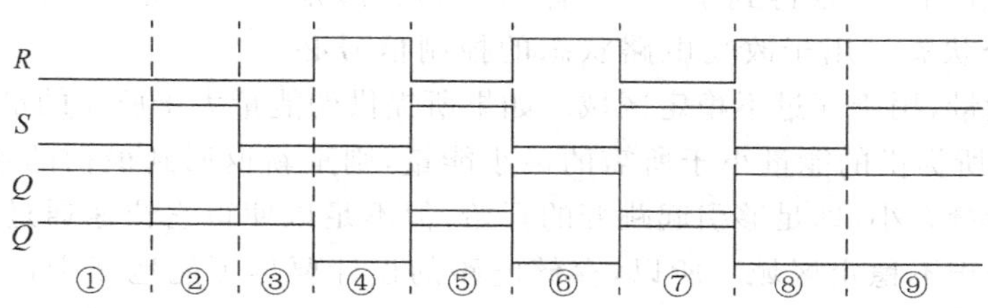

图 1.134 基本 SR 锁存器时序

① R=“0”并且 S=“0”时，很明显 Q 和 $\overline{Q}$ 的输出均为“1”。注意这是不期望的状态，这是因为期望 Q 和 $\overline{Q}$ 的状态始终是相反的。

② R=“0”并且 S=“1”时，很明显 $\overline{Q}$=“1”，Q= “0”，称为基本 SR 锁存器的复位状态。

③ 和①的条件相同。

④ R=“1”并且 S=“0”时，很明显 Q=“1”，$\overline{Q}$=“0”，称为基本 SR 锁存器的置位状态。

⑤ 和②的条件相同。

⑥ 和④的条件相同。

⑦ 和②的条件相同。

⑧ 和④的条件相同。

⑨ 由于⑧的 Q 输出为高，对应于当前 R=“1”和 S=“1”输入，当前 $\overline{Q}$=“0”，Q= “1”。这个和⑧的输出相同。称为基本 SR 锁存器的保持状态，即当前输出状态和前一个输出状态保持一致。

1.10.4 同步 SR 锁存器

图 1.135 给出了同步 SR 锁存器的结构，这个锁存器增加了两个与非逻辑门。表 1.42

给出了同步锁存器的真值表。同步SR锁存器是在基本SR锁存器的前面增加了由CLK控制的与非门电路。

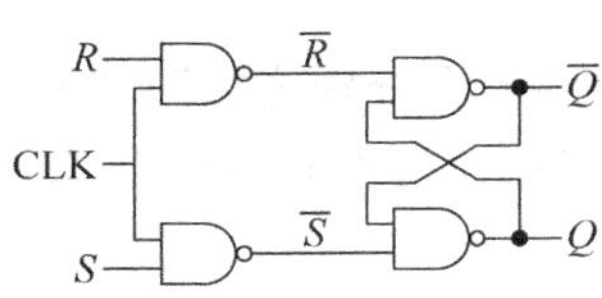

图1.135　同步SR锁存器结构

表1.42　同步SR锁存器的真值表

CLK	S	R	Q	$\overline{Q}$	状态
0	×	×	Q_0	$\overline{Q_0}$	保持
1	0	0	Q_0	$\overline{Q_0}$	保持
1	0	1	0	1	复位
1	1	0	1	0	置位
1	1	1	1	1	不期望

从图中，可以得到下面的分析结果：

(1) 当CLK为逻辑低时，R和S连接到前端与非门的输入不会送到基本SR锁存器中，此时后面基本SR锁存器的输入为高。所以，同步SR锁存器处于保持状态。

(2) 当CLK为逻辑高时，R和S的输入端通过前面的与非门逻辑，送入到后面的基本SR锁存器中，其分析方法和前面基本SR锁存器相同。

(3) 根据前面的分析，CLK控制逻辑拥有最高优先级，即当CLK为逻辑低的时候，不管R和S的输入逻辑处于何种状态，同步SR锁存器都将处于保持状态。

1.10.5　D锁存器

为了避免在SR锁存器中出现不允许的状态，应确保S和R总是处于相反的逻辑状态。如图1.136所示，在同步SR锁存器前面添加反相器，这样的结构叫作D锁存器。表1.43给出了D锁存器的真值表。

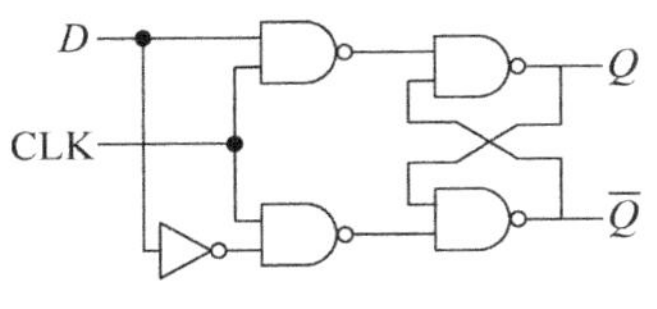

图1.136　D锁存器原理

表1.43　D锁存器真值表

D	CLK	Q	$\overline{Q}$	状态
0	1	0	1	复位
1	1	1	0	置位
×	0	Q_0	$\overline{Q_0}$	保持

下面对图1.137所示的D锁存器的时序分析，帮助读者理解D锁存器的工作原理。

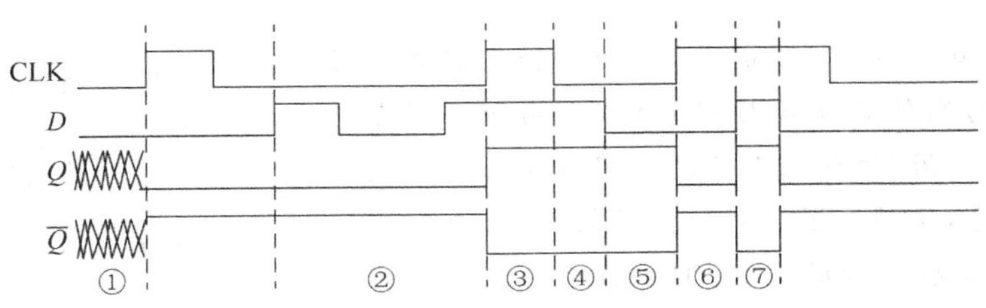

图1.137　D锁存器时序

① 当CLK＝“0”，且D＝“0”时，D锁存器前端的两个与非门输出为“1”。这样，D锁存器后端的基本SR锁存器保持前面的状态不变。

② 和①的结果相同，由于②前面的Q输出为低，所以在②时，Q的输出仍然保持为低。

③ 当CLK＝“1”，且D＝“1”时，D锁存器的前端与非门的输出分别为“0”和“1”，参考基本SR锁存器的结构，Q输出为“1”，$\overline{Q}$输出为“0”。此时，D锁存器工作在置位状态，即Q输出为“1”。

④ 当CLK＝“0”时，D锁存器处于保持③输出的状态。

⑤ 当CLK＝“0”时，D锁存器处于保持④输出的状态。

⑥ 当CLK＝“1”，且D＝“0”时，D锁存器的前端与非门的输出分别为“1”和“0”，参考基本SR锁存器的结构，Q输出为“0”，$\overline{Q}$输出为“1”。此时，D锁存器工作在复位状态，即Q输出为“0”。

⑦ 和③的条件相同。此时，D锁存器工作在置位状态，即Q输出为“1”。

典型地，如图1.138所示，SN74LS373是包含8个D锁存器的专用芯片。表1.44给出了该芯片的真值表。

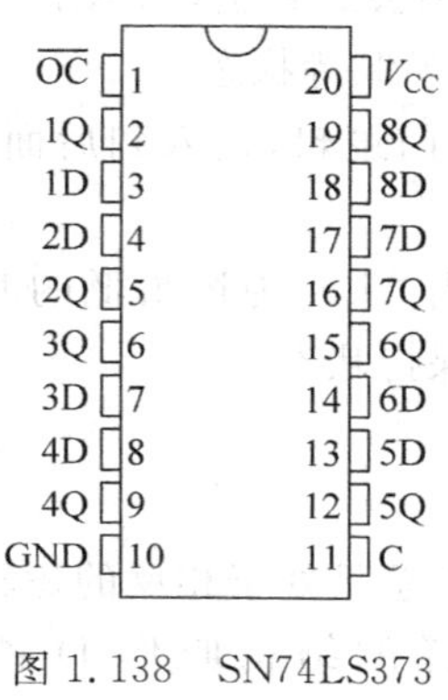

图1.138　SN74LS373引脚图

表1.44　SN74LS373的真值表

输入			输出Q
$\overline{OC}$	C	D	
L	H	H	H
L	H	L	L
L	L	×	Q_0
H	×	×	Z

1.10.6　D触发器

本节将介绍基本D触发器和带置位/复位D触发器。

1. 基本D触发器

图1.139给出了基本边沿触发D触发器的结构。该触发器在时钟CLK的上升沿将D的值锁存到Q。

注：

① 触发器和锁存器不同的是，前面的锁存器是靠控制信号“电平”的高低来实现数据的保存，而触发器是靠时钟控制信号“边沿”的变化来实现数据的保存。触发器只对“边沿”敏感，而锁存器只对“电平”敏感。

② 与非门1和2构成基本SR触发器。

③ 当$\overline{S}$和$\overline{R}$均为逻辑“高”时(F_4和F_5反馈线连在这两个输入端)，处于保存数据状态。

为了更清楚地掌握图1.139所示D触发器的工作原理。如图1.140所示，下面对其结构进行详细的分析：

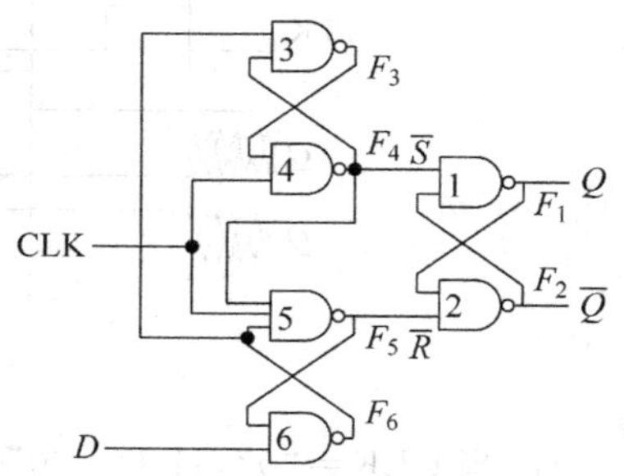

图1.139　D触发器结构

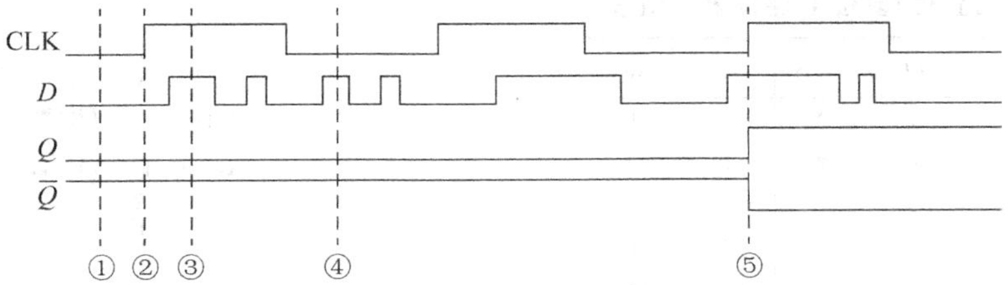

图 1.140　D 触发器时序

① CLK＝“0”且 D＝“0”，则 F_4＝“1”，F_5＝“1”，F_6＝“1”，F_3＝“0”。此时，D 触发器处于保持状态。

② CLK 变成“1”，F_5 变成“0”，F_4 保持不变，其仍然为“1”，复位 SR 触发器，此时，Q＝“0”。

③ CLK＝“1”且 D＝“1”，则 F_6＝“1”，F_5＝“0”，F_4 保持不变，其仍然为“1”，复位 SR 触发器，此时，Q＝“0”。

④ CLK＝“0”且 D＝“1”，则 F_4＝“1”，F_5＝“1”，F_6＝“0”，F_3＝“1”。此时，D 触发器处于保持状态。

⑤ CLK 变成“1”，F_4＝“0”，F_5＝“1”，置位 SR 触发器，此时，Q＝“1”。

综合上述分析，可以得出下面重要的结论：

对于该 D 触发器来说，总是在时钟上升沿（有些设计可以是时钟下降沿），保存当前 D 输入的状态并且反映到输出端 Q。如果不满足上升沿的条件，则输出端 Q 保持其原来的输出状态。

2. 带置位/复位 D 触发器

图 1.141 给出了带置位（S）/复位（R）D 触发器的结构。图中在基本 D 触发器的结构中添加了异步置位/复位信号。表 1.45 给出了带置位/复位 D 触发器真值表。

（1）当 S＝“1”，R＝“0”时，输出 Q 立即为逻辑“高”，并不需要等待下一个时钟上升沿。

（2）当 S＝“0”，R＝“1”时，输出 Q 立即为逻辑“低”，并不需要等待下一个时钟上升沿。

图 1.142 给出了带置位/复位 D 触发器的符号描述。

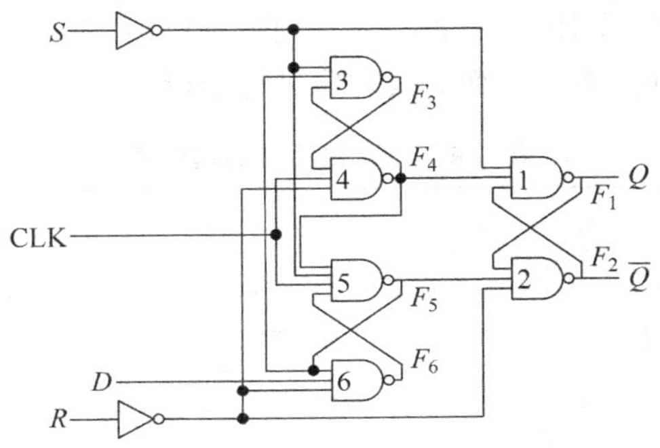

图 1.141　D 触发器原理

表 1.45　带置位/复位 D 触发器真值表

S	R	D	CLK	Q	$\overline{Q}$
0	0	0	↑	0	1
0	0	1	↑	1	0
1	0	×	×	1	0
0	1	×	×	0	1
0	0	×	0	Q_0	$\overline{Q_0}$

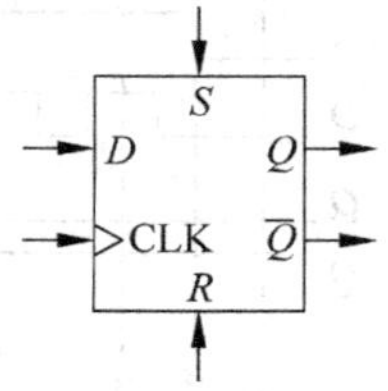

图 1.142　带置位/复位 D 触发器符号

3. 专用 D 触发器芯片

表 1.46 给出 74LS 系列中用于 D 触发器的专用芯片列表。

表 1.46　74LS 中 D 触发器芯片

芯片型号	功　能
SN74LS173	包含 3 态输出的 4 位 D 寄存器
SN74LS174	包含清零的 6 个 D 触发器
SN74LS175	包含清零的 4 个 D 触发器
SN74LS273	包含清零的 8 个 D 触发器
SN74LS374	包含 3 态输出的 8 个 D 触发器
SN74LS377	包含时钟使能的 8 个 D 触发器
SN74LS378	包含时钟使能的 6 个 D 触发器
SN74LS74A	包含置位和复位的双 D 触发器

1.10.7　其他触发器

D 触发器是最简单和最有用的边沿触发存储器件，它的输出取于数据的输入和时钟的输入。在时钟的边沿(上升沿或者下降沿)，将数据的输入状态保存到数据的输出。D 触发器可以用于任何需要触发器的场合。多年来，出现的其他触发器的逻辑行为类似于 D 触发器。

1. JK 触发器

JK 触发器器件使用两个输入控制状态的变化，即 J 输入端置位输出，K 输入复位输出。当 J 和 K 处于有效输入时，输出将在"0"和"1"之间进行切换。图 1.143 给出了 JK 触发器的符号表，表 1.47 给出了 74LS112 JK 触发器真值表，图 1.144 给出了该 JK 触发器的一个时序关系。下面对其时序进行分析。

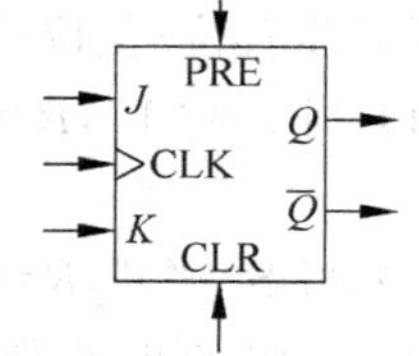

图 1.143　带置位/复位 JK 触发器符号

表 1.47　JK 触发器的真值表

输入					输出	
PRE	CLR	CLK	J	K	Q	$\overline{Q}$
L	H	×	×	×	H	L
H	L	×	×	×	L	H
H	H	↓	L	L	Q_0	$\overline{Q_0}$
H	H	↓	L	H	L	H
H	H	↓	H	L	H	L
H	H	↓	H	H	翻转	
L	L	×	×	×	H①	H①

注：①当输出端都为 H 时，表示不期望的状态。

① PRE＝“1”，CLR＝“0”，JK 触发器处于复位状态，Q＝“0”。

② PRE＝“0”，CLR＝“1”，JK 触发器处于置位状态，Q＝“1”。

③ J＝“0”，K＝“0”，在 CLK 下降沿处 Q 输出为保持状态，即 Q 的输出保持和下降沿前的输出状态一样，Q＝“1”。

④ J＝“1”，K＝“0”，在 CLK 下降沿处 Q 输出为高，即 Q＝“1”。

⑤ J＝“0”，K＝“1”，在 CLK 下降沿处 Q 输出为低，即 Q＝“0”。

⑥ 和③的条件一样，Q＝“0”。

⑦ J＝“1”，K＝“1”，在 CLK 下降沿处 Q 状态发生翻转，即 Q 的输出是对下降沿前的输出状态进行取反，Q＝“1”。

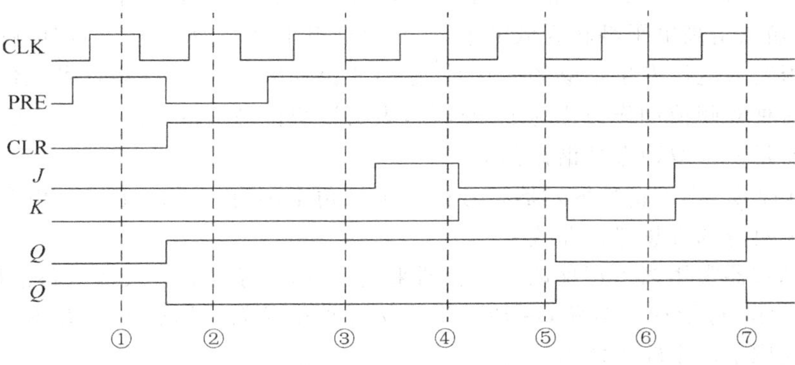

图 1.144 带置位/复位 JK 触发器时序

2. T 触发器

当 T 输入有效时，在每个时钟到来时，输出将在“0”和“1”之间进行切换。图 1.145 给出了 T 触发器的符号，表 1.48 给出了 T 触发器真值表，表中 Q_P 表示 CLK 上升沿到来之前 Q 的输出状态；Q_N 表示 CLK 上升沿到来之后 Q 的输出状态。图 1.146 给出了 T 触发器的一个时序关系，下面对其时序进行分析。

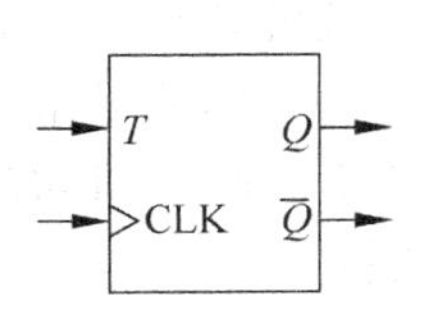

图 1.145 T 触发器符号

表 1.48 T 触发器的真值表

CLK	T	Q_P	Q_N
↑	L	L	L
↑	L	H	H
↑	H	L	H
↑	H	H	L

图 1.146 T 触发器时序

① T=“0”，且 Q_P=“0”，所以 Q_N=“0”。

② T=“1”，且 Q_P=“0”，所以 Q_N=“1”。

③ T=“1”，且 Q_P=“1”，所以 Q_N=“0”。

④ T=“0”，且 Q_P=“0”，所以 Q_N=“0”。

⑤ T=“1”，且 Q_P=“0”，所以 Q_N=“1”。

⑥ T=“0”，且 Q_P=“1”，所以 Q_N=“1”。

⑦ T=“0”，且 Q_P=“1”，所以 Q_N=“1”。

3. 施密特触发器

对于标准施密特触发器，当输入电压高于正向阈值电压时，输出为高；当输入电压低于负向阈值电压时，输出为低；当输入在正负向阈值电压之间时，输出保持不变。对于施密特触发器来说，输出由高电平翻转为低电平，或是由低电平翻转为高电平对应的阈值电压是不同的。只有当输入电压发生足够的变化时，输出才会发生变化，因此将这种元件命名为施密特触发器。这种双阈值动作被称为迟滞现象，表明施密特触发器有记忆性。从本质上来说，施密特触发器是一种双稳态多谐振荡器。

如图1.147所示，施密特触发器符号是一个三角中画有一个反相或同相滞回符号。这一符号说明了对应的理想滞回曲线。

施密特触发器常用接入正反馈的比较器来实现，而不像运算放大器电路常接入负反馈。如图1.148所示，对于这一电路，翻转发生在接近地的位置，迟滞量由 R_1 和 R_2 的阻值控制。比较器提取了两个输入之差的符号。

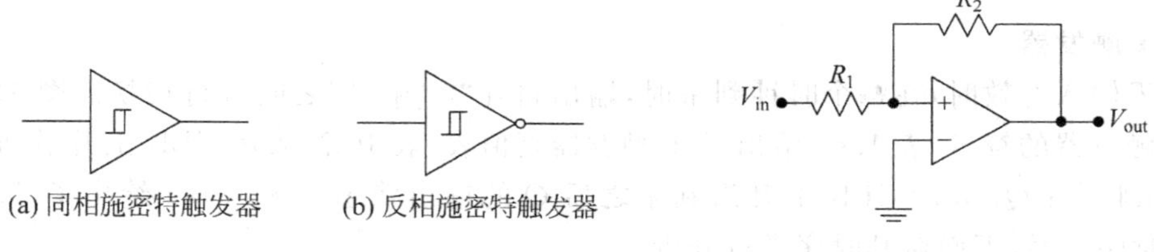

图1.147 施密特触发器符号

图1.148 正反馈的比较器

(1) 当同相输入的电压高于反相输入的电压时，比较器输出翻转到高工作电压 $+V_S$。

(2) 当同相输入的电压低于反相输入的电压时，比较器输出翻转到低工作电压 $-V_S$。

在正反馈比较器中，反相输入接地。因此，该比较器实现了符号函数，具有两态输出特性，即只有高和低两种状态。当同相端连续输入时，总有相同的符号。

由于电阻网络将施密特触发器的输入端(即比较器的同相端)和比较器的输出端连接起来，施密特触发器的表现类似比较器，即能在不同的时刻翻转电平，这取决于比较器的输出是高还是低。

(1) 若输入是绝对值很大的负输入，输出将为低电平。

(2) 若输入是绝对值很大的正输入，输出将为高电平。

这就实现了非反相施密特触发器的功能。不过对于取值处于两个阈值之间的输入，输出状态同时取决于输入和输出。例如，如果施密特触发器的当前状态是高电平，输出会处于正电源轨($+V_S$)上。这时 $V+$ 就会成为 V_{in} 和 $+V_S$ 间的分压器。在这种情况下，只有当 $V+=0$(接地)时，比较器才会翻转到低电平。由电流守恒，可知此时满足下列关系

$$\frac{V_{in}}{R_1}=-\frac{V_S}{R_2}$$

因此，V_{in}必须降低到低于$-\frac{R_1}{R_2}V_S$时，输出才会翻转状态。一旦比较器的输出翻转到$-V_S$，翻转回高电平的阈值就变成了$\frac{R_1}{R_2}V_S$。

图 1.149 给出了施密特触发器的迟滞回线特性图，其中 M 是电源电压，T 是阈值电压。这样，电路就形成了一段围绕原点的翻转电压带，而触发电平是$\pm\frac{R_1}{R_2}V_S$。

(1) 只有当输入电压上升到电压带的上限，输出才会翻转到高电平。

(2) 只有当输入电压下降到电压带的下限，输出才会翻转回低电平。

若 R_1 为 0，R_2 为无穷大(即开路)，电压带的宽度会压缩到 0，此时电路就变成一个标准比较器 。图 1.149 中阈值 T 的值由$\frac{R_1}{R_2}V_S$给出，输出 M 的最大值是电源电压。

如图 1.150 所示，给出实际配置的非反相施密特触发电路。

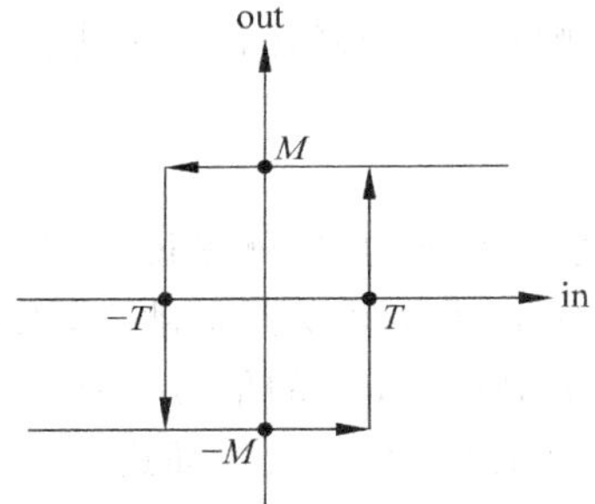

图 1.149 施密特触发器的迟滞回线特性

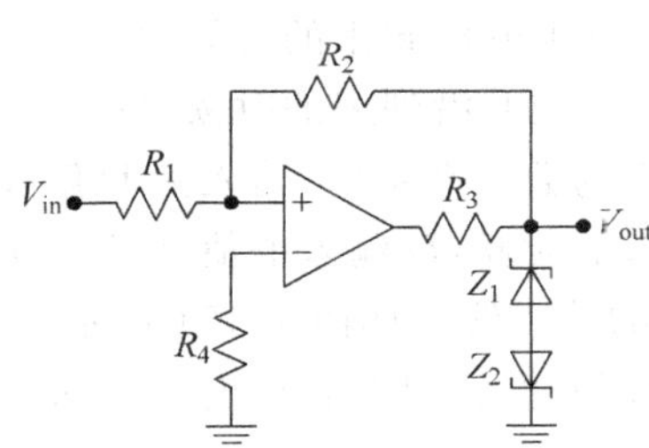

图 1.150 实际的施密特触发器

输出特性曲线与上述基本配置的输出曲线形状相同，阈值大小也与上述配置满足相同的关系。不同点在于上例的输出电压取决于供电电源，而这一电路的输出电压由两个齐纳二极管(也可用一个双阳极齐纳二极管代替)确定。在这一配置中，输出电平可以通过选择合适的齐纳二极管来改变，而输出电平对于电源波动具有抵抗力，也就是说输出电平提高了比较器的电源电压抑制比。电阻 R_3 用于限制通过二极管的电流，电阻 R_4 将比较器的输入漏电流引起的输入失调电压降低到最小(参见实际运算放大器的限制)。表 1.49 所示，给出了 74 系列元件。这些器件在其全部输入部分都包含施密特触发器。

表 1.49 包含施密特触发器的 74 系列的器件

类 型	功 能
7413	4 输入端双与非施密特触发器
7414	六反相施密特触发器
7418	双 4 输入与非门(施密特触发)
7419	六反相施密特触发器
74121	单稳态多谐振荡器(具施密特触发器输入)

续表

类　型	功　能
74132	2输入端四与非施密特触发器
74221	双单稳态多谐振荡器(具施密特触发器输入)
74232	四或非施密特触发器
74310	八位缓冲器(具施密特触发器输入)
74340	八总线反相缓冲器(三态输出)(具施密特触发器缓冲)
74341	八总线非反相缓冲器(三态输出)(具施密特触发器缓冲)
74344	八总线非反相缓冲器(三态输出)(具施密特触发器缓冲)
74540	八位三态反相输出总线缓冲器(具施密特触发器输入)
74541	八位三态非反相输出总线缓冲器(具施密特触发器输入)
74(HC/HCT)7541	八位三态非反相输出总线缓冲器(具施密特触发器输入)
SN74LV8151	具有三态输出的10位通用施密特触发缓冲器

1.10.8　普通寄存器

前面介绍了D触发器的结构和工作原理，一个D触发器能用来保存一个比特位。

(1) 时钟上升沿到来的时候，D=“1”，则Q=“1”。

(2) 时钟上升沿到来的时候，D=“0”，则Q=“0”。

在真正的数字系统中，输入到D触发器的时钟信号是连续的，这就是说，每当一个时钟上升沿到来的时候，D输入的值就被保存到Q输出。在前面D触发器基础上，添加另一个称为load的输入线。如图1.151所示，当load信号线为高时，inp0的信号就在下一个时钟上升沿到来的时候，保存到输出q_0。否则，当load信号为低时，接入反馈通道。

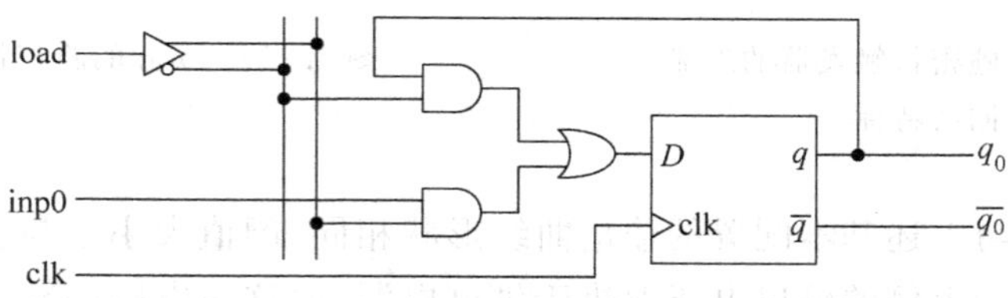

图1.151　一位寄存器的结构

假设时钟信号连续运行，为了保证在每个周期q的值不变，则q的值反馈到逻辑与门，通过$\overline{\text{load}}$信号进行逻辑“与”运算后，经过逻辑“或”运算，送到D触发器的输入端。

1.10.9　移位寄存器

N个D触发器可以构成N位的移位寄存器。图1.152给出了4位移位寄存器的结构。当每个时钟上升沿来时，数据向右移动一位。在每个时钟脉冲到来时，当前data_in数据移动到q_3，前一时刻q_3的值移动到q_2，前二个时刻q_2的值移动到q_1，前三个时刻的q_1的值移动到q_0。如图1.153所示给出了4位移位寄存器的时序图。

注：

(1) 在每一个时钟沿到来时，四个移位寄存器的移位过程是同时完成的。

(2) 移位寄存器可以用于实现延迟的目的。

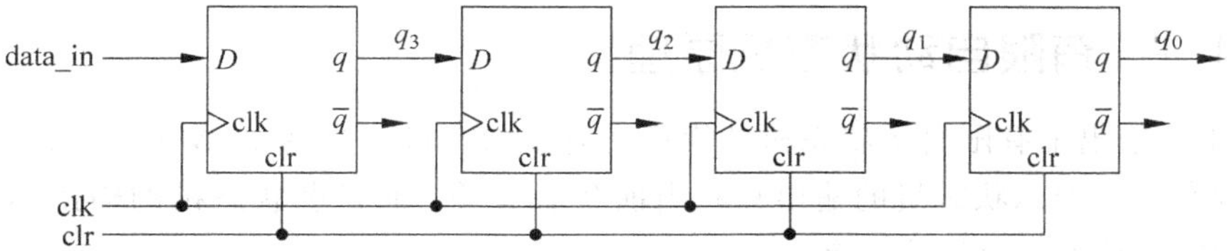

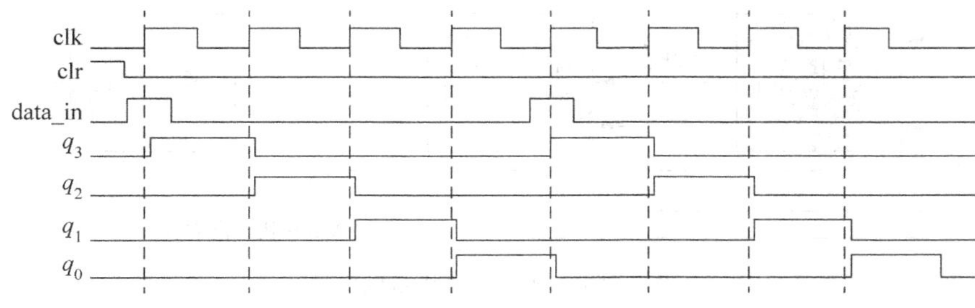

图 1.152　4 位移位寄存器的结构

图 1.153　4 位移位寄存器的时序

注：①在例子中，clr 信号为清零信号，该信号为高有效；②在图 1.153 中，将 D 触发器时延表示出来。

1.10.10　存储器

目前，常用的两类专用存储器芯片有两种，一种是动态存储器，另一种是静态存储器。

1. 动态存储器

动态存储器的每个单元使用一个微型电容来保存一个信号的电压，它们使用面积最小和最廉价的存储器电路。由于在一段时间后，电容上的电压会衰减，所以动态存储器的每个单元必须进行周期性地刷新，否则它将丢失保存在电容内的值。尽管周期性刷新的要求明显地增加了时间开销，但是由于动态存储器的单元面积很小，因此动态存储器电路中被广泛使用。

2. 静态存储器

大多数的静态存储器使用两个背靠背的反相器来保存一个逻辑值。静态存储器不需要进行刷新，因此静态存储器的工作速度要高于动态存储器。但是，它所使用的硅片的面积要远远大于动态存储器。因此，它只用于必须使用的场合，即高速存储器，或需要少量高速缓存的存储器应用。

思考与练习 1-47　请说明组合逻辑电路和时序逻辑电路的区别。

思考与练习 1-48　请说明同步系统和异步系统的区别。

思考与练习 1-49　使用 D 或 JK 触发器设计一个 6 分频的分频电路。

思考与练习 1-50　使用 D 或 JK 触发器设计一个 8 位循环左移的移位寄存器电路。

1.11　有限自动状态机

在数字系统中，有限自动状态机(finite state machine，FSM)有着非常重要的应用。只有掌握了 FSM 的原理和实现方法，才能说真正地掌握了数字电路。

1.11.1 有限自动状态机原理

图1.154给出了有限自动状态机的模型。有限状态机分为摩尔(Moore)状态机和米勒(Mealy)状态机。摩尔状态机的输出只和当前状态有关；而米勒状态机的输出不但和当前的状态有关，而且和当前的输入有关。

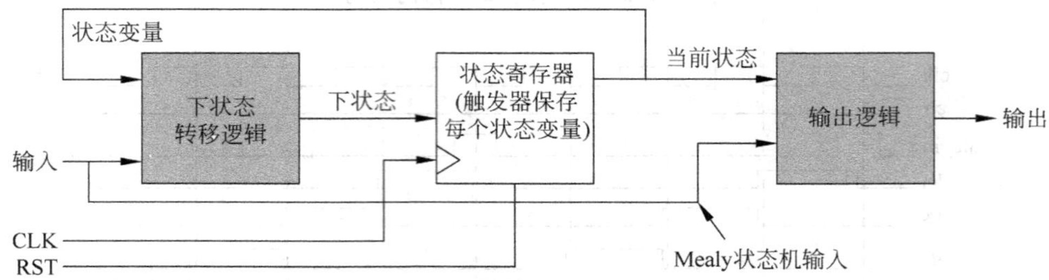

图1.154 有限自动状态机模型

对于最简单的FSM模型来说，可以不出现输出逻辑，即当前状态可以直接送到输出。

从宏观上来说，有限自动状态机由组合逻辑电路和时序逻辑电路共同构成。其中：

(1) 组合逻辑电路构成下状态转移逻辑和输出逻辑，下状态转移逻辑控制数据流的方向。

(2) 时序逻辑电路构成状态寄存器，状态寄存器是状态机中的记忆(存储)电路。

图1.155给出了一个具体的有限自动状态机模型，图中：

(1) 下标PS表示当前的状态(previous state,PS)。

(2) 下标NS表示下一个状态(next state,NS)。

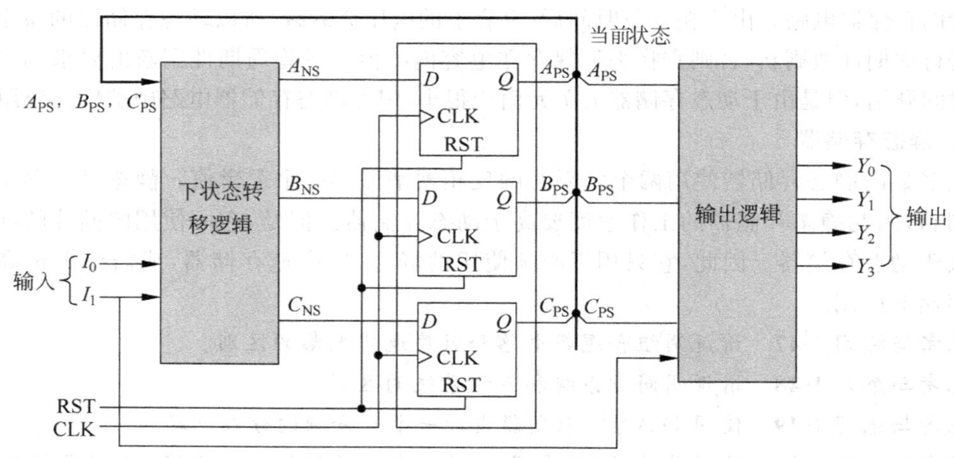

图1.155 有限自动状态机具体模型

从构成要素上来说，该状态机模型包含：

(1) 输入逻辑变量的集合。在该模型中，输入逻辑变量集合为$\{I_0, I_1\}$。

(2) 状态集合。因为$A_{NS}, A_{PS} \in \{0,1\}$，$B_{NS}, B_{PS} \in \{0,1\}$，$C_{NS}, C_{PS} \in \{0,1\}$。所以

$$A_{PS}B_{PS}C_{PS} \in \{000,001,010,011,100,101,110,111\}$$

$$A_{NS}B_{NS}C_{NS} \in \{000,001,010,011,100,101,110,111\}$$

该状态机模型最多可以有 8 个状态，每个状态可以表示为{000,001,010,011,100,101,110,111}集合中的任意编码组合。

(3) 状态转移函数。用来控制下状态转移逻辑，下状态转移逻辑可以表示为当前状态和当前输入逻辑变量的函数，对于该模型来说：

$$A_{NS} = f_1(A_{PS}B_{PS}C_{PS}, I_0, I_1)$$
$$B_{NS} = f_2(A_{PS}B_{PS}C_{PS}, I_0, I_1)$$
$$C_{NS} = f_3(A_{PS}B_{PS}C_{PS}, I_0, I_1)$$

(4) 输出变量集合。在该模型中，输出变量的集合为$\{Y_0, Y_1, Y_2, Y_3\}$。

(5) 输出函数。用来确定在当前状态下，各个输出逻辑变量的值，即：输出变量可以表示为当前状态和当前输入逻辑变量的函数。对于该模型来说，输出函数可以表示为

$$Y_0 = h_1(A_{PS}B_{PS}C_{PS}, I_1)$$
$$Y_1 = h_2(A_{PS}B_{PS}C_{PS}, I_1)$$
$$Y_2 = h_3(A_{PS}B_{PS}C_{PS}, I_1)$$
$$Y_3 = h_4(A_{PS}B_{PS}C_{PS}, I_1)$$

1.11.2　状态图表示及实现

下面以图 1.156 所示的状态图为例，详细介绍有限状态机的实现过程。

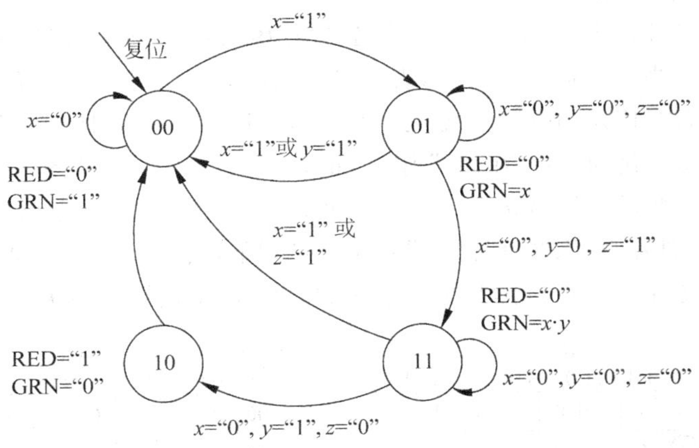

图 1.156　FSM 的状态图描述

1. 状态机的状态图表示

状态图是有限状态机最直观和最直接的表示方法。图中：

(1) 每个圆圈表示一个状态，圆圈内的二进制数的组合表示状态的编码。

(2) 两个圆圈之间的连线表示从一个状态转移到另一个状态。连线上方为状态转移条件。

(3) 每个状态旁给出当前状态下的输出变量。

从状态图中，可以很直观地知道有限自动状态机的状态集合、输入变量和输出变量，因此，只要从状态图中得到具体的状态转移函数和输出函数，就可以实现有限自动状态机。

该有限自动状态机模型描述如下：

(1) 状态集合

该状态机包含四个状态，四个状态分别编码为：00,01,11,10。其中：

① 状态变量 $A_{NS}B_{NS}\subseteq\{00,01,10,11\}$；

② 状态变量 $A_{PS}B_{PS}\subseteq\{00,01,10,11\}$。

(2) 输入变量

该状态机中包含三个输入变量，即 x,y,z。

(3) 系统的状态迁移和在各个状态下的输出描述为：

① 当复位系统时，系统处于状态“00”。该状态下，驱动逻辑输出变量 RED 为低，驱动逻辑输出变量 GRN 为高。此外，当 x=“0”时，系统一直处于状态“00”；当 x=“1”时，系统迁移到状态“01”。

② 当系统处于状态“01”时，驱动逻辑输出变量 RED 为低，由逻辑输入变量 X 驱动逻辑输出变量 GRN。此外，当 x=“0”，y=“0”和 z=“0”时，系统一直处于状态“01”；当 x=“1”或者 y=“1”时，系统迁移到状态“00”；当 x=“0”，y=“0”和 z=“1”时，系统迁移到状态“11”。

③ 当系统处于状态“11”时，驱动逻辑输出变量 RED 为低，由逻辑输入变量 X 和 Y 共同驱动逻辑输出变量 GRN，即 GRN=$x\cdot y$。当 x=“0”，并且 y=“0”和 z=“0”时，系统一直处于状态“11”；当 x=“1”或者 z=“1”时，系统迁移到状态“00”；当 x=“0”，y=“1”和 z=“0”时，系统迁移到状态“10”。

④ 当系统处于状态“10”时，驱动逻辑输出变量 RED 为高，驱动逻辑输出变量 GRN 为低。在该状态下，系统无条件的迁移到状态“00”。

2. 推导状态转移函数

图 1.157(a)和 1.157(b)分别给出了下状态编码 B_{NS} 和 A_{NS} 的卡诺图映射。下面举例说明卡诺图的推导过程。当 $A_{PS}B_{PS}$=“00”时，表示当前的状态是“00”。要想 B_{NS} 为“1”，则 $A_{NS}B_{NS}$ 编码组合为“01”或者“11”，即下一个状态是“01”或者“11”。但是，从图 1.156 可以看出，只存在从“00”到“01”的状态变化，而不存在“00”到“11”的状态变化。此外，从图 1.156 可以看出，从状态“00”到“01”的状态变迁条件是 x=“1”，即 y 和 z 可以是任意的情况。所以，在图 1.157(a)中，第一行的 zyx 分别为“001”、“011”、“111”和“101”的列下，填入“1”，该行的其他列都填入“0”。

依次类推，完成图 1.157 中下状态编码 B_{NS} 和 A_{NS} 的卡诺图映射关系。

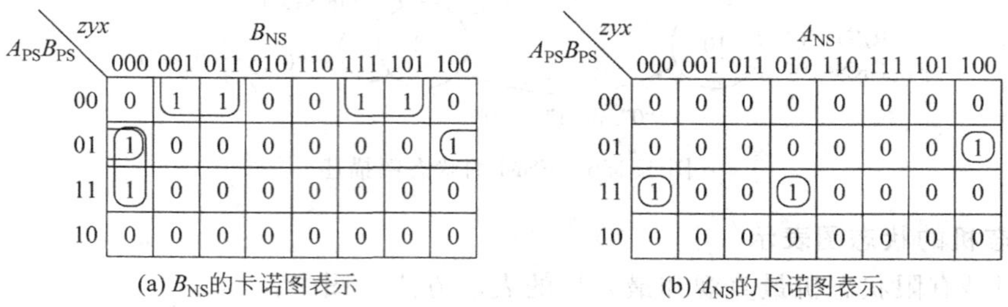

(a) B_{NS}的卡诺图表示

$A_{PS}B_{PS}$ \ zyx	000	001	011	010	110	111	101	100
00	0	1	1	0	0	1	1	0
01	1	0	0	0	0	0	0	1
11	1	0	0	0	0	0	0	0
10	0	0	0	0	0	0	0	0

(b) A_{NS}的卡诺图表示

$A_{PS}B_{PS}$ \ zyx	000	001	011	010	110	111	101	100
00	0	0	0	0	0	0	0	0
01	0	0	0	0	0	0	0	1
11	1	0	0	1	0	0	0	0
10	0	0	0	0	0	0	0	0

图 1.157 状态转移函数的卡诺图表示

得到状态转移函数的布尔逻辑表达式为

$$B_{NS}=\overline{A_{PS}}\cdot\overline{B_{PS}}\cdot x+\overline{A_{PS}}\cdot B_{PS}\cdot\bar{x}\cdot\bar{y}+B_{PS}\cdot\bar{x}\cdot\bar{y}\cdot\bar{z}$$

$$A_{NS}=\overline{A_{PS}}\cdot B_{PS}\cdot\bar{x}\cdot\bar{y}\cdot z+A_{PS}\cdot B_{PS}\cdot\bar{x}\cdot\bar{z}$$

3. 推导输出函数

图 1.158(a)和 1.158(b)分别给出了 GRN 和 RED 的卡诺图映射。下面举例说明输出函数卡诺图的推导过程。当 $A_{PS}B_{PS}$=“00”时，GRN=“1”，与 x,y,z 的输入无关。

GRN

$A_{PS}B_{PS}$ \ zyx	000	001	011	010	110	111	101	100
00	1	1	1	1	1	1	1	1
01	0	1	1	0	0	1	1	0
11	0	0	1	0	0	1	0	0
10	0	0	0	0	0	0	0	0

(a) GRN的卡诺图表示

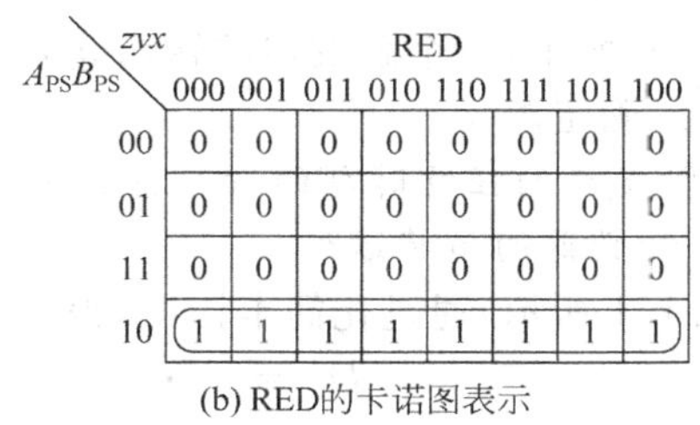

(b) RED的卡诺图表示

图 1.158　FSM 的卡诺图映射

其逻辑关系可用下面逻辑等式表示

$$\mathrm{GRN} = \overline{A_{PS}} \cdot \overline{B_{PS}} + \overline{A_{PS}} \cdot x + B_{PS} \cdot x \cdot y$$

$$\mathrm{RED} = A_{PS} \cdot \overline{B_{PS}}$$

4. 状态机逻辑电路的实现

图 1.159 给出了图 1.156 状态机模型的具体实现电路。

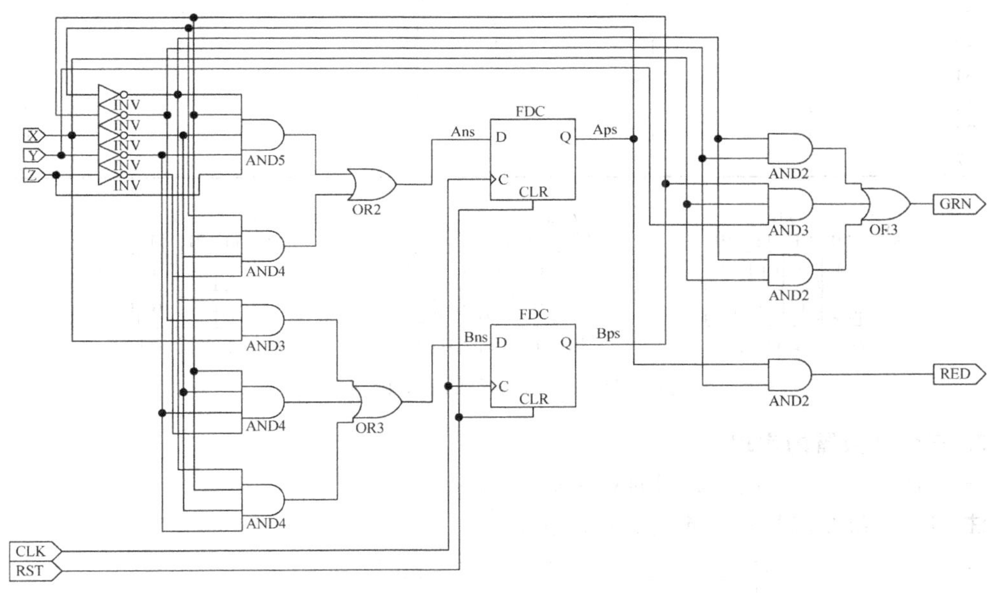

图 1.159　FSM 的实现电路

1.11.3　三位计数器

本节将使用前面介绍的 FSM 的实现方法设计一个三位八进制的计数器。

1. 三位计数器原理

三位八进制计数器可以从 000 计数到 111。图 1.160 给出了三位八进制计数器的状态图描述。

在时钟的每个上升沿到来时，计数器从一个状态转移到另一个状态，计数器的输出从 000 到 111，然后返回 000。由于状态编码反映了输出逻辑变量的变化规律，所以在该设计中将状态编码作为逻辑变量输出。

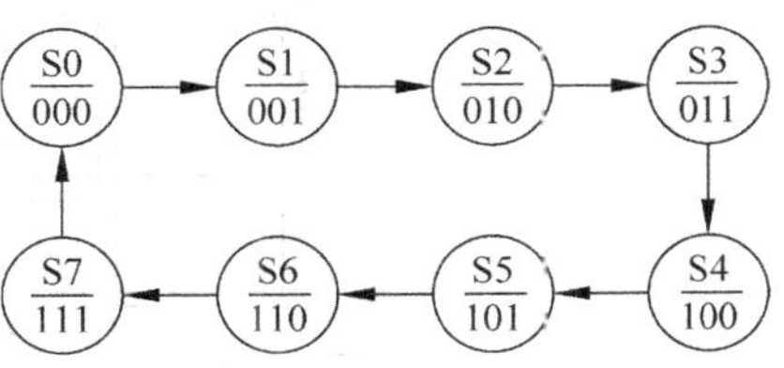

图 1.160　三位八进制计数器的状态图描述

如表 1.50 所示，三个触发器的输出 q_2,q_1,q_0 表示当前的状态。下一个状态由到 D 触发器的三个输入确定。

注：D 触发器的任意时刻的输入包含下一个计数值，因此在下一个时钟上升沿，这个值就锁存到 q，计数器的值将递增 1。

如图 1.161 所示，通过化简卡诺图，得到下面的逻辑表达式：

$$D_2 = q_2 \cdot \bar{q}_1 + q_2 \cdot \bar{q}_0 + \bar{q}_2 \cdot q_1 \cdot q_0$$

$$D_1 = q_0 \cdot \bar{q}_1 + \bar{q}_0 \cdot q_1 = q_0 \oplus q_1$$

$$D_0 = \bar{q}_0$$

表 1.50 三位计数器的真值表

状态	当前状态			下一状态		
	q_2	q_1	q_0	D_2	D_1	D_0
S0	0	0	0	0	0	1
S1	0	0	1	0	1	0
S2	0	1	0	0	1	1
S3	0	1	1	1	0	0
S4	1	0	0	1	0	1
S5	1	0	1	1	1	0
S6	1	1	0	1	1	1
S7	1	1	1	0	0	0

D_2

q_2 \ q_1q_0	00	01	11	10
0	0	0	1	0
1	1	1	0	1

(a) D_2的卡诺图映射

D_1

q_2 \ q_1q_0	00	01	11	10
0	0	1	0	1
1	0	1	0	1

(b) D_1的卡诺图映射

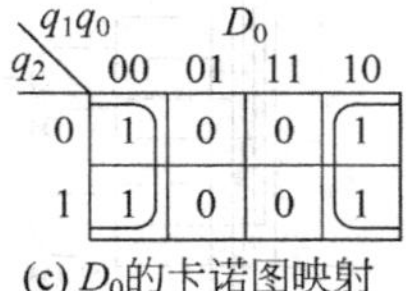

(c) D_0的卡诺图映射

图 1.161 状态编码的卡诺图映射

2. 三位计数器的实现

图 1.162 给出了三位计数器的具体实现电路。

注：D_1 的组合逻辑可用异或逻辑门表示。

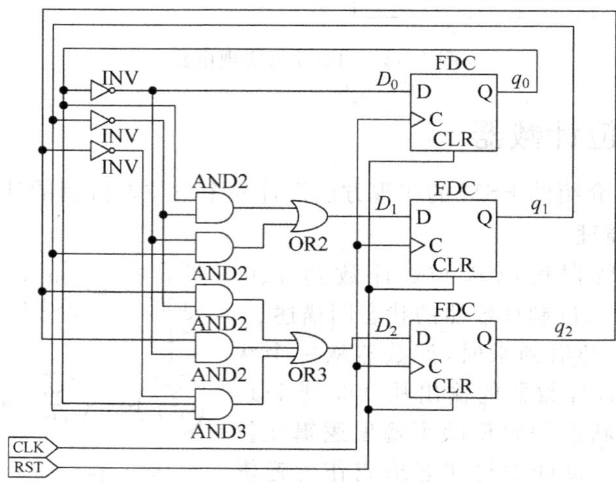

图 1.162 三位八进制计数器实现电路

思考与练习 1-51　如图 1.163 所示，为下面的状态图分配状态编码，并说明编码规则。

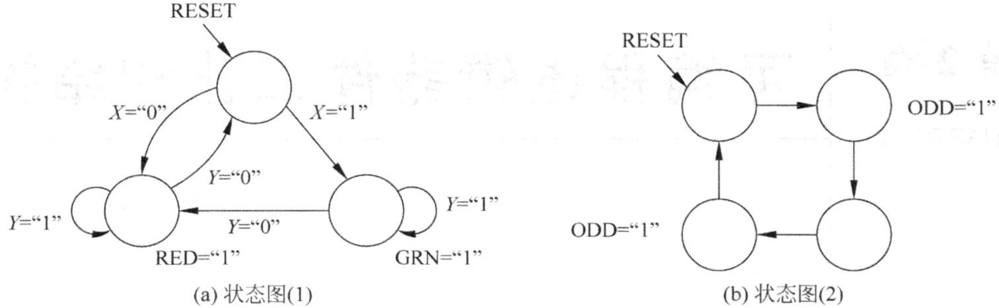

(a) 状态图(1)　(b) 状态图(2)

图 1.163　需要编码的状态图

思考与练习 1-52　如图 1.164 所示，设计实现该状态图的 FSM。

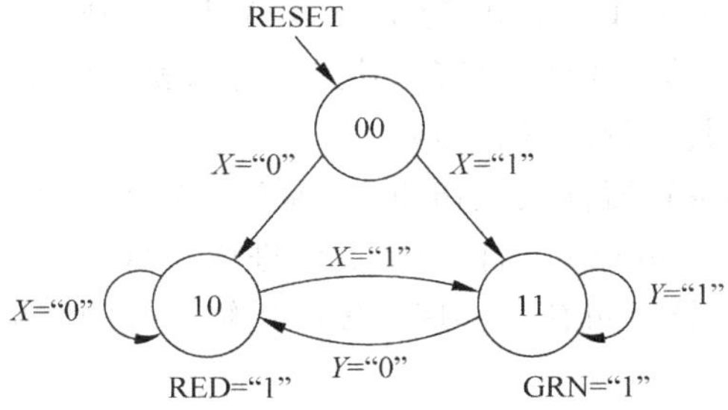

图 1.164　状态图描述

思考与练习 1-53　如图 1.165 所示，设计实现该计数功能的计数器。

思考与练习 1-54　将上题的计数值显示在共阳/共阴极七段数码管。

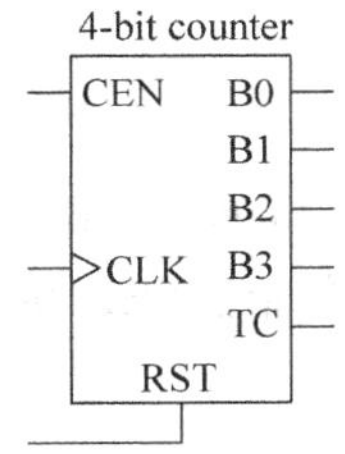

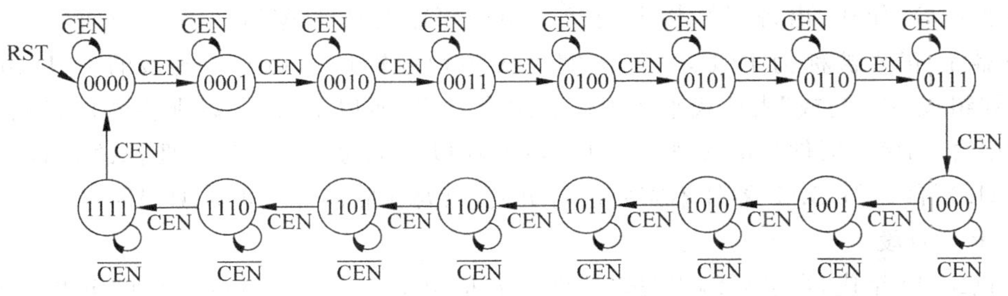

图 1.165　计数器状态图描述

第2章 可编程逻辑器件工艺和结构

CHAPTER 2

可编程逻辑器件(Programmable Logic Device,PLD)产生于20世纪70年代,是在专用集成电路(Application Specific Integrated Circuit, ASIC)基础上发展起来的一种新型逻辑器件,是当今数字系统设计的主要硬件平台,其主要特点就是由用户通过硬件描述语言和相关电子设计自动化软件对其进行配置和编程。

本章首先介绍可编程逻辑器件发展历史、可编程逻辑器件工艺;在此基础上介绍可编程逻辑器件结构;最后,对Xilinx可编程逻辑器件进行介绍。

通过该章内容的学习,读者可初步掌握可编程逻辑器件的结构及功能,为学习后续章节的内容打下基础。

2.1 可编程逻辑器件的发展历史

可编程逻辑器件伴随着半导体集成电路的发展而不断发展,其发展可以划分为以下4个阶段:

1. 第一阶段

20世纪70年代,可编程器件只有简单的可编程只读存储器(PROM)、紫外线可擦除只读存储器(EPROM)和电可擦除只读存储器(EEPROM)3种,由于结构的限制,它们只能完成简单的数字逻辑功能。

2. 第二阶段

20世纪80年代,出现了结构上稍微复杂的可编程阵列逻辑(PAL)和通用阵列逻辑(GAL)器件,正式被称为PLD,它们能够完成各种逻辑运算功能。典型的PLD由"与"、"非"阵列组成,用"与或"表达式来实现任意组合逻辑,所以PLD能以乘积和形式完成大量的逻辑组合。PAL器件只能实现可编程,在编程以后无法修改;如需要修改,则需要更换新的PAL器件。但GAL器件不需要进行更换,只要在原器件上再次编程即可。

3. 第三阶段

20世纪90年代,众多可编程逻辑器件厂商推出了与标准门阵列类似的FPGA和类似于PAL结构的扩展性CPLD,提高了逻辑运算的速度,具有体系结构和逻辑单元灵活、集成度高和适用范围宽等特点,兼容了PLD和通用门阵列的优点,能够实现超大规模的电路,编程方式也很灵活,成为产品原型设计和中小规模(一般小于10 000)产品生产的首选。

4. 第四阶段

21世纪初，现场可编程门阵列和CPU相融合，并且集成到了单个的FPGA器件中。典型的，Xilinx推出了两种基于FPGA的嵌入式解决方案：

（1）FPGA器件内嵌了时钟频率高达500MHz的PowerPC硬核微处理器和1GHz的ARM Cortex-A9双核硬核嵌入式处理器。

（2）提供了低成本的嵌入式软核处理器，如：MicroBlaze、PicoBlaze。

通过这些嵌入式解决方案，实现了软件需求和硬件设计的完美结合，使FPGA的应用范围从数字逻辑扩展到了嵌入式系统领域。

2.2 可编程逻辑器件工艺

1. 熔丝连接工艺

最早允许对器件进行编程的技术是熔丝连接技术。在采用这种技术的器件中，所有逻辑靠熔丝连接。熔丝器件只可编程一次，一旦编程，永久不能改变。

熔丝的编程原理如图2.1所示。进行编程时，需要将熔丝烧断；编程完成后，相应的熔丝被烧断，如图2.2所示。

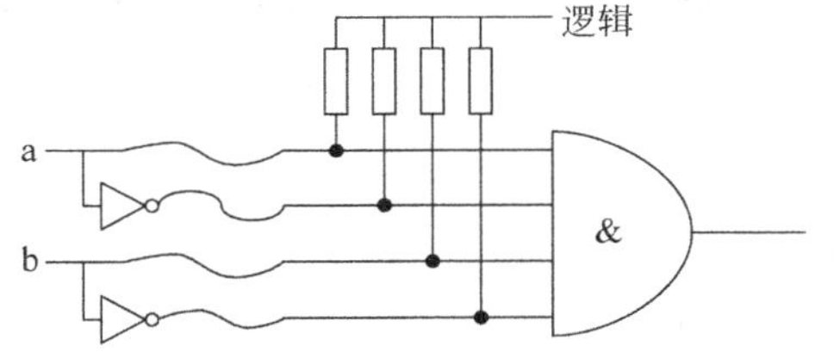

图2.1　熔丝未编程的结构

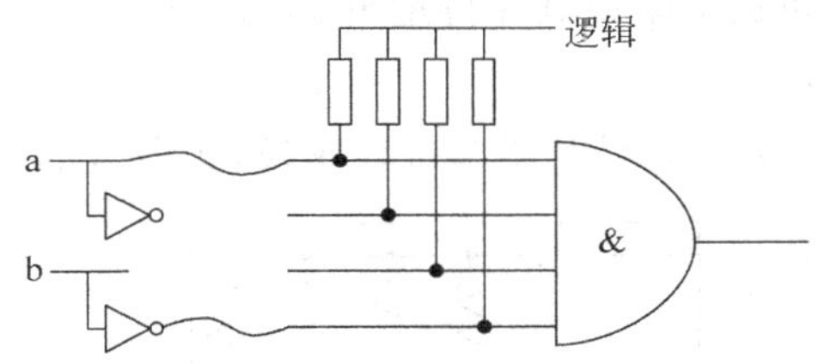

图2.2　熔丝编程后的结构

2. 反熔丝连接工艺

反熔丝技术和熔丝技术相反，在未编程时，熔丝没有连接；编程后，熔丝将和逻辑单元连接。反熔丝开始是连接两个金属的微型非晶硅柱，未编程时，呈高阻状态；编程结束后，形成连接。反熔丝器件只可编程一次，一旦编程，永久不能改变。

反熔丝的编程原理如图2.3所示。进行编程时，需要将熔丝连接；编程完成后，相应的熔丝被连接，如图2.4所示。

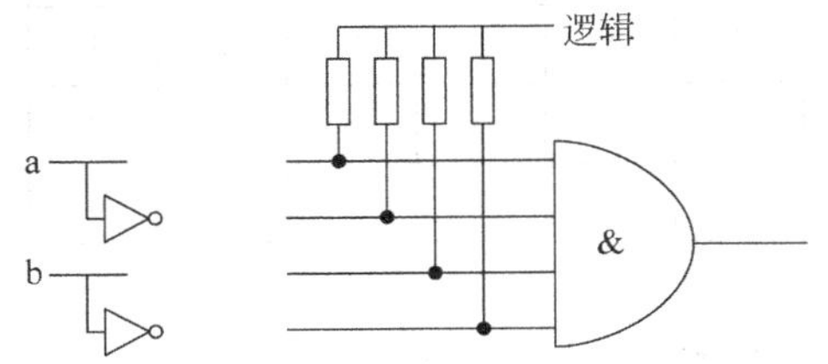

图2.3　反熔丝未编程的结构

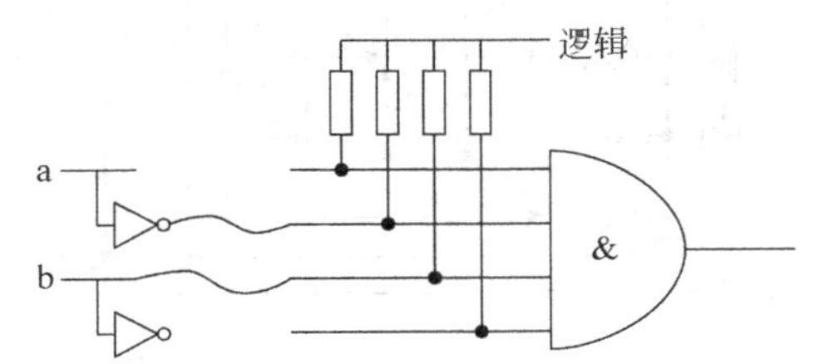

图2.4　反熔丝编程后的结构

3. SRAM工艺

SRAM的结构如图2.5所示。基于静态存储器SRAM的可编程器件，值被保存在

SRAM 中时，只要系统正常供电，信息就不会丢失，否则信息将丢失。SRAM 存储数据需要消耗大量的硅面积，且断电后数据丢失，但是这种器件可以反复地编程和修改。

绝大多数的 FPGA 都采用这种工艺，这就是 FPGA 外部都需要有一个 PROM 芯片来保存设计代码的原因。

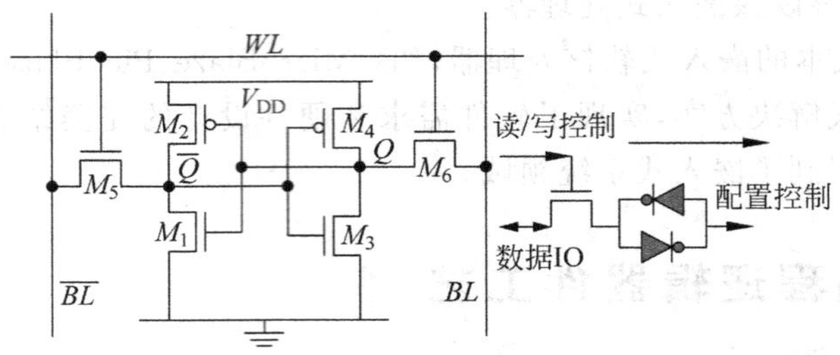

图 2.5 SRAM 的内部结构

4. 掩膜工艺

ROM 是非易失性的器件，系统断电后，将信息保留在存储单元中。掩膜器件可以读出信息，但是不能写入信息。ROM 单元保存了行和列数据，形成一个阵列，每一列有负载电阻使其保持逻辑 1，每个行列的交叉有一个关联晶体管和一个掩膜连接，如图 2.6 所示。

注：这种技术代价比较高，基本上很少使用。

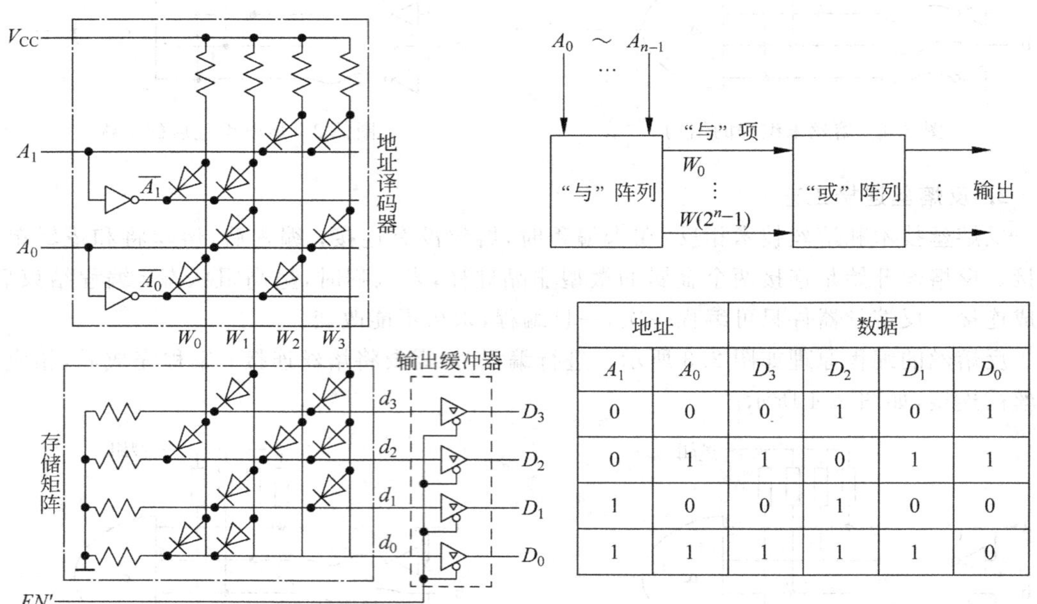

地址		数据			
A_1	A_0	D_3	D_2	D_1	D_0
0	0	0	1	0	1
0	1	1	0	1	1
1	0	0	1	0	0
1	1	1	1	1	0

图 2.6 掩模技术的原理

下面对其工作原理进行推导，以帮助读者理解图 2.6 所实现的功能。

$$W_0 = \overline{A_0} \cdot \overline{A_1}$$

$$W_1 = A_0 \cdot \overline{A_1}$$

$$W_2 = \overline{A_0} \cdot A_1$$

$$W_3 = A_0 \cdot A_1$$

$$D_3 = W_1 + W_3$$

$$D_2 = W_0 + W_2 + W_3$$

$$D_1 = W_1 + W_3$$

$$D_0 = W_0 + W_1$$

5. PROM 工艺

PROM 是非易失性器件，系统断电后，信息被保留在存储单元中。PROM 器件可以编程一次，以后只能读数据而不能写入新的数据。PROM 单元保存了行和列数据，形成一个阵列，每一列有负载电阻使其保持逻辑 1，每个行列的交叉有一个关联晶体管和一个掩膜连接，如图 2.7 所示。

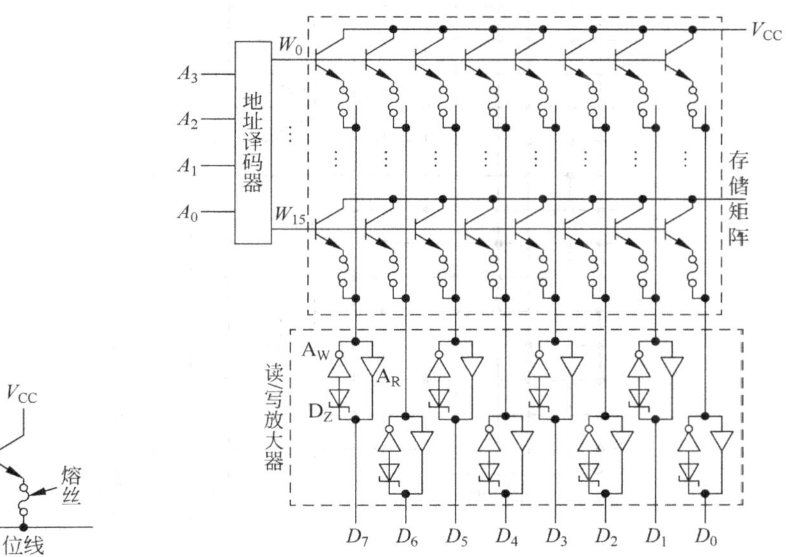

图 2.7　PROM 的内部结构

如果可以多次编程，就称为 EPROM 和 EEPROM 技术。

6. FLASH 工艺

采用 FLASH 技术的芯片的擦除速度比采用 PROM 技术的芯片要快得多。FLASH 技术可采用多种结构，与 EPROM 单元类似，具有一个浮置栅晶体管单元和 EEPROM 器件的薄氧化层特性。

思考与练习 2-1　请分析 SRAM 内部结构，并说明其工作原理。

思考与练习 2-2　请分析掩模技术内部结构，并说明其工作原理。

2.3 简单可编程逻辑器件结构

本节介绍简单可编程逻辑器件结构，包括PROM原理及结构、PAL原理及结构和PLA原理及结构。

2.3.1 PROM原理及结构

可编程只读存储器(Programmable Read-Only Memory，PROM)是一种可编程逻辑器件，如图2.8所示。从图中可以看出PROM内部由固定的逻辑与阵列和可编程的逻辑或阵列构成。当使用PROM时，可以通过最小项求和的方式，实现布尔逻辑函数功能。

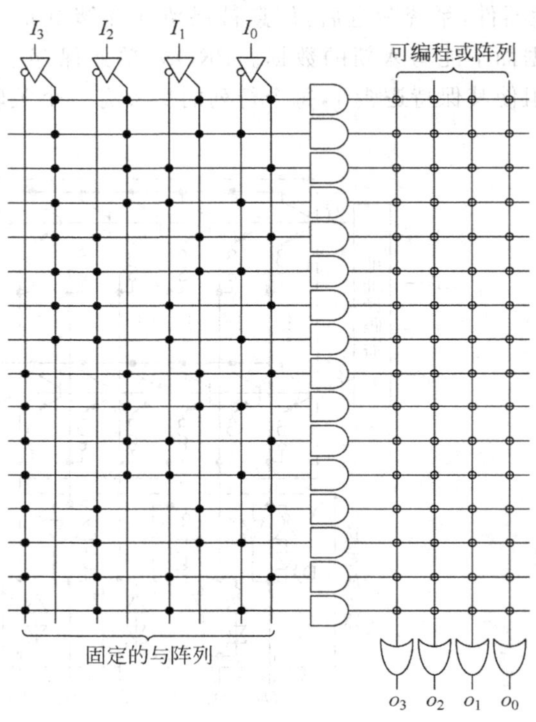

图2.8 PROM的内部结构

2.3.2 PAL原理及结构

可编程阵列逻辑(Programmable Array Logic，PAL)是一种可编程逻辑器件，其内部结构如图2.9所示。从图中可以看出，PAL内部由固定的逻辑或阵列和可编程的逻辑与阵列构成。

可以对PAL内部每个逻辑与门编程，用于生成输入变量的一个乘积项。因此，当使用PAL时，可以通过SOP方式实现指定的布尔函数功能。

2.3.3 PLA原理及结构

可编程逻辑阵列(Programmable Logic Array，PLA)是一种可编程逻辑器件，如图2.10所示。从图中可以看出PLA内部由可编程的逻辑或阵列和可编程的逻辑与阵列构成。很

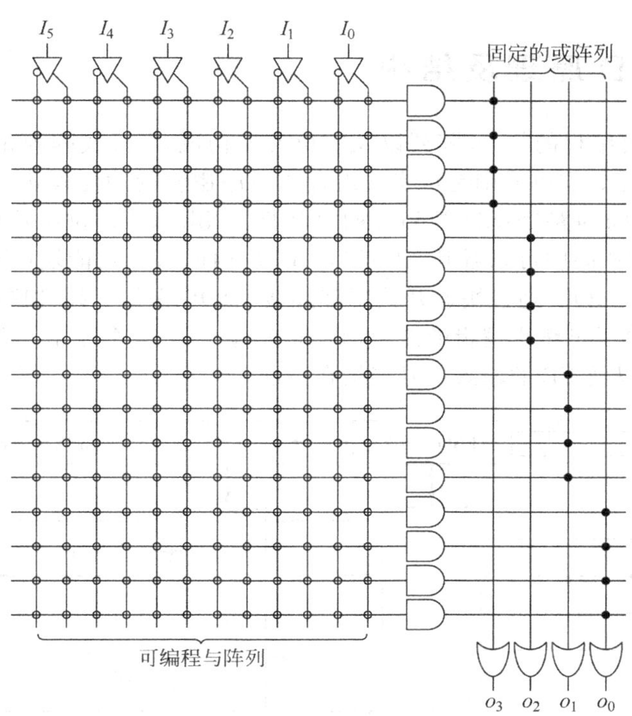

图 2.9 PAL 的内部结构

明显，PLA 的灵活性要远远高于 PROM 和 PAL。

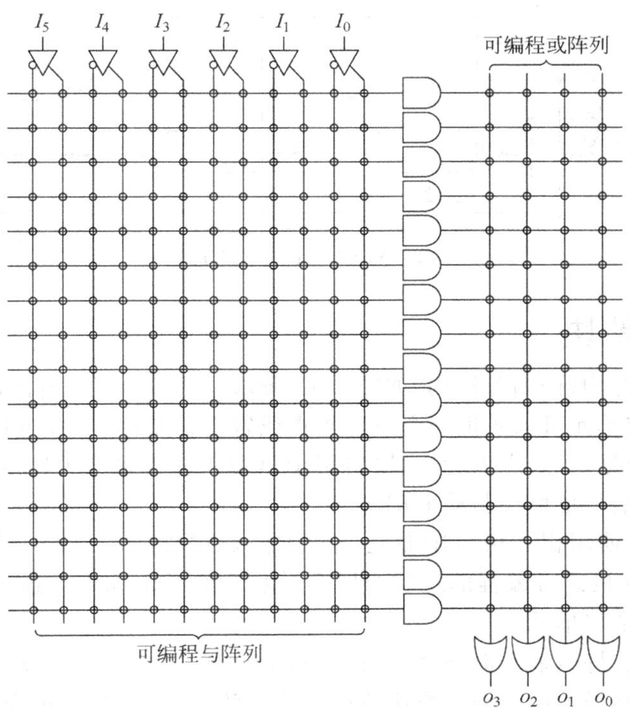

图 2.10 PLA 的内部结构

2.4 CPLD 原理及结构

CPLD 由完全可编程的与/或阵列以及宏单元库构成。与/或阵列是可重新编程的，可以实现多种逻辑功能。宏单元则是可实现组合或时序逻辑的功能模块，同时还提供了真值或补码输出和以不同的路径反馈等额外的灵活性。Xilinx XC9500 系列 CPLD 的内部结构，如图 2.11 所示，从图中可以看到 XC9500 CPLD 内的多个功能块(Function Block，FB)和 IO 块(I/O Block，IOB)通过快速开关矩阵连接。IOB 提供了缓冲区用于器件的输入和输出。每个 FB 提供了可编程逻辑的能力，共 36 个输入和 18 个输出。开关矩阵将所有 FB 的输出和输入信号以及 FB 的输入信号连接在一起。

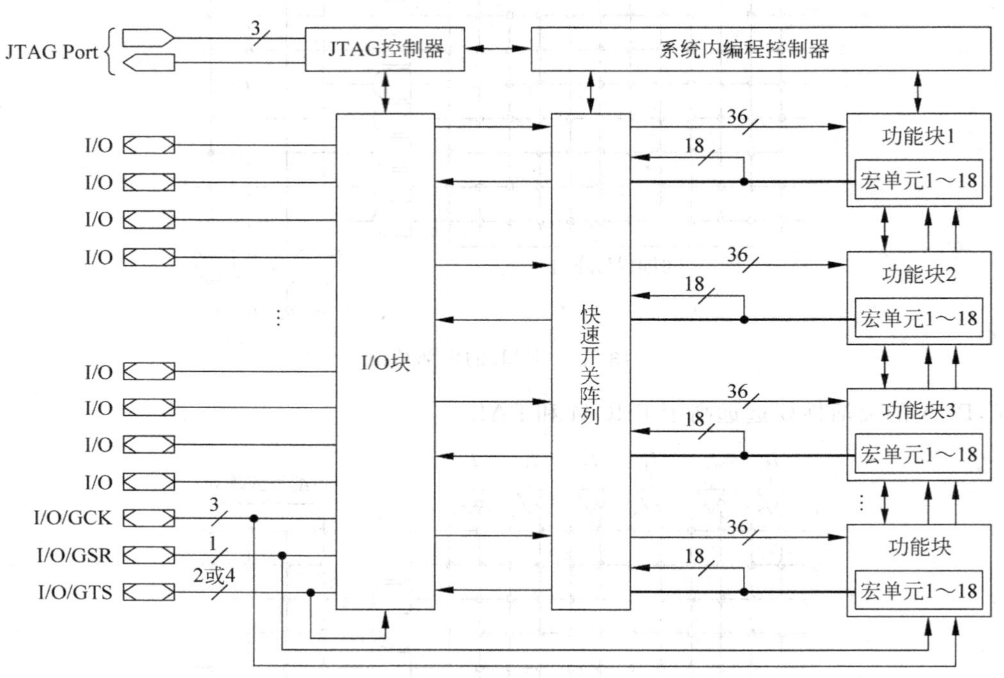

图 2.11 XC9500 CPLD 内部结构

2.4.1 功能块

CPLD 的功能块 FB 的内部结构，如图 2.12 所示。从图中可以看出，FB 由 18 个独立的宏单元构成，每个宏单元可以实现一个组合逻辑或寄存器功能。FB 也接收全局时钟，输出使能和置位/复位信号。FB 产生 18 个输出用于驱动快速连接开关矩阵，18 个输出和它们相对应的输出使能信号也可以驱动 IOB。

FB 内部的逻辑使用积之和 SOP 描述，36 个输入所提供的 72 个信号(包括 36 个真值和 36 个取反值)可以连接到可编程的逻辑与阵列，生成 90 个乘积项。通过乘积项分配器，可以将它们分配到每个宏单元。

每个宏单元也支持本地反馈路径，这样可以允许任何数量的 FB 输出来驱动它自己的逻辑与阵列。这些路径可用来创建快速的计数器和状态机，在状态机内的状态寄存器也在相同的 FB 内。

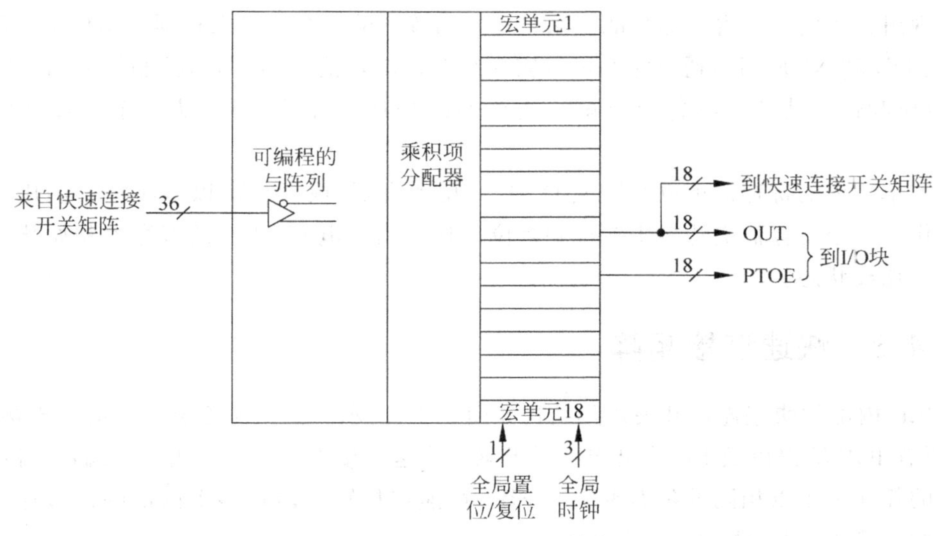

图 2.12　FB 块的内部结构

2.4.2　宏单元

FB 内宏单元的结构如图 2.13 所示。通过配置文件，可以单独配置每个宏单元，这样它

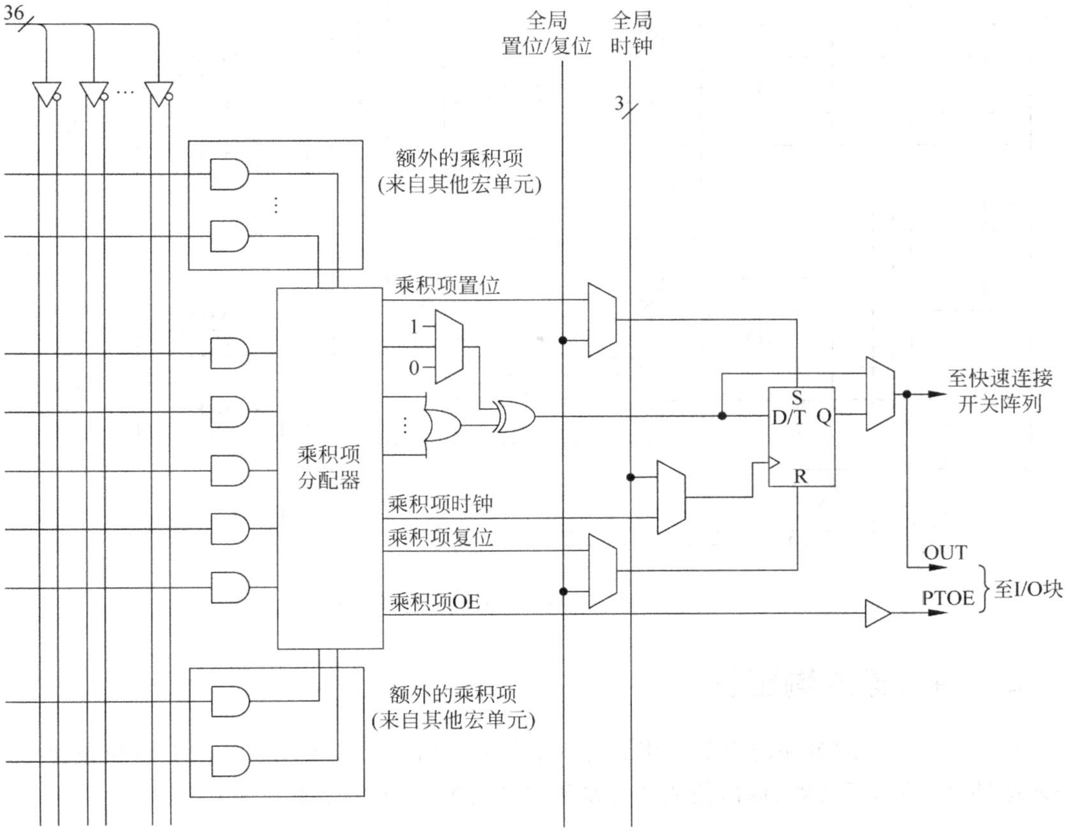

图 2.13　宏单元的内部结构

们可实现组合逻辑或者寄存器功能。来自逻辑与阵列的5个直接乘积项可用作基本的数据输入(到OR和XOR门)，通过它们可以实现组合逻辑功能，或者作为控制输入，包括时钟、置位/复位和输出使能。与每个宏单元连接的乘积项分配器，用于从5个直接项中选择信号。

在宏单元内的寄存器可以配置成D型、T型触发器，或者也可以旁路掉它们用于组合逻辑操作。每个寄存器支持异步置位和复位操作。当上电时，所有的寄存器初始化为用户定义的预加载状态。

2.4.3 快速连接矩阵

CPLD内部的快速连接开关矩阵结构如图2.14所示。快速连接矩阵将信号连接到FB输入，所有IOB输出以及FB输出均可用于驱动快速连接矩阵。通过用户的编程，可以选择它们中的任何一个以相同的延迟来驱动FB。快速连接矩阵能将多个内部的信号连接到一个逻辑线与输出，用于驱动目的FB。

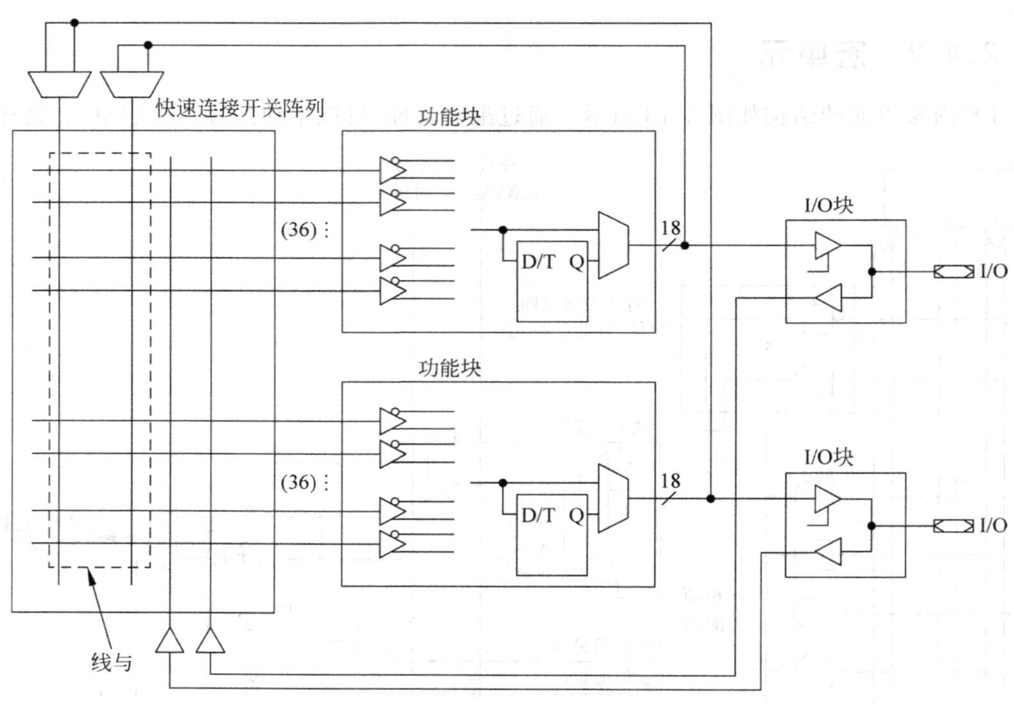

图2.14 快速连接开关矩阵的内部结构

2.4.4 输入输出块

I/O块是内部逻辑和用户I/O引脚之间的接口，如图2.15所示。每个I/O块包含一个输入缓冲区、输出驱动器、输出使能选择复用器和可编程的地控制。

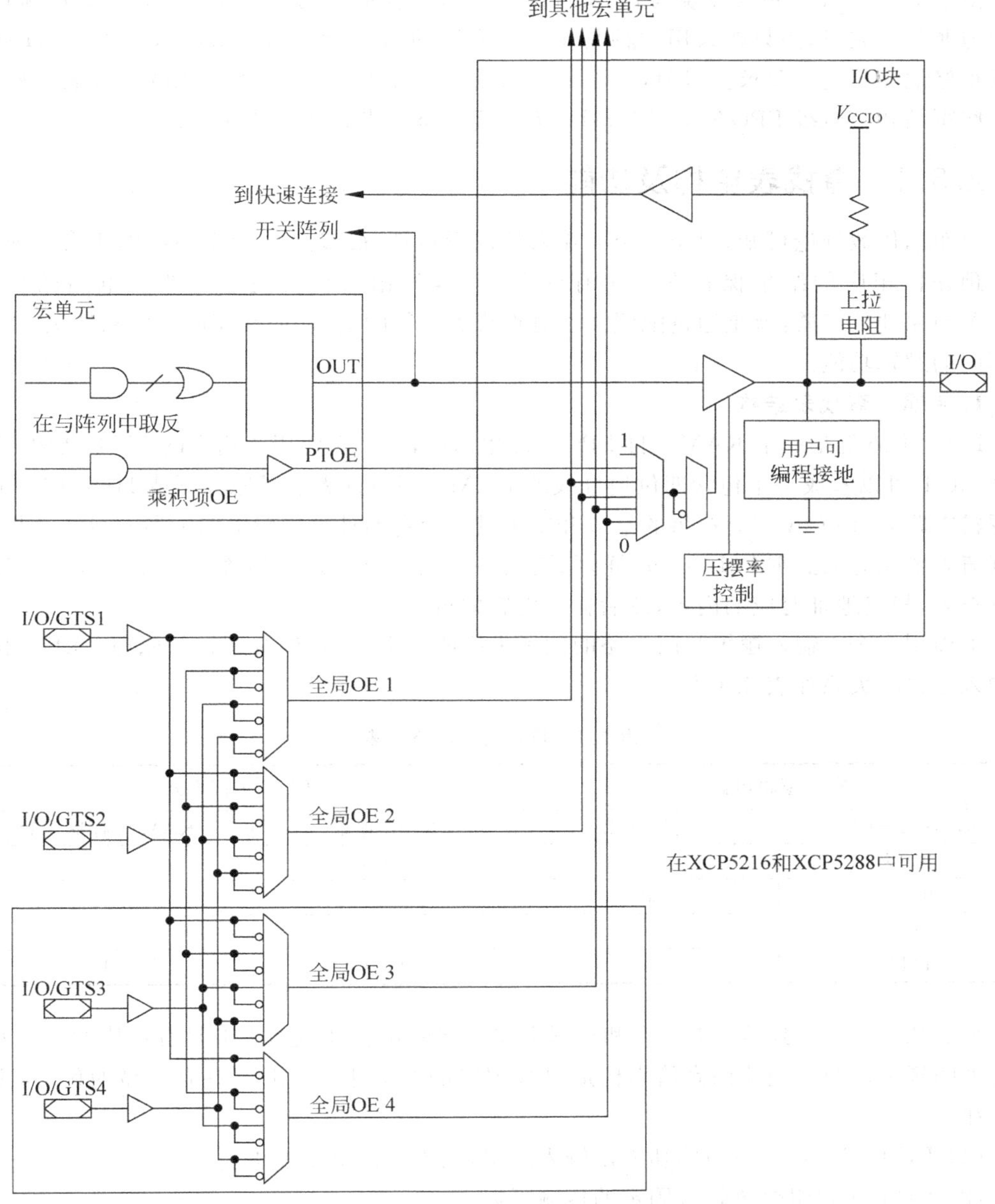

图 2.15　IO 块内部逻辑

2.5　FPGA 原理及结构

FPGA 是在 PAL、PLA 和 CPLD 等可编程器件的基础上进一步发展起来的一种更复杂的可编程逻辑器件。它是 ASIC 领域中的一种半定制电路，既解决了定制电路的不足，又克服了原有可编程器件门电路有限的缺点。

由于 FPGA 需要被反复烧写，它实现组合逻辑的基本结构不可能像 ASIC 那样通过固定的与非门来完成，而只能采用一种易于反复配置的结构，查找表(Look Up Table，LUT)可以很好地满足这一要求。目前，主流 FPGA 都采用了基于 SRAM 工艺的查找表结构，也有一些军品和宇航级 FPGA 采用 Flash/熔丝/反熔丝工艺的查找表结构。

2.5.1 查找表结构及功能

由布尔代数理论可知，对于一个 n 输入的逻辑运算，最多产生 2^n 个不同的组合。所以，如果预先将相应的结果保存在一个存储单元中，就相当于实现了与非门电路的功能。FPGA 的原理的实质，就是通过配置文件对查找表进行配置，从而在相同的电路情况下实现了不同的逻辑功能。

1. 4 输入查找表结构

LUT 本质就是一个 RAM。自 FPGA 诞生以来，它大多使用 4 输入的 LUT 结构，所以每个 LUT 可以看成一个包含四位地址线的 RAM。当设计者通过原理图或 HDL 描述了一个逻辑电路后，FPGA 厂商提供的集成开发工具就会自动计算逻辑电路的所有可能结果，并把真值表事先写入到 RAM 中。这样，每输入一个信号进行逻辑运算就等于输入一个地址进行查表，找出地址对应的内容，然后输出内容即可。

下面用一个 4 输入逻辑与门电路的例子来说明 LUT 实现组合逻辑的原理。LUT 描述四输入逻辑与关系如表 2.1 所示。

表 2.1 输入与门的真值表

实际逻辑电路		LUT 实现方式	
a,b,c,d 输入	逻辑输出	RAM 地址	RAM 中存储内容
0000	0	0000	0
0001	0	0001	0
…	…	…	…
1111	1	1111	1

从表 2.1 可以看到，LUT 具有和逻辑电路相同的功能，但是 LUT 具有更快的执行速度和更大的规模。与传统化简真值表构造组合逻辑的方法相比，LUT 具有明显的优势，主要表现在：

(1) LUT 实现组合逻辑的功能由输入决定，而不是由复杂度决定。

(2) LUT 实现组合逻辑有固定的传输延迟。

2. 6 输入查找表结构

在 65nm 工艺条件下，与其他电路(特别是互连电路)相比，LUT 的常规结构大大缩小。一个具有 4 倍比特位的 6 输入 LUT 结构仅仅将所占用的 CLB 面积增加了 15%，但是平均而言，每个 LUT 上可集成的逻辑数量却提高了 40%。当采用更高的逻辑密度时，通常可以降低级联 LUT 的数目，并且改进关键路径延迟性能。

新一代的 FPGA 提供了真正的 6 输入 LUT，可以将它用作逻辑或者分布式存储器，这时，LUT 是一个 64 位的分布式 RAM（甚至双端口或者四端口）或者一个 32 位可编程移位寄存器。每个 LUT 具有两个输出，从而实现了五个变量的两个逻辑函数，存储 32×2 RAM

比特，或者作为16×2比特的移位寄存器进行工作。

新的6输入LUT逻辑结构在每个LUT中融合了更多的逻辑块，使用了较少的局部互连节点和更少的高电容节点(逻辑功能之间)，降低了逻辑层次，从而缩短了路径延迟。这种新的对称布线还使相邻逻辑之间的连接更加直接，进一步降低了布线电容。

下面通过采用4和6输入LUT实现多路选择器(MUX)的例子来说明6输入查找表的优势。如图2.16(a)所示，在4输入LUT的架构中实现一个8∶1的MUX需要四个4输入LUT和三个MUXF模块；如图2.16(b)所示，在6输入LUT的架构中实现同样的8∶1的MUX只需要两个LUT和一个MUX模块。因此，采用6输入LUT结构时，所构造的逻辑结构性能更高且利用率更好。

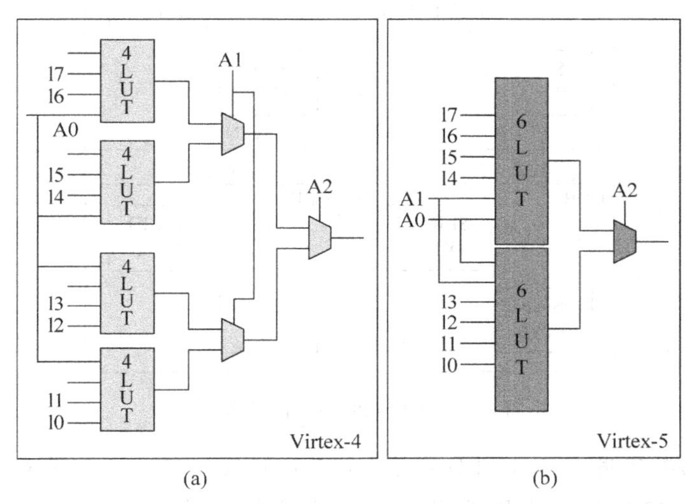

图2.16 4/6输入LUT实现8∶1多路复用器的原理

2.5.2 可配置的逻辑块

可配置的逻辑块(Configurable Logic Block, CLB)是FPGA内主要的逻辑资源，用于实现时序和组合逻辑电路。7系列的CLB提供了高性能的FPGA逻辑：①真正的6输入查找表；②双LUT5(5输入LUT)选项；③可作为分布式存储器和移位寄存器；④用于算术功能的快速进位逻辑；⑤宽的多路复用器。

每个CLB连接到一个开关矩阵用于访问通用的布线资源，如图2.17所示。一个CLB包含两个切片(Slice)。每个切片中，包含4个6输入的查找表、8个触发器、多路复用器和算术进位逻辑。

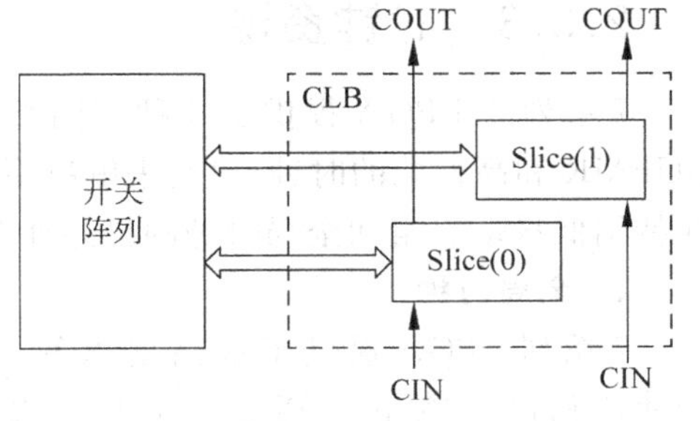

图2.17 CLB内的Slice排列

注：这两个切片没有直接的相互连接，每个切片以列的形式排列在一起。

在7系列的FPGA中，大约2/3的Slice是SLICEL逻辑(L表示Logic)，剩下的是

SLICEM 逻辑（M 表示 Memory）。对于 SLICEM 来说，除了实现 SLICEL 内的逻辑功能外，它也能通过使用它内部的 LUT 构造出分布式的 64 位 RAM 或者 32 位的移位寄存器（SRL32），或者 2 个 SRL16。

每个 CLB 由两个 Slice 构成，如图 2.18 所示。对于每个 CLB 来说：

(1) SLICE(0)在 CLB 的底部和左边一列。

(2) SLICE(1)在 CLB 的顶部和右边一列。

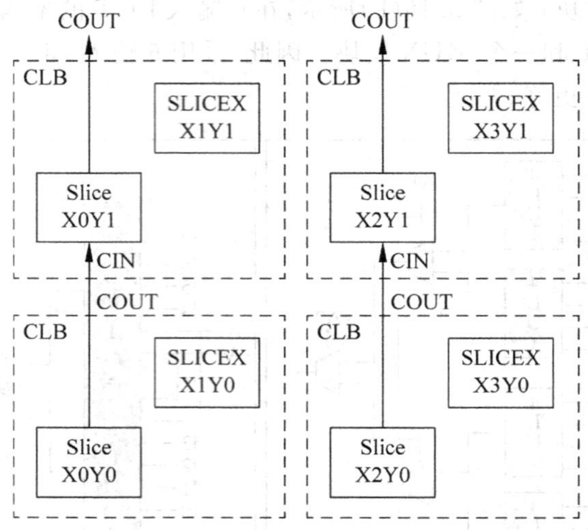

图 2.18 CLB 和 Slice 的位置关系

注：X 后面的数字用于标识 CLB 内每个切片的位置，以及切片所在列的位置。

(1) X 编号：切片位置从底部以顺序 0，1 开始计算（第 1 列 CLB）；2，3（第 2 列 CLB）等。

(2) Y 编号：标识切片所在行的位置。在同一个 CLB 内，Y 后面的值是一样的。计算从底部的 CLB 开始，从一行 CLB 递增到下一行 CLB。

SLICEM 的内部结构和 SLICEL 的内部结构分别如图 2.19 和图 2.20 所示。

2.5.3 时钟资源

7 系列的 FPGA 提供了 6 种不同类型的时钟线，包括 BUFG、BUFR、BUFIO、BUFH、BUFMR 和高性能的时钟，以此来解决不同的时钟要求，这些要求包括高扇出、短传递延迟和特别低抖动。组和全局时钟的描述如图 2.21 所示。

1. 全局时钟

7 系列 FPGA 提供了最高扇出的 32 个全局时钟线，它能到达每个触发器时钟，时钟使能和置位/复位。通过水平时钟缓冲区 BUFH，驱动在任何时钟域的 12 个全局时钟线。每个 BUFH 可以独立地使能/禁止，并且允许关闭一个区域的时钟，因此提供了细粒度控制时钟域功耗的能力。全局时钟缓冲区也能驱动全局时钟线，可以实现无毛刺的时钟复用和时钟使能功能。全局时钟常常由 CMT 驱动，能完全消除基本时钟分布延迟。

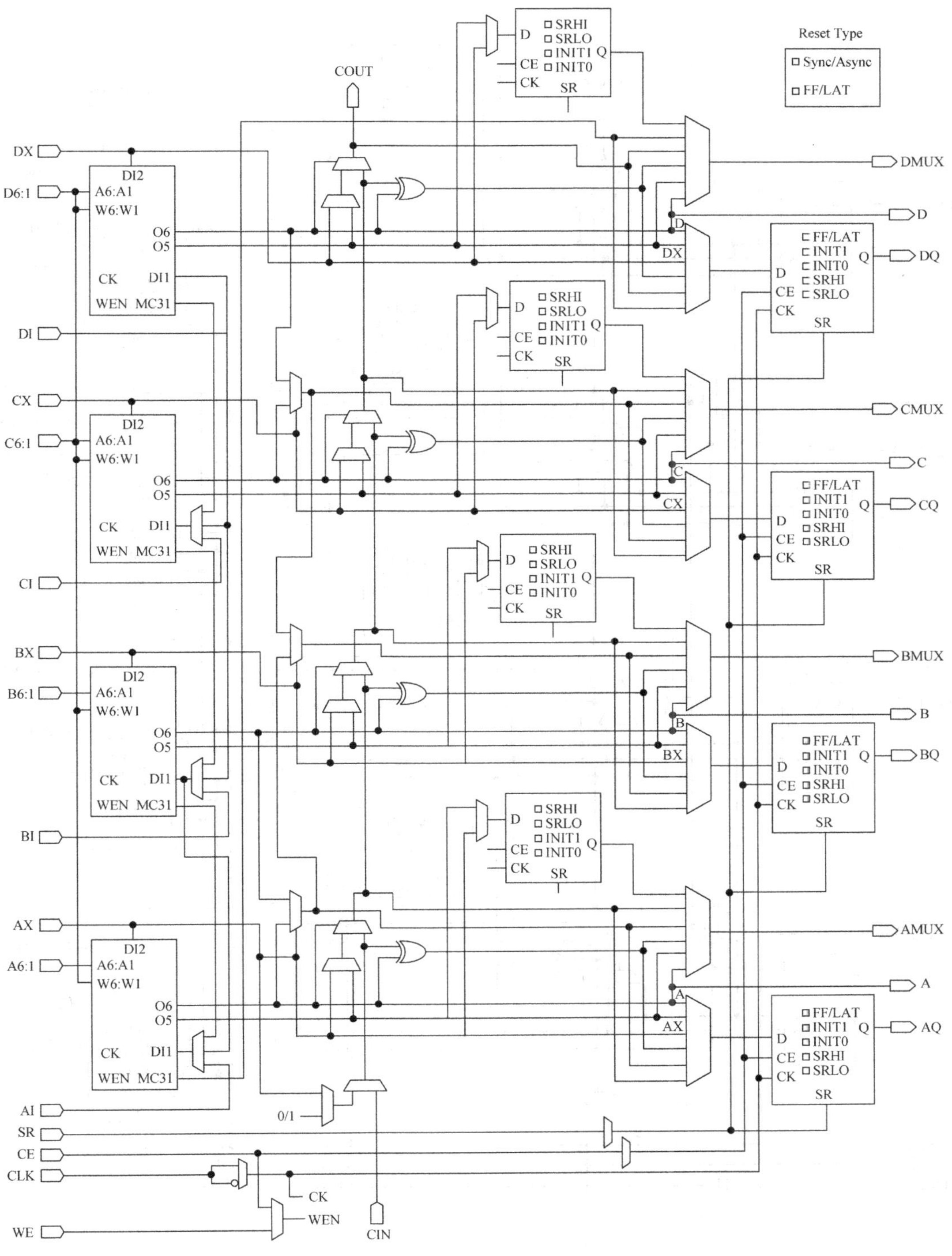

图 2.19 SLICEM 的内部结构

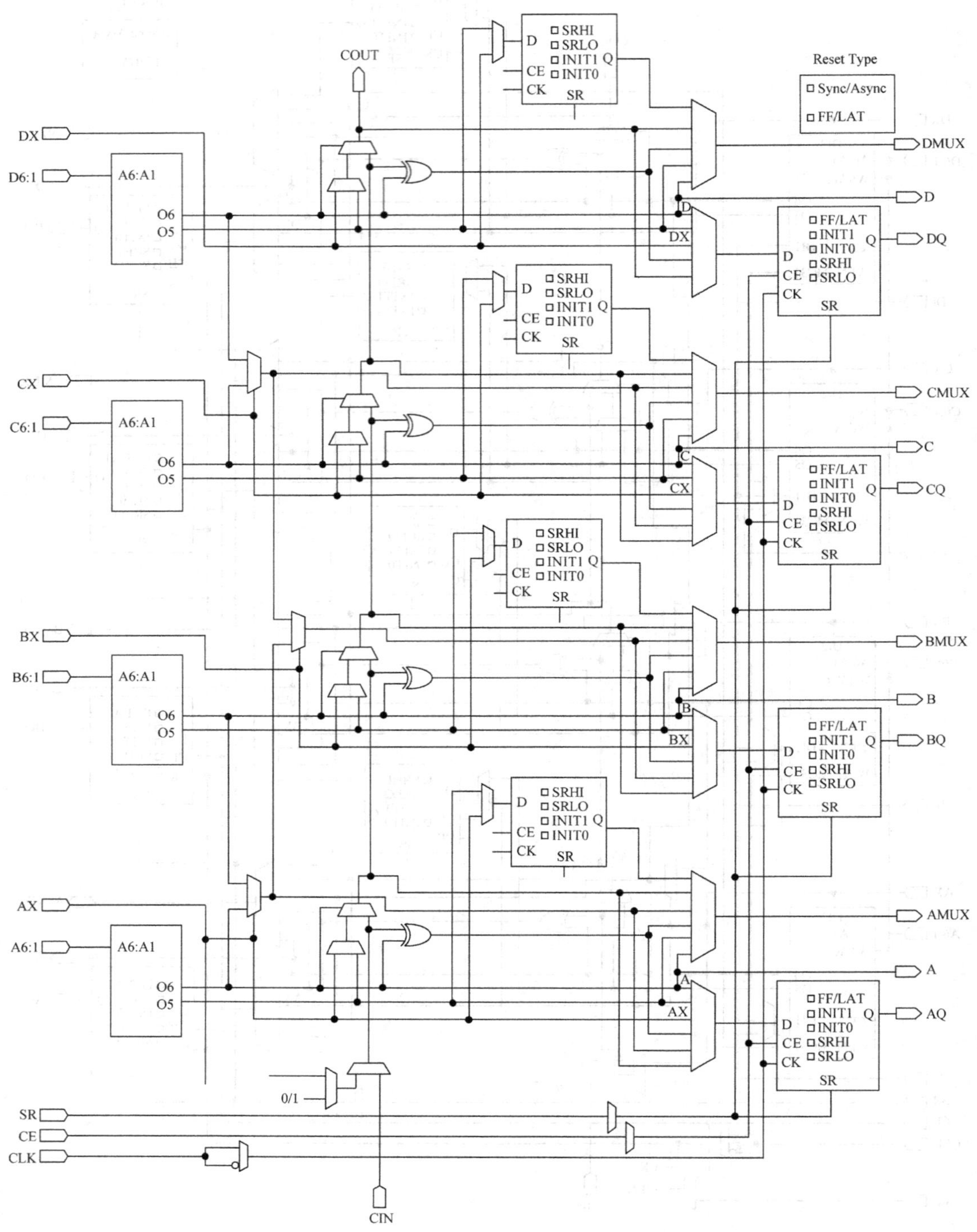

图 2.20　SLICEL 的内部结构

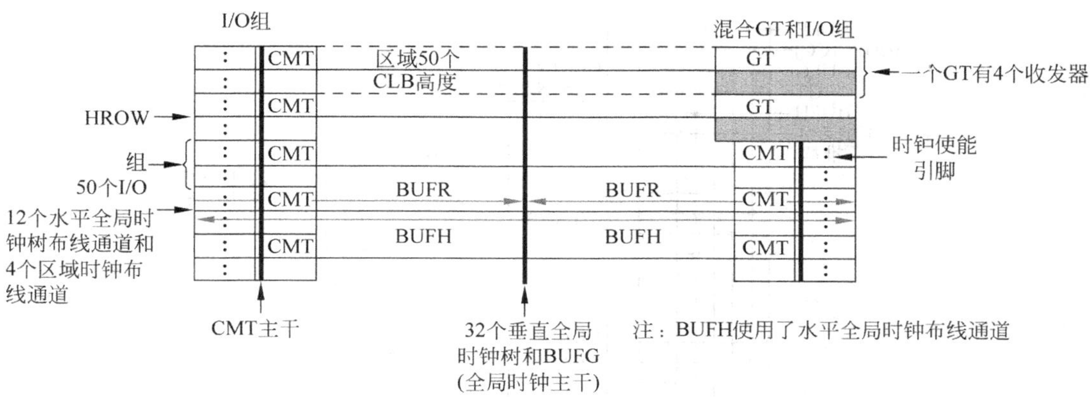

图 2.21　组和全局时钟的描述

2. 区域时钟

区域时钟能驱动其区域内的所有时钟目的。一个区域定义为一个包含 50 个 I/O 以及 50 个 CLB 高度和跨越半个芯片宽度的区域。7 系列 FPGA 提供 8～24 个区域。在每个区域内，提供 4 个时钟跟踪。通过 4 个时钟使能(Clock-capable Clock，CCIO)输入引脚的其中一个引脚，可以驱动每个区域时钟缓冲区。在 7 系列 FPGA 中，有两种类型的 CCIO：两个多区域(Multi-region Clock-capable，MRCC)和两个单区域 CCIO(Single-region Clock-capable Clock，SRCC)。

CCIO 的输入为差分/单端模式，它用来驱动 4 个 I/O 时钟 BUFIO、4 个区域时钟 BUFR 以及本区域中任何一个 CMT。

7 系列 FPGA 引入了多时钟区域缓冲区 BUFMR，提供了跨越区域/组的能力。

3. I/O 时钟

I/O 时钟频率很高，它只用于 I/O 逻辑和串行/解串行电路。在 7 系列 FPGA 中，提供了从 MMCM 到 I/O 的直接连接，它为低扭曲和高性能接口提供时钟。

2.5.4 时钟管理模块

7 系列 FPGA 内的每个时钟管理模块(Clock Management Tile, CMT)包含一个混合模式的时钟管理器(Mixed-mode Clock Manager，MMCM)和一个相位锁相环(Phase Locked Loop, PLL)。PLL 包含了 MMCM 功能的一部分。

7 系列 FPGA 内 CMT 的结构，如图 2.22 所示，图中给出各种时钟源和 MMCM/PLL 的连接。输入多路复用器从 IBUFG、BUFG、BUFR、BUFH、GT 或者本地互联中，选择参考源和反馈时钟。

7 系列的 FPGA 提供最多 24 个 CMT。MMCM 和 PLL 用于频率合成器，用于宽范围的频率。MMCM 和 PLL 的符号描述如图 2.23 所示。

在 7 系列 FPGA 内，PLL 是 MMCM 功能的一部分。MMCM 支持的额外特性包括：①使用 CLKOUT[0：3]实现到 BUFR 或者 BUFIO 的直接高性能路径连接；②反相的时钟输出 CLKOUT[0：3]；③ CLKOUT6；④ CLKOUT4_CASCADE；⑤ 为 CLKOUT0_

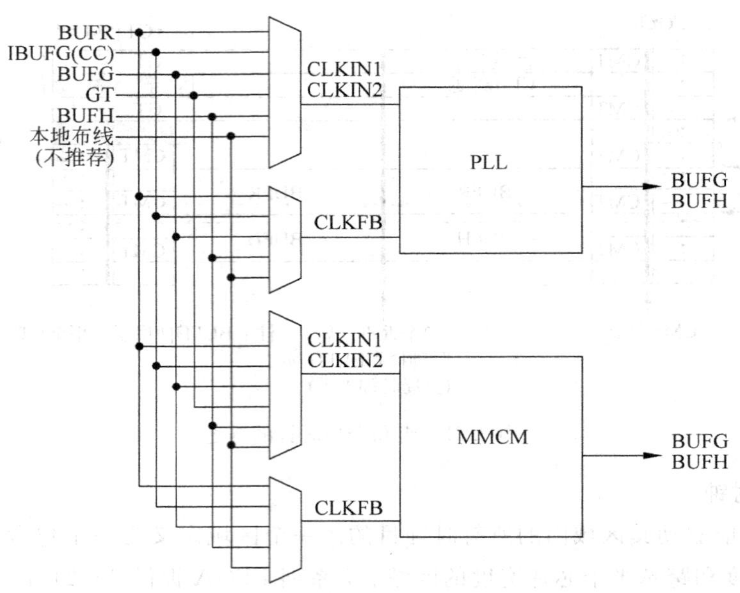

图 2.22　7 系列 FPGA CMT 的结构

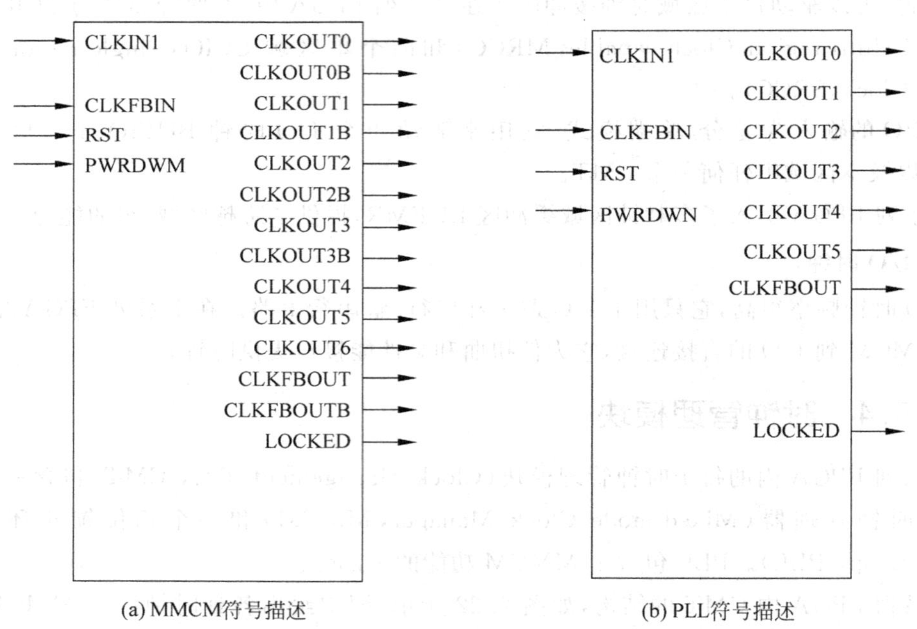

图 2.23　MMCM 和 PLL 的符号描述

DIVIDE_F 进行小数分频；⑥为 CLKFBOUT_MULT_F 进行小数倍频；⑦细微的相位移动；⑧动态的相位移动。

MMCM 的内部结构，如图 2.24 所示。MMCM 的相位-频率检测器 PFD 用于比较输入时钟和反馈时钟的上升沿频率和相位。在两个时钟之间，PFD 产生与相位和频率成比例的信号，该信号驱动充电泵 CP 和环路滤波器 LF，用于为压控振荡器 VCO 产生一个参考电压。

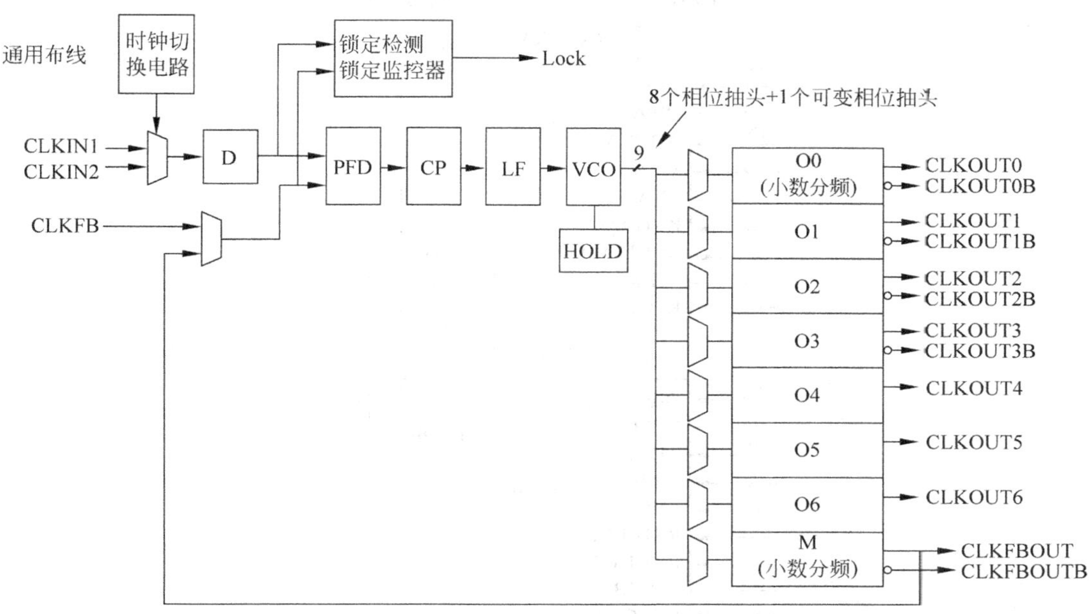

图 2.24　MMCM 的内部结构

2.5.5　块存储器资源

大多数 FPGA 都具有内嵌的块 RAM，这极大拓展了 FPGA 的应用范围和灵活性。BRAM 用于高效的数据存储或者缓冲，可用于高性能的状态机、FIFO 缓冲区、大的移位寄存器、大的 LUT 或者 ROM。块 RAM 的结构如图 2.25 所示。

7 系列的 FPGA 提供了 20～1880 个双端口的块存储器，每个 BRAM 的容量为 36KB。在 7 系列 FPGA 内，BRAM 的关键特性包括：①双端口存储器的数据宽度最多为 72 位；②可编程的 FIFO 逻辑；③内建可选的纠错电路。

FPGA 内的每个 BRAM 提供了两个可访问的端口，但是它也能配置为单端口 RAM。

每个存储器的读/写访问由时钟控制。所有的输入数据、地址、时钟使能和写使能都经过寄存。输入地址总是由时钟驱动，一直保持数据，直到下一个操作。可选的输出数据流水线寄存器，允许以一个额外时钟的代价，产生更高的时钟速率。

1. BRAM 的配置

每个端口可以配置成 32K×1、16K×2、8K×4、4K×9、2K×18、1K×36 或者 512×72。

两个相邻的 BRAM 能级联构成一个 64K×1 的双端口存储器，且不需要添加任何逻辑。

注：上面的容量以比特计算。

2. 检错和纠错

每个 64 位宽的 BRAM 可以产生、保存和使用 8 位额外的海明码。在读过程中，可以纠正单比特错误以及检测两比特错误。在读写外部 64～72 位宽的存储器时，也可以使用 ECC 逻辑。

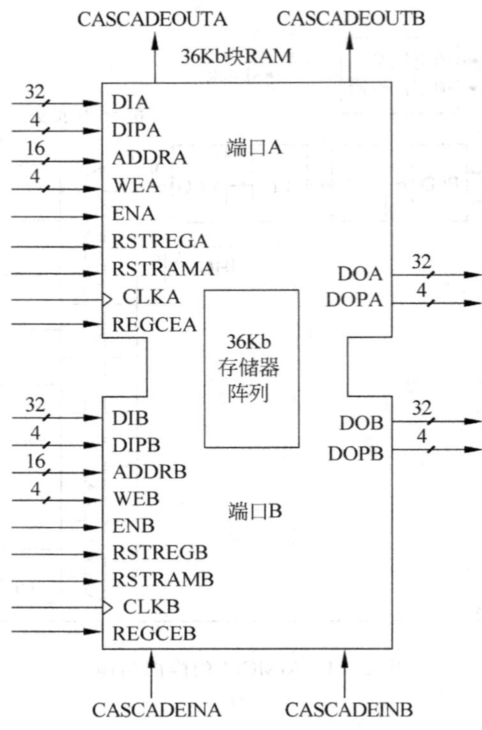

图 2.25 双端口 36Kb 的块 RAM

3. FIFO 控制器

7 系列 FPGA 提供了 FIFO 结构，内部结构如图 2.26 所示。

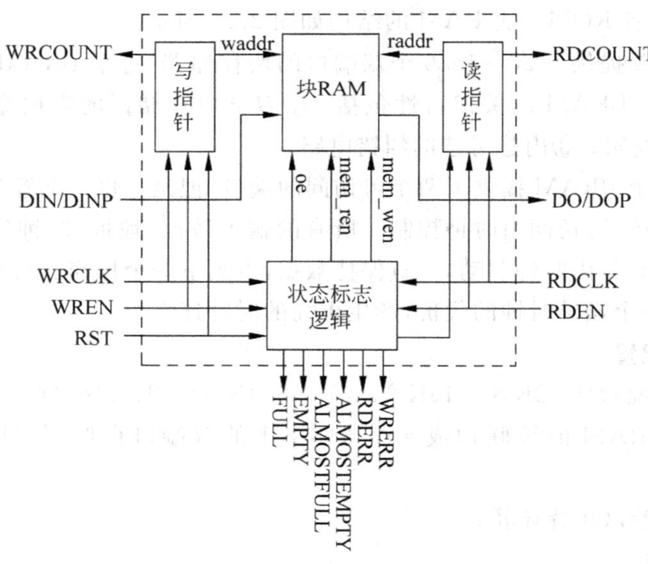

图 2.26 内部 FIFO 的结构

该结构使用单时钟（同步）或双时钟（异步）操作，递增内部的地址，并且提供了 4 个握手信号线：full（满）、empty（空）、almost full（几乎满）和 almost empty（几乎空）。

注：

(1) 可自由编程几乎满和几乎空标志。

(2) FIFO 的宽度和深度也可以编程，但是读和写端口总是相同的宽度。

(3) 图 2.26 中的读写指针专用于 FIFO。

在首字跌落(First Word Fall-through)模式中，在第一个读操作前，第一个写入的字自动出现在数据输出端。当读取第一个字后，这个模式就和标准模式一样了。

2.5.6 互联资源

互联是 FPGA 内用于在功能元件，例如 IOB、CLB、DSP 和 BRAM 的输入和输出信号提供通路的可编程网络。互联也称为布线，被分段用于最优的连接。

在 7 系列 FPGA 中，CLB 以规则的阵列排列。每个到开关矩阵的连接用来访问通用的布线资源，如图 2.27 所示。

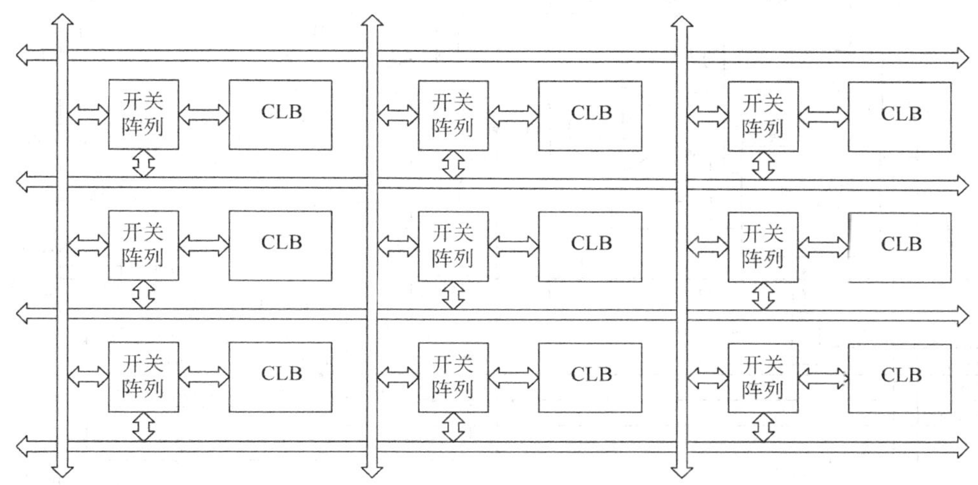

图 2.27　FPGA 内的布线资源

在 7 系列 FPGA 中，提供不同类型的布线，如图 2.28 所示。这些布线通过长度来定义。互联类型有：快速连接、单连接、双连接和四连接。

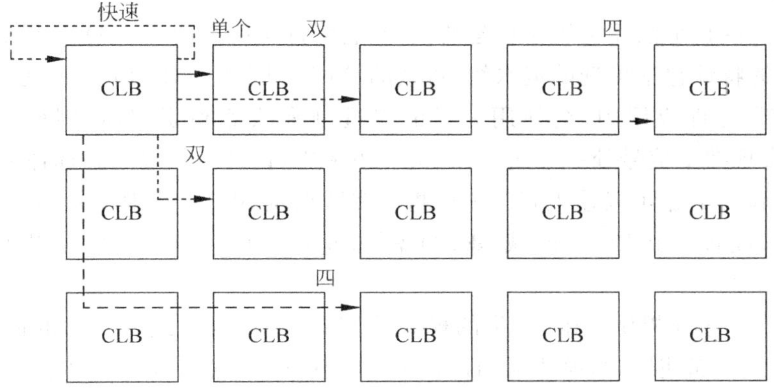

图 2.28　不同类型的布线

(1) 快速连接：将模块的输出连接到自己模块的输入。

(2) 单连接：在垂直和水平方向上，布线连接到相邻的单元。

(3) 双连接：在所有四个方向上，水平和垂直连接到所有其他的单元和对角线相邻的单元。

(4) 四连接：在水平和垂直方向上，每隔 4 个 CLB 连接一个单元或者以对角线方式连接到相隔两行和两列距离的单元。

2.5.7 专用的 DSP 模块

在 7 系列的 FPGA 中，集成了专用的、充分定制的低功耗的 XtremeDSP DSP48E1 DSP 模块，其内部结构如图 2.29 所示。其增强的特性主要表现在：

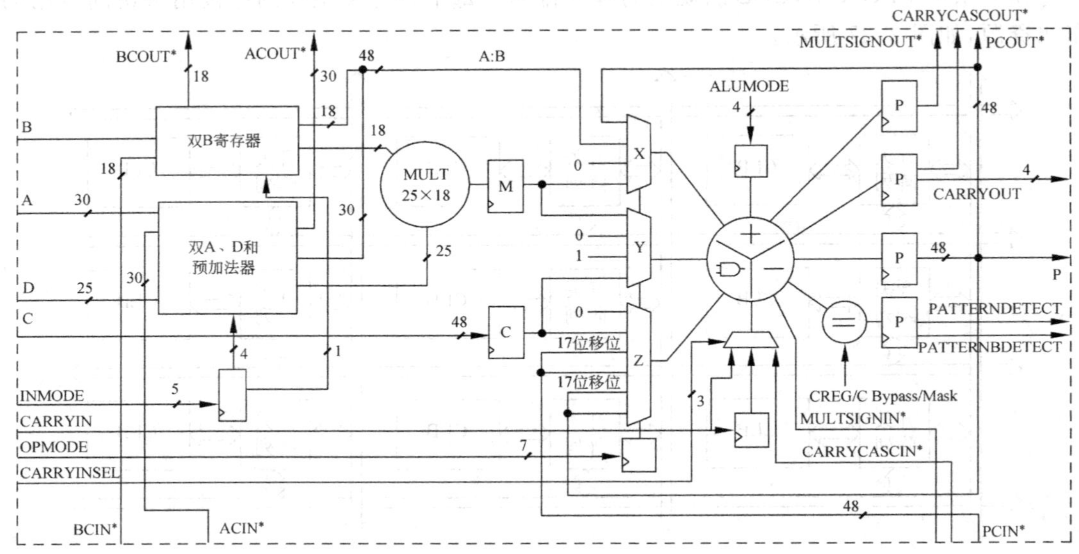

图 2.29　XtremeDSP DSP48A1 DSP 模块内部结构

(1) 25×18 位的补码乘法器/累加器，高分辨率 48 位信号处理器，其工作频率最高可以达到 638MHz。

(2) 低功耗的预加法器可用于构建滤波器，它降低了所需的 50%DSP Slice 资源。

(3) 高级的特性包括可选的流水线、可选的 ALU 以及用于级联的专用总线。

在数字信号处理应用中，会使用大量的二进制乘法器和累加器，因此推荐在专用的 DSP Slice 中实现数字信号处理算法。在 DSP Slice 中，设计者可以动态选择旁路掉乘法器。此外，两个 48 位的数据可以输入到一个单指令多数据流 SIMD 算术单元(它可以实现双 24 位加/减/累加，或者 4 个 12 位加/减/累加)操作，或者一个逻辑单元(它可以实现 10 种不同的逻辑功能运算)。

在 DSP Slice 中还提供一个 48 位的模式检测器，用于收敛或者对称的四舍五入操作。当它与逻辑单元一起使用时，模式检测器也可以实现 96 位宽度的逻辑功能。

DSP Slice 所提供的流水线以及扩展功能，显著提高了数字信号处理算法的处理速度和处理效率。

2.5.8 输入和输出块

7 系列 FPGA 对输入和输出进行了优化，这样可以在物理级和逻辑级上满足不同的要求，这些要求包括高速存储器、网络、视频平板和传感器接口，高速的 ADC/DAC 连接，以及传统接口。7 系列的 FPGA 使用了统一的 I/O 架构。

物理 I/O 能力和结构提供了一个 I/O 标准范围、端接和低功耗模式。每个 I/O 组的 I/O 数量，它们相对时钟和新 I/O 资源放置的位置以及 I/O 在 FPGA 晶圆上的排列顺序同等重要。此外，I/O 绑定逻辑功能，例如输入/输出延迟和串行化/解串行化功能，它对于支持高带宽应用也非常关键。在 I/O 上所增加的新功能，如移相器、PLL 和 I/O FIFO 完整接口特性，可用于支持最高性能的 DDR3 以及其他存储器接口。基本 I/O 结构和新 I/O 相关的模块，如图 2.30 所示。

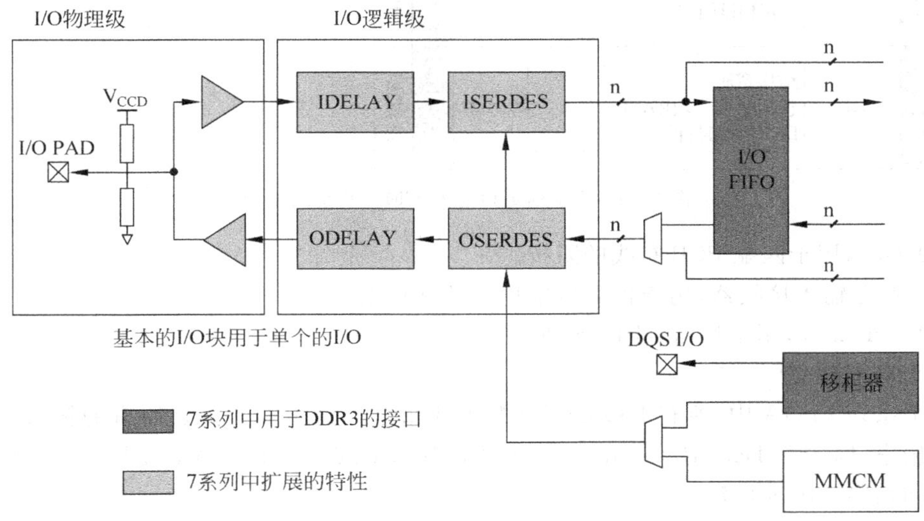

图 2.30 基本 I/O 结构和新的 I/O 相关的模块

1. I/O 物理级

在物理级上，I/O 要求支持一个给定范围的驱动电压和驱动强度，以及功能接口可接受的不同 I/O 标准。此外，I/O 也支持不同的输入/输出端接特性。在 7 系列的 FPGA 中，支持两种不同类型的 I/O：

(1) 高性能(High Performance，HP)I/O。在 I/O 组中，将它们称为 HP I/O 组。

(2) 宽范围(High Range，HR)I/O。在 I/O 组中，将它们称为 HR I/O 组，它支持宽范围的 I/O 标准。

在 7 系列 FPGA 中，这两种 I/O 类型被分别绑定到一个包含 50 I/O 的整个 I/O 组内。

(1) 在 Artix-7 系列的 FPGA 中，只有 3.3V 的 HR I/O 组。

(2) 在 Virtx-7 和 Kintex-7 系列的 FPGA 中，既有 HP I/O 组，也有 HR I/O 组。

下面详细介绍 HP I/O 和 HR I/O 组。Kintex-7 XC7K160T 的 I/O 组和 CMT 的布局结构如图 2.31 所示。

用于存储器接口的 I/O 电源主要有三个元件：

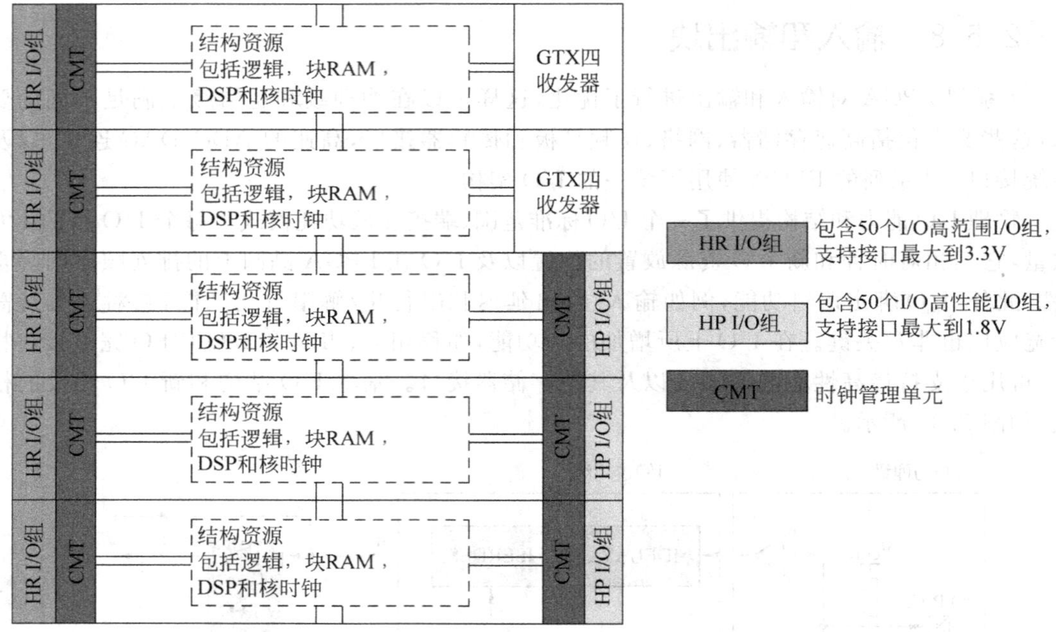

图 2.31　7 系列 I/O 组和 CMT 的布局结构

(1) DCI，用于匹配 PCB 布线的阻抗。

(2) 参考输入接收器，用于将 I/O 电压调整到核电压。

(3) IDELAY，用于将信号同步到时钟。

2. I/O 逻辑级

在 7 系列 FPGA 中，所有 I/O 都能被配置成组合或者寄存方式。所有的输入/输出支持双数据率(Double Data Rate，DDR)。通过对 IDEALY 和 ODELAY 编程，可以对任何一个输入和某些输出进行延迟。

每个 I/O 块包含一个可编程的绝对延迟原语 IDELAY2。IDELAY 可以连接到 ILOGICE2 /ISERDESE2 或者 ILOGICE3/ISERDESE2 模块。每个 HP I/O 组包含一个可编程绝对延迟原语称为 ODELAY2。

注：

(1) 原语(primitive)是指 FPGA 内部的基本功能模块。

(2) 对于 HR I/O 组来说，不提供 ODELAY2 原语。

此外，对于很多应用而言需要连接外部高速设备。在这些应用中，往往外部提供高速的串行比特流，然后转换成 FPGA 内并行低速的宽字节操作。因此，要求在 I/O 结构内提供一个串行化器和解串行化器。在 7 系列 FPGA 的每个 I/O 引脚中，提供了 8 位 IOSERDES 原语，它可以实现串行-并行或并行-串行之间的转换。

注： 7 系列内用于精确实现 ISERDES 的原语是 ISERDESE2，精确实现 OSERDES 的是 OSERDESE2。

2.5.9 吉比特收发器

在 7 系列 FPGA 内，提供吉比特收发器，其重要特性包括：

(1) 高性能的收发器,其速率最高可以达到 6.6Gb/s(GTP)、12.5Gb/s(GTX)、13.1Gb/s(GTH)和 28.05Gb/s(GTZ)。

(2) 优化的低功耗模式,用于芯片到芯片的接口。

(3) 高级的预发送和后加重、接收器线性 CTLE,以及判决反馈均衡(Decision Feedback Equalization,DFE),包括用于额外余量的自适应均衡。

目前,与光纤和 PCB 内 IC 直接、背板、长距离的超高速串行数据发送,变得日益流行,因此,要求专业的专用片上电路和差分 I/O 能应对这些高数据率的信号完整性问题。

注:Artix-7 和 Kintex-7 系列内提供了 0～32 个收发器电路,Virtex-7 系列提供最多 96 个收发器。

每个串行收发器是发送器和接收器的组合。不同 7 系列的串行收发器使用了环形振荡器以及 LC 谐振的组合。每个收发器有大量用户定义的特性和参数,它们可以在配置设备的时候进行定义,某些参数和特性甚至可以在操作的时候进行修改。

发送器是一个并行-串行的转换器,转换率为 16、20、32、40、64 或 80。此外,GTZ 发送器支持最多 160 位的数据宽度。这些发送器的输出使用差分输出信号驱动 PC 板。通过一个可选的 FIFO 以及额外的硬件,输入数据支持 8B/10B、64B/66B 和 64B/67B 编码策略。

接收器是一个串行-并行的转换器,它将接收到的位串行差分信号变成并行的字流,其宽度为 16、20、32、40、64 或 80 位。此外,GTZ 接收器支持最多 160 位的数据宽度。接收器将接收的差分数据流送到 FPGA 内可编程的线性和判决反馈均衡器,使用参考时钟来初始化时钟识别。数据模式使用 NRZ 编码。

2.5.10　PCI-E 模块

在 7 系列 FPGA 中,集成了 PCI-E 模块,其特点主要包括:

(1) 兼容 PCI-E 基本规范 2.1 或 3.0(取决于芯片系列),提供端点和根端口的能力。

(2) 支持 Gen1(2.5Gb/s)、Gen2(5Gb/s)和 Gen3(8Gb/s)(取决于芯片系列)。

(3) 高级配置选项、高级错误报告(Advanced Error Reporting,AER)和端到端的 ECRC 高级错误报告以及 ECRC 特性。

(4) 支持多重功能和单个启动 I/O 虚拟化(SR-IOV),通过软件进行逻辑封装或嵌入(由 7 系列 FPGA 的集成模块确定)。

在 7 系列带有收发器的 FPGA 芯片中,至少有一个集成模块可用于 PCI-E,它可以配置成端点和根端口。根端口能用来建立用于兼容根联合体的基础:

(1) 允许通过 PCI-E 协议,实现 FPGA 到 FPGA 之间的通信。

(2) 附加 ASSP 端点设备,如以太网控制器或光纤通道 HBA 到 FPGA。

通过对该模块进行配置,以满足系统设计要求。该模块能以 2.5Gb/s、5.0Gb/s 和 8.0Gb/s 的速率,以 1、2、4 或 8 通道方式工作。对于高级的应用,模块的高级缓冲技术提供了一个灵活最大 1024 字节的有效负荷。集成高速收发器接口用于串行连接,BRAM 接口用于数据缓冲。模块中的这些要素提供了 PCI-E 规范中的物理层、数据链路层和交易层。

Xilinx 提供了轻量级的、可配置的、容易使用的 IP 封装,它将各种构建的模块(用于 PCI-E 的集成模块、收发器、BRAM 和时钟资源)绑定到端点或根端口,如图 2.32 所示。系统设计者,可以控制大量可配置的参数,包括通道宽度、最大载荷、FPGA 逻辑接口速度、参考时钟频率、基地址寄存器译码以及消息过滤。

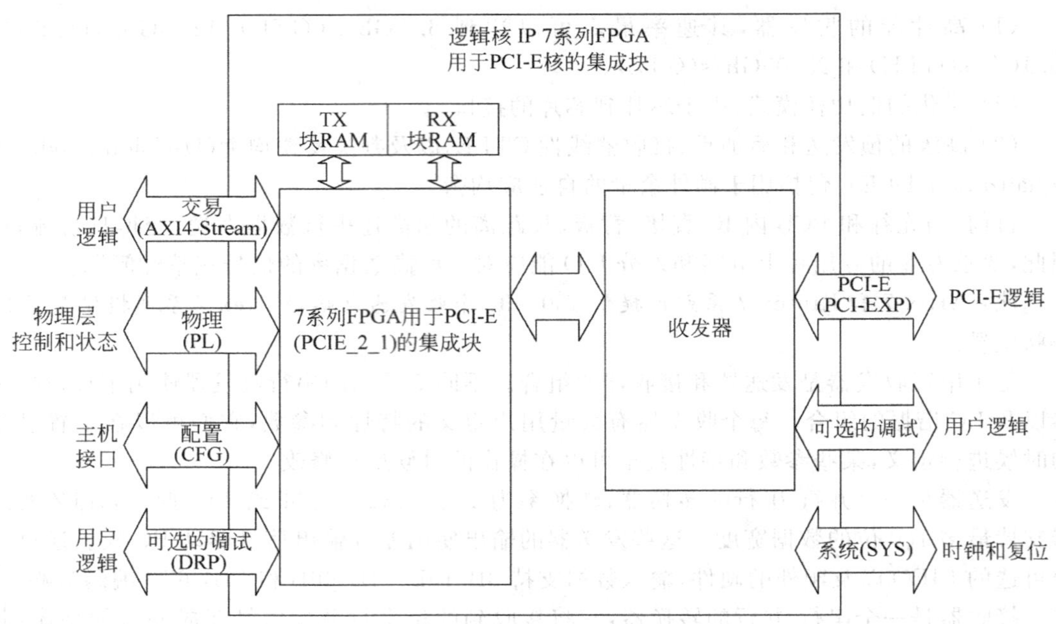

图 2.32　PCI-E IP 核

Xilinx 提供了两种封装接口用于集成模块：AXI-4 Stream 和 AXI4。

注：在 7 系列 FPGA 中，传统的 TRN/本地连接不可使用。

2.5.11　XADC 模块

在“数字化革命”时代，模拟技术的需求依然强劲。严格定义来说，常用于测量真实世界信息的大多数传感器都是模拟电路。电压、电流、温度、压力、流量和重力等均属于连续的时域信号。由于数字技术具有高度的精确性和可重复性，它常用于监控和控制这些模拟信号。数据转换器(包含 ADC、DAC 和模拟多路复用器)，为数字世界和模拟世界架起了至关重要的桥梁。

随着模拟传感器市场和数字控制系统市场的不断发展，对连接模拟世界和数字世界的需求持续增长。推动模拟混合信号技术市场发展的因素包括智能电网技术、触摸屏、工业控制安全系统、高可用性系统、先进马达控制器，以及对各种设备更高安全性的需求。

2005 年，随着 Virtex-5 系列 FPGA 的推出，Xilinx 意识到有必要集成名字为 System Monitor 的子系统以支持模拟混合信号功能。通过 System Monitor 子系统，设计人员可实现对 FPGA 关键性指标和外部环境的监控。

在经历两代 FPGA 产品之后，Xilinx 进一步强化了这方面的工作，推出了具备模拟混合信号功能的 Artix-7、Kintex-7 和 Virtex-7 FPGA 以及 Zynq-7000 SoC。通过在 7 系列 FPGA 内集成两个独立通用 1MHz 采样率的 12 位分辨率 ADC，显著增强了嵌入式模拟子系统的功能。该功能强大的模拟子系统与高度灵活、功能强劲的 FPGA 逻辑紧密结合，实现了高度可编程混合信号平台——灵活混合信号解决方案。

需要注意的是，Xilinx 的 FPGA 也在向混合信号处理方向发展。与 Xilinx 前几代 FPGA 系列产品相比，采用 28nm 工艺的 7 系列 FPGA 扩展了模拟子系统的功能。在 7 系列 FPGA 中，将模拟子系统命名为 XADC。在 XADC 中，包含两个独立的 12 位 1MHz 采样率模数转换器(ADC)以及一个 17 通道模拟多路复用器。这种将模拟系统与可编程逻辑结合的全新技术被 Xilinx 称为灵活混合信号处理(AMS)技术。

7 系列 XADC 模块的内部结构，如图 2.33 所示。该 ADC (XADC)子系统包括：

(1) 17 个支持单极性和双极性模拟输入信号的差分模拟输入通道。

(2) 可选择片上或者外部参考电源。

(3) 提供片上电压和温度传感器。

(4) 采样序列控制器。

(5) 片上传感器的可配置阈值逻辑及相关告警功能。

其中，控制和状态寄存器为数字可编程逻辑提供了无缝接口。

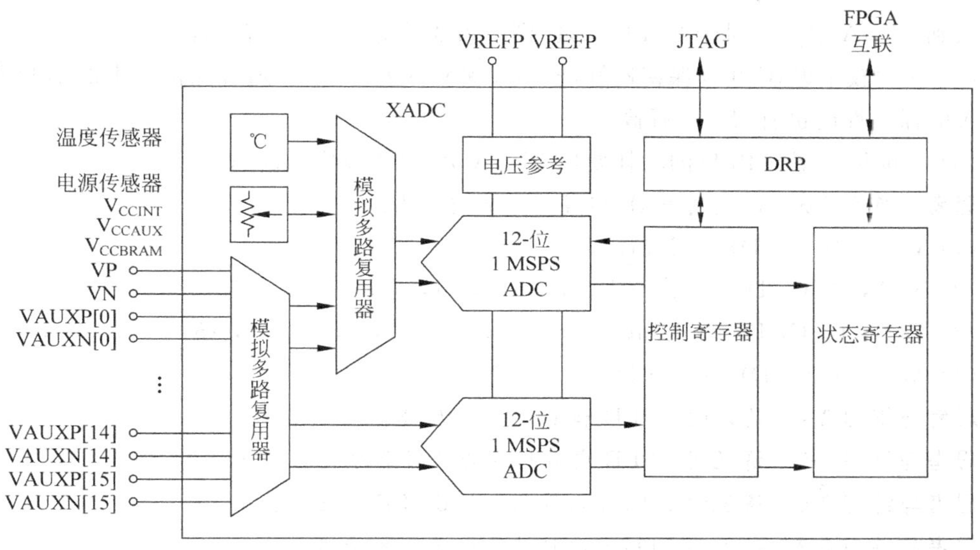

图 2.33　XADC 模块的结构图

XADC 提供两种类型的接口：JTAG 接口和 XADC FPGA 接口。

XADC 的一项独特功能就是能够通过 JTAG 端口直接访问，因此无需占用 FPGA 资源，也不必配置 FPGA。JTAG 访问同时支持数据和控制，可以让 JTAG 提供另一级功能和系统健康状况监控。负责控制 JTAG 总线的中央处理器能够采集远程的功率、温度和其他模拟数据，然后执行系统范围内的系统监控。对高可靠性系统，灵活混合信号提供了一种监控系统、控制冗余硬件和报告需求的低成本途径。Vivado 提供的分析器为访问片上传感器的信息以及通过 JTAG 配置 XADC 提供了便利的访问途径。

2.6　CPLD 和 FPGA 比较

FPGA 和 CPLD 都是可编程逻辑器件，有很多共同特点，但由于 CPLD 和 FPGA 结构上的差异，它们具有各自的特点：

(1) CPLD 更适合完成各种算法和组合逻辑，FPGA 更适合于完成时序逻辑。

(2) CPLD 的连续式布线结构决定了它的时序延迟是均匀的和可预测的，而 FPGA 的分段式布线结构决定了其延迟的不可预测性。

(3) 在编程上，FPGA 比 CPLD 具有更大的灵活性。

(4) FPGA 的集成度比 CPLD 高，具有更复杂的布线结构和逻辑功能。

(5) CPLD 比 FPGA 使用起来更方便。

(6) CPLD 的速度比 FPGA 快，并且具有较大的时间可预测性。FPGA 是门级编程，CLB 之间采用分布式互联。CPLD 是逻辑块级编程，其逻辑块之间的互联是集总式的。

(7) 在编程方式上，CPLD 主要基于 EEPROM 或 FLASH 存储器编程。FPGA 大多基于 SRAM 编程。对于 FPGA 来说，当每次上电时，需从外部非易失性存储器中将配置文件导入到 FPGA 中。而对于 CPLD 来说，则不需要外部非易失性存储器。

(8) 相比较来说，CPLD 保密性好，FPGA 保密性差。但是，随着保密技术的不断发展，FPGA 的保密性能也有很大的提高。

(9) 一般情况下，CPLD 的功耗要比 FPGA 大，且集成度越高越明显。

思考与练习 2-3 请使用 PAL 实现下面的逻辑表达式。

(1) $W(A, B, C, D) = \sum m(2, 12, 13)$

(2) $X(A, B, C, D) = \sum m(7, 8, 9, 10, 11, 12, 13, 14, 15)$

(3) $Y(A, B, C, D) = \sum m(0, 2, 3, 4, 5, 6, 7, 8, 10, 11, 15)$

(4) $Z(A, B, C, D) = \sum m(1, 2, 8, 12, 13)$

思考与练习 2-4 请说明 CPLD 和 FPGA 的原理。

思考与练习 2-5 请说明 CPLD 内最基本的逻辑资源及其特点。

思考与练习 2-6 请说明 FPGA 内最基本的逻辑资源及其特点。

思考与练习 2-7 请说明 FPGA 内时钟管理单元的功能。

思考与练习 2-8 请说明 FPGA 内专用 DSP 模块的结构特点，为什么这种结构特点和数字信号处理算法相对应？

2.7 Xilinx 可编程逻辑器件

Xilinx 作为全世界最大的可编程逻辑器件厂商，其 CPLD 芯片和 FPGA 芯片被广泛地应用在数字系统设计中，熟悉了解其可编程逻辑器件性能指标是使用其进行数字系统开发和设计所需要的。通过了解这些芯片的性能，读者可以更充分地利用这些芯片的固有特点，实现高性能的数字系统设计。

2.7.1 Xilinx CPLD 芯片介绍

Xilinx 公司目前有两大类 CPLD 产品：CoolRunner 系统和 XC9500 系列。CoolRunner 系列中又包含 CoolRunner-II 和 CoolRunnerXPLA3 两个系列；XC9500 系列中又包含 XC9500XL 和 XC9500 两个系列。

2.7.2 Xilinx FPGA 芯片介绍

Xilinx 公司目前有两大类 FPGA 产品：Spartan 类和 Virtex 类。前者主要面向低成本的中低端应用，是目前业界成本最低的一类 FPGA；后者主要面向高端应用，属于业界的顶级产品。

1. Spartan 类

Spartan 系列适用于普通的工业、商业等领域，目前主流的芯片包括：Spartan-2、Spartan-2E、Spartan-3、Spartan-3A、Spartan-3E 和 Spartan-6 等种类。其中，Spartan-2 最高可达 20 万系统门，Spartan-2E 最高可达 60 万系统门，Spartan-3 最高可达 500 万系统门，Spartan-3A 和 Spartan-3E 不仅系统门数更大，还增强了大量的内嵌专用乘法器和专用块 RAM 资源，具备实现复杂数字信号处理和片上可编程系统的能力。

2. Virtex 类

Virtex 系列是 Xilinx 的高端产品，也是业界的顶级产品，Xilinx 公司正是凭借 Virtex 系列产品赢得市场，从而获得 FPGA 供应商领头羊的地位。可以说 Xilinx 以其 Virtex-6、Virtex-5、Virtex-4、Virtex-Ⅱ Pro 和 Virtex-Ⅱ 系列 FPGA 产品引领现场可编程门阵列行业，它们主要面向电信基础设施、汽车工业和高端消费电子等应用。

3. 7 系列 FPGA 器件

Xilinx 全新一代的 7 系列 FPGA 采用 28nm 工艺，具备全新高介金属栅及高性能、低功耗等众多优异特性。7 系列 FPGA 芯片的资源和性能，如图 2.34 所示。7 系列 FPGA 包括下面的子系列：

最高功能	ARTIX-7 系列	KINTEX-7 系列	VIRTEX-7 系列
逻辑单元	352K	407K	1,955K
Block RAM	12Mb	29Mb	65Mb
DSP SLICE	700	1,540	3,960
DSP 峰值性能（对称 FIR）	504 GMACS	1,848 GMACS	4,752 GMACS
收发器数量	4	16	80
收发器峰值速度	3.75Gbps	10.3125Gbps	13.1Gbps+
串行带宽峰值（全双工）	30Gbps	330Gbps	1,836Gbps
PCI Express® 接口	Gen1 x4	Gen2 x8	Gen3 x8
存储器接口	800Mbps	2,133Mbps	2,133Mbps
I/O 引脚	450	500	1,200
I/O 电压	1.2V, 1.5V, 1.8V, 2.5V, 3.3V	1.2V, 1.35V, 1.5V, 1.8V, 2.5V, 3.3V	1.2V, 1.35V, 1.5V, 1.8V, 2.5V, 3.3V
封装选项	低成本焊线	低成本无罩倒装片与高性能倒装片	最高性能倒装片
目标应用	• 便携式超声波设备 • 数字 SLR 镜头控制模块 • 软件无线电系统	• 无线 LTE 基础设施 • 10G PON OLT 线路卡 • LED 背光与 3D 视频显示设备 • 医疗影像 • 航空电子影像	• 10CGE 线路卡 • 300G 桥接器 • 千兆位级交换结构 • 雷达 • ASIC 仿真

图 2.34 7 系列 FPGA 的性能

(1) Artix-7 FPGA，最低功耗与最低成本。

(2) Kintex-7 FPGA，最佳性价比。

(3) Virtex-7 FPGA，最高系统性能与容量。

(4) EasyPath-7 FPGA，一款针对 Virtex-7 FPGA 设计的快速、简单而无风险的成本降低解决方案。

7 系列 FPGA 的特点包括：

(1) 业界最低功耗。功耗仍是大多数设计所关切的主要问题。降低功耗不仅能够满足电源和散热要求，而且还有助于减少成本、提高可靠性与性能。Xilinx 7 系列 FPGA 在降低功耗方面取得了突破性成果，能够满足日益多样化的应用设计目标。随着 ASIC 和 ASSP 设计领域面临的挑战越来越严峻，对功耗要求最严格的系统可以率先发挥 FPGA 的灵活性及加速产品上市进程的优势。Xilinx 解决方案可同时降低静态功耗和动态功耗，使设计人员能够充分利用 7 系列 FPGA 的更高逻辑密度、更强信号处理性能以及更高 I/O 带宽，从而显著提升系统性能。

(2) 突破系统限制。精心优化的 28nm 系列产品构建在 Virtex 系列 FPGA 的逻辑架构和技术基础上，不仅可将密度提高 2 倍，达到 200 万个逻辑单元，同时还能将 I/O 带宽提升至 2.4Tbps，DSP 性能提升至 4.7TMAC。

(3) 多个系列，统一架构。在过去，要想使高性能设计满足低成本、低功耗应用的要求，或者使低成本、低功耗设计转而满足高性能设计要求，基本都需要重新创建设计方案。Xilinx 7 系列 FPGA 能够保护 IP 投资，确保基于 FPGA 设计方案的可移植性，无论对于大众化产品还是对于超高端应用都能很好地满足不同要求。Xilinx 的 Artix-7、Kintex-7 以及 Virtex-7 FPGA 均采用基于 Virtex 系列的统一架构。

2.7.3 Xilinx PROM 芯片介绍

Xilinx 公司的平台 Flash 能为所有型号的 Xilinx FPGA 提供非易失性存储。Xilinx 配置存储器主要分为两类：①平台 Flash 在系统可编程配置 PROM；②平台 Flash 高密度存储和配置器件。

1. 平台 Flash 在系统可编程 PROM

全系列 PROM 的容量范围为 1～32Mb，兼容任何一款 Xilinx 的 FPGA 芯片，具备完整的工业温度特性(－40～85℃)，支持 IEEE 1149.1 所定义的 JTAG 边界扫描协议。

PROM 芯片可以分成 3.3V 核电压的 S 系列和 1.8V 核电压的 P 系列两大类，前者主要面向低端应用，串行配置，且容量较小，不具备数据压缩的功能；后者主要面向高端的 FPGA 芯片，支持并行配置、设计修订和数据压缩等高级功能，并且具有容量大、速度快的优势，其详细参数如表 2.2 所示。

表 2.2　Xilinx 公司 PROM 芯片总结

型号	容量/Mb	V_{CCINT}	封装	JTAG 配置	串行配置	并行配置	设计修订	数据压缩
XCF01S	1	3.3V	VO20/VOG20	√	√			
XCF02S	2	3.3V	VO20/VOG20	√	√			
XCF04S	4	3.3V	VO20/VOG20	√	√			
XCF08P	8	1.8V	VO48/VOG48/FS48/FSG48	√	√	√	√	√
XCF16P	16	1.8V	VO48/VOG48/FS48/FSG48	√	√	√	√	√
XCF32P	32	1.8V	VO48/VOG48/FS48/FSG48	√	√	√	√	√

XCFXXS 系列包含 XCF01S、XCF02S 和 XCF04S(容量分别为 1Mb、2Mb 和 4Mb),其共同特征有 3.3V 核电压,串行配置接口以及 SOIC 形式的 VO20 封装。XCFXXS 系列 PROM 内部控制信号、数据信号、时钟信号和 JTAG 信号的整体结构,如图 2.35 所示。

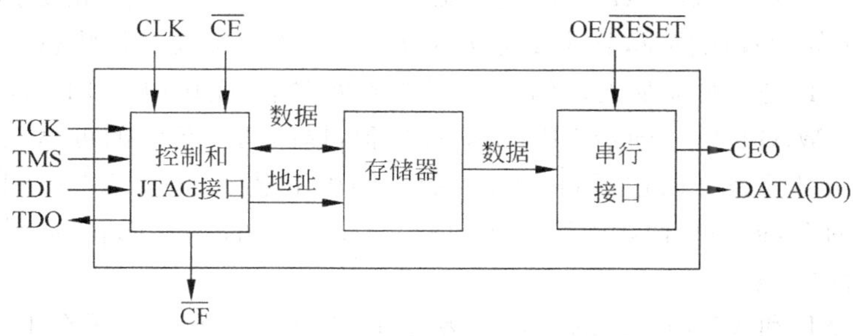

图 2.35 XCF01S/XCF02S/XCF04S PROM 结构组成

XCFXXP 系列有 XCP08P、XCF16P 和 XCF32P(容量分别为 8Mb、16Mb 和 32Mb),其共同特征有 1.8V 核电压、串行或并行配置接口、设计修订、内嵌的数据压缩器、FS48 封装或 VQ48 封装和内嵌振荡器。XCFXXP 系列 PROM 内部控制信号、数据信号、时钟信号和 JTAG 信号的整体结构,如图 2.36 所示。

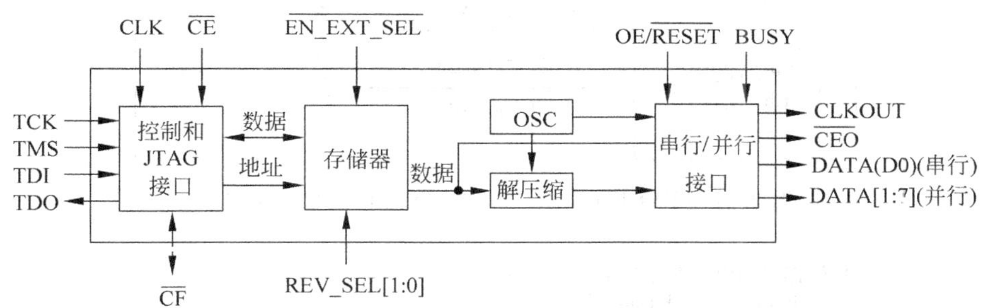

图 2.36 XCP08P/XCF16P/XCF32P PROM 结构组成

值得一提的是 P 系列 PROM 提供设计修正和数据压缩这两个功能。设计修订功能可以在 FPGA 加电启动时改变其配置数据,根据需要改变 FPGA 的功能,允许用户在单个 PROM 中将多种配置存储为不同的修订版本,从而简化更改 FPGA 配置的过程,在 FPGA 内部添加少量的逻辑,用户就可以实现动态切换在 PROM 中所存储最多 4 个不同修订版本。数据压缩功能可以节省 PROM 的空间,最高可节约 50%的存储空间,从而降低成本。因此,它是一项非常实用的技术。如果编程时在软件端采用了压缩模式,则需要一定的硬件配置来完成相应的解压缩过程。

2. 平台 Flash 高密度存储和配置器件

对于高密度的 Virtex 系列 FPGA 而言,一个可靠的紧凑型高性能配置比特流存储和交付解决方案是必不可少的。

平台 Flash XL 是业内性能最高的配置和存储设备，专门用于高性能 Virtex 系列 FPGA 的配置，并且容易使用。

在一个 FT64 小封装内，平台 XL 集成 128 Mb 的在系统可编程 Flash 存储和性能特性，用来配置高密度 FPGA。上电猝发读取模式和专用的 I / O 电源，使平台的 Flash XL 与 Virtex 系列 FPGA 的 SelectMAP 本地端口无缝连接。一个 16 位宽度的数据总线以并行方式提供了 FPGA 的配置比特流，其速度可达 800 Mb/s，而不需要等待状态。

平台 Flash XL 是一种非易失性闪存的存储解决方案，优化用于 FPGA 配置。该器件提供了 READY_WAIT 信号同步 FPGA 配置过程，提高两个系统的可靠性和简化电路板设计。平台的 Flash XL 可以在不到 100ms 的时间内下载 XC5VLX330 比特流(79704832 位)。使得平台的 Flash XL 性能配置是 Virtex - 5 FPGA 的 PCI Express 端点和其他高性能应用的理想解决方案。

平台 Flash XL 和 V5 FPGA 的配置连接接口，如图 2.37 所示。平台 Flash XL 是一个单片的解决方案，提供了额外的系统级能力。一个标准的 NOR Flash 接口和支持用于通用 Flash 接口查询，提供了工业标准的访问设备存储器空间，如图 2.38 所示。平台 Flash XL 的 128Mb 容量能保持一个或多个比特流存储。

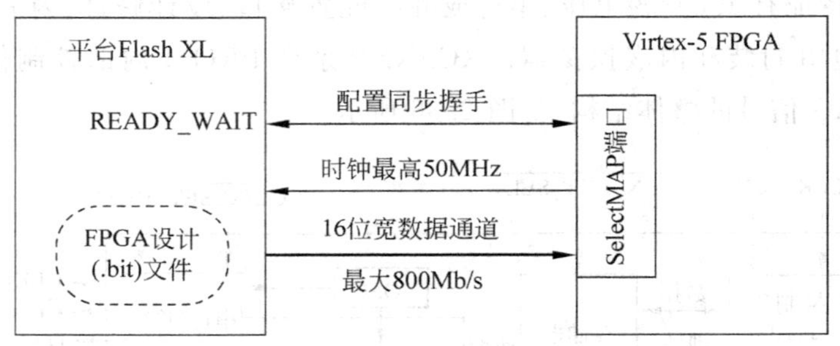

图 2.37　平台 Flash XL 和 V5 FPGA 的配置连接接口

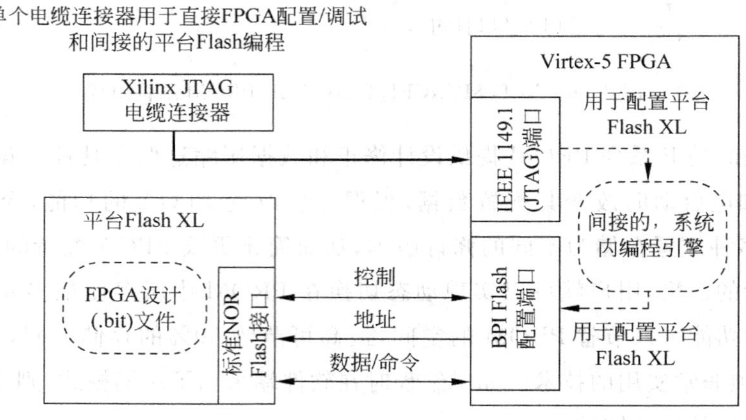

图 2.38　对平台 Flash 的间接编程方案

以前的 Xilinx ISE 软件支持通过 Virtex 系列上的 JTAG 端口间接的、系统内编程 Flash XL，如图 2.39 所示。

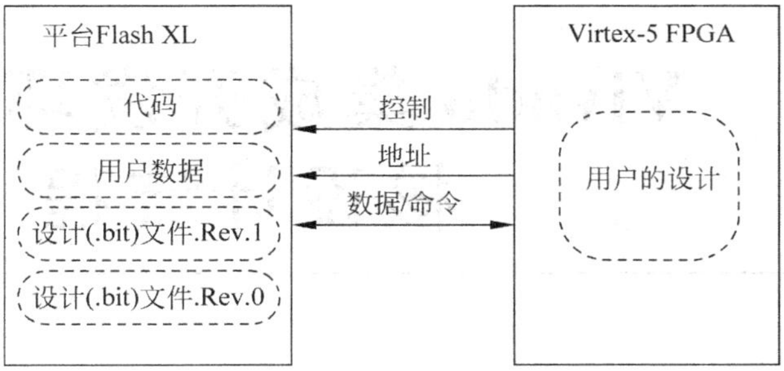

图 2.39 标准的 NOR Flash 接口用于用户访问存储器

思考与练习 2-9 查阅 Xilinx 提供的数据手册，说明 Xilinx 现场可编程门阵列各种逻辑资源之间关系，并计算加以详细描述。

思考与练习 2-10 说明 Xilinx 的可编程逻辑器件的分类，并举例说明其性能。

第3章 Vivado集成开发环境IP核设计流程

CHAPTER 3

本书第1章详细讨论了数字逻辑的基本概念和小规模数字集成电路(SSI)器件。本书第2章系统地介绍了FPGA的内部结构,使读者知道在FPGA内提供了大量的逻辑设计资源。本章将在FPGA内通过IP核构建基本的数字功能单元,然后再通过调用这些IP核资源实现第1章所介绍的基本数字逻辑的功能。

Xilinx于2012年推出的新一代集成开发环境Vivado强调系统级的设计思想,突出IP核在数字系统设计中的作用。与Xilinx以前的设计工具ISE相比,在Vivado中使用IP核设计的能力成为对设计者的最基本要求之一,因此就要求读者能熟练掌握Vivado环境中IP核的设计流程。

本章主要介绍了IP的基本概念、Vivado工具设计流程、Vivado IP数字系统的设计与实现、XDC文件原理及添加方法、查看综合后的结果、查看实现后的结果、生成和下载比特流文件以及生成和下载PROM文件。

3.1 IP的基本概念

在几十年前,由于半导体设计方法和制造工艺的限制,构成数字系统基本使用小规模数字集成电路芯片,典型的如74LS系列。此外,这些数字系统功能也不算特别的复杂。

随着电子设计自动化(Electronic Design Automation,EDA)工具功能的不断增强,以及半导体制造工艺的飞速发展,所设计的数字系统功能越来越复杂,数字系统采用了大规模的数字集成电路芯片,特别是采用了高性能的FPGA芯片。此外,所要求的设计周期越来越短,设计可靠性越来越高。因此,对于设计人员来说,他们不可能从头开始进行复杂数字系统的设计。目前采用的普遍方法是,在设计中尽可能使用已有的功能模块。当在设计中没有可用的现成模块时,设计人员才需要自己花时间和精力设计新的模块。

在EDA领域内,人们把这些现成的模块通常称为知识产权(Intellectual Property,IP)核,这是因为这些IP核是别人设计成果的体现。在设计这些IP时,会消耗设计人员大量的时间、精力和设计费用等。

注: 为了帮助读者理解这个概念,从现在的观点来看,第1章所提到的小规模数字逻辑器件芯片可以看作是一个个功能比较简单的IP核,然后使用这些IP核就可以构成中等规模的数字系统。

IP 核是具有知识产权核的集成电路芯核总称，是经过反复验证过的、具有特定功能的宏模块，与芯片制造工艺无关，可以移植到不同的半导体工艺中。到了片上系统（System on-chip，SoC）阶段，IP 核设计已成为 ASIC 设计公司和 FPGA 供应商非常特别重要的任务，因为这是它们所构建生态系统中最重要的一个内容。此外，厂商所能提供 IP 核的资源，也体现着厂商的软实力。在 Xilinx 新一代的集成开发工具 Vivado 中，提供了大量可用的 IP 设计资源。

注：目前，IP 核已经成为系统设计的基本单元，并作为独立设计成果被交换、转让和销售。

3.1.1 IP 核来源

在数字系统设计领域，特别是在基于 FPGA 的数字系统设计中，IP 核的来源主要包括：

(1) 设计人员在前一个设计中所创建的模块。

(2) FPGA 生产厂商。

(3) 第三方 IP 厂商。

注：在 Xilinx 新一代的集成开发工具 Vivado 中，提供了强大的 IP 核封装和调用功能。

3.1.2 IP 核的提供方式

从 IP 核的提供方式上，通常将其分为软核、固核和硬核这 3 类。

1. 软核

在 EDA 设计领域，软核是指综合前的 RTL 模型。在 FPGA 设计中，具体是指使用 HDL 对所设计的模块进行描述，包括逻辑描述、网表和帮助文档等。

对于软核来说，只有经过功能仿真、综合以及布局布线以后才能使用。

(1) 优点是灵活性高、可移植性强，允许用户自配置。

(2) 缺点是对模块的预测性较低，在后续设计中存在发生错误的可能性，有一定的设计风险。

软核是 IP 核中应用最广泛的形式。典型的，Xilinx 提供了 32 位的 MicroBlaze 软核处理器。

2. 固核

在 EDA 设计领域，固核是指带有平面规划信息的网表。在 FPGA 设计中，它可以看作是包含布局规划的软核，通常以 RTL 代码和对应具体工艺网表的混合形式提供。对于固核来说，将 RTL 描述结合具体标准单元库进行综合优化设计，形成门级网表，再通过布局布线工具即可使用。

与软核相比，固核的设计灵活性稍差，但可靠性有较大提高。目前，固核也是 IP 核的主流形式之一。

3. 硬核

在 EDA 设计领域，硬核是指经过验证的设计版图。在 FPGA 设计中，具体是指布局和工艺固定、经过前端和后端验证的设计，设计人员不能对其进行任何修改。不能修改硬核的原因如下：

(1) 系统设计对各个模块的时序要求很严格，不允许打乱已有的物理版图。

(2) 保护知识产权的要求，不允许设计人员对其有任何改动。

IP硬核的不允许修改的特点使其复用有一定的困难，因此只能用于某些特定应用，使用范围较窄。

典型的，在Xilinx最新的Zynq-7000 SoC器件中，集成了ARM Cortex-A9双核硬核处理器。

从上面的介绍可以得出下面的结论：

(1) 从完成IP核所花费的成本来讲，硬核代价最大。

(2) 从使用灵活性来讲，软核的可复用使用性最高。

(3) 从性能来讲，硬核最高，软核最低。

3.1.3 IP核优化

最常见到的情况就是IP核的厂商从RTL级开始对IP进行人工的优化。对于EDA设计人员来说，可以通过下面的几种途径购买和使用IP模块：

1) 未加密的RTL级IP

在极少数的情况下，EDA设计人员可以购买未加密的源代码RTL级的IP模块，然后将这些IP模块集成到所设计的RTL级代码中。这些IP核已经经过了仿真、综合和验证。

在一般情况下，EDA设计人员很难得到复杂IP核RTL级的描述。如果EDA设计人员想这样做的话，必须和IP核供应商签订一个不扩散(Nondisclosure Agreements，NDA)协议。

对于该层次的IP核来说，EDA设计人员可以根据自己的需要修改最初的代码，以满足自己的设计要求。但是，与后面优化后的网表IP相比，资源需求和性能方面的效率会比较低。

2) 加密的RTL级IP

可编程逻辑器件厂商Altera和Xilinx开发了自己的IP加密算法和工具，这样由FPGA厂商工具加密后的RTL代码只能由厂商自己的综合工具进行处理。

注：可编程逻辑器件供应商Altera已经于2015年被Intel收购。

3) 未布局布线的网表IP

对于EDA设计人员来说，最普遍的就是使用未经加密布局布线的LUT/CLB网表IP。这种网表进行了加密处理，采用EDIF格式或者PLD厂商自己的专用格式。厂商已经对IP进行了人工的优化，使得在资源利用和性能方面达到最优。但是，EDA设计人员不能根据自己的设计要求对核进行相应的裁减，并且IP模块同某一特定的PLD厂商和具体的器件联系。

4) 布局布线后的网表级IP

在一些情况下，EDA人员可能需要购买和使用布局布线后和加密的LUT/CLB网表级IP。布局布线后的网表级IP可以达到最佳的性能。在一些情况下，LUT、CLB和其他构成IP核的部分，它们内部的位置相对固定，但是它作为一个整体可以放在PLD的任意部分，并且它们有I/O引脚位置的限制。在这种情况下，用户只能对其进行调用，不得对其进行任何的修改。

思考与练习3-1 请说明IP核的分类，以及它们的特点。

3.2 Vivado 工具设计流程

Xilinx 于 2012 年推出了全新一代的集成开发环境 Vivado，该工具的系统级设计流程如图 3.1 所示。除了传统上寄存器传输级(RTL)到比特流的 FPGA 设计流程外，Vivado 设计套件新提供了系统级的设计集成流程，这个新的系统级设计的中心思想是基于知识产权核的设计。从图 3.1 中可以看出：

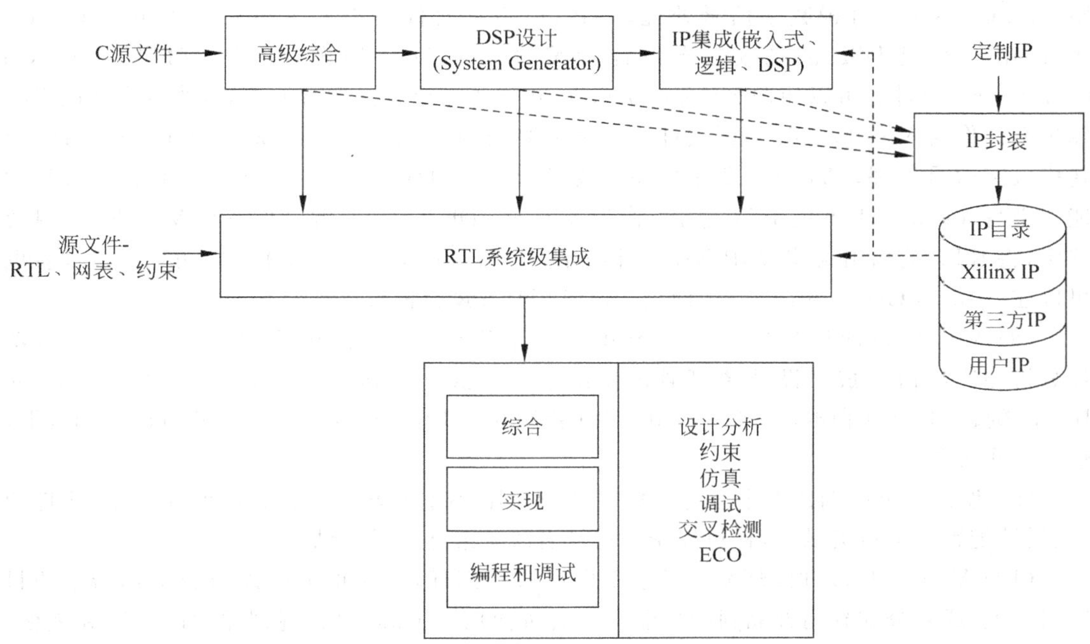

图 3.1 Vivado 系统级设计流程

(1) Vivado 设计套件提供了一个环境，用于配置、实现、验证和集成 IP。

(2) 通过 Vivado 提供的 IP 目录，就可以快速地对 Xilinx IP、第三方 IP 和用户 IP 进行例化和配置。IP 的范围包括：逻辑、嵌入式处理器、数字信号处理(DSP)模块或者基于 C 的 DSP 算法设计。一方面，将用户 IP 进行封装，并且使封装的 IP 符合 IP-XACT 协议，这样就可以在 Vivado IP 目录中使用它；另一方面，Xilinx IP 利用 AXI4 互连标准，实现更快速的系统级集成。在设计中，可以通过 RTL 或者网表格式使用这些已经存在的 IP。

(3) 可以在设计流程的任意一个阶段，对设计进行分析和验证。

(4) 对设计进行分析，包括：逻辑仿真、I/O 和时钟规划、功耗分析、时序分析、设计规则检查(DRC)、设计逻辑的可视化、实现结果的分析和修改，以及编程和调试。

(5) 通过 AMBA AXI4 互联协议，Vivado IP 集成器环境使得设计者能够将不同的 IP 组合在一起。设计者可以使用块图风格的接口交互式的配置和连接 IP，并且可以像原理图那样，通过绘制 DRC 正确地连接，很容易将整个接口连接在一起。然后，将这些 IP 块设计进行封装，将其作为单个的设计源。可以在一个设计工程或者在多个工程之间进行共享，来使用设计块。

(6) Vivado IP 集成器环境是主要的接口，通过使用 Zynq 器件或者 Microblaze 处理器，创建嵌入式处理器设计。Vivado 设计套件也集成了传统的 XPS，用于创建、配置和管理 MicroBlaze 微处理器核，并在 Vivado IDE 环境中，集成和管理这些核。如果设计者选择编辑 XPS 的源设计，将自动启动 XPS 工具。设计者也可以将 XPS 作为一个单独的工具运行，然后将最终的输出文件作为 Vivado IDE 环境下的源文件。在 Vivado IDE 中，XPS 不能用于 Zynq 器件。取而代之的是，在 Vivado IDE 环境中，使用新的 IP 集成器环境。

(7) 对于数字信号处理方面的应用，Vivado 提供了两种设计方法：①使用 Xilinx System Generator 建模数字信号处理。Vivado 设计套件集成了 Xilinx System Generator 工具，用于实现 DSP 的功能。当设计者编辑一个 DSP 源设计时，自动启动 System Generator。设计者可以使用 System Generator 作为一个独立运行的工具，然后将其最终的输出文件作为 Vivado IDE 的源文件。②使用高级综合工具(High-Level Synthesis，HLS)建模数字信号处理。Vivado 设计套件集成了 Vivado HLS，提供了基于 C 语言的 DSP 功能。来自 Vivado HLS 的 RTL 输出，作为 Vivado IDE 的 RTL 源文件。在 Vivado IP 封装器中，将 RTL 的输出封装成 IP-XACT 标准的 IP，在 Vivado IP 目录中变成可用。设计者也可以在 System Generator 逻辑中使用 Vivado HLS 逻辑模块。

(8) Vivado 设计套件中包含：Vivado 综合、Vivado 实现、Vivado 时序分析、Vivado 功耗分析和比特流生成。设计者可通过使用下面方式之一运行整个设计流程：①Vivado IDE；②批处理 Tcl 脚本；③在 Vivado 设计套件的 Tcl Shell；④Vivado IDE Tcl 控制台下，输入 Tcl 命令。

(9) 设计者可以创建多个运行策略，利用不同的综合选项、实现选项、时序约束、物理约束、设计配置来进行尝试，这样可以帮助设计者改善最终的设计结果。

(10) Vivado 集成开发环境提供了 I/O 引脚规划环境，使得 I/O 端口分配到指定的封装引脚上，或者分配到内部晶圆的焊盘上。通过使用 Vivado 引脚规划器内的视图和表格，设计者可以分析器件和设计相关的 I/O 数据。

Vivado IDE 提供了高级的布局规划能力，用于帮助改善实现的结果。将一个指定的逻辑，强迫放到某个芯片内的某个特殊区域，即为了后面的运行，通过交互的方式锁定到指定的位置或者布线。

(11) Vivado IDE 使设计者可以在设计处理的每个阶段，对设计进行分析、验证和修改。通过对处理过程中所生成的中间结果进行分析，可以提高设计的性能。在表示成 RTL 并综合和实现后，可以运行分析功能。

Vivado 集成了 Vivado 仿真器，使得设计者可以在设计的每个阶段，运行行为级和结构级的逻辑仿真。仿真器支持 Verilog 和 VHDL 混合模式仿真，并且以波形的形式显示结果。设计者也可以使用第三方的仿真器。

在 Vivado IDE 内，在设计处理的每一个阶段，设计者都可以对结果进行交互分析。一些设计和分析特性包括：时序分析、功耗估计和分析、器件利用率统计、DRC、I/O 规划、布局规划以及交互布局和布线分析。

(12) 当执行实现过程后，对器件进行编程，然后在 Vivado lab 工具环境中对设计进行分析。在 RTL 内或者在综合之后，很容易识别调试信号。在 RTL 或者综合网表中，插入和配置调试核。Vivado 逻辑分析仪也可以进行硬件验证，将接口设计成与 Vivado 仿真器一致，两者共享波形视图。

思考与练习 3-2 请说明 Vivado 以 IP 核为中心的设计思想及其优势。

3.3 Vivado IP 数字系统的设计与实现

本节将在 Vivado 集成开发环境中,实现第 1 章所介绍的三位八进制计数器。

3.3.1 建立新的设计工程

本节将基于 Vivado 2015.4 建立新的设计工程,主要步骤包括:

(1) 在 Windows 7 操作系统环境下,选择下面的一种方法启动 Vivado 集成开发环境。

① 在 Windows 7 操作系统主界面左下角,选择开始→所有程序→Xilinx Design Tools→Vivado 2015.4→Vivado 2015.4。

② 在 Windows 7 操作系统的桌面上,找到并双击名为 Vivado 2015.4 的图标,如图 3.2 所示。

(2) 在 Vivado 2015.4 主界面下,选择下面的一种方法创建新的工程。

① 在 Vivado 主界面主菜单下,选择 File→New Project…。

② 在 Vivado 主界面 Quick Start 标题栏下,单击 Create New Project 图标,如图 3.3 所示。

图 3.2 桌面的 Vivado 2015.4 图标

图 3.3 Create New Project 图标

(3) 出现 New Project→Create a New Vivado Project 界面。

(4) 在该界面内,单击 Next 按钮。

(5) 出现 New Project→Project Name 对话框界面,如图 3.4 所示。设置参数如下:

① Project name: project_1。

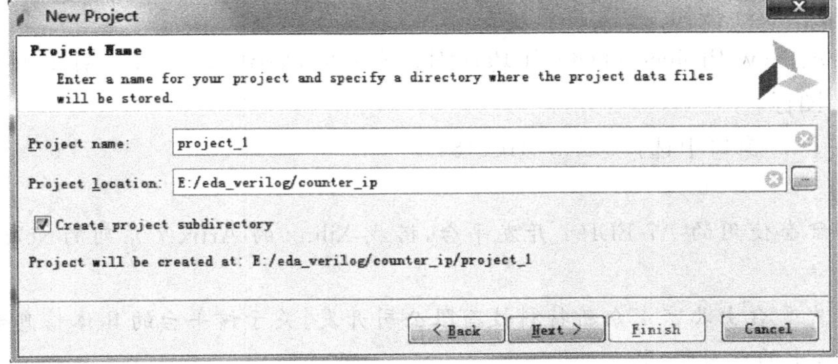

图 3.4 输入工程名字和路径界面

② Project location：E：/eda_verilog/counter_ip。

③ 选中 Create project subdirectory 前面的复选框。

(6) 单击 Next 按钮。

(7) 出现 New Project→Project Type 对话框界面，如图 3.5 所示。在该界面中，选中 RTL Project 前面的复选框。

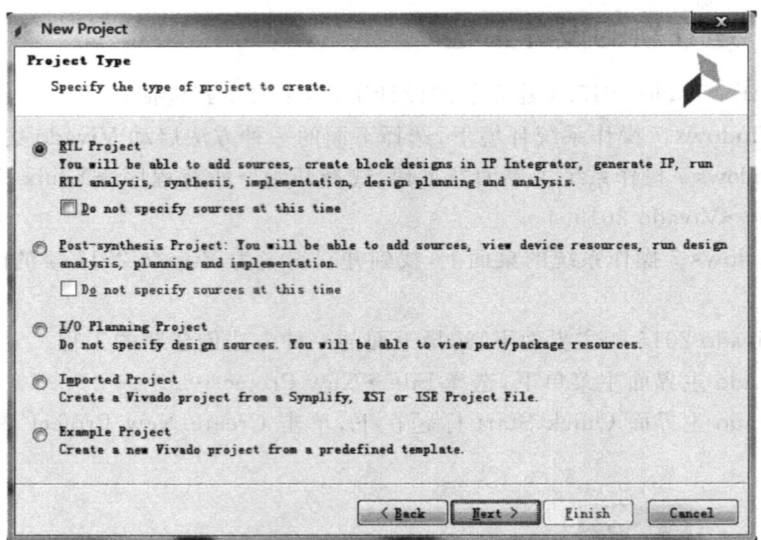

图 3.5　选择工程类型界面

(8) 单击 Next 按钮。

(9) 出现 New Project→Add Sources 对话框界面。参数设置如下：

① Target language：Verilog。

② Simulator language：Mixed。

(10) 单击 Next 按钮。

(11) 出现 New Project→Add Existing IP(optional)对话框界面。

(12) 单击 Next 按钮。

(13) 出现 New Project→Add Constraints(optional)对话框界面。

(14) 单击 Next 按钮。

(15) 出现 New Project→Default Part 对话框界面，如图 3.6 所示。在 Select 标题右侧单击 Parts 图标。

(16) 在 Part 窗口中选择 xc7a75tfgg484-1。

注：

① 本书配套使用的 A7-EDP-1 开发平台，搭载 Xilinx 的 Artix-7 系列的 xc7a75tfgg484-1 芯片。

② 该开发平台由北京汇众新特科技有限公司开发，关于该平台的具体信息和设计资源可参见书中给出的学习说明。

③ 在 eda_vhdl/counter_ip 目录下，也保存着该设计。当使用 eda_vhdl 路径时，下面的

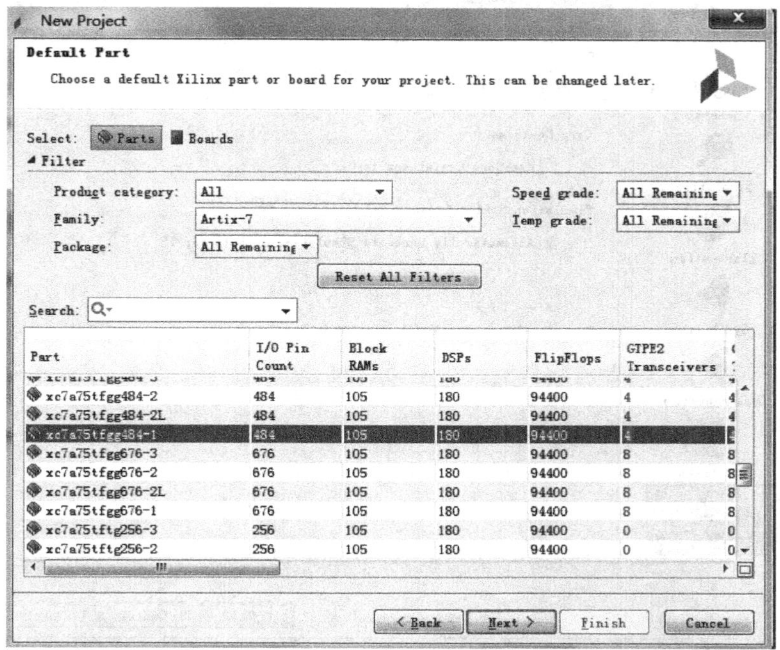

图 3.6　选择器件界面

设计步骤均指向该路径。

(17) 单击 Next 按钮。

(18) 出现 New Project→New Project Summary 对话框界面。

(19) 单击 Finish 按钮。

3.3.2　修改工程设置属性

本节将修改工程设置属性，通过修改工程设置属性，使得当前设计工程能找到 Xilinx 大学计划提供的最基本组合逻辑和时序逻辑元件 IP 核，修改工程设置属性的步骤主要包括：

(1) 在 Vivado 当前设计工程主界面左侧的 Project Manager 窗口中，找到并展开 Project Manager。在展开项中，找到并单击 Project Settings 条目。

(2) 出现 Project Settings 对话框界面，如图 3.7 所示。在该界面左侧窗口中，单击 IP 符号。

(3) 如图 3.7 所示，在右侧窗口中单击 Repository Manager 标签。

(4) 在该标签窗口界面下方 IP Repositories 窗口中，单击 ✚ 按钮。

(5) 出现 IP Repositories 对话框界面。在该界面中，将路径指向本书所提供资料的路径中(读者可以根据自己的情况选择路径)：

e: \eda_vhdl\XUP_LIB　或　e:\eda_Verilog\XUP_LIB

(6) 单击 OK 按钮。

(7) 出现 Add Repository 对话框界面。

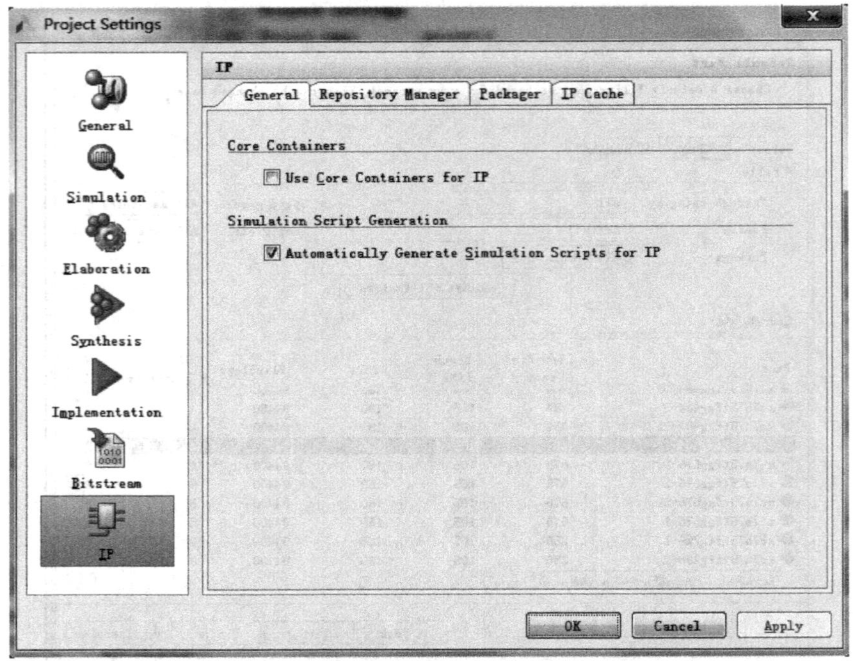

图 3.7　Project Settings 设置界面

(8) 单击 OK 按钮。

(9) 可以看到在 IP Repositories 窗口下方，添加了所要使用的 IP 核路径。

(10) 单击 OK 按钮，退出 Project Settings 对话框界面。

3.3.3　创建块设计

本节将创建块设计，并通过调用 IP 核实现三位八进制计数器。创建块设计的主要步骤包括：

(1) 在 Vivado 当前设计界面左侧 Project Manager 窗口中，找到并展开 IP Integrator。在展开项中，找到并单击 Create Block Design。

(2) 出现 Create Block Design 对话框界面。在该界面中，使用默认的 Design name：design_1。

(3) 单击 OK 按钮。

(4) 在 Vivado 当前设计界面中，出现名为 Diagram 的窗口界面。在该界面中，将完成系统设计。

(5) 单击 Diagram 左侧一列工具栏中的 按钮，出现查找 IP 对话框界面，如图 3.8 所示。在该界面的 Search 右侧的文本框中输入 xup_。在下面的窗口中，列出了 Xilinx 大学计划 XUP 提供的最基本的组合逻辑和时序逻辑元件 IP。首先选择并单击 XUP 2-input AND，将名为 xup_and2_0 的两输入逻辑与 IP 核添加到 Diagram 设计界面中。

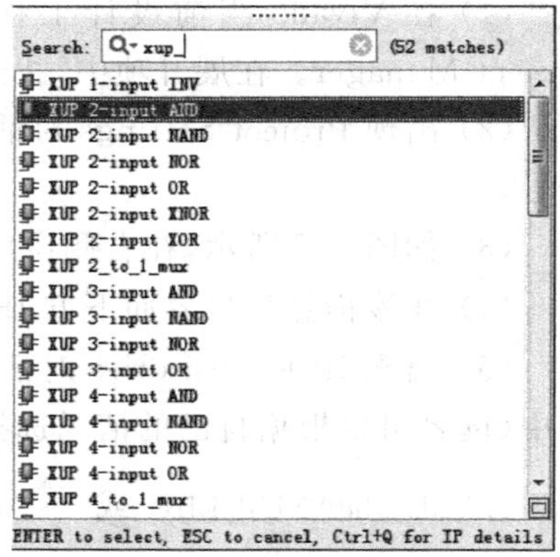

图 3.8　查找 IP 对话框界面

(6) 选择 xup_and2_0 并复制,在 Diagram 界面中再添加一个名为 xup_and2_1 的 IP 核。

(7) 单击 Diagram 左侧一列工具栏中的按钮,出现查找 IP 对话框界面。在该界面 Search 右侧的文本框中输入 xup_。在下面的窗口中,选择并单击 XUP 3-input AND,将名为 xup_and3_0 的 3 输入逻辑与 IP 核添加到 Diagram 设计界面中。

(8) 单击 Diagram 左侧一列工具栏中的按钮,出现查找 IP 对话框界面。在该界面 Search 右侧的文本框中输入 xup_。在下面的窗口中,选择并单击 XUP 2-input XOR,将名为 xup_xor2_0 的 2 输入逻辑异或 IP 核添加到 Diagram 设计界面中。

(9) 单击 Diagram 左侧一列工具栏中的按钮,出现查找 IP 对话框界面。在该界面 Search 右侧的文本框中输入 xup_。在下面的窗口中,选择并单击 XUP 3-input OR,将名为 xup_xor3_0 的 3 输入逻辑或 IP 核添加到 Diagram 设计界面中。

(10) 调整这些 IP 核在 Diagram 的布局,如图 3.9所示。

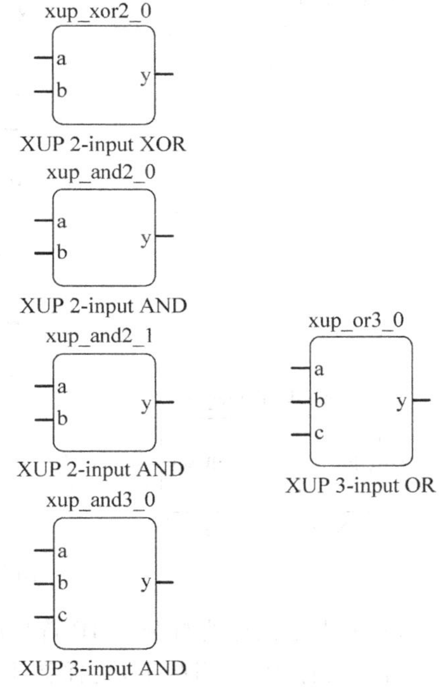

图 3.9 添加元件后的布局

(11) 单击 Diagram 左侧一列工具栏中的按钮,出现查找 IP 对话框界面。在该界面 Search 右侧的文本框中输入 xup_。在下面的窗口中,选择并单击 XUP 1-input INV,将名为 xup_inv_0 的逻辑非 IP 核添加到 Diagram 设计界面中。

(12) 选择 xup_inv_0,并复制它两次,在 Diagram 界面中再分别添加名为 xup_inv_1 和 xup_inv_2 的 IP 核。

(13) 单击 Diagram 左侧一列工具栏中的按钮,出现查找 IP 对话框界面。在该界面 Search 右侧的文本框中输入 xup_。在下面的窗口中,选择并单击 XUP dff,将名为 xup_dff _0 的 D 触发器 IP 添加到 Diagram 设计界面中。

(14) 选择 xup_dff_0,并复制它两次,在 Diagram 界面中再分别添加名为 xup_dff_1 和 xup_dff_2 的 IP 核。

(15) 单击 Diagram 左侧一列工具栏中的按钮,出现查找 IP 对话框界面。在该界面 Search 右侧的文本框中输入 xup_。在下面的窗口中,选择并单击 XUP clk_divider,将名为 xup_clk_divider _0 的分频器 IP 添加到 Diagram 设计界面中。

(16) 在 Diagram 设计界面中,双击名为 xup_clk_divider_0 的块图符号。

(17) 出现 Re-customize IP-XUP clk_divider(1.0)对话框界面。在该界面中,在 Size 右侧输入 100000000。

注:Size 为分频因子。在该设计中,使用外部 100MHz 时钟,经过 Size 分频后,得到 1Hz 时钟,并提供给计数器。

(18) 调整这些 IP 核在 Diagram 的布局,如图 3.10 所示。

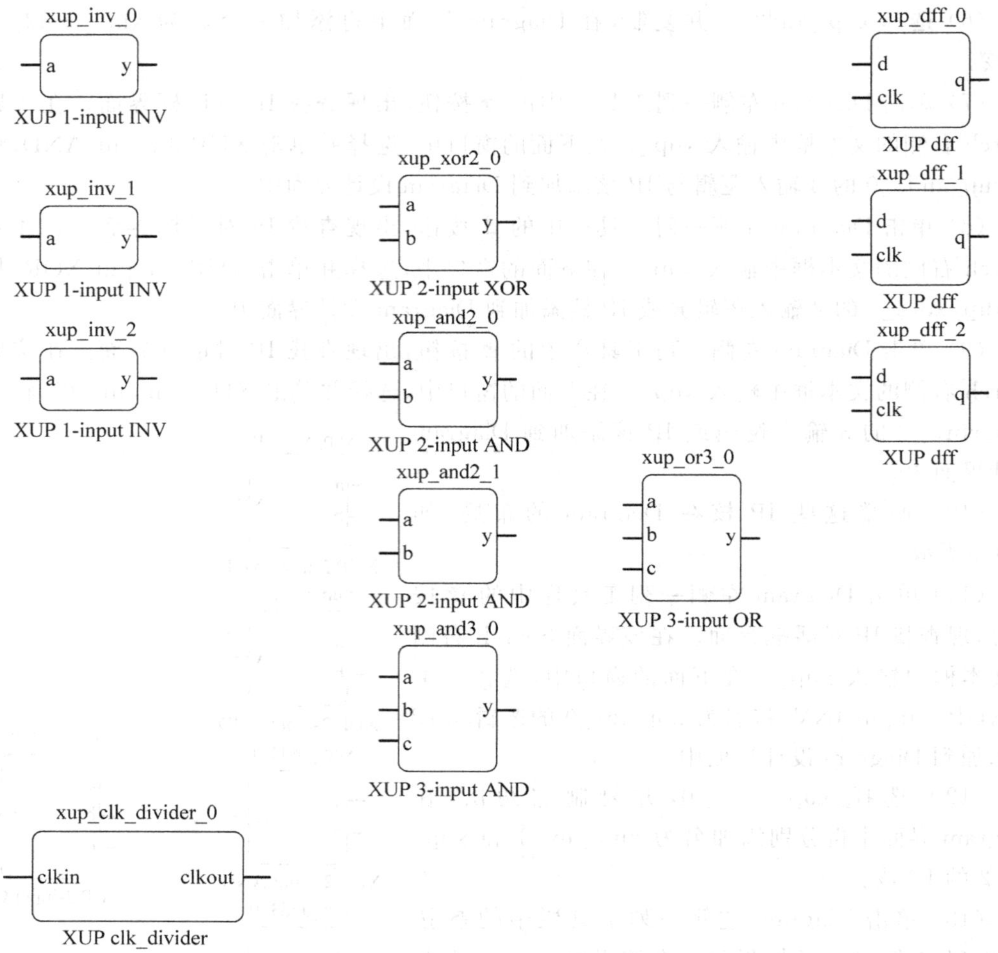

xup_inv_0
a y
XUP 1-input INV

xup_inv_1
a y
XUP 1-input INV

xup_inv_2
a y
XUP 1-input INV

xup_xor2_0
a b y
XUP 2-input XOR

xup_and2_0
a b y
XUP 2-input AND

xup_and2_1
a b y
XUP 2-input AND

xup_and3_0
a b c y
XUP 3-input AND

xup_or3_0
a b c y
XUP 3-input OR

xup_dff_0
d clk q
XUP dff

xup_dff_1
d clk q
XUP dff

xup_dff_2
d clk q
XUP dff

xup_clk_divider_0
clkin clkout
XUP clk_divider

图 3.10　调整的元件布局

(19) 当把鼠标光标放到 IP 符号的引脚上时，鼠标的光标会变成铅笔形状，然后拖曳鼠标一直到目标 IP 的引脚上，这样就能将不同的元件连接在一起。

(20) 将所有的元件，按照第 1 章 1.11.3 节给出的逻辑表达式进行连接，连接后的系统结构，如图 3.11 所示。

(21) 把鼠标放到名为 xup_dff_0 IP 元件的 q 端口，右击，出现浮动菜单。在浮动菜单内，选择 Make External。

(22) 可以看到，从 q 端口上自动引出一个名为 q 的端口。

(23) 再次选中引出的该端口，在 Diagram 左侧的 External Port Properties 窗口中，选择 General 标签。在该标签窗口界面 Name 右侧的文本框中输入 q0，将该端口的名字改为 q0。

(24) 类似地，引出 xup_dff_1 的 q 端口，并将该端口的名字改为 q1。

(25) 类似地，引出 xup_dff_2 的 q 端口，并将该端口的名字改为 q2。

(26) 类似地，引出 xup_clk_divider_0 的 clkin 端口，并将该端口的名字改为 clk。

(27) 在 Diagram 设计界面左侧的一列的工具栏中，单击按钮，Vivado 将自动重新调整布局。

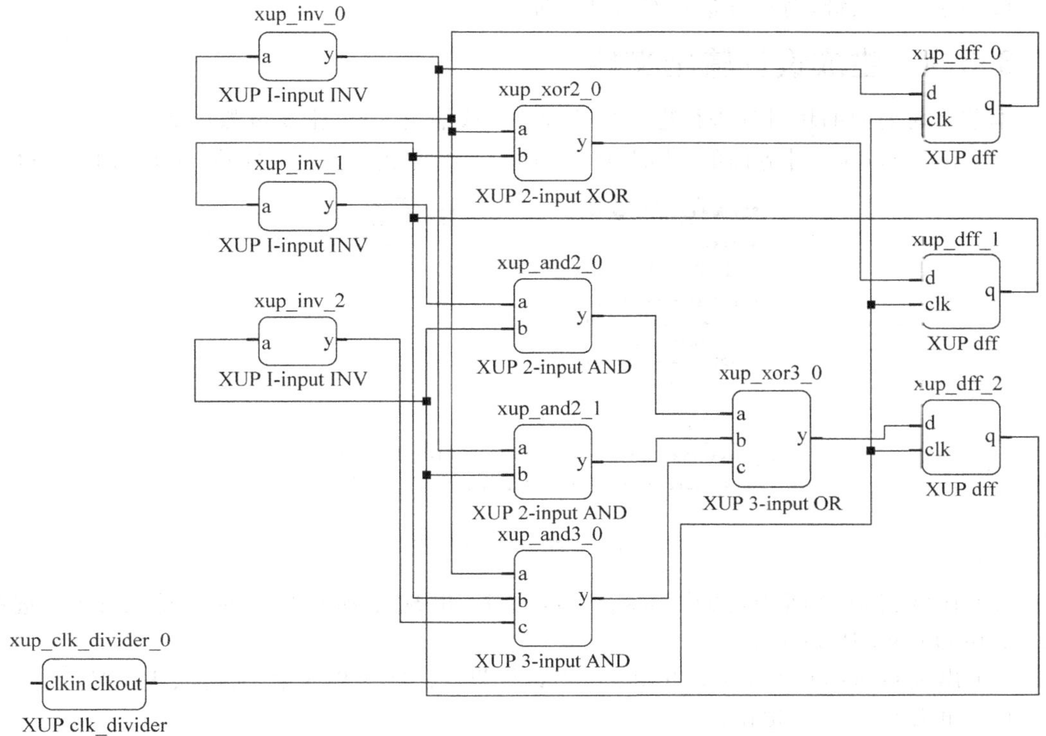

图 3.11　连接完成后的系统整体结构

(28) 调整完成后的布局结构，如图 3.12 所示。

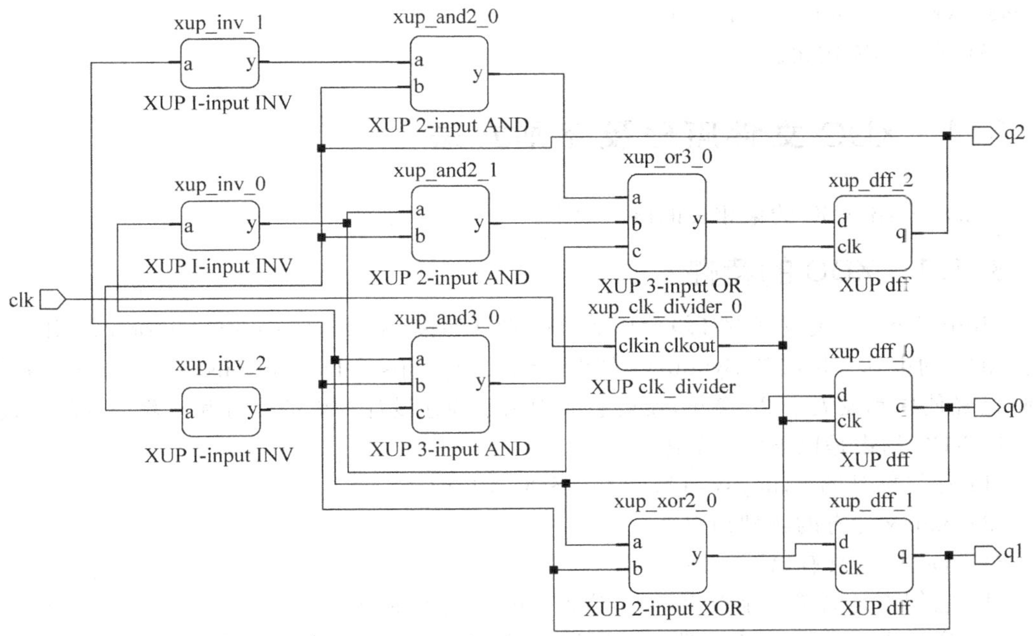

图 3.12　重新调整布局后的系统整体结构

(29) 按 F6 按键，对设计进行有效性验证。

3.3.4 生成设计输出文件

本节将对前面的块设计进行进一步处理并生成输出文件，主要步骤包括：

(1) 在 Vivado 设计界面的 Block Design 窗口中，单击 Sources 标签，如图 3.13 所示。

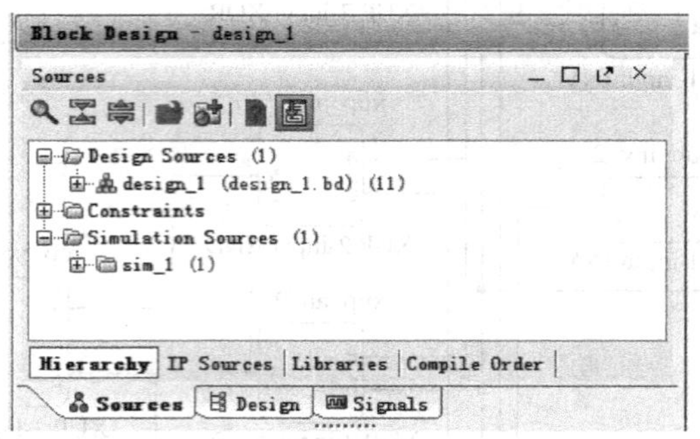

图 3.13 Sources 窗口界面

(2) 在该窗口界面中，选中 design_1，右击，出现浮动菜单。在浮动菜单内，选择 Generate Output Products…。

(3) 出现 Generate Output Products 对话框界面。在该界面中，使用默认设置。

(4) 单击 Generate 按钮。

(5) 再次选中 design_1，右击，出现浮动菜单。在浮动菜单内，选择 Create HDL Wrapper…。

(6) 出现 Create HDL Wrapper 对话框界面。在该界面，使用默认设置 Let Vivado manage wrapper and auto-update。

(7) 单击 OK 按钮。

3.4 XDC 文件原理及添加方法

本节将介绍 XDC 约束相关的语法规则。

3.4.1 XDC 的特性

Xilinx Vivado 集成开发环境使用 Xilinx 设计约束(Xilinx Design Constraints，XDC)格式。XDC 约束基于标准的 Synopsys 的设计约束(Synopsys DesignConstraints，SDC)格式。SDC 已经使用和发展了 20 多年，使得它成为用于描述设计约束的流行和被验证过的格式。

1) XDC 约束是以下约束的组合

(1) 业界标准的 Synopsys 设计约束(SDC V1.9)；

(2) Xilinx 专有的物理约束。

2) XDC 文件具有以下特性

(1) 它们不是简单的字符串，而是遵循 Tcl 语法的命令；

(2) 通过 Vivado Tcl 翻译器，就可以像理解其他 Tcl 命令那样理解它们；

(3) 类似于其他 Tcl 命令那样，可以读取，然后按顺序地从语法上分析它们。

3）设计者可以在设计流程的不同阶段通过以下方式输入 XDC 约束

（1）将约束保存在一个或者多个 XDC 文件中。可以通过下面的方法将 XDC 加载到存储器中：

① 使用 read_xdc 命令；

② 将它添加到其中一个设计工程约束集中。

XDC 文件只接收内建的 Tcl 命令：set、list 和 expr。

（2）通过 Tcl 脚本生成约束。可以通过下面的方法运行 Tcl 脚本：

① 运行 source 命令；

② 将 Tcl 脚本添加到其中一个设计工程约束集中。

3.4.2 约束文件的使用方法

默认地，所有添加到约束集中的 XDC 文件和 Tcl 脚本都可用于综合和实现过程。通过在 XDC 文件中设置 used_in_synthesis 和 used_in_implementation 属性，或通过 Tcl 脚本来修改这种行为。属性值为 TURE 或者 FALSE。

注：DONT_TOUCH 属性不会受到上面属性设置的影响，如果在综合时使用 DONT_TOUCH，则将其传递到实现过程，与 used_in_synthesis 和 used_in_implementation 属性无关。

在 Vivado 集成开发环境中，可以修改 XDC 的使用方法：

（1）在源文件窗口中，选择相应的约束文件；

（2）在源文件属性窗口中，选择/不选择 Synthesis 和 Implementation 前面的复选框。

这样，设计者就可以控制在综合和实现的过程中，是否使用相应的约束文件。对应的 Tcl 命令如下：

```
set_property used_in_synthesis false [get_files xdc 文件名]
set_property used_in_implementation false [get_files xdc 文件名]
```

3.4.3 约束顺序

Vivado 集成开发环境允许设计者使用一个或多个约束文件。虽然使用一个约束文件对于一个完整的编译流程来说看似更方便，但是在一些情况下，这会使得问题更加复杂，比如一个设计使用了不同的 IP 核或者由不同团队开发的模块。不管设计者在设计中，使用了一个还是多个 XDC 文件，Xilinx 推荐设计者使用下面的顺序来组织约束。XDC 文件的约束顺序如下：

```
## Timing Assertions Section
# Primary clocks
# Virtual clocks
# Generated clocks
# Clock Groups
# Input and output delay constraints

## Timing Exceptions Section (sorted by precedence)
# False Paths
# Max Delay / Min Delay
# Multicycle Paths
# Case Analysis
# Disable Timing
```

```
## Physical Constraints Section
# located anywhere in the file, preferably before or after the timing constraints
# or stored in a separate XDC file
```

注：

(1) Xilinx推荐将时序约束和物理约束分别保存在两个不同的文件中。设计者也可以在一个单独的文件中对某个模块指定约束。

(2) 如果在工程中，包含了一个IP，这个IP有自己的约束，则在约束集中，并不出现相应的约束文件，它将和IP源文件一起出现。

(3) 如果在工程中，包含了多个约束文件。一般来说，Vivado工具首先读取列表最上面的约束文件，最后读取最下面的约束文件。设计者可以在集成开发环境中，将约束文件移动到所期望的位置，用来修改约束文件在整个设计中的处理顺序。等效的Tcl命令格式为

```
Reorder_files -fileset constrs_1 -before [get_files XDC文件名]\
              [get_files XDC文件名]
```

在非工程模式下，read_xdc的调用顺序决定了xdc文件的评估顺序。

(4) 如果存在IP约束文件，则先读取IP约束文件，然后再读取用户约束文件。设计者可以在源文件属性窗口修改读取IP约束文件的顺序。等效的Tcl命令格式为

```
set_property PROCESSING_ORDER EARLY [get_files XDC文件名]
```

3.4.4 XDC约束命令

在XDC文件中有效的命令，如表3.1所示。

表3.1 XDC文件中有效的命令

时序约束	物理约束	网表对象查询
create_clock	add_cells_to_pblock	all_cpus
create_generated_clock	create_pblock	all_dsps
group_path	delete_pblock	all_fanin
set_clock_groups	remove_cells_from_pblock	all_fanout
set_clock_latency	resize_pblock	all_hsios
set_data_check	create_macro	all_inputs
set_disable_timing	delete_macros	all_outputs
set_false_path	update_macro	all_rams
set_input_delay		all_registers
set_output_delay	网表约束	all_ffs
set_max_delay	set_load	all_latches
set_min_delay	set_logic_dc	get_cells
set_multicycle_path	set_logic_one	get_nets
set_case_analysis	set_logic_zero	get_pins
set_clock_sense	set_logic_unconnected	get_ports
set_clock_uncertainty		get_debug_cores
set_input_jitter		get_debug_ports
set_max_time_borrow		
set_propagated_clock		
set_system_jitter		
set_external_delay		

续表

器件对象查询	时序对象查询	通用
get_iobanks	all_clocks	set
get_package_pins	get_path_groups	expr
get_sites	get_clocks	list
get_bel_pins	get_generated_clocks	filter
get_bels	get_timing_arcs	current_instance
get_nodes		get_hierarchy_separator
get_pips		set_hierarchy_separator
get_site_pins		get_property
get_site_pips		set_property
get_slrs		set_units
get_tiles		endgroup
get_wires		startgroup

3.4.5 添加 XDC 文件

本节将添加 XDC 文件，主要步骤包括：

(1) 在 Sources 窗口中，选择 Constraints 文件夹，右击，出现浮动菜单。在浮动菜单内，选择 Add Sources…选项。

(2) 出现 Add Sources 对话框界面。默认选中 Add or Create Constaints 前面的复选框。

(3) 单击 Next 按钮。

(4) 出现 Add Sources→Add or Create Constraints 对话框界面。在该界面中，单击 Create File 按钮。

(5) 出现 Create Constraints File 对话框界面。在该界面中，在 File name 右侧的文本框中输入 top。

注：该约束文件的名字为 top. xdc。

(6) 单击 OK 按钮。

(7) 单击 Finish 按钮。

(8) 在 Vivado 主界面左侧的 Project Manager 对话框界面中，选择并展开 Synthesis。在展开项中，单击 Run Synthesis。Vivado 开始对设计进行自动综合的过程。

注：在 Vivado 中，综合(Synthesis)是将当前所得到的 RTL 代码转换成电路网表的过程。

(9) 等待综合完成后，出现 Synthesis Completed 对话框界面。在该界面中，选中 Open Synthesized Design 前面的复选框。

(10) 单击 OK 按钮。

(11) 在 Vivado 主界面下方出现 I/O Ports 界面，如图 3.14 所示。在该界面中，展开 Scalar ports。可以看到在展开项中，出现 clk、q0、q1 和 q2 四个端口。其中，clk 为输入，q0、q1 和 q2 为输出。

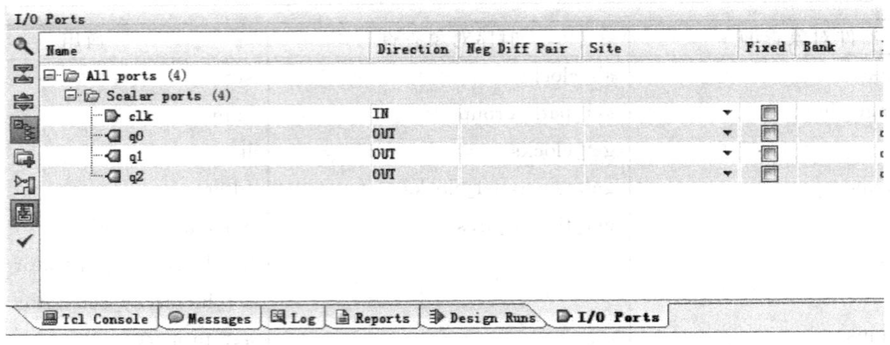

图 3.14　I/O 端口约束界面

注：在该设计中，使用 A7-EDP-1 开发平台上的 100MHz 时钟作为 clk 输入；使用 A7-EDP-1开发平台上的三个 LED 灯，作为计数的输出。在 A7-EDP-1 开发平台上，时钟、LED 灯和 XC7A75T -FG484 FPGA 的连接关系，如表 3.2 所示。

表 3.2　时钟、LED 灯和 XC7A75T-FG484 FPGA 的连接关系

外设名称	标号	所对应的设计端口	所连接 FPGA 的引脚
时钟	U3	clk	K19
LED 灯	LED0	q0	Y17
LED 灯	LED1	q1	Y16
LED 灯	LED2	q2	AA16

(12) 在每行引脚所对应的 Site 下的文本框中，输入所连接 FPGA 引脚的位置，如图 3.15 所示。

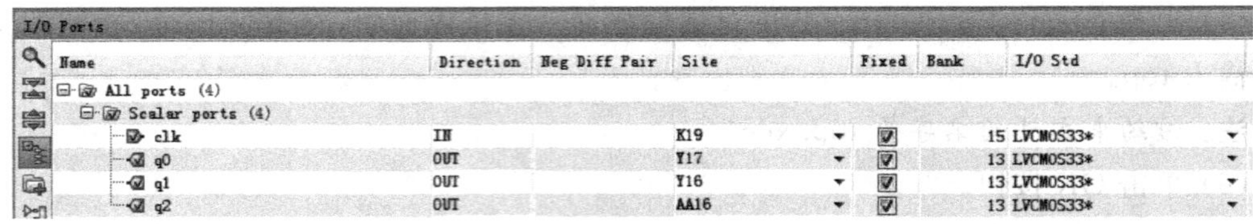

图 3.15　约束完 I/O 端口后的约束界面

(13) 在每行引脚所对应的 I/O Std 列下面的下拉框中，选择 LVCMOS33，如图 3.15 所示。

(14) 按 Ctrl+S 键。准备保存约束条件。

(15) 出现 Out of Date Design 对话框界面。

(16) 单击 OK 按钮。

(17) 出现 Save Constraints 对话框界面。在该界面中，默认选中 Select an existing file 前面的复选框。

注：默认将约束条件保存到 top.xdc 文件。

(18) 单击 OK 按钮。

（19）在 Vivado 主界面上方中间的下拉框中，选择 Default Layout 选项，如图 3.16 所示。

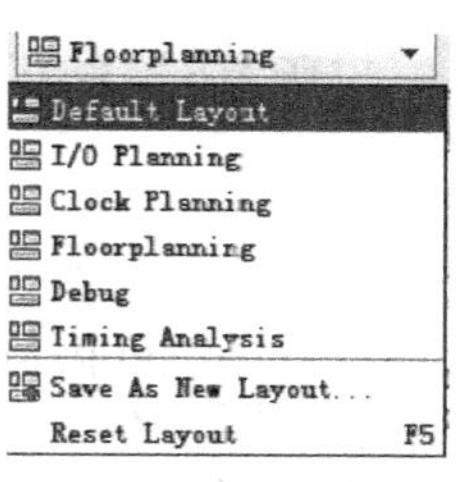

图 3.16 恢复默认布局选项

注：执行该步骤将使得 Vivado 主界面恢复到添加 XDC 文件以前的界面。

（20）在 Sources 标签窗口中，找到并展开 Constrs_1 文件夹。在该文件夹中，找到并双击 top. xdc，打开该文件。文件中的约束条件如代码清单 3-1 所示。

代码清单 3-1 top. xdc 文件

```
set_property PACKAGE_PIN K19 [get_ports clk]
set_property PACKAGE_PIN Y17 [get_ports q0]
set_property PACKAGE_PIN Y16 [get_ports q1]
set_property PACKAGE_PIN AA16 [get_ports q2]
set_property IOSTANDARD LVCMOS33 [get_ports clk]
set_property IOSTANDARD LVCMOS33 [get_ports q0]
set_property IOSTANDARD LVCMOS33 [get_ports q1]
set_property IOSTANDARD LVCMOS33 [get_ports q2]
```

注：由于在该设计中的 clk 没有使用 Artix-7 上的专用时钟输入引脚，为了防止 Vivado 对设计进行后续处理时出错，需要在 top. xdc 文件中，添加下面的约束条件：

```
set_property CLOCK_DEDICATED_ROUTE FALSE [get_nets clk_IBUF]
```

该约束条件告诉 Vivado 工具不使用时钟专用的布线资源。

（21）保存并关闭该文件。

3.5 查看综合后的结果

本节将介绍查看综合后结果的方法，主要步骤包括：

（1）在 Vivado 当前主界面左侧的 Flow Navigator 窗口中，找到并展开 Synthesis。在展开项中单击 Run Synthesis。

（2）由于前面已经进行过综合的过程，因此会弹出 Run Synthesis 对话框界面，在该界面中，提示是不是重新运行该过程。

（3）单击 OK 按钮。

（4）再次弹出 Run Synthesis 对话框界面。在该界面中，给出提示信息。

（5）单击 OK 按钮。

（6）当完成综合过程后，出现 Synthesis Completed 对话框界面。在该界面中，选择 Open Synthesized Design 前面的对话框。

（7）单击 OK 按钮。

（8）在 Vivado 主界面左侧的 Flow Navigator 窗口中，找到并展开 Synthesis。在 Synthesis 展开项中找到并展开 Synthesized Design。在 Synthesized Design 展开项中，找到并单击 Schematic。

（9）在 Vivado 右侧出现 Schematic 窗口。在该界面中，给出了综合后的结构，如

图 3.17所示。

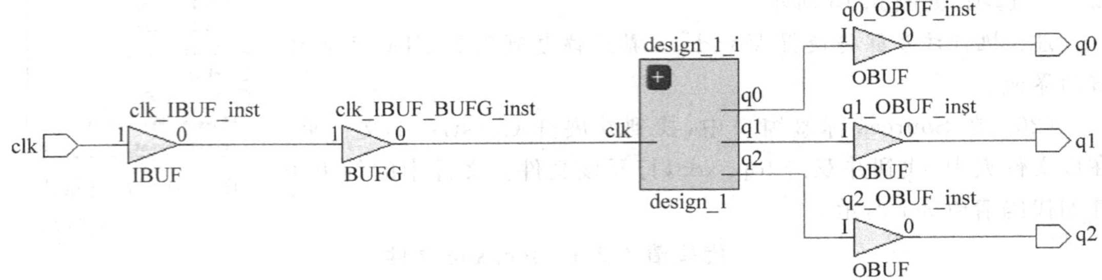

图 3.17　综合后的原理图

思考与练习 3-3　请双击图 3.17 中名为 design_1 的块图符号，打开内部结构，对内部结构进行分析。

(10) 关闭 Schematic 界面。

3.6　查看实现后的结果

本节将查看实现后的结果，主要步骤包括：

(1) 在 Vivado 当前主界面左侧的 Flow Navigator 窗口中，找到并展开 Implementation。在展开项中，单击 Run Implementation。

注：Vivado 会自动执行实现过程，该过程包括翻译、映射和布局布线。

(2) 当完成实现过程后，出现 Implementation Completed 对话框界面。在该界面中，默认选择 Open Implemented Design 前面的复选框。

(3) 在 Device 窗口中，通过放大按钮观察器件内部的细节，如图 3.18 所示。

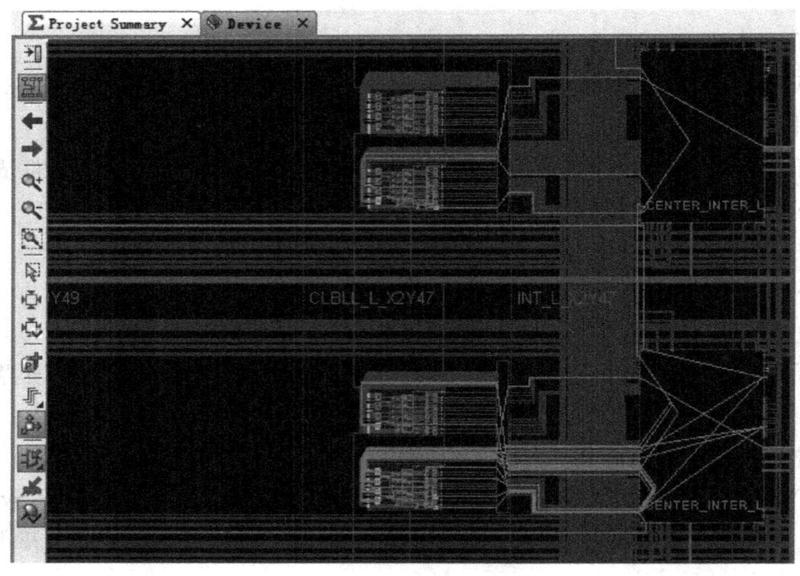

图 3.18　Device 中的布局和布线

注：在图中，蓝色表示所使用的逻辑资源，绿色表示所使用的连线资源。

思考与练习 3-4 分析三位八进制计数器在底层的布局布线的结果。

3.7 生成和下载比特流文件

本节将生成比特流文件，并将该文件下载到 A7-EDP-1 开发平台的 xc75tfgg484-1 FPGA 器件中。

3.7.1 生成比特流文件

下面介绍生成比特流文件的方法，该文件将作为配置文件下载到 A7-EDP-1 开发平台的 xc75tfgg484-1 FPGA 器件中，生成比特流文件的主要步骤包括：

(1) 在 Vivado 左侧的 Flow Navigator 窗口中，找到并展开 Program and Debug。在展开项中单击 Bitstream Settings。

(2) Vivado 开始自动生成比特流的过程。

(3) 当成功生成比特流文件后，出现 Bitstream Generation Completed 对话框界面。

(4) 单击 Cancel 按钮。

3.7.2 下载比特流文件

当生成用于配置 FPGA 的比特流文件后，将比特流文件下载到目标 FPGA 器件。

Vivado 集成工具允许设计者连接一个或多个 FPGA 进行编程，同时和这些 FPGA 进行交互。可以通过 Vivado 集成环境用户接口或使用 Tcl 命令连接 FPGA 硬件系统。在这两种方式下，连接目标 FPGA 器件的步骤都是相同的，包括：

(1) 打开硬件管理器(Hardware Manager)。

(2) 通过运行在主机上的硬件服务器(Hardware Server)，打开硬件目标器件。

(3) 给需要编程的目标 FPGA 器件，分配相应的比特流编程文件。

(4) 编程或者下载编程文件到目标器件。

使用 Vivado 硬件管理器编程 FPGA 的主要步骤包括：

(1) 通过 USB 电缆，将 A7-EDP-1 开发平台上名为 J12 的 USB-JTAG 插座与 PC/笔记本计算机上的 USB 接口进行连接。

(2) 将外部+5V 电源连接到 A7-EDP-1 开发平台的 J6 插座。

(3) 将 A7-EDP-1 开发平台上的 J11 跳线设置为 EXT 模式，即外部供电模式。

(4) 将 A7-EDP-1 开发平台上的 J10 插座设置为 JTAG，表示下面将使用 JTAG 下载设计。

(5) 将 A7-EDP-1 开发平台上的 SW8 开关设置为 ON 状态，给开发平台供电。

(6) 在 Vivado 主界面左侧的 Flow Navigator 窗口下方，找到并展开 Program and Debug 选项。在展开项中找到并左击 Open Hardware Manager 选项。

(7) 在 Vivado 界面上方出现 Hardware Manager→unconnected 界面，如图 3.19 所示。

(8) 单击 Open target 选项，出现浮动菜单。在浮动菜单内，选择 Auto Connect 选项。

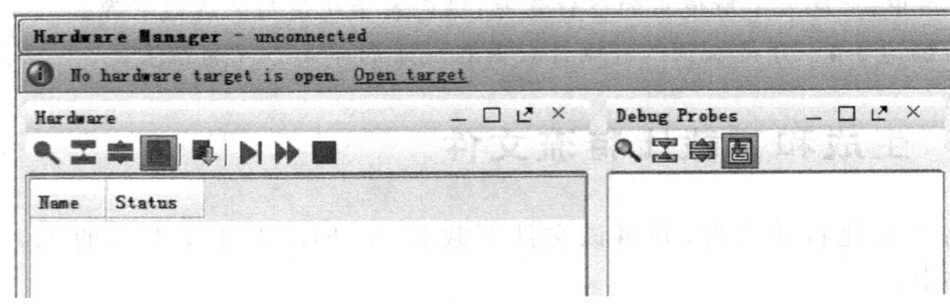

图 3.19　启动硬件目标入口

(9) 出现 Auto Connect 对话框界面，如图 3.20 所示。

图 3.20　正在连接服务器界面

(10) 当硬件设计正确时，在 Hardware Manger 窗口中，会出现所检测到的 FPGA 类型和 JTAG 电缆的信息，如图 3.21 所示。

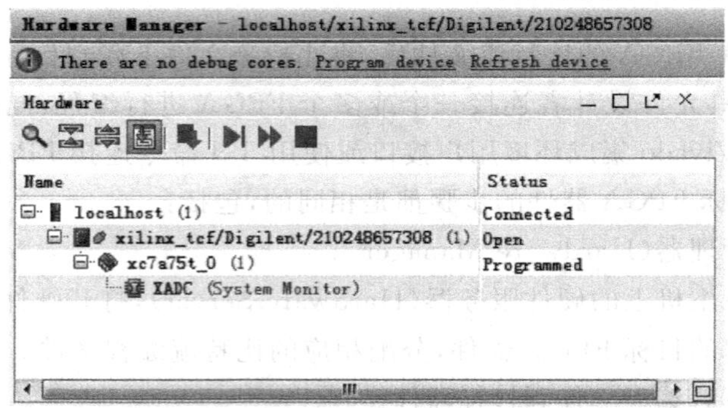

图 3.21　检测到 FPGA 器件后的界面

(11) 在图 3.21 中，选中名为 xc7a75t_0 的一行，右击，出现浮动菜单。在浮动菜单内，选择 Program Device…。

(12) 出现 Program Device 对话框界面。在该界面中，默认将 Bitstream file(比特流文件)的路径指向当前设计工程路径

E: /eda_verilog/counter_ip/project_1/project_1.runs/impl_1/design_1_wrapper.bit

(13) 单击 Program 按钮。Vivado 工具自动将比特流文件下载到 FPGA 中。

思考与练习 3-5　观察 A7-EDP-1 开发平台上的 LED2～LED0 三个 LED 灯是否以 1Hz 频率按 000→111→000 这样的规律变化。

注：当 FPGA 引脚输出逻辑“0”时，LED 灯灭；当 FPGA 引脚输出逻辑“1”时，LED 灯亮。

3.8 生成和下载 PROM 文件

本节将生成和下载 PROM 到 A7-EDP-1 开发平台上型号为 N25Q32 的 Flash 中。主要步骤包括：

注：在执行以下步骤前，确保 A7-EDP-1 开发平台已正常上电，并正确连接 USB 电缆。

(1) 在 Vivado 主界面左侧的 Flow Navigator 窗口中，找到并展开 Program and Debug。在展开项中找到并单击 Bitstream Settings。

(2) 出现 Project Settings 对话框界面。在该界面左侧窗口中，默认选中 Bitstream 图标。在右侧窗口中，选中-bin_file 右侧的复选框。该选项表示在生成比特流文件的同时，生成 bin 文件。

(3) 单击 OK 按钮，退出 Project Settings 对话框界面。

(4) 在 Program and Debug 下面，找到并单击 Generate Bitstream。重新生成比特流文件，并且也生成了 bin 文件。

(5) 出现 Bitstream Generation Completed 对话框界面。在该界面中，选择 Open Hardware Manager 前面的复选框。

(6) 单击 OK 按钮。

(7) 在 Hardware Manager 窗口中，单击 Open target，出现浮动菜单。在浮动菜单内，选择 Auto Connect。

(8) 当正确检测到 FPGA 器件后，在 Hardware 窗口中出现所检测到的器件信息。在该界面中，选中 xc7a75t_0，右击，出现浮动菜单。在浮动菜单内，选择 Add Configuration Memory Device…。

(9) 出现 Add Configuration Memory Device 对话框界面，如图 3.22 所示。为了加快搜索 Flash 的速度，按图设置下面参数：

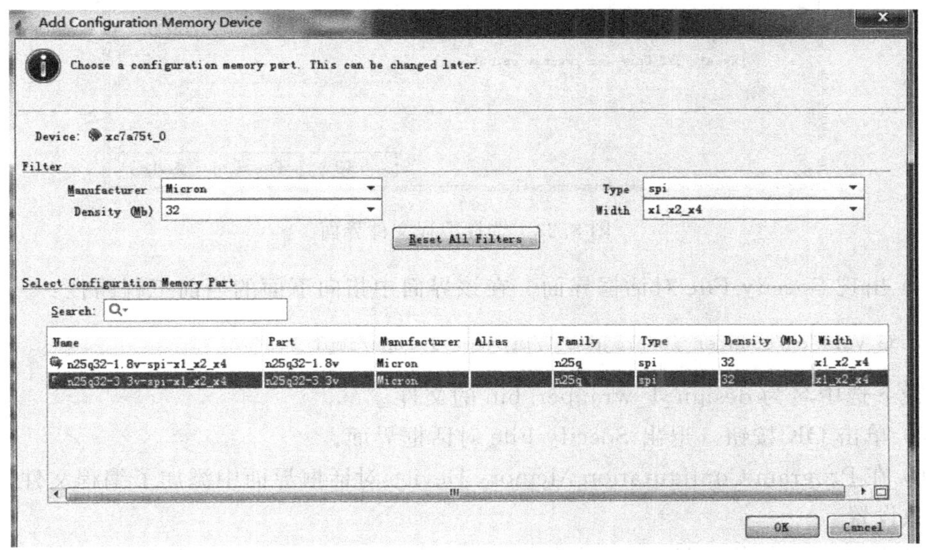

图 3.22 选择外部 Flash 类型界面

① Manufacturer：Micron。

② Density(Mb)：32。

③ Type：spi。

④ Width：x1_x2_x4。

在下面的 Select Configuration Memory Part 列表中，选中名为 n25q32-3.3v-spi-x1_x2_x4 的一行。

(10) 单击 OK 按钮，退出 Add Configuration Memory Device 对话框界面。

(11) 出现 Add Configuration Memory Device Completed 对话框界面。

(12) 单击 OK 按钮，退出该对话框界面。

(13) 出现 Program Configuration Memory Device 对话框界面，如图 3.23 所示。在该界面中单击 Configuration file：右侧的[...]按钮。

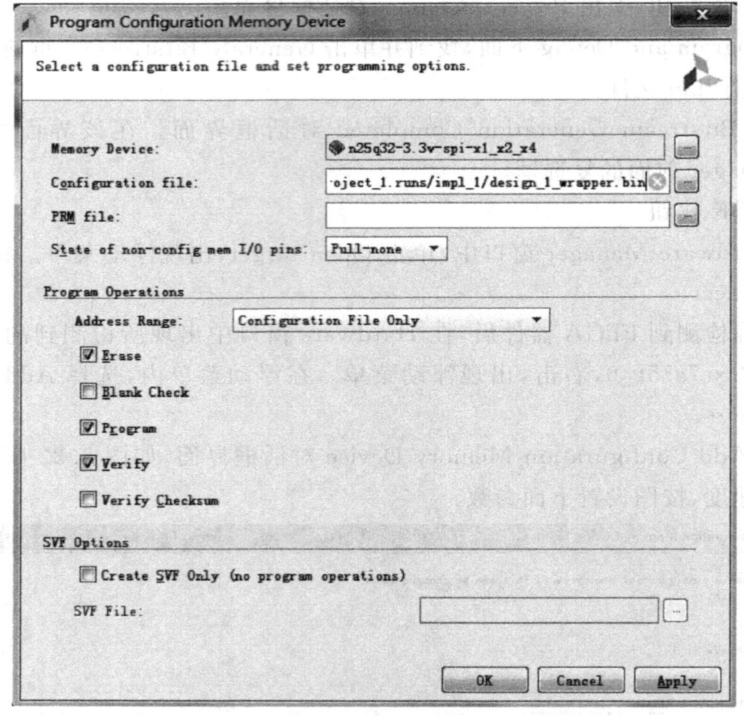

图 3.23 选择编程文件界面

(14) 出现 Specify File 对话框界面。在该界面中指向下面的当前工程路径：

```
E:/eda_verilog/counter_ip/project_1/project_1.runs/impl_1
```

在该路径下选中名为 design_1_wrapper.bin 的文件。

(15) 单击 OK 按钮。退出 Specify File 对话框界面。

(16) 在 Program Configuration Memory Device 对话框界面中添加了编程文件，其余按默认参数设置。

(17) 单击 OK 按钮。Vivado 开始将 bin 文件烧写到 N25Q32 存储器中。

注：这个过程需要对 SPI Flash 进行擦除，需要等待几分钟才能完成该操作过程。

（18）出现 Program Flash 对话框界面，该界面提示 Flash programming completed successfully 信息。

（19）单击 OK 按钮。

（20）给 A7-EDP-1 开发平台断电，然后将开发平台上名为 J10 的跳线设置到标记 SPI 的位置。

（21）重新给 A7-EDP-1 开发平台上电。

思考与练习 3-6 观察 SPI Flash 启动后，LED 的变化规律是否满足设计要求。

第 4 章 Vivado 集成开发环境 Verilog HDL 设计流程

CHAPTER 4

本章通过一个简单的使用 Verilog HDL 语言设计的例子，说明 Vivado 工程模式的设计流程。该基本设计实现过程包括：创建新的设计工程、创建并添加一个新的设计文件、RTL 详细描述和分析、设计综合和分析、设计行为级仿真、创建实现约束文件 XDC、设计实现和分析、设计时序仿真、生成并下载比特流文件、生成并烧写 PROM 文件。

通过对 Vivado 工程模式下基本设计实现过程的介绍，读者可以了解 Vivado 工程模式下实现数字系统设计的方法。

4.1 创建新的设计工程

本节将创建新的设计工程，主要步骤包括：

(1) 启动 Vivado 2015.4 集成开发环境。

(2) 在 Vivado 集成开发环境主界面内的 Quick Start 分组下，单击 Create New Project（创建新工程）选项；或者在主菜单下，选择 File→New Project。

(3) 出现 New Project-Create a New Vivado Project 对话框界面。

(4) 单击 Next 按钮。

(5) 如图 4.1 所示，出现 New Project-Project Name 对话框界面，要求设计者给出工程的名字和工程路径，在该设计中按如下设置参数：

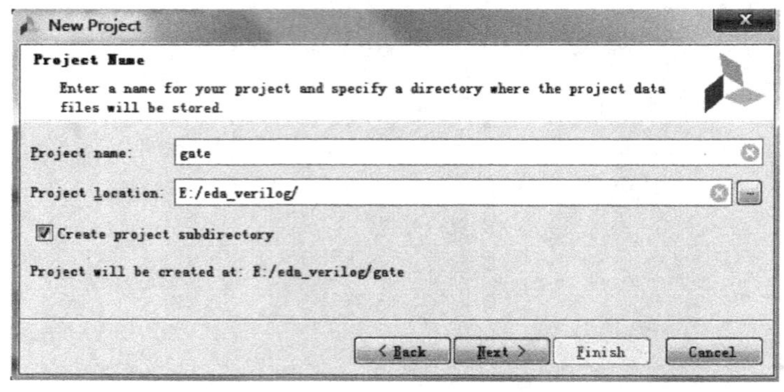

图 4.1　给出工程路径和工程名字

① Project name(工程名字)：gate。

② Project location(工程路径)：E:/eda_verilog。

注：读者可以根据自己的需要命令工程名字和指定工程路径，但是不要命名中文的名字以及放到中文路径下，否则，可能会导致进行后续处理时产生一些错误。

(6) 单击 Next 按钮。

(7) 出现 New Project-Project Type(新工程-工程类型)对话框界面，如图 4.2 所示。在该界面内提供了下面可选的工程类型：

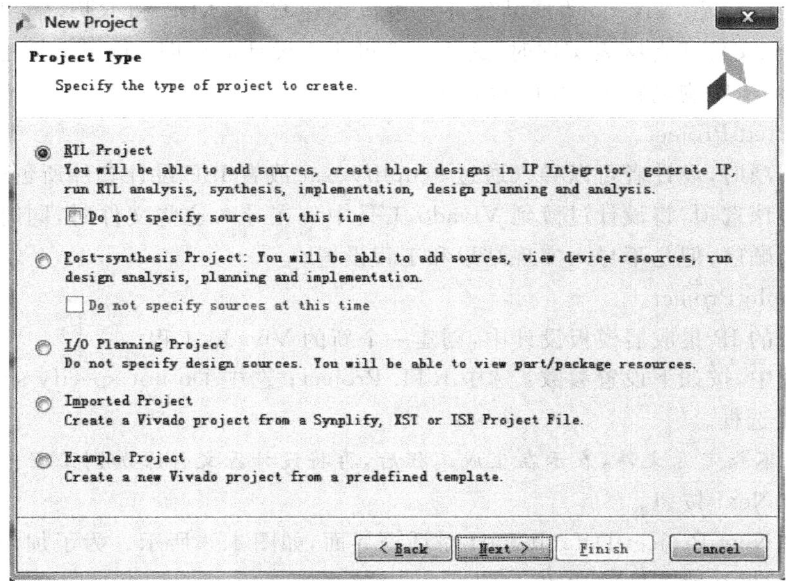

图 4.2 指定工程的类型

① RTL Project。

当选择该选项时，通过 Vivado 集成设计环境管理从创建 RTL 到生成比持流的整个设计流程。设计者可以添加下面的文件：RTL 源文件、Xilinx IP 目录内的 IP、用于层次化模块的 EDIF 网表、Vivado IP 集成器内创建的块设计；数字信号处理(DSP)源文件。

此外，IP 可以包含下面类型：Vivado 生成的 XCI 文件、由核生成器工具生成的已经过时的 XCO 文件；预编译的 EDIF 或 GNC 格式的 IP 网表。

此外，设计者可以通过集成设计环境实现下面功能：详细说明和分析 RTL，用于保证正确的结构；启动和管理不同的综合和实现运行过程；分析设计和运行结果；可以设置不同约束和实现策略，用于实现时序收敛。

② Post-synthesis Project。

当选择该选项时，设计者可以使用综合后的网表创建工程。设计者可以通过 Vivado、XST 或者第三方的综合工具生成网表，例如 Vivado 集成开发环境可以导入 EDIF、NGC、结构的 SystemVerilog，或者结构的 Verilog 格式的网表，以及 Vivado 设计检查点(Design Check Point，DCP)文件。

此外，设计者可以通过集成设计环境实现下面的功能：分析和仿真逻辑网表；启动和管理不同的实现运行过程；分析布局和布线的结果；可以对不同约束和实现策略进行尝试。

③ I/O Planning Project。

当选择该选项时，通过创建一个空的I/O规划工程，在设计的早期阶段就可以执行时钟资源和I/O规划。设计者可以在Vivado集成开发环境中定义I/O端口，也可以通过逗号分隔的值(CSV)或者XDC文件导入它们。设计者可以创建一个空的I/O规划工程，用于探索在不同器件结构中可用的逻辑资源。

当分配完I/O后，Vivado集成开发环境可以创建CSV、XDC和RTL输出文件。当有可用的RTL源文件或者网表文件时，这些文件可用于设计的后期；输出文件也可用于创建原理图符号，用于印刷电路板(PCB)设计过程。

④ Imported Project。

选择该选项时，设计者可以导入通过synplify、xst或者ISE设计套件所创建的RTL工程数据。通过该选项，将设计过渡到Vivado工具中。在导入这些文件时，同时也导入工程源文件和编译顺序，但是不导入实现结果和工程设置。

⑤ Example Project。

从预定义的IP集成器模板设计中，创建一个新的Vivado工程。

在该设计中，按如下设置参数：选中RTL Project；选中Do not specify sources at this time前面的复选框。

注：此次不指定源文件，表示在生成工程后，再将设计源文件添加到工程中。

(8) 单击Next按钮。

(9) 出现New Project-Default Part对话框界面，如图4.3所示。为了加快寻找器件的速度，通过下拉框选择下面的参数：

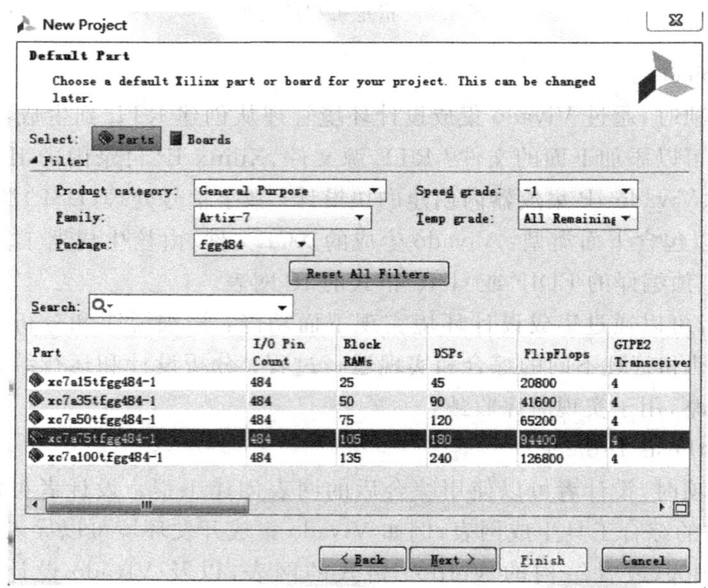

图4.3 器件类型选择界面

注：该设计基于本书配套的 A7-EDP-1 开发平台，该平台搭载 Xilinx 的 xc7a75tffg484-1 FPGA 芯片。

① Product category：General Purpose。

② Package：fgg484。

③ Family：Aritx-7。

④ Speed grade：－1。

⑤ Sub-Family：All Remaining。

⑥ Temp grade：C。

可以看到，所选择器件的型号是 xc7a75tfgg484-1。

(10) 单击 Next 按钮。

(11) 出现 New Project-New Project Summary 对话框界面，该对话框给出了工程类型、工程名字和器件信息的说明。

(12) 单击 Finish 按钮。

4.2 创建并添加一个新的设计文件

本节将为该设计创建一个 Verilog HDL 设计文件。创建 Verilog HDL 文件的主要步骤包括：

(1) 如图 4.4 所示，在 Sources 窗口中，右击 Design Sources，出现浮动菜单。在浮动菜单内，选择 Add Sources…。

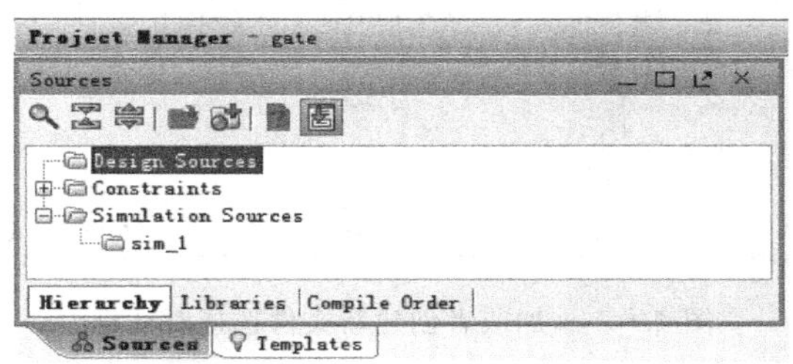

图 4.4 添加新设计文件入口界面

(2) 出现 Add Sources-Add Sources 对话框界面，如图 4.5 所示。在该界面中提供了下面的选项：

① Add or Create Constraints(添加或者创建约束)；

② Add or Create Design Sources(添加或者创建设计源文件)；

③ Add or Create Simulation Sources(添加或者创建仿真文件)；

④ Add or Create DSP Sources(添加或者创建 DSP 源文件)；

⑤ Add Existing Block Design Sources(添加已经存在的块设计源文件)；

⑥ Add Existing IP(添加已经存在的 IP)。

在该设计中，使用默认的 Add or Create Design Sources 选项。

(3) 单击 Next 按钮。

(4) 出现 Add Source-Add or Create Design Source 对话框界面，如图 4.6 所示。使用下面两种方法之一创建新的 Verilog HDL 源文件：

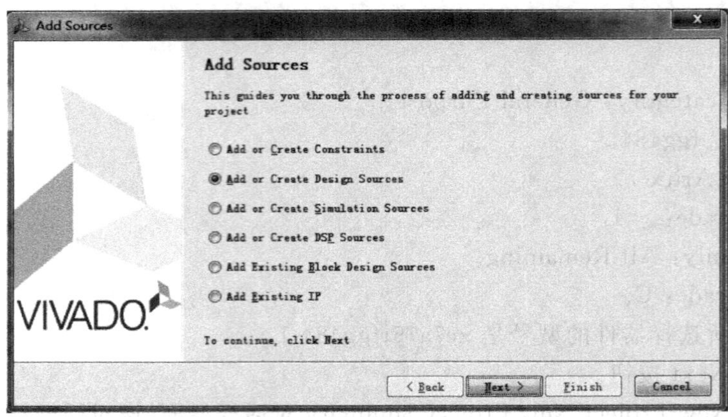

图 4.5　创建新的设计文件

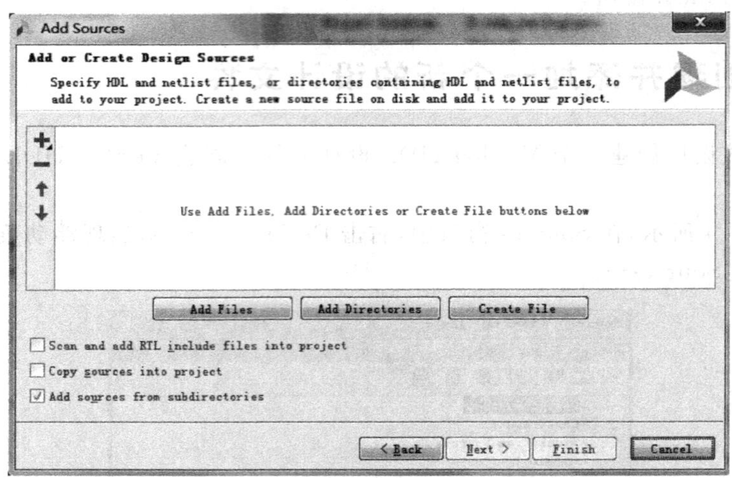

图 4.6　添加或者创建新文件选择对话框

① 在该界面中单击 Create File…按钮；

② 如图 4.7 所示，在该界面中，单击 ✚ 按钮，出现浮动菜单。在浮动菜单中，选择 Create File。

(5) 出现 Create Source File 对话框界面，如图 4.8 所示。在该界面内选择添加文件的类型和输入文件的名字。按下面参数进行设置：

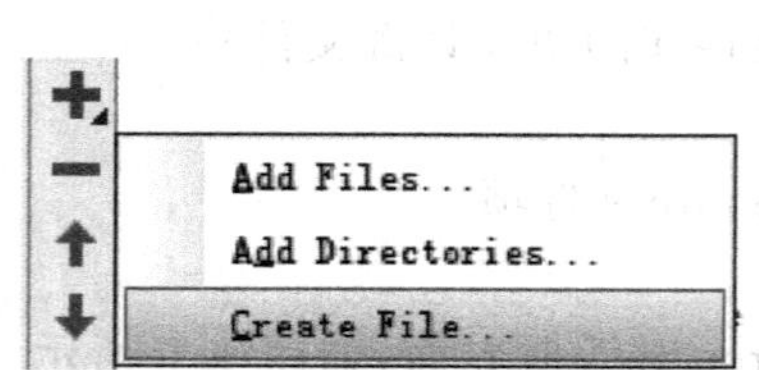

图4.7　添加或者创建新文件选择对话框

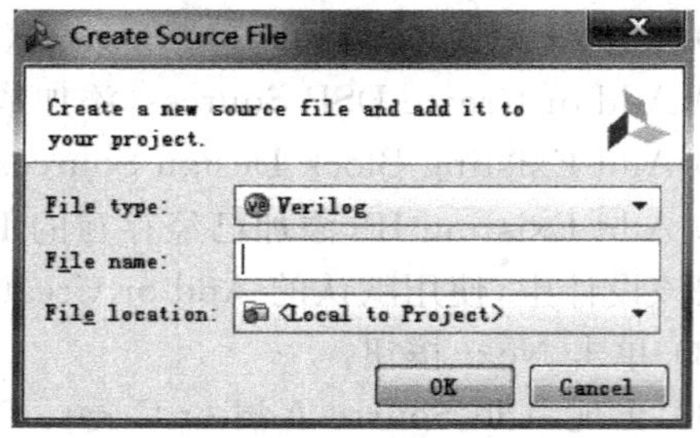

图 4.8　创建文件对话框界面

① File type：Verilog。

② File name：top。

③ File location：Local to Project。

(6) 单击 OK 按钮。

(7) 出现 Define Module 对话框界面，如图 4.9 所示。在该界面中设置参数，如表 4.1 所示。

表 4.1　参数端口定义

Port Name（端口名字）	Direction（方向）	Bus（总线）	
		MSB（最高有效位）	LSB（最低有效位）
a	input	-	-
b	input	-	-
z	output	5	0

注：该声明和 Verilog 模块内的端口声明相对应。

(8) 单击 OK 按钮。

(9) 在源文件窗口中，添加了 top.v 文件，如图 4.10 所示。

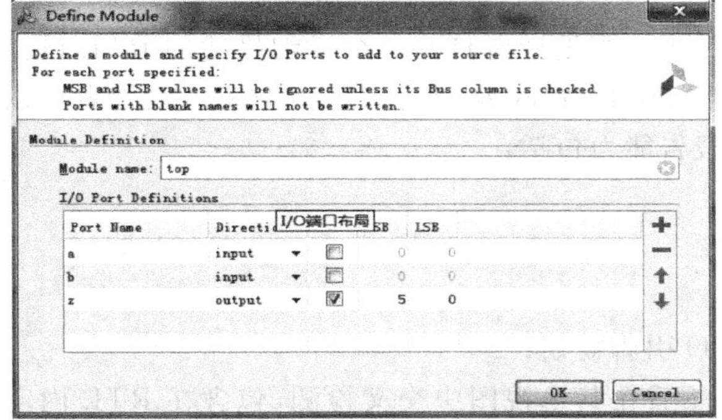

图 4.9　定义 Verilog 模块对话框界面

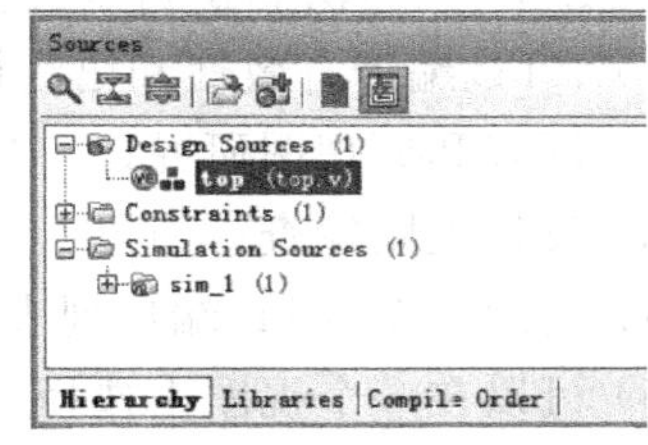

图 4.10　在 Sources 窗口中添加了 top.v 文件

(10) 双击 Sources 窗口中的 top.v 文件。打开设计模板并添加设计代码，如代码清单 4-1 所示。

注：该设计中，两个逻辑量 a 和 b 进行 6 种逻辑运算，产生 6 种输出到 z(5)～z(0)。

代码清单 4-1　top.v 文件

```
module top(
    input a,
    input b,
    output [5:0] z
    );
assign z[0] = a & b;
assign z[1] = ~(a & b);
assign z[2] = a | b;
assign z[3] = ~(a | b);
assign z[4] = a ^ b;
```

```
assign z[5] = a ~^ b;
endmodule
```

(11) 按 Ctrl+S 键，保存设计。

4.3 RTL 详细描述和分析

本节介绍 RTL 详细描述原理和分析过程。

4.3.1 详细描述的原理

详细描述(Elaboration)是指将 RTL 优化到 FPGA 技术。Vivado 集成开发环境允许实现下面的功能：

(1) 设计者导入和管理下面的 RTL 源文件，包括 Verilog、System Verilog、VHDL、NGC 或者测试平台文件。

(2) 通过 RTL 编辑器创建和修改源文件。

(3) 源文件视图。

① 层次：以层次化方式显示设计中的模块。

② 库：以目录的形式显示源文件。

在基于 RTL 的设计中，详细描述是第一步。当设计者打开一个详细描述的 RTL 设计时，Vivado 集成环境编译 RTL 源文件，并且加载 RTL 网表，用于交互式分析。设计者可以查看 RTL 结构、语法和逻辑定义。分析和报告能力包括：

(1) RTL 编译有效性和语法检查；

(2) 网表和原理图研究；

(3) 设计规则检查；

(4) 使用一个 RTL 端口列表的早期 I/O 引脚规划；

(5) 可以在一个视图中选择一个对象，然后在其他视图中交叉检测，包含在 RTL 内定义的实例和逻辑定义。

4.3.2 详细描述的过程

本节介绍详细描述的实现过程，实现 RTL 详细描述和分析的主要步骤包括：

(1) 在源窗口下，选择 top.v 文件。

(2) 在 Vivado 左侧的 Flow Navigator 窗口中，找到并展开 RTL Analysis 选项。在 RTL Analysis 展开项中，找到并展开 Open Elaborated Design。在 Open Elaborated Design 展开项中，单击 Schematic，如图 4.11 所示。

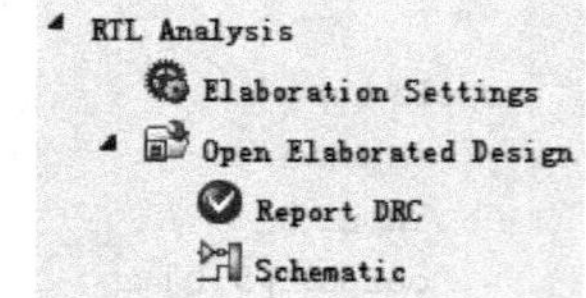

图 4.11 执行 RTL 分析

(3) 出现 Elaborate Design 对话框界面。在该对话框界面中，给出一些提示信息。

(4) 单击 OK 按钮。

(5) 自动打开 RTL Schematic。可以看到生成的对 Verilog HDL 详细描述后得到的网表结构，如图 4.12 所示。

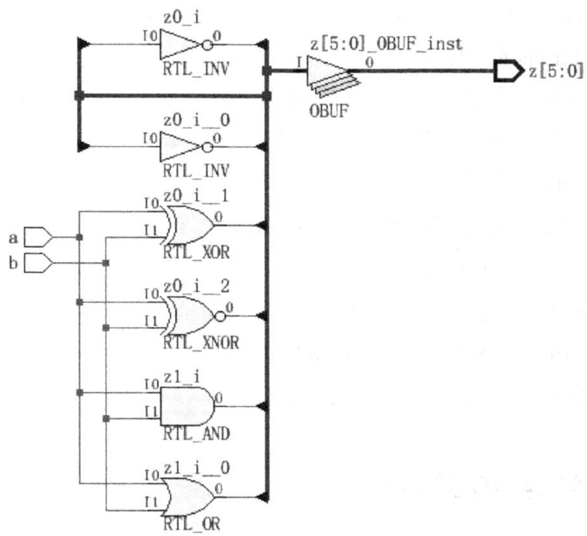

图 4.12　打开 RTL 详细描述后的结构

注：① 如果设计者重新运行 Elaborated Design，则在如图 4.11 所示的界面内，选择 Elaborated Design 右击，出现浮动菜单。在浮动菜单内选择 Reload Design。

② 在图 4.12 的原理图界面内，选择一个对象，右击，出现浮动菜单。在浮动菜单内，选择 Go To Source 选项。将自动跳转到定义该对象源代码的位置。

(6) 在源窗口内，选择 RTL Netlist 标签。在该标签窗口中，查看 RTL 级网表，如图 4.13 所示。下面对图标含义进行说明：

① 图标：表示总线。

② 图标：表示 IO 总线。

③ 图标：表示网络。

④ 图标：表示 IO 网络。

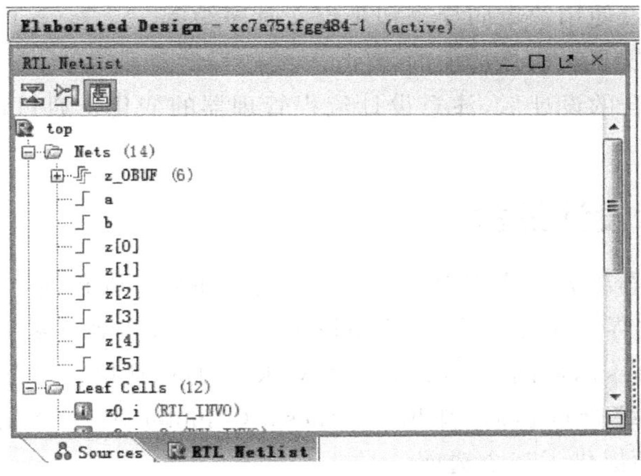

图 4.13　查看 RTL 级网表

⑤ ：表示层次化单元(逻辑)。

⑥ ：表示层次化单元(黑盒)。

注：那些不包含网表或者逻辑内容的层次化单元，由Vivado理解为黑盒。一个层次化的单元可能是一个设计的黑盒，也可能是编码错误或者丢失文件。

⑦ ：表示层次化单元(分配到Pblock)。

⑧ ：表示层次化单元(黑盒分配到Pblock)。

⑨ ：表示原语单元(分配到Pblock)。

⑩ ：表示原语单元(放置并且分配到Pblock)。

⑪ ：表示原语单元(没有分配的布局约束)。

⑫ ：表示原语单元(已经分配了布局约束)。

4.4 设计综合和分析

本节将对设计进行综合。综合就是将RTL级的设计描述转换成门级的描述。在该过程中，将进行逻辑优化，并且映射到Xilinx器件原语(也称为技术映射)。

Vivado集成环境综合采用基于时间驱动的策略，专门为存储器的利用率和性能进行了优化。综合工具支持System Verilog，以及VHDL和Verilog混合语言。该综合工具支持Xilinx设计约束XDC(该约束基于工业标准的Synopsys设计约束SDC格式)。

4.4.1 综合过程的关键问题

在综合的过程中，需要了解下列概念：

(1) 在综合的过程中，综合工具使用XDC约束来驱动综合优化，因此必须存在XDC文件。

(2) 时序约束考虑：

① 首先必须综合设计，而没有用于约束编辑器的时序约束。

② 当综合后，可以使用约束向导来初步定义时序约束。

(3) 综合设置提供了对额外选项的访问。

(4) 当打开被综合的设计后，注意设计流程管理器的变化。通过设置调试属性来集成调试特性。

4.4.2 执行设计综合

本节将对设计进行综合。实现对设计进行综合的主要步骤包括：

(1) 在Vivado主界面左侧的Flow Navigator窗口下，找到并展开Synthesis。在展开项中，单击Run Synthesis，如图4.14所示。Vivado开始自动执行综合过程。

(2) 当完成设计综合过程后，弹出Synthesis Completed(综合完成)对话框界面，如图4.15所示。该界面提供了三个选项：

① Run Implementation(运行实现过程)。

② Open Synthesized Design(打开综合后的设计)。

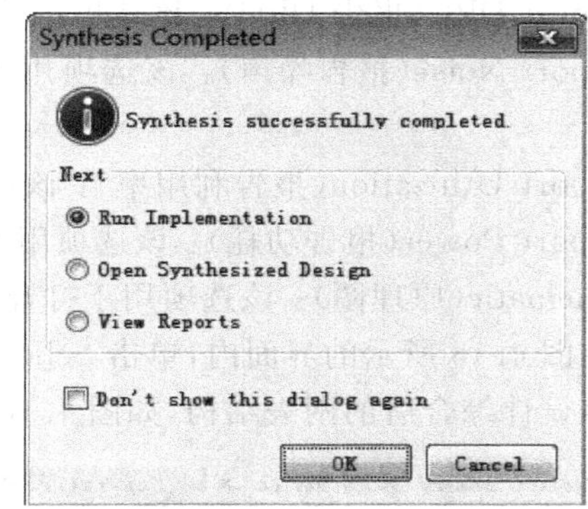

图 4.14　执行综合过程　　图 4.15　综合完成提示对话框界面

③ View Reports(查看报告)。

在该对话框界面中,选中 Open Synthesized Design 前面的复选框。

(3) 单击 OK 按钮。

(4) 出现 Vivado 对话框,如图 4.16 所示,提示关闭前面执行 Elaborated Design 所打开的原理图界面,单击 Yes 按钮。Vivado 开始执行综合过程。

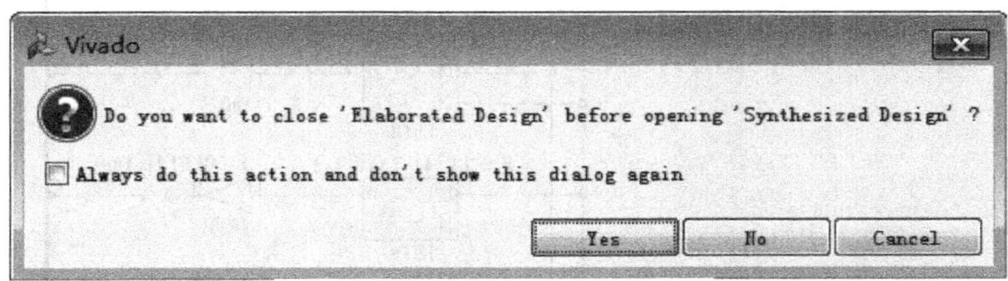

图 4.16　提示关闭前面界面对话框界面

(5) 当执行完综合后,如图 4.17 所示,可以展开 Synthesis Design。在 Synthesized Designed 分组中提供了下列选项:

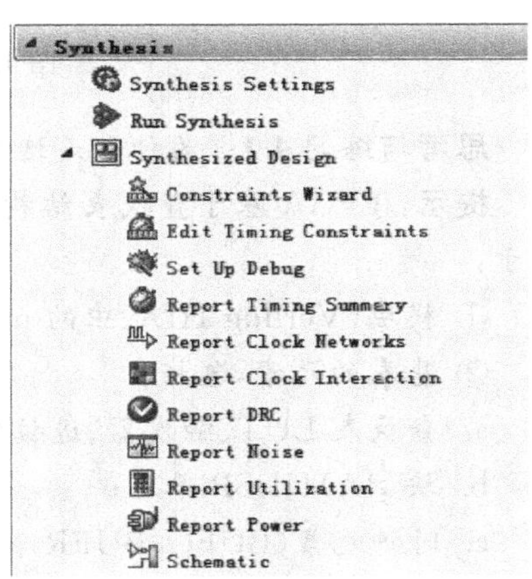

图 4.17　Synthesis Design 选项列表

① Constraints Wizard(约束向导)。

② Edit Timing Constraints(编辑时序约束):该选项用于启动时序约束标签。

③ Set Up Debug(设置调试):该选项用于启动标记网络视图界面,这些标记过的网络视图将用于调试目的。

④ Report Timing Summary(报告时序总结):该选项生成一个默认的时序报告。

⑤ Report Clock Networks(报告时钟网络):该选项生成该设计的时钟树。

⑥ Report Clock Interaction(报告时钟相互作用):该选项用于在时钟域之间,验证路径上的约束收敛。

⑦ Report DRC(报告 DRC)：该选项用于对整个设计执行设计规则检查。

⑧ Report Noise(报告噪声)：该选项用于对设计中的输出和双向引脚执行一个 SSO 分析。

⑨ Report Utilization(报告利用率)：该选项用于生成一个图形化的利用率报告。

⑩ Report Power(报告功耗)：该选项用于生成一个详细的功耗分析报告。

⑪ Schematic(原理图)：该选项用于打开原理图视图界面。

(6) 在图 4.18 所示的界面内，单击 Schematic 选项。

(7) 该设计综合后的网表结构，如图 4.18 所示。

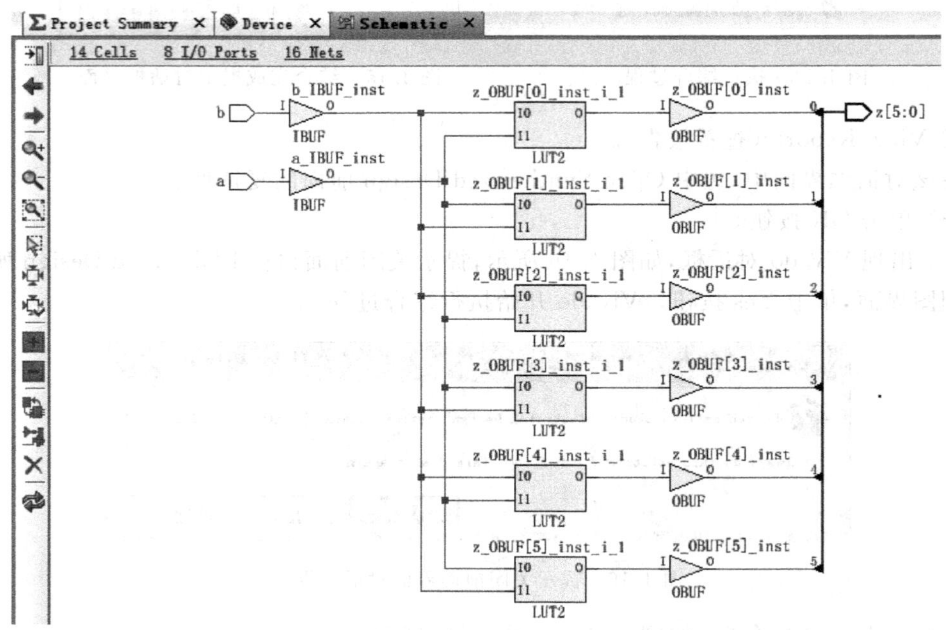

图 4.18 该设计的完整网表结构

思考与练习 4-1 为什么是这种结构?

提示：FPGA 基于查找表结构，综合后，设计表示为层次和基本元素的互连网表。对应于：

① 模块(Verilog HDL 中的 module)的实例。

② 基本的元素，包括：

a. 查找表 LUT、触发器、进位链元素、宽的多路复用器 MUX；

b. 块 RAM、DSP 单元；

c. 时钟元素(BUFG、BUFR 和 MMCM)；

d. I/O 元素(IBUF、OBUF 和 I/O 触发器)。

③ 尽量使对象的名字与详细描述网表中的名字相同。

思考与练习 4-2 查看输入缓冲区、输出缓冲区的结构，分析该设计的逻辑通路。

(8) 查看每个 LUT 的内部映射关系。在图 4.18 内分别用鼠标选择相应的 LUT，总共 6 个 LUT。先选择最上面的一个 LUT，在 Vivado 源窗口下方的 Cell Properties，选择

Truth Table 标签，如图 4.19 所示。可以看到逻辑表达式 O=I0&I1。

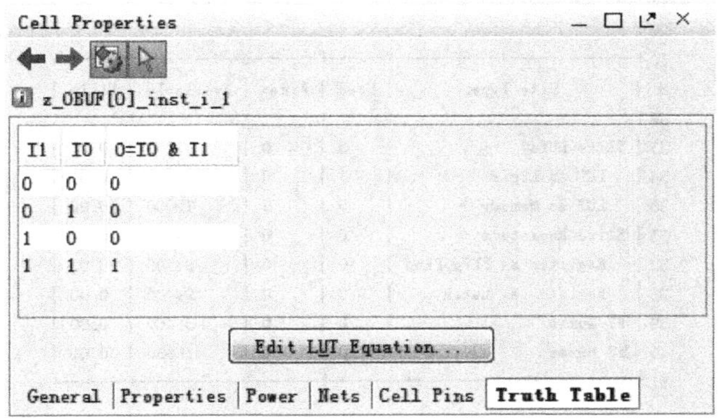

图 4.19 LUT 的内部映射关系

思考与练习 4-3 说明 LUT 内部实现的逻辑关系。（提示：在每个查找表内实现了该设计的每种逻辑运算关系。）

思考与练习 4-4 在前面的设计中，可以看到 Verilog 的描述方法类似于 C 语言。C 语言通过按位逻辑运算符，实现逻辑运算。用 FPGA 实现和 C 语言在 CPU 上实现有什么本质的区别？

提示：C 语言在 CPU 上实现，靠程序计数器 PC 串行执行；而 FPGA 上的数字逻辑的实现是并行实现，由逻辑流推动。

4.4.3 综合报告的查看

本节将查看综合后的报告。Vivado 可以提供很多重要的报告，在 Vivado 当前工程窗口底部的 Reports 标签窗口下，包含了其他有用的报告。如图 4.20 所示，在 Reports 标签窗口下的 Synth Design 下，提供了下面的报告选项：

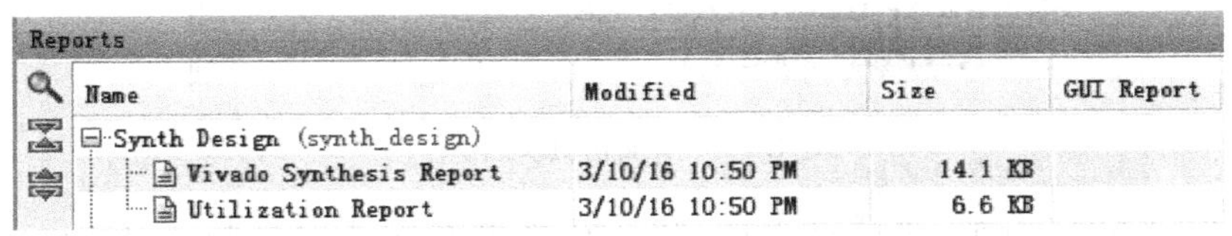

图 4.20 Reports 标签窗口内容

1) Vivado Synthesis Report（Vivado 综合报告）

(1) HDL 文件的综合、综合的过程、读取时序约束、来自 RTL 设计中的 RTL 原语。

(2) 时序优化目标、技术映射、去除引脚/端口、使用的最终单元（技术映射）。

2) Utilization Report（利用率报告）

以表格的形式给出技术映射单元的使用情况，图 4.21 给出了 Slice Logic 利用率报告。报告中完整的内容包括：切片逻辑、存储器、DSP 切片、IO、时钟，以及设计中所用到的其他资源。

思考与练习 4-5 仔细阅读该报告，得到该设计所用所有资源的情况。

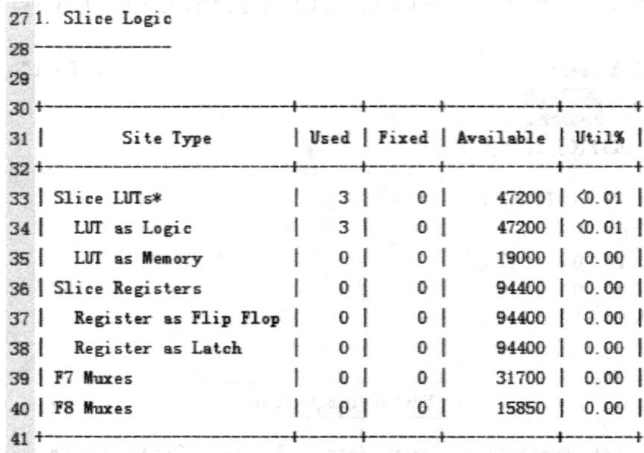

```
1. Slice Logic
--------------

+-------------------------+------+-------+-----------+-------+
|        Site Type        | Used | Fixed | Available | Util% |
+-------------------------+------+-------+-----------+-------+
| Slice LUTs*             |    3 |     0 |     47200 | <0.01 |
|   LUT as Logic          |    3 |     0 |     47200 | <0.01 |
|   LUT as Memory         |    0 |     0 |     19000 |  0.00 |
| Slice Registers         |    0 |     0 |     94400 |  0.00 |
|   Register as Flip Flop |    0 |     0 |     94400 |  0.00 |
|   Register as Latch     |    0 |     0 |     94400 |  0.00 |
| F7 Muxes                |    0 |     0 |     31700 |  0.00 |
| F8 Muxes                |    0 |     0 |     15850 |  0.00 |
+-------------------------+------+-------+-----------+-------+
```

图 4.21　资源使用情况报告

4.5　设计行为级仿真

本节将对设计进行行为级仿真，执行行为级仿真的主要步骤包括：

(1) 在 Sources 窗口中，选中 Simulation Sources 文件夹，右击，出现浮动菜单。在浮动菜单内，选择 Add Sources…，如图 4.22 所示。

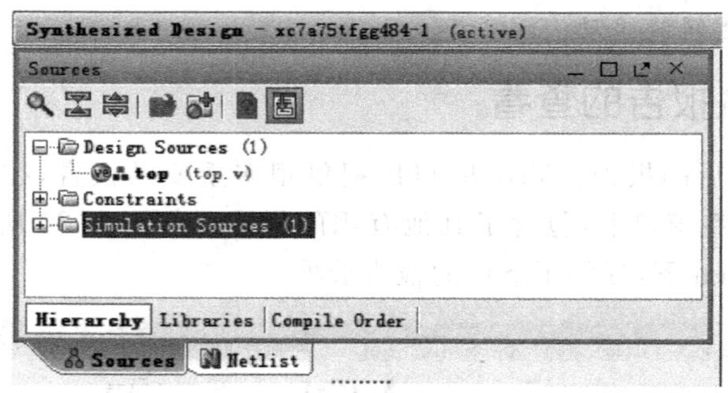

图 4.22　添加仿真文件入口

(2) 出现 Add Sources 对话框界面，默认在该界面内选中 Add or Create Simulation Source 前面的复选框。

(3) 单击 Next 按钮。

(4) 出现 Add Sources-Add or Create Simulation Sources 对话框界面。在该界面内，单击 Create File 按钮；或者单击 ➕ 按钮，出现浮动菜单。在浮动菜单内选择 Create File 选项。

(5) 出现 Create Source File 对话框界面，如图 4.23 所示。在该界面中，设置参数如下：

① File type：Verilog。

② File name：test。

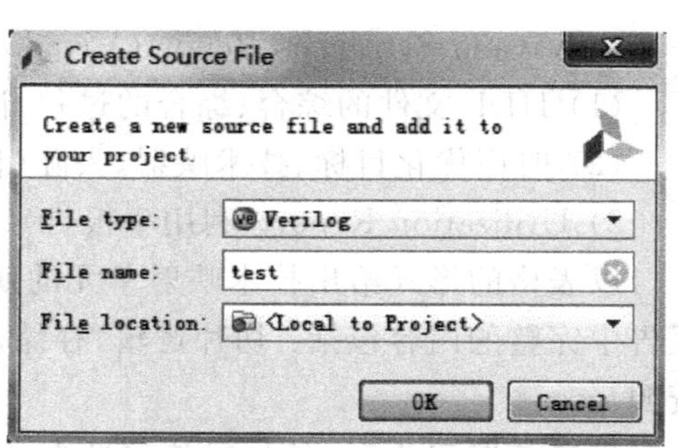

图 4.23　创建仿真文件界面

③ File location：Local to Project。

(6) 单击 OK 按钮。

(7) 在 Add Sources-Add or Create Simulation Sources 对话框界面中，新添加了名为 test.v 的仿真源文件。

(8) 单击 Finish 按钮。

(9) 出现 Define Module 对话框界面。

(10) 单击 OK 按钮。

(11) 出现 Define Module 提示对话框界面。

(12) 单击 Yes 按钮。

(13) 在源文件窗口的 Simulation Sources 文件夹下新加 test.v 文件，如图 4.24 所示。

(14) 如代码清单 4-2 所示，在 test.v 文件中添加测试代码。

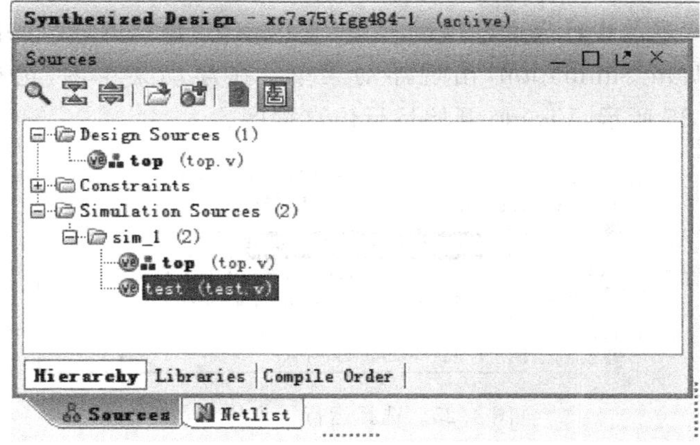

图 4.24 添加 Verilog HDL 仿真文件后的源窗口

代码清单 4-2 test.v 文件

```
'timescale 1ns / 1ps

module test;
reg a;
reg b;
wire [5:0] z;
top uut(
    .a(a),
    .b(b),
    .z(z)
     );
initial
begin
  while(1)
    begin
      a = 0;
      b = 0;
      #100;
```

```
        a = 0;
        b = 1;
        #100;
        a = 1;
        b = 0;
        #100;
        a = 1;
        b = 1;
        #100;
    end
 end
endmodule
```

（15）按 Ctrl+S 键，保存 test. v 文件。

（16）在源文件窗口选择 test. v 文件。

（17）在 Vivado 当前设计界面左侧的 Flow Navigator 窗口内，找到并展开 Simulation。在展开项中，单击 Run Simulation，出现浮动菜单。在浮动菜单内，选择 Run Behavioral Simulation，如图 4.25 所示，Vivado 开始运行仿真程序。

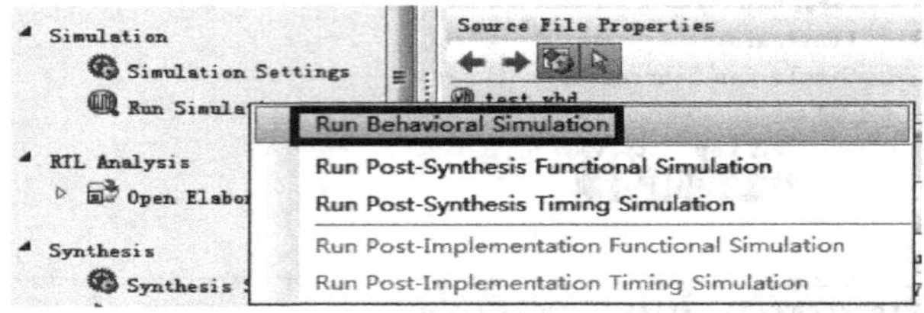

图 4.25　选择运行行为仿真

（18）出现行为仿真后的波形界面，如图 4.26 所示。

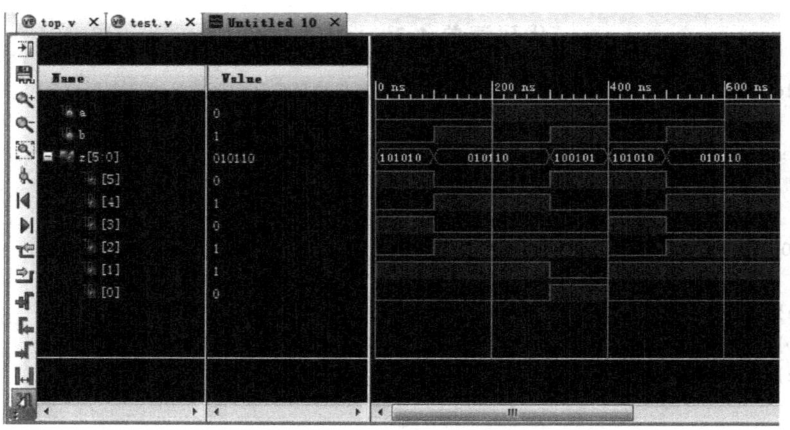

图 4.26　行为仿真波形图

注：① 单击图 4.26 左侧一列工具栏中的（放大）或者（缩小）按钮，将波形调整到合适的显示大小。

② 单击工具栏中的按钮，添加若干标尺，使得可以测量某两个逻辑信号跳变之间的

时间间隔。

③ 如图 4.27 所示，单击 Vivado 上方的工具栏内的按钮，可以控制仿真的运行时间。

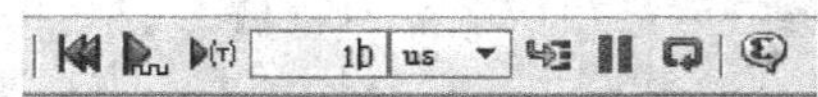

图 4.27 控制仿真运行时间

(19) 退出行为仿真界面。

4.6 创建实现约束文件 XDC

本节将介绍实现约束的原理及其具体的实现过程。作为基本设计流程的一部分，本节只介绍为设计添加引脚约束的过程。

4.6.1 实现约束的原理

综合过程成功完成后，就会生成综合后的网表。设计者就可以将综合后的网表，以及 XDC 文件或者 Tcl 脚本一起加载到存储器中，用于后续的实现过程。

注：在一些情况下，综合后网表的对象名字和详细描述后的设计中对象的名字并不相同。如果出现这种情况，设计者必须要使用正确的名字重新创建约束，并将其只保存在实现过程所使用到的 XDC 文件中。

一旦 Vivado 工具可以正确地加载所有的 XDC 文件，设计者就可以运行时序分析，用于：

① 添加缺失的约束；

② 添加时序异常；

③ 识别在设计中由于长路径导致的较大冲突并修改 RTL 描述。

4.6.2 I/O 规划器功能

可以通过 I/O 规划器实现约束引脚位置。I/O 规划器允许设计者查看晶圆和封装视图，这样设计者就可以理解 I/O 组合逻辑之间的关系。

1) 封装和器件视图

I/O 规划器工具中器件视图，如图 4.28 所示。

(1) 从图中可以看到，通过图形显示了封装引脚、晶圆焊盘和 I/O 组。

(2) 可以在视图中分配 I/O 端口。

注：器件视图中，引脚之间的不同颜色区域标识了 I/O 组，同时显示了差分对。从图上可以看到时钟使能引脚、VCC、GND，以及没有连接的引脚，这些引脚通过不同的形状标识。

2) 封装引脚视图

I/O 规划器工具中封装引脚视图，如图 4.29 所示。封装引脚视图的功能表现在以下几个方面：

(1) 显示了 I/O 封装规范和分配状态，允许设计者查看 Trace 延迟、引脚类型、电压标准和差分对。

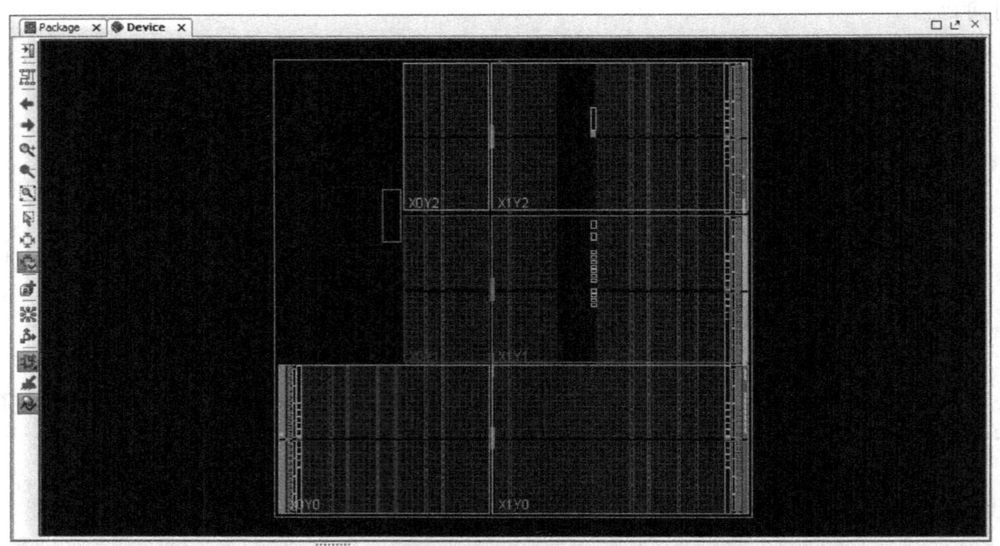

图 4.28 器件视图

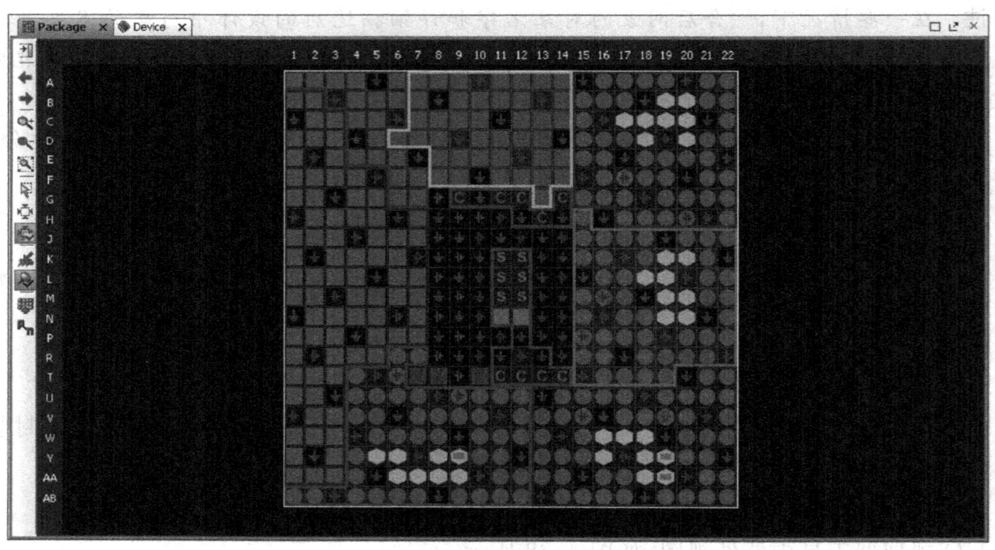

图 4.29 封装视图

(2) 在一个 I/O 组内，可以以组或者列表形式显示引脚。

(3) 当拖曳的时候，图标显示引脚和 I/O 组布局状态。

4.6.3 实现约束过程

本节将通过 I/O 规划器图形化界面添加实现约束。添加实现约束条件的主要步骤包括：

注：在该设计中，使用 A7-EDP-1 开发平台上的两个开关作为 a 和 b 的逻辑输入量；使用 A7-EDP-1 开发平台上的 6 个 LED 灯作为 z[0]～z[5]的逻辑输出量。

(1) 在 Vivado 主界面 Sources 窗口中选中 Constraints 右击，出现浮动菜单。在浮动菜单内，选择 Add Sources。

(2) 出现 Add Sources 对话框界面。在该对话框界面中，默认选中 Add or create Constraints 前面的复选框。

(3) 单击 Next 按钮。

(4) 出现 Add Sources-Add or Create Constraints 对话框界面。在该对话框界面，单击 Create File 按钮，或者在该界面中单击 + 按钮，出现浮动菜单。在浮动菜单内，选择 Create File 选项。

(5) 出现 Create Constraints File 对话框界面，如图 4.30 所示。设置参数如下：

① File type：XDC。

② File name：top。

③ File location：Local to Project。

(6) 单击 OK 按钮。

(7) 可以看到在 Add Sources-Add or Create Constraints 对话框界面中，添加了名为 top.xdc 约束文件。

注：Vivado 中约束文件名字的后缀名是.xdc，用于取代 ISE 集成设计环境中的.ucf 文件。

(8) 单击 Finish 按钮。

(9) 可以看到在 Sources 窗口中的 constrs_1 文件夹下新添加了 top.xdc 文件，如图 4.31 所示。

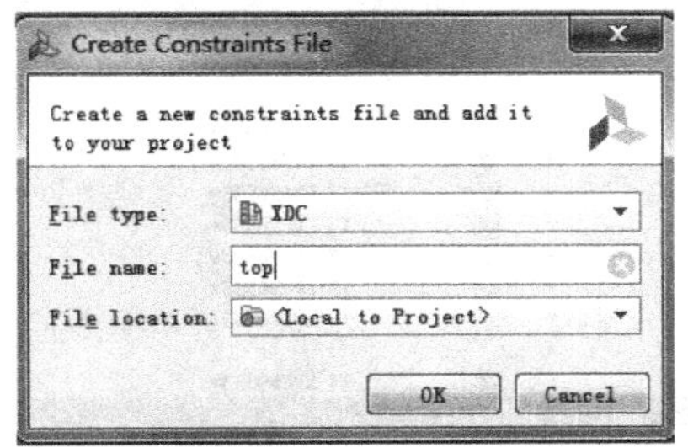

图 4.30 添加约束文件对话框界面

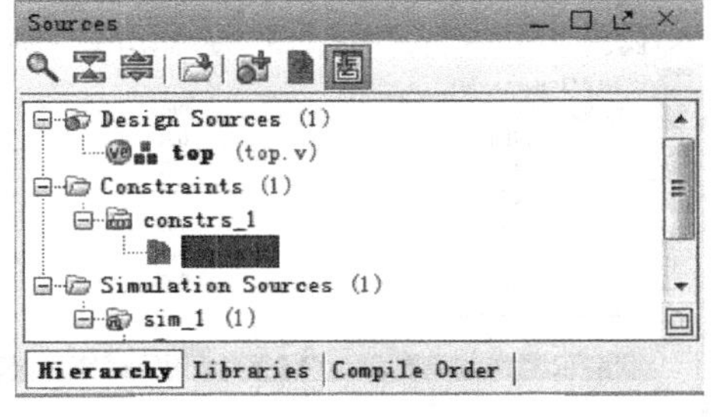

图 4.31 添加约束文件后的源文件窗口

(10) 按照 4.4.2 节所介绍的方法，再次重新执行综合过程。

(11) 综合完成后，再次自动打开综合后的设计。

(12) Vivado 集成开发工具自动进入 I/O Planning 布局。

(13) 在 I/O 规划器界面底部出现 I/O Ports 对话框界面，如图 4.32 所示。该界面中：

① 显示了工程中定义的所有端口；

② 将总线分组到可扩展的文件夹；

③ 将端口显示为一组总线或者列表；

④ 图标标识 I/O 端口的方向和状态。

(14) 如表 4.2 所示，在 Site 下输入每个逻辑端口在 FPGA 上的引脚位置；以及 I/O Std(I/O 标准)下为每个逻辑端口定义其 I/O 电气标准。分配完 I/O 引脚的界面，如图 4.33 所示。

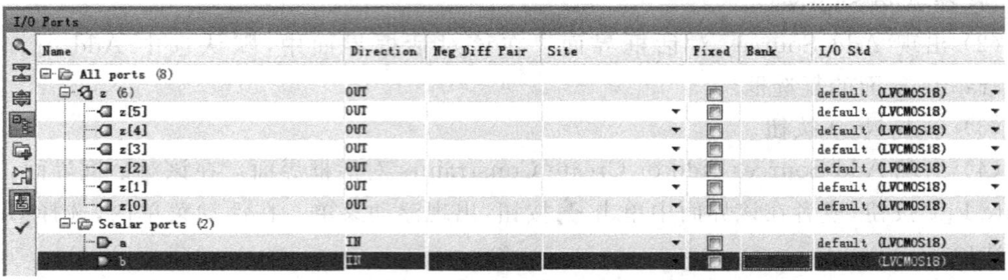

图 4.32　I/O 端口约束界面窗口

表 4.2　逻辑端口的 I/O 约束

逻 辑 端 口	FPGA 引脚位置	I/O 标准
Z[5]	T8	LVCMOS33
Z[4]	V9	LVCMOS33
Z[3]	R8	LVCMOS33
Z[2]	T6	LVCMOS33
Z[1]	T5	LVCMOS33
Z[0]	T4	LVCMOS33
a	U5	LVCMOS33
b	T5	LVCMOS33

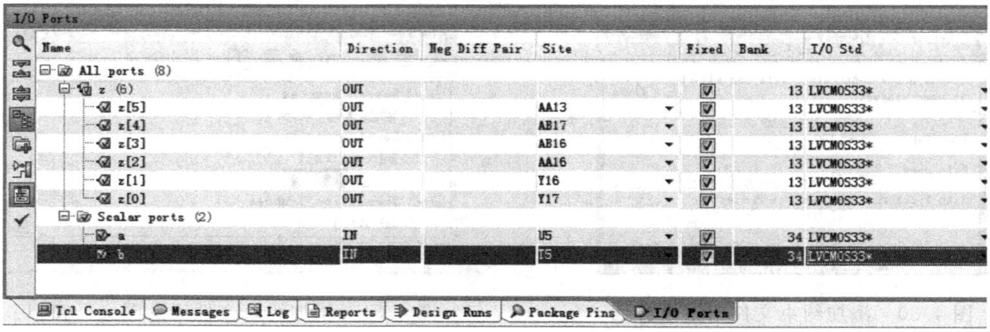

图 4.33　约束 I/O 端口后的界面窗口

（15）按 Ctrl+S 键，保存约束条件。

（16）出现 Out of Date Design 对话框界面，在该对话框界面中出现提示信息。

（17）单击 OK 按钮。

（18）出现 Save Constraints 对话框界面。在该对话框界面中，默认选择 Select an existing file 前面的复选框，默认的文件名为 top.xdc。

（19）单击 OK 按钮。

（20）在 Vivado 主界面上方中间的位置，找到下拉框，通过下拉框选择 Default Layout，如图 4.34 所示。

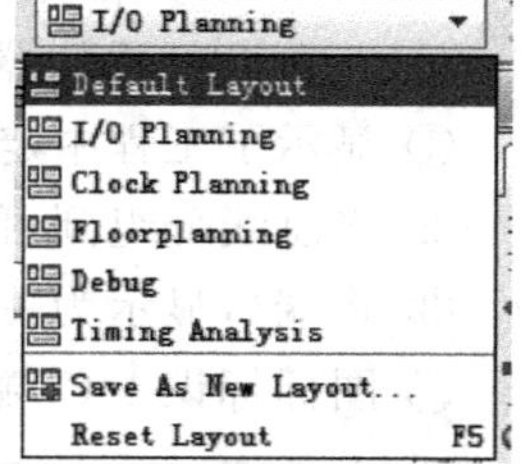

图 4.34　切换到默认布局的选项

注：选择 Default Layout 选项，使得 Vivado 集成开发环境返回到默认的布局环境。

(21) 在 Sources 窗口中，找到并双击 top. xdc 文件，打开约束文件，如代码清单 4-3 所示。

代码清单 4-3 top. xdc 文件

```
set_property PACKAGE_PIN U5 [get_ports a]
set_property PACKAGE_PIN T5 [get_ports b]
set_property PACKAGE_PIN Y17 [get_ports {z[0]}]
set_property PACKAGE_PIN Y16 [get_ports {z[1]}]
set_property PACKAGE_PIN AA16 [get_ports {z[2]}]
set_property PACKAGE_PIN AB16 [get_ports {z[3]}]
set_property PACKAGE_PIN AB17 [get_ports {z[4]}]
set_property PACKAGE_PIN AA13 [get_ports {z[5]}]
set_property IOSTANDARD LVCMOS33 [get_ports {z[5]}]
set_property IOSTANDARD LVCMOS33 [get_ports {z[4]}]
set_property IOSTANDARD LVCMOS33 [get_ports {z[3]}]
set_property IOSTANDARD LVCMOS33 [get_ports {z[2]}]
set_property IOSTANDARD LVCMOS33 [get_ports {z[1]}]
set_property IOSTANDARD LVCMOS33 [get_ports {z[0]}]
set_property IOSTANDARD LVCMOS33 [get_ports a]
set_property IOSTANDARD LVCMOS33 [get_ports b]
```

(22) 关闭该文件。

4.7 设计实现和分析

本节将对设计进行实现，并对实现结果进行分析。

4.7.1 设计实现原理

Vivado 集成设计环境的实现处理过程包括对设计的逻辑和物理转换。表 4.3 给出了 Vivado 设计工具实现过程的各个环节。

表 4.3 Vivado 实现过程的各个环节

Vivado 工具实现流程：Tcl 命令	
link_design	对设计进行翻译，应用约束条件
opt_design	对逻辑设计进行优化，使其容易适配到目标 Xilinx 器件
power_opt_design	对设计元素进行优化，以降低目标 Xilinx 器件的功耗要求
place_design	在目标 Xilinx 器件上，对设计进行布局
phys_opt_design	对高扇出网路驱动器进行复制，对其负载进行分布(即降低高扇出负载量)，以优化设计时序
route_design	在目标 Xilinx 器件上，对设计进行布线
report_timing_summary	分析时序，并生成时序分析报告
write_bitstream	生成比特流文件

4.7.2 设计实现及分析

本节将执行设计实现过程并分析实现后的结果。

1. 启动设计实现过程

本节将对设计进行实现，实现设计的主要步骤包括：

(1) 在 Sources 窗口中，找到并选择 top.v 文件。

(2) 在 Vivado 主界面左侧的 Flow Navigator 窗口中，找到并展开 Implementation 选项。在展开项中单击 Run Implementation 选项。Vivado 开始执行设计实现过程。

(3) 当完成实现过程时，出现 Implementation Completed 对话框界面，如图 4.35 所示。在该界面内提供了三个选项：

① Open Implemented Design(打开实现后的设计)；

② View Reports(查看报告)；

③ Generate Bitstream(生成地特流)。

在此选择 Open Implemented Design 选项。

(4) 单击 OK 按钮。

图 4.35 实现处理完成后的对话框界面

2. 查看布局布线结果

本节将查看布局布线后的结果。查看布局布线后结果的主要步骤包括：

(1) 在 Vivado 右上角出现 Device 标签界面，如图 4.36 所示。

(2) 单击图 4.37 界面左侧一列工具栏内的 (放大视图)按钮，放大该器件视图，并调整视图在窗口的位置。

(3) 在 Device 视图右下角 X0Y0 看到内部标有橙色颜色方块的引脚。表示该设计中已经使用这些引脚，如图 4.37 所示。

(4) 鼠标单击图 4.37 界面左侧一列工具栏内的 (显示布线资源)按钮和 (缩小视图)按钮，调整视图在窗口的位置。

(5) 图中绿色的连线表示该设计中已经使用的布线资源，如图 4.38 所示。

(6) 放大图 4.38 所示的视图，并调整其在窗口的位置。

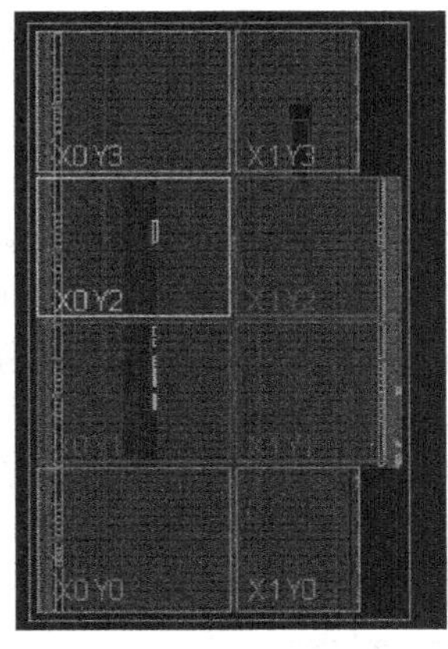

图 4.36　Artix-7 FPGA 器件内部结构图

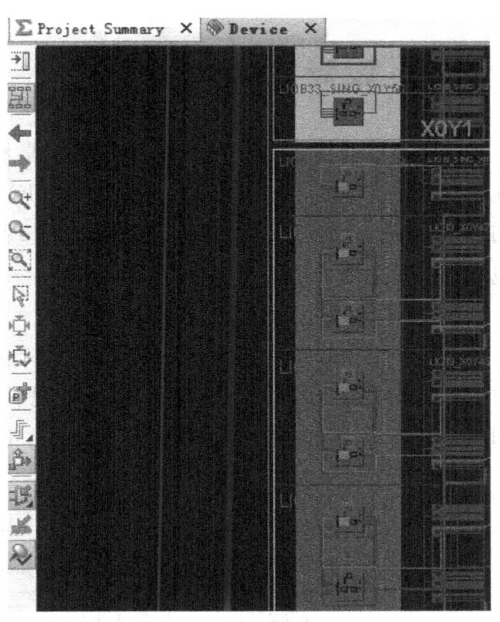

图 4.37　Artix FPGA 器件所用 I/O 引脚

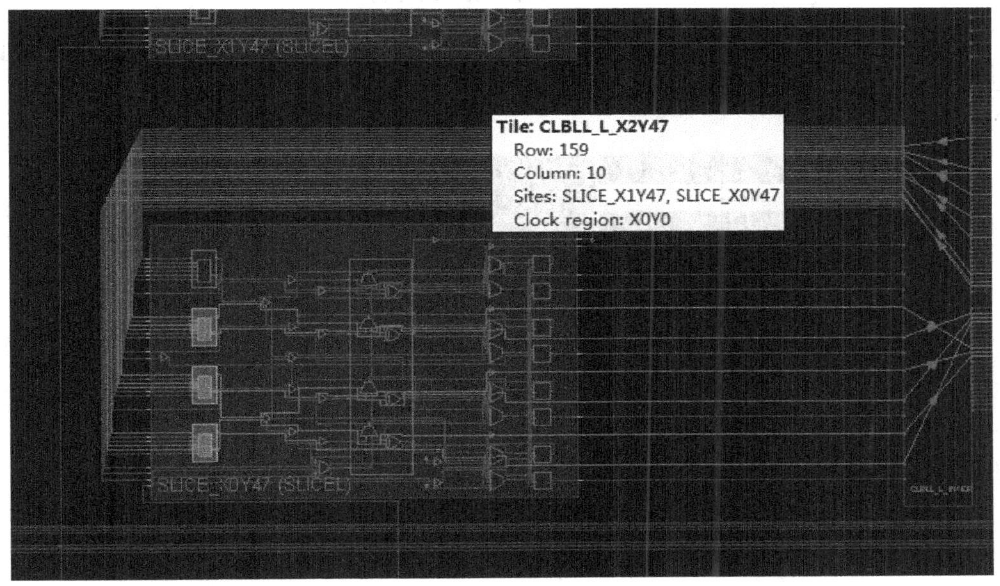

图 4.38　该设计的布线关系

思考与练习 4-6　结合教材第 2 章对 Xilinx 7 系列 FPGA 内部结构的介绍，仔细查找图中时钟管理单元、块存储器、数字信号处理模块，以及其他设计资源在 FPGA 硅片上的布局。

思考与练习 4-7　把光标放到每个逻辑资源上，查看 Xilinx 对每个逻辑资源的位置定义，这对于后面读者进行相应的位置约束描述是至关重要的。

（7）关闭器件视图界面。

4.8 设计时序仿真

本节将对设计执行时序仿真。时序仿真和行为级仿真最大的不同点在于时序仿真包含标准延迟格式(Standard Delay Format,SDF)的信息,而行为级仿真不包含时序信息。大家所知道的毛刺、竞争冒险等时序问题都会表现在设计时序仿真中。执行时序仿真的主要步骤包含:

(1) 在源文件窗口选择 test.v 文件。

(2) 在 Vivado 主界面左侧的 Flow Navigator 窗口内,找到并展开 Simulation。在展开项中,找到并单击 Run Simulation,出现浮动菜单。在浮动菜单内,选择 Run Post-Implementation Timing Simulation,如图 4.39 所示,Vivado 开始运行实现后仿真程序。

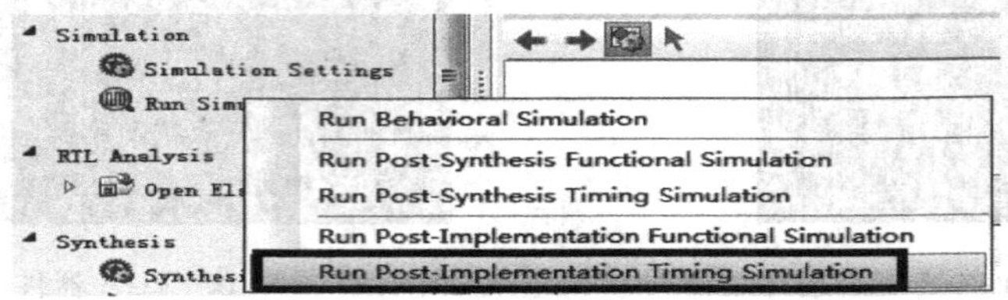

图 4.39 选择实现后时序仿真

(3) 在其左侧一列的工具栏中,单击🔍(放大)按钮,对仿真模型局部放大并调整仿真波形在窗口中的位置,出现实现后时序仿真波形界面,如图 4.40 所示。

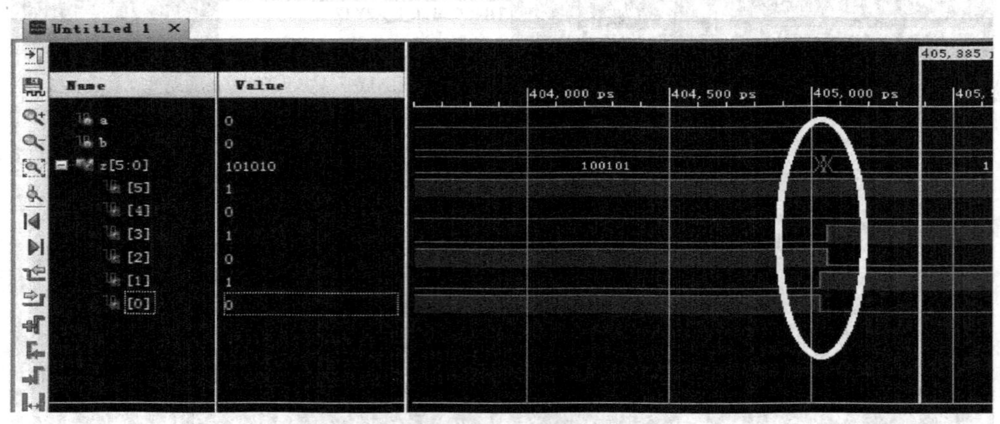

图 4.40 实现后时序仿真波形图

思考与练习 4-8 仔细观察图 4.40 中白色椭圆内的信号变化情况,说明毛刺是如何产生的。

(**提示**:不同的逻辑量从输入到输出经过芯片内互连线传输延迟和逻辑门的翻转延迟,这些时间是不一样的,从图中看到延迟是 ps,所以在 z[5:0]逻辑信号上有一个很小的过渡区域,也就是毛刺。)

思考与练习 4-9 查阅相关资料,说明在 FPGA 内“关键路径”的定义,以及说明为什么关键路径对设计性能有很大的影响。在设计中可以采取何种措施缩短关键路径,以提高设计性能?

(4) 退出实现后的时序仿真界面。

4.9 生成并下载比特流文件

本节所生成的比特流文件用于对FPGA进行配置,通过调试主机和目标FPGA之间的JTAG接口,将编程文件下载到目标FPGA中。

4.9.1 生成比特流文件

本节将生成比特流文件。生成比特流文件的主要步骤包括:

(1) 在Vivado源文件窗口中,选择顶层设计文件top.v。

(2) 在Vivado主界面左侧的Flow Navigator窗口下方,找到并展开Program and Debug选项。在展开项中找到并单击Generate Bitstream选项,开始生成编程文件。

(3) 当生成比特流的过程结束后,出现Bitstream Generation Completed对话框界面。

(4) 单击Cancel按钮。

4.9.2 下载比特流文件到FPGA

当生成用于编程FPGA的比特流文件后,将比特流文件下载到目标FPGA器件。

Vivado集成工具,允许设计者连接一个或多个FPGA进行编程,同时和这些FPGA进行交互。可以通过Vivado集成环境用户接口或使用Tcl命令连接FPGA硬件系统。在这两种方式下,连接目标FPGA器件的步骤都是相同的,包括:

(1) 打开硬件管理器(Hardware Manager)。

(2) 通过运行在主机上的硬件服务器(Hardware Server),打开硬件目标器件。

(3) 给需要编程的目标FPGA器件分配相应的比特流编程文件。

(4) 编程或下载编程文件到目标器件。

使用Vivado硬件管理器编程FPGA的主要步骤包括:

(1) 通过USB电缆,将A7-EDP-1开发平台上名字为J12的USB-JTAG插座与PC/笔记本电脑上的USB接口进行连接。

(2) 将外部+5V电源连接到A7-EDP-1开发平台的J6插座。

(3) 将A7-EDP-1开发平台上的J11跳线设置为EXT模式,即外部供电模式。

(4) 将A7-EDP-1开发平台上的J10插座设置为JTAG,表示下面将使用JTAG下载设计。

(5) 将A7-EDP-1开发平台上的SW8开关设置为ON状态,给开发平台供电。

(6) 在Vivado主界面左侧的Flow Navigator窗口下方,找到并展开Program and Debug选项。在展开项中,找到并单击Open Hardware Manager选项。

(7) 在Vivado界面上方出现Hardware Manager-unconnected界面,如图4.41所示。

(8) 单击Open target选项,出现浮动菜单。在浮动菜单内,选择Auto Connect选项。

(9) 出现Auto Connect对话框界面,如图4.42所示。

(10) 当硬件设计正确时,在Hardware窗口中会出现所检测到的FPGA类型和JTAG电缆的信息,如图4.43所示。

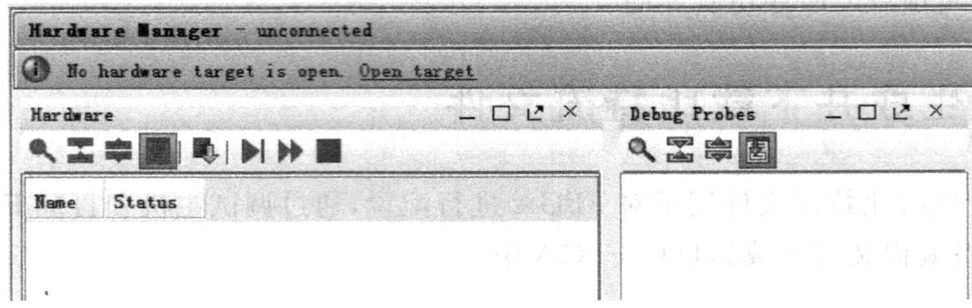

图 4.41　启动硬件目标入口

图 4.42　正在连接服务器界面

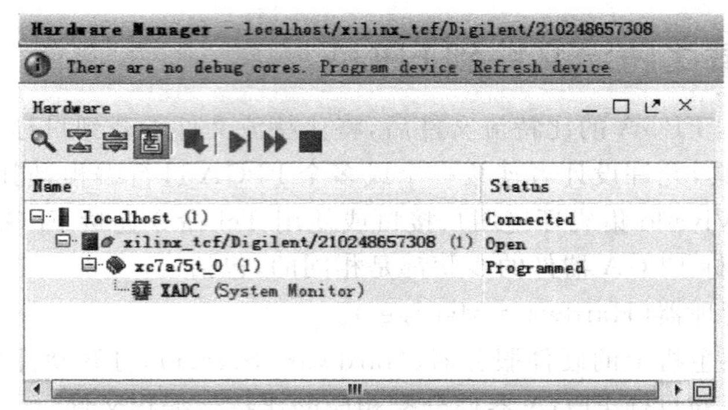

图 4.43　检测到 FPGA 器件后的界面

(11) 在图 4.43 中，选中名为 xc7a75t_0 的一行右击，出现浮动菜单。在浮动菜单内，选择 Program Device…。

(12) 出现 Program Device 对话框界面。在该界面中，默认将 Bitstream file(比特流文件)的路径指向：

```
E:/eda_verilog/gate/gate.run/inpl_1/top.bit
```

(13) 单击 Program 按钮，Vivado 工具自动将比特流文件下载到 FPGA 中。

思考与练习 4-10　改变 A7-EDP-1 开发平台上的 SW0 和 SW1 的开关设置，观察 LED0～LED5 这 6 个 LED 灯的变化规律是否满足六种逻辑运算关系。

4.10　生成并烧写 PROM 文件

本节将生成和下载 PROM 到 A7-EDP-1 开发平台上型号为 N25Q32 的 Flash 中。主要步骤包括：

注：在执行以下步骤前，确保 A7-EDP-1 开发平台正常地上电，并正确连接 USB 电缆。

(1) 在 Vivado 主界面左侧的 Flow Navigation 窗口中,找到并展开 Program and Debug。在展开项中,找到并单击 Bitstream Settings。

(2) 出现 Project Settings 对话框界面。在该界面左侧窗口中,默认选中 Bitstream 图标。在右侧窗口中,选中-bin_file 右侧的复选框。该选项表示在生成比特流文件的同时,生成 bin 文件。

(3) 单击 OK 按钮,退出 Project Settings 对话框界面。

(4) 在 Program and Debug 下面,找到并单击 Generate Bitstream,重新生成比特流文件,并且也生成了 bin 文件。

(5) 出现 Bitstream Generation Completed 对话框界面。在该界面中,选择 Open Hardware Manager 前面的复选框。

(6) 单击 OK 按钮。

(7) 在 Hardware Manager 窗口中,单击 Open target,出现浮动菜单。在浮动菜单内,选择 Auto Connect。

(8) 当正确地检测到 FPGA 器件后,将在 Hardware 窗口中出现所检测到的器件信息。在该界面中,选中 xc7a75t_0,右击,出现浮动菜单。在浮动菜单内,选择 Add Configuration Memory Device…。

(9) 出现 Add Configuration Memory Device 对话框界面,如图 4.44 所示。在该界面中,为了加快搜索 Flash 的速度,设置下面参数:

① Manufacturer: Micron。

② Density(Mb): 32。

③ Type: spi。

④ Width: x1_x2_x4。

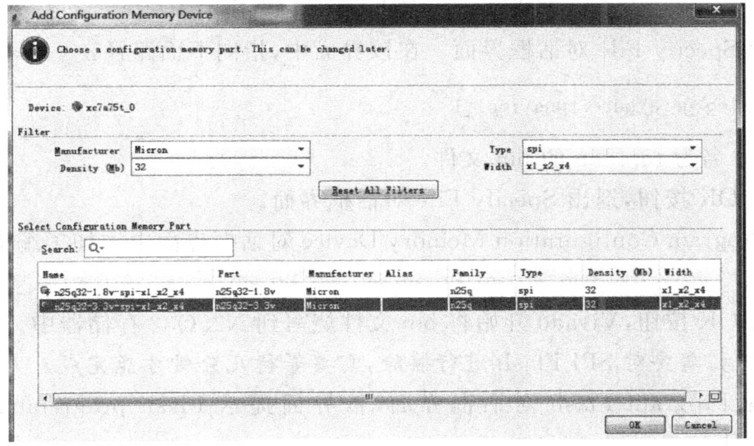

图 4.44 选择外部 Flash 类型界面

在下面的 Select Configuration Memory Part 列表中,选中名为 n25q32-3.3v-spi-x1_x2_x4 的一行。

(10) 单击 OK 按钮,退出 Add Configuration Memory Device 对话框界面。

(11) 出现 Add Configuration Memory Device Completed 对话框界面。

（12）单击 OK 按钮，退出该对话框界面。

（13）出现 Program Configuration Memory Device 对话框界面，如图 4.45 所示。在该界面中，单击 Configuration file 右侧的[...]按钮。

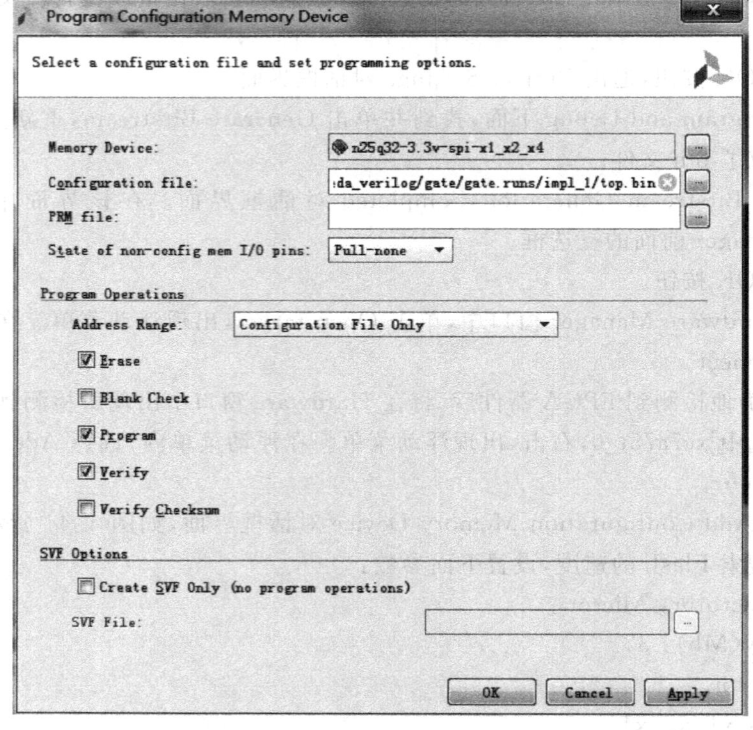

图 4.45 选择编程文件界面

（14）出现 Specify File 对话框界面。在该界面中，指向下面路径：

```
E:\eda_verilog\gate\gate.runs\impl_1
```

在该路径下选中名为 top.bin 的 bin 文件。

（15）单击 OK 按钮，退出 Specify File 对话框界面。

（16）在 Program Configuration Memory Device 对话框界面中添加了编程文件，其余按默认参数设置。

（17）单击 OK 按钮，Vivado 开始将 bin 文件烧写到 N25Q32 存储器中。

注：这个过程需要对 SPI Flash 进行擦除，需要等待几分钟才能完成。

（18）出现 Program Flash 对话框界面，该界面提示 Flash programming completed successfully 信息。

（19）单击 OK 按钮。

（20）给 A7-EDP-1 开发平台断电，然后将开发平台上名为 J10 的跳线设置到标记 SPI 的位置。

（21）重新给 A7-EDP-1 开发平台上电。

思考与练习 4-11 观察 SPI Flash 启动后，验证启动是否正常。

第5章 Verilog HDL 语言规范

CHAPTER 5

本章介绍 IEEE Std 1364-2005 版本的 Verilog HDL 语言规范，其中包括 Verilog HDL 语言的发展、Verilog HDL 的程序结构、Verilog HDL 的描述方式、Verilog HDL 语言要素、Verilog HDL 数据类型、Verilog HDL 表达式、Verilog HDL 分配、Verilog HDL 门级和开关级描述、Verilog 用户自定义原语、Verilog HDL 行为描述语句、Verilog HDL 任务和函数、Verilog HDL 层次化结构、Verilog 设计配置、Verilog HDL 指定块、Verilog HDL 时序检查、Verilog HDL SDF 逆向注解、Verilog HDL 系统任务和函数、Verilog HDL 编译指示语句以及 Verilog HDL 编程语言接口 PLI。

5.1 Verilog HDL 语言发展

Verilog HDL(以下简称 Verilog)是一种硬件描述语言，支持从晶体管级到行为级的数字系统建模。

Verilog 最早是由 Gateway 设计自动化公司的工程师于 1983 年末创立的。当时 Gateway 设计自动化公司还叫作自动集成设计系统(Automated Integrated Design Systems)公司，1985 年公司将名字改成了前者，该公司的菲尔·莫比(Phil Moorby)完成了 Verilog 的主要设计工作。1990 年，Cadence 公司收购了 Gateway 设计自动化公司。

Open Verilog International(OVI)是促进 Verilog 发展的国际性组织。1992 年，OVI 决定致力于推广 Verilog OVI 标准成为 IEEE 标准。通过不懈的努力，Verilog 语言于 1995 年成为 IEEE 标准，称为 IEEE Std 1364-1995。

设计人员在使用这个版本的 Verilog 的过程中发现了一些可改进之处。为了解决设计者在使用此版本 Verilog 过程中遇到的问题，对 Verilog 进行了修正和扩展，后来这部分内容被再次提交给 IEEE。这个扩展后的版本后来成为 IEEE Std 1364-2001，即通常所说的 Verilog-2001。Verilog-2001 是 Verilog-95 的一个重大改进版本，它具备一些新的实用功能，如敏感列表、多维数组、生成语句块、命名端口连接等。目前，Verilog-2001 是 Verilog 最主流的版本，被大多数商业电子设计自动化软件包所支持。

2005 年，Verilog 再次进行了更新，即 IEEE Std 1364-2005；该版本只是对上一版本的细微修正。这个版本还包括了一个相对独立的新部分，即 Verilog-AMS。这个扩展使得传统的 Verilog 可以对集成的模拟和混合信号系统进行建模。容易与电气电子工程师协会

1364-2005 标准混淆的是 System Verilog 硬件验证语言（IEEE Std 1800-2005），它是 Verilog-2005 的一个超集，它是对硬件描述语言和硬件验证语言的一个集成。

2009 年，将 IEEE 1364-2005 和 IEEE 1800-2005 两个部分合并为 IEEE 1800-2009，成为了一个新的、统一的 System Verilog 硬件描述验证语言（hardware description and verification language，HDVL）。

本书所介绍的 Verilog HDL 为 IEEE Std 1364-2005 版本。

5.2 Verilog HDL 程序结构

描述复杂的硬件电路，设计人员总是将复杂的功能划分为简单的功能，模块是提供每个简单功能的基本结构。设计人员可以采取“自顶向下”的思路，将复杂的功能模块划分为低层次的模块。这一步通常由系统级的总设计师完成，而低层次的模块则由下一级的设计人员完成。自顶向下的设计方式有利于系统级的层次划分和管理，提高了效率，降低了成本。

使用 Verilog 描述硬件的基本设计单元是模块（module）。复杂的电子电路的构建，主要是通过模块间的相互连接调用来实现的。模块被包含在关键字 module、endmodule 之内。Verilog 中的模块类似 C 语言中的函数，它能够提供输入、输出端口，可以通过例化调用其他模块，也可以被其他模块例化调用。模块中可以包括组合逻辑部分和时序逻辑部分。

模块是并行运行的，通常需要一个高层模块通过调用其他模块的实例来定义一个封闭的系统，包括测试数据和硬件描述。一个模块通过它的端口（输入/输出端口）为更高层的设计模块提供必要的连通性，但是又隐藏了其内部的具体实现。这样，在修改其模块的内部结构时不会对整个设计的其他部分造成影响。

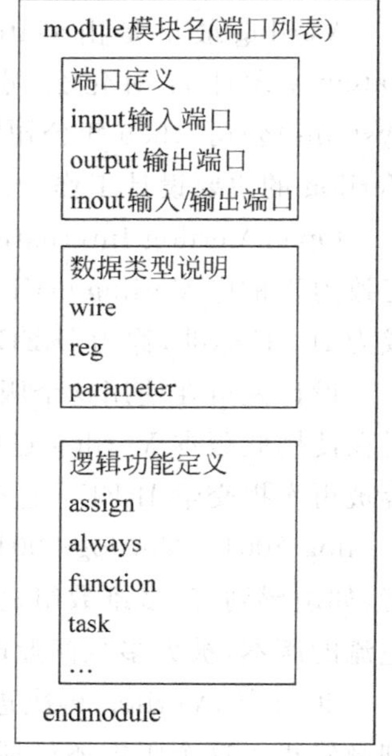

图 5.1 Verilog 程序的结构

图 5.1 给出了 Verilog 模块的程序结构图表示。Verilog 结构位于 module 和 endmodule 声明语句之间，每个 Verilog 程序包括端口定义、数据类型说明和逻辑功能定义部分。其中，模块名是模块唯一的标识符，端口列表是由模块各个输入、输出和双向端口组成的一个端口列表，这些端口用来与其他模块进行通信。数据类型说明用来指定模块内用到的数据对象为网络还是变量。逻辑功能定义是通过使用逻辑功能语句实现具体的逻辑功能。

对于 Verilog 语言来说，有下面的特征：

（1）每个 Verilog HDL 源文件都以.v 作为文件扩展名。

（2）Verilog HDL 区分大小写，也就是说大小写不同的标识符是不同的。

（3）Verilog HDL 程序的书写与 C 语言类似，一行可以写多条语句，也可以一条语句分成多行书写。

（4）每条语句以分号结束，endmodule 语句后不加分号。

（5）空白（新行、制表符和空格）没有特殊意义。

5.2.1 模块声明

模块声明包括模块名字、模块的输入和输出端口类表，模块定义的语法格式如下：

```
module <module_name>(port_name1, … ,port_namen);
…
…
…
endmodule
```

其中，module_name 为模块名，是该模块的唯一标识；port_name 为端口名，这些端口名之间使用“,”分割。

5.2.2 模块端口定义

端口是模块与外部其他模块进行信号传递的通道(信号线)，模块端口分为输入、输出或双向端口。

(1) 输入端口定义的语法格式如下：

```
input <input_port_name>, …<other_inputs>… ;
```

其中，input 为关键字，用于声明后面的端口为输入端口；input_port_name 为输入端口名字；other_inputs 为用逗号分割的其他输入端口的名字。

(2) 输出端口定义的语法格式如下：

```
output <output_port_name>, …<other_outputs>… ;
```

其中，output 为关键字，用于声明后面的端口为输出端口；output_port_name 为输出端口名字；other_outputs 为逗号分割的其他输出端口的名字。

(3) 输入输出端口(双向端口)的定义格式

```
inout <inout_port_name>, …<other_inouts>… ;
```

其中，inout 为关键字，用于声明后面的端口为输入输出类型的端口；inout_port_name 为输入输出端口的名字；other_inouts 为逗号分割的其他输入/输出端口的名字。

在声明端口的时候，除了声明其输入/输出外，还需要注意以下几点：

(1) 在声明输入端口、输出端口或者输入输出端口时，还要声明其数据类型。对于端口来说，可用的数据类型是网络型(net)或者寄存器(reg)型。当没有明确指定端口类型时，端口默认为网络类型。

(2) 可以将输出端口重新声明为寄存器类型。无论是在网络类型说明还是寄存器类型说明中，网络类型或寄存器类型必须与端口说明中指定的宽度相同。

(3) 不能将输入端口和双向端口指定为寄存器型。

[**例 5.1**] 端口声明实例。

```
module test(a,b,c,d,e,f,g,h);
input[7:0] a;                    //没有明确的说明——网络是无符号的
input[7:0] b;
```

```
input signed[7:0] c;
input signed[7:0] d;             //明确的网络说明——网络是有符号的
output[7:0] e;                   //没有明确的网络说明——网络是无符号的
output[7:0] f;
output signed[7:0] g;
output signed[7:0] h;            //明确的网络说明——网络是有符号的
wire signed[7:0] b;              //从网络声明中,端口 b 继承了有符号的属性
wire[7:0] c;                     //网络 c 继承了来自端口的有符号的属性
reg signed[7:0] f;               //从寄存器声明中,端口 f 继承了有符号的属性
reg[7:0] g;                      //寄存器类型的 g 继承了来自端口的有符号的属性
endmodule
```

注意，在 Verilog 中，也可以使用 ANSI C 风格进行端口声明。这种风格声明的优点是避免了在端口列表和端口声明语句中重复端口名。如果声明中未指明端口的数据类型，那么默认端口为 wire 数据类型。下面给出上述模块的另一种声明方法。

［**例 5.2**］ ANSI C 风格的端口说明实例。

```
module test (
input[7:0] a,
input signed[7:0] b, c, d,       //多个共享所有属性的端口,可以一起声明
output[7:0] e,                   //必须在每个端口声明中,单独声明每个端口的属性
output reg signed[7:0] f, g,
output signed[7:0] h) ;          //在模块的其他地方重新声明端口都是非法的
endmodule
```

5.2.3 逻辑功能定义

逻辑功能定义是 Verilog 程序结构中最重要的部分，逻辑功能定义用于实现模块中的具体的功能。在逻辑功能定义部分，可以使用多种方法来实现逻辑功能，主要包含以下四种。

1. 分配语句实现逻辑定义

分配语句是最简单的逻辑功能描述，由 assign 分配语句定义逻辑功能。

［**例 5.3**］ 分配语句用于逻辑功能定义的例子。

```
assign F = ~((A&B)|(~(C&D)));
```

2. 模块调用

所谓模块调用，是指从模块模板生成实际的电路结构对设计中其他对象的操作，这样的电路结构对象被称为模块实例，模块调用也被称为实例化（例化）。每一个实例都有它自己的名字、变量、参数和I/O 接口。一个 Verilog 模块可以由任意多个其他模块调用。

在 Verilog HDL 语言中，不能嵌套定义模块，即在一个模块的定义内不能包含另一模块的定义；但是却可以包含对其他模块的复制，即调用其他模块的例化。模块的定义和模块的例化是两个不同的概念。在一个设计中，只有通过模块调用（例化）才能使用一个模块。后续章节将详细介绍模块的例化和调用方法。下面给出一个模块调用的例子。

［**例 5.4**］ 顶层模块调用底层模块的例子。

```
module top;
reg clk;
```

```
reg[0:4] in1;
reg[0:9] in2;
wire[0:4] o1;
wire[0:9] o2;
vdff m1 (o1, in1, clk);
vdff m2 (o2, in2, clk);
endmodule
```

3. 在 always 过程赋值

always 块经常用来描述时序逻辑电路。下面先给出一个使用 always 过程来实现计数器的例子，在后续章节会详细地说明 always 过程。

［例 5.5］　always 过程实现计数器的例子。

```
always @(posedge clk)
begin
  if(reset) out <= 0;
  else out <= out + 1;
end
```

4. 函数和任务调用

模块调用和函数调用非常相似，但是在本质上又有很大差别。

(1) 一个模块代表拥有特定功能的一个电路块，每当一个模块在其他模块内被调用一次时，就会在调用模块内复制一次被调用模块所表示的电路结构（即生成被调用模块的一个实例）。

(2) 模块调用不能像函数调用一样具有"退出调用"的操作，因为硬件电路结构不会随着时间而发生变化，被复制的电路块将一直存在。

后续章节会详细介绍函数和任务的声明和调用方法。下面给出一个函数调用的例子，用于帮助读者了解函数调用方法。

［例 5.6］　函数调用的例子。

```
module tryfact;
//定义函数
function automatic integer factorial;
input[31:0] operand;
integer i;
if(operand >= 2)
    factorial = factorial (operand - 1) * operand;
else
    factorial = 1;
endfunction
//测试函数
integer result;
integer n;
initial
 begin
    for(n = 0; n <= 7; n = n+1)
    begin
        result = factorial(n);
```

```
        $display(" %0d factorial = %0d", n, result);
    end
  end
endmodule
```

注：在 Verilog 语言中，begin 和 end 关键字的功能类似于 C 语言中的{ }，在 begin 和 end 的中间是一系列逻辑行为描述语句。

5.3 Verilog HDL 描述方式

模块内具体逻辑行为的描述方式又称为建模方式。根据设计的不同要求，每个模块内部具体的逻辑行为描述方式，可以分为四种抽象级别。对于外部来说，看不到逻辑行为的具体实现方式。因此，模块内部具体逻辑行为描述相对于外部其他模块来说是不可见的。改变一个模块内部逻辑行为的描述方式，并不会影响该模块与其他模块的连接关系。Verilog HDL 提供了下面四种方式描述具体的逻辑行为：

(1) 行为级描述方式；

(2) 数据流描述方式；

(3) 结构级描述方式；

(4) 开关级描述方式。

5.3.1 行为级描述方式

Verilog HDL 的行为级描述是最能体现电子设计自动化风格的硬件描述方式，它既可以描述简单的逻辑门，也可以描述复杂的数字系统乃至微处理器；既可以描述组合逻辑电路，也可以描述时序逻辑电路。它是 Verilog HDL 最高抽象级别的描述方式。可以按照要求的设计算法来实现一个模块，而不用关心该模块具体硬件实现的细节。这种抽象级别描述方式非常类似 C 编程。行为级描述只能用于对设计进行仿真，而不能用于对设计进行综合。逻辑行为的描述是通过行为描述语句来实现的。可使用下述过程语句结构描述行为功能：

(1) initial 语句，该语句只执行一次；

(2) always 语句，该语句循环执行若干次。

只有寄存器类型数据能够在这两种语句中被复制。在被赋新值前，寄存器型数据保持原有值不变。所有的 initial 语句和 always 语句在零时刻并行执行。

[**例 5.7**] Verilog HDL 行为级描述的例子。

```
module behave;
reg[1:0] a, b;
initial begin
    a = 'b1;
    b = 'b0;
end
always begin
    #50 a = ~a;
end
```

```
always begin
    #100 b = ~b;
end
endmodule
```

在仿真该模型时，在 0 时刻，分别将寄存器型的变量 a 和 b 初始化为 1 和 0。在仿真的过程中，只执行一次这个初始的结构，这个初始的结构存在于 begin 和 end 之间。在这个模块中，首先初始化 a，后面跟随 b。

在 0 时刻，开始 always 结构；但是，并不改变变量的值，一直持续到指定的延迟控制时间为止（# 后的数字控制时间长度）。

在 50 个时间单位后，寄存器型变量 a 翻转；在 100 个时间单位后，寄存器型变量 b 翻转。

由于总是重复执行 always 结构，因此这个模型将生成两个方波。每 50 个时间单位，就切换寄存器型变量 a。每 100 个时间单位，就切换寄存器型变量 b。在整个仿真的过程中，并发执行两个 always 结构。

5.3.2 数据流描述方式

数据流描述方式，也称为 RTL（寄存器传输级）描述方式。如图 5.2 所示，所谓的数据流描述可以这样理解，即在一个复杂的数字系统中，应该包含有数据流和控制流。控制流用于控制数据的“流向”，即数据将要到达的地方。

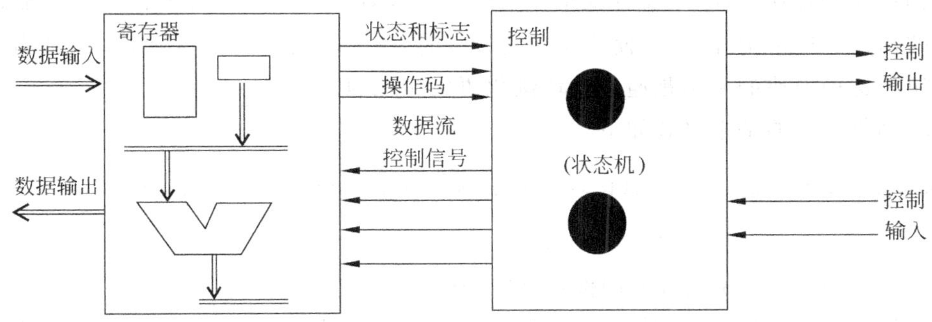

图 5.2 RTL 级描述原理

如图 5.3 所示，从寄存器传输级的角度，可以这样理解，即在寄存器之间插入组合逻辑电路。在一个复杂的数字系统中，任何数据从输入到输出，都需要经过寄存器用于重定序和记忆。这样，就能保证数据从输入到输出满足时序收敛条件，不会出现竞争冒险和亚稳定状态。

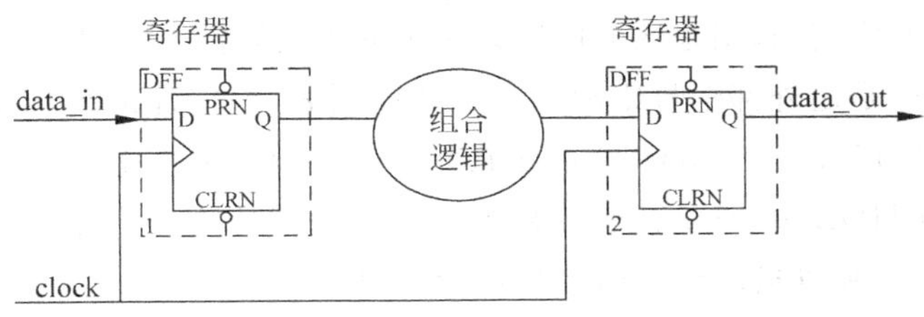

图 5.3 数据流描述原理

［例 5.8］ 2∶1 多路复用器的 Verilog HDL 数据流描述方式例子。

图 5.4 给出了 2∶1 多路复用器的原理图。下面给出 Verilog HDL 数据流描述代码。

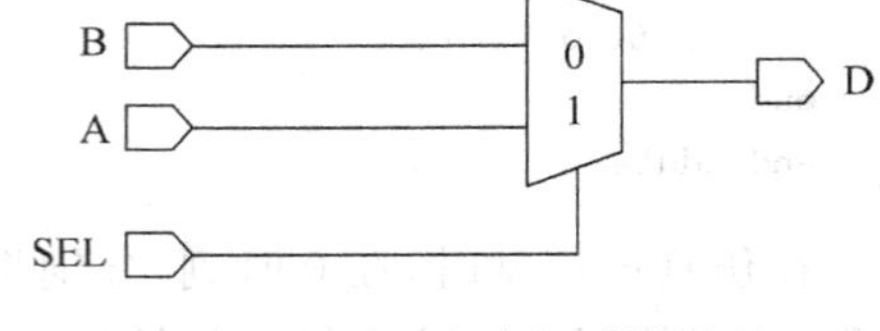

图 5.4 2∶1 多路复用器原理

```
always @(SEL or A or B)
 if (SEL)
  D<= A;
 else
  D<= B;
```

讲完数据流描述方式，经常有读者会问行为级描述方式到底和数据流描述方式的本质区别在什么地方？下面对其进行分析：

(1) 行为级描述包含一些设计元素，在 FPGA 内无法找到相应的逻辑单元来实现这些设计元素。而在数据流描述中，只包含可以在 FPGA 内实现的设计元素。

(2) 行为级描述，一般只用于对设计进行仿真，也就是生成对设计的测试向量，通过特定的仿真软件来测试设计有无设计缺陷。但是，不能转换成 FPGA 的具体物理实现；而数据流描述，用于对设计进行综合，最后下载到 FPGA 进行具体的物理实现。

5.3.3 结构级描述方式

结构描述就是在设计中，通过调用库中的元件或者是已经设计好的模块来完成设计实体功能的描述。通常情况下，在使用层次化设计时，一个高层次模块会调用一个或者多个低层次模块。这种模块的调用是通过模块例化语句实现的。

模块例化语句的基本格式如下：

```
<module_name><list_of_variable><module_example_name>(<list_of_port>);
```

其中：

(1) module_name 是指被调用模块指定的模块名字。

(2) list_of_variable 是可选项，它是由一些参数值组成的一张有序列表，将这些参数值传递给被调用模块实例内的各个参数。

(3) module_example_name 是调用模块后所生成模块实例的一个名字，它是被调用模块实例的唯一标识。

在某一模块内，可以多次调用同一模块。但是，每次调用生成的模块实例名不能重复，实例名和模块名的区别是，模块名表示不同的模块，即用来区分电路单元的不同种类；而实例名则表示不同的模块实例，用来区分电路系统中的不同硬件电路单元。

(4) list_of_port 是由外部信号组成的一个有序列表，这些外部信号端口表示与模块实例各端口的相连。所以，list_of_port 指明了模块实例端口与外部电路的连接情况。

注：在 Verilog HDL 中，提供两种方法用于端口信号的连接。可以按照端口列表的顺序进行端口的映射，也可以通过端口的名字进行映射。

［例 5.9］ Verilog HDL 结构化描述例子，在该例子中采用位置关联端口。

```
//低层次模块
//一个与非门触发电路的模块描述
module ffnand (q, qbar, preset, clear);
output q, qbar;                   //声明两个电路输出网络
input preset, clear;              //声明两个电路输入网络
 //声明两个 nand 门,以及它们的互连
nand g1 (q, qbar, preset),
    g2 (qbar, q, clear);
endmodule

//较高层次模块
//用于与非触发器的一个波形描述
module ffnand_wave;
wire out1, out2;                  //来自电路的输出
reg in1, in2;                     //到输出的驱动变量
parameter d = 10;
//例化电路 ffnand,并将其命名为"ff",并且指定端口互联
    ffnand ff(out1, out2, in1, in2);
//定义用于仿真电路的波形
initial begin
    #d in1 = 0; in2 = 1;
    #d in1 = 1;
    #d in2 = 0;
    #d in2 = 1;
end
endmodule
```

思考与练习 5-1　请画出生成的 ffnand 的结构,并分析其测试原理。

[**例 5.10**]　Verilog HDL 结构化描述例子,在该例子中采用名字关联端口。

```
//用于测试 ffnand 电路的波形描述,没有输出端口
module ffnand_wave;
reg in1, in2;                     //驱动电路的两个变量
parameter d = 10;
//例化 ffnand 模块两次
//ff1 的 qbar 没有连接, ff2 的 q 没有连接
ffnand ff1(out1, , in1, in2),
ff2(.qbar(out2), .clear(in2), .preset(in1), .q());
//定义仿真电路的波形
initial begin
    #d in1 = 0; in2 = 1;
    #d in1 = 1;
    #d in2 = 0;
    #d in2 = 1;
end
endmodule
```

5.3.4　开关级描述方式

从本质上来说,开关级属于结构化描述方式,但是其描述更接近于底层的门级和开关级

电路。本书突出说明开关级描述方式，是为了说明 Verilog HDL 对底层描述的强大功能。

对于一个门或者开关例化来说，包含下面的描述：

(1) 关键字命名了门或者开关原语的类型；

(2) 可选的驱动强度；

(3) 可选的传播延迟；

(4) 可选的标识符，命名了每个门或者开关例化的名字；

(5) 可选的用于例化阵列的范围；

(6) 终端连接列表。

[**例 5.11**] Verilog HDL 开关级描述例子。

```
module driver (in, out, en);
input[3:0] in;
output[3:0] out;
input en;
bufif0 ar[3:0] (out, in, en);        //三态缓冲器阵列
endmodule

module driver_equiv (in, out, en);
input[3:0] in;
output[3:0] out;
input en;
bufif0 ar3 (out[3], in[3], en);      //独立声明每个缓冲区
bufif0 ar2 (out[2], in[2], en);
bufif0 ar1 (out[1], in[1], en);
bufif0 ar0 (out[0], in[0], en);
endmodule
```

5.4 Verilog HDL 语言要素

Verilog 语言要素主要包括注释、间隔符、标识符、关键字、系统任务和函数、编译器命令、运算符、数字、字符串和属性。

5.4.1 注释

在 Verilog HDL 有两种形式的注释，该语法规定和 C 语言一致。

1) 单行注释

起始于双斜杠“//”，表示该行结束以及新的一行开始。单行注释符号“//”在块注释语句内并无特定含义。

2) 多行注释(块注释)

以符号单斜杠星号“/ * ”作为开始标志，以星号单斜杠“ * /”作为结束标志。块注释不能嵌套。

5.4.2 间隔符

间隔符包括空格字符(\b)、制表符(\t)、换行符(\n)以及换页符，这些字符起到与其他

词法标识符相分隔的作用。

间隔符除起到分隔的作用外，在必要的地方插入相应的空格或换行符，可以使程序文本易于用户阅读与修改。

在字符串中，将空白和制表符认为是有意义的字符。

5.4.3 标识符

Verilog HDL 中的标识符可以是任意一组字母、数字、$ 符号和_（下画线）符号的组合，是一个对象唯一的名字。对于标识符来说：

(1) 标识符的第一个字符必须是字母或者下画线；

(2) 标识符区分大小写。

在 Verilog HDL 中，标识符分为简单标识符和转义标识符。

1. 简单标识符

简单标识符是由字母、数字、货币符号（$）和下画线构成的任意序列。简单标识符的第一个符号不能使用数字或 $ 符号，且简单标识符对大小写敏感。

[**例 5.12**] 简单标识符定义的例子。

```
shiftreg_a
busa_index
error_condition
merge_ab
_bus3
n$657
```

2. 转义标识符

转义标识符可以在一条标识符中包含任何可打印字符。转义标识符以\（反斜线）符号开头，以空白结尾。

空白可以是一个空格、一个制表字符或换行符。

[**例 5.13**] 下面给出转义标识符的例子。

```
\busa+index
\-clock
\***error-condition***
\net1/\net2
\{a,b}
\a*(b+c)
```

5.4.4 关键字

Verilog HDL 语言内部所使用的词称为关键字或保留字，不能随便使用这些保留字。所有的关键字都使用小写字母。本节附录给出了 Verilog HDL 关键字列表。

注：如果关键字前面带有转义符，则不再作为关键字使用。

5.4.5 系统任务和函数

为了便于设计者对仿真过程进行控制，以及对仿真结果进行分析，Verilog HDL 提供了大量的系统功能调用，大致可以分为两类：

(1) 任务型功能调用，称为系统任务；

(2) 函数型功能调用，称为系统函数。

Verilog HDL 中以＄字符开始的标识符表示系统任务或系统函数，它们的区别主要包含：

(1) 系统任务可以返回 0 个或多个值；

(2) 系统函数只有一个返回值；

(3) 系统函数在 0 时刻执行，即不允许延迟；而系统任务可以包含延迟。

［**例 5.14**］ 系统任务的 Verilog HDL 描述例子。

```
$display("display a message");
$finish;
```

5.4.6 编译器命令

同 C 语言中的编译预处理指令一样，Verilog HDL 也提供了大量编译指令。通过这些编译指令，使得 EDA 工具厂商用他们的工具解释 Verilog HDL 模型变得相当容易。以'(重音符号)开始的某些标识符是编译器指令。在编译 Verilog HDL 语言时，特定的编译器指令均有效，即编译过程可跨越多个文件，直到遇到其他的不同编译指令为止。

［**例 5.15**］ 编译器命令的 Verilog HDL 描述例子。

```
'define wordsize 8
```

5.4.7 运算符

Verilog 提供了丰富的运算符，关于运算符的内容将在后面详细介绍。

5.4.8 数字

本节主要介绍整数型常量和实数型常量。

1. 整数型常量

整数型常量可以按如下方式表示：

1) 简单的十进制格式

这种形式的整数定义为带有一个可选的“＋”(一元)或“－”(一元)操作符的数字序列。

2) 基数表示法

这种形式的整数格式为

```
<size><'base_format><number>
```

其中：

(1) <size>，定义将数字转换为二进制位后，计算得到的位宽。该参数是一个非零的无符号十进制常量。

(2) <'base_format>，撇号是指定位宽格式表示法的固有字符，不能省略。base_format

是用于指定数的基数格式(进制)的一个字母,对大小写不敏感。在撇号后可以添加下面的基数标识:①字母 s/S,表示该数为有符号数;②字母 o/O,表示八进制;③字母 b/B,表示二进制;④字母 d/D,表示十进制;⑤字母 h/H,表示十六进制。

注意:撇号和 base_format 之间不能有空格。

(3) <number>是基于基数值的无符号数字序列,由基数格式所对应的数字串组成。数值 x 和 z 以及十六进制中的 a 到 f 不区分大小写。每个数字之间,可以通过'_'符号连接。

对于没有位宽和基数的十进制数,将其作为有符号数。然而,如果带有基数的十进制数包含了 s/S,则认为有符号数;如果只带有基数,则认为是无符号数。s/S 指示符,不影响指定的比特符号,只是它的理解问题。

在位宽常数前的+或者−号,是一个一元的加或者减操作符。

注:负数应该用二进制的补码表示。

3) 非对齐宽度整数的处理

对于非对齐宽度整数的处理,遵循下面的规则:

(1) 当位宽小于无符号数的实际位数时,截断相应的高位部分;

(2) 当位宽大于无符号数的实际位数,且数值的最高位是 0 或 1 时,相应的高位部分补 0 或 1;

(3) 当位宽大于无符号数的实际位数,且数值的最高位是 x 或 z 时,相应的高位部分补 x 或 z;

(4) 如果未指定无符号数的位宽,那么默认的位宽至少为 32 位。

[例 5.16] 未指定位宽常数的例子。

```
659                        //十进制数
'h 837FF                   //十六进制数
'o7460                     //八进制数
```

[例 5.17] 指定位宽常数的例子。

```
4'b1001                    //四位二进制数
5'D3                       //五位十进制数
3'b01x                     //三位数,其最低有效位未知(x 表示不确定)
12'hx                      //十二位数,其值不确定
16'hz                      //十六位数,其值为高阻(z 表示高阻状态)
```

[例 5.18] 带符号常数的例子。

```
8'd - 6                    //非法声明
- 8'd 6                    //定义了 6 的二进制补码,共 8 位,等效于 - (8'd6)
4'shf                      //定义了 4 位数,将其理解为 - 1 的二进制补码,等效于 - 4'h 1
- 4'sd15                   //等效于 - ( - 4'd 1),或者 '0001'
16'sd?                     //和 16'sbz 相同
```

注:? 符号用于替换 z,对于十六进制,设置为四位;对于八进制,设置为三位;对于二进制,设置为一位。

[例 5.19] 自动左对齐常数的例子。

```
reg[11:0] a, b, c, d;
```

```
initial begin
    a = 'h x;                    //生成 xxx
    b = 'h 3x;                   //生成 03x
    c = 'h z3;                   //生成 zz3
    d = 'h 0z3;                  //生成 0z3
end
reg[84:0] e, f, g;
    e = 'h5;                     //生成{82{1'b0},3'b101}
    f = 'hx;                     //生成{85{1'hx}}
    g = 'hz;                     //生成{85{1'hz}}
```

［例 5.20］ 带下画线常数的例子。

```
27_195_000
16'b0011_0101_0001_1111
32 'h 12ab_f001
```

注：当分配 reg 数据类型时，带宽度限制的负常数和带宽度限制的有符号数都是符号扩展，而不考虑 reg 本身是否是有符号的。

2. 实数型常量

在 IEEE Std 754-1985 中，对实数的表示进行了说明，该标准用于双精度浮点数。实数可以用十进制计数法或者科学计数法表示。

注：十进制小数点两边，至少要有一个数字。

［例 5.21］ 有效实数常量表示的例子。

```
1.2
0.1
2394.26331
1.2E12                           //指数符号为 e 或者 E
1.30e-2
0.1e-0
23E10
29E-2
236.123_763_e-12                 //忽略下画线
```

［例 5.22］ 无效实数常量表示的例子。

```
.12
9.
4.E3
.2e-7
```

3. 实数到整数的转换

Verilog HDL 语言规定，通过四舍五入的方法将实数转换为整数。

［例 5.23］ 对实数四舍五入后的表示。

```
42.446 和 42.45 转换为整数 42
92.5 和 92.699 转换为整数 93
-15.62 转换为整数 -16
-26.22 转换为整数 -26
```

5.4.9 字符串

字符串是双引号内的字符序列，用一串 8 位二进制 ASCII 码的形式表示，每一个 8 位二进制 ASCII 码代表一个字符。例如，字符串“ab”等价于 16'h5758。如果字符串被用作 Verilog 表达式或复制语句的操作数，则将字符串看作无符号整数序列。

1. 字符串变量声明

字符串变量是寄存器型变量，它的位宽等于字符串的字符个数乘以 8。

[**例 5.24**] 字符串变量的声明。

存储 12 个字符的字符串“Hello China!”需要 8×12(即 96 位)宽的寄存器。

```
reg[8 * 12:1] str1;
  initial
    begin
      str = "Hello China!";
   end
```

2. 字符串操作

可以使用 Verilog HDL 的操作符对字符串进行处理，被操作符处理的数据是 8 位 ASCII 码的序列。对于宽度非对齐的情况，采用下面的方式进行处理：

(1) 在操作过程中，如果声明的字符串变量位数大于字符串实际长度，则在赋值操作后，字符串变量的左端(即高位)补 0。这一点与非字符串值的赋值操作是一致的。

(2) 如果声明的字符串变量位数小于字符串实际长度，那么截断字符串的左端，这样就丢失了高位字符。

[**例 5.25**] 字符串操作的例子。

```
module string_test;
     reg[8 * 14:1] stringvar;
initial
begin
     stringvar = "Hello China";
     $display(" % s is stored as  % h",stringvar,stringvar);
     Stringvar = {stringvar."!!!"};
     $display(" % s is stored as  % h",stringvar,stringvar);
end
endmodule
```

输出结果为

```
Hello China is stored as 00000048656c6c6f20776f726c64
Hello China!!! is stored as 48656c6c6f20776f726c64212121
```

3. 特殊字符

在某些字符之前可以加上一个引导性的字符(转义字符)，这些字符只能用于字符串中。表 5.1 列出了这些特殊字符的表示和意义。

表 5.1 特殊字符的表示和意义

特殊字符表示	意　义
\n	换行符
\t	Tab 键
\\	符号\
\"	符号"
\ddd	3 位八进制数表示的 ASCII 值(0<<d<<7)

5.4.10 属性

随着工具的扩展，除了仿真器使用 Verilog HDL 作为其输入源外，还包含另外一个机制，即在 Verilog HDL 源文件中指定对象、描述和描述组的属性。这些属性可以用于各种工具中，包括仿真器和控制工具的操作行为，这些属性称为 attribute。

指定属性的格式为

```
(* attribute_name = constant_expression *)
```

或者

```
(* attribute_name *)
```

[例 5.26] 将属性添加到 case 描述的 Verilog HDL 例子。

```
(* full_case, parallel_case *)
case(foo)
        <rest_of_case_statement>
(* full_case = 1 *)
(* parallel_case = 1 *)            //多个属性
case(foo)
  <rest_of_case_statement>
```

或者

```
(* full_case,                      //没有分配值
   parallel_case = 1 *)
case(foo)
     <rest_of_case_statement>
```

[例 5.27] 添加 full_case 属性，但是没有 parallel_case 属性的 Verilog HDL 描述。

```
(* full_case *)                    //parallel_case not specified
case(foo)
    <rest_of_case_statement>
```

或者

```
(* full_case = 1, parallel_case = 0 *)
case(foo)
    <rest_of_case_statement>
```

[例 5.28] 将属性添加到模块定义的 Verilog HDL 描述例子。

```
(* optimize_power *)
module mod1 (<port_list>);
```

或者

```
(* optimize_power = 1 *)
module mod1 (<port_list>);
```

[例 5.29] 将属性添加到模块例化的 Verilog HDL 描述例子。

```
(* optimize_power = 0 *)
mod1 synth1 (<port_list>);
```

[例 5.30] 将属性添加到 reg 声明的 Verilog HDL 描述例子。

```
(* fsm_state *)reg [7:0] state1;
(* fsm_state = 1 *)reg [3:0] state2, state3;
reg[3:0] reg1;                        //这个 reg 没有设置 fsm_state
(* fsm_state = 0 *)reg [3:0] reg2; //这个也没有
```

[例 5.31] 将属性添加到操作符的 Verilog HDL 描述例子。

```
a = b + (* mode = "cla" *) c;    //将属性模式的值设置为字符串 cla
```

[例 5.32] 将属性添加到一个 Verilog 函数调用 Verilog HDL 描述例子。

```
a = add (* mode = "cla" *) (b, c);
```

[例 5.33] 将属性添加到一个有条件操作符的 Verilog HDL 描述例子。

```
a = b ? (* no_glitch *) c : d;
```

5.5 Verilog HDL 数据类型

Verilog HDL 数据类型包括值的集合、网络和变量、向量、强度、隐含声明、网络类型、寄存器类型、整数/实数/时间、数组、参数和 Verilog 命名空间。

5.5.1 值的集合

Verilog HDL 有下列四种基本的值：

(1) 0，逻辑 0 或“假”状态；

(2) 1，逻辑 1 或“真”状态；

(3) x(X)，未知状态，对大小写不敏感；

(4) z(Z)，高阻状态，对大小写不敏感。

注：

(1) 对这四种值的解释都内置于 Verilog HDL 中，如一个为 z 的值总是意味着高阻抗，一个为 0 的值通常是指逻辑 0。

(2) 通常地，将门的输入或一个表达式中的‘z’值解释成‘x’，在 MOS 原语中例外。

5.5.2 网络和变量

在 Verilog HDL 中，根据赋值和保持值方式不同，可将数据类型分为两大类：网络型和变量型。这两种数据类型也代表了不同的硬件结构。

1. 网络声明

网络表示器件之间的物理连接，需要门和模块的驱动。网络类型不保存值(除 trireg 以外)，其输出始终根据输入的变化而变化。

对于没有声明的网络，默认类型为一位(标量)wire 类型；Verilog HDL 禁止再次声明已经声明过的网络、变量或参数。下面给出声明网络类型的语法格式：

```
<net_type> [range] [delay] <net_name>[,net_name];
```

其中：

(1) net_type 表示网络型数据。

(2) range 用来指定数据为标量或矢量。若没有声明范围，则表示数据类型为 1 位的标量。否则，由该项指定数据的矢量形式。

(3) delay 指定仿真延迟时间。

(4) net_name 为网络名字。可以一次定义多个网络，多个网络之间用逗号分开。

[**例 5.34**] 声明网络类型的 Verilog HDL 描述的例子。

```
wand w;                          //一个标量 wand 网络类型
tri [15: 0] bus;                 //16 位三态总线网络类型
wire [0: 31] w1, w2;             //两个 32 位网络类型,MSB 为 bit0
```

2. 变量声明

变量是对数据存储元件的抽象。从当前赋值到下一次赋值之前，变量应当保持当前的值不变。程序中的赋值语句将引起存储在数据元件中值的改变。

(1) 对于 reg、time 和 integer 这些变量类型数据，它们的初始值应当是未知(x)。

(2) 对于 real 和 realtime 变量类型数据，默认的初始值是 0.0。

(3) 如果使用变量声明赋值语句，那么变量将声明赋值语句所赋的值作为初值，这与 initial 结构中对变量的赋值等效。

注：在变量数据类型中，只有 reg 和 integer 变量类型数据是可综合的，其他是不可综合的。

5.5.3 向量

在一个网络或寄存器类型声明中，如果没有指定其范围，默认将其当作是 1 比特位宽，也就是通常所说的标量。通过指定范围，声明多位的网络类型或寄存器类型数据，则称为矢量(也叫作向量)。

1. 向量声明

向量范围由常量表达式来说明。msb_constant_expression(最高有效位常量表达式)代表范围的左侧值，lsb_constant_expression(最低有效位常量表达式)代表范围的右侧值，右侧表达式的值可以大于、等于或小于左侧表达式的值。

网络型和寄存器型向量遵循以 2 为模(2^n)的乘幂算术运算法则,此处的 n 值是向量的位宽。如果没有将网络型和寄存器型向量声明为有符号量或者将其连接到一个已声明为有符号的数据端口。则该向量当作无符号的向量。

[**例 5.35**] 向量声明的 Verilog HDL 描述的例子。

```
wand w;                          //wand 类型的标量
tri[15:0] busa;                  //一个三态 16 位总线
trireg(small) storeit;           //低强度的一个充电保存点
reg a;                           //寄存器类型的标量
reg[3:0] v;                      //4 位的寄存器类型的向量,由 v[3]、v[2]、v[1]和 v[0]构成
reg signed[3:0] signed_reg;      //一个四位的向量,其范围为 - 8 到 7
reg[ - 1:4] b;                   //一个 6 位寄存器类型的向量
wire w1, w2;                     //声明两个线网络
reg[4:0] x, y, z;                //声明 3 个 5 位的寄存器类型变量
```

2. 向量网络型数据的可访问性

vectored 和 scalared 是矢量网络型或矢量寄存器型数据声明中的可选择关键字。如果使用这些关键字,那么矢量的某些操作就会受约束。

(1) 如果使用关键字 vectored,则禁止矢量的位选择或部分位选择以及指定强度,而 PLI 就会认为未展开数据对象。

(2) 如果使用关键字 scalared,则允许矢量的位或选择部分位选择,PLI 认为展开数据对象。

[**例 5.36**] 关键字 vectored 和 scalared 的 Verilog HDL 描述例子。

```
tri scalared[63:0] bus64;        //一个将被展开的数据总线
tri vectored[31:0] data;         //一个未被展开的数据总线
```

5.5.4 强度

在一个网络型数据类型声明中,可以指定两类强度:

1) 电荷量强度

只有在 trireg 网络类型的声明中,才可以使用该强度。一个 trireg 网络型数据用于模拟一个电荷存储节点,该节点的电荷量将随时间而逐渐衰减。在仿真时,对于一个 trireg 网络型数据,其电荷衰减时间应当指定为延迟时间。电荷量强度可由下面的关键字来指定电容量的相对大小:①small;②medium;③large。默认的电荷强度为 medium。

2) 驱动强度

在一个网络型数据的声明语句中,如果对数据对象进行了连续赋值,就可以为声明的数据对象指定驱动强度。门级元件的声明只能指定驱动强度。根据驱动源的强度,其驱动强度可以是 supply、strong、pull 或 weak。

[**例 5.37**] 强度 Verilog HDL 描述的例子。

```
trireg a;                        //trireg 网路,其电荷量强度为 medium
trireg(large) #(0,0,50) cap1;    //trireg 网络,其电荷量强度为 large,电荷衰减时间为 50 个
                                 //时间单位
trireg(small)signed [3:0] cap2;  //有符号的 4 位 trireg 向量,其电荷强度为 small
```

5.5.5 隐含声明

如果没有显式声明网络类型或者变量类型，则在下面的情况中，默认将其指定为网络类型：

(1) 在一个端口表达式的声明中，如果没有对端口的数据类型进行显式说明，则默认的端口数据类型就为网络类型；并且，默认的网络类型矢量的位宽与矢量型端口声明的位宽相同。

(2) 基本元件例化。在模块例化的端口列表中，如果事先没有对端口的数据类型进行显式说明，那么默认的端口数据类型为网络型标量。

(3) 如果一个标识符出现在连续赋值语句的左侧，而事先未声明该标识符，那么该标识符的数据类型隐式声明为网络型标量。

5.5.6 网络类型

网络类型包括不同的种类。表 5.2 给出了这些常用的不同网络类型的功能及其可综合性。

表 5.2 常用网络类型

类　型	功　能	可综合性
wire、tri	标准内部连接线	√
supply1、supply0	电源和地	√
wor，trior	多驱动源线或	×
wand，triand	多驱动源线与	×
trireg	能保存电荷的网络	×
tri1、tri0	无驱动时上拉/下拉	×

简单的网络类型说明格式为

```
net_kind[msb:lsb]net1,net2, …, netN;
```

其中：

(1) net_kind 是常用网络类型的一种。

(2) msb 和 lsb 用于定义网络范围的常量表达式，其范围定义是可选的。如果没有定义范围，默认的网络类型为 1 位。

默认地，网络型数据的初始化值为 Z。带有驱动的网络型数据应当为它们的驱动输出指定默认值。

注：trireg 网络型数据是一个例外，它的默认初始值为 x，并且在声明语句中应当为其指定电荷量强度。

1. wire 和 tri 网络类型

用于连接逻辑单元的连线是最常见的网络类型。连线(wire)网络与三态(tri)网络的语法和语义一致。

三态网络可以用于描述多个驱动源驱动同一根线的网络类型，并且没有其他特殊的意义。如果多个驱动源驱动一个连线(或三态网络)，则由表 5.3 确定网络的有效值。

表 5.3 网型数据类型 wire 和 tri 的真值表

wire/tri	0	1	x	z
0	0	x	x	0
1	x	1	x	1
x	x	x	x	x
z	0	1	x	z

由关键词 wire 定义常用的网络类型，wire 型变量的定义格式如下：

```
wire [n-1:0] <name1>,<name2>, … ,<namen>;
```

其中，name1，…，namen 表示 wire 型网络的名字。

[例 5.38] wire 型的说明。

```
wire L;                        //将上述电路的输出信号 L 声明为网络类型
wire [7:0] data_bus;           //声明一个 8 位宽的网络类型总线
```

2. wor 和 trior 网络类型

线或(wor)和三态线或(trior)用于为连线型逻辑结构建模。当有多个驱动源驱动 wor 和 trior 型数据时，将产生线或结构。如果驱动源中任一个为"1"，那么网络型数据的值也为"1"。线或与三态线或在语法和功能上是一致的。如果多个驱动源驱动这类网络，则表 5.4 决定了网络的有效值。

表 5.4 wor 和 trior 网络类型有效值

wor/trior	0	1	x	z
0	0	1	x	0
1	1	1	1	1
x	x	1	x	x
z	0	1	x	z

3. wand 和 triand 网络类型

线与(wand)网络和三态线与(triand)网络用于为连线型逻辑结构建模。如果某个驱动源为"0"，那么网络的值为"0"。当有多个驱动源驱动 wand 和 triand 型网络时，将产生线与结构。线与网络和三态线与网络在语法和功能上是一致的。如果这类网络存在多个驱动源，则由表 5.5 决定网络的有效值。

表 5.5 wand 和 triand 网络类型有效值

wand/triand	0	1	x	z
0	0	0	0	0
1	0	1	x	1
x	0	x	x	x
z	0	1	x	z

4. trireg 网络类型

此网络存储数值，其功能类似于寄存器，该网络用于对电容节点的建模。

（1）当三态寄存器的所有驱动源都处于高阻态时，三态寄存器网络保存作用在网络上的最后一个值。

（2）默认地，三态寄存器网络的初始值为 x。

一个 trireg 网络型数据可以处于驱动状态或者电容性状态。

1）驱动状态

当至少有一个驱动源驱动时，trireg 网型数据有一个值（1、0、x）。将判决值导入 trireg 型数据，也就是 trireg 型网络的驱动值。图 5.5 给出了 trireg 和它驱动器仿真的值。

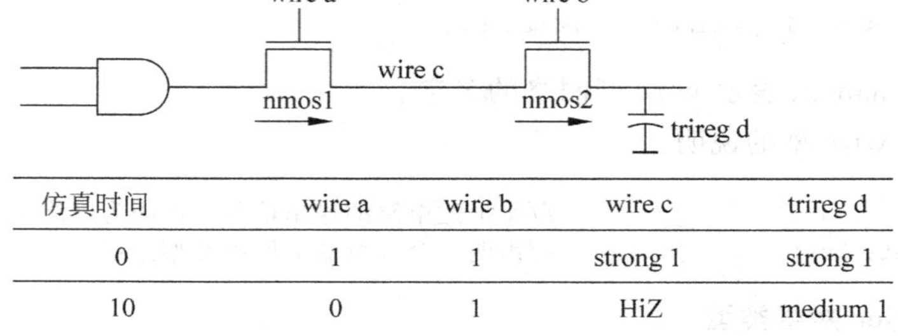

仿真时间	wire a	wire b	wire c	trireg d
0	1	1	strong 1	strong 1
10	0	1	HiZ	medium 1

图 5.5　trireg 和它驱动器仿真的值

思考与练习 5-2　分析图 5.5 的仿真结果。

2）电容性状态

如果所有驱动源都处于高阻状态（z），trireg 网络型数据则保持它最后的驱动值。高阻值不会从驱动源导入 trireg 网络型数据。图 5.6 给出了电容网络的仿真值。

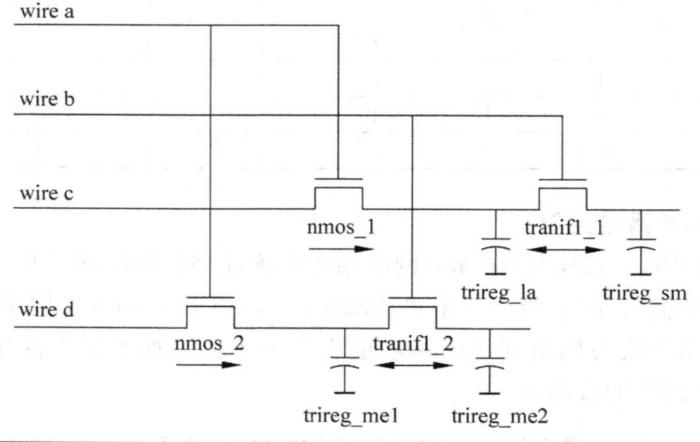

仿真时间	wire a	wire b	wire c	wire d	trireg_la	trireg_sm	trireg_me1	trireg_me2
0	1	1	1	1	1	1	1	1
10	1	0	1	1	1	1	1	1
20	1	0	0	1	0	1	1	1
30	1	0	0	0	0	1	0	1
40	0	0	0	0	0	1	0	1
50	0	1	0	0	0	0	X	X

图 5.6　电容网络仿真的值

思考与练习 5-3 请分析图 5.6 的仿真结果。

思考与练习 5-4 请分析图 5.7 的仿真结果。

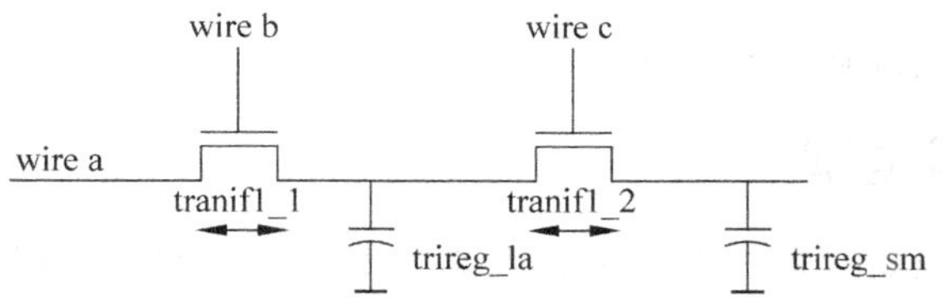

仿真时间	wire a	wire b	wire c	trireg_la	trireg_sm
0	strong 1	1	1	strong 1	strong 1
10	strong 1	0	1	large 1	large 1
20	strong 1	0	0	large 1	small 1
30	strong 1	0	1	large 1	large 1
40	strong 1	0	0	large 1	small 1

图 5.7 共享电荷量仿真的值

5. tri0 和 tri1 网络类型

该类网络类型可用于为带有上拉或下拉电阻的网络建模。tri0/tri1 网络的特征是，若无驱动源驱动，它的值为 0(tri1 的值为 1)。网络值的驱动强度都为 pull。

(1) tri0 相当于这样一个网络：有一个强度为 pull 的 0 值连续驱动该网络。

(2) tri1 相当于这样一个网络：有一个强度为 pull 的 1 值连续驱动该网络。

表 5.6 给出在多个驱动源情况下 tri0 或 tri1 网的有效值。

表 5.6 tri0 和 tri1 网络类型的有效值

tri0/tri1	0	1	x	z
0	0	x	x	0
1	x	1	x	1
x	x	x	x	x
z	0	1	x	0/1

6. supply0 和 supply1 网络类型

supply0 用于对“地”建模，即低电平 0；supply1 网用于对电源建模，即高电平 1。

[**例 5.39**] supply0 和 supply1 网络类型说明。

```
supply0 Gnd,ClkGnd;
supply1[2:0] Vcc;
```

7. 未说明的网络

在 Verilog HDL 中，有可能不必声明某种网络类型。在这样的情况下，网络类型为 1 位网络。可以使用'default_nettype 编译器指令改变这一隐式网络说明方式。使用方法如下：

```
'default_nettype net_kind
```

例如，带有下列编译器指令：

```
'default_nettype wand
```

将任何未说明的网络默认为1位线与网。

5.5.7 寄存器类型

通过过程分配语句给寄存器类型变量分配值。由于在分配的过程中间，寄存器保持值不变，所以它用于对硬件寄存器进行建模，可以对边沿敏感（如触发器）和电平敏感（如置位/复位和锁存器）的保存元素进行建模。

注：一个寄存器变量不一定代表一个硬件存储元素，这是因为它也能用于表示一个组合逻辑。

寄存器型变量与网络类型的区别主要在于：

（1）寄存器型变量保持最后一次的赋值。只能在initial或always内部对寄存器型变量进行赋值操作。

（2）网络型数据需要有连续的驱动源。

寄存器型变量声明的格式如下：

```
<reg_type> [range] <reg_name>[, reg_name];
```

其中：

（1）reg_type为寄存器类型；

（2）range为矢量范围，[MSB：LSB]格式只对reg类型有效；

（3）reg_name为寄存器类型变量的名字，一次可定义多个寄存器型变量，使用逗号分开。

［**例5.40**］ 寄存器型变量Verilog HDL描述的例子。

```
module mult(clk, rst, A_IN, B_OUT);
    input clk,rst,A_IN;
    output B_OUT;
    reg arb_onebit = 1'b0;
    always @(posedge clk or posedge rst)
    begin
      if (rst)
          arb_onebit <= 1'b1;
      else
          arb_onebit <= A_IN;
      end
    end
          B_OUT <= arb_onebit;
  endmodule
```

5.5.8 整数、实数、时间和实时时间

1. 整型变量声明

整型变量常用于对循环控制变量的声明。在算术运算中，将其看作二进制补码形式的

有符号数。整型变量和32位的寄存器型数据在实际意义上相同，只是寄存器型数据被当作无符号数来处理。

［**例5.41**］ 整数变量的声明。

```
integer i,j;
integer[31:0] D;
```

注：虽然integer有位宽度的声明，但是integer型变量不能作为位向量访问。D[6]和D[16:0]的声明都是非法的。在综合时，integer型变量的初始值是x。

2. 实数型变量声明

在机器码表示法中，实数型数据是浮点型数值。该变量类型可用于对延迟时间的计算。实数型变量是不可综合的。对于实数来说：

(1) 不是所有的Verilog HDL操作符都能用于实数值；

(2) 不使用范围声明实数变量；

(3) 默认地，实数变量的初始值为0。

3. 时间型变量声明

时间型变量与整型变量类似，只是它是64位的无符号数。时间型变量主要用于对仿真时间的存储与计算处理，常与系统函数$time一起使用。

4. 实时时间变量声明

实时时间声明和实数声明进行同样的处理，能互换使用。

5.5.9 数组

向量可以将已声明过类型的元素组合成多维的数据对象。

(1) 声明向量时，应当在声明的数据标识符后面指定元素的地址范围。每一个维度代表一个地址范围。

(2) 数组可以是一维向量（一个地址范围）也可以是多维向量（多重地址范围）。

(3) 向量的索引表达式应当是常量表达式，该常量表达式的值应当是整数。

(4) 可以通过一条单独的赋值语句对一个数组元素赋值，但是不能为整个向量或向量的一部分赋值。

(5) 要给一个向量元素赋值，需要为该向量每个维度指定索引。向量索引可以是一个表达式，这就为向量元素的选择提供了一种机制，即根据电路中其他网络或变量的值来引用向量元素。

如果一个向量的元素类型为寄存器型，那么这样的一维向量也称为存储器。存储器只用于ROM（只读存储器）、RAM（随机存取存储器）和寄存器组建模。

(1) 向量中的每一个寄存器也叫作元素或字，并且通过一个索引实现寻址。可以通过一条单独的赋值语句赋值一个n位的寄存器，但是整个存储器不能通过这样的一条语句进行赋值。

(2) 为了对存储器的某个字赋值，需要为该字指定数组索引，该索引可以是一个表达式，该表达式中含有其他的变量或网络数据，通过对该表达式的运算，得到一个结果值，从而定位存储器的某个字。

［例 5.42］ 数组声明 Verilog HDL 描述的例子。

```
reg[7:0] mema[0:255];    //声明一个数组 mema 为 256×8 比特寄存器，其索引 0～255，宽度为 8 位
reg arrayb[7:0][0:255];            //声明一个二维数组，其数据为 1 位寄存器
wire w_array[7:0][5:0];            //声明线类型网络数组
integer inta[1:64];                //64 个整数值的数组
time chng_hist[1:1000]             //有 1000 个时间值的数组
integer t_index;
```

［例 5.43］ 分配数组元素 Verilog HDL 描述的例子。

```
mema = 0;                          //非法的描述，尝试给整个数组写 0
arrayb[1] = 0;                     //非法的描述，尝试写元素[1][0]…[1][255]
arrayb[1][12:31] = 0;              //非法的描述，尝试写元素[1][12]…[1][31]
mema[1] = 0;                       //给 mema 的第二个元素分配 0
arrayb[1][0] = 0;                  //给索引[1][0]指向的元素分配 0
inta[4] = 33559;                   //给数组的某个元素分配整数值 33559
chng_hist[t_index] = $time;        //给当前索引指向的元素分配时间
```

［例 5.44］ 不同存储器 Verilog HDL 描述的例子。

```
reg [1:n] rega;                    //一个 n 位的 1 个深度的寄存器(存储器)
reg mema [1:n];                    //一个 1 位的 n 个深度的寄存器(存储器)
```

5.5.10 参数

Verilog HDL 中的参数既不属于变量类型也不属于网络类型范畴。参数不是变量，而是常量。Verilog HDL 提供了两种类型的参数：

(1) 模块参数；

(2) 指定参数。

所有这些参数都可以指定范围。默认地，parameter 和 specparams 保持必要的宽度，用于保存常数的值。当指定范围时，按照指定的范围确定。

1. 模块参数

模块参数定义的格式为

```
parameter par_name1 = expression1, … , par_namen = expression;
```

其中：

(1) par_name1,…,par_namen 为参数的名字；

(2) expression1,…,expression 为表达式；

(3) 可一次定义多个参数，用逗号隔开。参数的定义是局部的，只在当前模块中有效。

一个模块参数可以指定类型和范围，规则如下：

(1) 没有指定类型和范围的参数，将根据分配给参数最终的值来确定类型和范围。

(2) 一个指定范围，但没有指定类型的参数，将是参数声明的范围，并且是无符号的。符号和范围将不受到后面所分配值的影响。

(3) 一个指定类型，但没有指定范围的参数，将是参数指定的类型。一个有符号的参数，默认为分配给参数最后值的范围。

(4) 一个指定有符号类型和范围的参数,将是有符号的,并且是参数指定的范围,其符号和范围将不受到后面分配值的影响。

(5) 一个没有指定范围,但是说明有指定符号类型或者没有指定类型的参数,有一个隐含的范围,其 lsb 为 0,msb 等于或者小于分配给参数最后的值。

在编译时,可以改变参数值,当改变参数值时,可以使用参数定义语句或在模块初始化语句中定义参数值。

[**例 5.45**] 参数 Verilog HDL 描述的例子。

```
parameter msb = 7;                    //定义 msb 为常数值 7
parameter e = 25, f = 9;              //定义两个常数
parameter r = 5.7;                    //定义 r 为实数参数
parameter byte_size = 8,byte_mask = byte_size - 1;
parameter average_delay = (r + f) / 2;
parameter signed [3:0] mux_selector = 0;
parameter real r1 = 3.5e17;
parameter p1 = 13'h7e;
parameter [31:0] dec_const = 1'b1;  //值转换到 32 位
parameter newconst = 3'h4;            //暗示其范围[2:0]
parameter newconst = 4;               //暗示其范围[31:0]
```

2. 本地参数

除了不能直接被 defparam 描述符修改,或者模块例化参数分配以外,本地参数(localparam)和参数是一致的。本地参数可以分配包含参数的常数表达式,这些参数可以通过 defparam 描述符或者模块例化参数值分配进行修改。

3. 指定参数

关键字 specparam 声明了一个特殊类型的参数,这个参数专用于提供时序和延迟值,但是可以出现在任何没有分配参数的表达式内,它不是一个声明范围描述的一部分。在 specify 块内或主模块内,允许指定参数。

当声明了一个指定的参数在一个指定块的外部时,在引用之前必须声明。分配给指定参数的值可以是任何常数表达式。不像模块参数那样,不能在语言内修改一个指定的参数。但是,可以通过 SDF 注解修改。

指定参数和模块参数是不能交换的。此外,模块参数不能分配一个包含指定参数的常数表达式。表 5.7 给出了 specparam 和 parameter 的不同之处。

表 5.7 specparam 和 parameter 的不同之处

specparam(指定参数)	parameter(模块参数)
使用关键字 specparam	使用关键字 parameter
在一个模块内或者指定的块内声明	在一个指定的块外声明
只能在一个模块内或者指定的块内使用	不能在指定的块内使用
可以被分配指定参数和参数	不能分配指定参数
使用 SDF 注解覆盖值	使用 defparam 或者例化声明参数值传递来覆盖值

[**例 5.46**] 声明 specparam Verilog HDL 的描述。

```
specify
```

```
specparam tRise_clk_q = 150, tFall_clk_q = 200;
specparam tRise_control = 40, tFall_control = 50;
endspecify
```

［例 5.47］ 声明 parameter 和 specparam 的 Verilog HDL 描述。

```
module RAM16GEN (output [7:0] DOUT, input [7:0] DIN, input [5:0] ADR, input WE, CE);
specparam dhold = 1.0;
specparam ddly = 1.0;
parameter width = 1;
parameter regsize = dhold + 1.0;    //非法——不能将 specparam 分配给 parameter
endmodule
```

5.5.11 Verilog HDL 命名空间

在 Verilog HDL 中有几类命名空间：其中两类为全局名字空间，其余为局部名字空间。

1. 全局命名空间

全局命名空间包括定义和文本宏。

(1) 定义命名空间包括所有 module(模块)、macromodule(宏模块)和 primitive(基本原语)的定义。

一旦某个命名用于定义一个模块、宏模块或基本原语，那么它将不能再用于声明其他模块、宏模块或基本元件，也就是这个命名在定义命名空间具有唯一性。

(2) 文本宏命名空间也是全局的，由于文本宏名由重音符号(')引导，因此它与别的名字空间有明显的区别。文本宏名的定义逐行出现在设计单元源程序中，可以重复定义文本宏，同一宏名后面的定义将覆盖其先前的定义。

2. 局部命名空间

局部命名空间包括 block(块)、module(模块)、generate block(生成块)、port(端口)、specify block(延时说明块)和 attribute(属性)。一旦在这几个命名空间中的任意一个空间内定义了某个名字，就不能在该空间中重复定义该名字。

1) 语句块命名空间

语句块命名空间包括语句块、函数、任务、参数、事件和变量类型声明。

注： 变量类型声明包括 reg、integer、time、real 和 realtime 声明。

2) 模块命名空间

模块命名空间包括函数、任务、例化(模块调用名)、参数、事件和网络类型声明与变量类型声明。

注： 网络类型声明包括 wire、wor、wand、tri、trior、triand、tri0、tri1、trireg、supply0 和 supply1。

3) 生成块命名空间

生成块命名空间包括函数、任务、命名块、模块例化、生成块、本地参数、命名事件、生成变量、网络类型声明和变量类型声明。

4) 端口命名空间

端口命名空间用于连接两个不同命名空间中的数据对象，连接可以是单向的或双向的。端口命名空间是模块命名空间与语句块命名空间的交集。

从本质上说,端口命名空间规定了不同空间中两个名字的连接类型。端口类型声明包括 input、output 和 inout。

只需要在模块命名空间中声明一个与端口名同名的变量或 wire 型数据,就可以在模块命名空间中再次引用端口命名空间中所定义的端口名。

5) 指定块命名

指定块命名用来说明模块内的时序信息。specparam 用来声明延迟常数,很像模块内的一个普通命名参数,但是不能被覆盖。指定块以 specify 开头,以 endspecify 结束。

6) 属性命名

属性命名是由符号(**)所包含的语言结构,只能在属性命名空间中被定义和使用,在属性命名空间中不能定义其他任何名字。

5.6 Verilog HDL 表达式

表达式是将操作数和操作符组合在一起产生结果的一种结构,它可以在出现有任何数值运算的地方。

5.6.1 操作符

Verilog HDL 中的操作符按功能可以分为以下类型:

(1) 算术操作符;

(2) 关系操作符;

(3) 相等操作符;

(4) 逻辑操作符;

(5) 按位操作符;

(6) 归约操作符;

(7) 移位操作符;

(8) 条件操作符;

(9) 连接和复制操作符。

按运算符所包含操作数的个数可分为三类:

(1) 单个操作符;

(2) 双操作符;

(3) 三操作符。

1. Verilog HDL 支持的操作符列表

表 5.8 给出了 Verilog HDL 支持的操作符。

表 5.8 Verilog HDL 支持的操作符

{} {{}}	并置和复制
一元+ 一元-	一元操作符
+ - * / **	算术运算符
%	取模运算符

续表

> >= < <=	关系操作符
!	逻辑非
&&	逻辑与
||	逻辑或
==	逻辑相等
!=	逻辑不相等
===	条件(case)相等
!==	条件(case)不相等
~	按位取反
&	按位与
|	按位或
^	按位异或
^~或者~^	按位异或非
&	规约与
~&	规约与非
|	规约或
~|	规约或非
^	规约异或
^~或者~^	规约异或非
<<	逻辑左移
>>	逻辑右移
<<<	算术左移
>>>	算术右移
?:	条件

2. 实数支持的操作符

表 5.9 给出了用于实数表达式有效操作符列表。

表 5.9 Verilog HDL 实数支持的操作符

一元+ 一元-	一元操作符
+ - * / **	算术运算符
> >= < <=	关系操作符
! && ||	逻辑
== !=	逻辑相等
? =	条件

3. 操作符的优先级

表 5.10 给出了所有操作符的优先级。同一行内的操作符具有相同的优先级。表中优先级从高到低进行排列。

(1) 除条件操作符从右向左关联外，其余所有操作符自左向右关联。

(2) 当表达式中有不同优先级的操作符时，先执行高优先级的操作符。

(3) 圆括号可用于改变优先级的顺序。

表 5.10 操作符的优先级

+ − ! ~ & ~& | ~| ^~^^~ (一元)	最高优先级
**	↓
* / %	
+ − (二元)	
<< >> <<< >>>	
< <= > >=	
== != === !==	
&(二元)	
^ ^~ ~^(二元)	
|(二元)	
&&	
||	
?:(条件操作符)	
{} {{}}	最低优先级

4. 表达式中使用整数

在表达式中,可以使用整数作为操作数,一个整数可以表示为

(1) 没有宽度,没有基数的整数,如 12;

(2) 没有宽度,有基数的整数,如'd12、'sd12;

(3) 有宽度,也有基数的整数,如 16'd12、16'sd12。

一个没有基数标识整数的负数值不同于一个带有基数标识的整数。对于没有基数标识的整数,将其理解为以二进制补码存在的负数。带有无符号基数标识的一个整数,将其理解为一个无符号数。

[例 5.48] 整数表达式中使用整数 Verilog HDL 描述的例子。

```
integer IntA;
IntA = -12 / 3;        //结果是 -4
IntA = -'d 12 / 3;     //结果是 1431655761,-12 的 32 位补码是 FFFFFFF4,FFFFFFF4/3 = 1431655761
IntA = -'sd 12 / 3;    //结果是 -4
IntA = -4'sd 12 / 3;   //-4'sd12 是四位的负数 1100,等效于 -4。-(-4) = 4。4/3 = 1
```

5. 算术操作符

表 5.11 给出了二元操作符的定义。

表 5.11 二元操作符的定义

a+b	a 加 b
a−b	a 减 b
a*b	a 乘 b
a/b	a 除 b
a%b	a 模 b
a**b	a 的 b 次幂乘

(1) 整数除法截断任何小数部分,如 7/4 的结果为 1。

(2) 对于除法和取模运算,如果第二个操作数为 0,则整个结果的值为 x。

(3) 对于取模操作，取第一个操作数的符号。

(4) 取模操作符求出与第一个操作符符号相同的余数，如 7%4 结果为 3，而－7%4 结果为－3。

(5) 对于幂乘运算，当其中的任何一个数是实数时，结果的类型也为实数。如果幂乘的第一个操作数为 0，并且第二个操作数不是正数；或者第一个操作数是负数，第二个操作数不是整数，则没有指定其结果。

表 5.12 给出了幂乘操作符规则。

表 5.12　幂乘操作符规则

op2 \ op1	负数<－1	－1	零	1	正数>1
正数	op1 * op2	op2 是奇数－>－1 op2 是偶数－>1	0	1	op1 * op2
零	1	1	1	1	1
负数	0	op2 是奇数－>－1 op2 是偶数－>1	x	1	0

(6) 对于一元操作，其优先级大于二元操作。表 5.13 给出了一元操作符。

表 5.13　一元操作符

＋m	一元加 m(和 m 一样)
－m	一元减 m

(7) 在算术操作符中，如果任意操作数的位值是 x 或 z，那么整个结果为 x。

(8) 算术表达式结果的长度由最长的操作数决定。在赋值语句中，算术操作结果的长度由操作符左侧目标长度决定。

[**例 5.49**]　算术操作 Verilog HDL 描述的例子。

```
10 % 3 = 1
11 % 3 = 2
12 % 3 = 0
- 10 % 3 =- 1
11 % - 3 = 2
- 4'd12 % 3 = 1
3 ** 2 = 9
2 ** 3 = 8
2 ** 0 = 1
0 * 0 = 1
2.0 ** - 3'sb1 = 0.5
2 ** - 3'sb1 = 0
0 ** - 1 = x
9 ** 0.5 = 3.0
9.0 ** (1/2) = 1.0
- 3.0 ** 2.0 = 9.0
```

表 5.14 给出了算术操作数对数据类型的理解。

表 5.14　算术操作数对数据类型的理解

数据类型	理　解
无符号网络	无符号
有符号网络	有符号,二进制补码
无符号寄存器	无符号
有符号寄存器	有符号,二进制补码
整数	有符号,二进制补码
时间	无符号
实数、实时时间	有符号,浮点

[**例 5.50**]　在表达式中使用整数和寄存器数据类型 Verilog HDL 描述的例子。

```
integer intA;
reg [15:0] regA;
reg signed [15:0] regS;
intA = -4'd12;
regA = intA / 3;        //表达式是-4, intA 是 integer 数据类型,regA 的值是 65532
regA = -4'd12;          //regA 是 65524
intA = regA / 3;        //表达式的值为 21841,regA 是寄存器类型的数据
intA = -4'd12 / 3;      //表达式的结果为 1431655761,是一个 32 位的寄存器数据
regA = -12 / 3;         //表达式结果-4,一个整数类型,regA 是 65532
regS = -12 / 3;         //表达式结果-4。regS 是有符号寄存器
regS = -4'sd12 / 3;     //表达式结果 1。-4'sd12 为 4
```

6. 关系操作符

表 5.15 给出了关系操作符列表,关系操作符有下面特点:

表 5.15　关系操作符列表

a<b	a 小于 b
a>b	a 大于 b
a<=b	a 小于等于 b
a>=b	a 大于等于 b

(1) 关系操作符的结果为真("1")或假("0")。

(2) 如果操作数中有一位为 X 或 Z,那么结果为 X。

(3) 如果关系运算存在无符号数时,将表达式看作无符号数。当操作数位宽不同时,位宽较短的操作数将 0 扩展到位宽较大操作数宽度范围。

(4) 如果关系运算都是有符号数时,将表达式看作有符号的。当操作数位宽不同时,位宽较短的操作数将符号扩展到位宽较大操作数的宽度范围。

(5) 所有关系运算符的优先级相同,但是比算术运算符的优先级要低。

(6) 如果操作数中间有实数,则将所有操作数都转换为实数,然后进行关系运算。

[**例 5.51**]　关系操作符 Verilog HDL 描述的例子。

```
a < foo - 1 等价于 a < (foo - 1)
foo - (1 < a)不等价于 foo - 1 < a
```

7. 相等操作符

表 5.16 列出了相等关系操作符。相等关系操作符有下面特点：

表 5.16 相等操作符列表

a===b	a 等于 b，包含 x 和 z
a!==b	a 不等于 b，包含 x 和 z
a==b	a 等于 b，结果可能未知（比较不包括 x 和 z）
a!=b	a 不等于 b，结果可能未知（比较不包括 x 和 z）

（1）相等操作符有相同的优先级。

（2）如果相等操作中存在无符号数时，将表达式看作无符号数。当操作数位宽不同时，位宽较短的操作数将 0 扩展到位宽较大操作数的宽度范围。

（3）如果相等操作都是有符号数时，将表达式看作有符号数。当操作数位宽不同时，位宽较短的操作数将符号扩展到位宽较大操作数的宽度范围。

（4）如果操作数中有实数，则将所有操作数都转换为实数，然后再进行相等运算。

（5）如果比较结果为假，则结果为“0”；否则，结果为“1”。

① 在===和!===比较中，值 x 和 z 严格按位比较，也就是说，不进行解释，并且结果一定可知；用于 case 语句描述中；

② 在==和!=比较中，值 x 和 z 具有通常的意义，且结果可以不为 x，也就是说，在逻辑比较中，如果两个操作数之一包含 x 或 z，结果为未知的值(x)，用于逻辑比较中。

［**例 5.52**］ 相等关系操作符 Verilog HDL 描述的例子。

```
Data = 'b11x0;
Addr = 'b11x0;
```

例 5.52 中，Data==Addr 比较结果不定，也就是说值为 x；但 Data===Addr 为真，也就是说值为“1”。

如果操作数的位宽不相等，位宽较小的操作数在左侧添 0 补位。例如，2'b10 == 4'b0010 与表达式 4'b0010 == 4'b0010 相同，结果为真（“1”）。

8. 逻辑操作符

符号 &&（逻辑与）和符号||（逻辑或）用于逻辑的连接。逻辑比较的结果为“1”（真）或者“0”（假）。当结果模糊的时候，为 x。&&（逻辑与）的优先级大于||（逻辑或）。逻辑操作的优先级低于关系和相等操作。

符号!（逻辑非）是一元操作符。

这些操作符在逻辑值“0”或“1”上操作，逻辑操作的结果为“0”或“1”。

［**例 5.53**］ 逻辑关系操作 Verilog HDL 描述的例子 1。

假设 alpha=127，beta=0。

```
regA = alpha && beta;  //regA 设置为 0
regB = alpha || beta;  //regB 设置为 1
```

［**例 5.54**］ 逻辑关系操作 Verilog HDL 描述的例子 2。

```
a < size - 1 &&b != c && index != lastone
```

为了便于理解和查看设计，推荐使用下面的方法描述上面的逻辑操作：

```
(a < size - 1) && (b != c) && (index != lastone)
```

［例 5.55］ 逻辑关系操作 Verilog HDL 描述的例子 3。

```
if(!inword)
```

也可以表示为

```
if (inword == 0)
```

9. 按位操作符

表 5.17 给出了对于不同操作符按位操作的结果。

表 5.17 不同操作符按位操作的结果

&(二元按位与)	0	1	x	z	|(二元按位或)	0	1	x	z
0	0	0	0	0	0	0	1	x	x
1	0	1	x	x	1	1	1	1	1
x	0	x	x	x	x	x	1	x	x
z	0	x	x	x	z	x	1	x	x
^(二元按位异或)	0	1	x	z	^~(二元按位异或非)	0	1	x	z
0	0	1	x	x	0	1	0	x	x
1	1	0	x	x	1	0	1	x	x
x	x	x	x	x	x	x	x	x	x
z	x	x	x	x	z	x	x	x	x
~(一元非)	1	0	x	x					

如果操作数位宽不相等，位宽较小的操作数在最左侧添 0 补位。例如，'b0110 ^ 'b10000，与表达式'b00110 ^'b10000 的操作相同，结果为'b10110。

10. 归约操作符

归约操作符在单个操作数的所有位上操作，并产生 1 位结果。归约操作符有：

1) &(归约与)

(1) 如果存在位值为 0，那么结果为 0；

(2) 如果存在位值为 x 或 z，结果为 x；

(3) 其他情况结果为 1。

2) ~&(归约与非)

与归约操作符 & 相反。

3) |(归约或)

(1) 如果存在位值为 1，那么结果为 1；

(2) 如果存在位 x 或 z，结果为 x；

(3) 其他情况结果为 0。

4) ~|(归约或非)

与归约操作符|相反。

5) ^(归约异或)

(1) 如果存在位值为 x 或 z,那么结果为 x;

(2) 如果操作数中有偶数个 1,结果为 0;

(3) 其他情况结果为 1。

6) ~^(归约异或非)

与归约操作符^相反。

归约异或操作符用于决定向量中是否有位为 x。

表 5.18 给出了一元规约操作结果。

表 5.18 一元规约操作结果的列表

操作数	&	~&	|	~|	^	~^
4'b0000	0	1	0	1	0	1
4'b1111	1	0	1	0	0	1
4'b0110	0	1	1	0	0	1
4'b1000	0	1	1	0	1	0

[**例 5.56**] 归约异或操作符 Verilog HDL 描述的例子。

假定

```
MyReg = 4'b01x0;
```

则:

```
^MyReg 结果为 x
```

上述功能使用如下的 if 语句检测:

```
if (^MyReg === 1'bx)
 $display("There is an unknown in the vector MyReg !")
```

注:逻辑相等(==)操作符不能用于比较操作,这是因为逻辑相等操作符比较操作将只会产生结果 x。全等操作符期望的结果为 1。

11. 移位操作符

移位操作符包括:

(1) <<(逻辑左移);

(2) >>(逻辑右移);

(3) <<<(算术左移);

(4) >>>(算术右移)。

移位操作符左侧操作数移动右侧操作数所指定的位数,它是一个逻辑移位,空闲位补 0。如果右侧操作数的值为 x 或 z,则移位操作的结果为 x。

[**例 5.57**] 移位操作符 Verilog HDL 描述的例子 1。

假设 start 的值为 4'b0001。

```
reg [3:0] start, result;
initial begin
```

```
  start = 1;
  result = (start << 2);        //结果是 4'b0100
end
endmodule
```

[例 5.58] 移位操作符 Verilog HDL 描述的例子 2。

假设 start 的值为 1000。

```
module ashift;
reg signed [3:0] start, result;
initial begin
  start = 4'b1000;
  result = (start >>> 2);       //结果是 1110
end
endmodule
```

12. 条件操作符

条件操作符根据条件表达式的值选择表达式,形式如下:

```
cond_expr ? expr1:expr2
```

(1) 如果 cond_expr 为真(值为 1),选择 expr1;

(2) 如果 cond_expr 为假(值为 0),选择 expr2;

(3) 如果 cond_expr 为 x 或 z,结果将是按以下逻辑 expr1 和 expr2 按位操作的值:0 与 0 得 0;1 与 1 得 1;其余情况为 x。

[例 5.59] 条件操作符 Verilog HDL 描述的例子 1。

```
wire[0:2]Student = Marks > 18 ? Grade_A:Grade_C;
```

计算表达式 Marks>18 的值:

(1) 如果结果为真,Grade_A 赋值给 Student;

(2) 如果结果为假,Grade_C 赋值给 Student。

[例 5.60] 条件操作符 Verilog HDL 描述的例子 2。

```
always #5 Ctr = (Ctr!= 25)?(Ctr + 1):5;
```

过程赋值中的表达式表明:

(1) 如果 Ctr 不等于 25,则将 Ctr 的值加 1 赋值给 Ctr;

(2) 如果 Ctr 值等于 25,则将 Ctr 值重新置为 5。

13. 连接和复制操作

连接操作是将位宽较小的表达式合并形成位宽较大的表达式的一种操作,其描述格式如下:

```
{expr1,expr2,...,exprN}
```

由于非定长常数的长度未知,因此不允许连接非定长常数。

复制操作就是将一个表达式复制多次的操作,其描述格式如下:

```
{ replication_constant {expr}}
```

其中，replication_constant 为非负数，它是非 z 和非 x 的常数，用于表示复制的次数；expr 为需要复制的表达式。

注：包含有复制的连接表达式，不能出现在分配的左侧操作数，也不能连接到 output 或者 input 端口上。

[**例 5.61**] 连接操作 Verilog HDL 描述的例子。

```
{a, b[3:0], w, 3'b101}
```

等效于

```
{a, b[3], b[2], b[1], b[0], w, 1'b1, 1'b0, 1'b1}
```

[**例 5.62**] 复制操作 Verilog HDL 描述的例子。

```
{4{w}}
```

等效于

```
{w, w, w, w}
```

[**例 5.63**] 复制和连接操作 Verilog HDL 描述的例子。

```
{b, {3{a, b}}}
```

等效于

```
{b, a, b, a, b, a, b}
```

复制操作可以复制值为 0 的常数，在参数化代码时非常有用。带有 0 复制常数的复制，被认为是大小为 0，并且被忽略。这样一个复制，只能出现在至少有一个连接操作数是正数的连接中。

[**例 5.64**] 复制和连接操作分配限制 Verilog HDL 描述的例子。

```
parameter P = 32;
//下面对于 1 到 32 是有效的
assign b[31:0] = { {32 - P{1'b1}}, a[P - 1:0] } ;
//对于 P = 32 来说，下面是非法的，因为 0 复制单独出现在一个连接中
assign c[31:0] = { {{32 - P{1'b1}}}, a[P - 1:0] }
//下面对 P = 32 来说，下面是非法的
initial
     $displayb({32 - P{1'b1}}, a[P - 1:0]);
```

[**例 5.65**] 复制操作 Verilog HDL 描述的例子。

```
result = {4{func(w)}} ;
```

等效为：

```
y = func(w) ;
result = {y, y, y, y} ;
```

5.6.2 操作数

在表达式中需要指定一些类型的操作数，最简单的操作数包括网络、变量和参数。还

包括以下：

(1) 如果要求一个向量网络、向量寄存器、整数或者时间变量或者参数的单个比特位时，则需要使用位选择操作数；

(2) 如果要求一个向量网络、向量寄存器、整数或者时间变量或者参数的某些相邻的比特位，则需要使用部分选择操作数；

(3) 可以引用数组元素或者一个数组元素的位选择/部分选择，作为一个操作数；

(4) 其他操作数的一个连接(包括嵌套连接)，也可以作为一个操作数；

(5) 一个函数调用是一个操作数。

1. 向量位选择和部分选择寻址

如果位选择/部分选择超出地址范围，或者位选择为x/z，则返回的结果为x。对于一个标量，或者一个类型为实数或者实时时间的变量或者参数来说，位选择或者部分选择是无效的。

对于部分选择，有两种类型：

(1) 一个向量寄存器类型或者网络类型的常数部分选择，表示为

```
vect[msb_expr:lsb_expr]
```

其中，msb_expr和lsb_expr为常数的整数表达式。

(2) 一个向量网络类型、向量寄存器类型、时间变量或者参数的索引部分选择，表示为

```
reg[15:0] big_vect;
reg [0:15] little_vect;
big_vect[lsb_base_expr +: width_expr]
little_vect[msb_base_expr +: width_expr]
big_vect[msb_base_expr -: width_expr]
little_vect[lsb_base_expr -: width_expr]
```

其中，msb_expr和lsb_expr为常数的整数表达式，可以在运行时改变值；width_expr为正的常数表达式。

[**例5.66**]　数组部分选择Verilog HDL描述的例子。

```
reg[31: 0] big_vect;
reg [0 :31] little_vect;
integer sel;
big_vect[ 0 +: 8]      //== big_vect[ 7 : 0]
big_vect[15 -: 8]      //== big_vect[15 : 8]
little_vect[ 0 +: 8]   //== little_vect[0 : 7]
little_vect[15 -: 8]   //== little_vect[8 :15]
dword[8*sel +: 8]      //带有固定宽度的变量部分选择
```

[**例5.67**]　数组初始化、位选择和部分选择Verilog HDL描述的例子。

```
reg[7:0] vect;
vect = 4;               //用 00000100 填充,msb 是 7,lsb 是 0
```

(1) 如果adder=2，则vect[addr]返回1；

(2) 如果addr超过范围，则vect[addr]返回x；

(3) 如果 addr 是 0、1、3～7，则 vect[addr]返回 0；

(4) vect[3:0]返回 0100；

(5) vect[5:1]返回 00010；

(6) vect[返回 x 的表达式]返回 x；

(7) vect[返回 z 的表达式]返回 x；

(8) 如果 addr 的任何一位是 x 或者 z，则 addr 的值为 x。

2. 数组和存储器寻址

对于下面的这个存储器声明，表示为 8 位宽度、1024 个深度

```
reg[7:0] mem_name[0:1023];
```

存储器地址表示为

```
mem_name[addr_expr]
```

其中，addr_expr 为任意整数表达式。例如，

```
mem_name[mem_name[3]]
```

表示存储器的间接寻址。

[**例 5.68**] 存储器寻址 Verilog HDL 描述的例子。

```
reg[7:0] twod_array[0:255][0:255];
wire threed_array[0:255][0:255][0:7];
twod_array[14][1][3:0];                //访问字的低四位
twod_array[1][3][6];                   //访问字的第 6 位
twod_array[1][3][sel];                 //使用可变的位选择
threed_array[14][1][3:0];              //无效
```

3. 字符串

字符串是双引号内的字符序列，用一串 8 位二进制 ASCII 码的形式表示，每一个 8 位二进制 ASCII 码代表一个字符。任何 Verilog HDL 的操作符均可操作字符串。当给字符串所分配的值小于所声明字符串的宽度时，用 0 补齐左侧。

[**例 5.69**] 字符串 Verilog HDL 描述的例子。

```
module string_test;
reg [8 * 14:1] stringvar;
initial begin
      stringvar = "Hello world";
      $display(" % s is stored as % h", stringvar, stringvar);
      stringvar = {stringvar,"!!!"};
      $display(" % s is stored as % h", stringvar, stringvar);
end
endmodule
```

仿真结果表示为

```
Hello world is stored as 00000048656c6c6f20776f726c64
Hello world!!! is stored as 48656c6c6f20776f726c64212121
```

Verilog HDL 中，所支持的字符串操作包括复制、连接和比较：①通过分配实现复制；②通过连接操作符实现连接；③通过相等操作符实现比较。

当操作向量寄存器内的字符串的值时，寄存器应该至少为 8×n 比特(n 是 ASCII 字符的个数)，用于保存 n 个 8 位的 ASCII 码。

［**例 5.70**］ 字符串连接的 Verilog HDL 描述。

```
initial begin
s1 = "Hello";
s2 = " world!";
if ({s1,s2} == "Hello world!")
 $ display("strings are equal");
End
```

其中，

```
        s1 = 000000000048656c6c6f
        s2 = 00000020776f726c6421
{s1,s2} = 000000000048656c6c6f00000020776f726c6421
```

注：对于空字符串“”来说，将其看作 ASCII 中的 NUL(“\0”)，其值为 0，而不是字符串“0”。

5.6.3 延迟表达式

Verilog HDL 中，延迟表达式的格式为用圆括号括起来的三个表达式，这三个表达式之间用冒号分隔开。三个表达式依次代表最小、典型和最大延迟时间值。下面举例说明延迟表达式的用法。

［**例 5.71**］ 延迟表达式 Verilog HDL 描述的例子。

```
(a:b:c) + (d:e:f)
```

表示：

(1) 最小延迟值为 a+d 的和；

(2) 典型延迟值为 b+e 的和；

(3) 最大延迟值为 c+f 的和。

［**例 5.72**］ 分配 min:typ:max 格式值 Verilog HDL 描述的例子。

```
val - (32'd 50: 32'd 75: 32'd 100)
```

5.6.4 表达式的位宽

为了使表达式求值得到可靠的结果，控制表达式的位宽是非常重要的。某些情况下可采取最简单的解决方法，比如，如果指定了两个 16 位的寄存器矢量的位排序方式和操作，那么结果就是一个 16 位的值。然而，在某些情况下，究竟有多少位参与表达式求值或者结果有多少位，并不容易看出来。例如，两个 16 位操作数之间的算术加法，是应该使用 16 位求值还是该使用 17 位(允许进位位溢出)求值？答案取决于建模器件的类型以及该器件是否处理进位位溢出。Verilog HDL 利用操作数的位宽决定参与表达式求值的位数。

[**例 5.73**] 表达式长度 Verilog HDL 描述的例子。

```
reg [15:0] a, b;                        //16 位寄存器类型
reg [15:0] sumA;                        //16 位寄存器类型
reg [16:0] sumB;                        //17 位寄存器类型
sumA = a + b;                           //结果 16 位
sumB = a + b;                           //结果 17 位
```

控制表达式位宽的规则已经公式化。因此，大多数实际情况下，都有一个简单的解决方法：

（1）表达式位宽由包含在表达式内的操作数和表达式的上下文决定；

（2）自主表达式的位宽由它自身单独决定，如延迟表达式；

（3）由上下文所确定表达式的位宽由该表达式的位宽和它所处的上下文来决定，例如一个赋值操作中，右侧表达式的位宽由它自己的位宽和赋值符左侧的位宽来决定。

表 5.19 说明了表达式的形式如何决定表达式结果的位宽，表中 i、j、k 都表示单操作数的表达式，而 L(i)代表表达式 i 的位宽，op 代表操作符。

表 5.19　表达式位宽规则

<table>
<tr><th>表　达　式</th><th>结果值位宽</th><th>说　　明</th></tr>
<tr><td>不定长常数</td><td>与整数相同</td><td></td></tr>
<tr><td>定长常数</td><td>与给定的位宽相同</td><td></td></tr>
<tr><td>i op j，操作符 op 为：＋ － * / % & | ^^~ 或 ~^</td><td>max(L(i),L(j))</td><td></td></tr>
<tr><td>op i，操作符 op 为：＋ － ~</td><td>L(i)</td><td></td></tr>
<tr><td>i op j，操作符 op 为：=== !== == != && || > >= < <=</td><td>1 位</td><td>在求表达式值时，每个操作数的位宽都先变为 max(L(i),L(j))</td></tr>
<tr><td>i op i，操作符 op 为：& ~& | ~|^^~或~^</td><td>1 位</td><td>所有操作数都是自主表达式</td></tr>
<tr><td>i op j，操作符 op 为：>> << ** >>> <<<</td><td>L(i)</td><td>j 是自主表达式</td></tr>
<tr><td>i? j:k</td><td>max(L(j),L(k))</td><td>i 是自主表达式</td></tr>
<tr><td>{i,…,j}</td><td>L(i)+…+L(j))</td><td>所有操作数都是自主表达式</td></tr>
<tr><td>{i{j,…,k}}</td><td>I*(L(i)+…+L(j))</td><td>所有操作数都是自主表达式</td></tr>
</table>

在表达式求值过程中，中间结果应当采用具有最大位宽操作数(如果是在复制语句中，也包括赋值符左侧)的位宽，在表达式求值过程中要注意避免数据的丢失。

[**例 5.74**] 保护进位位 Verilog HDL 描述的例子。

```
reg [15:0] a, b, answer;                //16 位寄存器类型
answer = (a + b) >> 1;                  //不能正常操作
```

[**例 5.75**] 自主表达式 Verilog HDL 描述的例子。

```
reg[3:0] a;
reg [5:0] b;
reg [15:0] c;
initial begin
    a = 4'hF;
```

```
    b = 6'hA;
    $display("a*b= %h", a*b);      //表达式的宽度由自己确定
    c = {a**b};                     //由于使用连接符,表达式的宽度由a**b自己确定
    $display("a**b= %h", c);
    c = a**b;                       //表达式的宽度由c确定
    $display("c= %h", c);
end
```

仿真器的输出结果：

```
a*b=16                    //由于位宽为6,所以'h96被截断到'h16
a**b=1                    //表达式的位宽为4(a的位宽)
c=ac61                    //表达式的位宽为16(c的位宽)
```

5.6.5 有符号表达式

为了得到可靠的结果,控制表达式的符号非常重要。可以使用两个系统函数来处理类型的表示：

1) $signed()

返回相同位宽的有符号数。

2) $unsigned()

返回相同位宽的无符号数。

[**例5.76**] 调用系统函数进行符号转换Verilog HDL描述的例子。

```
reg[7:0] regA, regB;
reg signed [7:0] regS;
regA = $unsigned(-4);             //regA = 8'b11111100
regB = $unsigned(-4'sd4);         //regB = 8'b00001100
regS = $signed (4'b1100);         //regS = -4
```

下面是表达式符号类型规则：

(1) 表达式的符号类型仅仅取决于操作数,与左侧值无关;

(2) 十进制数是有符号数;

(3) 基数格式数值是无符号数,除非符号(s)用于基数说明;

(4) 无论操作数是何类型,其位选择结果为无符号型;

(5) 无论操作数是何类型,其部分位选择结果为无符号型,即使部分位选择指定了一个完整的矢量;

(6) 无论操作数是何类型,连接(或复制)操作的结果为无符号型;

(7) 无论操作数是何类型,比较操作的结果(1或0)为无符号型;

(8) 通过强制类型转换为整型的实数为有符号型;

(9) 任何自主操作数的符号和位宽由操作数自己决定,不取决于表达式的其余部分;

(10) 对于非自主操作数遵循下面的规则：①如果有操作数为实型,则结果为实型;②如果有操作数为无符号类型,则结果为无符号类型;③如果所有操作数为有符号类型,则结果为有符号类型。

5.6.6 分配和截断

如果右操作数的位宽大于左操作数的位宽，则右操作数的最高有效位会丢失，以进行位宽匹配。当出现位宽不匹配时，并不要求实现过程警告或者报告与分配位宽不匹配的任何错误。截断符号表达式的符号位，可能会改变结果的符号。

[**例 5.77**] 位宽不匹配分配 Verilog HDL 描述的例子 1。

```
reg[5:0] a;
reg signed [4:0] b;
initial begin
    a = 8'hff;                         //分配完后,a = 6'h3f
    b = 8'hff;                         //分配完后,b = 5'h1f
end
```

[**例 5.78**] 位宽不匹配分配 Verilog HDL 描述的例子 2。

```
reg[0:5] a;
reg signed [0:4] b, c;
initial begin
    a = 8'sh8f;                        //分配完后,a = 6'h0f
    b = 8'sh8f;                        //分配完后,b = 5'h0f
    c = -113;                          //分配完后,c = 15
end
```

[**例 5.79**] 位宽不匹配分配 Verilog HDL 描述的例子 3。

```
reg[7:0] a;
reg signed [7:0] b;
reg signed [5:0] c, d;
initial begin
    a = 8'hff;
    c = a;                             //分配完后,c = 6'h3f
    b = -113;
    d = b;                             //分配完后,d = 6'h0f
end
```

5.7 Verilog HDL 分配

分配（也称为赋值）是最简单的机制，用于给网络和变量设置相应的值。Verilog HDL 提供了两种基本形式的分配：

(1) 连续分配，用于给网络分配值；

(2) 过程分配，用于给变量分配值。

Verilog HDL 还额外提供了两种分配形式，assign/deassign 和 force/release，称之为过程连续分配。

一个分配由两部分构成，包括左侧和右侧，它们通过“=”隔开，或者在非阻塞过程复制中，使用“<=”隔开。右侧可以是任意表达式。根据连续分配还是过程分配，左侧的赋值类型遵守表5.20的规则。

表5.20 分配描述中的有效的左侧格式

描述类型	左 侧
连续分配	1. 网络(标量或者矢量) 2. 一个向量网络的常数位选择 3. 一个向量网络的常数部分选择 4. 一个向量网络的常数索引的部分选择 5. 以上任何左侧的连接或者嵌套的连接
过程分配	1. 变量(标量或者矢量) 2. 一个向量寄存器、整数或者时间变量的比特选择 3. 一个向量寄存器、整数或者时间变量的部分选择 4. 一个向量寄存器、整数或时间变量索引的部分选择 5. 存储器字 6. 以上任何左侧的连接或者嵌套的连接

5.7.1 连续分配

连续分配包括网络声明分配和连续分配描述。

1. 网络声明分配

前面讨论了声明网络的两种方法，这里给出第三种方法，即网络声明分配。在声明网络的相同描述中，允许在网络上使用连续分配。

[**例5.80**] 连续分配的网络声明格式Verilog HDL描述的例子。

```
wire mynet;
wire (strong1, pull0) mynet = enable ;
```

注：由于一个网络只能声明一次，所以对于一个特定的网络来说，只能有一个网络声明分配。这与连续分配描述是不一样的。在连续分配描述中，一个网络可以接受连续分配形式的多个分配。

2. 连续分配描述

连续分配将为一个网络数据类型设置一个值。网络可能明确的声明，或者根据隐含声明规则继承一个隐含声明。

给一个网络进行分配是连续的和自动的。换句话说，任何时候，只要右侧的一个操作表达式的操作数发生变化，则将改变整个右侧表达式。如果右侧表达式新的值和以前的值不同，则将给左侧分配新的值。

连续分配描述格式为

```
assign  variable = expression;
```

其中，variable为网络类型信号；expression为赋值表达式。

[**例5.81**] 使用连续分配实现带进位的四位加法器Verilog HDL描述的例子。

```
module adder (sum_out, carry_out, carry_in, ina, inb);
output [3:0] sum_out;
output carry_out;
input [3:0] ina, inb;
input carry_in;
wire carry_out, carry_in;
wire [3:0] sum_out, ina, inb;
assign {carry_out, sum_out} = ina + inb + carry_in;
endmodule
```

[**例 5.82**] 使用连续分配实现 4：1 的 16 位总线的多路选择 Verilog HDL 描述的例子。

```
module select_bus(busout, bus0, bus1, bus2, bus3, enable, s);
parameter n = 16;
parameter Zee = 16'bz;
output [1:n] busout;
input [1:n] bus0, bus1, bus2, bus3;
input enable;
input [1:2] s;
tri [1:n] data;                              //声明网络
tri [1:n] busout = enable ? data : Zee;      //包含连续分配的网络声明
//包含四个连续分配的分配描述
assign
data = (s == 0) ? bus0 : Zee,
data = (s == 1) ? bus1 : Zee,
data = (s == 2) ? bus2 : Zee,
data = (s == 3) ? bus3 : Zee;
```

3. 延迟

在连续分配中，延迟确定将右侧操作数的变化分配到左侧的时间间隔。如果左侧是一个标量网络，这种分配的效果和门延迟是一样的，即可以为输出上升、下降和改变为高阻指定不同的延迟。

如果左边是一个向量网络，则可以应用最多三个延迟。下面的规则用于确定哪个延迟用于控制分配：

(1) 如果右边从非零变化到零，则应该使用下降延迟；

(2) 如果右边变化到高阻，则应该使用关闭延迟；

(3) 对于其他情况，应该使用上升延迟。

注：在连续分配中所指定延迟，是网络声明的一部分，它用于指定一个网络延迟。这与指定一个延迟再为网络进行连续分配是不同的。在一个网络声明中，可以将一个延迟值应用于一个网络中。

[**例 5.83**] 一个延迟值应用到一个网络 Verilog HDL 描述的例子。

```
wire #10 wireA;
```

这描述了任何变换的值，需要延迟 10 个时间单位后，才能应用到 wireA 网络。

注：对于一个向量网络的分配，当在声明中包含分配时，不能将上升延迟和下降延迟应用到单个的位。

4. 强度

用户可以在一个连续分配中指定驱动强度。这只应用于为下面类型的标量网络进行分配的情况：

wire	**tri**	**trireg**
wand	**triand**	**tri0**
wor	**trior**	**tri1**

可以在网络声明中指定连续分配驱动强度，也可以通过使用 assign 关键字在一个单独的分配中指定。

如果提供了强度说明，应该紧跟关键字（用户网络类型的关键字或者 assign），并且在任何指定的延迟前面。当连续分配驱动网络时，应该按照指定的值进行仿真。

一个驱动强度说明应该包含一个强度值，当给网络分配的值是“1”的时候使用第一个强度值；当分配的值是“0”的时候使用第二个强度值。下面的关键字，用于为分配“1”指定强度值：

supply1　strong1　pull1　weak1　highz1

下面的关键字，用于为分配“0”指定强度值：

supply0　strong0　pull0　weak0　highz0

两个强度说明的顺序是任意的。下面两个规则将约束强度说明：

（1）强度说明（**highz1**，**highz0**）和（**highz0**，**highz1**）认为是非法的结构；

（2）如果没有指定驱动强度，它将默认为（**strong1**，**strong0**）。

5.7.2 过程分配

连续分配驱动网络的行为类似于逻辑门驱动网络，右侧的分配表达式可以认为是连续驱动网络的组合逻辑电路。与之不同的是，过程分配为变量赋值。过程分配没有连续性，变量一直保存着上一次分配的值，直到下一次为变量进行了新的过程分配为止。

过程分配发生在下面的过程中，如 **always**、**initial**、**task** 和 **function** 中，可以认为是触发式的分配。

变量声明分配是过程分配的一个特殊情况，用于给变量分配一个值。它允许在用于声明变量的相同描述中，给一个变量设置一个初始值。过程分配应该是一个常数表达式，该分配没有连续型，取而代之的是，变量一直保持该分配值，直到下一个新的分配到来。不能对一个数组使用变量声明分配，变量声明分配只能用于模块级，如在 initial 模块和变量声明分配中，为相同的变量分配了不同的值，没有定义分配的顺序。

［**例 5.84**］　定义一个 4 位变量并且分配初值 Verilog HDL 描述的例子。

```
reg[3:0] a = 4'h4;
```

等价于

```
reg[3:0] a;
initial a = 4'h4;
```

［**例 5.85**］　为数组分配初值非法 Verilog HDL 描述的例子。

```
reg[3:0] array [3:0] = 0;
```

[例 5.86] 声明两个整数，第一个分配值为 0 的 Verilog HDL 描述的例子。

```
integer i = 0, j;
```

[例 5.87] 声明两个实数变量，为其分配值 2.5 和 300000 的 Verilog HDL 描述的例子。

```
real r1 = 2.5, n300k = 3E6;
```

[例 5.88] 声明一个时间变量和一个实时时间变量，并分配初值 Verilog HDL 描述的例子。

```
time t1 = 25;
realtime rt1 = 2.5;
```

5.8 Verilog HDL 门级和开关级描述

本节介绍 Verilog HDL 语言提供的内置门级和开关级电路建模原语以及在一个设计中使用这些原语的方法。

Verilog HDL 预定义了 14 个逻辑门和 12 个开关原语，用于提供门级和开关级电路建模工具。使用门级和开关级建模的优势包括：

(1) 在真实门电路和模型之间，门提供了接近于一对一的映射；

(2) 这里没有连续的分配，这等效于双向的传输门。

5.8.1 门和开关声明

对一个门或者开关的例化声明应该包含下面的说明：

(1) 用于命名开关或者原语类型的关键字；

(2) 一个可选的驱动强度；

(3) 一个可选的传输延迟；

(4) 用于命名门或者开关例化的可选标识符；

(5) 一个可选的例化数组的范围；

(6) 终端连接列表。

1. 门类型说明

表 5.21 列出了 Verilog HDL 提供的内建门和开关的列表。

表 5.21 Verilog HDL 提供的内建门和开关的列表

n 输入门	n 输出门	三　态　门	pull 门	MOS 开关	双 向 开 关
and	buf	bufif0	pulldown	cmos	rtran
nand	not	bufif1	pullup	nmos	rtranif0
nor		notif0		pmos	rtranif0
or		notif1		rcmos	tran
xnor				rnmos	tranifo
xor				rpmos	tranif1

2. 驱动强度说明

驱动强度指定了门例化输出终端逻辑值的强度，表 5.22 给出了可以使用驱动强度说明的门类型。

表 5.22 可以使用驱动强度说明的门类型

and	nand	buf	not	pulldown
or	nor	bufif0	notif0	pullup
xor	xnor	bufif1	notif1	

用于一个门例化的驱动强度说明，除了 pullup 和 pulldown 以外，应该有 strength1 说明和 strength0 说明。strength1 说明指定了逻辑 1 的信号强度；strength0 说明指定了逻辑 0 的信号强度。驱动强度在门类型关键字后，在延迟说明的前面。strength0 说明可以在 strength1 之后，也可以在其之前。在圆括号内，通过逗号，将 strength0 说明和 strength1 说明隔开。

(1) pullup 门只有 strength1 说明，strength0 说明是可选的；

(2) pulldown 门只有 strength0 说明，strength1 说明是可选的。

注：

(1) strength1 包含下面的关键字：

supply1 strong1 pull1 weak1

(2) strength0 包含下面的关键字：

supply0 strong0 pull0 weak0

(3) 将 strength1 指定为 highz1，将引起门或者开关输出一个逻辑值 z，而不是 1；将 strength0 指定为 highz0，将引起门或者开关输出一个逻辑值 z，而不是 0。强度说明(highz0, highz1)和(highz1, highz0)是无效的。

[**例 5.89**] 下面给出了一个集电极开路 nor 门 Verilog HDL 描述的例子。

```
nor (highz1,strong0) n1(out1,in1,in2);
```

在这个例子中，nor 逻辑门输出 z，而不是 1。

3. 延迟说明

在一个声明中，可选的延迟说明指定了贯穿门和开关的传播延迟。如果在声明中，没有指定门和开关延迟说明，则没有传播延迟。根据门的类型，一个延迟说明最多包含三个延迟值。pullup 和 pulldown 例化声明，将不包含延迟描述。

4. 原语例化标识符

可以为一个门或者开关例化指定一个可选的名字。如果以数组的形式声明了多个例化，则需要使用一个标识符来命名例化。

5. 范围描述

当要求重复例化的时候，这些例化之间是不同的。通过向量索引的连接来区分它们。

为了指定一个例化数组，例化的名字后面应该跟着范围，使用两个常数表达式指定范围、左侧索引(lhi)和右侧索引(rhi)；它们通过“[ ]”中的“:”隔开；范围[lhi : rhi]，表示 abs(lhi-rhi)+1 例化数组。

注：一个例化数组的范围应该是连续的。一个例化标识符只关联一个范围，用于声明

例化数组。

下面的声明是非法的：

```
nand #2 t_nand[0:3] ( ... ), t_nand[4:7] ( ... );
```

［例 5.90］ 例化数组声明 Verilog HDL 描述的例子。

```
nand #2 t_nand[0:7]( ... );
nand #2 x_nand[0:3] ( ... ), y_nand[4:7] ( ... );
```

6. 原语例化连接列表

终端列表描述了门或开关连接模型剩余部分的方法。门和开关的类型限定了表达式。连接列表通过“()”括起来，“()”号内的端口通过“,”分割。输出或者双向终端总是出现在连接列表的开始，后面跟着输入。

对于

```
nand #2 nand_array[1:4]( ... ) ;
```

声明了四个例化，作为 nand_array[1]、nand_array[2]、nand_array[3]和 nand_array[4]标识符进行引用。

［例 5.91］ 两个等效门例化 Verilog HDL 描述的例子 1。

```
module driver (in, out, en);
input [3:0] in;
output [3:0] out;
input en;
bufif0 ar[3:0] (out, in, en);                  //三态缓冲区数组
endmodule

module driver_equiv (in, out, en);
input [3:0] in;
output [3:0] out;
input en;
bufif0 ar3 (out[3], in[3], en);                //每一个单独的声明
bufif0 ar2 (out[2], in[2], en);
bufif0 ar1 (out[1], in[1], en);
bufif0 ar0 (out[0], in[0], en);
endmodule
```

［例 5.92］ 两个等效门例化 Verilog HDL 描述的例子 2。

```
module busdriver (busin, bushigh, buslow, enh, enl);
input [15:0] busin;
output [7:0] bushigh, buslow;
input enh, enl;
driver busar3 (busin[15:12], bushigh[7:4], enh);
driver busar2 (busin[11:8], bushigh[3:0], enh);
driver busar1 (busin[7:4], buslow[7:4], enl);
driver busar0 (busin[3:0], buslow[3:0], enl);
endmodule

module busdriver_equiv (busin, bushigh, buslow, enh, enl);
```

```
input [15:0] busin;
output [7:0] bushigh, buslow;
input enh, enl;
driver busar[3:0] (.out({bushigh, buslow}), .in(busin),.en({enh, enh, enl, enl}));
endmodule
```

思考与练习 5-5　绘制下面 Verilog HDL 描述所给出的门级设计结构。

```
module dffn (q, d, clk);
parameter bits = 1;
input [bits-1:0] d;
output [bits-1:0] q;
input clk ;
DFF dff[bits-1:0] (q, d, clk);          //创建一行 D 触发器
endmodule

module MxN_pipeline (in, out, clk);
parameter M = 3, N = 4;                 //M=宽度,N=深度
input [M-1:0] in;
output [M-1:0] out;
input clk;
wire [M*(N-1):1] t;
//#(M) 重新定义了 dffn 的比特参数
//创建 p[1:N]列 columns 的 dffn 行 (流水)
dffn #(M) p[1:N] ({out, t}, {t, in}, clk);
endmodule
```

5.8.2　逻辑门

逻辑门的关键字包括如下几个：

and　nand　nor　or　xor　xnor

表 5.23 给出了多个逻辑输入门的真值表。

表 5.23　多个逻辑输入门的真值

and	0	1	x	z	**or**	0	1	x	z
0	0	0	0	0	0	0	1	x	x
1	0	1	x	x	1	1	1	1	1
x	0	x	x	x	x	x	1	x	x
z	0	x	x	x	z	x	1	x	x
nand	0	1	x	z	**nor**	0	1	x	z
0	1	1	1	1	0	1	0	x	x
1	1	0	x	x	1	0	0	0	0
x	1	x	x	x	x	x	0	x	x
z	1	x	x	x	z	x	0	x	x
xor	0	1	x	z	**xnor**	0	1	x	z
0	0	1	x	x	0	1	0	x	x
1	1	0	x	x	1	0	1	x	x
x	x	x	x	x	x	x	x	x	x
z	x	x	x	x	z	x	x	x	x

门级逻辑设计描述中可使用具体的门例化语句。简单的门实例语句的格式：

```
gate_type[instance_name](term1, term2, …,termN);
```

其中，gate_type 为前面所列出门的关键字；instance_name 为例化标识符；term1，…，termN 用于表示与门的输入/输出端口相连的网络可选的。

延迟说明应该是 0 个、1 个或者 2 个延迟，如果描述中包含 2 个延迟，则第一个延迟确定输出上升延迟；第二个延迟确定输出下降延迟。两个延迟中较小的一个应用于输出跳变到 x 的延迟。如果只有一个延迟，将应用于上升和下降延迟。如果没有指定则没有传播延迟。

注：这六种类型的逻辑门，有多个输入，但只有一个输出。终端列表的第一个终端将连接到门的输出；其他终端将连接到输入。

［**例 5.93**］ 两输入与门 Verilog HDL 描述的例子。

```
and a1(out,in1,in2);
```

其中，该门例化标识符为 a1，输出为 out，包含两个输入 in1 和 in2。

5.8.3 输出门

多输出逻辑门的例化，使用下面的关键字：

buf **not**

其延迟特性同逻辑门的延迟说明。表 5.24 给出了输出门的真值表。

表 5.24 输出门的真值

buf		not	
输入	输出	输入	输出
0	0	0	1
1	1	1	0
x	x	x	x
z	x	z	x

这些门都只有一个输入、一个/多个输出。输出门实例语句的基本语法如下：

```
multiple_output_gate_type[instance_name] (out1,out2, …,outn,inputA);
```

其中，multiple_output_gate_type 为输出门的关键字；instance_name 为可选的例化标识符；out1,out2,…,outN,inputA 为输出/输入端口。只有最后的端口是输入端口，其余的所有端口为输出端口。

［**例 5.94**］ 多输出门 Verilog HDL 描述的例子。

```
buf  b1(out1,out2,in);
```

在该门实例语句中，in 是缓冲门的输入，out1 和 out2 是输出；b1 是例化标识符。

5.8.4 三态门

三态逻辑门的例化，使用下面的关键字：

bufif0 **bufif1** **notif1** **notif0**

其延迟特性同逻辑门的延迟说明。这些门除了逻辑 1 和逻辑 0 外，还可以输出 z。

这些门用于对三态驱动器建模，这些门有一个输出、一个数据输入和一个控制输入。表 5.25 给出了三态逻辑门的真值表。

表 5.25 三态逻辑门的真值

bufif0		CONTROL				bufif1		CONTROL			
		0	1	x	z			0	1	x	z
数据	0	0	z	L	L	数据	0	z	0	L	L
	1	1	z	H	H		1	z	1	H	H
	x	x	z	x	x		x	z	x	x	x
	z	x	z	x	x		z	z	x	x	x
notif0		CONTROL				notif1		CONTROL			
		0	1	x	z			0	1	x	z
数据	0	1	z	H	H	数据	0	z	1	H	H
	1	0	z	L	L		1	z	0	L	L
	x	x	z	x	x		x	z	x	x	x
	z	x	z	x	x		z	z	x	x	x

注：

(1) 符号 L，表示结果为 0 或 z；

(2) 符号 H，表示结果为 1 或 z；

(3) 跳变到 H 或者 L 的延迟和跳变到 x 的延时是一样的。

三态门例化语句的基本语法如下：

```
tristate_gate[instance_name](outputA,inputB,control);
```

其中，tristate_gate 为三态门的关键字；instance_name 为可选的例化标识符；outputA 是输出端口；inputB 是数据输入端口；control 是控制输入端口。根据控制输入的值，可以将输出驱动到高阻状态，即值 z。

三态门的延迟说明应该是 0 个、1 个、2 个或者 3 个延迟：

(1) 如果说明中包含 3 个延迟，则第一个延迟确定输出上升延迟，第二个延迟确定输出下降延迟，第三个延迟确定跳变到 x 的延迟。

(2) 如果说明中包含 2 个延迟，则第一个延迟确定输出上升延迟，第二个延迟确定输出下降延迟，两个延迟中较小的一个延迟用于确定跳变到 x 和 z 的延迟。

(3) 如果只有 1 个延迟，将应用到所有的输出跳变延迟。

(4) 如果没有指定延迟，则门没有传播延迟。

[**例 5.95**] 三态门 **bufif1** 的 Verilog HDL 描述的例子。

```
bufif1 BF1 (Dbus,MemData,Strobe);
```

在该门例化语句中：

(1) 当 Strobe 为 0 时，bufif1 驱动输出 Dbus 为高阻；

(2) 否则 Strobe 为 1 时，将 MemData 传输到 Dbus。

5.8.5 MOS 开关

MOS 开关的例化，使用下面的关键字：

cmos　　nmos　　pmos　　rcmos　　rnmos　　rpmos

其中：

（1）**pmos** 表示 p 型金属氧化物半导体场效应晶体管。

（2）**nmos** 表示 n 型金属氧化物半导体场效应晶体管。

当导通时，pmos 和 nmos 晶体管的源级和漏级之间阻抗相对较低。

（3）**rpmos** 表示电阻型 PMOS 晶体管。

（4）**rnmos** 表示电阻型 NMOS 晶体管。

与 pmos 和 nmos 相比，在导通的时候，rpmos 和 rnmos 在源级和漏级之间的阻抗明显要高。静态 MOS 网络之间的负载器件是 rpmos 和 rnmos 晶体管的一个例子。

这四个开关对数据来说是单向通道，类似于 bufif 门。

MOS 开关的延迟说明应该是 0 个、1 个、2 个或者 3 个延迟。

（1）如果说明中包含 3 个延迟，则第一个延迟确定输出上升延迟，第二个延迟确定输出下降延迟，第三个延迟确定跳变到 z 的延迟。

（2）如果说明中包含 2 个延迟，则第一个延迟确定输出上升延迟，第二个延迟确定输出下降延迟，两个延迟中较小的一个延迟用于确定跳变到 x 和 z 的延迟。

（3）如果只有 1 个延迟，将应用到所有的输出延迟。

（4）如果没有指定延迟，则开关没有传播延迟。

表 5.26 给出了 MOS 开关的真值表。

表 5.26　MOS 开关的真值表

pmos rpmos	控制					nmos rnmos	控制				
		0	1	x	z			0	1	x	z
数据	0	0	z	L	L	数据	0	z	0	L	L
	1	1	z	H	H		1	z	1	H	H
	x	x	z	x	x		x	z	x	x	x
	z	z	z	z	z		z	z	z	z	z

注：

（1）符号 L，表示结果为 0 或 z；

（2）符号 H，表示结果为 1 或 z；

（3）跳变到 H 或者 L 的延迟和跳变到 x 的延时是一样的。

这四个开关有一个数据输出、一个数据输入和一个控制输入。

MOS 开关例化语句的基本语法如下：

```
mos_switch_type[instance_name](outputA,inputB,control);
```

其中，mos_switch_type 为 MOS 开关的关键字；instance_name 为可选的例化标识符；outputA 是数据输出端口；inputB 是数据输入端口；control 是控制输入端口。

[例 5.96] MOS 开关 **pmos** Verilog HDL 描述的例子。

```
pmos p1 (out, data, control);
```

在该门例化语句中：out 为数据输出；data 为数据输入；control 为控制输入；p1 为例化标识符。

5.8.6 双向传输开关

双向传输开关的例化，使用下面的关键字：

tran	**tranif1**	**tranif0**
rtran	**rtranif1**	**rtranif0**

双向传输开关没有传输延迟。当 **tranif0**、**tranif1**、**rtranif0** 和 **rtranif1** 关闭时，将阻塞信号；当它们打开时，信号将通过双向传输开关。不能关闭 **tran** 和 **rtran** 器件，它们总是能通过信号。

对于 **tranif0**、**tranif1**、**rtranif0** 和 **rtranif1**，其传输的延迟说明应该是 0 个、1 个或者 2 个延迟。

(1) 如果说明中包含 2 个延迟，则第一个延迟确定打开开关延迟，第二个延迟确定输出关闭开关延迟，两个延迟中较小的一个确定跳变到 x 和 z 的延迟。

(2) 如果说明中包含 1 个延迟，则用于确定打开和关闭开关延迟。

(3) 如果没有指定延迟，双向开关没有打开和关闭延迟。

注：对于 tran 和 rtran 器件，不接受延迟说明。

双向传输开关例化语句的基本语法如下：

```
pass_switch_type[instance_name](inout1,inout2,control);
```

其中，pass_switch_type 为双向开关的关键字；instance_name 为例化标识符；inout1 和 inout2 是连接信号的两个双向端口；control 是控制输入。

注：所有 6 个器件的双向终端，只能连接到标量网络或者向量网络的位选择。

5.8.7 CMOS 开关

CMOS 开关的例化，使用下面的关键字：

cmos **rcmos**

CMOS 开关可以看作是 pmos 开关和 nmos 开关的组合。rcmos 开关可以看作是 rpmos 开关和 rnmos 开关的组合。

CMOS 开关的延迟说明应该是 0 个、1 个、2 个或者 3 个延迟。

(1) 如果说明中包含 3 个延迟，则第一个延迟确定输出上升延迟，第二个延迟确定输出下降延迟，第三个延迟确定跳变到 z 的延迟，三个延迟中最小的延迟将作为跳变到 x 的延迟。跳变到 H 或者 L 的延迟和跳变到 x 的延迟是相同的。

(2) 如果说明中包含 2 个延迟，则第一个延迟确定输出上升延迟，第二个延迟确定输出下降延迟，两个延迟中较小的一个延迟用于确定跳变到 x 和 z 的延迟。

(3) 如果只有 1 个延迟，将应用到所有的输出延迟。

(4) 如果没有指定延迟，则开关没有传播延迟。

如图 5.8 所示，给出了 CMOS 的符号。CMOS 和 rcmos 有一个数据输入 datain，一个数据输出，两个控制输入 pcontrol 和 ncontrol。

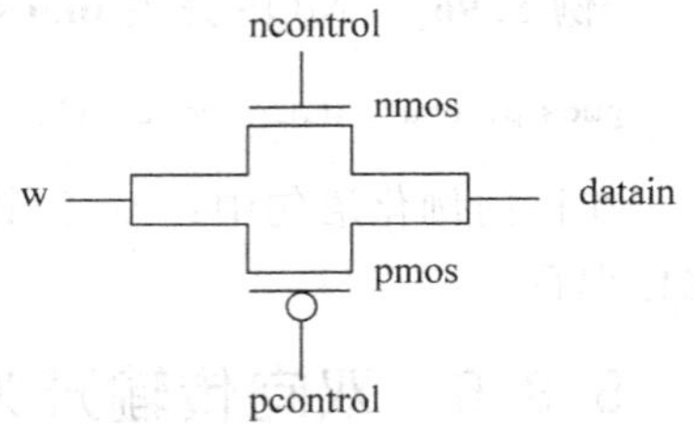

图 5.8 CMOS 的结构

CMOS 开关例化语句的基本语法如下：

```
cmos_switch_type[instance_name](w, datain, ncontrol,
pcontrol);
```

其中，cmos_switch_type 为 cmos 开关的关键字；instance_name 为可选的例化标识符；w 为数据输出；datain 为数据输入；ncontrol 是 nmos 的控制输入；pcontrol 是 pmos 的控制输入。

表达式等效于

```
nmos (w, datain, ncontrol);
pmos (w, datain, pcontrol);
```

5.8.8 pull 门

例化上拉和下拉源使用下面关键字：

pullup **pulldown**

上拉源 **pullup** 将终端列表中的网络置为 1，下拉源 **pulldown** 将终端列表中的网络置为 0。在没有强度说明的情况下，放置在网络上的这些信号源将为 pull 强度。如果在 pullup 上有 strength1 说明或者在 pulldown 上有 strength0 说明，信号应该有强度说明，将忽略在 pullup 上的 strength0 说明或者在 pulldown 上的 strength1 说明。

这些源没有延迟说明。

pull 门没有输入只有输出，门实例的端口表只包含 1 个输出。

［例 5.97］ **pullup** 门 Verilog HDL 描述的例子。

```
pullup (strong1) p1 (neta), p2 (netb);
```

在该例化语句中，p1 例化驱动 neta，p2 例化驱动 netb，并且为 strong1 强度。

5.8.9 逻辑强度建模

通过允许标量网络值有宽范围的未知值和不同级的强度或强度的组合，Verilog HDL 为信号竞争、双向传输门、电阻 MOS 器件、动态 MOS、电荷共享和其他依赖于技术网络配置提供了精确的模型。通过多层次的逻辑强度建模，解决了当信号组合进入已知或者未知值的时候，表示改善硬件行为的精度。

强度说明有以下两个元件：

（1）网络值的 strength0，表示如下：

supply0 **strong0** **pull0** **weak0** **highz0**

（2）网络值的 strength1，表示如下：

supply1 **strong1** **pull1** **weak1** **highz1**

注：(highz0 ，highz1)和(highz1 ，highz0)的组合是非法的。

表 5.27 给出了用于网络信号值的驱动层次。从表中可以看出：

表 5.27 用于网络信号值的驱动层次

	强度名字	强度级
strength0	supply0	7
	strong0	6
	pull0	5
	large0	4
	weak0	3
	medium0	2
	small0	1
	highz0	0
strength1	highz1	0
	small1	1
	medium1	2
	weak1	3
	large1	4
	pull1	5
	strong1	6
	supply1	7

(1) 有四种驱动强度：

Supply strong pull weak

带有强度的信号，将从门的输出进行传播，并且连续地分配输出。

(2) 有三种电荷存储强度：

large medium small

带有电荷存储强度的信号将出现在 trireg 网络类型中。

注：

(1) 如果一个网络的信号值是已知的，则它的强度级是 strength0 或者 strength1。

(2) 如果一个网络的信号值是未知的，则它的强度级在所有 strength0 或者 strength1 之间。

(3) 如果一个网络的信号值是 z，则它的强度级是标量部分 0 划分的一个。

5.8.10 组合信号的强度和值

除了一个信号值外，一个网络应该有明确的强度级或者由多个层次构成的模糊强度级。当对信号进行组合时，根据下面的规则确定最终信号的强度和值。

1. 明确强度的组合信号

这里针对的是每个有确定值和单个强度级的信号的组合。如果在一个布线网络配置中，有两个或者多个不同强度的组合，较强强度的信号将支配所有较弱的驱动器，并确定最终的结果。两个或多个具有相似值的信号组合，将使得相同的值具有更大的强度。强度和值相同的信号，将产生相同的信号。

对于不同值和相同强度的信号组合，可能有三种结果：两个结果出现在布线逻辑中，第三个结果产生在非布线逻辑中。

如图 5.9 所示，括号内的数字表示信号的相对强度。pull1 和 strong0 的结果是 strong0，即两个信号中更强的。

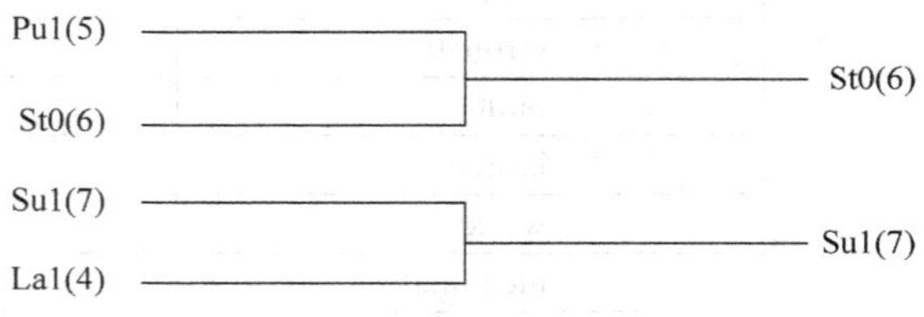

图 5.9　不同强度信号组合

2. 不确定强度——源和组合

对于不确定强度信号，给出了下面的分类：

(1) 包含确定值和多个强度级的信号；

(2) 包含 x 的信号，其信号强度由 strength1 部分和 strength0 部分范围的子分类构成；

(3) 包含 L 的信号，其信号强度由高阻和 strength0 部分的强度级构成；

(4) 包含 H 的信号，其信号强度由高阻和 strength1 部分的强度级构成。

多个配置可以产生不确定强度的信号。如图 5.10 所示，当两个相同强度和值相反的信号组合在一起时，导致值为 x，其强度包含所有信号的强度和所有更小的强度级。

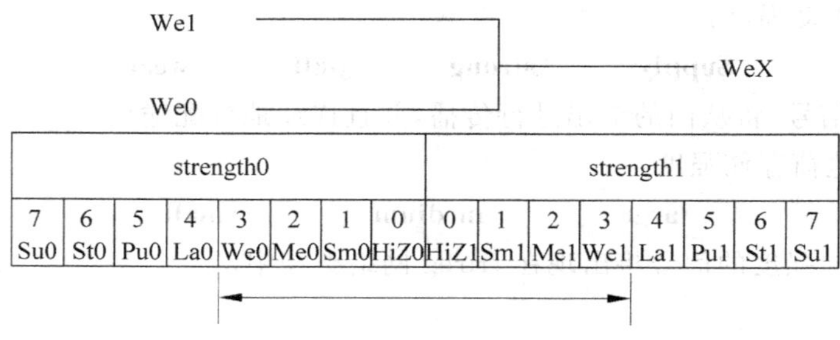

图 5.10　相同强度和相反值信号组合

一个不确定信号的强度可以是一个范围内可能的值。如图 5.11 给出了从三态驱动器的输出强度，其控制端的输入未知。

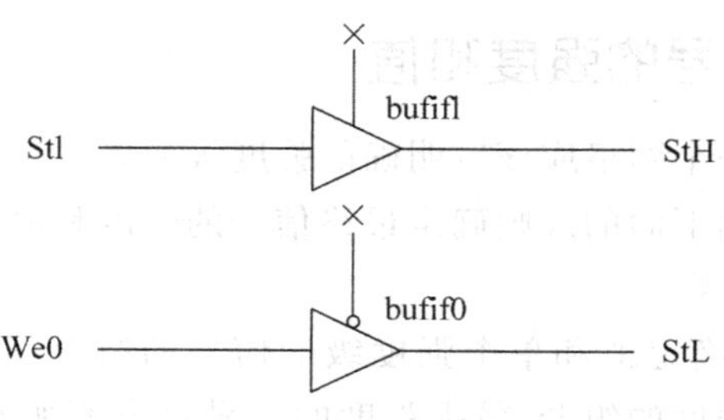

图 5.11　带有 x 控制输入的 bufif

(1) **bufif1** 的输出是 Strong H，如图 5.12 所示，给出了取值的范围。

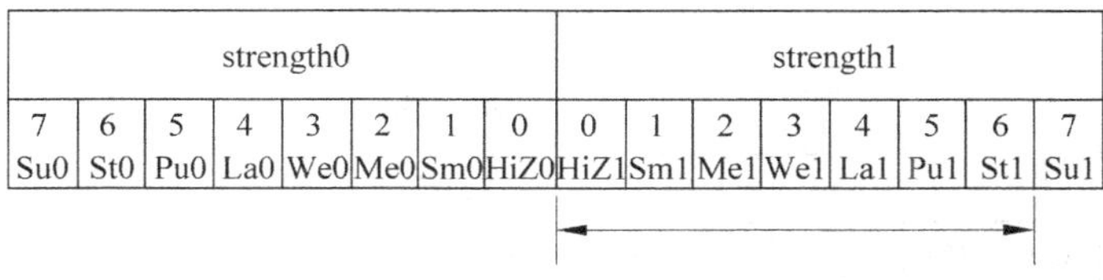

strength0								strength1							
7	6	5	4	3	2	1	0	0	1	2	3	4	5	6	7
Su0	St0	Pu0	La0	We0	Me0	Sm0	HiZ0	HiZ1	Sm1	Me1	We1	La1	Pu1	St1	Su1

图 5.12 强 H 范围的值

(2) **bufif0** 的输出是 Strong L，如图 5.13 所示，给出了取值的范围。

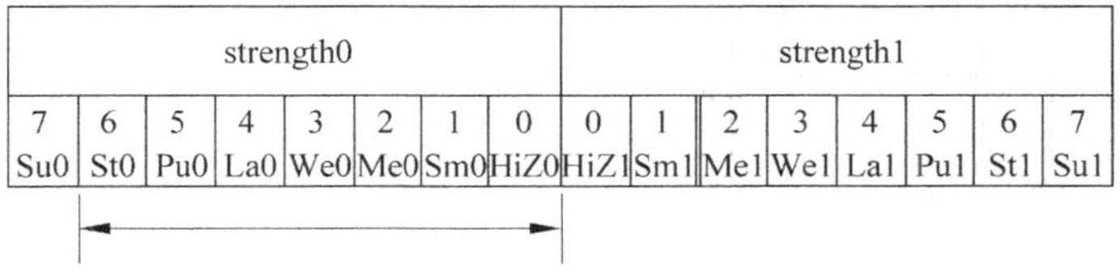

strength0								strength1							
7	6	5	4	3	2	1	0	0	1	2	3	4	5	6	7
Su0	St0	Pu0	La0	We0	Me0	Sm0	HiZ0	HiZ1	Sm1	Me1	We1	La1	Pu1	St1	Su1

图 5.13 强 L 范围的值

两个不确定强度信号的组合将导致一个不确定强度的信号。最终的信号将是一个强度级范围，其中包含了它元件内信号的强度级。如图 5.14 所示，不确定强度的信号组合将产生一个范围。如图 5.15 所示，不确定强度的信号组合的范围包含信号的极限值和极限值之间的取值。

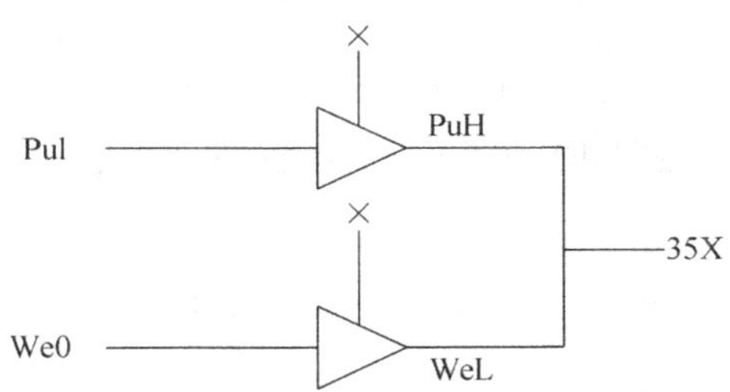

图 5.14 不确定强度的组合信号

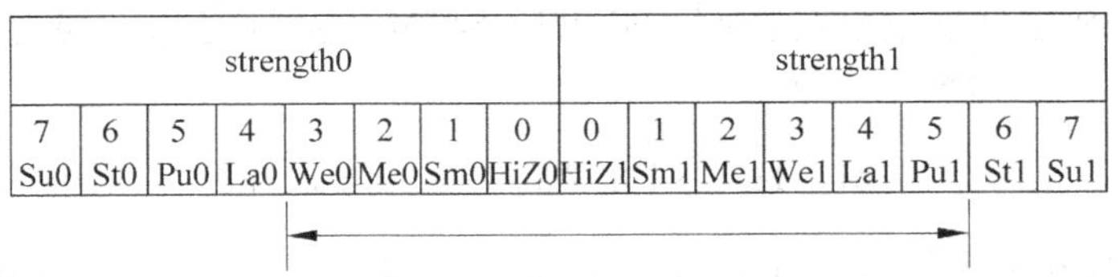

strength0								strength1							
7	6	5	4	3	2	1	0	0	1	2	3	4	5	6	7
Su0	St0	Pu0	La0	We0	Me0	Sm0	HiZ0	HiZ1	Sm1	Me1	We1	La1	Pu1	St1	Su1

图 5.15 不确定信号的强度范围

因为其范围包含 1 和 0，所以结果是一个值 x。x 前面的数字 35，是两位的并置。3 对应用于结果的最高的 strength0 级；5 对应用于结果的最高的 strength1 级。

如图 5.16 所示，开关网络产生相同值包括一个强度范围，如来自上面和下面的配置。一个寄存器的上半部分组合，由一个未指定值的寄存器所控制的门，一个上拉电阻产生一个值为 1 的信号，强度范围(651)如图 5.17 所示。一个 pulldown 的下半部分组合，由一个未指定值的寄存器控制的门和一个 and 门生成一个值为零的信号，强度范围(530)，如图 5.18 所示。

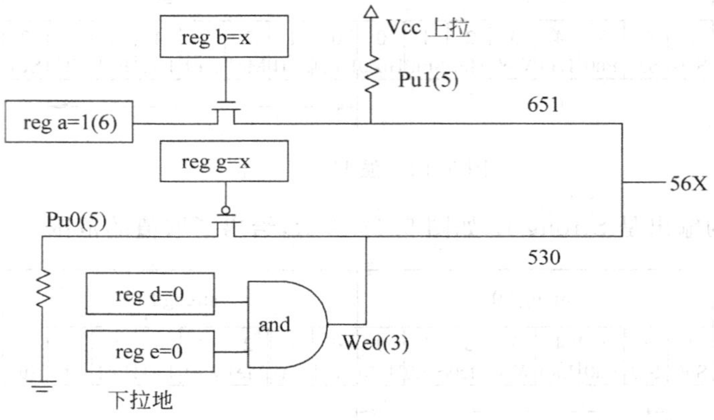

图 5.16 来自开关网络的不确定强度

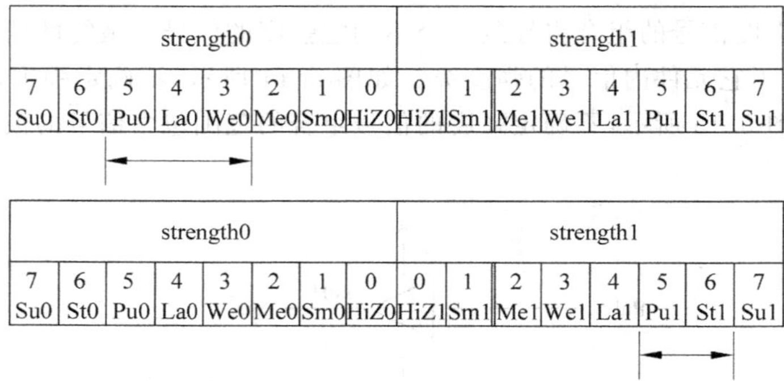

图 5.17 一个定义值的两个强度范围

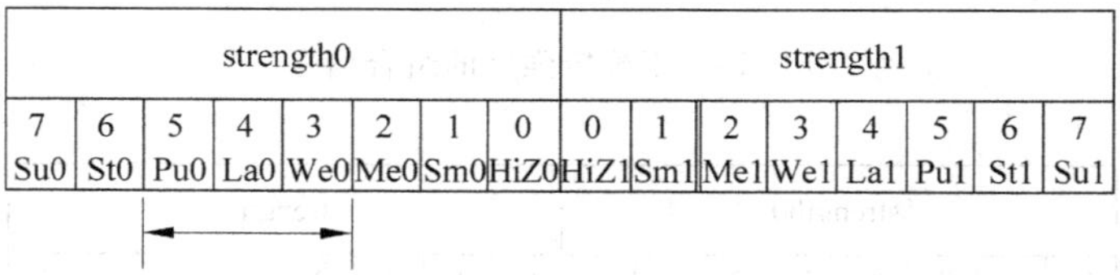

strength0								strength1							
7 Su0	6 St0	5 Pu0	4 La0	3 We0	2 Me0	1 Sm0	0 HiZ0	0 HiZ1	1 Sm1	2 Me1	3 We1	4 La1	5 Pu1	6 St1	7 Su1

图 5.18 一个定义值的三个强度范围

当把上半部分和下半部分的信号进行组合时，结果是一个不确定的值。如图 5.19 所示，范围为(56x)，由两个信号的极值确定。

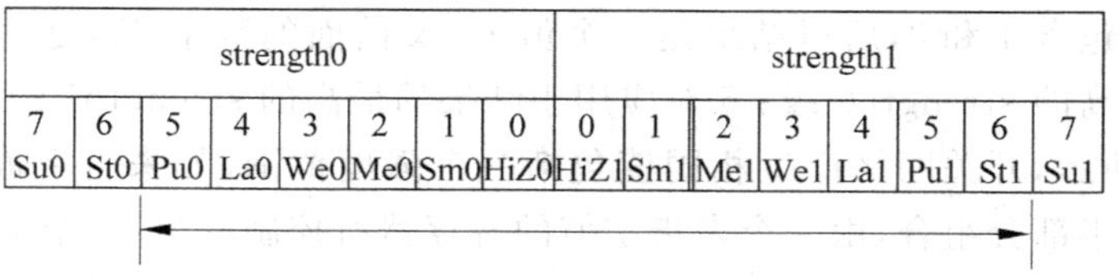

图 5.19 未知值的强度范围

如果将下半部分配置中的 pulldown 用 supply0 代替，如图 5.20 所示，将改变范围为(Stx)，图中结果是 Strongx，这是因为它是未知的，所以它元件的极值都是 strong。由于较低部分 pmos 减少了 supply0 信号的强度，所以低配置输出的极值是 strong，在后面会讨论其模型特性。

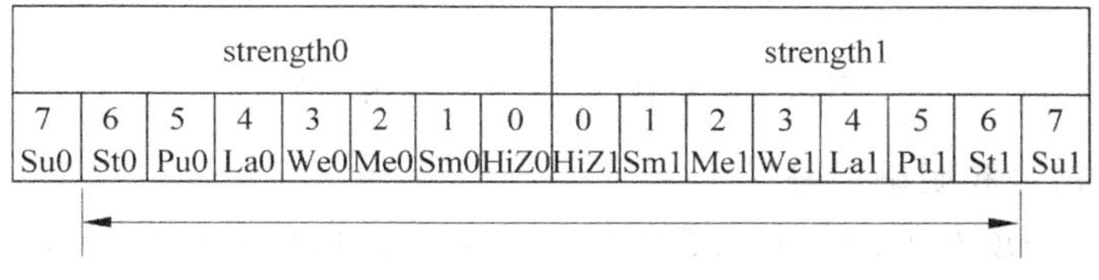

图 5.20 强 x 范围

如图 5.21 所示，逻辑门产生不确定的强度和三态驱动器。and 门 N1 声明了 highz0 强度，N2 声明了 weak0 强度。图中 reg b 没有确定的值，因此输入到上面的 and 门是 stong x。上面的 and 的强度说明包括 highz0，来自上面 and 门的信号是 strong H，强度的范围如图 5.22 所示。

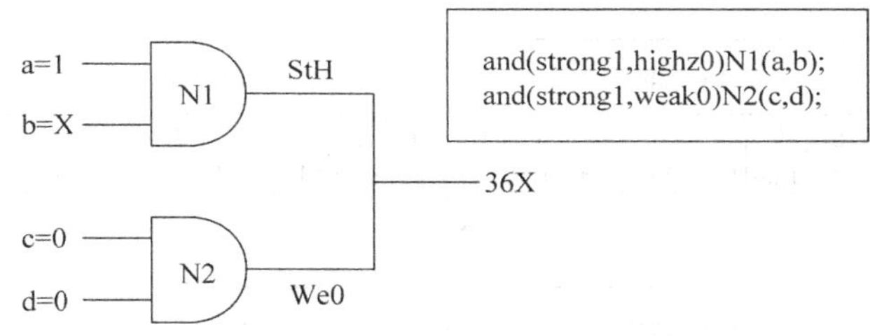

图 5.21 来自门的不确定强度

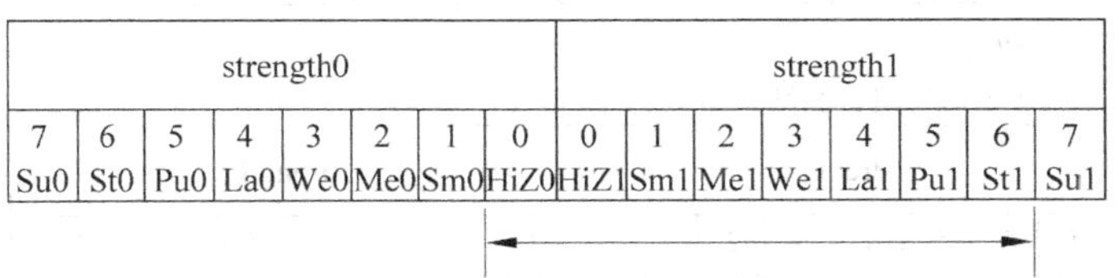

图 5.22 来自门的不确定强度信号

因为所考虑门的强度说明中用于一个输出的指定强度中有一个值为 0，所以 Hiz0 是结果的一部分。用于 0 值输出的一个强度说明不同于高阻时，将使得一个门的输出值为 x。

如图 5.23 所示，下面 and 门的输出是 weak0。如图 5.24 所示，将信号进行组合时，结果是(36x)。

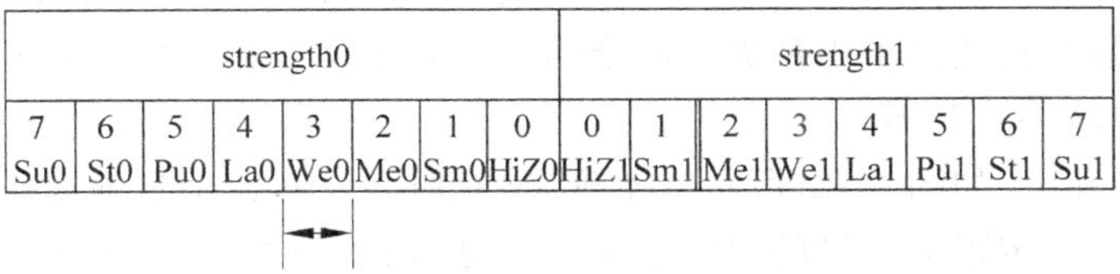

strength0								strength1							
7 Su0	6 St0	5 Pu0	4 La0	3 We0	2 Me0	1 Sm0	0 HiZ0	0 HiZ1	1 Sm1	2 Me1	3 We1	4 La1	5 Pu1	6 St1	7 Su1

图 5.23 weak0

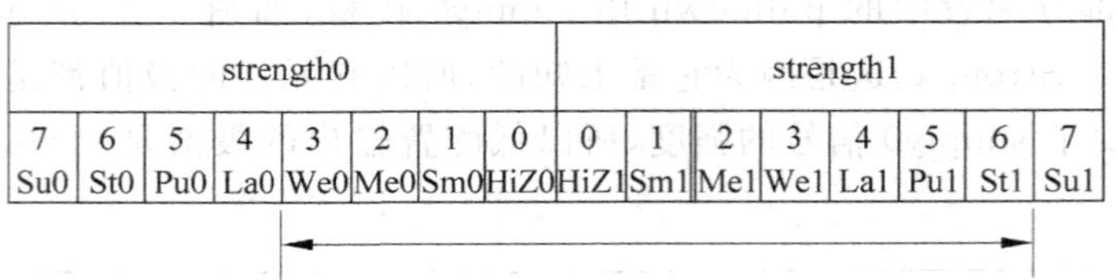

图 5.24　组合门信号中的不确定强度

3. 模糊强度信号和明确信号

一个带有明确强度和值的信号与其他带有未确定强度信号的组合，将导致几种可能的情况。为了理解用于这种类型组合的规则集，需要分开考虑每个未确定强度信号相对于确定强度信号的强度级。当一个带有明确强度和值的信号与其他带有未确定强度信号的组合时，存在下面的规则：

(1) 不确定信号的强度级大于确定信号的强度级时，将保留在结果中。

(2) 不确定信号的强度级小于或者等于确定信号的强度级时，将从结果中消失，服从规则(3)。图 5.25 说明了该规则。

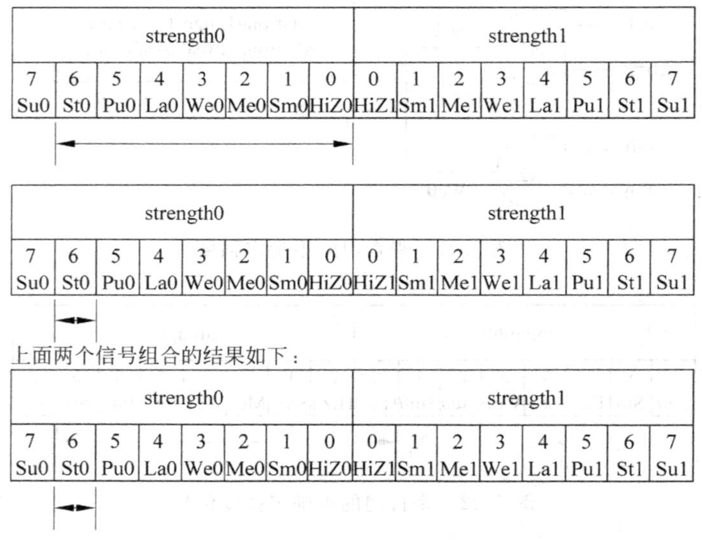

图 5.25　强度值的消除

(3) 如果规则(1)和规则(2)的操作，由于信号的值相反导致强度级的空隙，强度级的空隙也将是结果的一部分。图 5.26 说明了该规则。

应用规则(1)、(2)和(3)如图 5.26 所示。具有相反值的不确定强度信号，比确定强度信号强度小的信号强度将从结果中消失。确定强度信号的强度和不确定强度信号中较大的极值，定义了结果中的一个范围。

应用规则(1)和(2)如图 5.27 所示。不确定强度信号中，比确定强度信号强度小的强度将从结果中消失。确定强度信号的强度和不确定强度信号中较大的极值，定义了结果中的一个范围。

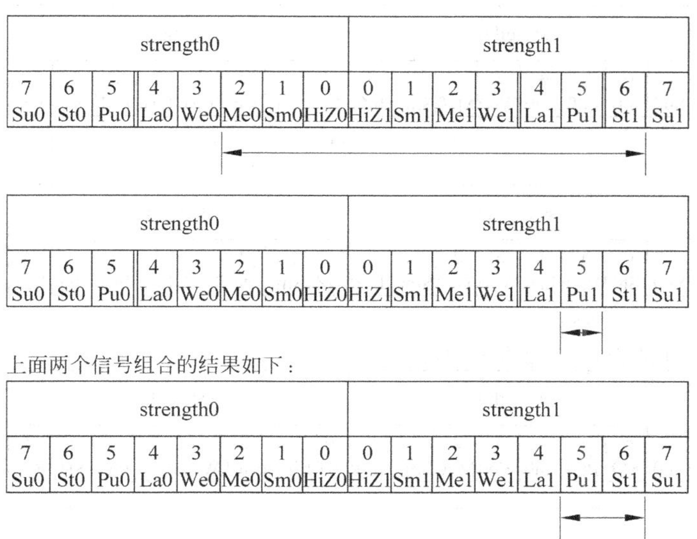

图 5.26　强度值的消除

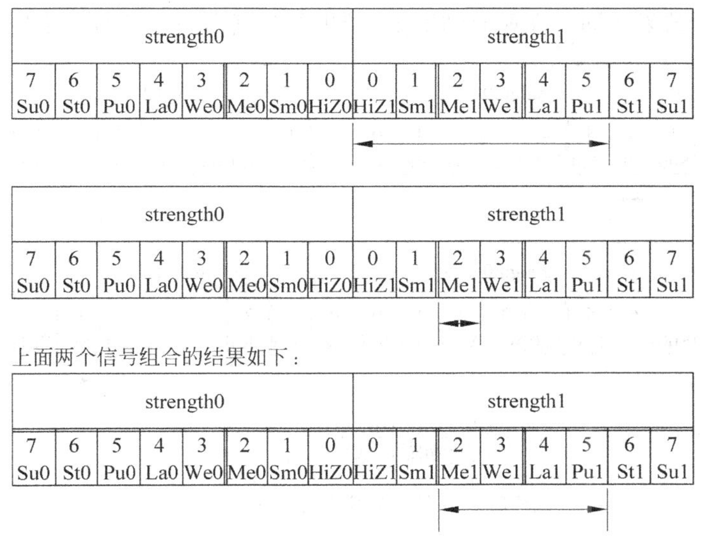

图 5.27　强度值的消除

应用规则(1)、(2)和(3)如图 5.28 所示。不确定强度信号强度范围较大的极值比确定强度信号的强度级要大。确定强度信号的强度和不确定强度信号中最大的极值，定义了结果中的一个范围。

4. 线逻辑网络类型

当多个驱动器有相同的强度时，网络类型 **triand**、**wand**、**trior** 和 **wor** 可以解决冲突。通过将信号看作是逻辑功能的输入，这些网络类型将解决信号的值。

如图 5.29 所示，给出了两个确定信号的组合。使用“线与”逻辑产生的结果，与两个信

图 5.28 强度值的消除

号作为 and 门的输入，产生的结果相同。使用“线或”逻辑产生的结果，与两个信号作为 or 门的输入，产生的结果相同。在所有情况下，结果的强度和组合信号的强度相同。

图 5.29 带有确定强度的布线逻辑

如图 5.30 和图 5.31 所示，当在布线逻辑中对不确定强度的信号组合时，需要考虑第一个信号的每个强度级和第二个信号的每个强度级所有组合的结果。

5.8.11 通过非电阻器件的强度降低

除了将 supply 强度降低到 strong 外，nmos、pmos 和 cmos 开关将数据输入的强度传输到输出。

除了将 supply 强度降低到 strong 外，tran、tranif0 和 tranif1 开关不影响穿过双向终端的信号强度。

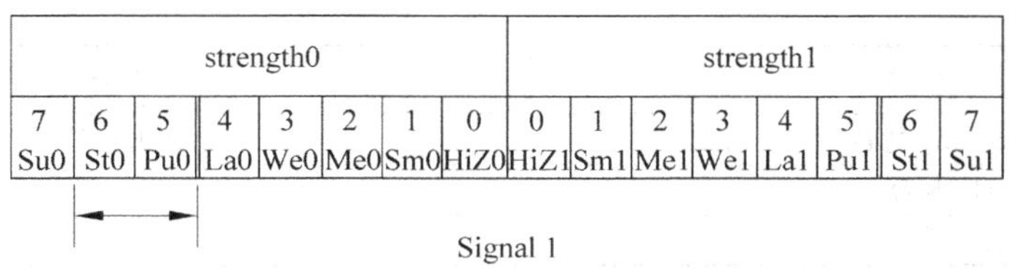

strength0								strength1							
7 Su0	6 St0	5 Pu0	4 La0	3 We0	2 Me0	1 Sm0	0 HiZ0	0 HiZ1	1 Sm1	2 Me1	3 We1	4 La1	5 Pu1	6 St1	7 Su1

Signal 2

Signal1		Signal2		result	
strength	value	strength	value	strength	value
5	0	5	1	5	0
6	0	5	1	6	0

图 5.30 用于 and 逻辑的强度级组合

signal1		signal2		result	
strength	value	strength	value	strength	value
5	0	5	1	5	1
6	0	5	1	6	0

strength0								strength1							
7 Su0	6 St0	5 Pu0	4 La0	3 We0	2 Me0	1 Sm0	0 HiZ0	0 HiZ1	1 Sm1	2 Me1	3 We1	4 La1	5 Pu1	6 St1	7 Su1

图 5.31 用于 or 逻辑的强度级组合

5.8.12 通过电阻器件的强度降低

如表 5.28 所示，rmos、rpmos、rcmos、rtran、rtranif1 和 rtranif0 器件，将减少通过这些器件的信号强度。

表 5.28 强度降低规则

输入强度	输出强度
supply 驱动	pull 驱动
strong 驱动	pull 驱动
pull 驱动	weak 驱动
large 电容	medium 电容
weak 驱动	medium 电容

续表

输入强度	输出强度
medium 电容	small 电容
small 电容	small 电容
高阻	高阻

5.8.13 网络类型强度

tri0、tri1、supply0、supply1 网络类型将产生指定强度级生成信号。trireg 声明能指定两个信号强度级中的一个，而不是一个默认的强度级。

1. tri0 和 tri1 网络强度

tri0 网络类型用于建模连接到一个 pulldown 电阻器件的网络。在缺少一个覆盖信号的信号源时，这样一个信号的值为 0，强度为 pull。tri1 网络类型用于建模一个连接到一个 pullup 电阻器件的网络。在缺少一个覆盖信号源时，这样一个信号的值为 1，强度为 pull。

2. trireg 强度

trireg 网络类型用于建模电荷存储点。由一个 trireg 网络产生的驱动强度，即在电荷存储状态（一个驱动器对一个网络进行充电，然后转为高阻），应该是三种状态的其中一个，即 large、medium 和 small。和一个特殊 trireg 网络相关的指定的强度，应该在网络声明中由设计者指定，默认的强度是 medium。

3. supply0 和 supply1 网络强度

supply0 用于对地连接进行建模。supply1 网络类型用于对电源连接进行建模。supply0 和 supply1 网络类型应该有 supply 驱动强度。

5.8.14 门和网络延迟

可以使用门时延定义门从任何输入到其输出的信号传输时延。门时延可以在门例化语句中定义。包含时延定义的门实例语句的语法如下：

```
gate_type [delay] [instance_name] (terminal_list) ;
```

其中，gate_type 为门的类型；instance_name 为可选的例化标识符；delay 指定了门时延，即从门的任意输入到输出的传输时延。

用于输出的门时延最多有三类时延值，即上升时延、下降时延和截止时延。

当没有强调门和网络时延时，默认的时延值为 0。

（1）当指定一个延迟时，这个值用于和门或者网络相关的所有传输延迟。

（2）当指定两个延迟时，第一个延迟指定上升延迟，第二个延迟指定下降延迟。当信号变为高阻或者不确定时，延迟为两个延迟中较小的一个。

（3）对于三个延迟描述：①第一个延迟指的是跳变到值 1（上升沿）；②第二个延迟指的是跳变到值 0（下降沿）；③第三个延迟指的是跳变到高阻值。

当跳变到未确定值的时候，值是三个延迟中最小的一个。输入信号的强度不影响从一个输入到输出的传播延迟。

表 5.29 为不同个数时延值条件下，各种具体的时延取值情形。

表 5.29 传播延迟的规则

从　值	到　值	如果有，使用的延迟	
		2 个时延	3 个时延
0	1	d1	d1
0	x	min(d1,d2)	min(d1,d2,d3)
0	z	min(d1,d2)	d3
1	0	d2	d2
1	x	min(d1,d2)	min(d1,d2,d3)
1	Z	min(d1,d2)	d3
x	0	d2	d2
x	1	d1	d1
x	z	min(d1,d2)	d3
z	0	d2	d2
z	1	d1	d1
z	x	min(d1,d2)	min(d1,d2,d3)

注：Verilog HDL 模型中的所有时延都以单位时间表示。可以通过'timescale 编译器指令实现单位时间与实际时间的关联。

[**例 5.98**] 指定延迟 Verilog HDL 描述的例子。

```
and #(10) a1 (out, in1, in2);                  //只有一个延迟
and #(10,12) a2 (out, in1, in2);               //上升和下降延迟
bufif0 #(10,12,11) b3 (out, in, ctrl);         //上升、下降和截止延迟
```

[**例 5.99**] 简单锁存器 Verilog HDL 描述的例子。

```
module tri_latch (qout, nqout, clock, data, enable);
output qout, nqout;
input clock, data, enable;
tri qout, nqout;
not #5 n1 (ndata, data);
nand #(3,5) n2 (wa, data, clock),n3 (wb, ndata, clock);
nand #(12,15) n4 (q, nq, wa),n5 (nq, q, wb);
bufif1 #(3,7,13) q_drive (qout, q, enable),nq_drive (nqout, nq, enable);
endmodule
```

1. min:typ:max 延迟

门延迟也可采用 min:typ:max 形式定义，形式如下：

```
minimum: typical: maximum
```

注：最小值、典型值和最大值必须是常数表达式。

[**例 5.100**] 带有 min: typ: max 的上升、下降和截止延迟 Verilog HDL 描述的例子。

```
module iobuf (io1, io2, dir);
```

```
…
bufif0 #(5:7:9, 8:10:12, 15:18:21) b1 (io1, io2, dir);
bufif1 #(6:8:10, 5:7:9, 13:17:19) b2 (io2, io1, dir);
…
endmodule
```

[例 5.101] 在过程描述中控制延迟 Verilog HDL 描述的例子。

```
parameter min_hi = 97, typ_hi = 100, max_hi = 107;
reg clk;
always begin
    #(95:100:105) clk = 1;
    #(min_hi:typ_hi:max_hi) clk = 0;
end
```

2. trireg 网络电荷衰减

trireg 网络声明中，最多可以包含三个延迟。当一个驱动器将 trireg 网络驱动到 1 和 0 状态时，前两个延迟指定了跳变到 1 和 0 逻辑状态的延迟。第三个延迟指定了电荷衰减的时间，而不是跳变到 z 逻辑状态的时延。

电荷衰减时间是指当驱动一个 trireg 网络关闭到确定它不再存储电荷的延迟。由于 trireg 网络从来不会跳变到 z 逻辑状态，所以 trireg 网络不需要截止延迟说明。当一个 trireg 网络的驱动器将 1、0 或者 x 逻辑状态改变为关闭时，trireg 将保持前面打开时的 1、0 或者 x 状态。Z 值不会从一个 trireg 网络的驱动器传播到一个 trireg 网络。当 z 是 trireg 网络的初始状态，或者使用 force 描述强迫 trireg 网络到 z 时，trireg 才能保持一个 z 逻辑状态。

电荷衰减的一个延迟说明，用于建模一个非理想的电荷存储节点，如一个电荷存储节点，通过它周围的器件和连接，泄露电荷。

电荷衰减是在一个指定延迟后，引起 trireg 网络内保存的 1 或者 0 跳变到未确定值 x 的原因。当关闭 trireg 网络的驱动器时，开始电荷衰减的过程。并且，trireg 网络开始保持电荷。在下面两种情况下，结束电荷衰减的过程。

(1) 到达由电荷衰减指定的延迟，并且 trireg 网络从 1 或者 0 跳变到 x。

(2) 打开 trireg 网络的驱动器，将 1、0 或者 x 传播到 trireg 网络。

在 trireg 网络声明中，一个三值延迟描述的形式为

```
#(d1, d2, d3)
```

其中，d1 为上升延迟；d2 为下降延迟；d3 为电荷衰减时间。

[例 5.102] 三值 trireg 网络声明 Verilog HDL 描述的例子 1。

```
trireg (large) #(0,0,50) cap1;
```

[例 5.103] 如图 5.32 所示，给出三值 trireg 网络声明 Verilog HDL 描述的例子 2。

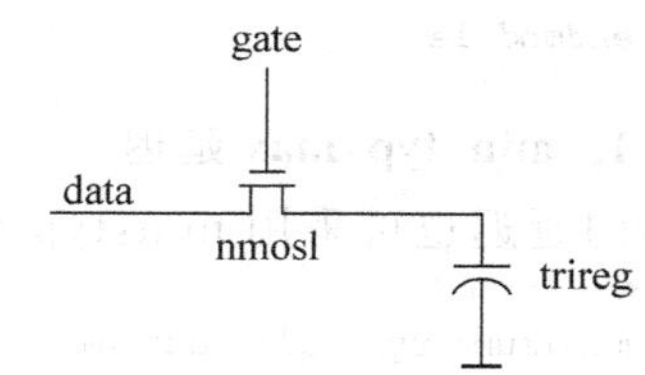

图 5.32 带有电容的 trireg 网络

```
module capacitor;
```

```
reg data, gate;
//声明 trireg,其电荷衰减时间为 50 个时间单位
trireg (large) #(0,0,50) cap1;
nmos nmos1 (cap1, data, gate);                //nmos 驱动 trireg
initial begin
    $monitor("%0d data = %v gate = %v cap1 = %v", $time, data, gate, cap1);
    data = 1;
    //将驱动器的控制输入切换到 nmos 开关
    gate = 1;
    #10 gate = 0;
    #30 gate = 1;
    #10 gate = 0;
    #100 $finish;
end
endmodule
```

5.9 Verilog HDL 用户自定义原语

本部分讲述 Verilog HDL 指定用户定义原语(user-defined primitives,UDP)的能力。UDP 的例化语句与基本门的例化语句完全相同。

5.9.1 UDP 定义

在 UDP 中,可以描述下面两类行为:

1) 组合电路

组合逻辑 UDP 使用它输入的值,来确定它输出的下一个值。

2) 时序电路

时序逻辑 UDP 使用它输入值和当前的输出值,来确定它下一个输出的值。时序 UDP 提供了一个用来对时序电路(如触发器和锁存器)进行建模的方法。一个时序 UDP 能建模电平敏感和边沿敏感行为。

每个 UDP 只能有一个输出,以及一个或者多个输入。第一个端口必须是输出端口。此外,输出可以取值 0、1 或 x,但不允许取 z 值。凡是输入中出现值 z,均以 x 进行处理。

UDP 的语法格式如下:

```
primitive UDP_name (OutputName,List_of_inputs)
  output_declaration
  input_declarations
  [reg_declaration]
  [initial_statement]
  table
    List_of_table_entries
  endtable
endprimitive
```

其中,OutputName 为输出端口名;UDP_name 为 UDP 的标识符;List_of_inputs 为用","分割的输入端口的名字;output_delarations 为输出端口的类型声明;input_declarations 为

输入端口的类型声明；reg_declaration 为可选的输出寄存器类型数据声明；initial_statement 为可选的元件的初始状态声明；**table…endtable** 为关键字；List_of_table_entries 为表项 1 到 n 的声明。

UDP 的定义不依赖于模块定义，因此 UDP 定义出现在模块定义之外。此外，也可以在单独的文本文件中定义 UDP。

注：

(1) UDP 包含输入和输出端口声明。①输出端口声明以关键字 output 开头，后面跟着输出端口的名字。②输入端口声明以关键字 input 开头，后面跟着输入端口的名字。③时序 UDP，包含用于输出端口的 reg 声明。可以在时序 UDP 的 initial 语句中指定输出端口的初始值。④实现过程限制了 UDP 的最大输入，但是允许时序 UDP 中存在 9 个输入，组合 UDP 中存在至少 10 个输入。

(2) UDP 的行为以 table 的形式描述，以 table 关键字开始，以 endtable 关键字结束。表 5.30 给出了 UDP 表中的符号及含义。

表 5.30 UDP 表的符号

符　号	理　解	注　释
0	逻辑 0	
1	逻辑 1	
x	未知	允许出现在所有 UDP 的输入和输出域，以及时序 UDP 的当前状态中
?	逻辑 0,1 或 x	不允许出现在输出域中
b	逻辑 0 和 1	允许出现在所有 UDP 的输入域和时序 UDP 的当前状态中，不允许出现在输出域中
-	没有变化	只允许出现在一个时序 UDP 的输出域中
(vw)	值从 v 变化到 w	v 和 w 可以使用 0、1、x、? 或 b 中的任何一个，只能出现在输入域中
*	同(??)	在输入的任何值变化
r	同(01)	输入的上升沿
f	同(10)	输入的下降沿
p	(01)、(0x)和(x1)	输入的潜在上升沿
n	(10)、(1x)和(x0)	输入的潜在下降沿

5.9.2 组合电路 UDP

在组合电路 UDP 中，表规定了不同的输入组合和所对应的输出值；如果没有指定的任意组合，则输出为 x。

[**例 5.104**] 两个数据输入和一个控制输入多路选择器 UDP Verilog HDL 描述的例子。

```
primitive multiplexer (mux, control, dataA, dataB);
output mux;
input control, dataA, dataB;
table
```

```
  //control  dataA   dataB  mux
      0        1       0 :  1 ;
      0        1       1 :  1 ;
      0        1       x :  1 ;
      0        0       0 :  0 ;
      0        0       1 :  0 ;
      0        0       x :  0 ;
      1        0       1 :  1 ;
      1        1       1 :  1 ;
      1        x       1 :  1 ;
      1        0       0 :  0 ;
      1        1       0 :  0 ;
      1        x       0 :  0 ;
      x        0       0 :  0 ;
      x        1       1 :  1 ;
endtable
endprimitive
```

注：由于没有指定输入的组合 0xx(control=0，dataA=x，dataB=x)，则在仿真的时候，输出端口 mux 的值将变成 x。

该例子也可以表示为

```
primitive multiplexer (mux, control, dataA, dataB);
output mux;
input control, dataA, dataB;
table
  //control dataA dataB    mux
      0       1     ? :   1 ;                  //? = 0 1 x
      0       0     ? :   0 ;
      1       ?     1 :   1 ;
      1       ?     0 :   0 ;
      x       0     0 :   0 ;
      x       1     1 :   1 ;
endtable
endprimitive
```

5.9.3　电平触发的时序 UDP

电平敏感时序的行为和组合逻辑的行为的行为表示方法一样，只是输出声明为 reg，并且在每个表入口有一个额外的域，用于表示 UDP 的当前状态。此外，时序 UDP 的输出域表示下一个状态。

［例 5.105］　锁存器 UDP Verilog HDL 描述的例子。

```
primitive latch (q, clock, data);
output q;
reg q;
input clock, data;
table
  //clock data q   q+
     0     1 : ? : 1 ;
     0     0 : ? : 0 ;
```

```
    1    ? : ? : - ;                    //- = no change
endtable
endprimitive
```

5.9.4 边沿触发的时序电路UDP

在电平敏感行为中，输入的值和当前状态足以用于确定输出的值。与电平触发行为的不同之处在于，边沿触发输出是由输入指定的跳变来触发的。

在最多一个输入上，每个表的入口有一个跳变说明。一个跳变是由括号括起来的一对值表示如(01)，或者r表示。

应该明确说明没有影响输出的跳变。否则，这些跳变将使得输出变为x(对于所有没有指定的跳变，默认为x)。

如果UDP的行为对任何输入的边沿敏感，应该为所有输入的所有边沿说明所希望的输出状态。

［**例5.106**］ 边沿触发的时序电路UDP Verilog HDL描述的例子。

```
primitive d_edge_ff (q, clock, data);
output q; reg q;
input clock, data;
table
//clock data  q   q+                    //上升沿得到输出
  (01)   0 :  ? : 0 ;
  (01)   1 :  ? : 1 ;
  (0?)   1 :  1 : 1 ;
  (0?)   0 :  0 : 0 ;
  (?0)   ? :  ?:  - ;                   //忽略下降沿
  ?   (??) :  ? :  - ;                  //在稳定时钟的时候忽略数据变化
endtable
endprimitive
```

5.9.5 初始化状态寄存器

可以使用带有一条过程赋值语句的初始化语句实现对时序电路UDP的状态初始化，形式如下：

```
initial reg_name = 0,1,or x;
```

初始化语句在UDP定义中出现。

［**例5.107**］ 包含初始化的时序电路UDP Verilog HDL描述的例子。

```
primitive srff (q, s, r);
output q; reg q;
input s, r;
initial q = 1'b1;
table
//  s  r    q    q+
    1  0 :  ? :  1 ;
    f  0 :  1 :  - ;
```

```
    0  r :  ? :  0 ;
    0  f :  0 :  - ;
    1  1 :  ? :  0 ;
endtable
endprimitive
```

［例 5.108］ 给出如何在 module 中使用 UDP 中指定初值 Verilog HDL 描述的例子。

```
primitive dff1 (q, clk, d);
input clk, d;
output q; reg q;
initial q = 1'b1;
table
    //clk  d     q  q+
      r    0 :  ? : 0 ;
      r    1 :  ? : 1 ;
      f    ? :  ? : - ;
      ?    * :  ? : - ;
endtable
endprimitive

module dff (q, qb, clk, d);
input clk, d;
output q, qb;
    dff1 g1 (qi, clk, d);
    buf #3 g2 (q, qi);
    not #5 g
endmodule
```

图 5.33 给出了该描述的原理图结构以及仿真的结果。

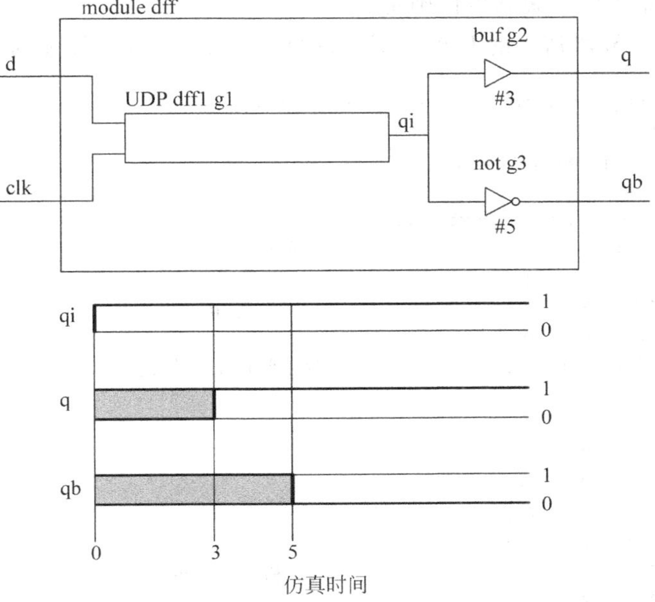

图 5.33　结构和仿真结果描述

5.9.6 UDP例化

在module中例化UDP的方法和例化门的方法一样。端口连接顺序由UDP定义顺序指定。由于UDP不支持z,所以只允许指定两个延迟。可选的范围用于指定UDP例化数组。

[**例5.109**] 在module中例化D触发器UDP Verilog HDL描述的例子。

```
module flip;
reg clock, data;
parameter p1 = 10;
parameter p2 = 33;
parameter p3 = 12;
d_edge_ff #p3 d_inst (q, clock, data);
initial begin
     data = 1;
     clock = 1;
     #(20 * p1) $finish;
end
always #p1 clock = ~clock;
always #p2 data = ~data;
endmodule
```

5.9.7 边沿触发和电平触发的混合行为

在UDP中,允许在同一个表中混合电平触发结构和边沿触发结构。在输入变化时,先处理边沿敏感事件,然后再处理电平敏感事件。这样,当电平敏感事件和边沿敏感事件指定不同的输出值,结果由电平敏感事件确定。

[**例5.110**] 带异步清空的D触发器UDP的Verilog HDL描述的例子。

```
primitive jk_edge_ff (q, clock, j, k, preset, clear);
output q; reg q;
input clock, j, k, preset, clear;
table
  //clock jk pc state output/next state
     ?  ??  01 :  ? :  1 ;          //置位逻辑
     ?  ??  *1 :  1 :  1 ;
     ?  ??  10 :  ? :  0 ;          //复位逻辑
     ?  ??  1* :  0 :  0 ;
     r  00  00 :  0 :  1 ;          //正常的时钟情况
     r  00  11 :  ? :  - ;
     r  01  11 :  ? :  0 ;
     r  10  11 :  ? :  1 ;
     r  11  11 :  0 :  1 ;
     r  11  11 :  1 :  0 ;
     f  ??  ??:   ? :  - ;
     b  *?  ?? :  ? :  - ;          //j和k跳变的情况
     b  ?*  ?? :  ? :  - ;
endtable
endprimitive
```

5.10 Verilog HDL 行为描述语句

本节介绍行为描述语句。通过行为级建模把一个复杂的系统分解成可操作的若干个模块，每个模块之间的逻辑关系通过行为模块的仿真加以验证。同时，行为级建模还可以用来生成仿真激励信号，对已设计模块进行仿真验证。

5.10.1 过程语句

过程分配用于更新 reg、integer、time、real、realtime 和存储器数据类型。对于过程分配和连续分配来说，有以下不同之处：

1）连续分配

连续分配驱动网络。只要一个输入操作数的值发生变化，则更新和求取所驱动网络的值。

2）过程分配

在过程流结构的控制下，过程分配更新流结构内变量的值。

过程分配的右边可以是任何求取值的表达式，左侧应该是一个变量，它用于接收右侧表达式所引用分配的值。过程分配的左侧可以是下面的一种格式：

(1) reg、integer、real、realtime 或者 time 数据类型，表示分配给这些数据类型的名字。

(2) reg、integer、real、realtime 或者 time 数据类型的位选择，表示分配到单个的比特位。

(3) reg、integer、real、realtime 或者 time 数据类型的部分选择，表示一个或者多个连续比特位的部分选择。

(4) 存储器字，表示一个存储器的单个字。

(5) 任何上面四种形式的并置或者嵌套的并置，这些语句对右侧的表达式进行有效的分割，将分割的部分按顺序分配到并置或者嵌套并置的不同部分中。

Verilog HDL 包含两种类型的过程赋值语句：

(1) 阻塞过程分配语句；

(2) 非阻塞过程分配语句。

1. 阻塞过程分配

以分配操作符“=”标识的分配操作称为阻塞过程分配。阻塞分配语句不会阻止并行块内阻塞过程分配语句后面语句的执行。

［**例 5.111**］ 阻塞过程分配 Verilog HDL 描述的例子。

```
rega = 0;
rega[3] = 1;                          //位选择
rega[3:5] = 7;                        //部分选择
mema[address] = 8'hff;                //分配到一个存储器元素
{carry, acc} = rega + regb;           //并置
```

2. 非阻塞过程分配

非阻塞过程分配允许分配调度，但不会阻塞过程内的流程。在相同的时间段内，当有多个变量分配时，使用非阻塞过程分配。该分配不需要考虑顺序或者互相之间的依赖性。

以赋值操作符“<=”来标识非阻塞过程分配，其形式和小于等于操作符是一样的。

过程赋值操作也出现在 initial 和 always 块语句中。在非阻塞赋值语句中，赋值号“<=”左侧的赋值变量必须是 reg 型变量，其值不像过程赋值语句那样，在语句结束时即刻得到，而是在该块语句结束才可得到。

也可以这样理解这两种分配语句，阻塞过程分配没有“时序的概念”，这一点和 C 语言是一致的，而非阻塞过程分配有“时序的概念”，这一点和 C 语言是有区别的。

[**例 5.112**] 非阻塞过程分配的 Verilog HDL 描述的例子 1。

```
module block(a3,a2,a1,clk);
input clk,a1; output reg a3,a2;
always @(posedge clk)
begin
  a2 <= a1;
  a3 <= a2;
end
endmodule
```

图 5.34 给出了使用 Xilinx 综合工具对该 Verilog HDL 描述进行综合后生成的模块结构。

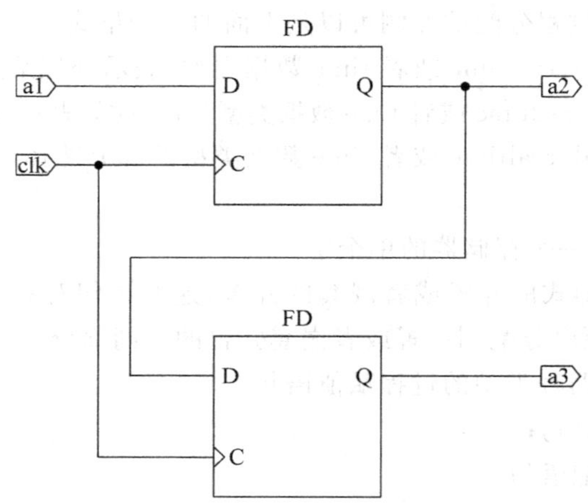

图 5.34 非阻塞赋值综合后的结构 1

[**例 5.113**] 阻塞过程分配 Verilog HDL 描述的例子 1。

```
module block(a3,a2,a1,clk);
input clk,a1; output reg a3,a2;
always @(posedge clk)
begin
  a2 = a1;
  a3 = a2;
end
endmodule
```

图 5.35 给出了使用 Xilinx 综合工具对该 Verilog HDL 的描述进行综合后生成的模块结构。

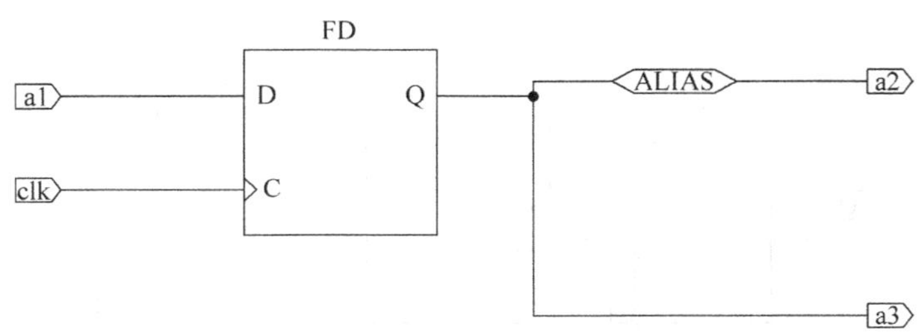

图 5.35 阻塞赋值综合后的结构 1

从上述两个例子中可以清楚地看到两种过程分配语句的明显不同：

(1) 非阻塞过程分配语句是并发执行的；

(2) 阻塞过程分配语句是按照指定顺序执行的，分配的书写顺序对执行的结果也有着直接的影响。

[**例 5.114**] 阻塞过程分配 Verilog HDL 描述的例子 2。

```
module block(q,b,clk);
input clk; output reg q,b;
always @(posedge clk)
begin
  q = ~q;
  b =- q;
end
endmodule
```

图 5.36 给出了使用 Xilinx 综合工具对该 Verilog HDL 描述进行综合后生成的模块结构。

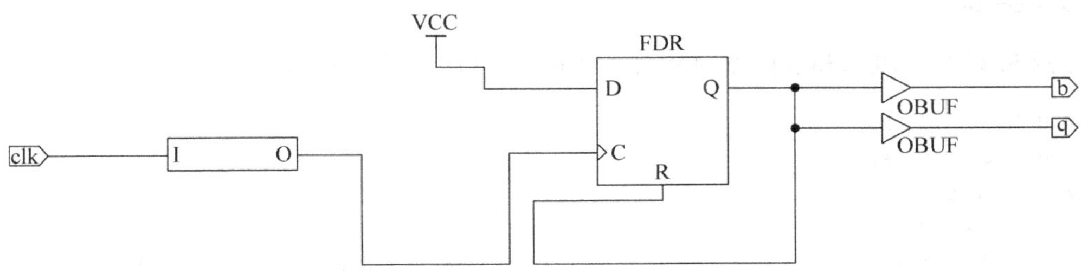

图 5.36 阻塞赋值综合后的结构 2

[**例 5.115**] 阻塞过程分配 Verilog HDL 描述的例子 3。

```
module block(q,b,clk);
input clk; output reg q,b;
always @(posedge clk)
begin
  b =- q;
  q = ~q;
end
endmodule
```

图 5.37 给出了使用 Xilinx 综合工具对该 Verilog HDL 描述进行综合后生成的模块

结构。

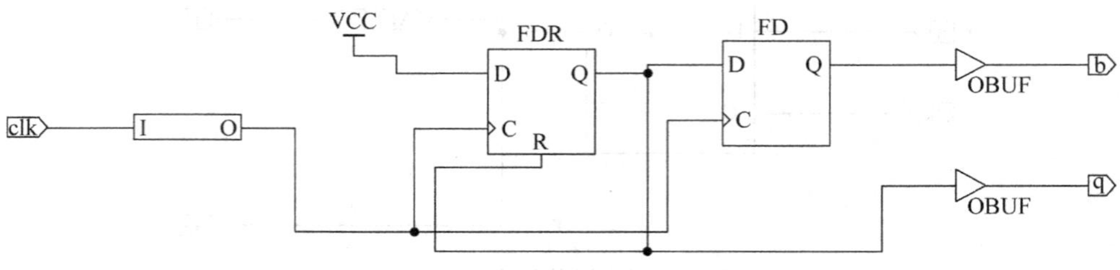

图 5.37　阻塞赋值综合后的结构 3

[例 5.116]　阻塞和非阻塞过程分配 Verilog HDL 描述的例子 1。

```
module evaluates2 (out);
output out;
reg a, b, c;
initial
begin
  a = 0;                                  在 0 时刻,初始化后 a = 0,b = 1
  b = 1;
  c = 0;
end
always c = #5 ~c;
always @(posedge c)
begin
  a <= b;                                 在 5 个时间单位后,a = 1,b = 0
  b <= a;
end
endmodule
```

[例 5.117]　阻塞和非阻塞过程分配 Verilog HDL 描述的例子 2。

```
module non_block1;
reg a, b, c, d, e, f;
//阻塞分配
initial begin
    a = #10 1;                            //在第 10 个时间单位时,给 a 分配 1
    b = #2 0;                             //在第 10 个时间单位时,给 b 分配 0
    c = #4 1;                             //在第 16 个时间单位时,给 c 分配 1
end
//非阻塞分配
initial begin
    d <= #10 1;                           //在第 10 个时间单位时,给 d 分配 1
    e <= #2 0;                            //在第 2 个时间单位时,给 e 分配 0
    f <= #4 1;                            //在第 4 个时间单位时,给 e 分配 1
end
endmodule
```

[例 5.118]　阻塞和非阻塞过程分配 Verilog HDL 描述的例子 3。

```
module non_block1;
```

```
reg a, b;
initial begin
    a = 0;                                  a = 1, b = 0
    b = 1;
    a <= b;
    b <= a;
end
initial begin
    $monitor ($time, ,"a = %b b = %b", a, b);
    #100 $finish;
    end
endmodule
```

[例 5.119] 阻塞和非阻塞过程分配 Verilog HDL 描述的例子 4。

```
module multiple;
reg a;
initial a = 1;
initial begin
    a <= #4 0;                    //在第 4 个时间单位,调度 a = 0
    a <= #4 1;                    //在第 4 个时间单位,调度 a = 1,结果 a = 1
end
endmodule
```

[例 5.120] 阻塞和非阻塞过程分配 Verilog HDL 描述的例子 5。

```
module multiple;
reg a;
initial a = 1;
initial begin
    a <= #4 0;                    //在第 4 个时间单位,调度 a = 0
    a <= #5 1;                    //在第 5 个时间单位,调度 a = 1
end
endmodule
```

[例 5.121] 阻塞和非阻塞过程分配 Verilog HDL 描述的例子 6。

```
module multiple2;
reg a;
initial a = 1;
initial a <= #4 0;                //在第 4 个时间单位,调度 a = 0
initial a <= #4 1;                //在第 4 个时间单位,调度 a = 1
//在第 4 个时间单位, a = ?
//寄存器类型数据 a 分配的值是不确定的
endmodule
```

注:如果仿真器同时执行两个过程模块,并且过程模块包含对相同变量的非阻塞分配操作符,则变量最终的值是不确定的。

[例 5.122] 阻塞和非阻塞过程分配 Verilog HDL 描述的例子 7。

```
module multiple3;
reg a;
```

```
initial #8 a <= #8 1;               //在第 8 个时间单位执行,在第 16 个时刻更新为 1
Initial #12 a <= #4 0;              //在第 12 个时间单位执行,在第 16 个时刻更新为 0
endmodule
```

[**例 5.123**] 阻塞和非阻塞过程分配 Verilog HDL 描述的例子 8。

```
module multiple4;
reg r1;
reg [2:0] i;
initial begin
for (i = 0; i <= 5; i = i+1)
    r1 <= # (i*10) i[0];
end
endmodule
```

图 5.38 给出了仿真结果的波形图。

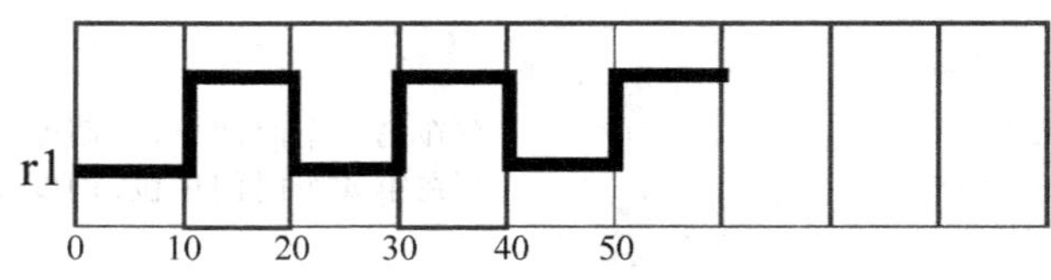

图 5.38 仿真波形图

5.10.2 过程连续分配

使用关键字 assign 和 force 的过程连续分配是过程语句。在变量或者网络上，允许连续驱动表达式。其语法格式如下：

```
assign variable_assignment
deassign variable_assignment
force variable_assignment
force net_assignment
release variable_lvalue
release net_lvalue
```

注：

(1) assign 语句的左侧应该是一个参考变量或者变量的并置，它不能是存储器字(数组引用)或者一个变量的比特位选择或者部分选择。

(2) 对于 force 语句的左侧应该是一个变量引用或者网络引用，它也可以是变量或者网络的并置，它不允许一个向量变量的比特位选择或者部分选择。

1. assign 和 deassign 过程语句

assign 过程连续分配语句将覆盖对变量的所有过程分配。deassign 过程分配将终止对一个变量的过程连续分配。变量将保持相同的值，直到通过一个过程分配或者一个过程连续分配语句，给变量分配一个新的值为止。例如 assign 和 deassign 过程语句允许对一个带异步清除/置位端的 D 触发器进行建模。

［例 5.124］ assign 和 deassign Verilog HDL 描述的例子。

```
module dff (q, d, clear, preset, clock);
output q;
input d, clear, preset, clock;
reg q;
always @(clear or preset)
    if (!clear)
        assign q = 0;
    else if (!preset)
        assign q = 1;
    else
        deassign q;

always @(posedge clock)
    q = d;
endmodule
```

注：该描述在 Xilinx 工具不可综合。

2. force 和 release 过程语句

force 和 release 过程语句提供了另一种形式的过程连续分配，这些语句的功能和 assign/deassign 类似，但是 force 可以用于网络和变量。左侧的分配可以是一个变量、网络、一个向量网路的常数比特位选择和部分选择、并置，它不能是一个存储器字(数组引用)或者一个向量变量的比特位选择和部分选择。

对一个变量的 force 操作将覆盖对变量的一个过程分配或者一个分配过程的连续分配，直到对该变量使用了 release 过程语句为止。当 release 时，如果当前变量没有一个活动的分配过程连续分配的话，不会立即改变变量的值，变量将保留当前的值，直到对该变量的下一个过程分配或者过程连续分配为止。release 一个当前有一个活动分配过程的连续分配的变量时，将立即重新建立那个分配。

对一个网络的 force 过程语句，将覆盖网络所有驱动器的门输出，模块输出和连续分配，直到在该网络上执行一个 release 语句为止。当 release 时，网络将立即分配由网络驱动器所分配的值。

［例 5.125］ force 和 release Verilog HDL 描述的例子。

```
module test;
reg a, b, c, d;
wire e;
and and1 (e, a, b, c);
initial begin
    $monitor("%d d=%b,e=%b", $stime, d, e);
    assign d = a & b & c;
    a = 1;
    b = 0;
    c = 1;
    #10;
    force d = (a | b | c);
    force e = (a | b | c);
```

```
    #10;
    release d;
    release e;
    #10 $finish;
end
endmodule
```

最终的结果如下：

```
0    d=0,e=0
10   d=1,e=1
20   d=0,e=0
```

5.10.3 条件语句

条件语句(或者 if-else 语句)用于确定是否执行一个语句。

if-else 语句可以有下面的三种表述方法：

(1) 表述方法 1

```
if(condition_1)
  procedural_statement1;
```

(2) 表述方法 2

```
if(condition_1)
    procedural_statement1;
 else
    procedural_statement2;
```

(3) 表述方法 3

```
if(condition_1)
    procedural_statement_1;
else if(condition_2)
    procedural_statement_2;
…
else if(condition_n)
    procedural_statement_n;
else
    procedural_statement_n+1;
```

其中：

(1) condition_1,…,condition_n 为条件表达式。

(2) procedural_statement_1,…,procedural_ statement_n+1 为描述语句。

(3) 如果对 condition_1 求值的结果为一个真值，则执行 procedural_statement_1；如果 condition_1 的值为 0、x 或 z，那么不执行 procedural_statement_1。

(4) 描述语句可以是一个，也可以是多个。当有多个描述语句时，用“begin-end”语句将其包含进去。

注：在 if 语句中，不可缺少 else 分支，否则会出现不同的综合结果，在后续章节会详细

说明这个问题。

[例 5.126] if-else 语句 Verilog HDL 描述的例子。

```
if(index > 0)
begin
    if (rega > regb)
        result = rega;
end
else
      result = regb;
```

[例 5.127] if-else-if 语句的 Verilog HDL 描述的例子。

```
//声明寄存器和参数
reg [31:0] instruction, segment_area[255:0];
reg [7:0] index;
reg [5:0] modify_seg1,
          modify_seg2,
          modify_seg3;
parameter
          segment1 = 0, inc_seg1 = 1,
          segment2 = 20, inc_seg2 = 2,
          segment3 = 64, inc_seg3 = 4,
          data = 128;
//测试索引变量
if (index < segment2) begin
    instruction = segment_area [index + modify_seg1];
    index = index + inc_seg1;
end
else if (index < segment3) begin
    instruction = segment_area [index + modify_seg2];
    index = index + inc_seg2;
end
else if (index < data) begin
    instruction = segment_area [index + modify_seg3];
    index = index + inc_seg3;
end
else
    instruction = segment_area [index];
```

5.10.4 case 语句

case 语句是一个多条件分支语句，用于测试一个表达式是否匹配相应的其他表达式和分支。语法如下：

```
case(case_expr)
  case_item_expr_1:   procedural_statement_1;
  case_item_expr_2:   procedural_statement_2;
      ...
  case_item_expr_n:   procedural_statement_n;
  default:            procedural_statement_n+1;
endcase
```

其中，case_expr 为条件表达式；case_item_expr_1,…,case_item_expr_n 为条件值；procedual_statement_1,…,procedual_statement_n+1 为描述语句。

case 语句的规则包括：

(1) case 语句首先对条件表达式 case_expr 求值，然后依次对各分支项求值并进行比较。将执行第一个与条件表达式值相匹配的分支中的语句。

(2) 可以在一个分支中定义多个分支项。

(3) 默认分支覆盖所有没有被分支表达式覆盖的其他分支。

(4) 分支表达式和各分支项表达式不必都是常量表达式。

[例 5.128]　case 语句 Verilog HDL 描述的例子 1。

```
reg[15:0] rega;
reg [9:0] result;
case (rega)
    16'd0: result = 10'b0111111111;
    16'd1: result = 10'b1011111111;
    16'd2: result = 10'b1101111111;
    16'd3: result = 10'b1110111111;
    16'd4: result = 10'b1111011111;
    16'd5: result = 10'b1111101111;
    16'd6: result = 10'b1111110111;
    16'd7: result = 10'b1111111011;
    16'd8: result = 10'b1111111101;
    16'd9: result = 10'b1111111110;
    default: result = 'bx;
endcase
```

[例 5.129]　case 语句 Verilog HDL 描述的例子 2。

```
case(select[1:2])
    2'b00: result = 0;
    2'b01: result = flaga;
    2'b0x,
    2'b0z: result = flaga ? 'bx : 0;
    2'b10: result = flagb;
    2'bx0,
    2'bz0: result = flagb ? 'bx : 0;
    default: result = 'bx;
endcase
```

该例子中，当 select[1]=0 并且 flaga=0 时，如果 select[2]='x'/'z'，结果也是 0。

[例 5.130]　case 语句中 x 和 z 条件 Verilog HDL 描述的例子。

```
case(sig)
  1'bz: $display("signal is floating");
  1'bx: $display("signal is unknown");
  default: $display("signal is %b", sig);
endcase
```

Verilog HDL 提供了 case 语句的其他两种形式：

(1) casex,将 x 和 z 值都看作是无关位;

(2) casez,将 z 值看作是无关值。

这些形式对 x 和 z 值使用不同的解释。除关键字是 casex 和 casez 以外,语法与 case 语句完全一致。

[**例 5.131**] casez 语句 Verilog HDL 描述的例子。

```
reg[7:0] ir;
casez (ir)
8'b1???????: instruction1(ir);
8'b01??????: instruction2(ir);
8'b00010???: instruction3(ir);
8'b000001??: instruction4(ir);
endcase
```

[**例 5.132**] casex 语句 Verilog HDL 描述的例子。

```
reg[7:0] r, mask;
mask = 8'bx0x0x0x0;
casex (r ^ mask)
    8'b001100xx: stat1;
    8'b1100xx00: stat2;
    8'b00xx0011: stat3;
    8'bxx010100: stat4;
endcase
```

此外,常数表达式也可以作为 case 表达式。常数表达式的值将要和 case 条目中的表达式进行比较,以寻找匹配的条件。

[**例 5.133**] case 中常数表达式 Verilog HDL 描述的例子。

```
reg[2:0] encode ;
case (1)
    encode[2] : $display("Select Line 2") ;
    encode[1] : $display("Select Line 1") ;
    encode[0] : $display("Select Line 0") ;
    default:   $display("Error: One of the bits expected ON");
endcase
```

5.10.5 循环语句

Verilog HDL 提供了四类循环语句,用于控制执行语句次数,这四种循环语句包括:

(1) forever 循环;

(2) repeat 循环;

(3) while 循环;

(4) for 循环。

1. forever 循环语句

此循环语句连续执行过程语句,这一形式的循环语句语法格式如下:

```
forever
```

```
    procedural_statement;
```

为了退出这样的循环，可以共同使用中止语句和过程语句。同时，在过程语句中必须使用某种形式的时序控制。否则，forever 循环将在 0 时延后永远循环下去。下一节将会详细说明。

2. repeat 循环语句

这种循环语句执行指定循环次数的过程语句，repeat 循环语句的语法格式如下：

```
repeat(loop_count)
    procedural_statement;
```

其中，loop_count 为循环次数；procedural_statement 为描述语句；如果循环计数表达式的值不确定，即为 x 或 z 时，则循环次数按 0 处理。

[**例 5.134**]　repeat 循环 Verilog HDL 描述的例子。

```
parameter size = 8, longsize = 16;
reg [size:1] opa, opb;
reg [longsize:1] result;
begin : mult
    reg [longsize:1] shift_opa, shift_opb;
    shift_opa = opa;
    shift_opb = opb;
    result = 0;
    repeat (size) begin
        if (shift_opb[1])
            result = result + shift_opa;
        shift_opa = shift_opa << 1;
        shift_opb = shift_opb >> 1;
    end
end
```

3. while 循环语句

该循环语句循环执行过程赋值语句，直到指定的条件为假。while 循环语句语法如下：

```
while(condition)
    procedural_statement;
```

其中，condition 为循环的条件表达式；procedural_statement 为描述语句；如果表达式在开始时为假，那么永远不会执行过程语句。如果条件表达式为 x 或 z，它也同样按 0(假)处理。

[**例 5.135**]　while 循环语句 Verilog HDL 描述的例子。

```
begin : count1s
  reg [7:0] tempreg;
  count = 0;
  tempreg = rega;
while (tempreg) begin
  if (tempreg[0])
    count = count + 1;
  tempreg = tempreg >> 1;
  end
```

```
end
```

4. for 循环语句

该循环语句按照指定的次数重复执行过程赋值语句若干次，for 循环语句的形式如下：

```
for(initial_assignment;condition;step_assignment)
    procedural_statement;
```

其中：

(1) initial_assignment 为初始值，用于提供循环变量的初始值。

(2) condition 为循环条件表达式，条件表达式指定循环结束的条件。

(3) step_assignment 给出要修改的赋值，通常为增加或减少循环变量计数。

(4) procedural_statement 为描述语句。只要条件为真，就执行循环中的语句。

[例 5.136]　for 循环 Verilog HDL 描述的例子。

```
module countzeros (a, Count);
input [7:0] a;
output reg[2:0] Count;
reg [2:0] Count_Aux;
integer i;
always @(a)
begin
    Count_Aux = 3'b0;
       for (i = 0; i<8; i = i+1)
       begin
         if (!a[i])
             Count_Aux = Count_Aux+1;
         end
         Count = Count_Aux;
end
endmodule
```

5.10.6 过程时序控制

当执行过程语句时，Verilog HDL 提供了两种类型的明确时钟控制，即延迟控制和事件表达式。

1. 延迟控制

延迟控制由#开头。

[例 5.137]　延迟控制 Verilog HDL 描述例子 1。

```
#10 rega = regb;
```

[例 5.138]　延迟控制 Verilog HDL 描述例子 2。

```
#d rega = regb;                          //d 定义为一个参数
#((d+e)/2) rega = regb;                  //延迟是 d 和 e 的平均值
#regr regr = regr + 1;                   //延迟在 regr 寄存器中
```

2. 事件控制

通过一个网络、变量或者一个声明事件的发生，来同步一个过程语句的执行。网络和变量值的变化可以作为一个事件，用于触发语句的执行，这就称为检测一个隐含事件。事件基于变化的方向，即朝着值 1(posedge)或者朝着 0(negedge)：

(1) negedge：①检测到从 1 跳变到 x、z 或者 0；②检测到从 x 或 z 跳变到 0。

(2) posedge：①检测到从 0 跳变到 x、z 或者 1；②检测到从 x 或 z 跳变到 1。

[例 5.139] 边沿控制语句 Verilog HDL 描述的例子。

```
@r rega = regb;                              //由寄存器 r 内值的变化控制
@(posedge clock) rega = regb;                //时钟上升沿控制
forever @(negedge clock) rega = regb;        //下降沿控制
```

3. 命名事件

除了网络和变量外，可以声明一种新的数据类型——事件。一个用于声明事件数据类型的标识符称为一个命名的事件。它可以用在事件表达式内，用于控制过程语句的执行。命名的事件可以来自一个过程。这样，运行控制其他过程中的多个行为。

4. 事件或者操作符

可以表示逻辑或者任何数目的事件，这样任何一个事件的发生将触发跟随在该事件后的过程语句。用“,”分割的 or 关键字，用于一个事件逻辑或者操作符，它们的组合同样可以用于事件表达式中。逗号分割的敏感列表和 or 分割的敏感列表是同步的。

[例 5.140] 多个事件逻辑或关系 Verilog HDL 描述的例子。

```
@(trig or enable) rega = regb;               //由 trig 或者 enable 控制
@(posedge clk_a or posedge clk_b or trig) rega = regb;
```

[例 5.141] 使用逗号作为事件逻辑或者操作符 Verilog HDL 描述的例子。

```
always @(a, b, c, d, e)
always @(posedge clk, negedge rstn)
always @(a or b, c, d or e)
```

5. 隐含的表达式列表

在 RTL 级仿真中，一个事件控制的事件表达式列表是一个公共的漏洞。在时序控制描述中，设计者经常忘记添加需要读取的一些网络或者变量。当比较 RTL 和门级版本的设计时，经常可以发现这个问题。隐含的表达式-@ * 是一个简单的方法，用于解决忘记添加网络或者变量的问题。

[例 5.142] 隐含事件 Verilog HDL 描述的例子 1。

```
always @(*)                                  //等效于@(a or b or c or d or f)
      y = (a & b) | (c & d) | myfunction(f);
```

[例 5.143] 隐含事件 Verilog HDL 描述的例子 2。

```
always @* begin                              //等效于@(a or b or c or d or tmp1 or tmp2)
    tmp1 = a & b;
    tmp2 = c & d;
    y = tmp1 | tmp2;
end
```

[例 5.144] 隐含事件 Verilog HDL 描述的例子 3。

```
always @ * begin                            //等效于@(b)
    @(i) kid = b;                           //i 没有添加到@ *
end
```

[例 5.145] 隐含事件 Verilog HDL 描述的例子 4。

```
always @ * begin                            //等效于@(a or b or c or d)
      x = a ^ b;
      @ *                                   //等效于@(c or d)
          x = c ^ d;
end
```

[例 5.146] 隐含事件 Verilog HDL 描述的例子 5。

```
always @ * begin                            //和 @(a or en)一样
    y = 8'hff;
    y[a] = !en;
end
```

[例 5.147] 隐含事件 Verilog HDL 描述的例子 6。

```
always @ * begin                            //等效于 @(state or go or ws)
    next = 4'b0;
case (1'b1)
    state[IDLE]: if (go) next[READ] = 1'b1;
                 else next[IDLE] = 1'b1;
    state[READ]: next[DLY ] = 1'b1;
    state[DLY ]: if (!ws) next[DONE] = 1'b1;
                 else next[READ] = 1'b1;
    state[DONE]: next[IDLE] = 1'b1;
endcase
end
```

6. 电平敏感的事件控制

可以延迟一个过程语句的执行，直到一个条件变成真。使用 wait 语句可以实现这个延迟控制，它是一种特殊形式的事件控制语句。等待语句的本质对电平敏感。

等待语句对条件进行评估。当条件为假时，在等待语句后面的过程语句将保持阻塞状态，直到条件变为真为止。

[例 5.148] 等待事件 Verilog HDL 描述的例子。

```
begin
wait (!enable) #10 a = b;
    #10 c = d;
end
```

7. 内部分配的时序控制

前面介绍的延迟和事件控制结构，是在一个语句和延迟执行的前面。相比较而言，在一个分配语句中包含内部分配延迟和事件控制，以不同的方式修改活动的顺序。

内部分配的时序控制可以用于阻塞分配和非阻塞分配。repeat 事件控制说明在一个事件发生了指定数目后的内部分配延迟。如果有符号的寄存器所保存的重复次数在仿真时间上小于或者等于 0，则将产生分配，这就好像不存在重复结构。

表 5.31 给出了内部分配时序控制的等效性比较。

表 5.31　内部分配时序控制的等效性比较

带有内部分配时序控制结构	没有内部分配时序控制结构

a = #5 b;	**begin**
	temp = b;
	#5 a = temp;
	end

a = @(**posedge** clk) b;	**begin**
	temp = b;
	@(**posedge** clk) a = temp;
	end

a =**repeat**(3)
@(**posedge** clk) b;
	begin
	temp = b;
	@(**posedge** clk);
	@(**posedge** clk);
	@(**posedge** clk) a = temp;
	end

下面介绍 fork-join 行为结构，所有在 fork-join 结构之间的语句都是并发执行的。

[**例 5.149**]　fork-join 结构 Verilog HDL 描述的例子 1。

```
  fork
      #5 a = b;
      #5 b = a;
join
```

上面的例子产生了竞争条件。

下面的描述消除了竞争条件。

```
fork                                    //数据交换
    a = #5 b;
    b = #5 a;
join
```

[**例 5.150**]　fork-join 结构 Verilog HDL 描述的例子 2。

```
fork                                    //数据移位
    a = @(posedge clk) b;
    b = @(posedge clk) c;
join
```

[**例 5.151**]　fork-join 结构 Verilog HDL 描述的例子 3。

```
a <= repeat(5) @(posedge clk) data;
```

图 5.39 给出了仿真波形图，在 5 个上升沿后给 a 分配值。

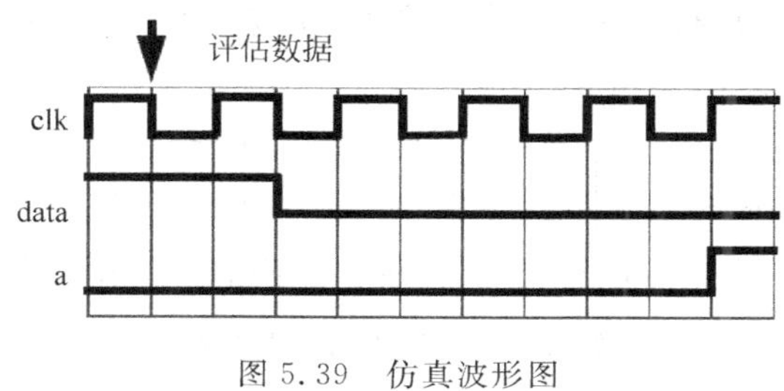

图 5.39　仿真波形图

[例 5.152]　fork-join 结构 Verilog HDL 描述的例子 4。

```
a <= repeat(a + b) @(posedge phi1 or negedge phi2) data;
```

5.10.7　语句块

语句块提供一个方法，将多条语句组合在一起。这样，它们看上去好像一个语句。Verilog HDL 中有两类语句块：

(1) 顺序语句块(begin...end)，语句块中的语句按给定次序顺序执行。

(2) 并行语句块(fork...join)，语句块中的语句并行执行。

1. 顺序语句块

顺序语句块中的语句按顺序方式执行。每条语句中的时延值与其前面语句执行的仿真时间相关。一旦顺序语句块执行结束，继续执行跟随顺序语句块过程的下一条语句。顺序语句块的语法如下：

```
begin: <block_name>
  //declaration
  //behavior statement1
  …
  //behavior statementn
end
```

其中，block_name 为可选的模块标识符；declaration 为块内局部变量的声明，这些声明可以是 reg 型变量声明、integer 型变量声明及 real 型变量声明；behavior statement 为行为描述语句。

[例 5.153]　顺序语句块 Verilog HDL 描述的例子 1。

```
begin
  #2 Stream = 1;
  #5 Stream = 0;
  #3 Stream = 1;
  #4 Stream = 0;
  #2 Stream = 1;
  #5 Stream = 0;
end
```

如图 5.40 所示，假定顺序语句块在第 10 个时间单位开始执行。两个时间单位后，执行第一条语句，即在第 12 个时间单位执行第一条语句。当执行完该条语句后，在第 17 个时间

(延迟 5 个时间单位)单位执行下一条语句。然后，在第 20 个时间单位执行下一条语句，以此类推。

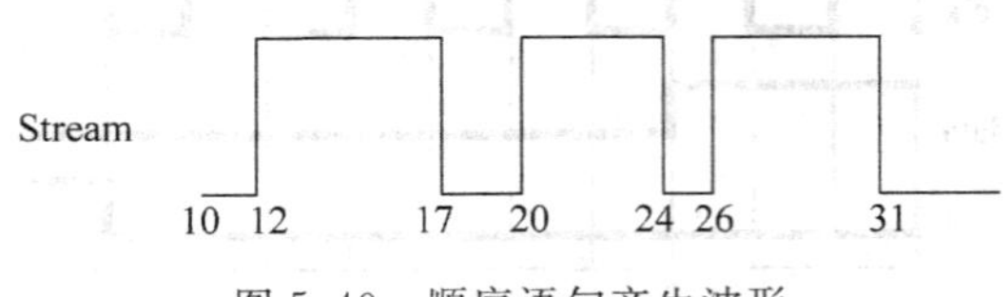

图 5.40　顺序语句产生波形

[**例 5.154**]　顺序语句块 Verilog HDL 描述的例子 2。

```
begin
  pat = mask|mat;
  @ (negedge clk) ;
  ff = &pat
end
```

在该例中，首先执行第 1 条语句。然后，执行第 2 条语句。当然，只有在 clk 上出现下降沿时才执行第 2 条语句中的赋值过程。

2. 并行语句块

并行语句块在关键字 **fork** 和 **join** 之间，并行语句块内的各条语句并行执行。并行语句块内的各条语句指定的时延值都与语句块开始执行的时间相关。当并行语句块中最后的动作执行完成后(执行的并不一定是最后的语句)，继续执行顺序语句块的语句。换一种说法就是并行语句块内的所有语句必须在控制转出语句块前完成执行。并行语句块语法如下：

```
fork: <block_name>
  //declaration
  //behavior statement1
  …
  //behavior statement2
join
```

其中，block_name 为可选的模块标识符；declaration 为块内局部变量声明，声明可以是 reg 型变量声明、integer 型变量声明、real 型变量声明、time 型变量声明和事件声明语句。

[**例 5.155**]　并行语句块 Verilog HDL 描述的例子。

```
fork
  #2 Stream = 1;
  #7 Stream = 0;
  #10 Stream = 1;
  #14 Stream = 0;
  #16 Stream = 1;
  #21 Stream = 0;
join
```

如图 5.41 所示，如果在第 10 个时间单位开始执行并行语句块，所有的语句并行执行，并且所有的时延都是相对于第 10 个时刻。例如，在第 20 个时间单位执行第 3 个赋值，在第 26 个时间单位执行第 5 个赋值，以此类推。

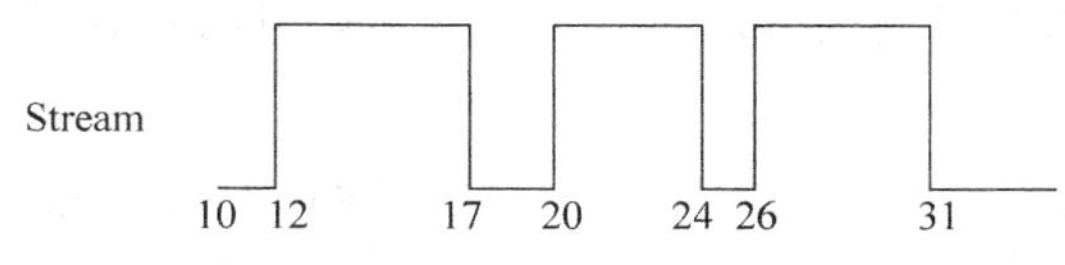

图 5.41 并行语句产生波形

［例 5.156］ 混合顺序语句块和并行语句块 Verilog HDL 描述的例子。

```
fork
@enable_a
begin
    #ta wa = 0;
    #ta wa = 1;
    #ta wa = 0;
end
@enable_b
begin
    #tb wb = 1;
    #tb wb = 0;
    #tb wb = 1;
end
join
```

5.10.8 结构化的过程

在 Verilog HDL 中，所有的过程由下面四种语句指定：

(1) initial 结构；

(2) always 结构；

(3) 任务；

(4) 函数。

1. initial 语句

initial 语句只执行一次，在仿真开始时执行 initial 语句，initial 语句通常用于仿真模块对激励向量的描述，或用于给寄存器变量分配初值。initial 语句的语法如下：

```
initial
 begin
   statement1;                                //描述语句 1
   statement2;                                //描述语句 2
     …
end
```

［例 5.157］ initial 语句 Verilog HDL 描述的例子。

```
initial begin
    areg = 0;                                 //初始化一个寄存器
for (index = 0; index < size; index = index + 1)
    memory[index] = 0;                        //初始化存储器字
end
```

[**例 5.158**]　包含时延控制的 initial 语句 Verilog HDL 描述的例子。

```
initial begin
  inputs = 'b000000;                    //在 0 时刻初始化
  #10 inputs = 'b011001;                //第 1 个模式
  #10 inputs = 'b011011;                //第 2 个模式
  #10 inputs = 'b011000;                //第 3 个模式
  #10 inputs = 'b001000;                //第 4 个模式
end
```

2. always 语句

在仿真期间内，always 结构连续地重复。always 结构由于其循环本质，当和一些形式的时序控制一起使用时，它是非常有用的。如果一个 always 结构没有控制所达到的仿真时间，将引起死锁。

[**例 5.159**]　带有零时延控制 always 语句 Verilog HDL 描述的例子。

```
always areg = ~areg;
```

[**例 5.160**]　带有时延控制 always 语句 Verilog HDL 描述的例子。

```
always #half_period areg = ~areg;
```

5.11　Verilog HDL 任务和函数

任务和函数提供了在一个描述中从不同位置执行公共程序的能力，它们也提供了将一个大的程序分解成较小程序的能力，这样更容易阅读和调试源文件描述。

5.11.1　任务和函数的区别

下面给出了任务和函数的区别规则：

(1) 在一个仿真时间单位内执行函数；一个任务可以包含时间控制语句。

(2) 函数不能使能任务。但是，一个任务可以使能其他任务和函数。

(3) 函数至少有一个 **input** 类型的参数，没有 **output** 或者 **inout** 类型的参数；而一个任务可以有零个或者更多任意类型的参数。

(4) 一个函数返回一个值，而任务不返回值。

(5) 函数的目的是通过返回一个值来响应输入的值。一个任务可以支持多个目标，可以计算多个结果的值。

(6) 通过一个任务调用，只能返回传递的 output 和 inout 类型的参数结果。

(7) 使用函数作为表达式内的一个操作数，由函数返回操作数的值。

(8) 函数定义中，不能包含任何时间控制的语句，如：#、@或者 wait，而任务无此限制。

(9) 函数定义中必须包含至少一个输入参数，而任务无此限制。

(10) 函数不能有任何非阻塞分配或者过程连续分配语句。

(11) 函数不能有任何事件触发器。

一个任务可以声明为下面的格式：

```
switch_bytes (old_word, new_word);
```

一个函数可以声明为下面的格式：

```
new_word = switch_bytes (old_word);
```

5.11.2 任务和任务使能

本节将介绍任务定义和任务使能。

1. 定义任务

定义任务的格式如下：

```
task <task_name>;
  input automatic <input_name>;
  <more_inputs>
   output <output_name>;
  <more_outputs>
  begin
    <statements>;
  end
endtask
```

其中，**automatic** 为可选的关键字，用于声明一个自动的任务，表示该任务可重入地，用于动态分配每一个并发执行的任务入口。当没有该关键字时，表示一个静态的任务。在层次中，不能访问自动任务条目。通过使用它们的层次化名字，来调用自动化任务。task_name 为任务名。input_name 为输入端口的名字。output_name 为输出端口的名字。statements 为描述语句。任务可以没有或有一个或多个参数。

2. 任务使能和参数传递

由任务使能语句调用一个任务。任务使能语句给出传入任务的参数值和接收结果的变量值。任务使能语句是过程性语句，可以在 always 语句或 initial 语句中使用，任务使能语句形式如下：

```
<task_name>(<comma_separated_inputs>,<comma_separated_outputs>);
```

其中，task_name 为任务的名称；comma_separated_inputs 为“,”分割的输入端口的名字；comma_separated_outputs 为“,”分割的输出端口的名字。

注：任务使能语句中参数列表必须与任务定义中的输入、输出和输入输出参数说明的顺序一致，任务可以没有参数。

[**例 5.161**] 包含 5 个参数的 task 基本结构 Verilog HDL 描述的例子。

```
task my_task;
input a, b;
inout c;
output d, e;
begin
…                                           //执行任务的语句
```

```
…
c = foo1;                                   //初始化结果寄存器的分配
d = foo2;
e = foo3;
end
endtask
```

或者采用下面的描述方式：

```
task my_task (input a, b, inout c, output d, e);
begin
    …                                       //执行任务的语句
    …
    c = foo1;                               //分配用于初始化结果寄存器
    d = foo2;
    e = foo3;
end
endtask
```

用下面的语句使能任务：

```
my_task (v, w, x, y, z);
```

其中：

任务使能参数(v,w,x,y,z)对应于任务所定义的参数(a,b,c,d,e)。在使能任务期间，input 和 inout 类型的参数(a,b,c)接受传递的值(v,w,x)。这样，执行任务使能调用产生下面的分配：

```
a = v;
b = w;
c = x;
```

作为任务处理的一部分，定义的任务 my_task 将计算结果分配到 c,d,e。当完成任务时，下面的分配将计算得到的值，并返回到被执行的调用过程。

```
x = c;
y = d;
z = d;
```

[例 5.162] 描述交通灯时序 task 语句 Verilog HDL 描述的例子。

```
module traffic_lights;
reg clock, red, amber, green;
parameter on = 1, off = 0, red_tics = 350,
          amber_tics = 30, green_tics = 200;
//初始化颜色
initial red = off;
initial amber = off;
initial green = off;
always begin                                //控制灯的时序
    red = on;                               //打开红灯
```

```
        light(red, red_tics);                  //等待
        green = on;                            //打开绿灯
        light(green, green_tics);              //等待
        amber = on;                            //打开琥珀色灯
        light(amber, amber_tics);              //等待
    end
    //等待'tics'的任务,上升沿时钟
    task light;
    output color;
    input [31:0] tics;
    begin
    repeat (tics) @ (posedge clock);
    color = off;                               //关闭灯
    end
    endtask
    always begin                               //时钟波形
    #100 clock = 0;
    #100 clock = 1;
    end
    endmodule                                  //traffic_lights 模块结尾
```

3. 任务存储器使用和并行运行

可以多次并行使能一个任务,将并行调用的每个自动任务的所有变量进行复制,用于保存该调用的状态。静态任务的所有变量是静态的,即在一个模块例化中,每个变量对应于每个声明的本地变量,而不管并行运行的任务个数。然而,对于静态任务来说,一个模块的不同例化,将用于每个例化的单独存储空间。

在静态任务里声明的变量,包含 input、output 和 inout 类型的参数。在调用时,将保留它们的值。

在自动任务里声明的变量,包含 output 类型的变量。当进入任务时,将其初始化为默认的值。根据任务使能语句中所列出的参数,将 input 和 inout 类型参数初始化为表达式传递的值。

因为在自动任务中声明的变量在任务调用结束时将进行分配解除,因此它们不能用在某个结构中:

(1) 不能使用非阻塞分配或者过程连续分配,分配值;

(2) 过程连续分配或者过程 force 语句,不能引用它们;

(3) 在内部分配事件控制的非阻塞分配,不能引用它们;

(4) 系统任务 **$ monitor** 和 **$ dunpvars** 不能跟踪它们。

5.11.3 禁止命名的块和任务

disable 语句提供了一种能力,用于终止与并行活动过程相关的活动,而保持 Verilog HDL 过程描述的本质。disable 语句提供了用于在执行所有任务语句前,终止一个任务的一个机制。如退出一个循环语句,或跳出语句,用于继续一个循环语句的其他循环。在处理异常条件时,disable 非常有用,如硬件中断和全局复位。

disable 语句的格式如下：

```
disable hierarchical_task_identifier(任务标识符)
disable hierarchical_block_identifier(块标识符)
```

［例 5.163］ disable 块 Verilog HDL 描述的例子 1。

```
begin : block_name
    rega = regb;
    disable block_name;
    regc = rega;                                    //不执行该分配
end
```

［例 5.164］ disable 块 Verilog HDL 描述的例子 2。

```
begin : block_name
...
if (a == 0)
disable block_name;
...
end                                                 //结束命名的块
//继续下面块的代码
  ...
```

［例 5.165］ disable 任务 Verilog HDL 描述的例子。

```
task proc_a;
begin
    ...
    ...
if (a == 0)
    disable proc_a;                                 //如果真,则返回
    ...
    ...
end
endtask
```

［例 5.166］ disable 块 Verilog HDL 描述的例子 3。

```
begin : break
  for (i = 0; i < n; i = i + 1) begin : continue
    @clk
      if (a == 0)                                   //"continue" loop
          disable continue;
        statements
        statements
    @clk
      if (a == b)                                   //"break" from loop
          disable break;
        statements
        statements
    end
end
```

在该例中，disable 的功能相当于 C 语言中的 continue 和 break 语句。

［例 5.167］ 在 fork-join 块中 disable 语句 Verilog HDL 描述的例子。

```
fork
  begin : event_expr
    @ev1;
    repeat (3) @trig;
    #d action (areg, breg);
  end
    @reset disable event_expr;
join
```

［例 5.168］ 在 always 块中 disable 语句 Verilog HDL 描述的例子。

```
always begin : monostable
    #250 q = 0;
end
always @retrig begin
    disable monostable;
    q = 1;
end
```

5.11.4 函数和函数调用

本节将介绍函数声明和函数调用。

1. 函数声明

函数声明部分可以出现在模块声明中的任何位置，函数的输入参数由输入说明指定，形式如下：

```
function [<lower>:<upper>] <output_name> ;
   input <name>;
   begin
      <statements>
   end
endfunction
```

其中，lower:upper 声明了函数输出的数据宽度；output_name 为函数输出（即返回值）的名字；name 为输入数据的名字；statements 为描述语句。

注：

(1) 如果函数声明部分中没有指定函数取值范围，则其默认为 1 位二进制数。

(2) 和任务一样，函数也可以使用 automatic 关键字。

(3) 函数的返回值的名字是 output_name 所定义的标识符。

［例 5.169］ 函数声明 Verilog HDL 描述的例子。

```
function[7:0] getbyte;
input [15:0] address;
begin
  …
  getbyte = result_expression;
```

```
end
endfunction
```

也可以用下面的函数格式：

```
function [7:0] getbyte (input [15:0] address);
begin
    ...
    getbyte = result_expression;
end
endfunction
```

2. 函数调用

由函数调用语句调用一个函数，函数调用语句的语法格式如下：

```
<signal> = <function_name>(<comma_separated_inputs>);
```

其中，signal 为与调用函数返回参数宽度一样的信号名字；function_name 为函数名字；comma_separated_inputs 为“,”分割的输入信号的名字。

［例 5.170］ 函数调用 Verilog HDL 描述的例子。

```
word = control ? {getbyte(msbyte), getbyte(lsbyte)}:0;
```

［例 5.171］ 可重入函数调用 Verilog HDL 描述的例子。

```
module tryfact;
//定义函数
function automatic integer factorial;
input [31:0] operand;
integer i;
if (operand >= 2)
    factorial = factorial (operand - 1) * operand;
else
    factorial = 1;
endfunction

//测试函数
integer result;
integer n;
initial begin
for (n = 0; n <= 7; n = n+1) begin
    result = factorial(n);
    $display("%0d factorial = %0d", n, result);
    end
end
endmodule                                        //tryfact 结尾
```

仿真结果如下：

```
0 factorial = 1
1 factorial = 1
2 factorial = 2
```

```
3 factorial = 6
4 factorial = 24
5 factorial = 120
6 factorial = 720
7 factorial = 5040
```

3. 常数函数

常数函数的调用支持在对设计进行详细的描述时，建立复杂计算的值。对于一个常数函数的调用，模块调用函数的参数是一个常数表达式。常数函数是 Verilog HDL 普通函数的子集，应该满足以下的约束：

(1) 它们没有包含层次引用；

(2) 在一个常数函数内的任意函数调用，应该是当前模块的本地函数；

(3) 它可以调用任何常数表达式中所允许的系统函数，对其他系统函数的调用是非法的；

(4) 忽略在一个常数函数内的所有系统任务；

(5) 在使用一个常数函数调用前，应该定义函数内所有的参数值；

(6) 所有不是参数和函数的标识符，应该在当前函数内本地声明；

(7) 如果使用 defparam 语句直接或者间接影响的任何参数值，则结果是未定义的，这将导致一个错误，或使函数返回一个未确定的值；

(8) 它们不应该在一个生成模块内声明；

(9) 在任何要求一个常数表达式的上下文中，它们本身不能使用常数函数。

下面的例子定义了一个常数函数 clogb2，根据 ram 来确定一个 ram 地址线的宽度。

[**例 5.172**] 常数函数调用 Verilog HDL 描述的例子。

```
module ram_model (address, write, chip_select, data);
    parameter data_width = 8;
    parameter ram_depth = 256;
    localparam addr_width = clogb2(ram_depth);
    input [addr_width - 1:0] address;
    input write, chip_select;
    inout [data_width - 1:0] data;
//定义 clogb2 函数
    function integer clogb2;
        input [31:0] value;
      begin
        value = value - 1;
        for (clogb2 = 0; value > 0; clogb2 = clogb2 + 1)
            value = value >> 1;
      end
    endfunction
reg [data_width - 1:0] data_store[0:ram_depth - 1];
    //ram_model 剩余部分
```

例化这个 ram_model，包含参数分配：

```
ram_model #(32,421) ram_a0(a_addr,a_wr,a_cs,a_data);
```

5.12 Verilog HDL 层次化结构

Verilog HDL 支持将一个模块嵌入到其他模块的层次化描述结构。高层次模块创建低层次模块的例化，并且通过 input、output 和 inout 端口进行通信。这些模块的端口为标量或者矢量。

5.12.1 模块和模块例化

在 Verilog HDL 的说明中对模块和模块例化的方法进行了简单说明，下面介绍模块例化中涉及的一些其他问题。

5.12.2 覆盖模块参数值

Verilog HDL 提供了两种定义参数的方法：一个模块声明中可以包含一个或多个类型的参数定义，或者不包含参数定义。

模块参数可以有一个类型说明和一个范围说明。根据下面的规则，确定参数对一个参数类型和范围覆盖的结果：

(1) 默认地，对于一个没有类型和参数说明的参数声明，由最终参数值的类型和范围确定该参数的属性。

(2) 一个包含范围说明但没有类型说明的参数声明，其范围是参数声明的范围、类型是无符号的。一个覆盖的值将转换到参数的类型和范围。

(3) 一个包含类型说明但没有范围说明的参数声明，其类型是参数声明的类型。一个覆盖的值将转换到参数的类型。一个有符号的参数将默认到最终覆盖参数值的范围。

(4) 一个包含有符号类型说明和范围说明的参数声明，其类型是有符号的，范围是参数声明的范围。一个覆盖的值将最终转换到参数的类型和范围。

[**例 5.173**] 参数 Verilog HDL 描述的例子。

```
module generic_fifo
#(parameter MSB = 3, LSB = 0, DEPTH = 4)
//可以覆盖这些参数
(input [MSB:LSB] in,
input clk, read, write, reset,
output [MSB:LSB] out,
output full, empty );
localparam FIFO_MSB = DEPTH * MSB;
localparam FIFO_LSB = LSB;
//这些参数是本地的,不能被覆盖
//通过修改参数影响它们,模块将正常地工作
reg [FIFO_MSB:FIFO_LSB] fifo;
    reg [LOG2(DEPTH):0] depth;
always @(posedge clk or reset) begin
  casex ({read,write,reset})
    //实现 fifo
  endcase
```

```
end
endmodule
```

Verilog HDL 提供了两种方法，用于修改非本地参数的值：

(1) **defparam** 语句，允许使用层次化的名字，给参数分配值。

(2) 模块例化参数值分配，允许在模块例化行内给参数分配值。通过列表的顺序或者名字，分配模块例化参数的值。

如果 **defparam** 分配和模块例化参数冲突时，模块内的参数将使用 **defparam** 指定的值。

1. defparam 分配参数值

[**例 5.174**] 参数定义对分配值类型和范围影响 Verilog HDL 描述的例子。

```
module foo(a,b);
  real r1,r2;
  parameter [2:0] A = 3'h2;
  parameter B = 3'h2;
  initial begin
    r1 = A;
    r2 = B;
    $display("r1 is %f r2 is %f",r1,r2);
  end
endmodule                                    //foo

module bar;
    wire a,b;
    defparam f1.A = 3.1415;
    defparam f1.B = 3.1415;
    foo f1(a,b);
endmodule                                    //bar
```

(1) 该例中 A 指定了范围，而 B 没有，所以将 f1. A=3.1415 的浮点数转换为定点数 3。3 的低三位赋值给 A，而 B 由于没有说明范围和类型，所以没有进行转换。

(2) 使用 defparam 语句，通过在设计中使用参数的层次化名字，在任何模块例化中，均可修改参数的值。defparm 语句对于一个模块内一组参数值同时覆盖是非常有用的。

注：一个层次内的 defparam 语句或者在一个生成模块下面的 defparam 语句，或者一个例化的数组的 defparam 语句，均不能改变层次外参数的值。

[**例 5.175**] 下面的 Verilog HDL 描述将不会修改参数的值。

```
genvar i;
generate
for (i = 0; i<8; i = i + 1) begin : somename
    flop my_flop(in[i], in1[i], out1[i]);
    defparam somename[i+1].my_flop.xyz = i ;
end
endgenerate
```

(3) 对于多个 defparam 语句用于单个参数的情况，参数只使用最后一个 defparam 语句。当在多个源文件中遇到 defparam 时，没有定义参数所使用的值。

［例 5.176］ 下面的 Verilog HDL 将无法定义参数使用的值。

```
module top;
reg clk;
reg [0:4] in1;
reg [0:9] in2;
wire [0:4] o1;
wire [0:9] o2;
vdff m1 (o1, in1, clk);
vdff m2 (o2, in2, clk);
endmodule

module vdff (out, in, clk);
parameter size = 1, delay = 1;
input [0:size - 1] in;
input clk;
output [0:size - 1] out;
reg [0:size - 1] out;
always @(posedge clk)
    # delay out = in;
endmodule

module annotate;
defparam
    top.m1.size = 5,
    top.m1.delay = 10,
    top.m2.size = 10,
    top.m2.delay = 20;
endmodule
```

模块 annotate 有 defparam 语句，其覆盖 top 模块中例化 m1 和 m2 模块的 size 和 delay 参数值。模块 top 和 annotate 都将被认为是顶层模块。

2. 通过列表顺序分配参数值

采用这种方式分配参数，其分配的顺序应该和模块内声明参数的顺序一致。当使用该方法时，没有必要为模块内的所有参数分配值。然而，不可能跳过一个参数。因此，给模块内声明参数的子集分配值的时候，组成这个子集的参数声明将在剩下参数声明的前面。一个可选的方法是，给所有的参数分配值，但是对那些不需要新值的参数使用默认的值(即与模块定义内的参数声明中所分配的值一样)。

［例 5.177］ 按顺序分配参数值 Verilog HDL 描述的例子。

```
module tb1;
wire [9:0] out_a, out_d;
wire [4:0] out_b, out_c;
reg [9:0] in_a, in_d;
reg [4:0] in_b, in_c;
reg clk;
//测试平台和激励生成代码...
//通过列表顺序对带有参数值分配的四个 vdff 例化
```

```
//mod_a 有新的参数值,size = 10 且 delay = 15
//mod_b 为默认的参数值(size = 5, delay = 1)
//mod_c 有默认的参数值 size = 5 和新的参数值 delay = 12
//为了改变参数的值,也需要说明默认宽度值
//mod_d 有新的参数值 size = 10,延迟为默认值
  vdff #(10,15) mod_a (.out(out_a), .in(in_a), .clk(clk));
  vdff mod_b (.out(out_b), .in(in_b), .clk(clk));
  vdff #( 5,12) mod_c (.out(out_c), .in(in_c), .clk(clk));
  vdff #(10) mod_d (.out(out_d), .in(in_d), .clk(clk));
endmodule

module vdff (out, in, clk);
parameter size = 5, delay = 1;
output [size - 1:0] out;
input [size - 1:0] in;
input clk;
reg [size - 1:0] out;
always @(posedge clk)
  #delay out = in;
endmodule
```

注:不能覆盖本地参数值。因此,不能将其作为覆盖参数值列表的一部分。

[**例 5.178**] 对于本地参数处理 Verilog HDL 描述的例子。

```
module my_mem (addr, data);
parameter addr_width = 16;
localparam mem_size = 1 << addr_width;
parameter data_width = 8;
...
endmodule
module top;
...
my_mem #(12, 16) m(addr,data);
endmodule
```

在本例中,addr_width 的值分配了 12,data_width 的值分配了 16。由于列表的顺序,不能显式为 mem_size 分配值,由于声明表达式,mem_size 的值为 4096。

3. 通过名字分配参数值

通过名字分配参数是将参数的名字和它新的值显式地进行连接。参数的名字为被例化模块内所指定参数的名字。当使用这种方法时,不需要给所有参数分配值,只需指定需要分配新值的参数。

[**例 5.179**] 通过名字分配部分参数值 Verilog HDL 描述的例子。

```
module tb2;
wire [9:0] out_a, out_d;
wire [4:0] out_b, out_c;
reg [9:0] in_a, in_d;
reg [4:0] in_b, in_c;
reg clk;
//测试平台和激励生成代码...
```

```
//通过名字分配包含参数值的四个例化 vdff
//mod_a 有新的参数 size = 10 和 delay = 15
//mod_b 有默认的参数值 (size = 5, delay = 1)
//mod_c 有默认的参数值 size = 5 和新的参数值 delay = 12
//mod_d 有一个新的参数值 size = 10,延迟保持它的默认参数值
  vdff #(.size(10),.delay(15)) mod_a (.out(out_a),.in(in_a),.clk(clk));
  vdff mod_b (.out(out_b),.in(in_b),.clk(clk));
  vdff #(.delay(12)) mod_c (.out(out_c),.in(in_c),.clk(clk));
  vdff #(.delay( ),.size(10) ) mod_d (.out(out_d),.in(in_d),.clk(clk));
endmodule

module vdff (out, in, clk);
parameter size = 5, delay = 1;
output [size - 1:0] out;
input [size - 1:0] in;
input clk;
reg [size - 1:0] out;
always @(posedge clk)
   #delay out  =  in;
endmodule
```

在相同的顶层模块中，当例化模块时，使用不同的重新定义的参数类型是合法的。

[**例 5.180**]　混合使用不同参数定义类型 Verilog HDL 描述的例子。

```
moduletb3;
//声明和代码
//使用位置参数例化和名字参数例化的混合声明是合法的
  vdff #(10, 15) mod_a (.out(out_a), .in(in_a), .clk(clk));
  vdff mod_b (.out(out_b), .in(in_b), .clk(clk));
  vdff #(.delay(12)) mod_c (.out(out_c), .in(in_c), .clk(clk));
endmodule
```

不允许在一个例化模块中，同时使用两种混合参数分配的方法，如

```
vdff #(10, .delay(15)) mod_a (.out(out_a), .in(in_a), .clk(clk));
```

上述描述是非法的。

5.12.3　端口

端口提供了内部互联硬件描述的模块和原语的构成，如模块 A 可以例化模块 B，通过适当的端口连接到模块 A。这些端口的名字不同于在模块 B 内所指定的内部网络和变量的名字。

在顶层模块内的每个模块的声明中，用于端口列表中的每个端口的引用可以是：

(1) 一个简单的标识符或者转义标识符；

(2) 在模块内一个声明向量的比特选择；

(3) 上面形式的并置。

端口表达式是可选择的。由于定义的端口不能连接到模块内部，所以一旦定义了端口，不能使用相同的名字定义其他端口。例化模块的端口声明可以是显式的或者隐含的方式。

1. 端口声明

如果端口声明中包含一个网络或者变量类型，则将端口看作是完全的声明。如果在一个变量或者网络数据类型声明中再次声明端口，则会出现错误。由于这个原因，端口的其他内容也应该在这样一个端口声明中进行声明，包括有符号和范围定义(如果需要的话)。

如果端口声明中不包含一个网络或者变量类型，则可以在变量或者网络数据类型声明中再次声明端口。如果将网络或者变量声明为一个向量，在一个端口中的两个声明中应该保持一致。一旦在端口定义中使用了该名字，则不允许在其他端口声明或者在数据类型声明中再次进行声明。

实现可能限制一个模块定义中端口的最大数目，但至少为256。

[**例 5.181**] 端口不同声明方式 Verilog HDL 描述的例子。

```
module test(a,b,c,d,e,f,g,h);
input [7:0] a;                          //没有明确的声明,网络 a 是无符号的
input [7:0] b;
input signed [7:0] c;
input signed [7:0] d;                   //明确的网络声明,网络 d 是有符号的
output [7:0] e;                         //没有明确的网络声明,网络 e 是无符号的
output [7:0] f;
output signed [7:0] g;
output signed [7:0] h;                  //没有明确的网络声明,网络 h 是有符号的
wire signed [7:0] b;                    //从网络声明中,端口 b 继承有符号属性
wire [7:0] c;                           //从端口中,网络 c 继承有符号属性
reg signed [7:0] f;                     //从寄存器声明中,端口 f 继承有符号属性
reg [7:0] g;                            //从端口中,寄存器 g 继承有符号属性
endmodule
module complex_ports ({c,d}, .e(f));
      //网络{c,d}接收到第一个端口比特位
      //在模块内定义了名字'f'
      //在模块外定义了名字'e'
      //不能使用第一个端口命名的端口连接
module split_ports (a[7:4], a[3:0]);
      //第一个端口是'a'的高四位
      //第二个端口是'a'的低四位
      //由于 a 是部分选择,因此不能使用命名的端口连接
module same_port (.a(i), .b(i));
      //在模块内声明名字'i'为输入端口
      //声明名字'a'和'b'用于端口连接
module renamed_concat (.a({b,c}), f, .g(h[1]));
      //在模块内定义名字'b', 'c', 'f', 'h'
      //声明名字'a', 'f', 'g'用于端口连接
      //能用于命名的端口连接
module same_input (a,a);
    input a;                            //这是有效的,将输入绑定到一起
    module mixed_direction (.p({a, e}));
    input a;                            //p 包含所有输入和输出的方向
    output e;
```

前面例子，端口定义的另一种形式：

```
module test (
input [7:0] a,
input signed [7:0] b, c, d,                    //可以一次声明多个相同属性的端口
output [7:0] e,                                //必须在一个声明中，声明每个属性
output reg signed [7:0] f, g,
output signed [7:0] h) ;
                                               //在模块的其他地方重新声明模块都是非法的
endmodule
```

2. 通过列表顺序连接模块例化

通过列表顺序连接模块例化是一种连接端口的方法，即在例化模块的时候端口连接的顺序和定义模块内端口的顺序相一致。

［**例 5.182**］ 通过列表顺序连接端口 Verilog HDL 描述的例子。

```
module topmod;
    wire [4:0] v;
    wire a,b,c,w;
    modB b1 (v[0], v[3], w, v[4]);
endmodule

module modB (wa, wb, c, d);
inout wa, wb;
input c, d;

tranif1 g1 (wa, wb, cinvert);
not # (2, 6) n1 (cinvert, int);
and # (6, 5) g2 (int, c, d);
endmodule
```

该例中实现了下面的端口连接：

(1) 模块 modB 内定义的端口 wa 连接到 topmod 模块的比特选择 v[0]；

(2) 端口 wb 连接到 v[3]；

(3) 端口 c 连接到 w；

(4) 端口 d 连接到 v[4]。

在仿真时，modB 的例化 b1，首先激活 and 门 g2，在 int 上产生一个值；这个值触发 not 门 n1，在 cinvert 上产生输出，然后激活 tranif1 门 g1。

3. 通过名字连接模块例化

另一种将模块端口和例化模块端口连接的方法是通过名字。下面将给出通过名字连接模块例化的几种方式。

［**例 5.183**］ 通过名字连接的 Verilog HDL 描述的例子 1。

```
ALPHA instance1 (.Out(topB),.In1(topA),.In2());
```

在该例中，例化模块将其信号 topA 和 topB 连接到模块 ALPHA 所定义的 In1 和 Out。ALPHA 提供的端口中，至少没有使用其中一个端口，该端口的名字为 In2。该例子中，没有提到例化中未使用的其他端口。

[例 5.184] 通过名字连接 Verilog HDL 描述的例子 2。

```
module topmod;
    wire [4:0] v;
    wire a,b,c,w;
    modB b1 (.wb(v[3]),.wa(v[0]),.d(v[4]),.c(w));
endmodule
module modB(wa, wb, c, d);
    inout wa, wb;
    input c, d;
    tranif1 g1(wa, wb, cinvert);
    not # (6, 2) n1(cinvert, int);
    and  # (5, 6) g2(int, c, d);
endmodule
```

[例 5.185] 通过名字连接 Verilog HDL 描述的非例子。

```
module test;
a ia (.i (a), .i (b),                          //非法连接输入端口两次
.o (c), .o (d),                                //非法连接输出端口两次
.e (e), .e (f));                               //非法连接输入输出端口两次
endmodule
```

4. 端口连接中的实数

real 数据类型不能直接连接到端口上，而应该采用间接的方式进行连接。系统函数 **$ realtobits** 和 **$ bitstoreal** 用于在模块端口之间传递比特位。

[例 5.186] 通过系统函数传递实数 Verilog HDL 描述的例子。

```
module driver (net_r);
  output net_r;
  real r;
  wire [64:1] net_r =  $realtobits(r);
endmodule

module receiver (net_r);
  input net_r;
  wire [64:1] net_r;
  real r;
  initial assign r =  $bitstoreal(net_r);
endmodule
```

5. 端口连接规则

一个模块的端口看作两个条项(如网络、寄存器和表达式)之间的链接或者连接，即一个内部到模块实例，或者一个外部到模块实例。

下面的端口连接规则给出了条项通过端口接收的值(内部条项用于输入，外部条项用于输出)。

一个声明为 input(output)，但是用于 output(input)或者 inout，则应该强制为 inout。如果没有强制到 inout，将产生警告信息。

1) 规则一

一个 input 或者 inout 端口是网络类型。

2）规则二

从源端口到目的端口的分配是连续的。用于 input 端口的分配是没有降低强度的晶体管连接。在一个分配中，只有目的端口是网络或者结构化的网络表达式。

一个结构化的网络表达式是一个端口表达式，其操作可以是：

(1) 一个标量网络；

(2) 一个向量网络；

(3) 一个向量网络的常数比特位选择；

(4) 一个向量网络的部分选择；

(5) 结构化网络表达式的并置。

下面的外部条项不能连接到模块的 output 或者 inout 端口：

(1) 变量。

(2) 不同于下面的其他表达式：①一个标量网络；②一个向量网络；③一个向量网络的常数比特位选择；④一个向量网络的部分选择；⑤上述表达式的并置。

3）规则三

如果一个端口两侧的任何一个网络类型是 uwire，如果没有将网络合并为一个网络，则会出现警告信息。

如果通过一个模块端口将不同的网络类型连接到了一起，则两侧的端口会是同一种类型。表 5.32 给出了不同网络类型连接后最后类型的确定列表。

表 5.32　不同网络类型连接后最后类型的确定

内部网络	外部网络								
	wire，tri	wand，triand	wor，trior	trireg	tri0	tri1	uwire	supply0	supply1
wire，tri	ext	ext	ext	ext	ext	ext	ext	ext	ext
wand，triand	int	ext	ext warn	ext warn	ext warn	ext warn	ext warn	ext	ext
wor，trior	int	ext warn	ext	ext warn	ext warn	ext warn	ext warn	ext	ext
trireg	int	ext warn	ext warn	ext	ext	ext	ext warn	ext	ext
tri0	int	ext warn	ext warn	int	ext	ext warn	ext warn	ext	ext
tri1	int	ext warn	ext warn	int	ext warn	ext	ext warn	ext	ext
uwire	int	int warm	int warm	int warn	int warn	int warn	ext	ext	ext
supply0	int	int	int	int	int	int	int	ext	ext warn
supply1	int	int	int	int	int	int	int	ext warn	ext

注：

(1) ext 表示使用的外部网络类型；

(2) int 表示使用的内部网络类型；

(3) warn 表示产生一个警告。

4) 规则四

符号属性不可以跨越层次。为了让符号类型跨越层次，在不同的层次级的对象声明中，使用 **signed** 关键字。

5.12.4 生成结构

在一个模型中，Verilog HDL 用于有条件或者成倍地例化生成模块。一个例化模块是一个或者多个模块条项的集合。一个生成模块不包含端口声明、参数声明、指定模块或者 specparam 声明。在一个生成块中，允许包含其他生成结构。生成结构提供了通过参数值影响模型结构的能力。这也允许更简单的描述包含重复结构的模块，或递归的模块例化。

Verilog HDL 提供了两种生成结构的类型：

(1) 循环生成结构，允许单个生成模块可以被多次例化到一个模型。

(2) 条件生成结构，包含 if-generate 或者 case-generate 结构，从一堆可以选择的生成模块中例化出最多一个生成模块。

术语生成策略是指确定例化所生成的模块或者生成多个模块的方法，它包含出现在一个生成结构中的条件表达式、case 表达式和循环控制语句。

在对模型进行详细说明(elaboration，计算机综合过程的一部分)的过程中，评估生成策略。当分析完 HDL 后，仿真之前进行详细的说明。详细说明涉及展开模块例化，计算参数值，解析层次的名字，建立网络连接和准备用于仿真的模型。尽管生成策略使用和行为语句类似的语法，但是在仿真的时候，并不执行它们，因此，在生成策略中的所有表达式必须是常数表达式。

对生成结构的详细描述产生 0 个或者多个生成模块。在某些方面，对一个生成模块的一个例化类似于一个模块的例化。它创建了一个新的层次级，并将模块内的对象、行为结构和模块例化引入到实体中。

在模块内使用 **generate** 和 **endgenerate** 关键字定义生成区域。当使用一个生成区域时，在模块内没有语义上的差别。

1. 循环生成结构

一个循环生成结构允许单个生成模块被多次例化。循环生成结构的语法如下：

```
genvar <var>;
 generate
     for (<var> = 0; <var><< limit>; <var> = <var> + 1)
     begin: <label>
       <instantiation>
     end
 endgenerate
```

其中，val 为循环索引的变量，使用 **genvar** 关键字定义。在使用循环生成语句前，进行定义。genvar 后的 val 用于评估循环的次数和生成模块的例化的个数，不可以在循环生成语句外

的其他地方使用 **genvar** 定义的关键字，并且 var 的值不允许为 x 或者 z。instantiation 为例化模块的描述。label 为生成模块使用的标识符。

在循环生成结构的内部，有一个隐含的 localparam 声明，这是一个整数参数，它和循环索引变量有相同的名字和类型。在生成模块内该参数的值是当前详细描述中索引变量的值。该参数可以用于生成模块内的任何地方。在该生成模块中，可以使用带有一个整数值的普通参数，它可以被引用（带有一个参数名字）。

由于这个隐含的 localparam 和 genvar 有相同的名字，任何对循环生成块内名字的引用都是对 localparam 的一个引用，而不是对 genvar 的引用，结果是不可能在两个嵌套的循环生成结构中使用相同的 genvar。

可以命名或者不命名一个生成结构，它们可以只有一个条项，此时不需要 begin/end 关键字。即使没有 begin/end 关键字，它仍然为一个生成模块。

如果命名了一个生成模块，则它是一组生成模块例化的声明，这个组内的索引值是详细描述期间所假定的值。

［**例 5.187**］　合法和非法生成循环结构 Verilog HDL 描述的例子。

```
module mod_a;
genvar i;
//不要求"generate", "endgenerate"
for (i = 0; i < 5; i = i + 1) begin:a
    for (i = 0; i < 5; i = i + 1) begin:b
    ...                                  //错误——使用"i"或为两个嵌套生成循环的索引
    end
end
endmodule
…
module mod_b;
genvar i;
reg a;
for (i = 1; i < 0; i = i + 1) begin: a
  ...                                    //错误——"a"和寄存器类型"a"冲突
end
endmodule
…
module mod_c;
genvar i;
for (i = 1; i < 5; i = i + 1) begin: a
...
end
for (i = 10; i < 15; i = i + 1) begin: a
  ...                                    //错误——"a"和前面的名字冲突
end
endmodule
```

［**例 5.188**］　实现格雷码到二进制码转换 Verilog HDL 描述的例子。

```
module gray2bin1 (bin, gray);
  parameter SIZE = 8;                    //该模块参数化
```

```
  output [SIZE - 1:0] bin;
  input [SIZE - 1:0] gray;
  genvar i;
  generate
    for (i = 0; i < SIZE; i = i + 1) begin:bit
      assign bin[i] = ^gray[SIZE - 1:i];
    end
endgenerate
endmodule
```

[例 5.189] 循环生成逐位进位加法器 Verilog HDL 描述的例子 1。

```
module addergen1 (co, sum, a, b, ci);
  parameter SIZE = 4;
  output [SIZE - 1:0] sum;
  output co;
  input [SIZE - 1:0] a, b;
  input ci;
  wire [SIZE :0] c;
  wire [SIZE - 1:0] t [1:3];
  genvar i;
  assign c[0] = ci;
        //层次化的门例化名字:
        //xor 门: bit[0].g1 bit[1].g1 bit[2].g1 bit[3].g1
        //bit[0].g2 bit[1].g2 bit[2].g2 bit[3].g2
        //与门: bit[0].g3 bit[1].g3 bit[2].g3 bit[3].g3
        //bit[0].g4 bit[1].g4 bit[2].g4 bit[3].g4
        //或门: bit[0].g5 bit[1].g5 bit[2].g5 bit[3].g5
        //使用多维网络进行连接 t[1][3:0] t[2][3:0] t[3][3:0](共 12 个网络)
      for(i = 0; i < SIZE; i = i + 1) begin:bit
        xor g1 ( t[1][i], a[i], b[i]);
        xor g2 ( sum[i], t[1][i], c[i]);
        and g3 ( t[2][i], a[i], b[i]);
        and g4 ( t[3][i], t[1][i], c[i]);
        or g5 ( c[i + 1], t[2][i], t[3][i]);
      end
    assign co = c[SIZE];
endmodule
```

[例 5.190] 循环生成加法器 Verilog HDL 描述的例子 2。

```
module addergen1 (co, sum, a, b, ci);
  parameter SIZE = 4;
  output [SIZE - 1:0] sum;
  output co;
  input [SIZE - 1:0] a, b;
  input ci;
  wire [SIZE :0] c;
  genvar i;
  assign c[0] = ci;
  //层次化的门例化名字:
  //异或门: bit[0].g1 bit[1].g1 bit[2].g1 bit[3].g1
```

```
    //bit[0].g2 bit[1].g2 bit[2].g2 bit[3].g2
    //与门: bit[0].g3 bit[1].g3 bit[2].g3 bit[3].g3
    //bit[0].g4 bit[1].g4 bit[2].g4 bit[3].g4
    //或门: bit[0].g5 bit[1].g5 bit[2].g5 bit[3].g5
    //使用下面的网络名字连接
    //bit[0].t1 bit[1].t1 bit[2].t1 bit[3].t1
    //bit[0].t2 bit[1].t2 bit[2].t2 bit[3].t2
    //bit[0].t3 bit[1].t3 bit[2].t3 bit[3].t3
      for(i = 0; i < SIZE; i = i + 1) begin:bit
          wire t1, t2, t3;
          xor g1 ( t1, a[i], b[i]);
          xor g2 ( sum[i], t1, c[i]);
          and g3 ( t2, a[i], b[i]);
          and g4 ( t3, t1, c[i]);
          or g5 ( c[i + 1], t2, t3);
      end
    assign co = c[SIZE];
endmodule
```

[例 5.191] 多层生成模块 Verilog HDL 描述的例子。

```
parameter SIZE = 2;
  genvar i, j, k, m;
  generate
    for (i = 0; i < SIZE; i = i + 1) begin:B1                 //范围 B1[i]
      M1 N1();                                                //例化 B1[i].N1
        for (j = 0; j < SIZE; j = j + 1) begin:B2             //范围 B1[i].B2[j]
          M2 N2();                                            //例化 B1[i].B2[j].N2
              for (k = 0; k < SIZE; k = k + 1) begin:B3       //范围 B1[i].B2[j].B3[k]
                  M3 N3();                                    //例化 B1[i].B2[j].B3[k].N3
              end
        end
        if (i > 0) begin:B4                                   //范围 B1[i].B4
          for (m = 0; m < SIZE; m = m + 1) begin:B5           //范围 B1[i].B4.B5[m]
              M4 N4();                                        //例化 B1[i].B4.B5[m].N4
          end
        end
  end
endgenerate
```

2. 条件生成结构

条件生成结构包含 if-generate 和 case-generate。在工具详细描述的过程中，基于给出的常数表达式，从可替换的生成模块集合中，选择生成最多一个生成模块。如果存在选择需要生成的块，则将其例化到模型中。

包含 case 语句的有条件 generate 语句的格式为

```
generate
   case (<constant_expression>)
      <value>: begin: <label_1>
                  <code>
```

```
                end
      <value>: begin: <label_2>
                    <code>
                end
      default: begin:<label_3>
                    <code>
                end
    endcase
endgenerate
```

其中,constant_expression 为常数表达式; value 为 case 的取值; label 为标号。

包含 if-else 语句有条件 generate 语句的格式为

```
    generate
    if (<condition>) begin: <label_1>
      <code>;
    end
    else if (<condition>) begin: <label_2>
      <code>;
    end
    else begin:<label_3>
      <code>;
    end
endgenerate
```

其中,condition 为条件表达式; label 为标号。

可以命名/不命名条件生成结构内的生成块。它们可以只由一个条项构成,不需要使用 begin/end 关键字。即使缺少 begin/end 关键字,它仍然是一个生成模块,就像所有生成模块一样,当对其进行例化时,构成一个单独的范围和一个新的层次级。

由于最多只例化了一个生成模块,因此允许在单个条件生成结构中,存在具有相同名字的两个或更多数目的块。

注:

(1) 不允许任何命名的生成块和其他任何条件生成的块,或者在相同范围内的循环生成结构有相同的名字,即使没有选择例化有相同名字的块。

(2) 不允许任何命名的生成块和相同范围内的其他声明有相同的名字,即使没有选择例化该块。

(3) 如果命名了用于例化的块,则该名字声明了一个生成块的例化,该名字也作为创建块的名字范围。如果没有命名用于例化的块,它将创建一个范围,但是在该块内的声明不能使用层次化的名字引用。

(4) 如果在条件生成结构中的一个生成块只由一个条项构成而它本身是一个条件生成结构时,如果没有 begin/end 关键字,则这个生成块不能作为一个单独的范围。在该块内的生成结构被称为是直接嵌套。直接嵌套生成结构的生成块看作是属于外部的结构,因此,它们可以和外部结构的生成块有相同的名字,并且它们不能和外部由 begin/end 所包含结构范围内的任何声明有相同的名字。这样,允许表达复杂的条件生成策略,而不需要创建不必要的生成块层次级。

(5) Verilog HDL 允许在相同复杂生成策略中，使用 if-generate 和 case-generate 的组合。直接嵌套只能用于条件生成结构内的嵌套条件生成结构，而不能用于循环生成结构中。

[例 5.192] if-else 生成策略 Verilog HDL 描述的例子。

```
module test;
parameter p = 0, q = 0;
wire a, b, c;
//--------------------------------------------------------------
//代码或者生成 u1.g1 例化或者没有生成例化
//u1.g1 例化下面的一个门{and, or, xor, xnor}，根据条件
//{p,q} == {1,0}, {1,2}, {2,0}, {2,1}, {2,2}, {2, default}
//--------------------------------------------------------------
if (p == 1)
    if (q == 0)
        begin : u1                  //If p == 1 和 q == 0, 则例化
            and g1(a, b, c);        //AND 的层次名字为 test.u1.g1
        end
    else if (q == 2)
        begin : u1                  //If p == 1 和 q == 2, 则例化
            or g1(a, b, c);         //OR 的层次名字为 test.u1.g1
          end
    //添加"else"结束"(q == 2)" 的描述
    else ;                          //如果 p == 1 和 q!= 0 或 2, 则没有例化
else if (p == 2)
  case (q)
  0, 1, 2:
    begin : u1                      //如果 p == 2 和 q == 0,1, 或者 2,则例化
      xor g1(a, b, c);              //XOR 层次名字为 test.u1.g1
    end
  default:
    begin : u1                      //如果 p == 2 和 q!= 0,1, 或者 2,则例化
      xnor g1(a, b, c);             //XNOR 的层次名字为 test.u1.g1
    end
endcase
endmodule
```

[例 5.193] 一个参数化乘法器 Verilog HDL 描述的例子。

```
module multiplier(a,b,product);
parameter a_width = 8, b_width = 8;
localparam product_width = a_width + b_width;
    //不能通过 defparam 描述或者例化语句直接修改 #
input [a_width - 1:0] a;
input [b_width - 1:0] b;
output [product_width - 1:0] product;
generate
    if((a_width < 8) || (b_width < 8)) begin: mult
        CLA_multiplier #(a_width,b_width) u1(a, b, product);
        //例化一个 CLA 乘法器
    end
    else begin: mult
```

```
        WALLACE_multiplier #(a_width,b_width) u1(a, b, product);
        //例化一个 Wallace 树乘法器
    end
endgenerate
    //层次化的例化名字为 mult.u1
endmodule
```

[例 5.194] 一个 case 生成结构 Verilog HDL 描述的例子。

```
generate
  case (WIDTH)
    1: begin: adder                //实现 1 比特加法器
        adder_1bit x1(co, sum, a, b, ci);
    end
    2: begin: adder                //实现 2 比特加法器
        adder_2bit x1(co, sum, a, b, ci);
    end
    default:
      begin: adder                 //其他超前进位加法器
        adder_cla #(WIDTH) x1(co, sum, a, b, ci);
      end
    endcase
//这个层次例化的名字是 adder.x1
endgenerate
```

[例 5.195] for 循环生成结构 Verilog HDL 描述的例子。

```
module dimm(addr, ba, rasx, casx, csx, wex, cke, clk, dqm, data, dev_id);
parameter [31:0] MEM_WIDTH = 16, MEM_SIZE = 8;     //in mbytes
input [10:0] addr;
input ba, rasx, casx, csx, wex, cke, clk;
input [ 7:0] dqm;
inout [63:0] data;
input [ 4:0] dev_id;
genvar i;
    case ({MEM_SIZE, MEM_WIDTH})
      {32'd8, 32'd16}:                             //8M×6 位宽
      begin: memory
        for (i = 0; i < 4; i = i + 1) begin:word
          sms_08b216t0 p(.clk(clk), .csb(csx), .cke(cke),.ba(ba),
                         .addr(addr), .rasb(rasx), .casb(casx),
                         .web(wex), .udqm(dqm[2 * i + 1]), .ldqm(dqm[2 * i]),
                         .dqi(data[15 + 16 * i:16 * i]), .dev_id(dev_id));
          //层次化例化名字是 memory.word[3].p,
          //memory.word[2].p, memory.word[1].p, memory.word[0].p,
          //和任务 memory.read_mem
      end
      task read_mem;
        input [31:0] address;
        output [63:0] data;
        begin                                      //在 sms 模块内调用 read_mem
```

```
                word[3].p.read_mem(address, data[63:48]);
                word[2].p.read_mem(address, data[47:32]);
                word[1].p.read_mem(address, data[31:16]);
                word[0].p.read_mem(address, data[15: 0]);
            end
          endtask
        end
        {32'd16, 32'd8}:                                    //16M x 8 位宽度
        begin: memory
          for (i = 0; i < 8; i = i + 1) begin:byte
              sms_16b208t0 p(.clk(clk), .csb(csx), .cke(cke),.ba(ba),
                             .addr(addr), .rasb(rasx), .casb(casx),
                             .web(wex), .dqm(dqm[i]),
                             .dqi(data[7 + 8 * i:8 * i]), .dev_id(dev_id));
                //层次化的例化名字 memory.byte[7].p,memory.byte[6].p, ... , memory.byte[1].p,
                //memory.byte[0].p
                //和任务 memory.read_mem
            end
            task read_mem;
              input [31:0] address;
              output [63:0] data;
              begin                                         //在 sms module 模块调用 read_mem
                  byte[7].p.read_mem(address, data[63:56]);
                  byte[6].p.read_mem(address, data[55:48]);
                  byte[5].p.read_mem(address, data[47:40]);
                  byte[4].p.read_mem(address, data[39:32]);
                  byte[3].p.read_mem(address, data[31:24]);
                  byte[2].p.read_mem(address, data[23:16]);
                  byte[1].p.read_mem(address, data[15: 8]);
                  byte[0].p.read_mem(address, data[ 7: 0]);
              end
          endtask
        end
          //其存储器情况
        endcase
endmodule
```

3. 用于未命名生成块的外部名字

尽管可以在层次化的名字中使用没有命名的生成块，但仍需要有一个名字，通过该名字外部的接口可以指向它。

对于一个给定范围内的每个生成结构，都分配了一个数字。在该范围内，首先是以文字形式的结构，其数字是 1；对于该范围的每个子生成结构其值递增 1；对于所有未命名的生成块，将其命名为 genblk < n >，n 为分配给该结构的数字，如果这个名字和明确声明的名字冲突，则在数字前一直加 0，直到没有冲突为止。

［**例 5.196**］ 未命名生成块 Verilog HDL 描述的例子。

```
module top;
```

```
    parameter genblk2 = 0;
    genvar i;
    //下面的生成块有隐含的名字 genblk1
    if (genblk2) reg a;                         //top.genblk1.a
    else reg b;                                 //top.genblk1.b
    //下面的生成块有隐含的名字 genblk02,因为已经声明 genblk2 为标识符
    if (genblk2) reg a;                         //top.genblk02.a
    else reg b;                                 //top.genblk02.b
    //下面的生成块有隐含的名字 genblk3,但是有明确的名字 g1
    for (i = 0; i < 1; i = i + 1) begin : g1    //块的名字
        //下面的生成块有隐含名字 genblk1
        //作为 g1 内第 1 个嵌套的范围
      if (1) reg a;                             //top.g1[0].genblk1.a
    end
      //下面的生成块有隐含的名字 genblk4,由于它属于 top 内的第四个生成块
      //如果没有明确命名为 g1,前面的生成块命名为 genblk3
    for (i = 0; i < 1; i = i + 1)
      //下面的生成块有隐含名字 genblk1
      //作为 genblk4 内第一个嵌套的生成块
      if (1) reg a;                             //top.genblk4[0].genblk1.a
      //下面的生成块有隐含的名字 genblk5
      if (1) reg a;                             //top.genblk5.a
  endmodule
```

5.12.5 层次化的名字

在 Verilog HDL 描述中,每个标识符应该有一个唯一的层次路径名字。模块层次和模块内所定义的条项,如任务和命名块定义了这些名字。名字的层次可看作是一个树形结构。在该树形结构中,每个模块例化生成块例化、任务、函数或者命名的 **begin-end** 或 **fork-join** 块,在一个特殊的树形分支上定义了一个新的层次级或者范围。

一个设计描述包含一个或多个顶层模块,每个这样的模块构成一个名字层次的顶层。在一个设计说明或者说明中,这个根或者并行根模块构成了一个或多个层次。在命名的块和任务/函数内的命名块创建了新的分支。没有命名的块是例外,它们所创建的分支只能从块内和由块例化的层次内看到。

注:

(1) 对于简单的标识符,可以以一个字符或者下画线开始,必须包含一个字符(a～z、Z～Z、0-9),字符之间不允许有空格。

(2) 层次化名字通过"."符号进行连接。

[**例 5.197**] 模块例化和命名模块 Verilog HDL 描述的例子。

```
module mod (in);
input in;
always @(posedge in) begin : keep
reg hold;
      hold = in;
end
endmodule
```

```
module cct (stim1, stim2);
input stim1, stim2;
//例化 mod
  mod amod(stim1), bmod(stim2);
endmodule

module wave;
reg stim1, stim2;
cct a(stim1, stim2);                                    //例化 cct
initial begin :wave1
    #100 fork :innerwave
            reg hold;
        join
    #150 begin
            stim1 = 0;
          end
  end
  endmodule
```

图 5.42 给出了该 Verilog HDL 所描述模型中的层次。

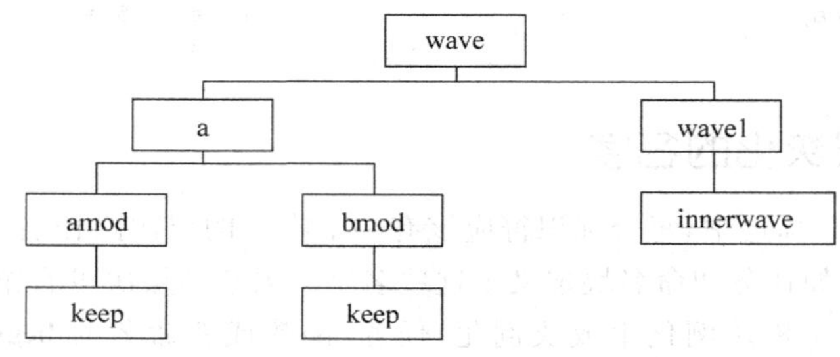

图 5.42 模型中的层次

下面给出了代码中，所有定义对象的层次形式列表：

```
wave                         wave.a.bmod
wave.stim1                   wave.a.bmod.in
wave.stim2                   wave.a.bmod.keep
wave.a                       wave.a.bmod.keep.hold
wave.a.stim1                 wave.wave1
wave.a.stim2                 wave.wave1.innerwave
wave.a.amod                  wave.wave1.innerwave.hold
wave.a.amod.in
wave.a.amod.keep
wave.a.amod.keep.hold
```

对层次化名字的引用允许自由地访问层次内任何级的对象的数据。如果知道一个条目唯一的层次化路径名字，则可以从描述中的任何位置进行采样或修改它的值。

[**例 5.198**] 在层次化结构中修改值 Verilog HDL 描述的例子。

```
begin
    fork:mod_1
```

```
        reg x;
        mod_2.x = 1;
    join
    fork :mod_2
        reg x;
        mod_1.x = 0;
    join
end
```

5.12.6 向上名字引用

模块或者模块例化的名字对于识别模块和它在层次中的位置已经足够了。一个更低层次的模块,能引用层次中该模块上层模块内的条目。如果知道高层模块或者它的例化名字,则可以引用它的名字。对于任务、函数、命名的块和生成块,Verilog HDL 将检查模块内的名字,直到找到名字或者到达了层次的根部。

向上名字引用的格式:

```
scope_name.item_name
```

其中,scope_name 为一个模块例化名字或者一个生成块的名字。

[**例 5.199**] 向上名字引用 Verilog HDL 描述的例子。

```
modulea;
integer i;
  b a_b1();
endmodule

module b;
integer i;
  c b_c1(), b_c2();
initial                         //向下的路径引用,i 的两个复制
    #10 b_c1.i = 2;             //a.a_b1.b_c1.i, d.d_b1.b_c1.i
endmodule

module c;
integer i;
initial begin                   //i 的本地名字应用的四个复制
    i = 1;                      //a.a_b1.b_c1.i, a.a_b1.b_c2.i,
                                //d.d_b1.b_c1.i, d.d_b1.b_c2.i
    b.i = 1;                    //向上的路径引用,i 的两个复制
                                //a.a_b1.i, d.d_b1.i
end
endmodule

module d;
integer i;
    b d_b1();
initial begin                   //  i 的每个复制的全路径名字引用
a.i = 1;
d.i = 5;
```

```
a.a_b1.i = 2;
d.d_b1.i = 6;
a.a_b1.b_c1.i = 3;
d.d_b1.b_c1.i = 7;
a.a_b1.b_c2.i = 4;
d.d_b1.b_c2.i = 8;
end
endmodule
```

5.12.7 范围规则

在 Verilog HDL 中，下面的元素定义了一个新的范围：

(1) 模块；

(2) 任务；

(3) 函数；

(4) 命名块；

(5) 生成块。

在一个范围内，一个标识符只声明一个条目。这个规则意味着以下情况是非法的：

(1) 在相同的模块内，为两个或者多个变量声明相同的名字，或者命名任务的名字和变量相同。

(2) 一个逻辑门的例化名字和连接到该逻辑门输出的网络的名字相同。

(3) 对于生成块来说，上面规则也一样适用，而不考虑生成块是否被例化。对于一个条件生成结构内的生成模块，则不适用这个规则。

在一个任务、函数、命名块或者生成块内，如果直接引用一个标识符(没有层次化的路径)，则应该在任务、函数、命名块、生成块内本地声明，或者在包含任务、函数、命名块、生成块的名字树的相同分支内较高的模块、任务、函数、命名块、生成块内声明。如果在本地直接声明，则可以使用本地条项；如果没有，则向上查找路径，直到找到该条目名字或者到达模块池界。这也意味着，在包含模块内的任务和函数可以使用并且修改变量，而不需要通过它们的端口。

图 5.43 给出了标识符的范围，其中每个长方形表示一个本地范围。

[例 5.200] 通过名字访问变量 Verilog HDL 描述的例子。

```
taskt;
reg s;
begin : b
    reg r;
    t.b.r = 0;              //这三行访问相同的变量 r
    b.r = 0;
    r = 0;
    t.s = 0;                //这两行访问相同的变量 s
    s = 0;
end
endtask
```

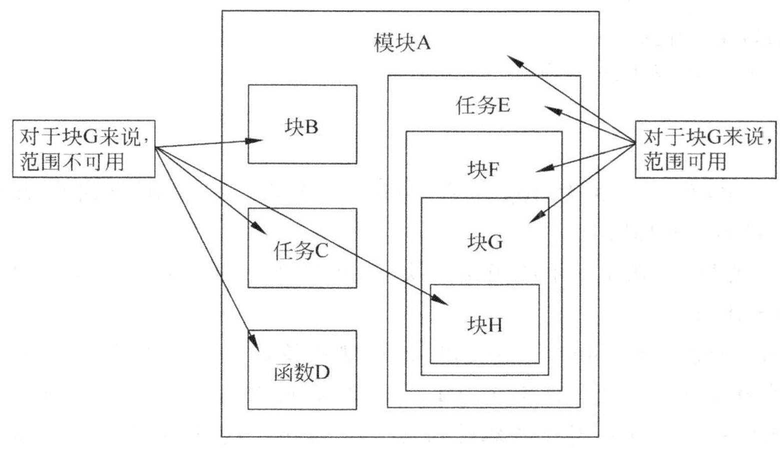

图 5.43 标识符的范围

5.13 Verilog HDL 设计配置

为了方便在设计者和/或者设计小组间共享 Verilog HDL 设计，Verilog HDL 提供了配置的功能。一个配置就是简单的明确规则的集合，用于说明将要使用的正确源文件的描述，这些描述表示一个设计中的每个例子。选择用于一个例化的源文件描述称之为绑定例化。

例如：

```
 文件 top.v           文件 adder.v          文件 adder.vg
module top();       module adder(...);    module adder(...);
adder a1(...);        //rtl 级加法器          //门级加法器
adder a2(...);        //描述                  //描述
endmodule ...       endmodule             endmodule
```

在顶层模块中对于例化 a2 来说，在 adder.vg 中使用门级加法器描述。为了标识这个特殊的例化绑定集合，以及避免必须修改源文件描述来标识一个新的集合，可使用配置。

5.13.1 配置格式

配置的语法格式为

```
config <config_name>;
   design <lib_name>.<design_name>
   default liblist <new_library_1><library_2>;
   instance <instance_name> liblist <new_library>;
endconfig;
```

其中，config_name 为配置的标识符；lib_name 为库的标识符；design_name 为设计的标识符；new_library_1 为新的库标识符；instance_name 为例化名字标识符。

对于前面给出的加法器的设计给出一个参考配置，表示为

```
config cfg1;                          //指定 rtl 加法器用于 top.a1,门级加法器用于 top.a2
```

```
design rtlLib.top;
default liblist rtlLib;
instance top.a2 liblist gateLib;
endconfig
```

注：

(1) 在上例中，假设将文件 top.v 和 adder.v(RTL 描述)映射到库 rtlLib；将文件 adder.vg 映射到库 gateLib。

(2) design 关键字，在设计中的顶层模块，以及所使用的源文件描述，该描述说明顶层模块描述来自 rtlLib。

(3) default 关键字和 liblist 一起使用，说明默认情况下，top 的所有子例化(如 top.a1 和 top.a2)来自库 rtlLib。这意味着在 rtlLib 库中，将使用 top.v 和 adder.v 内的描述。

(4) instance 关键字说明对于特殊的例化 top.a2 而言，描述来自于 gateLib 库中。例化语句覆盖了用于这个特殊例化的默认规则。

下面的配置格式表示将要绑定到设计中子模块的库：

```
config <config_name>;
  design <lib_name>.<design_name>
  default liblist <new_library_1><library_2>;
  cell <sub-module_name> use <new_library>.<new_module_name>;
endconfig;
```

5.13.2 库

正如前面所介绍的那样，库是单元的逻辑集合，它们被映射到特殊的源描述文件中。下面的描述：

```
lib.cell[:config]
```

表明当在一个设计中绑定例化时，通过提供引用源文件描述的文件-系统相互独立的名字，支持对源文件进行单独的编译。该方式也允许多个有不同调用模型的工具共享相同的配置。

当解析一个源描述文件时，解析器首先从一个预定义的文件中读取库映射信息。由工具指定这个文件的名字和读取文件的机制。但是，所有兼容的工具都提供一个机制，用于指定进行特殊调用的一个或者多个映射文件。如果指定了多个映射文件，则按照指定的顺序读取文件。

为了当前的讨论，假设在当前的工作目录下，存在一个名为 lib.map 的文件，解析器自动地读取该文件。在一个库映射文件内声明一个库的格式如下：

```
library library_identifier file_path_spec [ { , file_path_spec } ]
    [ -incdir file_path_spec { , file_path_spec } ] ;
include file_path_spec ;
```

其中，file_path_spec 指明了一个或者多个特殊文件的绝对或者相对路径。可以使用下面的快捷键/通配符：①?：单个字符的通配符(匹配任何单个字符)；②*：多个字符通配符(匹配一个目录/文件名内的任何个数的字符)；③…：层次化通配符(匹配任何个数的层次化路径)；④..：指定父路径；⑤.：指定包含 lib.map 的目录。路径“./*.v”和“*.v”是一样的，都是在当前路径中指定带有.v后缀的所有文件。**include**命令用于插入其他文件中的一个库映射文件的完整内容。

注：

(1) 以“/”结束的路径包含指定路径的所有文件，与“/ * ”等效。

(2) 不以“/”开始的路径是 lib.map 的相对路径。

(3) 如果编译器不能找到 file_path_spec 指向的路径，则默认编译到名字为 work 的库。

[例 5.201] lib.map 文件中库定义 Verilog HDL 描述的例子。

```
library rtlLib *.v;              //在当前的目录中，匹配所有带.v后缀的文件
library gateLib ./*.vg;          //在当前的目录中，匹配所有带.vg后缀的文件
```

[例 5.202] 层次化配置 Verilog HDL 描述的例子。

```
config bot;
    design lib1.bot;
    default liblist lib1 lib2;
    instance bot.a1 liblist lib3;
endconfig

config top;
    design lib1.top;
    default liblist lib2 lib1;
    instance top.bot use lib1.bot:config;
    instance top.bot.a1 liblist lib4;
    //错误——不能从这个配置中为 top.bot.a1 设置 liblist
endconfig
```

从该例子可以看出，对第一个层次内例化一个指定层次路径的实例来说，如果该实例由其他配置说明，则这种方法是错误的。

5.13.3 配置例子

考虑到下面的源文件描述：

```
file top.v            file adder.v          file adder.vg           file lib.map
module top(...);      module adder(...);    module adder(...);      library rtlLib top.v;
...                   ... // rtl            ... // gate - level     library aLib adder.*;
adder a1(...);        foo f1(...);          foo f1(...);            library gateLib
adder a2(...);        foo f2(...);          foo f2(...);                    adder.vg;
endmodule             endmodule             endmodule
module foo(...);      module foo(...);      module foo(...);
... // rtl            ... // rtl            ... // gate - level
endmodule             endmodule             endmodule
```

[例 5.203] 配置 cfg1 Verilog HDL 描述的例子。

```
config cfg1;
  design rtlLib.top;
  default liblist aLib rtlLib;
endconfig
```

该例子总是使用来自 adder. v 文件中的 foo 定义。

[**例 5.204**] 配置 cfg2 Verilog HDL 描述的例子。

```
config cfg2;
  design rtlLib.top ;
  default liblist gateLib aLib rtlLib;
endconfig
```

该例子总是使用 adder 和 foo 的门级描述。

[**例 5.205**] 配置 cfg3 Verilog HDL 描述的例子。

```
config cfg3;
  design rtlLib.top ;
  default liblist aLib rtlLib;
cell foo use gateLib.foo;
endconfig
```

该例子使用 adder 的 rtl 级描述和 foo 的门级描述。

[**例 5.206**] 配置 cfg4 Verilog HDL 描述的例子。

```
config cfg4
  design rtlLib.top ;
  default liblist gateLib rtlLib;
instance top.a2 liblist aLib;
endconfig
```

该例子，top. a1 的 adder 使用门级描述，top. a2 的 adder 使用 rtl 级描述。

[**例 5.207**] 配置 cfg5 Verilog HDL 描述的例子。

```
config cfg5;
    design aLib.adder;
    default liblist gateLib aLib;
    instance adder.f1 liblist rtlLib;
endconfig
```

该例子，对 f1 使用 rtlLib. foo 单元，对于 f2 使用 gateLib. foo 单元。

[**例 5.208**] 配置 cfg6 Verilog HDL 描述的例子。

```
config cfg6;
    design rtlLib.top;
    default liblist aLib rtlLib;
    instance top.a2 use work.cfg5:config ;
endconfig
```

该例子使用配置绑定来说明 top. a2 的例化方法。

5.13.4 显示库绑定信息

在仿真期间，为模块例化显示真正的库绑定信息，格式描述符%l 和%L 将打印出用于模块例化(包含显示命令)的 library. cell 绑定信息，这类似于用于打印出模块层次化路径的%m 格式符。

可以使用 VPI 显示绑定信息，下面的 VPI 属性用于类型 vpiModule 的对象。

(1) vpiLibrary：模块编译时用到的库名字。

(2) vpiCell：绑定到模块例化单元(cell)的名字。

(3) vpiConfig：用于配置绑定模块例化的 library. cell 的名字。

这些属性是字符串类型，类似于 vpiName 和 vpiFullName 属性。

5.13.5　库映射例子

当绑定一个设计时，可以执行基本的库查找顺序的控制。在没有配置的情况下，工具需要有能力使用命令行指定库的查找顺序，以取代库映射文件的默认顺序。该机制包含只指定库的名字。

注：推荐所有兼容工具使用"-L <library_name>"指定查找顺序。

[**例 5.209**]　指定文件路径 Verilog HDL 描述的例子。

对于下面给定文件：

```
/proj/lib1/rtl/a.v
/proj/lib2/gates/a.v
/proj/lib1/rtl/b.v
/proj/lib2/gates/b.v
```

从/proj 库，下面的绝对文件路径解析为

```
/proj/lib*/*/a.v = /proj/lib1/rtl/a.v, /proj/lib2/gates/a.v
.../a.v = /proj/lib1/rtl/a.v, /proj/lib2/gates/a.v
/proj/.../b.v = /proj/lib1/rtl/b.v, /proj/lib2/gates/b.v
.../rtl/*.v = /proj/lib1/rtl/a.v, /proj/lib1/rtl/b.v
```

从/proj/lib1 目录，下面的相对文件路径解析为

```
../lib2/gates/*.v = /proj/lib2/gates/a.v, /proj/lib2/gates/b.v
./rtl/?.v = /proj/lib1/rtl/a.v, /proj/lib1/rtl/b.v
./rtl/ = /proj/lib1/rtl/a.v, /proj/lib1/rtl/b.v
```

[**例 5.210**]　解析多个路径 Verilog HDL 描述的例子。

对于

```
library lib1 "/proj/lib1/foo*.v";
library lib2 "/proj/lib1/foo.v";
library lib3 "../lib1/";
library lib4 "/proj/lib1/*ver.v";
```

当从目录/proj/tb 进行评估时，下面的源文件将映射到指定的库中：

```
../lib1/foobar.v - lib1 //潜在匹配 lib1 和 lib3. 因为 lib1
//包含一个文件名和 lib3 只说明一个目录; lib1 具有优先权
/proj/lib1/foo.v - lib2 //比 lib1 和 lib3 路径说明优先级高
/proj/lib1/bar.v - lib3
/proj/lib1/barver.v - lib4 //比 lib3 路径说明优先级高
/proj/lib1/foover.v - ERROR //匹配 lib1 和 lib4
/test/tb/tb.v - work //不匹配任何库说明
```

5.14 Verilog HDL 指定块

两种类型的 HDL 结构经常用于描述结构化模型的延迟，如 ASIC 的逻辑单元。包括：

(1) 分布式延迟。说明在一个模块内，事件通过门和网络所用的时间。

(2) 模块路径延迟，描述一个事件从源端（input 端口/inout 端口）传播到目的端（output 端口/inout 端口）所用的时间。

指定块描述语句用于描述源端和目的端的路径并为这些路径分配延迟。指定块的格式为

```
specify
{
    specparam_declaration
    | pulsestyle_declaration
    | showcancelled_declaration
    | path_declaration
    | system_timing_check
}
endspecify
```

指定块可以完成下面的任务：

(1) 描述贯穿模块的不同路径；

(2) 为这些路径分配延迟；

(3) 执行时序检查。用于保证发生在模块输入端的事件，满足模块所描述器件的时序约束。

[**例 5.211**] 指定块 Verilog HDL 描述的例子。

```
specify
  specparam tRise_clk_q = 150, tFall_clk_q = 200;      //指定参数
  specparam tSetup = 70;                               //指定参数
     (clk => q) = (tRise_clk_q, tFall_clk_q);          //分配延迟
     $setup(d, posedge clk, tSetup);                   //时序检查
endspecify
```

5.14.1 模块路径声明

图 5.44 给出了模块路径延迟，图中表示从不同源端口 A、B、C 和 D 到同一个目的端口 Q 的不同路径延迟。

可以通过下面两种方式声明路径延迟：

(1) Source *>destination，用于在源端和目的端建立一个充分的连接。

(2) Source=>destination，用于在源端和目的端建立一个并行的连接路径。

[**例 5.212**] 模块路径声明 Verilog HDL 描述的例子。

```
(A => Q) = 10;
(B => Q) = (12);
(C, D *> Q) = 18;
```

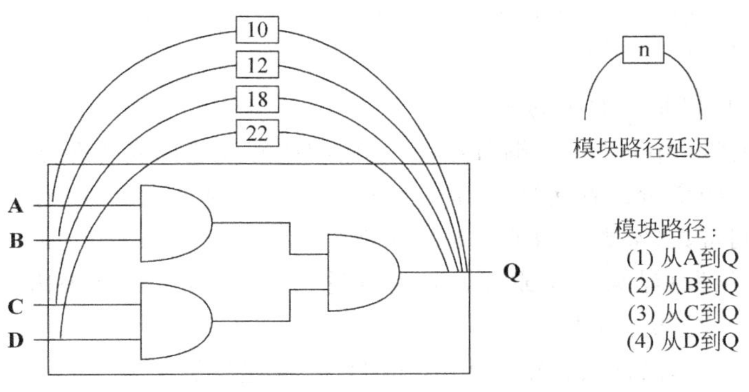

图 5.44 模块路径延迟

1. 边沿敏感路径

如果在描述一个模块路径时，在源端使用了一个边沿跳变，称为边沿敏感路径。边沿敏感路径结构用于建模输入到输出延迟的时序，该延迟只发生在源端信号指定的边沿到来的时候。

使用 **posedge** 和 **negedge** 关键字表示边沿，该关键字后面带有输入/双向(input/inout)端口描述符。如果声明的是向量输入端口描述符，则在最低位检测边沿跳变，格式为

```
( [ edge_identifier ] specify_input_terminal_descriptor =>
( specify_output_terminal_descriptor [ polarity_operator ] : data_source_expression ) )
```

或

```
( [ edge_identifier ] list_of_path_inputs *>
( list_of_path_outputs [ polarity_operator ] : data_source_expression ) )
```

其中，edge_identifier 为 **posedge**/**negedge**；specify_input_terminal_descriptor 为输入终端描述符；specify_output_terminal_descriptor 为输出终端描述符；polarity_operator 为极性操作符；"+"/"-"，表示数据路径是同相/反相；data_source_expression 为数据源端表达式；list_of_path_ outputs 为输出路径列表。

[**例 5.213**] 敏感路径 Verilog HDL 描述的例子。

```
//在时钟上升沿，将模块路径从 clock 扩展到 out，其上升延迟 10，下降延迟 8
//数据路径从 in 到 out
    ( posedge clock => ( out + : in ) ) = (10, 8);
//在时钟下降沿，将模块路径从 clock 扩展到 out，其上升延迟 10，下降延迟 8
//数据路径从 in 到 out，in 被反相，然后传输到 out
    ( negedge clock[0] => ( out - : in ) ) = (10, 8);
//没有敏感标识符，在时钟发生任何变化时，将模块路径从 clock 扩展到 out
        ( clock => ( out : in ) ) = (10, 8);
```

2. 取决于状态的路径

一个取决于状态的路径是指，当一个指定条件为真的时候，可以为一个模块路径分配延迟，其影响通过该路径的信号传播延迟，格式为

```
if ( module_path_expression ) simple_path_declaration
```

```
| if ( module_path_expression ) edge_sensitive_path_declaration
| ifnone simple_path_declaration
```

其中，条件表达式可以是下面中的一个：

(1) 标量或向量 input/inout 端口，或者它们的比特位选择或者部分选择；

(2) 本地定义的变量或者网络，或者它们的比特位选择或者部分选择；

(3) 编译时间常数(常数数值或者制定参数)。

如果表达式的评估结果为 x 或者 z，也将其看作是 1。如果条件表达式评估结果为多个比特位，则最低有效位表示结果。

[例 5.214] 简单依赖状态路径 Verilog HDL 描述的例子。

```
module XORgate (a, b, out);
input a, b;
output out;
xor x1 (out, a, b);
specify
    specparam noninvrise = 1, noninvfall = 2;
    specparam invertrise = 3, invertfall = 4;
    if (a) (b => out) = (invertrise, invertfall);
    if (b) (a => out) = (invertrise, invertfall);
    if (~a)(b => out) = (noninvrise, noninvfall);
    if (~b)(a => out) = (noninvrise, noninvfall);
  endspecify
endmodule
```

[例 5.215] 描述 ALU 不同操作延迟 Verilog HDL 描述的例子

```
module ALU (o1, i1, i2, opcode);
input [7:0] i1, i2;
input [2:1] opcode;
output [7:0] o1;
     //删除功能描述
specify
     //加法操作
     if (opcode == 2'b00) (i1,i2 *> o1) = (25.0, 25.0);
     //直通 i1 操作
     if (opcode == 2'b01) (i1 => o1) = (5.6, 8.0);
     //直通 i2 操作
     if (opcode == 2'b10) (i2 => o1) = (5.6, 8.0);
     //操作码变化的延迟
     (opcode *> o1) = (6.1, 6.5);
endspecify
endmodule
```

3. 边沿敏感依赖路径

[例 5.216] 边沿敏感依赖路径 Verilog HDL 描述的例子 1。

```
if( !reset && !clear )
      ( posedge clock => ( out + : in ) ) = (10, 8) ;
```

［例 5.217］ 边沿敏感依赖路径 Verilog HDL 描述的例子 2。

```
specify
    ( posedge clk => ( q[0] : data ) ) = (10, 5);
    ( negedge clk => ( q[0] : data ) ) = (20, 12);
endspecify
```

［例 5.218］ 边沿敏感依赖路径 Verilog HDL 描述的例子 3。

```
specify
    if (reset)
      ( posedge clk => ( q[0] : data ) ) = (15, 8);
    if (!reset && cntrl)
      ( posedge clk => ( q[0] : data ) ) = (6, 2);
endspecify
```

［例 5.219］ 边沿敏感依赖路径 Verilog HDL 描述的例子 4。

```
specify
    if (reset)
        (posedge clk => (q[3:0]:data)) = (10,5);
    if (!reset)
        (posedge clk => (q[0]:data)) = (15,8);
endspecify
```

4. ifnone 条件

ifnone 条件用于当路径的其他条件都不成立时，指定一个默认的与状态相关的路径延迟。ifnone 条件将指定和状态依赖模块路径相同的模块路径源端和目的端。需要遵守下面的规则：

(1) 只能描述简单模块路径。

(2) 对应于 ifnone 路径的状态依赖路径可以是简单模块路径或者边沿敏感路径。

(3) 如果没有到 ifnone 模块路径的对应状态依赖路径，则将 ifnone 路径看作是一个无条件的简单模块路径。

(4) 在 ifnone 条件和在一个无条件简单模块路径中，同时指定相同的模块路径是非法的。

［例 5.220］ 带有 ifnone 路径延迟 Verilog HDL 描述的例子。

```
if(C1) (IN => OUT) = (1,1);
ifnone (IN => OUT) = (2,2);

//加法操作
if (opcode == 2'b00) (i1,i2 *> o1) = (25.0, 25.0);
//直通 i1 操作
if (opcode == 2'b01) (i1 => o1) = (5.6, 8.0);
//直通 i2 操作
if (opcode == 2'b10) (i2 => o1) = (5.6, 8.0);
//所有其他的操作
ifnone (i2 => o1) = (15.0, 15.0);
```

```
(posedge CLK => (Q + : D)) = (1,1);
ifnone(CLK => Q) = (2,2);
```

［例 5.221］ 非法模块路径 Verilog HDL 描述的例子。

```
if(a) (b => out) = (2,2);
if (b) (a => out) = (2,2);
ifnone (a => out) = (1,1);
(a => out) = (1,1);
```

5. 全连接和并行连接路径

1）充分连接

操作符“*＞”用于在源和目的之间建立充分连接。在一个充分连接中，源端口的每一位与目的端口的每一位连接。模块路径源端口不需要和目的模块端口有相同的比特位数。

由于没有限制源信号和目的信号的位宽或位数，充分连接可以处理大多数类型的模块路径。下面的条件要求使用充分的连接：

（1）描述一个向量和一个标量之间的一个模块路径。

（2）描述不同位宽向量之间的一个模块路径。

（3）描述在一个语句中，有多个源或者多个目的的模块路径。

2）并行连接

操作符“＝＞”用于在源和目的之间建立一个并行连接。在一个并行连接中，源端口的每一位将连接到目的端口的每一位，只在包含相同比特位数的源和目的之间创建并行的模块路径。

并行连接比充分连接更加严格，其只能是一个源和一个目的之间的连接，并且每个信号包含相同的比特个数。因此，一个并行连接只能用于描述两个相同位宽的向量之间的一个模块路径。由于标量是一个比特位，所以“*＞”或者“＝＞”都可以用于建立两个标量的比特位之间的连接。

图 5.45 给出了在两个 4 比特向量之间使用充分连接和并行连接的不同。

［例 5.222］ 两个 8 位输入和一个 8 位输出的 2∶1 多路复用器 Verilog HDL 描述的例子。

```
module mux8 (in1, in2, s, q) ;
output [7:0] q;
input [7:0] in1, in2;
input s;
//功能描述...
specify
      (in1 => q) = (3, 4) ;
      (in2 => q) = (2, 3) ;
      (s *> q) = 1;
endspecify
endmodule
```

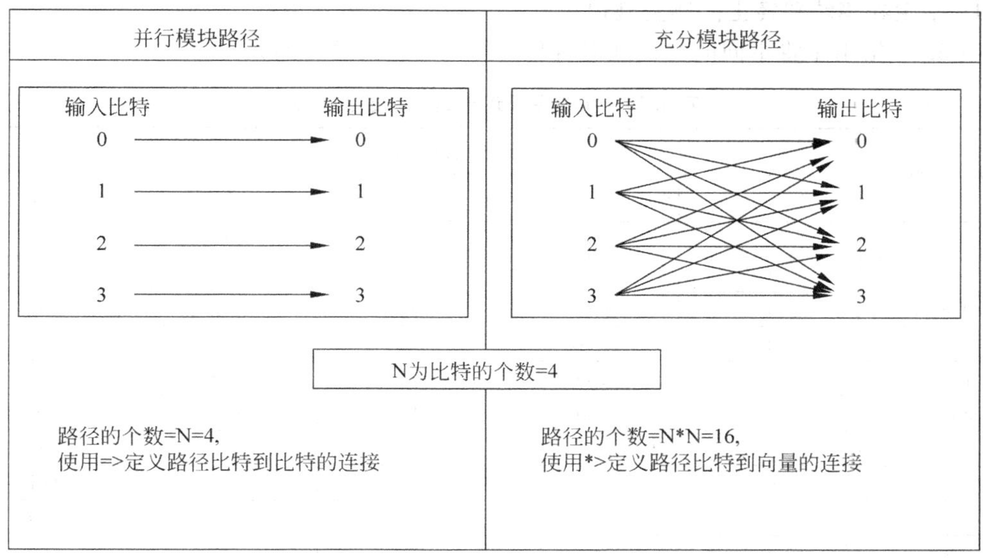

图 5.45 充分连接和并行连接之间的不同

[**例 5.223**] 多个路径充分连接 Verilog HDL 描述的例子。

```
(a, b, c *> q1, q2) = 10;
```

等效为

```
(a *> q1) = 10 ;
(b *> q1) = 10 ;
(c *> q1) = 10 ;
(a *> q2) = 10 ;
(b *> q2) = 10 ;
(c *> q2) = 10 ;
```

5.14.2 为路径分配延迟

可以用括号将分配的延迟值括起来。分配给一个模块路径的延迟值可能是 1 个、2 个、3 个、6 个或者 12 个。延迟值是，包含文字或者 **specparam** 常数表达式，也可能是一个延迟表达式，格式为 min:typ:max。

[**例 5.224**] 带延迟格式表达式的路径分配 Verilog HDL 描述的例子 1。

```
specify
    //指定参数
    specparam tRise_clk_q = 45:150:270, tFall_clk_q = 60:200:350;
    specparam tRise_Control = 35:40:45, tFall_control = 40:50:65;
    //模块路径分配
    (clk => q) = (tRise_clk_q, tFall_clk_q);
    (clr, pre *> q) = (tRise_control, tFall_control);
endspecify
```

1. 指定在模块路径上的跳变延迟

表 5.33 给出了将不同的路径延迟值与不同跳变进行关联的方法。

表 5.33　将路径延迟表达式和过渡关联

跳　变	指定路径延迟表达式的个数				
	1	2	3	6	12
0->1	t	trise	trsie	t01	t01
1->0	t	tfall	tfall	t10	t10
0->z	t	trise	tz	t0z	t0z
z->1	t	trise	trise	tz1	tz1
1->z	t	tfall	tz	t1z	t1z
z->0	t	tfall	tfall	tz0	tz0
0->x	*	*	*	*	t0x
x->1	*	*	*	*	tx1
1->x	*	*	*	*	t1x
x->0	*	*	*	*	tx0
x->z	*	*	*	*	txz
z->x	*	*	*	*	tzx

[**例 5.225**]　带延迟格式表达式的路径分配 Verilog HDL 描述的例子 2。

```
//1 个表达式指定所有的跳变
(C => Q) = 20;
(C => Q) = 10:14:20;
//2 个表达式指定上升和下降延迟
specparam tPLH1 = 12, tPHL1 = 25;
specparam tPLH2 = 12:16:22, tPHL2 = 16:22:25;
(C => Q) = ( tPLH1, tPHL1 ) ;
(C => Q) = ( tPLH2, tPHL2 ) ;
//3 个表达式指定上升、下降和 z 跳变延迟
specparam tPLH1 = 12, tPHL1 = 22, tPz1 = 34;
specparam tPLH2 = 12:14:30, tPHL2 = 16:22:40, tPz2 = 22:30:34;
(C => Q) = (tPLH1, tPHL1, tPz1);
(C => Q) = (tPLH2, tPHL2, tPz2);
//6 个表达式指定跳变到/从 0、1 和 z
specparam t01 = 12, t10 = 16, t0z = 13,
tz1 = 10, t1z = 14, tz0 = 34 ;
(C => Q) = ( t01, t10, t0z, tz1, t1z, tz0) ;
specparam T01 = 12:14:24, T10 = 16:18:20, T0z = 13:16:30 ;
specparam Tz1 = 10:12:16, T1z = 14:23:36, Tz0 = 15:19:34 ;
(C => Q) = ( T01, T10, T0z, Tz1, T1z, Tz0) ;
//12 个表达式明确指定所有跳变延迟
specparam t01 = 10, t10 = 12, t0z = 14, tz1 = 15, t1z = 29, tz0 = 36,
t0x = 14, tx1 = 15, t1x = 15, tx0 = 14, txz = 20, tzx = 30 ;
(C => Q) = (t01, t10, t0z, tz1, t1z, tz0,t0x, tx1, t1x, tx0, txz, tzx) ;
```

2. 指定 x 跳变延迟

如果没有明确地指出 x 跳变延迟，则基于下面两个规则计算 x 跳变的延迟值：

(1) 从一个已知状态跳变到 x 将尽可能快地发生，即为跳变到 x 使用尽可能短的延迟。

(2) 从 x 到一个已知状态的跳变尽可能地长，即为从 x 的任何一个跳变使用尽可能长的延迟。

表 5.34 给出了用于 x 跳变的计算延迟。

表 5.34 用于 x 跳变的计算延迟

x 跳 变	延 迟 值
一般的算法	
s-> x	最小(s->其他已知的信号)
x-> s	最小(其他已知信号-> s)
指定的跳变	
0-> x	最小(0-> z 延迟,0-> 1 延迟)
1-> x	最小(1-> z 延迟,1-> 0 延迟)
z-> x	最小(z-> 1 延迟,z-> 0 延迟)
x-> 0	最大(z-> 0 延迟,1-> 0 延迟)
x-> 1	最大(z-> 1 延迟,0-> 1 延迟)
x-> z	最大(1-> z 延迟,0-> z 延迟)
使用：(C=>Q)=(5,12,17,10,6,22)	
0-> x	最小(17,5)=5
1-> x	最小(6,12)=6
z-> x	最小(10,22)=10
x-> 0	最大(22,12)=22
x-> 1	最大(10,5)=10
x-> z	最大(6,17)=17

3. 延迟选择

当一个指定路径的输入必须调度到跳变时，仿真器需要确定所使用的正确延迟。这时，可能指定了到一个输出路径的多个输入，仿真器必须确定使用哪个指定的路径。

首先，仿真器要确定所指定的到输出的哪条路径是活动的。活动的指定路径是指输入在最近的时间内经常跳变的路径，以及它们是无条件的或者它们的条件为真。在同时出现输入跳变时，可能有很多从输入到输出的指定路径都是活动的。

一旦识别出活动的指定路径，必须选择其延迟。通过比较，从每个指定的路径中选择当前被调度的指定跳变的正确延迟，应该选择最小的。

[**例 5.226**] 延迟的 Verilog HDL 描述的例子 1。

```
(A => Y) = (6, 9);
(B => Y) = (5, 11);
```

对于一个 Y，其从 0 到 1 的跳变，如果近期 A 的跳变比 B 更加频繁，则选择延迟 6；否则，选择延迟 5。如果最近它们都同时发生跳变，则选择两者之中上升延迟最小的，即选择 5。如果 Y 从 1 到 0 跳变，则从 A 中选择下降延迟 9。

[**例 5.227**] 延迟 Verilog HDL 描述的例子 2。

```
if(MODE < 5) (A => Y) = (5, 9);
```

```
if (MODE < 4) (A => Y) = (4, 8);
if (MODE < 3) (A => Y) = (6, 5);
if (MODE < 2) (A => Y) = (3, 2);
if (MODE < 1) (A => Y) = (7, 7);
```

当 MODE=2 时，前面 3 个指定路径是活动的。上升沿时，将选择 4；下降沿时，将选择 5。

5.14.3 混合模块延迟和分布式延迟

如果一个模块，包含模块路径延迟和分布式延迟（模块内例化原语的延迟），将选择每个路径内两个延迟中较大的一个。

如图 5.46 所示，从 D 到 Q 的模块路径延迟为 22，但总的分布式延迟的和为 0+1=1。因此，由 D 跳变引起的 Q 的跳变将发生在第 22 个时间单位。

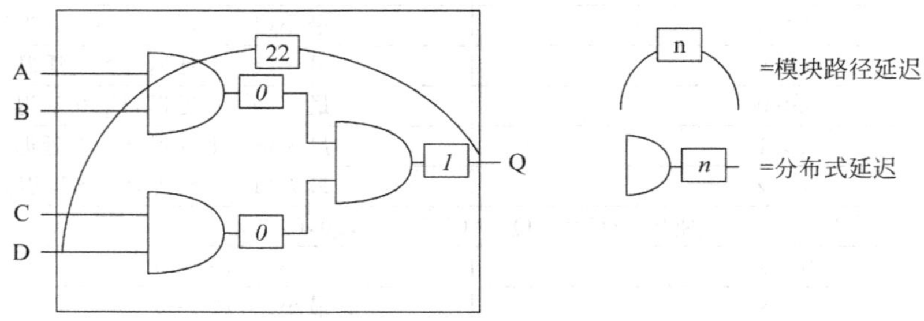

图 5.46 模块延迟比分布式延迟要长

如图 5.47 所示，从 D 到 Q 的模块路径延迟 22，但是沿着模块路径的分布式延迟将为 10+20=30。因此，由 D 跳变引起的 Q 的跳变将发生在第 30 个时间单位。

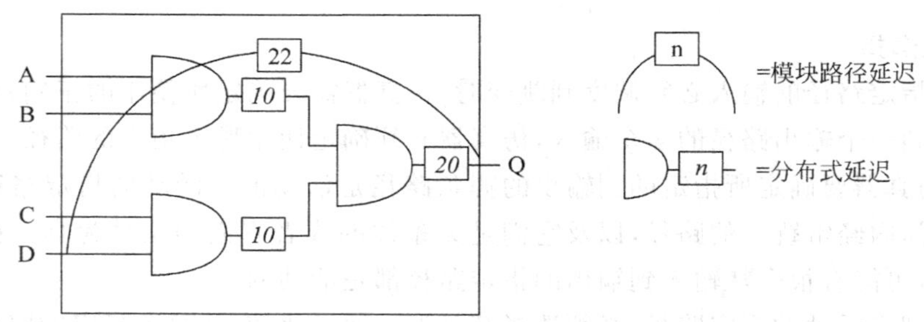

图 5.47 模块延迟比分布式延迟要短

5.14.4 驱动布线逻辑

在模块内，模块路径的输出网络不超过一个驱动器。因此，在模块路径输出时，不允许布线逻辑。

图 5.48 给出了一个布线输出规则的冲突，以及避免规则冲突的一个方法。如图 5.48(a)所示，由于路径的确定有两个驱动器，所有任何到 S 的模块路径都是非法的。假设信号 S 是"线与"的，通过放置带有门逻辑的布线逻辑来创建到输出的一个单个驱动器，就能规避该限制。

图 5.49 的描述也是非法的，当 Q 和 R 布线到一起时，将产生规则冲突条件。尽管在相

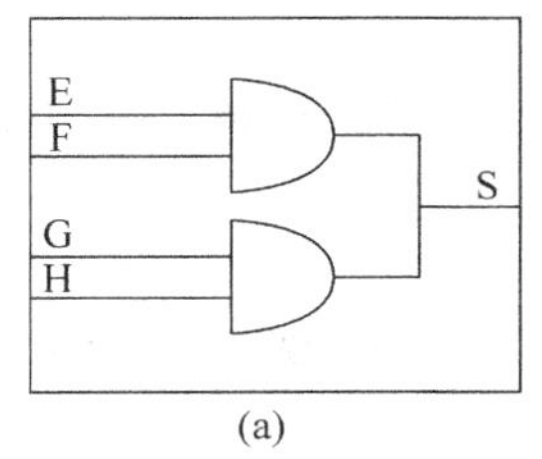

(a)

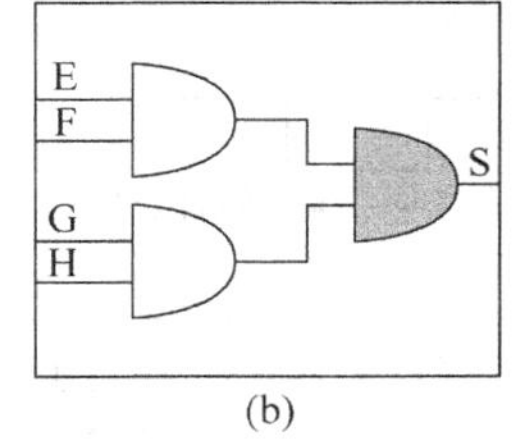

(b)

图 5.48 合法和非法模块路径

同的模块内禁止多个输出驱动器连接到一个路径目的端，但是在模块外是允许的。图 5.50 给出的描述是合法的。

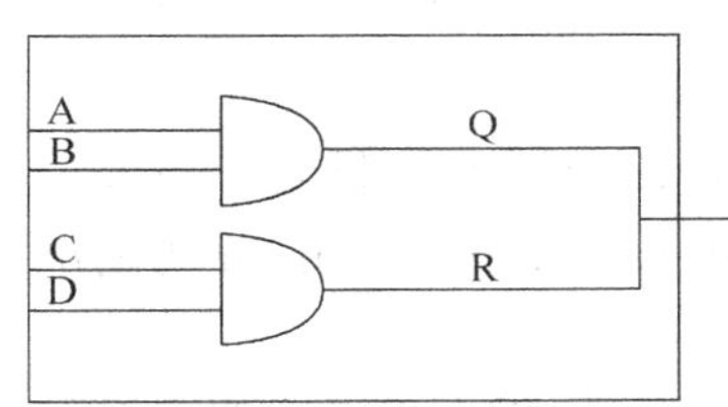

图 5.49 非法的模块路径

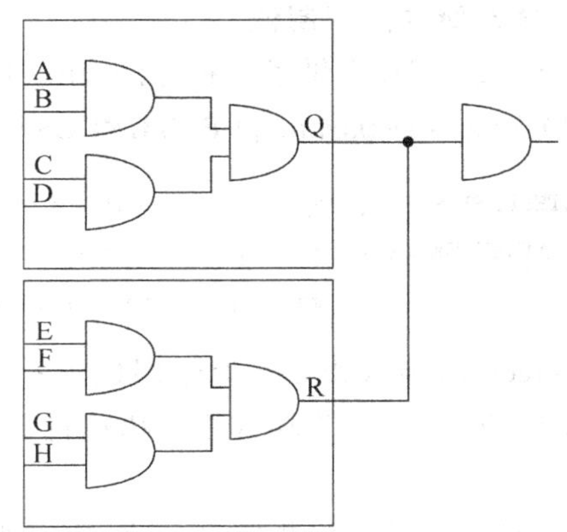

图 5.50 合法的模块路径

5.14.5 脉冲过滤行为的控制

如果两个连续调度跳变比模块路径延迟的时间更近，则认为是一个脉冲。默认地，拒绝在一个模块输出脉冲。连续跳变不能比模块输出延迟还要靠近，称为脉冲传播的惯性延迟模型。

脉冲宽度范围用于控制如何管理出现在模块路径输出的一个脉冲，包括：

(1) 所拒绝的一个脉冲宽度的范围。

(2) 允许的一个脉冲宽度的范围，将其传播到路径的目的。

(3) 脉冲宽度的范围，将在路径的目的端产生一个逻辑 x。

两个脉冲限制值定义了与每个模块路径跳变延迟相关的脉冲宽度范围。两个脉冲宽度限制范围称为错误限制和拒绝限制。

(1) 错误限制应该至少和拒绝限制的值一样大。

(2) 大于等于错误限制值的脉冲，将不会被过滤掉。

(3) 小于错误限制，但是大于等于拒绝限制值的脉冲，将被过滤为 x。

(4) 小于拒绝限制的脉冲将被拒绝，不会出现脉冲。

默认地，将错误限制和拒绝限制的值设置为与延迟相等，这意味着将拒绝所有小于延迟的脉冲。如图 5.51 所示，脉冲被过滤掉。

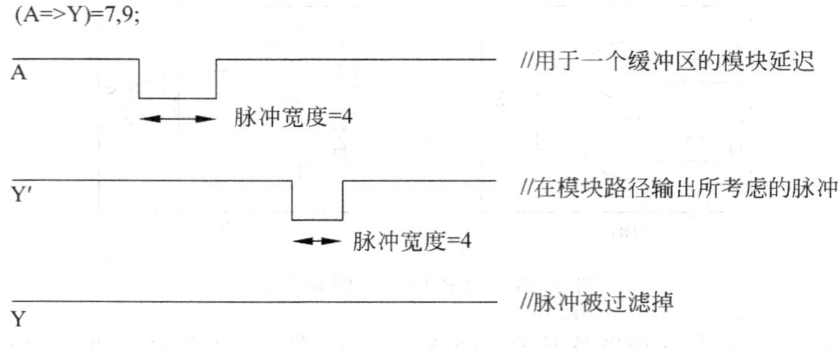

图 5.51　脉冲被过滤掉

1. 修改脉冲的限制值

Verilog HDL 提供了三种方法，用于修改脉冲的限制值。

(1) 通过 **specparam** 和 **PATHPULSE $** 修改，语法格式为

```
PATHPULSE $  = ( reject_limit_value [ , error_limit_value ] )
| PATHPULSE $ specify_input_terminal_descriptor $ specify_output_terminal_descriptor
 = ( reject_limit_value [ , error_limit_value ] )
```

其中，reject_limit_value 为拒绝限制值；error_limit_value 为错误限制值；specify_input_terminal _descriptor 为输入终端描述符；specify_output_terminal_descriptor 为输出终端描述符。

(2) 调用选项可以指定百分比，用于所有的模块路径延迟，以生成相应的错误限制和拒绝限制。

如果错误限制的百分比小于拒绝限制的百分比，则是错误。当出现这种情况时，错误限制百分比等于拒绝限制百分比。

当 **PATHPULSE $** 和百分比同时出现时，**PATHPULSE $** 值优先。

(3) 标准延迟注解可以逐个地注解每个模块路径跳变延迟的错误限制和拒绝限制。当 **PATHPULSE $** 、百分比和 SDF 注解同时出现时，SDF 注解值优先。

［**例 5.228**］　PATHPULSE $ 修改延迟指定范围 Verilog HDL 描述的例子。

```
specify
    (clk => q) = 12;
    (data => q) = 10;
    (clr, pre *> q) = 4;
specparam
    PATHPULSE $ clk $ q = (2,9),
    PATHPULSE $ clr $ q = (0,4),
    PATHPULSE $  = 3;
endspecify
```

在该例子中，通过第一个 **PATHPULSE $** 确定路径 clk=>q 的拒绝值为 2，错误值为 9，通过第二个 **PATHPULSE $** ，确定路径 clr=>q 的拒绝值为 0，错误值为 4；路径 data=>q 没有使用 **PATHPULSE $** 明确的说明。因此，它得到的拒绝和错误限制为 3。

2. 基于事件/基于检测的脉冲过滤

从上面可以看出，默认的脉冲过滤行为有以下两个缺点：

(1) 脉冲过滤到 x 状态，由于 x 状态周期太短以至于不能使用。

(2) 当后沿先去前沿时，不相等的延迟可能会导致脉冲拒绝。

下面将介绍更详细的脉冲控制能力。

当一个输出脉冲必须过滤到 x 时，如果模块路径输出立即跳变到 x(基于检测)，而不是在脉冲的前沿已经调度的跳变时间上(基于事件)，则表达出更大的悲观意见。默认地，脉冲过滤到 x 的基于事件的方法。图 5.52 给出了基于事件和基于检测的时序。

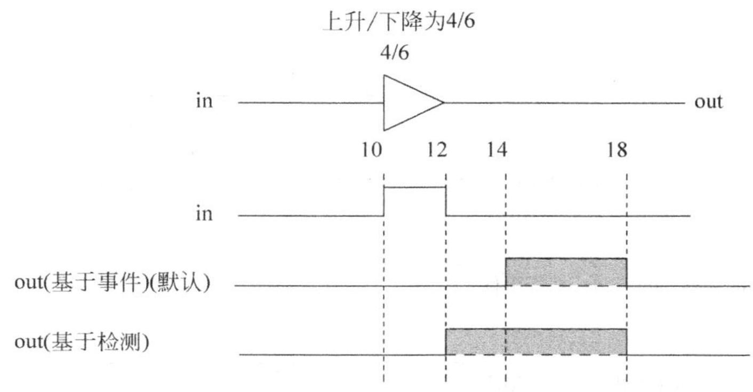

图 5.52 基于事件和基于检测的时序

1) 基于事件

当一个输出脉冲必须过滤到 x 时，脉冲前沿跳变到 x，脉冲后沿从 x 跳变。边沿的跳变时间没有变化。

2) 基于检测

类似基于事件，基于检测的脉冲过滤，脉冲前沿跳变到 x，脉冲后沿从 x 跳变。但是，当检测到脉冲时，脉冲的前沿的时间立即改变。

有两种不同的方法，用于选择基于检测或者基于事件行为。

(1) 通过使用基于检测或者基于事件调用选项。

(2) 通过使用指定快脉冲类型声明。其格式为

```
pulsestyle_onevent list_of_path_outputs ;
| pulsestyle_ondetect list_of_path_outputs ;
```

3. 负脉冲检测

当到达一个模块路径输出的延迟不相等时，负脉冲检测是可能的，即调度一个脉冲的后沿时间要早于调度一个脉冲的前沿时间，产生一个负脉冲宽度。在通常条件下，如果调度一个脉冲的后沿时间要早于调度一个脉冲的前沿时间，则取消前沿。当脉冲的初始和最终状态是相同的时候，没有发生跳变，并未指示曾经出现一个调度。

通过使用行为的 ***showcancelled*** 类型，可以指示一个 x 状态的负脉冲。当一个脉冲的后沿比前沿先调度时，这个类型使得前沿被调度变成 x，后沿从 x 调度。基于事件脉冲类型，调度到 x 代替前沿调度。基于检测脉冲类型，在检测到负脉冲时立即调度到 x。

可通过以下两种不同的方法，使能 ***showcancelled*** 行为。

（1）使用 ***showcancelled*** 和 ***noshowcancelled*** 调用选项。

（2）使用指定块 ***showcancelled*** 的声明，其语法格式为

```
showcancelled list_of_path_outputs ;
| noshowcancelled list_of_path_outputs ;
```

图 5.53 给出了 showcancelled 行为 1。

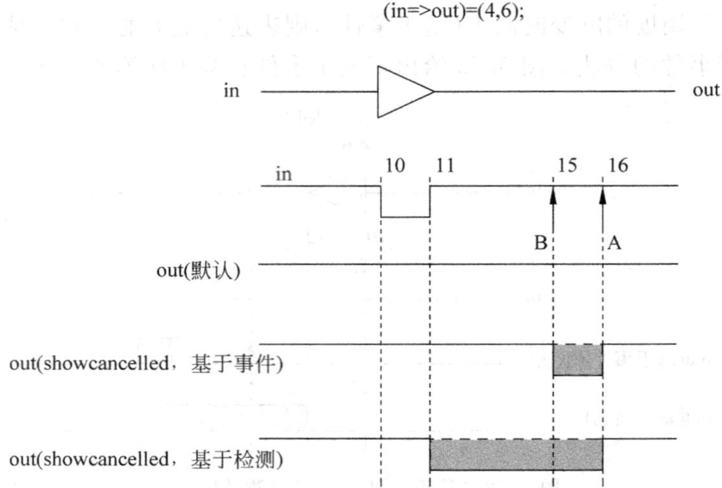

图 5.53　当前事件消除问题和矫正

图 5.54 给出了 showcancelled 行为 2。带有 showcancelled 行为且基于事件类型的缺点是输出脉冲边沿画的比较靠近，最终 x 的状态的周期变得更小。图 5.55 给出了检测类型，可用于解决这个问题。

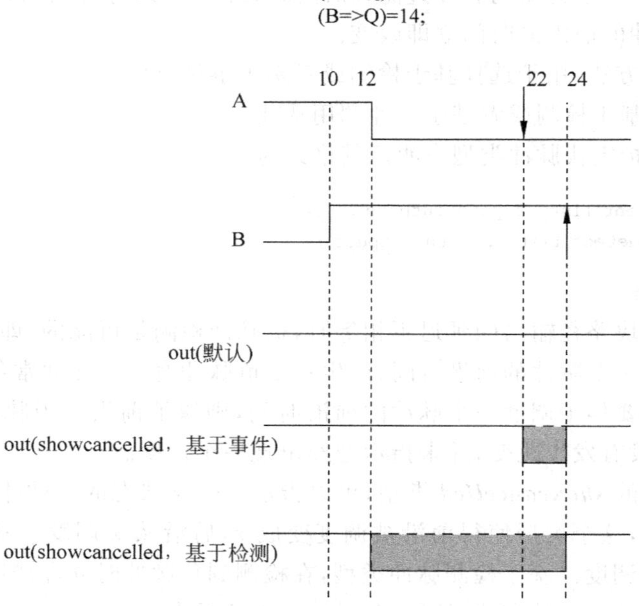

图 5.54　NAND 门的同步输入切换 1

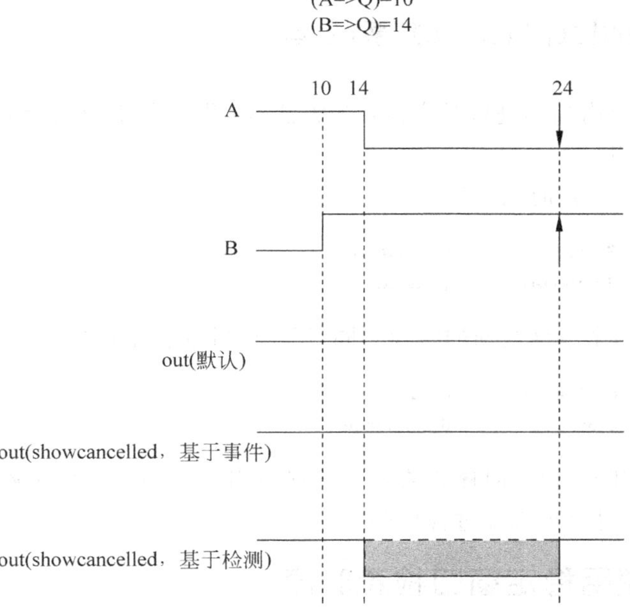

图 5.55 NAND 门的同步输入切换(输出事件在相同时刻调度)

[**例 5.229**] showcancelled 的不正确使用的 Verilog HDL 描述的例子。

```
specify
    (a => out) = (2,3);
    showcancelled out;
    (b => out) = (3,4);
endspecify
```

[**例 5.230**] 带有 showcancelled 和 pulsestyle 语句的 Verilog HDL 描述的例子。

```
specify
    showcancelled out;
    pulsestyle_ondetect out;
    (a => out) = (2,3);
    (b => out) = (4,5);
    showcancelled out_b;
    pulsestyle_ondetect out_b;
    (a => out_b) = (3,4);
    (b => out_b) = (5,6);
endspecify

specify
    showcancelled out,out_b;
    pulsestyle_ondetect out,out_b;
    (a => out) = (2,3);
    (b => out) = (4,5);
    (a => out_b) = (3,4);
    (b => out_b) = (5,6);
endspecify
```

5.15 Verilog HDL 时序检查

本节将在指定块内描述进行时序检查的方法，使得信号满足时序约束。为了方便起见，将时序检查分成两组。

(1) 第一组基于稳定时间窗口

```
$ setup          $ hold         $ setuphold
$ recovery       $ removal      $ recrem
```

(2) 第二组的两个事件之间的时间不同，用于时钟和控制信号：

```
$ skew           $ timeskew     $ fullskew
$ width          $ period       $ nochange
```

尽管它们以$开头，但是时序检查不是系统任务。注意：系统任务不会出现在一个指定块中，时序检查不可以出现在过程代码中。

5.15.1 使用稳定窗口检查时序

1. $ setup

语法格式为

```
$ setup ( data_event , reference_event , timing_check_limit [ , [ notifier ] ] ) ;
```

其中，data_event 为时间戳事件；reference_event 为时间检查事件；limit 为非负常数表达式；notifier(可选)为 Reg；(beginning of time window) = (timecheck time) - limit；(end of time window) = (timecheck time)。

通常的，时间戳事件为一个数据信号，而时间检查事件为一个时钟信号。

2. $ hold

语法格式为

```
$ hold ( reference_event , data_event , timing_check_limit [ , [ notifier ] ] ) ;
```

其中，data_event 为时间戳事件；reference_event 为时间检查事件；limit 为非负常数表达式；notifier(可选)为 Reg；(beginning of time window) = (timestamp time)；(end of time window) = (timestamp time) + limit。

3. $ setuphold

语法格式为

```
$ setuphold ( reference_event , data_event , timing_check_limit , timing_check_limit
[ , [ notifier ] [ , [ stamptime_condition ] [ , [ checktime_condition ]
[ , [ delayed_reference ] [ , [ delayed_data ] ] ] ] ] ] ) ;
```

其中，reference_event 表示当建立约束为正值时，为时间检查或者时间戳事件；当建立约束为负值时，为时间戳事件。data_event 表示当保持约束为正值时，为时间检查或者时间戳事件；当保持约束为负值时，为时间戳事件。setup_limit 为常数表达式；hold_limit 为常数表达式；notifier（可选）为 Reg；stamptime_condition（可选）为用于负的时序检查的时间戳条件；checktime_condition（可选）为用于负的时序检查的时间检查条件；delayed_reference（可选）为用于负的时序检查的延迟的参考信号；delayed_data（可选）为用于负的时序检查的延迟数据信号。当建立约束或者保持约束为负值时，则有

```
setup_limit + hold_limit > (simulation unit of precision)。
```

当建立约束和保持约束为正，数据事件首先发生时，则有

```
(beginning of time window) = (timecheck time) - limit
(end of time window) = (timecheck time)
```

当建立约束和保持约束为正，数据事件第二个发生时，则有

```
(beginning of time window) = (timestamp time)
(end of time window) = (timestamp time) + limit
```

［例 5.231］　$setuphold 时序检查 Verilog HDL 描述的例子。

```
$ setuphold(posedge clk, data, tSU, tHLD );
```

等效为

```
$ setup( data, posedge clk, tSU );
$ hold( posedge clk, data, tHLD );
```

4.　$ removal

语法格式为

```
$ removal ( reference_event , data_event , timing_check_limit [ , [ notifier ] ] ) ;
```

其中，data_event 为时间戳事件；reference_event 为时间检查事件；limit 为非负常数表达式；notifier（可选）为 Reg；（beginning of time window） = （timecheck time） - limit。（end of time window） = （timecheck time）

时间检查事件通常是一个控制信号，如清除、复位或者置位；而数据事件通常是一个时钟信号。

5.　$ recovery

语法格式为

```
$ recovery ( reference_event , data_event , timing_check_limit [ , [ notifier ] ] ) ;
```

其中，data_event 为时间戳事件；reference_event 为时间检查事件；limit 为非负常数表达式；notifier（可选）为 Reg；（beginning of time window） = （timecheck time）。（end of time window） = （timecheck time） + limit。

时间检查事件通常是一个控制信号，如清除、复位或者置位；而数据事件通常是一个时钟信号。

6.　$ recrem

语法格式为

```
$ recrem ( reference_event , data_event , timing_check_limit , timing_check_limit
```

```
[ , [ notifier ] [ , [ stamptime_condition ] [ , [ checktime_condition ]
[ , [ delayed_reference ] [ , [ delayed_data ] ] ] ] ] ] ) ;
```

其中，reference_event 表示当去除约束为正值时，为时间检查或者时间戳事件；去除约束为负值时，为时间戳事件。data_event 表示当恢复约束为正值时，为时间检查或者时间戳事件；当恢复约束为负值时，为时间戳事件。recovery_limit 为常数表达式；removal_limit 为常数表达式；notifier(可选)为 Reg；timestamp_condition(可选)表示用于负的时序检查的时间戳条件；timecheck_condition(可选)表示用于负的时序检查的时间检查条件；delayed_reference(可选)表示用于负的时序检查的延迟参考信号；delayed_data(可选)表示用于负的时序检查的延迟的数据信号。当去除约束或者恢复约束为负的时候，则有

```
removal_limit + recovery_limit > (simulation unit of precision)
```

当去除约束和恢复约束为正，首先发生数据事件时，则有

```
(beginning of time window) = (timecheck time) - limit
(end of time window) = (timecheck time)
```

当去除约束和恢复约束为正，数据事件第二个发生时，则有

```
(beginning of time window) = (timestamp time)
(end of time window) = (timestamp time) + limit
```

［**例 5.232**］ $recrem 时序检查 Verilog HDL 描述的例子。

```
$ recrem(posedge clear, posedge clk, tREC, tREM );
```

等效为

```
$ removal( posedge clear, posedge clk, tREM );
$ recovery( posedge clear, posedge clk, tREC );
```

5.15.2 用于时钟和控制信号的时序检查

这些检查接受一个或者两个信号，并进行验证，它们的跳变永远不会被多个限制所分割。对于只指定一个信号的检查，从一个信号中得到参考事件和数据事件。通常，这些检查执行下面的步骤：

(1) 确定两个事件之间经过的时间。

(2) 将经过的时间和指定的约束进行比较。

(3) 如果经过时间和指定的约束冲突，则报告时序冲突。

抖动检查有两个不同的冲突检测机制：基于事件和基于定时器。默认为基于定时器。

(1) 基于事件，即只有在一个信号跳变的时候，执行检查。

(2) 基于定时器，即当等于抖动约束的仿真时间已过的时候，执行检查。

注：$nochange 检查包含三个事件，而不是两个。

1. $ skew

语法格式为

```
$ skew ( reference_event , data_event , timing_check_limit [ , [ notifier ] ] ) ;
```

其中，data_event 为时间戳事件；reference_event 为时间检查事件；limit 为非负常数表达式；notifier（可选）为 Reg；当（timecheck time）-（timestamp time）> limit 时，报告冲突。参考和数据信号的同时跳变，不会引起 **$ skew** 报告冲突，即使抖动限制值为 0。

$ skew 时序检查是基于事件的，只有在发生一个数据事件后才进行评估。如果没有发生数据事件，**$ skew** 将不会进行时序检查评估，不会报告时序冲突。相比较而言，**$ timeskew** 和 **$ fullskew** 默认是基于定时器的。

一旦检测到参考事件，**$ skew** 将无限等待一个数据事件，在没有发生数据事件以前，不会报告时序冲突。第二个连续的参考事件，将取消前面所等待的数据事件，开始新的数据事件。

在一个参考事件后，**$ skew** 时序检查没有停止对数据事件时序冲突的检查。当发生在参考事件后的数据事件超过了限制，则 **$ skew** 报告时序冲突。

2. $ timeskew

语法格式为

```
$ timeskew ( reference_event , data_event , timing_check_limit
[ , [ notifier ] [ , [ event_based_flag ] [ , [ remain_active_flag ] ] ] ] ) ;
```

其中，data_event 为时间戳事件；reference_event 为时间检查事件；limit 为非负常数表达式；notifier（可选）为 Reg；event_based_flag（可选）为常数表达式；remain_active_flag（可选）为常数表达式；当（timecheck time）-（timestamp time）> limit 时，报告冲突。参考信号和数据信号的同时跳变，不会引起 **$ timeskew** 报告冲突，即使抖动限制值为 0。如果一个新的时间戳时间准确地发生在时间限制超时时，**$ timeskew** 也不会报告冲突。

当一个参考事件经过的时间等于约束值时，报告一个冲突，并且检查变成静止的，不会报告更多的冲突（甚至是响应数据事件），直到下一个参考事件。然而，如果一个事件发生在约束内，则不会报告冲突，检查将立即变成静止的。当它的条件为假且没有设置 remain_active_flag 时，如果检测到一个有条件的参考事件时，该检查也将变成静止的。

使用 event_based_flag 可以将基于定时器的行为改为基于事件的行为。当同时设置 event_based_flag 和 remain_active_flag 时，它的行为类似于 **$ skew**。当只设置 event_based_flag 时，它的行为类似于 **$ skew**，但是：

（1）当报告第一个冲突后，变成静态的。

（2）或者当它的条件为假时，检测到一个有条件的参考事件的情况除外。

［例 5.233］ $ timeskew Verilog HDL 描述的例子。

```
$ timeskew (posedge CP &&& MODE, negedge CPN, 50,, event_based_flag,remain_active_flag);
```

图 5.56 给出了采样 **$ timeskew** 的时序图。

（1）没有设置 event_based_flag，且没有设置 remain_active_flag。

当在 A 点时，在 CP 上第一个参考事件后，在 50 个时间单位后，在 B 点报告一个冲突。将 **$ timeskew** 检查改为静止的，不会报告更多的冲突。

（2）设置 event_based_flag，且没有设置 remain_active_flag。

当在 A 点时，在 CP 上第一个参考事件后，在 C 点 CPN 有一个负跳变，则将产生一个时序冲突，将 **$ timeskew** 检查改为静止的，不会报告更多的冲突。当 MODE 为假时，在 F 点

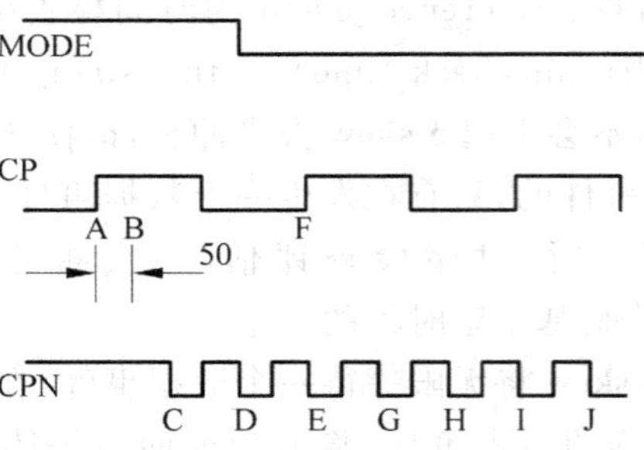

图 5.56　采样 $ timeskew 的时序图

产生第二个参考事件，因此 **$ timeskew** 检查保持静止。

(3) 设置 event_based_flag，且设置 remain_active_flag。

当在 A 点时，在 CP 上第一个参考事件后，在 C、D 和 E 点的 CPN 有三个负跳变，则将产生时序冲突。当 MODE 为假时，由于设置了 remain_active_flag，**$ timeskew** 保持活动。因此，在 G、H、I 和 J 报告额外的冲突。换言之，CPN 上的所有负跳变将产生冲突，与 **$ skew** 行为一样。

(4) 没有设置 event_based_flag，且设置 remain_active_flag。

$ timeskew 在情况(4)和情况(1)有相同的行为。图 5.57 给出了两个情况的不同之处。

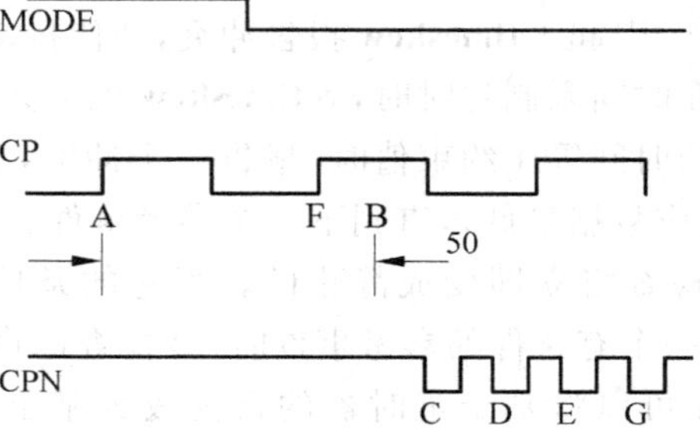

图 5.57　设置 remain_active_flag 时采样 $ timeskew

尽管 MODE 的条件为假，在 F 点 CP 产生参考事件，由于设置 remain_active_flag，所以不会将 **$ timeskew** 检查改为静止。因此，在 B 点报告冲突。然而对于情况(1)，由于没有设置 remain_active_flag，在 F 点 **$ timeskew** 检查将转为静止，不会报告冲突。

3. $ fullskew

语法格式为

```
$fullskew ( reference_event , data_event , timing_check_limit , timing_check_limit
[ , [ notifier ] [ , [ event_based_flag ] [ , [ remain_active_flag ] ] ] ] ) ;
```

其中，data_event 为时间戳事件；reference_event 为时间检查事件；limit1 为非负常数表达式；limit2 为非负常数表达式；notifier(可选)为 Reg；event_based_flag(可选)为常数表达式；remain_active_flag(可选)为常数表达式；当(timecheck time) - (timestamp time) > limit 时，报告冲突。

除了参考和数据时间可以以任何顺序跳变外，**$ fullskew** 类似于 **$ timeskew**。第一个限制是数据事件跟随参考事件的最大时间；第二个限制是参考事件跟随数据事件的最大时间。

当参考事件在数据事件前时，参考事件是时间戳事件，数据事件是时间检查事件；当数据事件在参考事件前时，数据事件是时间戳事件，参考事件是时间检查事件。

一个参考事件或者数据事件是一个时间戳事件，将开始一个新的时序窗口。

［**例 5.234**］ **$ fullskew** Verilog HDL 描述的例子。

```
$ fullskew (posedge CP &&& MODE, negedge CPN, 50, 70,, event_based_flag,remain_active_flag);
```

图 5.58 给出了采样 **$ fullskew** 的时序图。

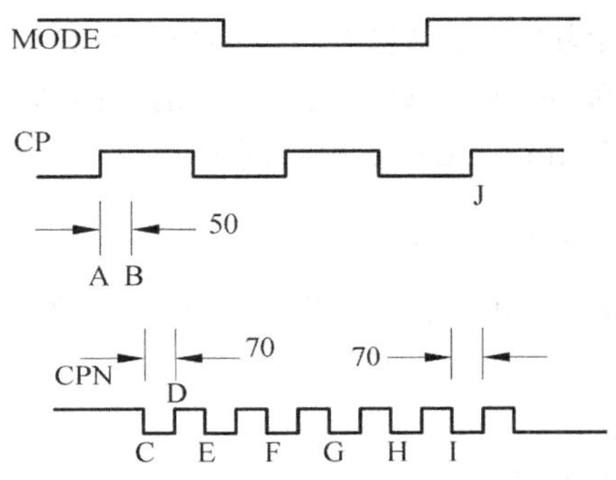

图 5.58 采样 $ fullskew 的时序图

(1) 没有设置 event_based_flag。

在 CP 的 A 点，MODE 为真时，开始等待 CPN 上的负跳变。当在 B 点到达 50 个时间单位时，报告冲突。复位检查，并且等待下一个活动的跳变。

CPN 在 C 点，产生一个负跳变，当 MODE 为真时，在 CP 上等待一个正的跳变，在 D 点，时间等于 70 个时间单位，MODE 为真。但是，CP 没有正的边沿。因此，报告一个冲突，复位检查，等待下一个活动的跳变。

CPN 在 E 点，也导致一个时序冲突，在 F 点也是这样，这是因为即使 CP 跳变，但是 MODE 为假。G 和 H 点的跳变也导致时序冲突，但是 I 点没有，这是因为 CP 跳变时，MODE 为真。

(2) 设置 event_based_flag。

在 CP 的 A 点，MODE 为真时，开始等待 CPN 上的负跳变。CPN 在 C 点报告一个时序冲突，这是因为超过了 50 个时间单位。当 MODE 为真，在 C 点的跳变开始等待 70 个时间单位，用于 CP 上的正跳变。CPN 在 C 点到 H 点的跳变，MODE 为真，但是 CP 没有正的跳变，因此没有报告时序冲突。CPN 在 I 点的跳变，开始等待 70 个时间单位。当 MODE 为真，CP 在 J 点的正跳变满足条件。

尽管该例子没有看到 remain_active_flag，但是这个标志在 **$ fullskew** 时序检查中非常重要，正如在 **$ timeskew** 时序检查中那样。

4. $ width

语法格式为

```
$width ( controlled_reference_event , timing_check_limit[ , threshold [ , notifier ] ] ) ;
```

其中，data_event(隐含)为时间检查边沿触发事件；reference_event 为时间戳边沿触发事件；limit2 为非负常数表达式；notifier(可选)为 Reg；threshold(可选)为非负常数表达式。

$ width 时间检查，通过测量从时间戳事件到时间检查事件的时间，监视信号脉冲的宽度。由于数据事件没有传递到 **$ width**，所以它从参考事件中得到它，即

```
数据事件 = 带有相反边沿的参考事件信号
```

脉冲宽度必须大于等于限制，这样才能避免时序冲突。但是，对于小于门限的毛刺来说，不报告冲突。

如果要求一个 notifier 参数时，需要包含门限参数。允许同时不指定这两个参数，此时门限的默认值为 0。如果出现 notifier，则应该有非空的门限值。

［例 5.235］ **$ width** Verilog HDL 描述的例子。

```
$width (posedge clk, 6, 0, ntfr_reg);
```

［例 5.236］ **$ width** 合法和不合法 Verilog HDL 描述的例子。

```
//合法的调用
$width ( negedge clr, lim );
$width ( negedge clr, lim, thresh, notif );
$width ( negedge clr, lim, 0, notif );
//不合法的调用
$width ( negedge clr, lim, notif );
$width ( negedge clr, lim, notif );
```

5. $ period

语法格式为

```
$period ( controlled_reference_event , timing_check_limit [ , [ notifier ] ] ) ;
```

其中，data_event(隐含)为时间检查边沿触发事件；reference_event 为时间戳边沿触发事件；limit2 为非负常数表达式；notifier(可选)为 Reg。

由于数据事件没有传递参数到 **$ period**，所以它从参考事件中得到

```
数据事件 = 带有相同边沿的参考事件信号
```

6. $ nochange

语法格式为

```
$nochange ( reference_event , data_event , start_edge_offset ,
            end_edge_offset [ , [ notifier ] ] ) ;
```

其中，data_event 为时间戳或者时间检查事件；reference_event 为边沿触发的时间戳或者时间检查事件；start_edge_offset 为常数表达式；end_edge_offset 为常数表达式；notifier(可选)为 Reg。

起始边沿和结束边沿能扩展或者缩小时序冲突的区域，由边沿之后参考事件的周期

确定。

$ nochange 涉及三个跳变，而不是两个跳变。参考事件的前沿定义了时间窗口的开始，参考事件的后沿定义了事件窗口的结束。

时间窗口的结束点由下面确定：

```
(beginning of time window) = (leading reference edge time) - start_edge_offset
(end of time window) = (trailing reference edge time) + end_edge_offset
```

[例 5.237] **$ nochange** Verilog HDL 描述的例子。

```
$ nochange( posedge clk, data, 0, 0) ;
```

5.15.3 边沿控制符

posedge 和 **negedge** 关键字可用于某个边沿控制的描述符。

[例 5.238] **posedge** 和 **negedge** Verilog HDL 的例子。

```
posedge clr
```

等效为

```
edge[01, 0x, x1] clr
```

类似地

```
negedge clr
```

等效为

```
edge[10, x0, 1x] clr
```

注：

(1) 01：表示从 0 跳变到 1。

(2) 0x：表示从 0 跳变到 x。

(3) 10：表示从 1 跳变到 0。

(4) 1x：表示从 1 跳变到 x。

(5) x0：表示从 x 跳变到 0。

(6) x1：表示从 x 跳变到 1。

5.15.4 提示符：用户定义对时序冲突的响应

时序检查提示符检测到时序检查冲突行为，并且在发生冲突时采取措施。该提示符可以用于打印描述冲突或者在器件的输出端传播到 x 值的错误信息。

提示符是一个寄存器，在模块内调用时序检查的任务中进行声明，将它作为传递到系统时序检查的最后参数。当发生时序冲突时，时序检查更新提示符的值。

对所有的系统时序检查来说，提示符是一个可选的参数。

表 5.35 给出了提示符值对时序冲突的响应。

表 5.35　提示符值对时序冲突的响应

BEFORE 冲突	AFTER 冲突
x	0 或者 1
0	1
1	0
z	z

［例 5.239］　提示符 Verilog HDL 描述的例子。

```
$setup( data, posedge clk, 10, notifier ) ;
$width(posedge clk, 16, 0, notifier ) ;
```

［例 5.240］　边沿敏感的 UDP 中使用提示符 Verilog HDL 描述的例子。

```
primitive posdff_udp(q, clock, data, preset, clear, notifier);
output q; reg q;
input clock, data, preset, clear, notifier;
table
      //clock data p c notifier state q
      //--------------------------------------------------------
         r     0  1 1    ?   :   ? : 0 ;
         r     1  1 1    ?   :   ? : 1 ;
         p     1  ? 1    ?   :   1 : 1 ;
         p     0  1 ?    ?   :   0 : 0 ;
         n     ?  ? ?    ?   :   ? : - ;
         ?     *  ? ?    ?   :   ? : - ;
         ?     ?  0 1    ?   :   ? : 1 ;
         ?     ?  * 1    ?   :   1 : 1 ;
         ?     ?  1 0    ?   :   ? : 0 ;
         ?     ?  1 *    ?   :   0 : 0 ;
         ?     ?  ? ?    *   :   ? : x ;        //在任何提示符事件
                                                //输出 x
  endtable
  endprimitive


  module dff(q, qbar, clock, data, preset, clear);
  output q, qbar;
  input clock, data, preset, clear;
  reg notifier;
  and (enable, preset, clear);
  not (qbar, ffout);
  buf (q, ffout);
  posdff_udp (ffout, clock, data, preset, clear, notifier);
specify
    //定义时序检查参数值
    specparam tSU = 10, tHD = 1, tPW = 25, tWPC = 10, tREC = 5;
    //定义模块路径延时上升和下降 min:typ:max 值
    specparam tPLHc = 4:6:9 , tPHLc = 5:8:11;
    specparam tPLHpc = 3:5:6 , tPHLpc = 4:7:9;
```

```
    //指定模块路径延迟
    (clock *> q,qbar) = (tPLHc, tPHLc);
    (preset,clear *> q,qbar) = (tPLHpc, tPHLpc);
    //建立时间：数据到时钟，只有当 preset 和 clear 为 1 时
    $setup(data, posedge clock &&& enable, tSU, notifier);
    //保持时间：数据到时钟，只有当 preset 和 clear 为 1 时
    $hold(posedge clock, data &&& enable, tHD, notifier);
    //时钟周期检查
    $period(posedge clock, tPW, notifier);
    //脉冲宽度 : preset, clear
    $width(negedge preset, tWPC, 0, notifier);
    $width(negedge clear, tWPC, 0, notifier);
    //恢复时间：clear 或者 preset 到时钟
    $recovery(posedge preset, posedge clock, tREC, notifier);
    $recovery(posedge clear, posedge clock, tREC, notifier);
endspecify
endmodule
```

注：该模块只应用于边敏感的 UDP；对于电平敏感的模型，生成一个用于 x 传播的额外模型。

1. 精确仿真的要求

为了精确地建模负值时序检查，应用下面的要求：

(1) 如果在冲突窗口中(除去结束点)信号发生改变，将触发时序冲突。小于两个单位的仿真精度的冲突窗口，将不产生时序冲突。

(2) 在冲突窗口内(除去结束点)，锁存数据的值为 1，它是稳定的。

为了便于建模，在时序检查中产生数据和参考信号的延迟复制版本，用于运行时内部的时序检查评估。调整内部所使用的建立和保持时间以移动冲突窗口，使得它和参考信号重叠。

在时序检查中，声明延迟数据和参考信号。这样，可以在模型的功能实现中使用它们，以保证精确的仿真。如果时序检查中没有延迟信号，并且出现负的建立和保持时间，则创建隐含的延迟信号。由于在定义的模块行为中不能使用隐含的延迟信号，这样的模型可能产生不正确的行为。

[**例 5.241**] 隐含延迟信号 Verilog HDL 描述的例子 1。

```
$setuphold(posedge CLK, DATA, -10, 20);
```

为 CLK 和 DATA 创建隐含延迟信号，但是不可能访问它们。**$setuphold** 检查将正确地评估。但是，功能行为不总是正确的。如果在 CLK 的上升沿和 10 个时间单位后，DATA 跳变，则时钟不正确地获取前面的 DATA 数据。

[**例 5.242**] 隐含延迟信号 Verilog HDL 描述的例子 2。

```
$setuphold(posedge CLK, DATA1, -10, 20);
$setuphold(posedge CLK, DATA2, -15, 18);
```

为 CLK、DATA1 和 DATA2 创建隐含延迟信号，即使在两个不同的时序检查中引用 CLK，只创建一个隐含的延迟信号，并且用于所有的时序检查。

［**例 5.243**］ 隐含延迟信号 Verilog HDL 描述的例子 3。

```
$ setuphold(posedge CLK, DATA1, - 10, 20, del_CLK, del_DATA1);
$ setuphold(posedge CLK, DATA2, - 15, 18);
```

为 CLK 和 DATA1 创建明确的延迟信号 del_CLK 和 del_DATA1，而为 DATA2 创建了隐含的延迟信号。换言之，CLK 只创建了一个延迟信号 del_CLK。

信号的延迟版本，不管是隐含的还是明确的，可以用于 **$ setup**，**$ hold**，**$ setuphold**，**$ recovery**，**$ removal**，**$ recrem**，**$ width**，**$ period** 和 **$ nochange** 时序检查。这些检查将相应地调整其限制。如果调整限制小于等于 0，则将限制设置为 0，仿真器将产生一个警告。

信号的延迟版本不可以用于 **$ skew**，**$ fullskew**，**$ timeskew** 时序检查。因为它可能导致以前信号跳变的翻转，使得用于时序检查的提示符在模型剩余部分的错误时间产生切换。由于正在取消一个时序检查冲突，可能导致跳变到 x。可以通过为每个检查设置单独的提示符来解决这个问题。

对负的时序检查值，可能会出现相互之间的不一致，并且对延迟信号的延迟值没有解决的方法。在这种情况下，仿真器将产生警告信息。可以将最小的负限制值改为 0，并且重新计算延迟信号的延迟。通过反复计算，直到找到一个解决方案为止。这样，可以解决不一致的问题。因为在最坏情况下所有负的限制值都变为 0，不需要延迟信号。所以，这个过程总是可以找到一个解决方案。

当出现负的限制值时，延迟时序检查信号才真正地被延迟。如果一个时序检查信号被一个多于该信号到输出的传播延迟所延迟，将花费比它传播延迟更长的时间来改变输出。这样，输出的行为就好像它的指定路径延迟等于应用到时序检查信号的延迟。只有为数据信号的每个边沿设置唯一的 setup/hold 或者 removal/recovery 时间时，才出现这种情况。

例如：

```
(CLK = Q) = 6;
$ setuphold (posedge CLK, posedge D, - 3, 8, , , , dCLK, dD);
$ setuphold (posedge CLK, negedge D, - 7, 13, , , , dCLK, dD);
```

建立时间是－7（－3 和－7 中，绝对值较大的数值），为 Dclk 创建延迟为 7。因此，在 CLK 的正边沿输出 Q 将不会发生变化，直到 7 个时间单位，而不是在指定路径中给出的 6 个时间单位。

2. 负时序检查的条件

通过使用“&&&”操作符，可以使条件与参考和数据信号相关。但是，当建立或者保持时间为负时，条件需要与参考和数据信号成对。

下面的 **$ setup** 和 **$ hold** 检查将一起工作，作为单个的 **$ setuphold**，以提供相同的检查。

```
$ setup (data, clk &&& cond1, tsetup, ntfr);
$ hold (clk, data &&& cond1, thold, ntfr);
```

在 **$ setup** 检查中，clk 是时间检查事件；而在 $ hold 检查中，data 是时间检查事件。不能用单个 **$ setuphold** 表示。因此，提供额外的参数，使得用单个 **$ setuphold** 表示成为可能。

这些参数是 timestamp_cond 和 timecheck_cond。下面的 **$ setuphold** 等效于分开的 **$ setup** 和 **$ hold**。

```
$ setuphold( clk, data, tsetup, thold, ntfr, , cond1);
```

只创建延迟信号用于参考和数据信号，不能用于任何和它们相关的条件信号，用于 timestamp_cond 和 timecheck_cond 域的延迟条件信号，可以通过使它们成为延迟信号的函数来实现。

［**例 5.244**］ 条件延迟控制 Verilog HDL 描述的例子。

```
assign TE_cond_D = (dTE !== 1'b1);
assign TE_cond_TI = (dTE !== 1'b0);
assign DXTI_cond = (dTI !== dD);
specify
    $ setuphold(posedge CP, D, -10, 20, notifier, ,TE_cond_D, dCP, dD);
    $ setuphold(posedge CP, TI, 20, -10, notifier, ,TE_cond_TI, dCP, dTI);
    $ setuphold(posedge CP, TE, -4, 8, notifier, ,DXTI_cond, dCP, dTE);
endspecify
```

分配语句创建条件信号，它是延迟信号的函数。创建延迟的条件与参考信号和数据信号的延迟版本是同步的，用于执行检查。

第一个 **$ setuphold** 有负的建立时间。因此，时间检查条件 TE_cond_D 和数据信号 D 相关；第二个 **$ setuphold** 有负的保持时间。因此，时间检查条件 TE_cond_TI 和参考信号 cp 相关；第三个 **$ setuphold** 有负的建立时间。因此，时间检查条件 DXTI_cond 和数据信号 TE 相关。

图 5.59 给出了该例子的冲突窗口。

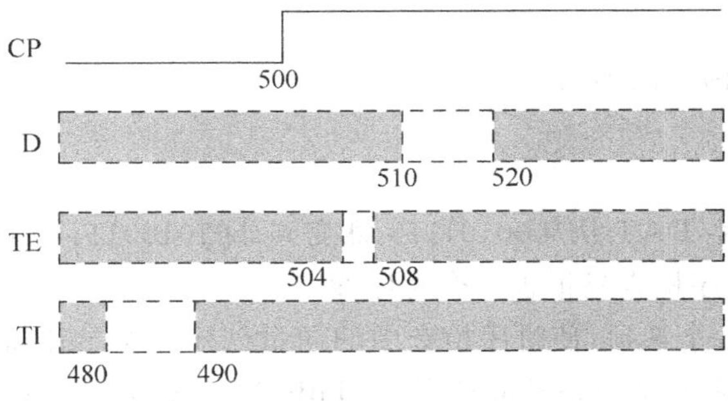

图 5.59 时序检查冲突窗口

下面用于延迟信号所计算的延迟值：

```
dCP     10.01
dD      0.00
dTI     20.02
dTE     2.02
```

3. 负时序检查的提示符

由于参考信号和数据信号在内部被延迟，因此时序冲突的检测也被延迟。当时序检查检测到一个时序冲突时，将切换在负时序检查中的提示符。当被调整的时序检查值测量被延迟的信号处于冲突时，而不是最初的时序检查值测量在模型输入的未延迟值时，就会发生这种情况。

5.15.5 使能有条件的时序检查

一个称为有条件事件的结构，是指时序检查和一个条件信号相关。在该时序检查中，使用“&&&”操作符。

[例 5.245] 条件时序检查 Verilog HDL 描述的例子 1。

```
$setup( data, posedge clk &&& clr, 10 ) ;
```

[例 5.246] 条件时序检查 Verilog HDL 描述的例子 2。

```
$setup( data, posedge clk &&& (~clr), 10 ) ;
$setup( data, posedge clk &&& (clr === 0), 10 );
```

5.15.6 向量信号的时序检查

在时序检查中，某些或全部信号可以是向量，这将被看作单个的时序检查，将一个向量中的一位或者多位跳变看作该向量的一个跳变。

[例 5.247] 向量信号时序检查 Verilog HDL 描述的例子。

```
module DFF (Q, CLK, DAT);
input CLK;
input [7:0] DAT;
output [7:0] Q;
always @(posedge clk)
Q = DAT;
specify
 $setup (DAT, posedge CLK, 10);
endspecify
endmodule
```

如果在时刻 100 时，DAT 从'b00101110 跳变到'b01010011；在时刻 105 时，CLK 从 0 跳变到 1，则 **$setup** 时序检查只报告一个时序冲突。

仿真器可以提供一个选项，使时序检查中的向量创建多个单比特位的时序检查。对于只有单个信号的时序检查，如 **$period** 或者 **$width**，N 位宽度的向量导致 N 个不同的时序检查。对于两个信号的时序检查，如 $setup、$hold、$setuphold、$skew、$timeskew、$fullskew、$recovery、$removal、$recrem 和 $nochange，M 和 N 是两个信号的宽度，结果是 M×N 个时序检查。如果有一个提示符，则所有的时序检查将触发该提示符。

5.15.7 负时序检查

当使能负时序检查选项时，可以接受 **$setuphold** 和 **$recrem** 时序检查，这两个时序检查的行为和对应的负值是一样的。本节介绍 **$setuphold** 时序检查，同样应用于 **$recrem** 时序检查。

建立和保持时序检查值定义了一个关于参考信号沿时序冲突窗口。在该窗口内，数据保持常数。任何在指定窗口内的数据变化,将引起时序冲突。通过提示符寄存器,报告时序冲突。当在模型中即将发生其他行为,如当检测到一个时序冲突时,迫使一个触发器的输出为 x。

如图 5.60 所示,建立和保持时间都为正值时,暗示这个冲突窗口跨越参考信号。

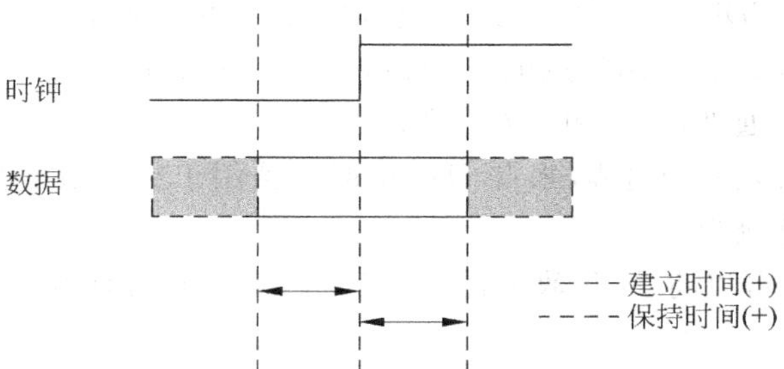

图 5.60 数据约束间隔(正的建立/保持)

负的建立或者保持时间意味着冲突窗口移动到参考信号的前面或者后面。在器件的内部,内部时钟和数据信号路径不同时,可能发生这种情况。图 5.61 给出了数据约束间隔。负的建立和保持时间对窗口的影响。

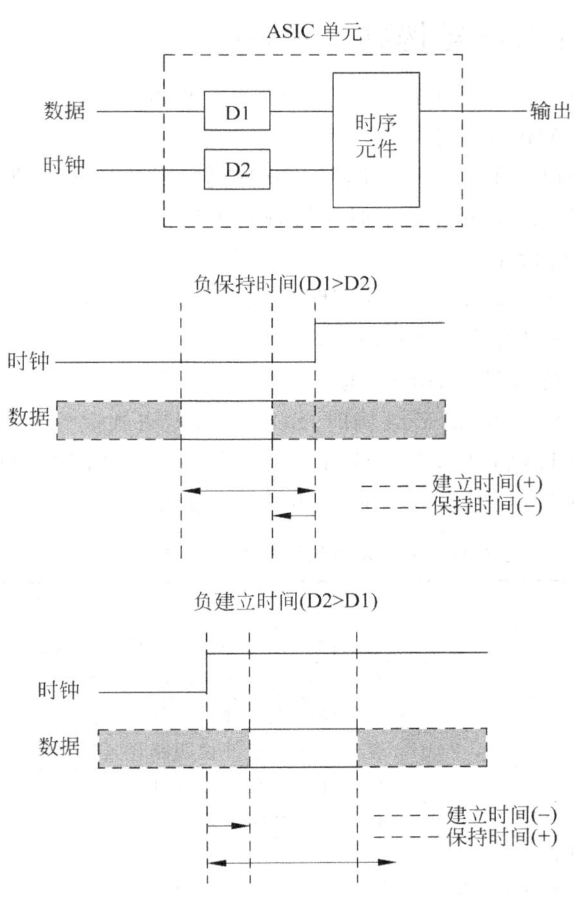

图 5.61 数据约束间隔(负的建立/保持)

5.16 Verilog HDL SDF 逆向注解

标准延迟格式(Standard Delay Format,SDF)包含时序值,用于指定路径延迟、时序检查约束和互连延迟。SDF 也包含其他的信息,但是这些信息并不关注 Verilog 仿真。在 SDF 中的时序值,经常来自专用集成电路(Application-specific Integrated Circuit,ASIC)延迟计算工具,利用了连通性、技术和布局集合信息。

Verilog 逆向注解是一个过程,来自 SDF 的时序值用于更新指定路径延迟、specpararm 值、时序约束值和互连延迟。

SDF 注解器是指可以将 SDF 数据逆向注解到 Verilog 仿真器。当遇到不能注解的数据时,将报告警告信息。

一个 SDF 文件可以包含很多结构,它与指定路径延迟、specparam 值、时序检查约束值或者互连延迟无关。例如 SDF 文件 TIMINGENV 部分内的任何结构。所有和 Verilog 时序无关的结构将被忽略,并且没有发布任何警告。

在逆向注解的过程中,没有在 SDF 文件中提供任何 Verilog 时序值。因此,不会被修改。并且,不会修改它的预逆向注解的值。

5.16.1 映射 SDF 结构到 Verilog

SDF 时序值出现在一个 CELL 声明中,它可以包含一个或者多个 DELAY、TIMINGCHECK 和 LABEL 部分。

(1) DELAY 部分包含了用于指定路径和互连延迟的传播延迟值。

(2) TIMINGCHECK 部分包含了时序检查约束值。

(3) LABEL 部分包含了用于 specparams 新的值。

通过将 SDF 结构和相应的 Verilog 声明匹配,将 SDF 逆向注解到 Verilog。然后,用来自 SDF 文件的值替换已经存在的 Verilog 时序值。

1. 映射 SDF 延迟结构到 Verilog 声明

当注解不是互联延迟 DELAY 结构时,SDF 注解器查找名字和条件匹配的指定路径;当注解 TIMINGCHECK 结构时,SDF 注解器查找名字和条件匹配的相同类型的时序检查。表 5.36 给出了 SDF 延迟结构到 Verilog 声明的映射关系。

表 5.36 SDF 延迟结构到 Verilog 声明的映射

SDF 结构	Verilog 注解结构
(PATHPULSE...	有条件和无条件说明路径脉冲限制
(PATHPULSEPERCENT...	有条件和无条件说明路径脉冲限制
(IOPATH...	有条件和无条件说明路径延迟/脉冲限制
(IOPATH (RETAIN...	有条件和无条件说明路径延迟/脉冲限制,忽略 RETAIN
(COND (IOPATH...	有条件说明路径延迟/脉冲限制
(COND (IOPATH (RETAIN...	有条件说明路径延迟/脉冲限制,忽略 RETAIN
(CONDELSE (IOPATH...	ifnone
(CONDELSE (IOPATH (RETAIN...	ifnone,忽略 RETAIN

续表

SDF 结构	Verilog 注解结构
(DEVICE...	所有到模块输出的指定路径，如果没有说明路径，所有原语驱动模块输出
(DEVICE port_instance...	如果 port_instance 是一个模块例化，所有到模块输出的指定路径。如果没有说明路径，所有原语驱动模块输出 如果 port_instance 是一个模块例化输出，所有到该模块输出的指定路径；如果没有指定路径，所有原语驱动该模块输出

[**例 5.248**] SDF 文件和 Verilog 延迟结构映射的例子 1。

源文件 SDF 信号 sel 匹配源 Verilog 信号，目的 SDF 信号 zout 也匹配目的 Verilog 信号。因此，将 rise/fall 时间(1.3,1.7)注解到指定路径。

SDF 文件

```
(IOPATH sel zout (1.3) (1.7))
```

Verilog 指定路径

```
(sel => zout) = 0;
```

[**例 5.249**] SDF 文件和 Verilog 延迟结构映射的例子 2。

两个端口之间有条件的 IOPATH 延迟，将只注解到带有相同条件的两个端口之间的 Verilog 指定路径。因此，rise/fall 时间(1.3,1.7)只注解到第二个指定路径。

SDF 文件

```
(COND mode (IOPATH sel zout (1.3) (1.7)))
```

Verilog 指定路径

```
if(!mode) (sel => zout) = 0;
if(mode) (sel => zout) = 0;
```

[**例 5.250**] SDF 文件和 Verilog 延迟结构映射的例子 3。

两个端口之间无条件的 IOPATH 延迟，将只注解到所有两个端口之间的指定路径。因此，rise/fall 时间(1.3,1.7)注解到所有指定路径。

SDF 文件

```
(IOPATH sel zout (1.3) (1.7))
```

Verilog 指定路径

```
if(!mode) (sel => zout) = 0;
if (mode) (sel => zout) = 0;
```

2. 映射 SDF 时序检查结构到 Verilog

表 5.37 给出了通过每个类型的 SDF 时序检查注解 Verilog 的每个时序检查。v1 是时序检查的第一个值，v2 是第二个值，x 表示没有值注解。

表 5.37 SDF 时序检查结构映射到 Verilog

SDF 时序检查	注解 Verilog 时序检查
(SETUP v1...	$ setup(v1)，$ setuphold(v1,x)
(HOLD v1...	$ hold(v1)，$ setuphold(x,v1)
(SETUPHOLD v1 v2...	$ setup(v1)，$ hold(v2)，$ setuphold(v1,v2)
(RECOVERY v1...	$ recovery(v1)，$ recrem(v1,x)
(REMOVAL v1...	$ removal(v1)，$ recrem(x,v1)
(RECREM v1 v2...	$ recovery(v1)，$ removal(v2)，$ recrem(v1,v2)
(SKEW v1...	$ skew(v1)
(TIMESKEW v1...①	$ timeskew(v1)
(FULLSKEW v1 v2...①	$ fullskew(v1,v2)
(WIDTH v1...	$ width(v1,x)
(PERIOD v1...	$ period(v1)
(NOCHANGE v1 v2...	$ nochange(v1,v2)

注：①不是当前 SDF 标准的一部分。

时序检查的参考信号和数据信号可以有与它们相关的条件表达式和边沿。如果在一个 SDF 时序检查中，任何信号都没有条件或者边沿，则将匹配所有相应的 Verilog 时序检查，而不考虑是否出现条件。

[例 5.251] SDF 时序检查注解到所有 Verilog HDL 时序检查的例子 1。

SDF 文件

```
(SETUPHOLD data clk (3) (4))
```

Verilog HDL 时序检查

```
$ setuphold (posedge clk &&& mode, data, 1, 1, ntfr);
$ setuphold (negedge clk &&& !mode, data, 1, 1, ntfr);
```

在一个 SDF 时序检查中，当条件或者边沿与信号相关时，在注解发生前，将在任何 Verilog 时序检查中匹配它们。

[例 5.252] SDF 时序检查注解到所有 Verilog HDL 时序检查的例子 2。

在这个例子中，SDF 时序检查注解到第一个 Verilog 时序检查，而不是第二个。

SDF 文件

```
(SETUPHOLD data (posedge clk) (3) (4))
```

Verilog 时序检查

```
$ setuphold (posedge clk &&& mode, data, 1, 1, ntfr);      //注解
$ setuphold (negedge clk &&& !mode, data, 1, 1, ntfr);     //没有注解
```

[例 5.253] SDF 时序检查不注解到任何 Verilog 时序检查的例子。

SDF 文件

```
(SETUPHOLD data (COND !mode (posedge clk)) (3) (4))
```

Verilog 时序

```
$ setuphold (posedge clk &&& mode, data, 1, 1, ntfr);        //没有注解
$ setuphold (negedge clk &&& !mode, data, 1, 1, ntfr);       //没有注解
```

3. SDF 注解 specparam

SDF LABEL 结构注解到 specparam。当来自 SDF 文件注解到 Verilog 结构时，将重新评估包含一个或多个 specparam 的表达式。下面的例子将给出 SDF LABEL 结构注解到 Verilog 模块的 specparm。当一个时钟跳变时，在过程延迟中使用 specparam 进行控制。SDF LABEL 结构注解 dhigh 和 dlow 的值，用于设置时钟的周期和占空比。

［**例 5.254**］ SDF 注解 specparam 的例子 1。

SDF 文件：

```
(LABEL
(ABSOLUTE
(dhigh 60)
(dlow 40)))
```

Verilog 文件：

```
module clock(clk);
output clk;
reg clk;
specparam dhigh = 0, dlow = 0;
initial clk = 0;
always
  begin
   #dhigh clk = 1;                       //在跳变到 1 前，时钟保持低周期 dlow
   #dlow clk = 0;                        //在跳变到 0 前，时钟保持高周期 dhigh
  end;
endmodule
```

［**例 5.255**］ SDF 注解 specparam 的例子 2。

在一个指定路径表达式内的 specparm，SDF LABEL 结构用于改变 specparam 的值，将重新评估表达式。

```
specparam cap = 0;
...
specify
    (A => Z) = 1.4 * cap + 0.7;
endspecify
```

4. SDF 互连延迟注解

SDF 互连延迟注解不同于前面所说的三种结构，这是因为它并不存在对应的 Verilog 声明用于注解互联延迟。在 Verilog 仿真中，互联延迟是一个抽象，用于表示从一个 ouput 或者 inout 模块端口到一个 input 或者 inout 端口的传播延迟。INTERCONNECT 结构包含一个源、一个负载和延迟值，而 PORT 和 NETDELAY 结构只包含一个负载和延迟值。互联延迟只能在两个端口之间进行注解，不能用于原语引脚之间。表 5.38 给出了注解 DELAY 部分内 SDF 互联结构的方法。

表 5.38 互联延迟的 SDF 注解

SDF 结构	Verilog 注解结构
(PORT...	互联延迟
(NETDELAY①	互联延迟
(INTERCONNECT...	互联延迟

注：①只在 OVI SDF 版本 1.0、2.0 和 2.1 和 IEEE SDF 版本 4.0。

互联延迟可以被注解到单个源或多个源网络。

当正在注解一个 PORT 结构时，SDF 注解器将寻找端口。如果存在的话，将给该端口注解一个互联延迟，这个延迟表示从网络上所有源到该端口的延迟。

当正在注解一个 NETDELAY 结构时，SDF 注解器将查看是注解到一个端口还是一个网络。如果注解到端口，则 SDF 注解器将一个互联延迟注解到对应的端口；如果是注解到网络，则将一个互联延迟注解到连接该网络的所有负载端口。如果端口或者网络有多个源，则延迟将表示来自所有源的延迟。NETDELAY 延迟只能被注解到 input/output 端口或者网络。

在一个网络有多个源的情况下，使用 INTERCONNECT 结构在每个源和负载对之间注解唯一的延迟。当使用该结构注解时，SDF 注解器将找到源端口和负载端口。如果都存在，则将在两者之间注解一个互联延迟。如果没有找到源端口或者源端口和负载端口没有真正地在相同的网络上时，则报告警告信息。但是，一定要注解到负载端口的延迟。如果一个端口是多个源网络的一部分，则将延迟视作是来自所有源端口，它和一个 PORT 延迟注解行为是一样的。源端口是 output 或者 input 端口，而负载端口是 input 或者 inout 端口。

互联延迟共享很多指定路径延迟的特性，用于填充缺失延迟和脉冲限制的指定路径延迟规则同样适用于互联延迟。互联延迟有 12 个跳变延迟，其中每个都有唯一的 reject 和 error 脉冲限制。

在一个 Verilog 模块中，当在任何地方发生对一个注解端口的引用时，不管是在 $monitor 和 $display 描述中，还是在一个表达式中，都应该提供延迟信号的值。当源的引用将产生一个没有延迟的信号值；而对负载的引用将产生延迟信号值。通常，在负载前引用层次的信号值将产生没有延迟的信号值；当在一个负载引用一个信号或者在负载后引用层次化的信号时将生成延迟信号值。一个层次化端口的注解将影响在高层或者底层的所有连接的端口，这取决于注解的方向。来自一个源端口的注解将被理解成来自所有较高层次的源或者比该源端口低的层次。

向上层次注解将被正确地处理。当负载在层次中高于源时将出现以下情况：到所有端口的延迟，即这些端口在层次上高于负载或者它连接到在层次上高于源的网络，和连接到相应网络的延迟是相同的。

向下层次注解将被正确地处理。当源在层次中高于负载时，将出现以下情况：到负载的延迟理解为来自所有端口，这些端口在源或者高于源，或者端口连接到该网络点或者在层次上高于源。

允许层次上的重叠注解。当注解到/来自相同的端口，但是其发生在不同的层次级上时，没有对应到相同层次的端口子集。

[**例 5.256**] SDF 注解互联延迟的例子。

在该例子中,第一个 INTERCONNECT 语句注解到网络的所有端口,包括层次化内 i53/selmode;第二个语句注解到一个端口的更小的子集,只有那些层次化内的 i53/u21/in。

```
(INTERCONNECT i14/u5/out i53/selmode (1.43) (2.17))
(INTERCONNECT i14/u5/out i53/u21/in (1.58) (1.92))
```

5.16.2 多个注解

SDF 注解是一个按顺序处理的过程。来自 SDF 文件的结构,将按照发生的顺序进行注解。换言之,通过一个后面结构的注解(该注解可以修改(INCREMENT)或者覆盖(ABSOLUTE)它),修改 SDF 结构的注解。

[**例 5.257**] 多个注解的例子描述 1。

```
(DELAY
    (ABSOLUTE
      (PATHPULSE A Z (2.1) (3.4))
      (IOPATH A Z (3.5) (6.1))
```

该例子首先注解脉冲限制到一个 IOPATH,然后注解整个 IOPATH,从而覆盖脉冲限制。

[**例 5.258**] 多个注解的例子描述 2。

```
(DELAY
    (ABSOLUTE
      (PATHPULSE A Z (2.1) (3.4))
      (IOPATH A Z ((3.5) () ()) ((6.1) () ()) )
```

该例子通过使用空的括号,来保持脉冲限制当前的值,从而避免覆盖脉冲限制的值。

[**例 5.259**] 多个注解的例子描述 3。

```
(DELAY
    (ABSOLUTE
        (IOPATH A Z ((3.5) (2.1) (3.4)) ((6.1) (2.1) (3.4)) )
```

该例子将前面的注解简化成单个语句。

一个 PORT 注解后面跟着一个 INTERCONNECT 注解。指向相同的负载时,将只影响来自 INTERCONNECT 源的延迟。

[**例 5.260**] 多个注解的例子描述 4。

```
(DELAY
    (ABSOLUTE
        (PORT i15/in (6))
        (INTERCONNECT i13/out i15/in (5))
```

在该例子中,一个网络有三个源和一个负载,来自所有源的延迟(除 i13/out 外)保持 6。

一个 INTERCONNECT 注解后面跟着一个 PORT 注解,它将覆盖 INTERCONNECT 注解。

[**例 5.261**] 多个注解的例子描述 5。

```
(DELAY
    (ABSOLUTE
        (INTERCONNECT i13/out i15/in (5))
        (PORT i15/in (6))
```

在该例子中，来自所有源到负载的延迟将变成 6。

5.16.3 多个 SDF 文件

可以对多个 SDF 文件进行注解。对 **$ sdf_annotate** 任务的每个调用，将用来自 SDF 文件的时序信息对设计进行注解。注解的值将会修改（INCREMENT）或者覆盖（ABSOLUTE）来自 SDF 文件的值。通过指定区域的层次范围，作为 **$ sdf_annotate** 的第二个参数，这样，不同的 SDF 文件就可以对一个设计的不同区域进行注解。

5.16.4 脉冲限制注解

对于延迟（不是时序约束）的 SDF 注解，通过使用用于 reject 和 error 限制的百分比设置来计算用于脉冲限制注解的默认值。默认限制是 100%，可以通过调用选项修改这些值。如假设调用选项将 reject 限制设置为 40%，error 限制设置为 80%。下面的例子将延迟注解为 5，reject 限制注解为 2，error 限制注解为 4。

[**例 5.262**] 脉冲限制注解的例子 1。

```
(DELAY
    (ABSOLUTE
        (IOPATH A Z (5))
```

假定指定路径的延迟初始为 0。下面的注解将导致延迟为 5，脉冲限制为 0。

[**例 5.263**] 脉冲限制注解的例子 2。

```
(DELAY
    (ABSOLUTE
        (IOPATH A Z ((5) () ()) )
```

INCREMENT 模式下的注解可能导致脉冲限制小于 0。在这种情况下，将它们调整到 0。比如如果指定路径的脉冲限制都是 3，下面的注解将导致对所有的脉冲限制的值为 0。

[**例 5.264**] 脉冲限制注解的例子 3。

```
(DELAY
    (INCREMENT
        (IOPATH A Z (() ( - 4) ( - 5)) )
```

这里有两个 SDF 结构，即 PATHPULSE 和 PATHPULSEPERCENT。只注解到脉冲限制，不影响延迟。当 PATHPULSE 设置脉冲限制的值大于延迟时，Verilog 将给出相同的行为，就好像是将脉冲限制设置为等于延迟。

5.16.5 SDF 到 Verilog 延迟值映射

Verilog 指定路径和互联，最多有 12 个状态跳变，每个跳变有唯一的延迟。所有其他结构，如门原语和连续分配，只有 3 个状态跳变延迟。

对于 Verilog 指定的路径和互联延迟，SDF 提供的跳变延迟值的个数可能小于 12 个。表 5.39 给出了 SDF 到 Verilog 延迟值的映射。

表 5.39 SDF 到 Verilog 延迟值的映射

Verilog 跳变	SDF 提供的延迟值的个数				
	1 个值	2 个值	3 个值	6 个值	12 个值
0->1	v1	v1	v1	v1	v1
1->0	v1	v2	v2	v2	v2
0->z	v1	v1	v3	v3	v3
z->1	v1	v1	v1	v4	v4
1->z	v1	v2	v3	v5	v5
z->0	v1	v2	v2	v6	V6
0->x	v1	v1	min(v1,v3)	min(v1,v3)	v7
x->1	v1	v1	v1	max(v1,v4)	v8
1->x	v1	v2	min(v2,v3)	min(v2,v5)	v9
x->0	v1	v2	v2	max(v2,v6)	v10
x->z	v1	max(v1,v2)	v3	max(v3,v5)	v11
z->x	v1	min(v1,v2)	min(v1,v2)	max(v4,v6)	v12

5.17 Verilog HDL 系统任务和函数

根据系统任务和系统函数实现的功能不同，可将其分为以下几类：显示任务、文件输入/输出任务、时间标度任务、仿真控制任务、仿真时间系统函数、可编程逻辑阵列建模任务、随机分析任务、变换函数、概率分布函数、命令行输入和数学函数。

5.17.1 显示任务

显示系统任务用于信息显示和输出。这些系统任务进一步分为

(1) 显示和写入任务；

(2) 探测监控任务；

(3) 连续监控任务。

1. 显示和写入任务

显示任务将特定信息输出到标准输出设备，并且带有行结束字符；而写入任务输出特定的信息时不带有行结束符。 **$ display** 和 **$ write** 系统任务的语法如下：

```
task_name (format_specification1, argument_list1 ,
        format_specification2 , argument_list2 ,
        …
```

```
format_specification N , argument_list N) ;
```

其中，task_name 是如下编译指令的一种：**$ display**、**$ displayb**、**$ displayh**、**$ displayo**、**$ write**、**$ writeb**、**$ writeh** 和 **$ writeo**。

1）用于特殊字符的转义序列

如表 5.40 所示，转义序列用于打印特殊的字符。

表 5.40 转义序列用于打印特殊的字符

参 数	描 述
\n	换行
\t	制表符
\\	字符\
\"	字符"
\ddd	3 位八进制数表示的 ASCII 值
%%	字符%

[**例 5.265**] 转义序列用于打印特殊字符 Verilog HDL 描述的例子。

```
module disp;
initial begin
    $ display("\\\t\\\n\"\123");
end
endmodule
```

仿真该例，将输出：

```
\ \
"S
```

2）用于指定格式的转义序列

表 5.41 给出转义序列用于指定格式。

表 5.41 转义序列用于指定格式

输出格式符	格 式 说 明
%h 或%H	以十六进制显示
%d 或%D	以十进制显示
%o 或%O	以八进制显示
%b 或%B	以二进制显示
%c 或%C	以 ASCII 字符形式显示
%v 或%V	显示网络信号强度
%l 或%L	显示库绑定信息
%m 或%M	显示模块分层名
%s 或%S	以字符串显示
%t 或%T	显示当前时间格式
%u 或%U	未格式化的二值数据
%z 或%Z	未格式化的四值数据

如果没有特定的参数格式说明，默认值如下：

(1) $display 与 $write：十进制数。

(2) $displayb 与 $writeb：二进制数。

(3) $displayo 与 $writeo：八进制数。

(4) $displayh 与 $writeh：十六进制数。

表 5.42 给出了用于实数显示的指定格式。

表 5.42　用于显示实数的指定格式

参　　数	描　　述
%e 或 %E	指数格式显示实数
%f 或 %F	浮点格式显示实数
%g 或 %G	以上两种格式中较短的格式显示实数

[**例 5.266**]　$display 任务 Verilog HDL 描述的例子。

```
module disp;
reg [31:0] rval;
pulldown (pd);
initial begin
    rval = 101;
    $display("rval = %h hex %d decimal",rval,rval);
    $display("rval = %o octal\nrval = %b bin",rval,rval);
    $display("rval has %c ascii character value",rval);
    $display("pd strength value is %v",pd);
    $display("current scope is %m");
    $display("%s is ascii value for 101",101);
    $display("simulation time is %t", $time);
end
endmodule
```

仿真该例，将显示下面的结果：

```
rval = 00000065 hex 101 decimal
rval = 00000000145 octal
rval = 00000000000000000000000001100101 bin
rval has e ascii character value
pd strength value is StX
current scope is disp
e is ascii value for 101
simulation time is          0
```

3) 所显示数据的位宽

对于表达式参数，写到输出文件(或者终端)时，将自动调整值的位宽。例如，当以十六进制显示 12 位表达式的结果时，分配 3 个字符；当以八进制显示时，分配四个字符。这是因为表达式最大的可能值为 FFF(十六进制)和 4095(十进制)。

当以十进制显示时，将前面的零去掉，用空格代替。对于其他基数，总是显示前面的零。

如下所示，通过在%字符和表示基数的字符之间插入一个 0，覆盖所显示的数据自动调整位宽。

```
$display("d = %0h a = %0h", data, addr);
```

[例 5.267] 显示不同数据位宽 Verilog HDL 描述的例子。

```
reg[11:0] r1;
initial begin
    r1 = 10;
    $display( "Printing with maximum size - : %d: : %h:", r1,r1 );
    $display( "Printing with minimum size - : %0d: : %0h:", r1,r1 );
end
endmodule
```

仿真后的结果：

```
Printing with maximum size - : 10: :00a:
Printing with minimum size - :10: :a:
```

第一个 **$ display** 是标准的显示格式；第二个 **$ display** 使用%0 的格式。

4）未知和高阻值

当一个表达式的结果包含一个未知或者高阻值的时候，下面的规则用于显示值：

(1) 对于%d 的格式，规则如下：①如果所有位是未知值，显示单个小写 x 字符；②如果所有位为高阻值，显示单个小写 z 字符；③如果是某些而不是全部的位为未知值，显示大写的 X 字符；④如果是某些而不是全部的位为高阻值，显示大写的 Z 字符。除非有一些位为未知值，在这种情况下，显示大写字符 X；⑤总是在一个固定宽度的区域向右对齐。

(2) 对于%h 和%o 的格式，规则如下：①每个 4 比特位组表示一个十六进制数字，每个 3 比特位组表示一个八进制数字；②如果一个组内的所有位都是未知值，为该进制的某个数字显示小写字母 x；③如果一个组内的所有位都是高阻值，为该进制的某个数字显示小写字母 z；④如果一个组内的某些位为未知值，为该进制的某个数字显示大写字母 X；⑤如果一个组内的某些位为高阻值，为该进制的某个数字显示大写字母 Z，除非有一些位为未知值，在这种情况下，为该进制的某个数字显示大写字符 X。

[例 5.268] 显示未知值和高阻值 Verilog HDL 描述的例子。

```
$display(" %d", 1'bx);x
$display(" %h", 14'bx01010); xxXa
$display(" %h %o", 12'b001xxx101x01,12'b001xxx101x01);
```

结果

```
x
xxXa
XXX 1x5X
```

5）强度格式

%v 格式用于显示标量网络的强度。对于每个%v 来说，以字符串方式显示。用三个字符格式报告一个标量网络的强度：前两个字符表示强度，第三个字符指示标量当前的值，其值如表 5.43 所示。

表 5.43　强度格式的逻辑值元件

参　数	描　述
0	用于逻辑 0 值
1	用于逻辑 1 值
X	用于一个未知值
Z	用于一个高阻的值
L	用于一个逻辑 0 或者高阻值
H	用于一个逻辑 1 或者高阻值

前两个字符即强度字符，可以是两个字母助记符或者一对十进制数字。通常，使用两个字符助记符表示强度信息。然而，少数情况下使用一对十进制数字表示各种信号强度。表 5.44 给出了用于表示不同强度级的助记符。

表 5.44　用于信号强度的助记符

助记符	强度名字	强度级
Su	Supply 驱动	7
St	强驱动	6
Pu	Pull 驱动	5
La	大的电容	4
We	弱驱动	3
Me	中电容	2
Sm	小电容	1
Hi	高阻	0

强度格式提供了四种驱动强度和三种电荷存储强度。驱动强度与门输出和连续分配输出关联；电荷存储强度和 trireg 类型网络相关。

对于逻辑 0 和 1 来说，如果信号没有强度范围，则使用一个助记符；否则，逻辑值用两个十进制数字引导，表示最大和最小的强度级。

对于未知值，当 0 和 1 强度元件在相同的强度级时，使用一个助记符；否则，未知值 X 由两个十进制数字引导，分别用于表示 0 和 1 强度级。

高阻强度没有一个已知的逻辑值，用于这个强度的逻辑值是 Z。

对于值 L 和 H，使用一个助记符表示强度级。

[例 5.269]　强度级显示 Verilog HDL 描述的例子。

```
always
#15 $display($time,,"group = %b signals = %v %v %v",{s1,s2,s3},s1,s2,s3);
```

下面给出了这样一个调用可能的输出

```
0    group = 111 signals = St1 Pu1 St1
15   group = 011 signals = Pu0 Pu1 St1
30   group = 0xz signals = 520 PuH HiZ
45   group = 0xx signals = Pu0 65X StX
60   group = 000 signals = Me0 St0 St0
```

表 5.45 解释了输出中不同的强度格式。

表 5.45 强度格式的解释

St1	强驱动 1 值
Pu0	一个 pull 驱动 0 值
HiZ	高阻状态
Me0	一个中电容强度的 0 电荷存储
StX	一个强驱动未知值
PuH	1 或者高阻值的 pul 驱动强度
65X	有一个强驱动 0 元件和一个上拉驱动 1 元件的未知值
520	范围从 pull 驱动到中电容的 0 个值

6）层次化名字格式

%m 格式标识符不接受参数。取而代之的是，它使得显示任务打印模块、任务、函数或者命名块层次名字，它调用包含格式标识符的系统任务。当有很多模块实例调用系统任务时，这非常有用。一个明确的应用是一个触发器或者锁存器时序检查消息，%m 格式标识符精确地找到模块例化，该模块例化负责时序检查消息。

7）字符格式

%s 格式标识符用于打印 ASCII 码作为字符，每个%s 标识符以一个字符串显示。参数列表中，一个相应的参数将跟随字符。相关参数理解为一个 8 位十六进制 ASCII 码，每 8 位表示一个字符。如果参数是一个变量，它的值右对齐，最右的值是字符串最后字符的最低有效位。在字符串的末尾不要求终止符，不打印前面的 0。

2. 探测任务

探测任务包含：

（1） **$ strobe**；

（2） **$ strobeb**；

（3） **$ strobeh**；

（4） **$ strobeo**。

这些系统任务在一个选择的时间显示仿真数据。但是，执行这种任务是在该选择时间步结束时才显示仿真数据。"时间结束"意味着对于指定时间内的所有事件都已经处理完成。

［**例 5.270**］ $ strobe 任务 Verilog HDL 描述的例子。

```
forever@(negedge clock)
    $ strobe ("At time % d, data is % h", $ time,data);
```

在该例子中，在时钟的每个下降沿，**$ strobe** 写时间和数据信息到标准的输出和日志文件。

3. 监控任务

监控任务有：

（1） **$ monitor**；

（2） **$ monitorb**；

（3） **$ monitorh**；

（4） **$ monitoro**。

$ monitor 任务提供了监控和显示任何变量或者表达式的值，这些值作为任务指定的参数。这个任务的参数和 $ display 系统任务指定参数的行为一样，包括用于特殊字符的转移序列和格式说明。

在任意时刻，对于特定的变量，只激活一个监控任务。

可以用如下两个系统任务打开和关闭监控。

```
$ monitor off;                          //禁止所有监控任务
$ monitor on;                           //使能所有监控任务
```

5.17.2 文件输入-输出系统任务和函数

用于文件操作的系统任务和函数分为下面的类型：

(1) 打开和关闭文件的函数和任务；

(2) 输出值到文件的任务；

(3) 输出值到变量的任务；

(4) 从文件中读取值，然后加载到变量或者存储器的任务和函数。

1. 打开和关闭文件

在 Verilog HDL 中，系统函数 $ fopen 用于打开一个文件，其语法格式如下：

```
<file_descriptor> = $ fopen("<file_name>",type);
```

其中：

(1) <file_name>指定被打开的文件名及其路径，是一个字符串，或者是一个 reg，包含一个用于命名所要打开的文件名。

(2) type 文件类型。表 5.46 给出了文件描述符的类型，类型 b 用于区分打开的是文本文件还是二进制文件。

表 5.46 文件描述符的类型

参　数	描　述
"r"或者"rb"	打开文件，用于读
"w"或者"wb"	截断到长度零，或者创建文件用于写
"a"或者"ab"	添加，打开用于在文件的末尾(EOF)写或创建用于写
"r+","r+b"或者"rb+"	打开用于更新(读和写)
"w+","w+b"或者"wb+"	截断或者创建用于更新
"a+","a+b"或者"ab+"	添加，打开或者创建用于在 EOF 更新

(3) file_descriptor 文件描述符。如果路径与文件名正确，则返回一个 32 位的多通道描述符或者一个 32 位的文件描述符句柄描述符。

① 如果没有指定文件类型，默认打开文件用于写，返回一个多通道的描述符 mcd。mcd 是 32 位 reg，设置其中的一位表示打开相应的文件。mcd 的 LSB 总是作为标准输出。多个用多通道符打开的文件，通过对 mcd 按位 OR，将其写到结果的值中。保留 mcd 的 MSB，总是为 0。用多通道描述符限制打开最多 31 个文件，用于输出。②如果指定 type，则打开指定类型的文件，返回文件描述符 fd。fd 是一个 32 位的值，fd 的 MSB 被保留，总是设置为 1。

这允许实现文件的输入和输出功能，以确定文件打开的方式。fd 剩下的比特位用于表示打开文件的类型。

不像多通道描述符那样，文件描述符不能按位 OR。

如果不能打开文件，则返回 0；通过调用 $ error，以确定不能打开文件的原因。

3 个预先打开的文件描述符，分别是：①STDIN，其值为 32'h8000_0000，用于读；②STDOUT，其值为 32'h8000_0001，用于写；③STDERR，其值为 32'h8000_0002，用于添加。

Verilog HDL 提供了 **$ fclose** 系统任务，用于关闭文件，其语法格式为

```
$fclose(<file_handle>);
```

当使用多个文件时，为了提高速度，可以将一些不再使用的文件关闭。一旦关闭某个文件，则不能再向它写入信息，并且打开的其他文件可以使用该文件的句柄。

2. 文件输出系统任务

显示、写入、探测和监控系统任务都有一个用于向文件输出的相应副本，该副本可用于将信息写入文件。Verilog HDL 中用来将信息输出到文件的系统任务有：

（1） **$ fdisplay**；

（2） **$ fwrite**；

（3） **$ fstrobe**；

（4） **$ fmonitor**。

它们具有如下相同的语法格式：

```
<task_name>(<file_handles>,<format_specifiers>);
```

其中，<task_name>是上述四种系统任务中的一种；<file_handles>是文件句柄描述符，与打开文件所不同的是，可以对句柄进行多位设置；<format_specifiers>用于指定输出格式。

［例 5.271］ 设置多通道描述符 Verilog HDL 描述的例子。

```
integer
    messages, broadcast,
    cpu_chann, alu_chann, mem_chann;
initial begin
    cpu_chann =  $fopen("cpu.dat");
    if (cpu_chann == 0) $finish;
        alu_chann =  $fopen("alu.dat");
    if(alu_chann == 0) $finish;
        mem_chann =  $fopen("mem.dat");
    if (mem_chann == 0) $finish;
        messages = cpu_chann | alu_chann | mem_chann;
    //broadcast 包含标准的输出
    broadcast = 1 | messages;
end
endmodule
```

［例 5.272］ 文件输出系统任务 Veriog HDL 描述的例子。

```
$fdisplay( broadcast, "system reset at time %d", $time );
```

```
$fdisplay( messages, "Error occurred on address bus",
           " at time %d, address = %h", $time, address );

forever @(posedge clock)
  $fdisplay( alu_chann, "acc = %h f = %h a = %h b = %h", acc, f, a, b );
```

3. 到一个字符串的格式化数据

$swrite 的命令格式如下：

```
string_output_task_name ( output_reg , list_of_arguments ) ;
```

其中，string_output_task_name 为输出任务名字，包括 **$swrite**、**$swriteb**、**$swriteh**、**$swriteo**。**output_reg** 为输出寄存器变量名字；list_of_arguments 为参数列表。$swrite 的第一个参数是一个 reg 类型的变量，用于保存写入的字符串。

$sformat 的命令格式如下：

```
$sformat ( output_reg , format_string , list_of_arguments ) ;
```

这两个命令的一个主要区别：**$sformat** 总是理解第二个参数，只有第二个参数作为一个格式化字符串。这个格式参数是一个静态字符串，如“data is %d”，或者用于保存一个格式化串的 reg，它支持 **$display** 支持的所有格式描述符。如：

```
$sformat(string, "Formatted %d %x", a, b);
```

4. 从文件中读取数据

1）一次读一个字符

[**例 5.273**] 一次读取一个字符 Veriog HDL 描述的例子 1。

```
c = $fgetc ( fd );
```

如果发生读取错误，则将 c 设置为 EOF（－1）。调用 $ferror，可以确定读取错误的原因。

[**例 5.274**] 一次读取一个字符 Veriog HDL 描述的例子 2。

```
code = $ungetc ( c, fd );
```

将 c 指定的字符插入到文件描述符 fd 指定的缓冲区，字符将在对该 fd 的 $fgetc 的调用时返回，文件本身并不变化。如果发生错误，则将一个字符用一个文件描述符，将 code 设置为 EOF；否则，将 code 设置为 0。

2）一次读一行

[**例 5.275**] 一次读一行 Verilog HDL 描述的例子。

```
integer code ;
code = $fgets ( str, fd );
```

从 fd 指定的文件中将字符读入寄存器类型的 str，直到将 str 填满，或者读到新的一行，或者遇到 EOF 条件。如果 str 的长度不是整数字节，不使用最高有效的部分字节，这样用于确定宽度。

如果发生错误，则将 code 设置为 0；否则，code 设置为读取的字符个数。

3）读格式化数据

［例 5.276］ 读格式化数据 Verilog HDL 描述的例子。

```
integer code ;
code = $fscanf ( fd, format, args );
code = $sscanf ( str, format, args );
```

$fscanf 从文件描述符 fd 指定的文件中读；**$sscanf** 从寄存器类型的 str 中读取。

这些函数读取字符，然后根据格式理解字符，并保存结果。如果参数太短，不能保存转换后的输入，则通常情况下传输最低有效位。Verilog HDL 支持任何长度的参数。然而，如果目标是 **real** 或者 **realtime**，传输值＋Inf/-Inf。格式可以是字符串常数，也可以是包含一个字符串常数的寄存器。字符串保存转换说明。

格式符包括：%、b、o、d、h/x、f/e/g、v、t、c、s、u、z、m。

4）读二进制数据

［例 5.277］ 读二进制数据 Verilog HDL 描述的例子。

```
integer code ;
code = $fread( myreg, fd);
code = $fread( mem, fd);
code = $fread( mem, fd, start);
code = $fread( mem, fd, start, count);
code = $fread( mem, fd, , count);
```

其中，start 是可选项，说明在存储器中加载的第一个元素的地址；count 是可选项，表示存储器中可以加载最大位置的数目。如果加载的是寄存器类型，则忽略 start 和 count。读回的数据是大端方式，从文件加载的是二值数据。如果读取错误，则将 code 设置为 0。

5. 文件定位

［例 5.278］ **$ftell** Verilog HDL 描述的例子。

```
integer pos ;
pos = $ftell ( fd );
```

pos 返回 fd 所指向文件从开始到当前的位置，将被后面的文件描述符读或者写。**$fseek** 用于重新定位到该位置。可以通过 $ungetc 操作取消任何重定位。如果发生错误，则返回 EOF。

［例 5.279］ **$fseek** 和 $rewind Verilog HDL 描述的例子。

```
code = $fseek ( fd, offset, operation );
code = $rewind ( fd );
```

设置 fd 指向文件下一个输入/输出的位置。下一个位置是从开始、当前，或者从文件结束有符号的距离偏置，由 operation 确定：

（1）当设置为 0 时，位置为偏置字节。

（2）当设置为 1 时，位置为当前位置加偏置。

（3）当设置为 2 时，位置为文件结束位置加偏置。

$ rewind 等价于 **$ fseek**(fd,0,0)。

6. 刷新输出

[**例 5.280**] 刷新输出 Verilog HDL 描述的例子。

```
$ fflush ( mcd );
$ fflush ( fd );
$ fflush ( );
```

将任何缓冲的输出写入到 mcd 或者 fd 指向的文件。如果没有参数,则写到所有打开的文件。

7. I/O 错误状态

[**例 5.281**] I/O 错误状态 Verilog HDL 描述的例子。

```
integer errno ;
errno = $ ferror ( fd, str );
```

将最近文件 I/O 操作的错误类型字符串描述写入到 str 中,它应该至少为 640 比特宽度。错误的代码值保存在 errno 中。如果最近的操作没有错误,则 error 返回 0,将 str 清空。

8. 检测 EOF

[**例 5.282**] 检测文件结束 Verilog HDL 描述的例子。

```
integer code;
code = $ feof ( fd );
```

当检测到文件结束时,返回非 0 的值;否则,返回 0。

[**例 5.283**] 对文件进行读操作 Verilog HDL 描述的例子。

```
module readFile(clk,reset,dEnable,dataOut,done);
parameter size = 4;
  //to Comply with S - block rules which is a 4x4 array will multiply by
//size so row is the number of size bits wide
parameter bits = 8 * size;
input clk,reset,dEnable;
output dataOut,done;

wire [1:0] dEnable;
reg dataOut,done;
reg [7:0] addr;

integer file;
reg [31:0] c;
reg eof;

always@(posedge clk)
begin
 if(file == 0 && dEnable == 2'b10)begin
    file = $ fopen("test.kyle");
  end
```

```
end

always@(posedge clk) begin
  if(addr >= 32 || done == 1'b1)begin
    c <= $fgetc(file);
    eof <= $feof(file);
    addr <= 0;
  end
end

always@(posedge clk)
begin
  if(dEnable == 2'b10)begin
    if($feof(file))
        done <= 1'b1;
    else
        addr <= addr + 1;
  end
end
//done this way because blocking statements should not really be used
always@(addr)
begin:Access_Data
  if(reset == 1'b0) begin
    dataOut <= 1'bx;
    file <= 0;
  end
  else
     if(addr < 32)
      dataOut <= c[31 - addr];
end
endmodule
```

9. 从文件中加载存储器数据

Verilog HDL 中有两个系统任务，**$readmemb** 和 **$readmemh**，用于从文本文件中读取数据，并将数据加载到指定的存储器中。这两个系统任务的区别在于：

（1） **$readmemb** 要求以二进制数据格式存放数据文件；

（2） **$readmemh** 要求以十六进制数据格式存放数据文件。

它们具有相同的语法格式，格式为

```
<task_name>(<file_name>,<memory_name>,<start_addr>,<end_addr>);
```

其中，<task_name>用来指定系统任务，为 $readmemb 或 $readmemh；<file_name>读出数据的文件名；<memory_name>为要读入数据的存储器名字；<start>为存储器的起始地址，实际就是建模存储器数组的索引值；<end>为存储器的结束地址，实际就是建模存储器数组的索引值。

［例 5.284］ 从文件中读取存储器数据 Verilog HDL 描述的例子。

```
reg[7:0] mem[1:256];
initial $readmemh("mem.data", mem);
```

```
initial $readmemh("mem.data", mem, 16);
initial $readmemh("mem.data", mem, 128, 1);
```

(1) 上例中的第二句代码没有显式声明地址。在仿真时间 0 时刻,在存储器地址 1 开始加载数据。

(2) 上例中的第三句代码声明起始地址,但没有声明结束地址。在地址 16 开始加载数据,连续向上到地址 256。

(3) 上例中的第四句代码声明开始地址和结束地址。如果开始地址大于结束地址,则地址递减。在地址 128 开始加载数据,连续向下递减到地址 1。

10. 从 SDF 文件中加载时序数据

$sdf_annotate 系统任务的语法格式为

```
$sdf_annotate ("sdf_file" [ , [ module_instance ] [ , [ "config_file" ]
               [ , [ "log_file" ] [ , [ "mtm_spec" ]
               [ , [ "scale_factors" ] [ , [ "scale_type" ] ] ] ] ] ] ] );
```

其中,sdf_file 为要打开的 sdf 文件名,由字符串表示,或者保存在包含文件名字字符串的寄存器类型中。module_instance 为可选参数,说明在 SDF 文件中的注解的范围。SDF 注解器使用指定例化的层次级运行注解,允许数组索引;如果没有指定该参数,SDF 注解器使用包含该系统任务调用的模块作为 module_instance。config_file 为可选字符串参数,提供了一个配置文件的名字,这个文件可以提供与注解相关的很多方面的详细信息。log_file 为可选字符串参数,提供了在 SDF 注解期间日志文件的名字。来自 SDF 文件时序数据的每一个注解,导致日志文件的每个入口。mtm_spec 为可选字符串参数,指定 min/typ/max 的哪个将要被注释,表 5.47 给出了 mtm_spec 的参数。scale_factors 为可选的字符串参数,当注解时序值时使用 scale_factors,如“1.6:1.4:1.2”,将使得最小值乘以 1.6,典型值乘以 1.4,最大值乘以 1.2,默认值为“1.0:1.0:1.0”;scale_factors 覆盖配置文件中的任何 SCALE_FACTORS。scale_type 为可选的字符串参数,指定将 scale_factor 用于 min/typ/max 的方式,表 5.48 给出了 scale_type 的参数。

表 5.47 mtm_spec 参数

关 键 字	描 述
MAXIMUM	注解最大值
MINIMUM	注解最小值
TOOL_CONTROL (默认)	注解由仿真器选择的值
TYPICAL	注解典型的值

表 5.48 scale_type 的参数

关 键 字	描 述
FROM_MAXIMUM	将 scale_factor 应用到最大值
FROM_MINIMUM	将 scale_factor 应用到最小值
FROM_MTM(默认)	将 scale_factor 应用到 min/typ/max 值
FROM_TYPICAL	将 scale_factor 应用到典型值

5.17.3 时间标度系统任务

Verilog HDL 提供了两种时间标度任务函数：

(1) **$ printtimescale**；

(2) **$ timeformat**。

1. $ printtimescale

$ printtimescale 系统任务显示了用于特殊模块的时间单位和精度。其语法格式如下：

```
$ printtimescale(module_hierarchical_name);
```

其中，module_hierarchical_name 为模块层次化名字。如果没有指定参数，则输出包含该任务调用的所有模块的时间单位与精度。

以下面的格式显示时间标度信息：

```
Time scale of (module_name) is unit / precision
```

[例 5.285] **$ printtimescale** Verilog HDL 描述的例子。

```
'timescale1 ms / 1 us
module a_dat;
initial
    $ printtimescale(b_dat.c1);
Endmodule

'timescale 10 fs / 1 fs
module b_dat;
    c_dat c1 ();
endmodule

'timescale 1 ns / 1 ns
module c_dat;
 ⋮
Endmodule
```

运行后的显示结果为

```
Time scale of (b_dat.c1) is 1ns / 1ns
```

2. $ timeformat

系统任务函数 **$ timeformat** 指定%t 格式定义如何报告时间信息的方式，该任务语法格式如下：

```
$ timeformat(< units >,< precision >,< suffix >,< numeric_field_width >);
```

其中，< units >用于指定时间单位，其取值范围为 0～－15，各值所代表的时间单位如表 5.49 所示；< precision >指定所要显示时间信息的精度；< suffix >表示诸如“ms”、“ns”之类的字符；< numeric_field_width >说明时间信息的最小字符数。

表 5.49 各值所代表的时间单位

取 值	时间单位	取 值	时间单位
0	1s	−8	10ns
−1	100ms	−9	1ns
−2	10ms	−10	100ps
−3	1ms	−11	10ps
−4	100μs	−12	1ps
−5	10μs	−13	100fs
−6	1μs	−14	10fs
−7	100ns	−15	1fs

[例 5.286] **$ timeformat** Verilog HDL 描述的例子。

```
'timescale 1 ms / 1 ns
module cntrl;
initial
    $ timeformat( - 9, 5, " ns", 10);
endmodule

'timescale 1 fs / 1 fs
module a1_dat;
reg in1;
integer file;
buf #10000000 (o1,in1);
initial begin
    file =  $ fopen("a1.dat");
    #00000000 $ fmonitor(file," % m:  % t in1 = % d o1 = % h",  $ realtime,in1,o1);
    #10000000 in1  =  0;
    #10000000 in1  =  1;
end
endmodule

'timescale 1 ps / 1 ps
module a2_dat;
reg in2;
integer file2;
buf #10000 (o2,in2);
initial begin
    file2 = $ fopen("a2.dat");
    #00000  $ fmonitor(file2," % m:  % t in2 = % d o2 = % h", $ realtime,in2,o2);
    #10000 in2  = 0;
    #10000 in2  = 1;
end
endmodule
```

执行完后，结果如下：

(1) 文件 a1. dat 的内容：

```
a1_dat: 0.00000 nsin1 =  x o1 = x
```

```
a1_dat: 10.00000 ns in1 =  0 o1 = x
a1_dat: 20.00000 ns in1 =  1 o1 = 0
a1_dat: 30.00000 ns in1 =  1 o1 = 1
```

（2）文件 a2.dat 的内容：

```
a2_dat: 0.00000 ns in2 = x o2 = x
a2_dat: 10.00000 ns in2 = 0 o2 = x
a2_dat: 20.00000 ns in2 = 1 o2 = 0
a2_dat: 30.00000 ns in2 = 1 o2 = 1
```

5.17.4 仿真控制任务

Verilog HDL 提供了两个仿真控制系统任务：

（1） **$ finish**；

（2） **$ stop**。

1. $ finish

系统任务 **$ finish** 使仿真器退出，将控制返回到操作系统。语法格式为

```
$finish [ ( n ) ] ;
```

其中，n=0，不打印任何信息；n=1，打印仿真时间和位置；n=2，打印仿真时间、位置，以及在仿真时，CPU 和存储器的利用率。

2. $ stop

系统任务 **$ stop** 挂起仿真。在这一阶段，可能将交互命令发送到仿真器。语法格式为

```
$stop [ ( n ) ] ;
```

5.17.5 可编程逻辑阵列建模系统任务

Verilog HDL 提供了一组系统任务用于对可编程逻辑阵列（Programmable Logic Array，PLA）进行建模。语法格式为

```
$array_type$logic$format ( memory_identifier , input_terms , output_terms ) ;
```

其中：

（1） $array_type$logic$format 为 PLA 系统建模任务类型，如表 5.50 所示。

表 5.50 PLA 建模系统任务

$async$and$array	$sync$and$array	$async$and$plane	$sync$and$plane
$async$nand$array	$sync$nand$array	$async$nand$plane	$sync$nand$plane
$async$or$array	$sync$or$array	$async$or$plane	$sync$or$plane
$async$nor$array	$sync$nor$array	$async$nor$plane	$sync$nor$plane

① array_type 包含 **sync**、**async**。

② logic 包含 **and**、**or**、**nand**、**nor**。

③ format 包含 **array**、**plane**。当使用 **array** 时，只有来自 memory_identifier 比特组合中

带有"1"的值和输入数据进行比较；如果使用 plane 时，"0"和"1"都是重要的。没有考虑的值，也能通过"z"和"?"字符指定。0—输入数据的补；1—输入的真值；x—输入值的最坏情况；z/? 不考虑。

(2) memory_identifier 为存储器标识符，将其声明为寄存器型。它和输入项集合的宽度一样，和输出项的深度一样。可以通过使用系统任务 **$ readmemb** 或 **$ readmemh**，从文本文件中将内容加载到存储器中。也可以通过过程分配语句，将内容分配给 memory_identifier。声明格式为

```
reg[1:n] mem[1:m];
```

(3) input_terms 为输入项集合。

(4) output_terms 为输出项集合。

[**例 5.287**] 同步和异步 PLA 建模 Verilog HDL 描述的例子。

```
wire a1, a2, a3, a4, a5, a6, a7;
reg b1, b2, b3;
wire [1:7] awire;
reg[1:3] breg;
$ async $ and $ array(mem,{a1,a2,a3,a4,a5,a6,a7},{b1,b2,b3});
```

或者

```
$ async $ and $ array(mem,awire, breg);
```

同步系统调用的例子：

```
$ sync $ or $ plane(mem,{a1,a2,a3,a4,a5,a6,a7}, {b1,b2,b3});
```

同步形式用于控制时间。在这个时间内，将重新评估逻辑阵列，然后更新输出；对于异步形式，当输入项改变的时候，就自动地执行评估。

[**例 5.288**] PLA 建模 Verilog HDL 描述的例子 1。

```
module pla(a0, a1, a2, a3, a4, a5, a6, a7, b0, b1, b2);
input a0, a1, a2, a3, a4, a5, a6, a7;
output b0, b1, b2;
reg b0, b1, b2;
reg [7:0] mem[0:2];
initialbegin
  mem[0] = 8'b11001100;
  mem[1] = 8'b00110011;
  mem[2] = 8'b00001111;
   $ async $ and $ array(mem, {a0,a1,a2,a3,a4,a5,a6,a7}, {b0,b1,b2});
end
endmodule
```

PLA 有 8 位输入([7:0])总线和 3 位输出([0:2])总线，声明为寄存器(b0, b1, b2)。这个 PLA 器件是一个异步的逻辑与操作，如图 5.62 所示。

该器件的仿真结果表示为

```
A = {a0, a1, a2, a3, a4, a5, a6, a7}
```

```
B = {b0, b1, b2}
mem[0] = 8'b11001100;
mem[1] = 8'b00110011;
mem[2] = 8'b00001111;
A = 11001100 -> B = 100
A = 00110011 -> B = 010
A = 00001111 -> B = 001
A = 10101010 -> B = 000
A = 01010101 -> B = 000
A = 11000000 -> B = 000
A = 00111111 -> B = 011
```

a0	a1	a2	a3	a4	a5	a6	a7	
1	1	0	0	1	1	0	0	b2
0	0	1	1	0	0	1	1	b1
0	0	0	0	1	1	1	1	b0

b2=a0 & a1 & a4 & a5
b1=a2 & a3 & a6 & a7
b0=a4 & a5 & a6 & a7

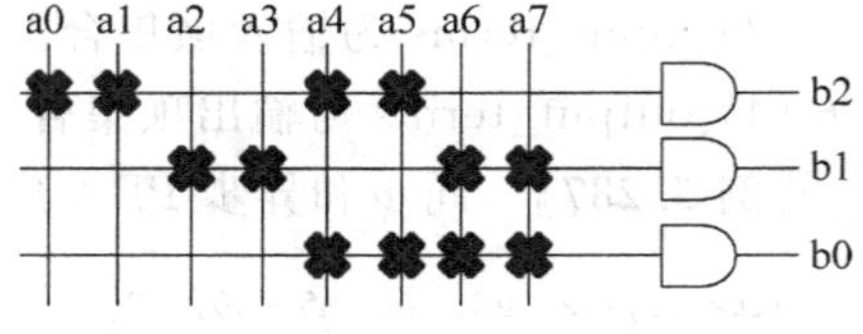

图 5.62　PLA 结构原理图

如果换成 **$ async $ and $ plane**，则仿真结果变成

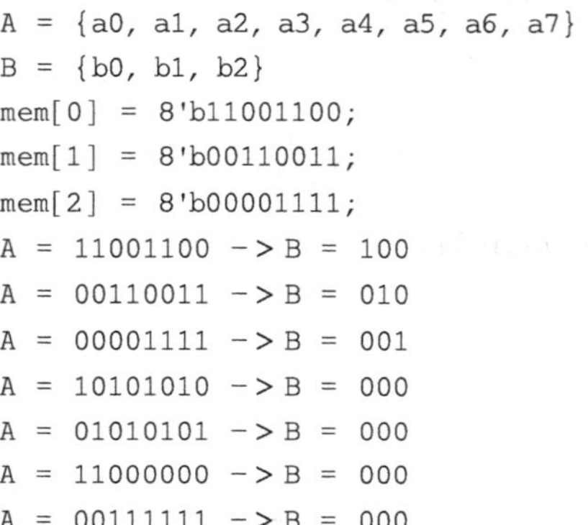

```
A = {a0, a1, a2, a3, a4, a5, a6, a7}
B = {b0, b1, b2}
mem[0] = 8'b11001100;
mem[1] = 8'b00110011;
mem[2] = 8'b00001111;
A = 11001100 -> B = 100
A = 00110011 -> B = 010
A = 00001111 -> B = 001
A = 10101010 -> B = 000
A = 01010101 -> B = 000
A = 11000000 -> B = 000
A = 00111111 -> B = 000
```

这个例子的同步版本表示为

```
module pla(a0, a1, a2, a3, a4, a5, a6, a7, b0, b1, b2);
input a0, a1, a2, a3, a4, a5, a6, a7;
output b0, b1, b2;
reg b0, b1, b2;
reg [7:0] mem[0:2];
initial begin
  mem[0] = 8'b11001100;
  mem[1] = 8'b00110011;
  mem[2] = 8'b00001111;
forever @(posedge clk)
   $sync$and$array(mem, {a0,a1,a2,a3,a4,a5,a6,a7}, {b0,b1,b2});
end
endmodule
```

［例 5.289］　PLA 建模 Verilog HDL 描述的例子 2。

PLA 逻辑功能：

```
b[1] = a[1] & ~a[2];
b[2] = a[3];
b[3] = ~a[1] & ~a[3];
b[4] = 1;
```

PLA 的关系描述为

```
3'b10?
3'b??1
3'b0?0
3'b???
```

PLA 模型的模块描述为

```
module pla;
'define rows 4
'define cols 3
reg [1:'cols] a, mem[1:'rows];
reg [1:'rows] b;
initial begin
//PLA 系统调用
    $async$and$plane(mem,a[1:3],b[1:4]);
    mem[1] = 3'b10?;
    mem[2] = 3'b??1;
    mem[3] = 3'b0?0;
    mem[4] = 3'b???;
  //激励源和显示
    #10 a = 3'b111;
    #10 $displayb(a, " -> ", b);
    #10 a = 3'b000;
    #10 $displayb(a, " -> ", b);
    #10 a = 3'bxxx;
    #10 $displayb(a, " -> ", b);
    #10 a = 3'b101;
    #10 $displayb(a, " -> ", b);
end
endmodule
```

运行结果如下：

```
111 -> 0101
000 -> 0011
xxx -> xxx1
101 -> 1101
```

5.17.6　随机分析任务

Verilog HDL 提供了一个系统任务和函数集合，用于管理队列，这些任务便于随机分析队列模型的实现。

1. $q_initialize

该系统任务创建一个新的队列。其语法格式为

```
$q_initialize (q_id, q_type, max_length, status);
```

其中，q_id 是一个整数，用于标识一个新的队列；q_type 是一个整数输入。其值标识队列的类型，表 5.51 给出了 $q_type 值的类型；status 表示该操作成功或者错误的状态。max_ length 是整数输入，标识队列中允许入口的最大的个数。

表 5.51　$ q_type 值的类型

q_type 值	队列类型
1	先进先出
2	后进先出

2. $ q_add

该任务在队列添加入口。其语法格式为

```
$ q_add (q_id, job_id, inform_id, status) ;
```

其中，q_id 是一个整数，用于标识添加入口的一个队列；job_id 是一个整数输入，标识工作；inform_id 是一个整数输入，和队列入口相关，它的含义由用户定义，如代表在一个 CPU 模型中一个入口的执行时间；status 表示该操作成功或者错误的状态。

3. $ q_remove

该任务从一个队列接收一个入口。其语法格式为

```
$ q_remove (q_id, job_id, inform_id, status) ;
```

其中，q_id 是一个整数，用于标识将移除哪个队列；job_id 是一个整数输入，标识正在移除的入口；inform_id 是一个整数输出，在 $ q_add 时由队列管理器保存它，它的含义由用户定义；status 表示该操作成功或者错误状态。

4. $ q_full

该系统任务用于检查一个队列是否有空间用于其他入口。其语法格式为

```
$ q_full (q_id, status)
```

其中，status 表示该操作成功或者错误的状态。当队列满时，返回 1；否则，返回 0。

5. $ q_exam

该系统任务提供队列 q_id 活动性的统计信息。其语法格式为

```
$ q_exam (q_id, q_stat_code, q_stat_value, status) ;
```

根据 q_stat_code 所要求的信息，返回 q_stat_value。表 5.52 给出了 $ q_exam 系统任务的参数。

表 5.52　$ q_exam 系统任务参数

q_stat_code 内所要求的值	从 q_stat_value 返回值的信息
1	当前队列长度
2	平均到达时间
3	最大队列长度
4	最短等待时间
5	用于队列内工作的最长等待时间
6	队列中的平均等待时间

6. 状态编码

所有的队列管理任务和函数返回一个输出状态码，表 5.53 给出了状态码的值及其含义。

表 5.53 状态码的值及含义

状态码值	含　义
0	OK
1	队列满，不能添加
2	未定义的 q_id
3	队列空，不能移除
4	不支持的队列类型，不能创建队列
5	0=>指定的长度，不能创建队列
6	重复 q_id，不能创建队列
7	没有足够的存储器，不能创建队列

[**例 5.290**] 随机分析任务 Verilog HDL 描述的例子。

```
always @(posedge clk)
begin
  //检查队列是不是满
 $q_full(queue1, status);
  //如果满,则显示信息和移除一个条目
if (status) begin
   $display("Queue is full");
   $q_remove(queue1, 1, info, status);
end
  //添加一个新的条目到队列 queue1
 $q_add(queue1, 1, info, status);
  //如果有错误,显示消息
if (status)
   $display("Error %d",status);
end
end
```

5.17.7 仿真时间函数

Verilog HDL 提供系统函数用于返回当前的仿真时间。

1. $time

该系统函数，用于返回 64 位的整型仿真时间，与调用该函数模块的时间尺度相关。

[**例 5.291**] **$time** 系统函数 Verilog HDL 描述的例子。

```
'timescale 10 ns / 1 ns
module test;
reg set;
parameter p = 1.55;
initial begin
    $monitor( $time,,"set = ",set);
```

```
    #p set = 0;
    #p set = 1;
end
endmodule
```

该例子的输出如下：

```
//0 set = x
//2 set = 0
//3 set = 1
```

在该例子中，在仿真时间16ns时，给寄存器类型变量分配一个值0；在仿真时间32ns，分配值1。下面的步骤决定了 **$ time** 系统函数返回的时间值：

（1）仿真时间16ns和32ns，被标定到1.6和3.2，因为用于模块的时间单位是10ns，因此这个模块报告的时间值是10ns的乘数。

（2）值1.6舍入到2，3.2舍入3，这是因为 **$ time** 系统函数返回一个整数。时间精度不会引起这些值的舍入。

2. $ stime

该系统函数，用于返回无符号的32位整型时间。

3. $ realtime

该系统函数，向调用它的模块返回实时仿真时间，它与调用该函数模块的时间尺度相关。

［**例5.292**］ **$ realtime** 系统函数 Verilog HDL 描述的例子。

```
'timescale 10 ns / 1 ns
module test;
reg set;
parameter p = 1.55;
initial begin
    $monitor($realtime,,"set = ",set);
    #p set = 0;
    #p set = 1;
end
endmodule
```

输出结果为

```
//0 set = x
//1.6 set = 0
//3.2 set = 1
```

5.17.8 转换函数

有时需要将整数转换成实数，或将实数转换成整数，或者用向量形式来表示实数等，Verilog HDL 提供了下列数字类型转换的功能函数：

（1） **$ rtoi**(real_value)，通过截断小数值将实数转换为整数。

（2） **$ itor**(integer_value)，将整数转换为实数。

(3) **$ realtobits**(real_value),将实数转换为 64 位的实数向量表示法(实数的 IEEE 745 表示法)。

(4) **$ bitstoreal**(bit_value),将位模式转换为实数(与 $ realtobits 相反)。

[例 5.293] **$ realtobits** 和 **$ bitstoreal** 系统函数 Verilog HDL 描述的例子。

```
module driver (net_r);
output net_r;
real r;
wire [64:1] net_r =  $realtobits(r);
endmodule

module receiver (net_r);
input net_r;
wire [64:1] net_r;
real r;
initial assign r =  $bitstoreal(net_r);
endmodule
```

5.17.9 概率分布函数

Verilog HDL 提供了系统函数,根据标准的概率函数,返回整数值。

1. $ random 函数

系统函数 **$ random** 提供了产生随机数的机制。其语法格式为

```
$random[(seed)]
```

注:该系统函数的取值按 32 位的有符号整数形式返回一个随机数。

其中,seed 为种子变量。种子变量(必须是寄存器、整数或时间寄存器类型)控制函数的返回值,即不同的种子将产生不同的随机数。如果没有指定种子,每次调用 $ random 函数时,根据默认种子产生随机数。

[例 5.294] 概率分布函数 Verilog HDL 描述的例子 1。

```
integer seed, Rnum;
    wire Clk ;
    initial seed = 12;
    always@ (Clk) Rnum =  $random (seed) ;
```

在 Clk 的每个边沿,调用 $ random,并返回一个 32 位有符号随机整数。

[例 5.295] 概率分布函数 Verilog HDL 描述的例子 2。

```
Rnum =  $random(seed) % 11;
```

如果数字在取值范围内,上面的模运算符可产生 −10～+10 之间的随机数。

[例 5.296] 概率分布函数 Verilog HDL 描述的例子 3。

```
Rnum =  $random /2;
```

注:

(1) 数字产生的顺序是伪随机排序的,即对于一个初始种子值产生相同的数字序列。

(2) 并置操作符({ })将$random函数返回的有符号整数转换为无符号数。

2. $dist_函数

根据在函数名中指定的概率函数，下列系统函数产生伪随机数：

(1) **$dist_uniform** (seed,start,end);

(2) **$dist_normal**(seed,mean,standard_deviation,upper);

(3) **$dist_exponential**(seed,mean);

(4) **$dist_poisson**(seed,mean);

(5) **$dist_chi_square**(seed,degree_of_freedom);

(6) **$dist_t**(seed,degree_of_freedom);

(7) **$dist_erlang**(seed,k_stage, mean)。

其中：

(1) 系统函数的所有参数都是整数值。

(2) 对于函数exponential、poisson、chi_square、t和erlang来说，其参数mean、degree_of_freedom和k_stage应该大于0。

(3) 每个函数返回一个伪随机数，它们的分布特征由函数名字确定。

(4) 对于**$dist_uniform**函数来说，start和end参数是整数输入，start的值小于end的值。

[**例5.297**] **$dist_**函数Verilog HDL描述的例子1。

```
reg [15:0] a ;
initial begin
  a =  $dist_exponential(60, 24);
end
```

[**例5.298**] **$dist_**函数Verilog HDL描述的例子2。

```
reg [15:0] a ;
initial begin
  a =  $dist_erlang(60, 24, 7) ;
end
```

5.17.10 命令行输入

在仿真中，获得使用信息的另一种方法是用带有命令的指定信息来调用仿真器。该信息以一个可选参数的格式提供给仿真器，以一个"+"字符开始，这使得这些参数明显区别于其他仿真器参数。

1. $test$plusargs (string)

$test$plusargs系统函数为用户指定的plusarg_string查找plusargs列表，这个字符串不包含命令行前面的"+"号。如果匹配则返回非零的整数；否则，返回0。

[**例5.299**] **$test$plusargs** Verilog HDL描述的例子。

```
initial begin
  if ( $test$plusargs("HELLO")) $display("Hello argument found.")
```

```
    if ( $test$plusargs("HE")) $display("The HE subset string is detected.");
    if ( $test$plusargs("H")) $display("Argument starting with H found.");
    if ( $test$plusargs("HELLO_HERE")) $display("Long argument.");
    if ( $test$plusargs("HI")) $display("Simple greeting.");
    if ( $test$plusargs("LO")) $display("Does not match.");
  end
```

用命令＋HELLO 运行仿真器。运行结果如下：

```
Hello argument found.
The HE subset string is detected.
Argument starting with H found.
```

2. $ value $ plusargs (user_string, variable)

$ valueplusarg 系统函数为用户定义的 plusarg_string 寻找 plusargs。系统和函数内的第一个参数指定的字符串作为一个字符串或者一个非实数变量(将其理解为一个字符串)，字符串不包含命令行参数前面的“＋”号。在命令行所提供的 plusargs，按照所提供的顺序进行查找。如果提供的 plusargs 中一个字头匹配所提供字符串的所有字符，则函数返回一个非零的整数，字符串的剩余部分转换为 use_string 内指定的类型，结果值保存在所提供的变量中；如果没有找到匹配的字符串，函数返回一个整数 0，不修改所提供的变量。当函数返回 0 的时候，不产生警告信息。

user_string 是下面的格式“plusarg_stringformat_string”，格式化字符串和 **$ display** 系统任务一样。下面是合法的格式：

(1) %d，十进制转换；

(2) %o，八进制转换；

(3) %h，十六进制转换；

(4) %b，二进制转换；

(5) %e，实数指数转换；

(6) %f，实数十进制转换；

(7) %g，实数十进制或者指数转换；

(8) %s，字符串(没有转换)。

来自 plusargs 列表的第一个字符串提供给仿真器，匹配 user_string 指定的 plusarg_string 部分，将是用于转换的可用的 plusarg 字符串。匹配 plusarg 的剩余字符串将从一个字符串转换为格式字符串指定的格式，并保存在所提供的变量中。如果没有剩余的字符串，则保存到变量的值为 0 或者为空的字符串值。

如果变量的尺寸大于转换后的值，则在保存的值前面补零。如果变量不能保留转换后的值，则把值截断。如果值是负数，则值被认为大于所提供的变量。如果在字符串中用于转换的字符是非法的，则将变量的值设置为'bx。

[例 5.300]　**$ valueplusarg** Verilog HDL 描述的例子。

```
'define STRING reg [1024 * 8:1]
module goodtasks;
  'STRING str;
  integer int;
```

```
reg [31:0] vect;
real realvar;
initial
  begin
    if ( $value$plusargs("TEST = %d",int))
      $display("value was %d",int);
    else
      $display(" + TEST =  not found");
    #100 $finish;
  end
endmodule

module ieee1364_example;
  real frequency;
  reg [8*32:1] testname;
  reg [64*8:1] pstring;
  reg clk;
  initial
    begin
      if ( $value$plusargs("TESTNAME = %s",testname))
        begin
            $display(" TESTNAME =  %s.",testname);
            $finish;
        end
      if (!( $value$plusargs("FREQ + %0F",frequency)))
            frequency = 8.33333;      //166 MHz
            $display("frequency = %f",frequency);
            pstring = "TEST%d";
      if ( $value$plusargs(pstring, testname))
            $display("Running test number %0d.",testname);
      end
    endmodule
```

（1）添加到工具的命令行 plusarg：

```
+TEST = 5
```

输出结果如下：

```
value was 5
frequency = 8.333330
Running text number x.
```

（2）添加到工具的命令行 plusarg：

```
+TESTNAME = bar
```

输出结果如下：

```
+TEST =  not found
TESTNAME =  bar.
```

(3) 添加到工具的命令行 plusarg:

```
+ FREQ + 9.234
```

输出结果如下:

```
+ TEST =  not found
frequency  =  9.234000.
```

(4) 添加到工具的命令行 plusarg:

```
+ TEST23
```

输出结果如下:

```
+ TEST =  not found
frequency  =  8.333330
Running test number 23.
```

5.17.11 数学函数

Verilog HDL 提供了整数和实数函数,数学系统函数可以用在常数表达式中。

1. 整数数学函数

[**例 5.301**] 整数数学函数 Verilog HDL 描述的例子。

```
integer result;
result  =  $clog2(n);
```

系统函数 **$ clog2** 将返回基于 2 的对数的计算结果。参数可以是一个整数或任意宽度的向量值。将参数看作无符号的数。如果参数值为 0,则产生的结果也为 0。

2. 实数数学函数

表 5.54 给出了 Verilog 到 C 实数数学函数的交叉列表,这些函数接受实数参数,返回实数结果。这些行为匹配等效的 C 语言标准数学库函数。

表 5.54 实数数学函数

Verilog 函数	等效的 C 函数	描 述
$ ln(x)	log(x)	自然对数
$ log10(x)	log10(x)	基 10 对数
$ exp(x)	exp(x)	指数函数
$ sqrt(x)	sqrt(x)	平方根
$ pow(x,y)	pow(x,y)	x 的 y 次幂
$ floor(x)	floor(x)	向下舍入
$ ceil(x)	ceil(x)	向上舍入
$ sin(x)	sin(x)	正弦
$ cos(x)	cos(x)	余弦
$ tan(x)	tan(x)	正切
$ asin(x)	asin(x)	反正弦
$ acos(x)	acos(x)	反余弦

续表

Verilog 函数	等效的 C 函数	描　述
$ atan(x)	atan(x)	反正切
$ atan2(x,y)	atan2(x,y)	(x/y)反正切
$ hypot(x,y)	hypot(x,y)	(x * x+y * y)的平方根
$ sinh(x)	sinh(x)	双曲正弦
$ cosh(x)	cosh(x)	双曲余弦
$ tanh(x)	tanh(x)	双曲正切
$ asinh(x)	asinh(x)	反双曲正弦
$ acosh(x)	acosh(x)	反双曲余弦
$ atanh(x)	atanh(x)	反双曲正切

5.18 Verilog HDL 的 VCD 文件

值变转储(Value Change Dump, VCD)是一种基于 ASCII 码的文件格式,用于记录由 EDA 仿真工具产生的信号信息。提供了两种类型的 VCD:

(1) 四态 VCD 格式。在 1995 年,由 IEEE 标准 1364-1995 随 Verilog 硬件描述语言标准制定。表示变量在 0、1、x 和 z 内的变化,没有强度信息。

(2) 扩展的 VCD 格式。在 6 年后,由 IEEE 标准 1364-2001 制定,增加对信号的强度和方向进行记录的支持。

5.18.1 四态 VCD 文件的创建

如图 5.63 所示,创建四态 VCD 文件的步骤包括:

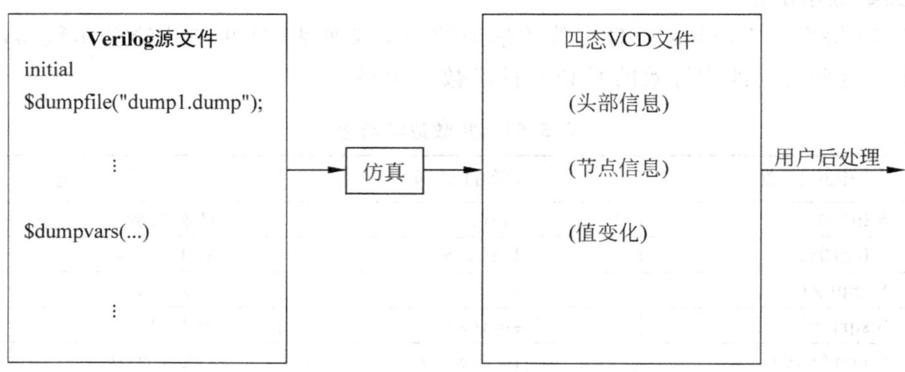

图 5.63　创建四态 VCD 文件

1) 在 Verilog HDL 源文件中,插入 VCD 系统任务 **$ dumpfile**,用于定义转储文件以及指定需要转储的变量。

$ dumpfile 系统任务的格式为

```
$ dumpfile ( filename ) ;
```

2）运行仿真。

VCD 文件包含了 3 个段，依次如下排列：

(1) 头部信息段。

该段包含一个时间戳、一个仿真器版本号和一个时间精度。时间精度用于表示当下面的值发生变化的时候，时间增加的单位。

(2) 变量定义段。

该段包含了作用域信息以及每个作用域中的信号列表。每个变量都要分配一串任意长度(一个或多个紧密排列)的 ASCII 码标识符，用于下面的的值变化信息段。这个标识符由可打印的 ASCII 字符组成，字符范围从！到～(十进制的 33 到 126)。

如果几个变量的值一直相同，它们可以共用一个标识符，其作用域非常像 Verilog HDL，包括 module、task、function 和 fork。

由 $ dumpvars 关键字开始的这个段定义了所有转储变量的初始值。其语法格式为

```
$ dumpvars ;
```

或者

```
$ dumpvars ( levels [ , list_of_modules_or_variables ] ) ;
```

其中，level 表示每个指定模块例子下面有多少级转储到 VCD 文件中，若设置为 0，将指定模块内和指定模块下的所有模块例子的变量转储到 VCD 文件。list_of_modules_or_variables 指明模块的哪个范围需要转储到 VCD 文件中。

注：这些参数能指定整个模块或者一个模块内的某些变量。

[例 5.302] **$ dumpvars** 系统任务 Verilog HDL 描述的例子 1。

```
$ dumpvars (1, top);
```

[例 5.303] **$ dumpvars** 系统任务 Verilog HDL 描述的例子 2。

```
$ dumpvars (0, top);
```

[例 5.304] **$ dumpvars** 系统任务 Verilog HDL 描述的例子 3。

```
$ dumpvars (0, top.mod1, top.mod2.net1);
```

3）值变化：值变化信息段包含了一系列时间排序的变量变化。

注：

(1) 这些部分通过对应的关键字进行区分，通过在词首加 $ 标志(不过变量标志也可以用 $ 开始)标识 VCD 关键字。通常，相应的关键字标识一个段的开始，而关键字 # end 将结束这个段。

(2) 通过空格区分 VCD 语句。VCD 文件中的数据变化敏感。

(3) 通过调用 $ dumpoff 系统任务，暂停转储；通过调用 $ dumpon 系统任务继续转储。在停止和继续转储任务期间，不转储任何改变的值。

[例 5.305] 调用 **$ dumpoff** 和 **$ dumpon** 系统任务 Verilog HDL 描述的例子。

```
initial begin
```

```
    #10 $dumpvars( … );              //在 10 个时间单位开始转储
    #200 $dumpoff;                   //在 200 个时间单位停止转储
    #800 $dumpon;                    //在 800 个时间单位继续转储
    #900 $dumpoff;                   //在 900 个时间单位停止转储
end
```

4）通过调用系统任务 **$dumpall**，在 VCD 文件中创建一个检查点，显示所有选择变量当前的值。其语法格式如下：

```
$dumpall ;
```

5）通过调用系统任务 **$dumplimit**，设置 VCD 文件的大小。其语法格式如下：

```
$dumplimit ( filesize ) ;
```

当达到设置的 filesize 时，停止转储。在 VCD 中插入一个注释，用于表示达到了转储的限制。

6）通过调用系统任务 **$dumpflush** 清空操作系统的 VCD 文件缓冲区，确保在缓冲区的所有数据保存到 VCD 文件中。其语法格式为

```
$dumpflush ;
```

一个通常的应用是，通过调用 **$dumpflush** 来更新存储文件。这样，应用程序可以在仿真期间读取 VCD 文件。

［例 5.306］ 调用 **$dumpflush** 系统任务 Verilog HDL 描述的例子。

```
initial begin
    $dumpvars ;
        ⋮
    $dumpflush ;
    $(applications program) ;
end
```

［例 5.307］ 生成 VCD 文件 Verilog HDL 描述的例子。

```
module dump;
    event do_dump;
    initial $dumpfile("verilog.dump");
    initial @do_dump
      $dumpvars;                           //转储设计中的变量
    always @do_dump                        //在 do_dump 事件时，开始转储
    begin
      $dumpon;                             //第一次不影响
     repeat (500) @(posedge clock);        //转储 500 个周期
      $dumpoff;                            //停止转储
    end
    initial @(do_dump)
     forever #10000 $dumpall;              //所有变量的检查点
endmodule
```

5.18.2 四态 VCD 文件的格式

四态 VCD 文件语法格式为

```
declaration_keyword
[ command_text ]
$ end

simulation_keyword { value_change } $ end
| $ comment [ comment_text ] $ end
| simulation_time
| value_change
```

1. declaration_keyword

该关键字包括：

(1) **$ comment** 用于在 VCD 文件中插入一个注释。其语法格式为

```
$ comment comment_text $ end
```

[例 5.308] **$ comment** Verilog HDL 描述的例子。

```
$ comment This is a single - line comment $ end
$ comment This is a
multiple - line comment
$ end
```

(2) **$ date** 用于指示 VCD 文件生成的时间。其语法格式为

```
$ date date_text $ end
```

[例 5.309] **$ date** Verilog HDL 描述的例子。

```
$ date
June 25, 1989 09:24:35
$ end
```

(3) **$ enddefinitions** 用于标记头部信息和定义的结束。其语法格式为

```
$ enddefinitions $ end
```

(4) **$ scope** 定义了转储变量的范围。其语法格式为

```
$ scope scope_type scope_identifier $ end
```

注：scope_type 为类型的范围，包括 module、task、function、module、begin 和 fork。

[例 5.310] **$ scope** Verilog HDL 描述的例子。

```
$ scope
    module top
$ end
```

（5） **$ timescale** 标明仿真所用的时间尺度。其语法格式为

```
$ timescale time_number time_unit $ end
```

其中，time_number 为 1、10 或 100；time_unit 为 s、ms、μs、ns、ps 或 fs。

［例 5.311］ **$ timescale** Verilog HDL 描述的例子。

```
$ timescale 10 ns $ end
```

（6） **$ upscope** 指示在一个设计层次中，范围变化到下一个较高的层次。其语法格式为

```
$ upscope $ end
```

（7） **$ var** 打印正在转储变量的名字和标识符码。其语法格式为

```
$ var var_type size identifier_code reference $ end
```

其中，var_type 为变量类型，包括 **event**、**integer**、**parameter**、**real**、**realtime**、**reg**、**supply0**、**supply1**、**time**、**tri**、**triand**、**trior**、**trireg**、**tri0**、**tri1**、**wand**、**wire**、**wor**；identifier_code 为可打印的 ASCII 字符所指定变量的名字。①msb_index 表示最高有效位，lsb_index 表示最低有效位；②可以有多个引用名字映射到相同的标识符码，如在一个电路中，可以将 net10 和 net15 进行互联，因此标识符码相同；③可以单独进行转储向量中的各个位；④标识符是模型中正在转储的变量名字。

注：在该部分，uwire 类型的网络有一个 wire 类型的变量。

［例 5.312］ **$ var** Verilog HDL 描述的例子。

```
$ var
integer 32 (2 index
$ end
```

（8） **$ version** 表示生成 VCD 文件的 VCD 书写器的版本号，使用 **$ dunpfile** 系统任务创建文件。其语法格式为

```
$ version version_text system_task $ end
```

［例 5.313］ **$ version** Verilog HDL 描述的例子。

```
$ version
   VERILOG - SIMULATOR 1.0a
        $ dumpfile("dump1.dump")
$ end
```

2. simulation_keyword

仿真关键字包括：

（1） **dumpall** 指示所有转储变量当前的值，其语法格式为

```
$ dumpall { value_changes } $ end
```

［例 5.314］ **$ dumpall** Verilog HDL 描述的例子。

```
$ dumpall 1 * @ x * # 0 * $ bx (k $ end
```

(2) **dumpoff** 指示包含 X 值的所有转储的变量，其语法格式为

```
$ dumpoff { value_changes } $ end
```

[例 5.315] **$ dumpoff** Verilog HDL 描述的例子。

```
$ dumpoff x * @ x * # x * $ bx (k $ end
```

(3) **dumpon** 指示继续转储，并且列出所有转储变量当前的值，其语法格式为

```
$ dumpon { value_changes } $ end
```

[例 5.316] **$ dumpon** Verilog HDL 描述的例子。

```
$ dumpon x * @ 0 * # x * $ b1 (k $ end
```

(4) **dumpvars** 列出所有转储变量的初始值，其语法格式为

```
$ dumpvars { value_changes } $ end
```

[例 5.317] **$ dumvars** Verilog HDL 描述的例子。

```
$ dumpvars x * @ z * $ b0 (k $ end
```

3. value_change

该关键字为改变的值。可用于：

(1) 标量信号的表示。以'0'或'1'开始，后面跟着这个信号的标识符(中间没有空格)。

(2) 矢量(多位)信号的表示。以字符'b'或者'B'开始，后面跟着二进制值；然后，加空格后再给出这个信号的标识符。

(3) 实数变量值。以'r'或'R'开始，后面跟着%.16g 的 printf()格式数据；然后，在空格后再给出这个变量的标识符。

表 5.55 给出了向左扩展向量值的规则，表 5.56 给出了 VCD 将值缩短的规则。

表 5.55 向左扩展向量值的规则

当 值 为	VCD 左扩展
1	0
0	0
Z	Z
X	X

表 5.56 VCD 将值缩短的规则

二 进 制 值	扩展到四位寄存器	在 VCD 文件中显示
10	0010	b10
X10	XX10	bX10
ZX0	ZZX0	bZX0
0X10	0X10	b0X10

注：将事件以和标量相同的格式进行转储。如 1 * %。然而对于事件来说，值(在该例子中是 1)是不相关的。只有标识符码(在这个例子中是 * %)是重要的，它作为标识符显示

在VCD文件中，用于指示在时间步长期间触发了事件。

［例5.318］ 四态VCD文件格式Verilog HDL描述的例子。

```
$date June 26, 1989 10:05:41
$end
$version VERILOG - SIMULATOR 1.0a
$end
$timescale 1 ns
$end
$scope module top $end
$scope module m1 $end
$var trireg 1 *@ net1 $end
$var trireg 1 *# net2 $end
$var trireg 1 *$ net3 $end
$upscope $end
$scope task t1 $end
$var reg 32 (k accumulator[31:0] $end
$var integer 32 {2 index $end
$upscope $end
$upscope $end
$enddefinitions $end
$comment
  $dumpvars was executed at time '#500'.
  All initial values are dumped at this time.
$end

#500
$dumpvars
x*@
x*#
x*$
bx (k
bx {2
$end
#505
0*@
1*#
1*$
b10zx1110x11100 (k
b1111000101z01x {2
#510
0*$
#520
1*$
#530
0*$
bz (k
#535
```

```
$ dumpall 0 * @ 1 * # 0 * $
bz (k
b1111000101z01x {2
$ end
#540
1 * $
#1000
$ dumpoff
x * @
x * #
x * $
bx (k
bx {2
$ end
#2000
$ dumpon
z * @
1 * #
0 * $
b0 (k
bx {2
$ end
#2010
1 * $
```

5.18.3 扩展 VCD 文件的创建

如图 5.64 所示，创建扩展 VCD 文件的步骤包括：

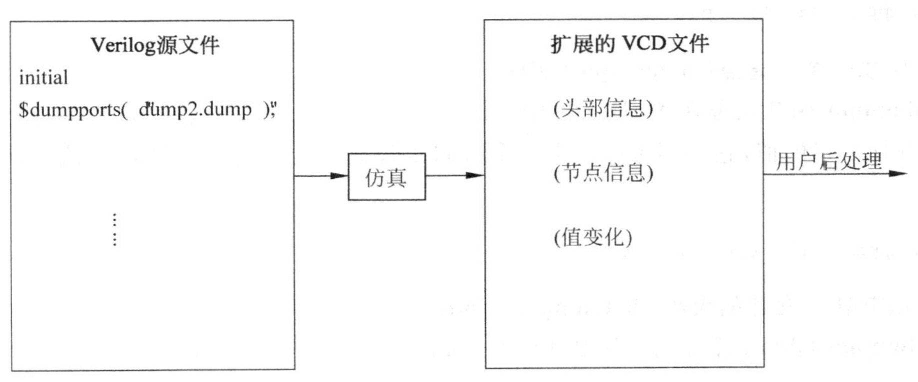

图 5.64 创建扩展 VCD 文件

(1) 在 Verilog HDL 源文件中，插入扩展的 VCD 系统任务 **$ dumpports**，用于定义转储文件以及指定需要转储的变量。**$ dumpport** 扩展系统任务的格式为

```
$ dumpports ( scope_list , file_pathname ) ;
```

其中，scope_list 为一个或者多个模块标识符，只允许模块（而不是变量）。如果指定了多个

模块标识符，则用逗号进行分割；如果没有指定 scope_list，则范围是用于调用该系统任务的模块。file_pathname 可以是双引号内的路径名字(字符串)、一个寄存器类型的变量，或者是一个表达式，它指向一个包含端口 VCD 信息的文件；如果没有指定 file_pathname，则写到当前工作目录下的 dumpports. vcd 文件中；如果已经存在该文件，则覆盖该文件。仿真器将执行对所有的文件写检查(如写权限、正确的路径名)，以及发布错误和警告信息。

(2) 运行仿真。

$ dumpports 系统任务需要满足下面的规则：

(1) 将来自 **$ dumpports** 调用点的模型内所有端口看作是基本的 I/O 引脚，应该包含在 VCD 文件中。然而，对于存在于 scope_list 下实例内的任何端口，都不会进行转储。

(2) 可以不为 **$ dumpports** 和 **$ dumpports()** 任务指定任何参数。在这些情况下，使用参数的默认值。

(3) 如果第一个参数为空，则在指定第二个参数前，使用逗号进行分割。

(4) 由 scope_list 标识的每个范围都应该是唯一的。如果多次调用 **$ dumpport**，在这些调用内的 scope_list 也应该是唯一的。

(5) 在源代码中，可以使用 **$ dumpports** 任务，它也包含 **$ dumpvars** 任务。

(6) 当执行 **$ dumpports** 时，在当前仿真时间单位后启动相关值变化后的转储。

(7) 在一个模型里，可以多次调用 **$ dumpports**。但是，应该在同一个仿真时间点上执行所有的 **$ dumpports** 任务。不允许多次指定相同的 file_pathname。

1. 停止和继续转储($ dumpportsoff/ $ dumpportson)

$ dumpportsoff 和 **$ dumpportson** 系统任务提供了如下方法为正在转储的端口数据提供对仿真周期的控制。其语法格式为

```
$ dumpportsoff ( file_pathname ) ;
$ dumpportson ( file_pathname ) ;
```

2. 生成一个检查点($ dumpportsall)

$ dumpportsall 任务在 VCD 文件中创建一个检查点，用于显示仿真过程中在该时间点上所有选择端口的值，它并不考虑在上一个时间步长后是否改变这些端口的值。其语法格式为

```
$ dumpportsall ( file_pathname ) ;
```

3. 限制转储文件的大小($ dumpportslimit)

$ dumpportslimit 任务用于控制 VCD 文件的大小。其语法格式为

```
$ dumpportslimit ( filesize, file_pathname ) ;
```

4. 在仿真的时候读转储文件($ dumpportsflush)

为了改善性能，仿真器经常缓冲 VCD 的输出。间隔一段时间写到文件中，而不是逐行写入。 **$ dumpportsflush** 系统任务将所有端口的值写到相关的文件中，清除一个仿真器的 VCD 缓冲区。其语法格式为

```
$ dumpportsflush ( file_pathname ) ;
```

5. 关键字命令描述

在扩展 VCD 文件中，一般信息由一系列关键字引导部分表示。关键字提供了在扩展 VCD 文件中插入信息的方法。与四态 VCD 文件相比，扩展 VCD 文件提供了一个额外的关键字命令。

$ vcdclose 系统任务用于表示关闭 VCD 文件的最终仿真时间点，这允许精确地记录仿真结束的时间，而不需要考虑信号的变化状态。其语法格式为

```
$ vcdclose final_simulation_time $ end
```

［**例 5.319**］ **$ vcdclose** Verilog HDL 描述的例子。

```
$ vcdclose #13000 $ end
```

6. VCD 系统任务的一般规则

对于每一个扩展的 VCD 系统任务，应该遵循下面的规则：

(1) 如果指定的 file_pathame 与 **$ dumpports** 调用内所指定的 file_pathnane 不匹配时，将忽略控制任务。

(2) 如果在任务内没有指定参数，可以使用不带有参数的系统任务名字，如 **$ dumpportsflush** 或者 **$ dumpportsflush**()。在这些情况下，将执行用于参数的默认行为。

5.18.4 扩展 VCD 文件的格式

扩展 VCD 文件的格式类似于四态 VCD 文件。

1. 扩展 VCD 文件语法

语法格式表示为

```
declaration_keyword
    [command_text]
$ end
simulation_keyword { value_change } $ end
| $ comment [comment_text] $ end
| simulation_time
| value_change
```

其中，declaration_keyword 为声明关键字，包括 **$ comment**、**$ date**、**$ enddefinitions**、**$ scope**、**$ timescale**、**$ upscope**、**$ var**、**$ vcdclose**、**$ version**。command_text 为命令文本，包括①comment_text；②close_text；③date_section；④scope_section；⑤timescale_section；⑥var_section；⑦version_section。simulation_keyword 为仿真关键字，包括 **$ dumpports**、**$ dumpportsoff**、**$ dumpportson** 和 **$ dumpportsall**。

2. 扩展的 VCD 节点信息

语法格式如下：

```
$ var var_type size < identifier_code reference $ end
```

其中，var_type 为唯一的关键字 port。size 表示端口比特位的个数，如果端口是单个比特，则值为 1；如果端口是总线，则打印真正的索引。identifier_code 表示一个由“<”符号引导

的整数，开始于0；然后，对于每个端口递增一个单位(以在模块声明中发现的顺序为准)。reference指示端口名字的标识符。

[例5.320] **$ dumpports** Verilog HDL描述的例子。

```
module test_device(count_out, carry, data, reset)
output count_out, carry ;
input [0:3] data;
input reset;
…
initial
    begin
      $ dumpports(testbench.DUT, "testoutput.vcd");
…
end
```

[例5.321] 在VCD文件中产生下面节点信息Verilog HDL描述的例子。

```
$ scope module testbench.DUT $ end
$ var port     1 <0        count_out      $ end
$ var port     1 <1        carry          $ end
$ var port     [0:3] <2    data           $ end
$ var port     1 <3        reset          $ end
$ upscope $ end
```

[例5.322] 并置端口在扩展VCD文件中显示为独立的入口Verilog HDL描述的例子。

```
module addbit ({A, b}, ci, sum, co);
    input A, b, ci;
    output sum, co;
…
```

VCD文件的输出如下：

```
$ scope module addbit $ end
$ var port 1 <0 A $ end
$ var port 1 <1 b $ end
$ var port 1 <2 ci $ end
$ enddefinitions $ end
…
```

3. 值的变化

VCD值的变化部分的语法形式为

```
pport_value 0_strength_component 1_strength_component identifier_code
```

其中，**p**表示端口的关键字，在**p**和port_value之间没有空格。port_value为状态字符，包括：①0_strength_component为八个Verilog HDL强度中的一个，指示端口的strength0规范；②1_strength_component为八个Verilog HDL强度中的一个，指示端口的strength1规范。表5.57给出了Verlog HDL支持的强度级。identifier_code为一个由"<"符号引导的整数。

表 5.57 Verilog HDL 提供的强度级

值	强度含义
0	highz
1	small
2	medium
3	weak
4	large
5	pull
6	strong
7	supply

4. 状态字符

根据来自测试结果的输入值，被测器件（Device under Test，DUT）的输出值和表示未知方向的状态，列出下面的状态信息。

表 5.58 给出了输入值字符及其含义。表 5.59 给出了输出值字符及其含义。表 5.60 给出了未知方向字符及其含义。

表 5.58 输入值字符和含义列表

字母	含义
D	低
U	高
N	未知
Z	三态
d	低（两个或三个驱动器活动）
u	高（两个或三个驱动器活动）

表 5.59 输出值字符和含义列表

字母	含义
L	低
H	高
X	未知（不考虑）
T	三态
l	低（两个或三个驱动器活动）
h	高（两个或三个驱动器活动）

表 5.60 未知方向字符和含义列表

字母	含义
0	低（所有输入输出都是 0 值，活动的）
1	高（所有输入输出都是 1 值，活动的）
?	未知
F	三态（输入和输出没有连接）
A	未知（输入 0 和输出 1）

续表

字　母	含　义
a	未知(输入 0 和输出 X)
B	未知(输入 1 和输出 0)
b	未知(输入 1 和输出 X)
C	未知(输入 X 和输出 0)
c	未知(输入 X 和输出 1)
f	未知(输入和输出都为三态)

5. 驱动器

只根据原语、连续分配和过程连续分配考虑驱动器。值 0/1 表示所有的输入和输出都是活动的 0/1。0 和 1 是冲突的状态。下面的规则用于冲突：

(1) 如果所有输入和输出驱动带有相同强度范围的相同的值，则有冲突。解决的值是 0/1，强度为两者中更强的一个。

(2) 如果输入正在驱动一个强的强度(范围)，以及输出正在驱动一个弱的强度(范围)，解决的值是 d/u，强度是输入的强度。

(3) 如果输入正在驱动一个弱的强度(范围)，以及输出正在驱动一个强的强度(范围)，解决的值是 l/h，强度是输出的强度。范围是：

① 强度支持 7～5(大)：强的强度(strong strength)。

② 强度 4～1：弱的强度(weak strength)。

[**例 5.323**]　扩展 VCD 文件格式 Verilog HDL 描述的例子。

```
module adder(data0, data1, data2, data3, carry, as, rdn, reset,test, write);
inout data0, data1, data2, data3;
output carry;
input as, rdn, reset, test, write;
…
```

最终的 VCD 片段：

```
$ scope module testbench.adder_instance $ end
$ var port 1 <0 data0 $ end
$ var port 1 <1 data1 $ end
$ var port 1 <2 data2 $ end
$ var port 1 <3 data3 $ end
$ var port 1 <4 carry $ end
$ var port 1 <5 as $ end
$ var port 1 <6 rdn $ end
$ var port 1 <7 reset $ end
$ var port 1 <8 test $ end
$ var port 1 <9 write $ end
$ upscope $ end
$ enddefinitions $ end

#0
$ dumpports
```

```
pX 6 6 <0
pX 6 6 <1
pX 6 6 <2
pX 6 6 <3
pX 6 6 <4
pN 6 6 <5
pN 6 6 <6
pU 0 6 <7
pD 6 0 <8
pN 6 6 <9
$ end
#180
pH 0 6 <4
#200000
pD 6 0 <5
pU 0 6 <6
pD 6 0 <9
#200500
pf 0 0 <0
pf 0 0 <1
pf 0 0 <2
pf 0 0 <3
```

5.19 Verilog HDL 编译器指令

Verilog HDL 编译器指令由重音符“'”开始。

5.19.1 'celldefine 和'endcelldefine

这两个指令用于将模块标记为单元模块，它们表示包含模块定义。某些 PLI 使用单元模块用于这些应用，如计算延迟。

该命令可以出现在源代码描述中的任何地方。但是，推荐将其放在模块定义的外部。

[**例 5.324**] **'celldefine** 指令 Verilog HDL 描述的例子。

```
'celldefine
    module my_and(y, a, b);
    output y;
    input a, b;
        assign y = a & b;
    endmodule
'endcelldefine
```

5.19.2 'default_nettype

该指令用于为隐含网络指定网络类型，也就是为那些没有被说明的连线定义网络类型。它只可以出现在模块声明的外部，允许多个 **'default_netype** 指令。

如果没有出现 **'default_netype** 指令，或者如果指定了 **'resetall** 指令，则隐含的网络类型

是 **wire**。当 **'default_netype** 设置为 **none** 时，需要明确地声明所有网络；如果没有明确地声明网络，则产生错误。**'default_netype** 指令格式为

```
'default_nettype default_nettype_value
```

其中，default_nettype_value 的值可以是 **wire**、**tri**、**tri**0、**tri**1、**wand**、**triand**、**wor**、**trior**、**trireg**、**uwire** 和 **none**。

5.19.3 'define 和 'undef

1. 'define 指令

'define 指令用于文本替换，它很像 C 语言中的 # define 指令。它生成一个文本宏。该指令既可以在模块内部定义，也可以在模块之外定义。一旦编译了 'define 指令，它在整个编译过程中都有效。

如果已经定义了一个文本宏，那么在它的宏名之前加上重音符号(')就可以在源程序中引用该文本宏。

在编译器编译时，将会自动用相应的文本块代替字符串'macro_name。将 Verilog HDL 中的所有编译指令都看作预定义的宏名，将一个编译指令重新定义为一个宏名是非法的。

一个文本宏定义可以带有一个参数。这样，就允许为每一个单独的应用定制文本宏。文本宏定义的语法格式如下：

```
'define <text_macro_name><macro_text>
```

其中：

(1) <text_macro_name>为文本的宏名字，其语法格式为

```
text_macro_identifier[<list_of_formal_arguments>]
```

① text_macro_identifier 为宏标识符，要求是简单标识符。

② <list_of_formal_arguments>为形参列表。一旦定义一个宏名，就可以在源程序的任何地方使用它，而没有范围限制。

(2) <macro_text>为宏文本，可以是与宏名同行的任意指定文本。

① 如果指定的文本超过一行，那么新的一行需要用反斜杠(\)作为起始。这样，反斜杠后面的文本也将作为宏文本的一部分，参与宏替换。反斜杠本身并不参与宏替换，编译时将忽略它。

② 如果宏文本包含了一个单行注释语句(以"//"开始的注释语句)，则该语句不属于替换文本，编译时不参与替换。

③ 宏文本可以空白。

[**例 5.325**] **'define** 指令 Verilog HDL 描述的例子 1。

```
'define wordsize 8
reg [1:'wordsize] data;
//define a nand with variable delay
'define var_nand(dly) nand #dly
'var_nand(2) g121 (q21, n10, n11);
'var_nand(5) g122 (q22, n10, n11);
```

[例 5.326] **'define** 指令 Verilog HDL 非法描述的例子 2。

```
'define first_half "start of string
 $ display('first_half end of string");
```

[例 5.327] **'define** 指令 Verilog HDL 非法描述的例子 3。

```
'define max(a,b)((a) > (b) ? (a) : (b))
n = 'max(p+q, r+s) ;
```

将要扩展为

```
n = ((p+q) > (r+s)) ? (p+q) : (r+s) ;
```

2. 'undef 指令

'undef 指令用于取消前面定义的宏。如果先前并没有使用指令'define 进行宏定义，那么使用'undef 指令将会导致一个警告。'undef 指令的语法格式如下

```
'undef text_macro_identifier
```

一个取消的宏没有值，就如同没有被定义一样。

```
'define SIZE 8
'define xor_b(x,y) (x & !y)|(!x & y)
//These text macros can be used as follow:
reg ['SIZE - 1 : 0] data_out;
c = 'xor_b(a, b);
'undef SIZE
```

5.19.4 'ifdef、'else、'elsif、'endif 和'ifndef

1. 'ifdef 编译器命令

这些编译指令**'ifdef**、**'else** 和**'endif** 用于条件编译，条件编译指令的语法格式如下：

```
'ifdef text_macro_identifier
ifdef_group_of_lines
{ 'elsif text_macro_identifier elsif_group_of_lines }
[ 'else else_group_of_lines ]
'endif
```

其中，text_macro_identifier 为 Verilog HDL 文本宏的名字。ifdef_group_of_lines、elsif_group_of_lines 和 else_group_of_lines 是 Verilog HDL 源描述的一部分。**'ifdef**、**'else**、**'elsif** 和**'endif** 编译器命令以下面的行为一起工作：①当遇到**'ifdef** 时，测试**'ifdef** 文本宏标识符，查看在 Verilog HDL 源文件描述中，是否使用**'define** 作为一个文本宏名字；②如果**'ifdef** 定义了文本宏标识符，则对**'ifdef** 所包含的行作为描述的一部分进行编译，如果还有**'else** 或者**'elsif** 编译器指令，则忽略这些编译器指令和相关的行组；③如果没有定义**'ifdef** 文本宏标识符，则忽略**'ifdef** 所包含的行；④如果有**'elsif** 编译器指令，则测试**'elsif** 文本宏标识符，查看在 Verilog HDL 源文件描述中，是否使用'define 作为一个文本宏名字；⑤如果**'elsif** 定义了文本宏标识符，则对**'elsif** 所包含的行作为描述的一部分进行编译，如果还有**'else** 或者**'elsif**

编译器指令，则忽略这些编译器指令和相关的行组；⑥如果没有定义第一个'**elsif** 文本宏标识符，则忽略第一个'**elsif** 所包含的行；⑦如果有多个'**elsif** 编译器命令，将按照它们在Verilog HDL 源文件中的描述顺序和评估第一个'**elsif** 编译器指令的方法，对这些指令进行评估；⑧如果有一个'**else** 编译器命令，则将'**else** 所包含的行作为描述的一部分进行编译。

［例 5.328］ '**ifdef** 指令 Verilog HDL 描述的例子 1。

```
moduleand_op (a, b, c);
output a;
input b, c;
'ifdef behavioral
    wire a = b & c;
'else
    and a1 (a,b,c);
'endif
endmodule
```

［例 5.329］ '**ifdef** 指令 Verilog HDL 描述的例子 2。

```
moduletest(out);
output out;
'define wow
'define nest_one
'define second_nest
'define nest_two
  'ifdef wow
    initial $display("wow is defined");
    'ifdef nest_one
      initial $display("nest_one is defined");
      'ifdef nest_two
        initial $display("nest_two is defined");
      'else
        initial $display("nest_two is not defined");
      'endif
    'else
        initial $display("nest_one is not defined");
    'endif
  'else
      initial $display("wow is not defined");
      'ifdef second_nest
          initial $display("second_nest is defined");
      'else
          initial $display("second_nest is not defined");
      'endif
  'endif
endmodule
```

2. 'ifndef 编译器命令

这些编译指令'**ifndef**、'**else** 和'**endif** 用于条件编译，条件编译指令的语法格式如下：

```
'ifndef text_macro_identifier
```

```
ifndef_group_of_lines
{ 'elsif text_macro_identifier elsif_group_of_lines }
[ 'else else_group_of_lines ]
'endif
```

其中,text_macro_identifier 为 Verilog HDL 文本宏的名字。ifndef_group_of_lines、elsif_group_of_lines 和 else_group_of_lines 是 Verilog HDL 源描述的一部分。**'ifndef**、**'else**、**'elsif** 和 **'endif** 编译器命令以下面的行为一起工作:①当遇到 **'ifndef** 时,测试 **'ifdef** 文本宏标识符,查看在 Verilog HDL 源文件描述中是否使用 **'define** 作为一个文本宏名字;②如果 **'ifndef** 没有定义文本宏标识符,则对 **'ifndef** 所包含的行作为描述的一部分进行编译,如果还有 **'else** 或者 **'elsif** 编译器指令,则忽略这些编译器指令和相关的行组;③如果定义 **'ifndef** 文本宏标识符,则忽略 **'ifndef** 所包含的行;④如果有 **'elsif** 编译器指令,测试 **'elsif** 文本宏标识符,查看在 Verilog HDL 源文件描述中,是否使用 **'define** 作为一个文本宏名字;⑤如果 **'elsdef** 定义文本宏标识符,则对 **'elsdef** 所包含的行作为描述的一部分进行编译,如果还有 **'else** 或者 **'elsif** 编译器指令,则忽略这些编译器指令和相关的行组;⑥如果没有定义第一个 **'elsif** 文本宏标识符,则忽略第一个 **'elsif** 所包含的行;⑦如果有多个 **'elsif** 编译器命令,将按照它们在 Verilog HDL 源文件中的描述顺序和评估第一个 **'elsif** 编译器指令的方法,对这些指令进行评估;⑧如果有一个 **'else** 编译器命令,则将 **'else** 所包含的行作为描述的一部分进行编译。

[例 5.330] **'ifndef** 指令 Verilog HDL 描述的例子。

```
module test;
  'ifdef first_block
    'ifndef second_nest
        initial $display("first_block is defined");
    'else
        initial $display("first_block and second_nest defined");
    'endif
  'elsif second_block
      initial $display("second_block defined, first_block is not");
  'else
      'ifndef last_result
          initial $display("first_block, second_block,"
            " last_result not defined.");
      'elsif real_last
          initial $display("first_block, second_block not defined,"
            " last_result and real_last defined.");
      'else
          initial $display("Only last_result defined!");
      'endif
  'endif
endmodule
```

5.19.5 'include

在编译期间,**'include** 编译器指令用于嵌入另一个文件的内容。既可以用相对路径名定义文件,也可以用全路径名定义文件。其语法格式为

```
'include "filename"
```

使用'**include** 编译器指令的优势主要体现在以下几方面：

(1) 提供了一个配置管理不可分割的一部分；

(2) 改善了 Verilog HDL 源文件描述的组织结构；

(3) 便于维护 Verilog HDL 源文件描述。

［**例 5.331**］ '**include** 指令 Verilog HDL 描述的例子。

```
'include "parts/count.v"
'include "fileB"
'include "fileB"                //包含 fileB
```

5.19.6 'resetall

该编译器遇到'**resetall** 指令时，会将所有的编译指令重新设置为默认值。推荐在源文件的开始放置'**resetall**。将'**resetall** 命令放置在模块内或者 UDP 声明中是非法的。其语法格式为

```
'resetall
```

5.19.7 'line

对于 Verilog 工具来说，跟踪 Verilog HDL 源文件的名字和文件的行的行号是非常重要的，这些信息可以用于调试错误消息或者源代码，Verilog PL1 访问可以它。

然而，在很多情况下，Verilog 源文件由其他工具进行了预处理。由于预处理工具可能在 Verilog HDL 源文件中添加了额外的行，或者将多个源代码行合并为一个行，或者并置多个源文件，等等，可能会丢失原始的源文件和行信息。

'**line** 编译器命令可以用于指定的原始源代码的行号和文件名。如果其他过程修改了源文件，这允许定位原始的文件。当指定了新行的行号和文件名时，编译器就可以正确地定位原始的源文件位置。然而，这要求相应的工具不产生'**line** 命令。

其语法格式为

```
'line number "filename" level
```

其中，number 是一个正整数，用于指定跟随文本行的新行行号，filename 是一个字符串常数，将其看作文件的新名字，文件名可以是全路径名字或者相对路径名字；level 为该参数的值，可以是 0、1 或者 2：①当为 1 的时候，输入一个 include 行后的下面一行是第一行；②当为 2 的时候，退出一个 inlcude 行后的下面一行是第一行；③当为 0 的时候，指示任何其他行。

［**例 5.332**］ '**line** 指令 Verilog HDL 描述的例子。

```
'line3 "orig.v" 2
//该行是 orig.v 存在 include 文件后的第 3 行
```

5.19.8 'timescale

在 Verilog HDL 模型中，所有的时延都用单位时间表述。可使用'timescale 编译器指令将时间单位与实际时间相关联，该指令用于定义时延的单位和时延精度。'timescale 编译

器指令格式为

```
'timescaletime_unit/time_precision
```

其中，time_unit 指定用于时间和延迟测量的单位，可选的值为 1、10 或 100；time_precision 用于仿真前，确定四舍五入延迟值。时间分辨率，可选的单位为 **s**、**ms**、**μs**、**ns**、**ps** 或 **fs**。

［例 5.333］ **'timescale** 指令 Verilog HDL 描述的例子 1。

```
'timescale 1 ns / 1 ps
'timescale 10 us / 100 ns
```

［例 5.334］ **'timescale** 指令 Verilog HDL 描述的例子 2。

```
'timescale 10 ns / 1 ns
module test;
reg set;
parameter d = 1.55;
initial begin
    #d set = 0;
    #d set = 1;
end
endmodule
```

根据时间精度，参数 d 的值从 1.55 四舍五入到 1.6。模块的时间单位是 10ns，精度是 1ns。因此，参数 d 的延迟从 1.6 标定到 16。

5.19.9 'unconnected_drive 和 'nounconnected_drive

当一个模块所有未连接的端口出现在 **'unconnected_drive** 和 **'nounconnected_drive** 指令之间时，将这些未连接的端口上拉或者下拉，而不是按通常的默认值处理。

指令 **'unconnected_drive 使用 pull1/pull0 参数中的一个：当指定 pull1 时，所有未连接的端口自动上拉；当指定 pull0 时**，所有未连接的端口自动下拉。

建议成对使用 **'unconnected_drive** 和 **'nounconnected_drive** 指令，但不是强制要求。这些指令在模块外部成对指定。

'resetall 指令包括 **'nounconnected_drive** 指令的效果。

［例 5.335］ **nounconnected_drive**/ **'unconnected_drive** 指令 Verilog HDL 描述的例子。

```
'unconnected_drive pull1
module my_and(y, a, b);
output y;
input a, b;
  assign y = a & b;
endmodule
module test;
reg b;
wire y;
  my_and u1 (y, ,b);
endmodule
'nounconnected_drive
```

5.19.10 'pragma

'pragma 指令是一个结构化的说明，它用于改变对 Verilog HDL 源文件的理解。由这个指令所引入的说明称为编译指示。编译指示不同于 Verilog HDL 标准所指定的结果，它为指定实现的结果。其语法格式为

```
'pragma pragma_name [ pragma_expression { , pragma_expression } ]
```

其中，pragma_name 为编译指示的名字，可以是 $ 开头的系统标识符或者一般标识符；pragma_expression 为编译指示表达式。

注：reset 和 resetall 编译指示将恢复默认值和 pragma_keywords 所影响的状态。

5.19.11 'begin_keywords 和 'end_keyword

'begin_keywords 和 **'end_keyword** 指令用于指定在一个源代码块中，基于不同版本的 IEEE Std1364 标准，确定用于关键字的保留字。该对指令只指定那些作为保留关键字的标识符。只能在设计元素（模块、原语和配置）外指定该关键字，并且需要成对使用。其语法格式为

```
'begin_keywords "version_specifier"
  …
'end_keyword
```

其中，version_specifier 为可选的参数，包括 1364-1995、1364-2001、1364-2001-noconfig 和 1364-2005。

［例 5.336］ **'begin_keywords** 和 **'end_keyword** 指令 Verilog HDL 描述的例子。

```
'begin_keywords "1364 - 2001" //使用 IEEE Std 1364 - 2001Verilog 关键字
module m2 (...);
reg [63:0] logic;              //logic 不是 1364 - 2001 的关键字
...
endmodule
'end_keywords
```

5.20 Verilog HDL 编程语言接口 PLI

编程语言接口（Program Language Interface，PLI）提供了通过 C 语言函数对 Verilog 数据结构进行存储和读取操作的方法。

5.20.1 Verilog HDL PLI 发展过程

Verilog 编程语言接口的发展先后经过了三个阶段：

（1）第一个阶段为任务或函数子程序（称为 TF 子程序），它可以在 C 程序和 Verilog 设计之间传递数据。

（2）第二个阶段为存取子程序（称为 ACC 子程序），它可以在用户自定义 C 程序和

Verilog 的内部数据表示的接口上使用。

(3) 第三个阶段最初称为 PLI2.0,后来改称为 Verilog 过程接口(Verilog Procedual Interface,VPI)。它进一步扩展了前两代编程语言接口的功能。它是一个针对 C 语言的 Verilog 过程接口,它可以使数字电路的行为级描述代码直接调用 C 语言的函数,而用到的 C 语言函数也可以调用标准的 Verilog 系统任务。

5.20.2 Verilog HDL PLI 提供的功能

PLI 接口主要提供以下三种功能。

(1) PLI 接口允许用户编写自定义的系统任务和系统函数。用户写出相应的 PLI 程序并连接到仿真器后,就可以在自己写的 Verilog HDL 程序中使用这些系统任务和系统函数。一旦在仿真过程中调用这些任务或者函数,仿真器就会找到对应的用户所编写的 PLI 程序并执行,从而实现仿真器的定制。

(2) 这个接口还允许用户在自己的 PLI 程序中与仿真器中例化的 Verilog HDL 硬件进行交互,如读一个线网络的值、向一排寄存器写值以及设置一个单元的延迟,等等。

对于 PLI 程序而言,仿真器中的 Verilog 实例完全透明,用户可以对这些硬件做任何操作(当然,不能修改硬件结构)。

有了这个功能,用户就可以在自定义的任务/函数中对硬件执行某些用 Verilog HDL 语言难以完成的操作。

(3) 某些特定的操作需要对仿真过程中一些信号的变化做出响应,虽然可以用 always 过程语句来监控少量信号的变化,但如果需要监测大量信号,这种机制并不现实。

PLI 接口提供了一种函数回调机制解决这个问题。用户可以将某个线网络/寄存器等信号挂上一个 PLI 程序中的 C 函数。每当该信号变化时,调用这个 C 函数,从而很方便地监测信号。

除了上面所说的这些机制外,PLI 还能让用户控制仿真的过程,例如暂停、退出以及向日志文件里写信息等,还可以获取仿真过程的数据,如当前仿真时间等。在实际的 PLI 程序中,同样不可缺少这些功能。

5.20.3 Verilog HDL PLI 原理

编程语言接口 PLI 的工作步骤包括:

(1) 用 C/C++代码编写函数。

(2) 编译这些函数,生成共享的库(在 Windows 环境下为 *.DLL;在 UNIX 下为 *.SO)。仿真器,如 VCS,允许静态链接。

(3) 在 Verilog HDL 代码中(大部分是 Testbench)使用这些函数。

(4) 基于仿真器,在 Verilog 代码编译的过程中,将 C/C++函数细节传递给仿真器。这个过程称为链接,读者需要参考仿真器用户指南,了解进行链接的方法。

(5) 一旦完成链接,就可以像其他 Verilog HDL 仿真一样运行仿真器。

在仿真器执行 Verilog HDL 代码期间,当仿真器遇到用户定义的系统任务($开头)时,将执行控制交给 PLI 例程(C/C++函数)。

如下所示的代码中,在 C 语言中定义了一个函数 hello(见代码清单 5-1),对应 Verilog

HDL 代码如代码清单 5-2 所示。当调用该函数时，将打印"Hello Deepak"。这个例子没有使用任务 PLI 的标准函数(ACC、TF 和 VPI)。

代码清单 5-1　C 代码

```
#include <stdio.h>
void hello () {
  printf ("\nHello Deepak\n");
}
```

代码清单 5-2　Verilog HDL 代码

```
module hello_pli ();
initial begin
   $hello;
   #10 $finish;
end
endmodule
```

上面的例子很简单。下面考虑计数器模型写 DUT 参考模型，并且在 C 语言中进行检查。然后，将其链接到 Verilog HDL 测试平台。下面给出使用 PLI 编写 C 模型的要求。

(1) 调用 C 模型的方法。当输入信号有变化(可能是 wire、reg 或 type)时，进行下面步骤。

(2) 在 Verilog HDL 代码中，得到变化信号的值，并写入到 C 语言代码中。

(3) 从 C 语言代码中驱动 Verilog HDL 代码中的任何信号值。

Verilog PLI 提供了例程(函数)集合，用于满足上面的要求。

如图 5.65 所示，使用 PLI 定义计数器测试平台的要求，将调用 PLI 函数 $counter_monitor。在 C 语言中，实现对计数器逻辑和逻辑检查。当检查失败时，停止仿真过程。

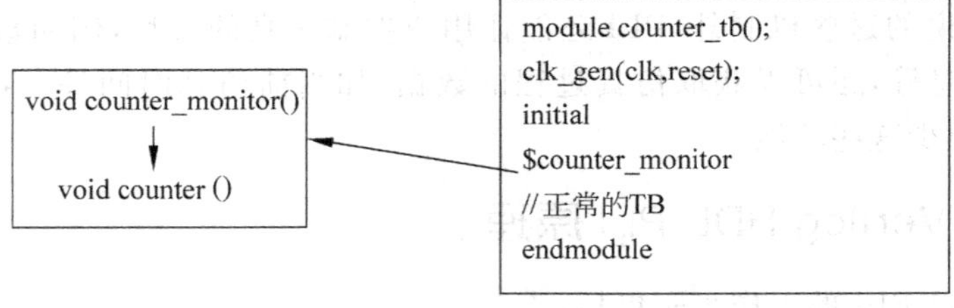

图 5.65　C 语言和 Verilog HDL 之间的调用

在 C 语言中写一个计数器是很容易的(见代码清单 5-3)。但是，需要判断增加计数器值的时刻。这就需要监测时钟信号的变化(注意：在 Verilog HDL 中驱动复位和时钟是一个比较好的方法)。每当时钟发生变化时，就执行计数器的功能。Verilog HDL 程序见代码清单 5-4。

代码清单 5-3　C 代码

```
#include "acc_user.h"

handle clk ;
handle reset ;
```

```
handle enable ;
handle dut_count ;
void counter ();

void counter_monitor() {
  acc_initialize();
  clk = acc_handle_tfarg(1);
  reset = acc_handle_tfarg(2);
  enable = acc_handle_tfarg(3);
  dut_count = acc_handle_tfarg(4);
  acc_vcl_add(clk,counter,null,vcl_verilog_logic);
  acc_close();
}

void counter () {
  io_printf("Clock changed state\n");
}
```

代码清单 5-4 Verilog HDL 代码

```
module counter_tb();
 reg enable;
 reg reset;
 reg clk_reg;
 wire clk;
 wire [3:0] count;

initial begin
  enable = 0;
  clk_reg = 0;
  reset = 0;
  $display("%g , Asserting reset", $time);
  #10 reset = 1;
  #10 reset = 0;
  $display ("%g, Asserting Enable", $time);
  #10 enable = 1;
  #55 enable = 0;
  $display ("%g, Deasserting Enable", $time);
  #1 $display ("%g, Terminating Simulator", $time);
  #1 $finish;
end

always begin
  #5 clk_reg = !clk_reg;
end

assign clk = clk_reg;

initial begin
  $counter_monitor (counter_tb.clk, counter_tb.reset,
```

```
    counter_tb.enable, counter_tb.count);
end

counter U(
.clk (clk),
.reset (reset),
.enable (enable),
.count (count)
);

endmodule
```

5.20.4 Verilog HDL VPI 工作原理

Verilog HDL 过程接口 VPI 的工作步骤包括：

(1) 编写一个 C 语言函数。

(2) 用一个新的系统任务关联 C 语言函数。

(3) 注册(寄存)一个新的系统任务。

(4) 调用系统任务。

1. 写 C 函数

写 C 函数/例程与 PLI 2.0 类似，唯一的区别就是需要包含 vpi_user.h，而不是 acc_user.h 和 veriuser.h，也使用 vpi_ * 函数访问和修改 Verilog HDL 仿真器内的对象。

代码清单 5-5　C 语言函数代码

```
#include "vpi_user.h"

void hello() {
  vpi_printf("\n\nHello Deepak\n\n");
}
```

2. 用一个新的系统任务关联 C 语言函数

为了将 C 语言函数和一个系统关联，需创建一个 s_vpi_systf_data 类型的数据结构，并且通过指针指向该结构。在 vpi_user.h 中定义了 vpi_systf_data 数据结构，下面给出该数据结构。

代码清单 5-6　t_vpi_systf_data 数据结构

```
typedef struct t_vpi_systf_data {
  PLI_INT32 type;                    //vpiSysTask, vpiSysFunc
  PLI_INT32 sysfunctype;             //vpiSysTask, vpi[Int,Real,Time,Sized, SizedSigned]Func
  PLI_BYTE8 *tfname;                 //First character must be '$'
  PLI_INT32 (*calltf)(PLI_BYTE8 *);
  PLI_INT32 (*compiletf)(PLI_BYTE8 *);
  PLI_INT32 (*sizetf)(PLI_BYTE8 *); //For sized function callbacks only
  PLI_BYTE8 *user_data;
} s_vpi_systf_data, *p_vpi_systf_data;
```

表 5.61 给出了数据结构每一项的含义。

表 5.61 数据结构每一项的含义

数据结构的域	含　义
type	若是任务，则不返回值；若是函数，则返回值
sysfunctype	如果类型是函数，该项表示 calltf 函数返回值的类型
tfname	括起来的字符串定义了系统任务或者函数的名字，第一个字符必须是“$”
calltf	指向应用例程的指针
compiletf	这个域是当一个指针指向仿真器每次编译任务/函数例化时，所调用的例程
sizetf	该域是一个指针，它指向例程，返回系统任务或者函数值的大小
user_data	该域时一个指针，它指向可选的数据，通过调用 vpi_get_systf_info()例程恢复这个数据

代码清单 5-7　用一个新的任务关联 C 语言函数

```
#include "hello_vpi.c"
void registerHelloSystfs() {
  s_vpi_systf_data task_data_s;
  p_vpi_systf_data task_data_p = &task_data_s;
  task_data_p->type = vpiSysTask;
  task_data_p->tfname = "$hello";
  task_data_p->calltf = hello;
  task_data_p->compiletf = 0;
  vpi_register_systf(task_data_p);
}
```

3. 注册一个新的任务

当初始化完 s_vpi_systf_data 数据结构后，必须注册用户的系统任务。这样，仿真器就可以执行它。

代码清单 5-8　注册一个新的任务

```
void (*vlog_startup_routines[ ]) () = {
   registerHelloSystfs,
   0                                  //last entry must be 0
};
```

4. 调用系统任务

可以在初始化块或者在 always 块中，调用用户新系统任务。

```
module hello_pli ();
initial begin
   $hello;
   #10 $finish;
end
endmodule
```

5. 链接仿真器

每个仿真器都有自己的方式用于将 VPI 例程链接到仿真器。更详细的内容请参考相关仿真器的用户手册。

5.21 Verilog HDL（IEEE 1364—2005）关键字列表

Verilog HDL（IEEE 1364—2005）关键字列表如下：

always
and
assign
begin
buf
bufif0
bufif1
case
casex
casez
cmos
deassign
default
defparam
disable
edge
else
end
endcase
endmodule
endfunction
endprimitive
endspecify
endtable
endtask
event
for
force
forever
fork
function
highz0
highz1
if
ifnone
initial
inout
input
integer
join
large
macromodule
medium
module
nand
negedge
nmos
nor
not
notif0
notif1
or
output
parameter
pmos
posedge
primitive
pull0
pull1
pullup
pulldown
rcmos
real
realtime
reg
release
repeat
rnmos
rpmos
rtran
rtranif0
rtranif1
scalared
small
specify
specparam
strong0
strong1
supply0
supply1
table
task
time
tran
tranif0
tranif1
tri
tri0
tri1
triand
trior
trireg
vectored
wait
wand
weak0
weak1
while
wire
wor
xnor
xor

第 6 章 CHAPTER 6 基本数字逻辑单元 Verilog HDL 描述

任何复杂的数字系统都可以由若干基本组合逻辑单元和时序逻辑单元组合来实现。基本逻辑单元一般分为组合逻辑电路和时序逻辑电路两大类。这两类基本逻辑电路构成了复杂数字系统设计的基石。本章将对这些基本单元的设计进行详细的描述。

本章除了介绍基本数字逻辑单元的设计外,还详细介绍了复杂数字逻辑单元的设计。这些数字逻辑单元包括存储器、数据运算操作和有限自动状态机设计。

读者在学习本章内容时,要仔细地学习数字逻辑单元的设计方法和设计技巧,并能正确使用 Verilog HDL 代码描述数字逻辑单元,为设计完整的数字系统打下坚实的基础。

6.1 组合逻辑电路的 Verilog HDL 描述

组合逻辑电路的输出状态只决定于同一时刻各个输入状态的组合,而与先前的状态无关。组合逻辑电路主要包括基本逻辑门、编码器、译码器、多路选择器、数据比较器和总线缓冲器等。

6.1.1 逻辑门的 Verilog HDL 描述

Verilog HDL 语言提供了多种描述风格和不同的逻辑运算符,用于对基本组合逻辑进行描述。

[例 6.1] 基本组合逻辑 Verilog HDL 描述的例子。

代码清单 6-1 基本门电路 Verilog HDL 过程分配描述

```
module g1(o,a,b,c,d);
input a,b,c,d;
output reg o;
always @(a or b or c or d)
begin
  o = (~(a&b))|(b&c&d);
end
endmodule
```

代码清单 6-2 基本门电路 Verilog HDL 连续分配描述

```
module g2(o,a,b,c,d);
```

```
input a,b,c,d;
output o;
  assign o = (~(a&b))|(b&c&d);
endmodule
```

代码清单 6-3　基本门电路 Verilog HDL 门调用描述

```
module g3(o,a,b,c,d);
input a,b,c,d;
output o;
  nand(o1,a,b);
  and(o2,b,c,d);
  or(o,o1,o2);
endmodule
```

思考与练习 6-1　定位到本书所提供资料的下面路径/eda_verilog/example6_1/project_1，在 Vivado 集成开发环境中打开 project_1. xprj 工程。查看上面的代码的 RTL 级和综合后的结构，说明 Verilog HDL 代码和具体结构之间的关系。

6.1.2　编码器的 Verilog HDL 描述

将某一信息用一组按一定规律排列的二进制代码描述称为编码，典型的有 8421 码和 BCD 码等。

［**例 6.2**］　8/3 线编码器 Verilog HDL 描述的例子。

代码清单 6-4　8/3 线编码器 Verilog HDL 描述

```
module v_priority_encoder_1(sel,code);
input [7:0] sel;
output [2:0] code;
reg [2:0] code;
always @(sel)
begin
  if (sel[0]) code = 3'b000;
  else if (sel[1]) code = 3'b001;
  else if (sel[2]) code = 3'b010;
  else if (sel[3]) code = 3'b011;
  else if (sel[4]) code = 3'b100;
  else if (sel[5]) code = 3'b101;
  else if (sel[6]) code = 3'b110;
  else if (sel[7]) code = 3'b111;
  else code = 3'bxxx;
end
endmodule
```

思考与练习 6-2　定位到本书所提供资料的下面路径/eda_verilog/example6_2/project_1，在 Vivado 集成开发环境中打开 project_1. xprj 工程。查看上面的代码的 RTL 级和综合后的结构，说明 Verilog HDL 代码和具体结构之间的关系。

6.1.3　译码器的 Verilog HDL 描述

将某一特定的代码翻译成原始的信息，称为译码过程。译码过程可以通过译码器电路实现。

译码的过程实际上就是编码过程的逆过程，即把一组按一定规律排列的二进制数还原为原始信息的过程。

［**例 6.3**］ 3/8 译码器 Verilog HDL 描述的例子。

代码清单 6-5 3/8 译码器的 Verilog HDL 描述

```
module v_decoders_1 (sel, res);
input [2:0] sel;
output [7:0] res;
reg [7:0] res;
always @(sel or res)
begin
    case (sel)
      3'b000 : res = 8'b00000001;
      3'b001 : res = 8'b00000010;
      3'b010 : res = 8'b00000100;
      3'b011 : res = 8'b00001000;
      3'b100 : res = 8'b00010000;
      3'b101 : res = 8'b00100000;
      3'b110 : res = 8'b01000000;
      default : res = 8'b10000000;
    endcase
end
endmodule
```

思考与练习 6-3 定位到本书所提供资料的下面路径/eda_verilog/example6_3/project_1，在 Vivado 集成开发环境中打开 project_1. xprj 工程。查看上面的代码的 RTL 级和综合后的结构，说明 Verilog HDL 代码和具体结构之间的关系。

［**例 6.4**］ 十六进制转换为七段码 Verilog HDL 描述的例子。

代码清单 6-6 十六进制数转换为共阳极 7 段码的 Verilog HDL 描述

```
module seven_segment_led(o,i);
input[3:0] i;
output reg[6:0] o;
always @(i)
begin
  case (i)
      4'b0001 : o = 7'b1111001;  // 1
      4'b0010 : o = 7'b0100100;  // 2
      4'b0011 : o = 7'b0110000;  // 3
      4'b0100 : o = 7'b0011001;  // 4
      4'b0101 : o = 7'b0010010;  // 5
      4'b0110 : o = 7'b0000010;  // 6
      4'b0111 : o = 7'b1111000;  // 7
      4'b1000 : o = 7'b0000000;  // 8
      4'b1001 : o = 7'b0010000;  // 9
      4'b1010 : o = 7'b0001000;  // A
      4'b1011 : o = 7'b0000011;  // b
      4'b1100 : o = 7'b1000110;  // C
```

```
      4'b1101 : o = 7'b0100001;  // d
      4'b1110 : o = 7'b0000110;  // E
      4'b1111 : o = 7'b0001110;  // F
      default : o = 7'b1000000;  // 0
    endcase
  end
endmodule
```

思考与练习 6-4 定位到本书所提供资料的下面路径/eda_verilog/example6_4/project_1，在 Vivado 集成开发环境中打开 project_1. xprj 工程。查看上面的代码的 RTL 级和综合后的结构，说明 Verilog HDL 代码和具体结构之间的关系。

6.1.4 多路选择器的 Verilog HDL 描述

在数字系统中，经常需要把多个不同通道的信号发送到公共的信号通道上，通过多路选择器可以完成这一功能。在数字系统设计中，常使用 case 和 if 语句描述多路选择器。

［**例 6.5**］ 4∶1 多路选择器 Verilog HDL 描述的例子。

代码清单 6-7 if-else 语句多路选择器 Verilog HDL 描述

```
module v_multiplexers_1 (a, b, c, d, s, o);
input a,b,c,d;
input [1:0] s;
outputreg o;
always @(a or b or c or d or s)
begin
    if (s == 2'b00) o = a;
    else if (s == 2'b01) o = b;
    else if (s == 2'b10) o = c;
    else o = d;
end
endmodule
```

代码清单 6-8 case 语句多路选择器 Verilog HDL 描述

```
module full_mux (sel, i1, i2, i3, i4, o1);
input [1:0] sel;
input [1:0] i1, i2, i3, i4;
output [1:0] o1;
reg [1:0] o1;
always @(sel or i1 or i2 or i3 or i4)
begin
    case (sel)
      2'b00: o1 = i1;
      2'b01: o1 = i2;
      2'b10: o1 = i3;
      2'b11: o1 = i4;
    endcase
end
endmodule
```

思考与练习 6-5 定位到本书所提供资料的下面路径/eda_verilog/example6_5_1/project_1，在 Vivado 集成开发环境中打开 project_1. xprj 工程。查看上面的代码的 RTL 级和综合后的结构，说明 Verilog HDL 代码和具体结构之间的关系。

思考与练习 6-6 定位到本书所提供资料的下面路径/eda_verilog/example6_5_2/project_1，在 Vivado 集成开发环境中打开 project_1. xprj 工程。查看上面的代码的 RTL 级和综合后的结构，说明 Verilog HDL 代码和具体结构之间的关系。

[**例 6.6**] 三态缓冲区建模 4：1 多路选择器 Verilog HDL 描述的例子。

使用三态缓冲语句也可以描述多路数据选择器。图 6.1 给出了 4：1 多路选择器三态的原理。

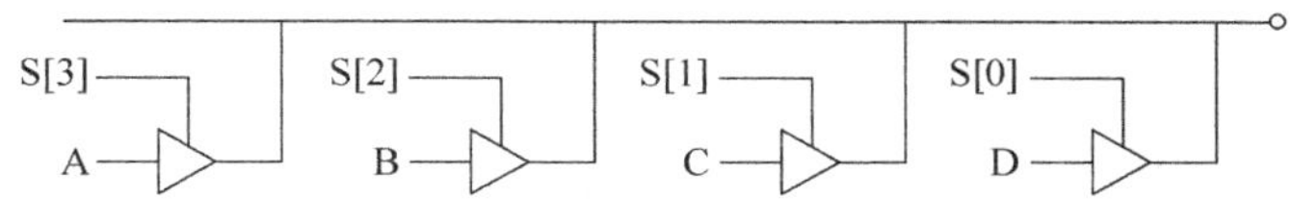

图 6.1　三态缓冲实现 4 选 1 多路选择器

代码清单 6-9　使用三态缓冲实现 4：1 多路选择器的 Verilog HDL 描述

```
module v_multiplexers_3 (a, b, c, d, s, o);
input a,b,c,d;
input [3:0] s;
output o;
assign o = s[3] ? a :1'bz;
assign o = s[2] ? b :1'bz;
assign o = s[1] ? c :1'bz;
assign o = s[0] ? d :1'bz;
endmodule
```

思考与练习 6-7 定位到本书所提供资料的下面路径/eda_verilog/example6_6/project_1，在 Vivado 集成开发环境中打开 project_1. xprj 工程。查看上面的代码的 RTL 级和综合后的结构，说明 Verilog HDL 代码和具体结构之间的关系。

6.1.5　数字比较器的 Verilog HDL 描述

比较器就是对输入数据进行比较，并判断其大小的逻辑电路。在数字系统中，比较器是基本的组合逻辑单元之一，使用关系运算符可以描述比较器的功能。

[**例 6.7**] 8 位数字比较器 Verilog HDL 描述的例子。

代码清单 6-10　8 位数字比较器 Verilog HDL 描述

```
module v_comparator_1 (A, B, CMP);
input [7:0] A;
input [7:0] B;
output CMP;
assign CMP = (A >= B) ? 1'b1 : 1'b0;
endmodule
```

思考与练习 6-8 定位到本书所提供资料的下面路径/eda_verilog/example6_7/project_1，在 Vivado 集成开发环境中打开 project_1. xprj 工程。查看上面的代码的 RTL 级和综合后的结构，说明 Verilog HDL 代码和具体结构之间的关系。

6.1.6 总线缓冲器的 Verilog HDL 描述

总线是一组相关信号的集合。在计算机系统常用的总线有数据总线、地址总线和控制总线。由于总线上经常需要连接很多的设备，因此必须正确地控制总线的输入和输出，这样才不会产生总线访问的冲突。

[**例 6.8**] 三态缓冲区器 Verilog HDL 描述的例子。

代码清单 6-11 三态缓冲器过程分配 Verilog HDL 描述

```
module v_three_st_1 (T, I, O);
input T, I;
outputreg O;
always @(T or I)
begin
  if (~T) O = I;
  else O = 1'bZ;
end
endmodule
```

代码清单 6-12 三态缓冲器连续分配 Verilog HDL 描述

```
module v_three_st_2 (T, I, O);
input T, I;
output O;
assign O = (~T) ? I: 1'bZ;
endmodule
```

思考与练习 6-9 定位到本书所提供资料的下面路径/eda_verilog/example6_8_1/project_1，在 Vivado 集成开发环境中打开 project_1.xprj 工程。查看上面的代码的 RTL 级和综合后的结构，说明 Verilog HDL 代码和具体结构之间的关系。

思考与练习 6-10 定位到本书所提供资料的下面路径/eda_verilog/example6_8_2/project_1，在 Vivado 集成开发环境中打开 project_1.xprj 工程。查看上面的代码的 RTL 级和综合后的结构，说明 Verilog HDL 代码和具体结构之间的关系。

[**例 6.9**] 双向缓冲器 Verilog HDL 描述的例子。

代码清单 6-13 双向总线缓冲器 Verilog HDL 描述

```
modulebidir(tri_inout,out,in,en,b);
inouttri_inout;
outputout;
inputin,en,b;
  assigntri_inout = en ? in : 'bz;
  assignout = tri_inout ^ b;
endmodule
```

思考与练习 6-11 定位到本书所提供资料的下面路径/eda_verilog/example6_9/project_1，在 Vivado 集成开发环境中打开 project_1.xprj 工程。查看上面的代码的 RTL 级和综合后的结构，说明 Verilog HDL 代码和具体结构之间的关系。

6.2　数据运算操作的 Verilog HDL 描述

数据运算操作主要包括加法操作、减法操作、乘法操作和除法操作，由这四种运算单元和逻辑运算单元一起可以完成复杂的数学运算。Verilog HDL 语言中提供了丰富的数据算术操作的运算符。

6.2.1　加法操作的 Verilog HDL 描述

在 Verilog HDL 语言描述加法操作时，使用"＋"运算符描述加法器，比直接用门级描述更简单。

［**例 6.10**］　包含进位输入和输出的无符号 8 比特加法操作 Verilog HDL 描述的例子。

代码清单 6-14　包含进位输入和输出无符号 8 比特加法器 Verilog HDL 描述

```
module v_adders_2(A, B, CI, SUM);
input [7:0] A;
input [7:0] B;
input CI;
output [7:0] SUM;
    assign SUM = A + B + CI;
endmodule
```

思考与练习 6-12　定位到本书所提供资料的下面路径/eda_verilog/example6_10/project_1，在 Vivado 集成开发环境中打开 project_1. xprj 工程。查看上面的代码的 RTL 级和综合后的结构，说明 Verilog HDL 代码和具体结构之间的关系。

6.2.2　减法操作的 Verilog HDL 描述

减法是加法的逆运算，采用 Verilog HDL 语言的"－"符号描述减法器，比使用门级描述更简单。

［**例 6.11**］　包含借位的无符号 8 比特减法器 Verilog HDL 描述的例子。

代码清单 6-15　包含借位的无符号 8 比特减法器 Verilog HDL 描述

```
module v_adders_8(A, B, BI, RES);
input [7:0] A;
input [7:0] B;
input BI;
output [7:0] RES;
    assign RES = A - B - BI;
endmodule
```

思考与练习 6-13　定位到本书所提供资料的下面路径/eda_verilog/example6_11/project_1，在 Vivado 集成开发环境中打开 project_1. xprj 工程。查看上面的代码的 RTL 级和综合后的结构，说明 Verilog HDL 代码和具体结构之间的关系。

6.2.3 乘法操作的 Verilog HDL 描述

在 Verilog HDL 语言中，通过使用“*”运算符号实现乘法操作。

注：FPGA 的一大优势就是在内部集成了大量乘法器硬核。

[**例 6.12**] 8 位和 4 位无符号乘法操作 Verilog HDL 描述的例子。

代码清单 6-16 8 位和 4 位无符号乘法操作 Verilog HDL 描述

```
module v_multipliers_1(A, B, RES);
input [7:0] A;
input [3:0] B;
output [11:0] RES;
    assign RES = A * B;
endmodule
```

思考与练习 6-14 定位到本书所提供资料的下面路径/eda_verilog/example6_12/project_1，在 Vivado 集成开发环境中打开 project_1. xprj 工程。查看上面的代码的 RTL 级和综合后的结构，说明 Verilog HDL 代码和具体结构之间的关系。

6.2.4 除法操作的 Verilog HDL 描述

Verilog HDL 语言提供了除法运算符号，用于实现任意数的除法操作。

注：在 FPGA 中应尽量少使用除法运算，这是因为该运算会消耗 FPGA 内部大量的逻辑设计资源。

[**例 6.13**] 实现无符号 8 位被除数和 8 位除数除法操作 Verilog HDL 描述的例子。

代码清单 6-17 实现无符号 8 位被除数和 8 位除数除法操作 Verilog HDL 描述

```
nodule div(
    input [7:0] numerator,
    input [7:0] denominator,
    output [7:0] quotient,
    output [7:0] remainder
    );
assign quotient = numerator/denominator;
assign remainder = numerator % denominator;
endmodule
```

思考与练习 6-15 定位到本书所提供资料的下面路径/eda_verilog/example6_13/project_1，在 Vivado 集成开发环境中打开 project_1. xprj 工程。查看上面的代码的 RTL 级和综合后的结构，说明 Verilog HDL 代码和具体结构之间的关系。

6.2.5 算术逻辑单元的 Verilog HDL 描述

前面几节介绍了加法器和减法器的 Verilog HDL 设计代码。通过增加一些逻辑操作，设计一个叫作算术/逻辑单元 ALU 的模块。由于 ALU 包含了所希望实现的功能集的电路，因此很容易替换/扩展以包含不同的操作。

类似于前面的复用开关的选择线一样，ALU 也有选择线来控制所要使用的操作。表 6.1 给出了在 ALU 所要实现的算术和逻辑功能。图 6.2 给出了 4 位 ALU 的符号描述。

表 6.1 ALU 操作

alusel[2:0]	功能	输出
000	传递 a	a
001	加法	a+b
010	减法 1	a−b
011	减法 2	b−a
100	逻辑取反	not a
101	逻辑与	a and b
110	逻辑或	a or b
111	逻辑异或	a xor b

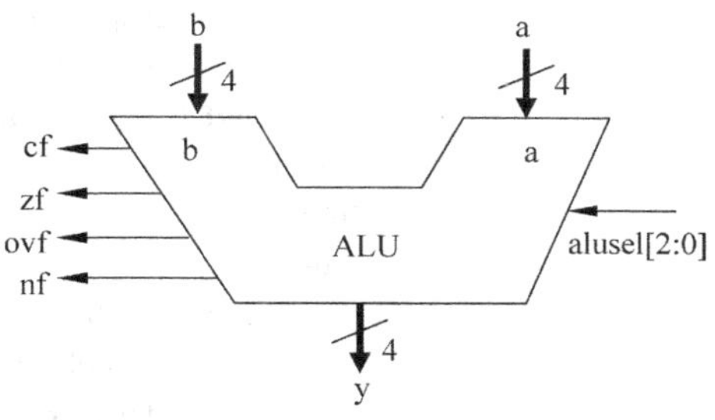

图 6.2 4 位 ALU 符号描述

由于 ALU 完成 8 种功能，所以选择线为 3 位。此外，ALU 也提供 4 位的 y 输出和四个标志位。cf 为进位标志，ovf 为溢出标志，zf 为 0 标志(当输出为 0 时，该标志有效)，nf 为负标志(当输出的第 4 位为 1 时，该标志有效)。

为了讨论进位标志和溢出标志的不同，考虑一个 8 位的加法(最高位为符号位)运算。当无符号的数的和超过 255 时，设置进位标志。当有符号数的和不在 −128～+127 的范围时，设置溢出标志。考虑下面的几个例子(最高位为符号位)：

$$53_{10}+25_{10}=35_{16}+19_{16}=78_{10}=4E_{16},cf=0,ovf=0$$

$$53_{10}+91_{10}=35_{16}+5B_{16}=144_{10}=90_{16},cf=0,ovf=1$$

$$53_{10}-45_{10}=35_{16}+D3_{16}=8_{10}=108_{16},cf=1,ovf=0$$

$$-98_{10}-45_{10}=9E_{16}+D3_{16}=-143_{10}=171_{16},cf=1,ovf=1$$

当满足条件：(第六位向第七位进位) xor(第七位向 cf 进位)时，ovf=1。

[例 6.14] 算术逻辑单元 ALU Verilog HDL 描述的例子。

代码清单 6-18 算术逻辑单元 ALU 的 Verilog HDL 描述

```
module ALU(
input wire [2:0] alusel,
input wire [3:0] a,
input wire [3:0] b,
output reg nf,
output reg zf,
output reg cf,
output reg ovf,
output reg [3:0] y
);
reg [4:0] temp;
always @( * )
  begin
      cf = 0;
        ovf = 0;
        temp = 5'b00000;
        case (alusel)
              3'b000 : y = a;
                3'b001 :
                   begin
```

```
                temp = {1'b0,a} + {1'b0,b};
                  y = temp[3:0];
                  cf = temp[4];
                  ovf = y[3] ^ a[3] ^ b[3] ^ cf;
              end
            3'b010 :
              begin
                temp = {1'b0,a} - {1'b0,b};
                  y   = temp[3:0];
                  cf = temp[4];
                  ovf = y[3] ^ a[3] ^ b[3] ^cf;;
              end
            3'b011 :
              begin
                temp = {1'b0,b} - {1'b0,a};
                  y = temp[3:0];
                  cf = temp[4];
                  ovf = y[3] ^ a[3] ^ b[3] ^ cf;
              end
            3'b100 : y = ~a;
            3'b101 : y = a & b;
            3'b110 : y = a | b;
            3'b111 : y = a ^ b;
            default : y = a;
      endcase
      nf = y[3];
      if(y == 4'b0000)
            zf = 1;
      else
            zf = 0;
   end
endmodule
```

思考与练习 6-16 定位到本书所提供资料的下面路径/eda_verilog/example6_14/project_1，在 Vivado 集成开发环境中打开 project_1. xprj 工程。查看上面的代码的 RTL 级和综合后的结构，说明 Verilog HDL 代码和具体结构之间的关系。

6.3 时序逻辑电路的 Verilog HDL 描述

时序逻辑电路的输出状态不仅与输入变量的状态有关，而且还与系统原先的状态有关。时序电路最重要的特点是存在着记忆单元部分，时序逻辑电路主要包括触发器和锁存器、计数器、移位寄存器和脉冲宽度调制等。

6.3.1 触发器和锁存器的 Verilog HDL 描述

触发器是时序逻辑电路的最基本的单元，触发器具有“记忆”能力。根据沿触发、复位和置位方式的不同，触发器可以有多种实现方式。

1. D 触发器的 Verilog HDL 描述

D 触发器是数字电路中应用最多的一种时序电路。表 6.2 给出了包含时钟使能和异步复位/置位的 D 触发器的真值表,其符号如图 6.3 所示。

表 6.2 D 触发器真值表

输入					输出
CLR	PRE	CE	D	C	Q
1	X	X	X	X	0
0	1	X	X	X	1
0	0	0	X	X	无变化
0	0	1	0	↑	0
0	0	1	1	↑	1

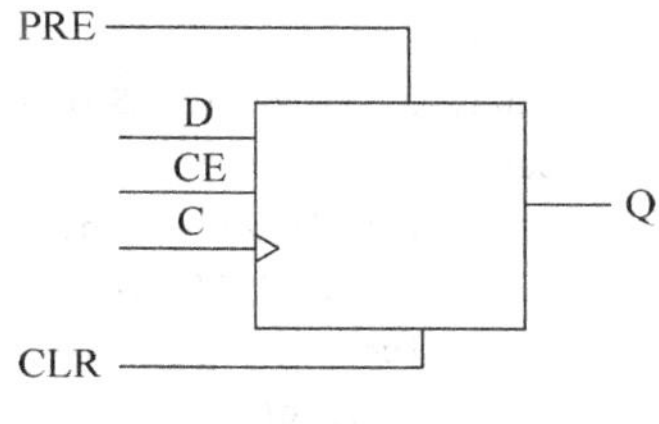

图 6.3 D 触发器的符号描述

[例 6.15] 包含时钟使能和异步复位/置位 D 触发器 Verilog HDL 描述的例子。

代码清单 6-19 包含时钟使能和异步复位/置位 D 触发器 Verilog HDL 描述

```
module v_registers_5 (C, D, CE, PRE, Q);
input C, CE, PRE;
input [3:0] D;
outputreg [3:0] Q;
always @(posedge C or posedge PRE)
begin
  if (PRE) Q <= 4'b1111;
  else
    if (CE) Q <= D;
  end
endmodule
```

思考与练习 6-17 定位到本书所提供资料的下面路径/eda_verilog/example6_15/project_1,在 Vivado 集成开发环境中打开 project_1.xprj 工程。查看上面的代码的 RTL 级和综合后的结构,说明 Verilog HDL 代码和具体结构之间的关系。

2. JK 触发器的 Verilog HDL 描述

JK 触发器要比 D 触发器复杂一些。表 6.3 给出了 JK 触发器的真值表描述,其符号如图 6.4 所示。

表 6.3 JK 触发器真值表

输入						输出
R	S	CE	J	K	C	Q
1	X	X	X	X	↑	0
0	1	X	X	X	↑	1
0	0	0	X	X	X	无变化
0	0	1	0	0	X	无变化
0	0	1	0	1	↑	0
0	0	1	1	1	↑	翻转
0	0	1	1	0	↑	1

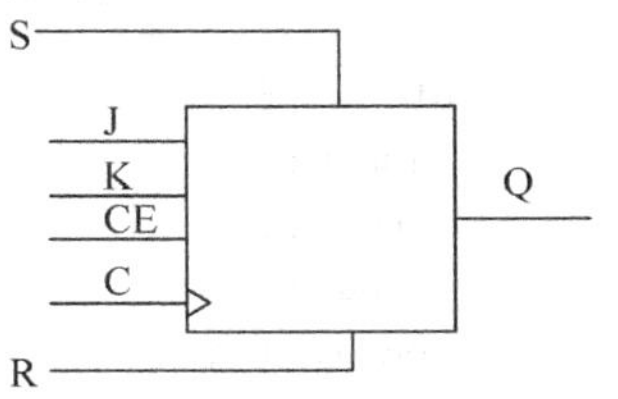

图 6.4 JK 触发器的符号描述

[**例 6.16**] 包含时钟使能和异步复位/置位 JK 触发器 Verilog HDL 描述的例子。

代码清单 6-20 包含时钟使能和异步复位/置位 JK 触发器 Verilog HDL 描述

```
moduleJK_FF(CLK,J,K,Q,RS,SET);
inputCLK,J,K,SET,RS;
outputQ;
regQ;
always@(posedge CLK or negedge RS or negedge SET)
begin
     if(!RS) Q <= 1'b0;
     else if(!SET) Q <= 1'b1;
     else
        case({J,K})
             2'b00 : Q <= Q;
             2'b01 : Q <= 1'b0;
             2'b10 : Q <= 1'b1;
             2'b11 : Q <= ～Q;
           default: Q <= 1'bx;
        endcase
      end
endmodule
```

思考与练习 6-18 定位到本书所提供资料的下面路径/eda_verilog/example6_16/project_1，在 Vivado 集成开发环境中打开 project_1.xprj 工程。查看上面的代码的 RTL 级和综合后的结构，说明 Verilog HDL 代码和具体结构之间的关系。

3. RS 触发器的 Verilog HDL 描述

表 6.4 给出了 RS 触发器的真值表描述，其符号如图 6.5 所示。

表 6.4 RS 触发器真值表

输入			输出
R	S	C	Q
0	0	↑	无变化
0	1	↑	1
1	0	↑	0
1	1	↑	无变化

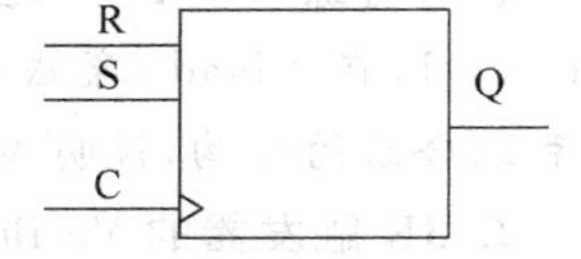

图 6.5 RS 触发器的符号描述

[**例 6.17**] RS 触发器 Verilog HDL 描述的例子。

代码清单 6-21 RS 触发器 Verilog HDL 的描述

```
module rs_ff(
    input r,
    input s,
    input clk,
    output reg q,
    output reg qn
    );
always @( * )
  begin
```

```
      qn <=  ~q;
    end
  always @(posedge clk)
    begin
       case({r,s})
            2'b00: q <= q;
            2'b01: q <= 1;
            2'b10: q <= 0;
            2'b11: q <= q;
         default: q<=1'bx;
       endcase
    end
  endmodule
```

思考与练习 6-19　定位到本书所提供资料的下面路径/eda_verilog/example6_17/project_1,在 Vivado 集成开发环境中打开 project_1.xprj 工程。查看上面的代码的 RTL 级和综合后的结构,说明 Verilog HDL 代码和具体结构之间的关系。

4. 锁存器的 Verilog HDL 描述

锁存器和触发器不同之处在于触发方式的不同,触发器是靠敏感信号的边沿出发,而锁存器是靠敏感信号的电平触发。

[**例 6.18**]　锁存器 Verilog HDL 描述的例子。

代码清单 6-22　锁存器 Verilog HDL 描述

```
module v_latches_2 (gate,data,set, Q);
inputgate, data, set;
output Q;
reg Q;
always @(gate,data,set)
begin
    if (!set)  Q = 1'b0;
    else if(gate) Q = data;
end
endmodule
```

思考与练习 6-20　定位到本书所提供资料的下面路径/eda_verilog/example6_18/project_1,在 Vivado 集成开发环境中打开 project_1.xprj 工程。查看上面的代码的 RTL 级和综合后的结构,说明 Verilog HDL 代码和具体结构之间的关系。

6.3.2　计数器的 Verilog HDL 描述

根据计数器的触发方式不同,计数器可以分为同步计数器和异步计数器两种。当赋予计数器更多的功能时,计数器的功能就非常复杂了。需要注意的是,计数器是常用的定时器的核心部分,当计数器输出控制信号时,计数器也就变成了定时器。所以只要掌握了计数器的设计方法,就可以很容易地设计定时器。本书主要介绍同步计数器的设计。

1. 通用计数器的 Verilog HDL 描述

一个八进制(从 0 到 7)的计数器是一个 3 位二进制的计数器。图 6.6 给出了 3 位八进制计数器的状态图。

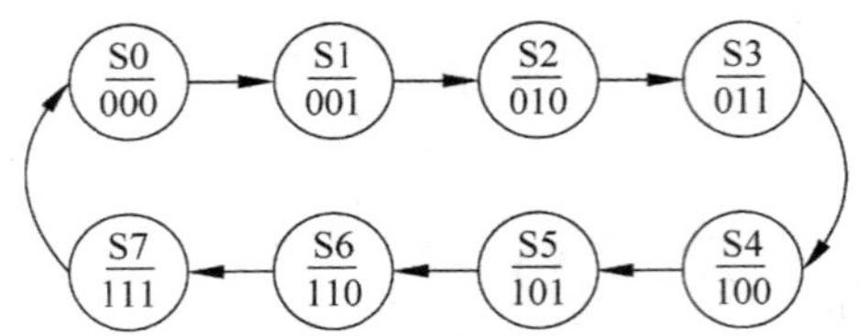

图 6.6　3 位八进制计数器状态图

［例 6.19］　3 位计数器 Verilog HDL 描述的例子。

代码清单 6-23　3 位计数器 Verilog HDL 描述

```
module count3(
    input wire clk,
    input wire clr,
    output reg [2:0] q
    );
always @(posedge clk or posedge clr)
  begin
    if(clr == 1)
    q <= 0;
  else
    q <= q + 1;
  end
endmodule
```

思考与练习 6-21　定位到本书所提供资料的下面路径/eda_verilog/example6_19/project_1，在 Vivado 集成开发环境中打开 project_1. xprj 工程。查看上面的代码的 RTL 级和综合后的结构，说明 Verilog HDL 代码和具体结构之间的关系。

2. 带模计数器的 Verilog HDL 描述

下面以模 5 计数器为例，介绍带模计数器的设计方法。模 5 计数器就是反复地从 0 到 4 计数，即有 5 个状态，输出为 000～100，然后返回 0。

［例 6.20］　5 进制计数器 Verilog HDL 描述的例子。

代码清单 6-24　5 进制计数器 Verilog HDL 描述

```
module mod5cnt(
    input wire clr,
    input wire clk,
    output reg [2:0] q
    );
always @(posedge clr or posedge clk)
  begin
    if(clr == 1)
    q <= 0;
  else if(q == 4)
    q <= 0;
  else
    q <= q + 1;
  end
endmodule
```

思考与练习 6-22 定位到本书所提供资料的下面路径/eda_verilog/example6_20/project_1，在 Vivado 集成开发环境中打开 project_1. xprj 工程。查看上面的代码的 RTL 级和综合后的结构，说明 Verilog HDL 代码和具体结构之间的关系。

3. 时钟分频器的 Verilog HDL 描述

下面设计分频器，将分频器使用 25 位的计数器作为时钟的分频因子。该设计由 50MHz 时钟产生 190Hz 时钟和 47.7Hz 时钟信号。表 6.5 给出了计数器每位计数值和分频时钟之间的关系。

表 6.5 分频时钟频率和计数器的关系(输入时钟 50MHz)

q(i)	频率(Hz)	周期(ms)	q(i)	频率(Hz)	周期(ms)
0	25000000.00	0.00004	12	6103.52	0.16384
1	12500000.00	0.00008	13	3051.76	0.32768
2	6250000.00	0.00016	14	1525.88	0.65536
3	3125000.00	0.00032	15	762.94	1.31072
4	1562500.00	0.00064	16	381.47	2.62144
5	781250.00	0.00128	17	190.73	5.24288
6	390625.00	0.00256	18	95.37	10.48576
7	195312.50	0.00512	19	47.68	20.97152
8	97656.25	0.01024	20	23.84	41.94304
9	48828.13	0.02048	21	11.92	83.88608
10	24414.06	0.04096	22	5.96	167.77216
11	12207.03	0.08192	23	2.98	335.54432

[**例 6.21**] 时钟分频器 Verilog HDL 描述的例子。

代码清单 6-25 时钟分频器 Verilog HDL 描述

```
module clkdiv(
    input wire clr,
    input wire mclk,
    output wire clk190,
    output wire clk48
    );
reg [24:0] q;
always @ (posedge mclk or posedge clr)
  begin
    if(clr == 1)
      q <= 0;
  else
      q <= q + 1;
  end

assign clk190 = q[17];
assign clk48 = q[19];
endmodule
```

思考与练习 6-23 定位到本书所提供资料的下面路径/eda_verilog/example6_21/

project_1，在 Vivado 集成开发环境中打开 project_1. xprj 工程。查看上面的代码的 RTL 级和综合后的结构，说明 Verilog HDL 代码和具体结构之间的关系。

6.3.3 移位寄存器的 Verilog HDL 描述

本节介绍通用移位寄存器 Verilog HDL 描述、环形移位寄存器 Verilog HDL 描述、消抖电路 Verilog HDL 描述和时钟脉冲电路 Verilog HDL 描述。

1. 通用移位寄存器的 Verilog HDL 描述

一个 N 位移位寄存器包含 N 个触发器。如图 6.7 所示，在每一个时钟脉冲时，数据从一个触发器移动到另一个触发器。从移位寄存器的左边输入串行数据 data_in，在每个时钟边沿到来时，q3 移动到 q2，q2 移动到 q1，q1 移动到 q0。下面用结构化方式对 16 位的移位寄存器进行描述。

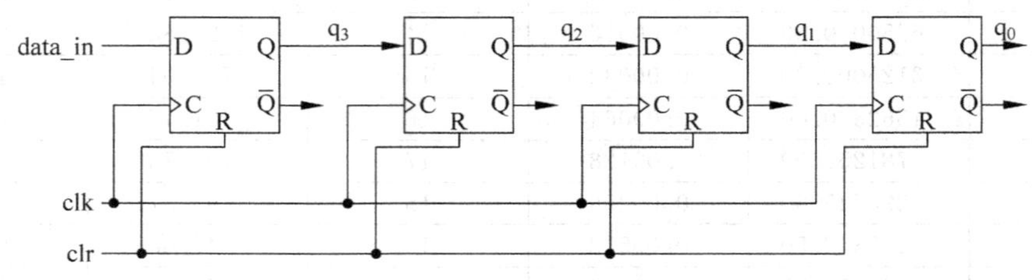

图 6.7　4 位移位寄存器结构

［**例 6.22**］　例化元件实现 16 位串入/串出移位寄存器 Verilog HDL 结构化描述例子。

代码清单 6-26　16 位串入/串出移位寄存器 Verilog HDL 结构化描述

```
moduleshift16(
    input a,
    input clk,
    output b
    );
wire [15:0] z;
assign z[0] = a;
assign b = z[15];
genvar i;
  generate
      for (i = 0; i < 15; i = i + 1)
      begin: g1
          dff Dffx (z[i],clk,z[i + 1]);
      end
  endgenerate
endmodule
```

思考与练习 6-24　定位到本书所提供资料的下面路径/eda_verilog/example6_22/project_1，在 Vivado 集成开发环境中打开 project_1. xprj 工程。查看上面的代码的 RTL 级和综合后的结构，说明 Verilog HDL 代码和具体结构之间的关系。

此外，在 Verilog HDL 语言中，可通过三种 RTL 级方式描述移位寄存器：①预定义的移位操作符描述；②for 循环语句描述；③并置操作符描述。

［例 6.23］ 预定义移位操作符实现逻辑左移 Verilog HDL 描述例子。

代码清单 6-27　预定义移位操作符实现逻辑左移 Verilog HDL 描述

```
module logical_shifter_3(
    input [7:0] DI,
    input [1:0] SEL,
    output reg[7:0] SO
    );
always @(DI or SEL)
  begin
    case (SEL)
          2'b00: SO = DI;
          2'b01: SO = DI << 1;
          2'b10: SO = DI << 2;
          2'b11: SO = DI << 3;
        default: SO = DI;
    endcase
  end
endmodule
```

思考与练习 6-25 定位到本书所提供资料的下面路径/eda_verilog/example6_23/project_1，在 Vivado 集成开发环境中打开 project_1.xprj 工程。查看上面的代码的 RTL 级和综合后的结构，说明 Verilog HDL 代码和具体结构之间的关系。

［例 6.24］ for 循环语句实现 16 位移位寄存器 Verilog HDL 描述的例子。

代码清单 6-28　for 循环语句实现 16 位移位寄存器 Verilog HDL 描述

```
module shift_registers_1 (
    input c,
    input si,
    output so
    );
reg [15:0] tmp;
integer i;
assign so = tmp[15];
always @(posedge c)
begin
  for(i = 0;i < 15;i = i + 1)
    tmp[i + 1]< = tmp[i];
      tmp[0]< = si;
end
endmodule
```

思考与练习 6-26 定位到本书所提供资料的下面路径/eda_verilog/example6_24/project_1，在 Vivado 集成开发环境中打开 project_1.xprj 工程。查看上面的代码的 RTL 级和综合后的结构，说明 Verilog HDL 代码和具体结构之间的关系。

［例 6.25］ 并置操作实现 16 位串入/并出移位寄存器 Verilog HDL 描述的例子。

代码清单 6-29　并置操作实现 16 位串入/并出移位寄存器 Verilog HDL 描述

```
module shift_register_5(
```

```
    input SI,
    input clk,
    output reg[15:0] PO
    );
reg[15:0] temp = 0;
always @(posedge clk)
  begin
    temp <= {temp[14 : 0], SI};
    PO <= temp;
  end
endmodule
```

思考与练习 6-27　定位到本书所提供资料的下面路径/eda_verilog/example6_25/project_1，在 Vivado 集成开发环境中打开 project_1. xprj 工程。查看上面的代码的 RTL 级和综合后的结构，说明 Verilog HDL 代码和具体结构之间的关系。

2. 环形移位寄存器的 Verilog HDL 描述

如图 6.8 所示，如果前面移位寄存器的输出 q0 连接到 q3 的输入端。则移位寄存器变成了环形移位寄存器。

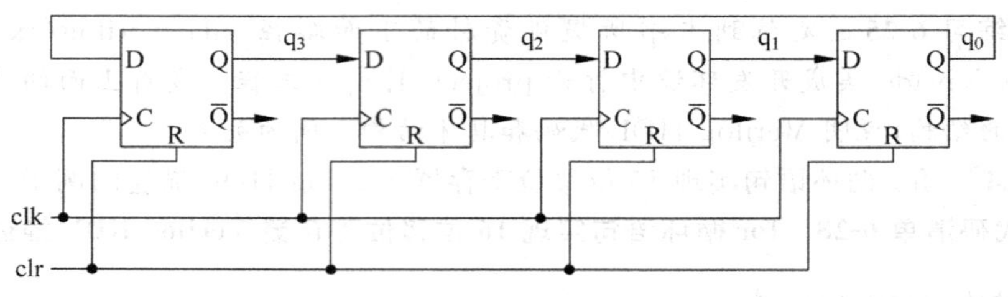

图 6.8　4 位环形移位寄存器结构

［例 6.26］　4 位右移环形移位寄存器 Verilog HDL 描述的例子。

代码清单 6-30　4 位右移环形移位寄存器 Verilog HDL 描述

```
module ring4(
    input wire clk,
    input wire clr,
    output reg [3:0] q
    );
always @(posedge clk or posedge clr)
begin
    if(clr == 1)
        q <= 1;
    else
      begin
        q[3] <= q[0];
        q[2:0] <= q[3:1];
      end
end
endmodule
```

思考与练习 6-28　定位到本书所提供资料的下面路径/eda_verilog/example6_26/

project_1，在 Vivado 集成开发环境中打开 project_1. xprj 工程。查看上面的代码的 RTL 级和综合后的结构，说明 Verilog HDL 代码和具体结构之间的关系。

3. 消抖电路的 Verilog HDL 描述

当按键时，不可避免地会引起按键的抖动，需要大约 ms 级的时间才能稳定下来。也就是说，输入到 FPGA 的按键信号并不是直接从 0 变到 1，而是在 ms 级时间内在 0 和 1 之间进行交替变化。由于时钟信号变化得比按键抖动更快，因此会把错误的信号锁存在寄存器中，这在时序电路中是非常严重的问题。因此，需要消抖电路来消除按键的抖动，如图 6.9 所示。

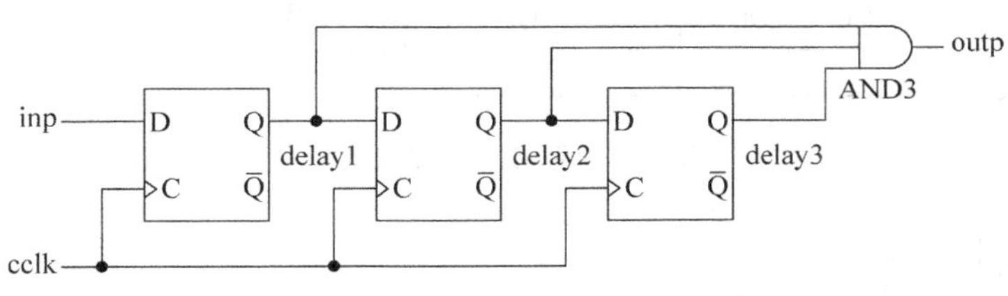

图 6.9　消抖电路设计原理

［**例 6.27**］　消抖电路 Verilog HDL 描述的例子。

代码清单 6-31　消抖电路 Verilog HDL 描述

```
module debounce4(
input wire [3:0] inp,
input wire cclk,
input wire clr,
output wire [3:0] outp
);
reg [3:0] delay1;
reg [3:0] delay2;
reg [3:0] delay3;

always @(posedge cclk or posedge clr)
begin
    if(clr == 1)
        begin
          delay1 <= 4'b0000;
          delay2 <= 4'b0000;
          delay3 <= 4'b0000;
        end
     else
        begin
          delay1 <= inp;
          delay2 <= delay1;
          delay3 <= delay2;
        end
end
assign outp = delay1 & delay2 & delay3;
endmodule
```

思考与练习 6-29　定位到本书所提供资料的下面路径/eda_verilog/example6_27/

project_1，在 Vivado 集成开发环境中打开 project_1. xprj 工程。查看上面的代码的 RTL 级和综合后的结构，说明 Verilog HDL 代码和具体结构之间的关系。

4. 时钟脉冲电路的 Verilog HDL 描述

图 6.10 给出了时钟脉冲的逻辑电路。与前面消抖电路不同的是，输入到 AND 门的 delay3 从触发器的 Q 的互补输出端 $\overline{Q}$ 输出。图 6.11 给出了该电路的行为仿真结果。

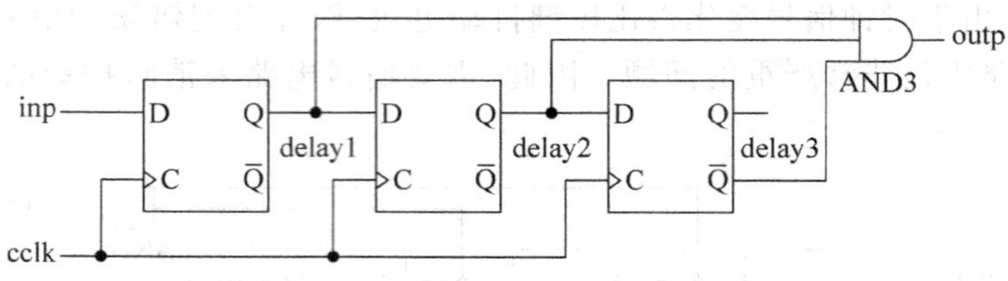

图 6.10　时钟脉冲电路设计原理

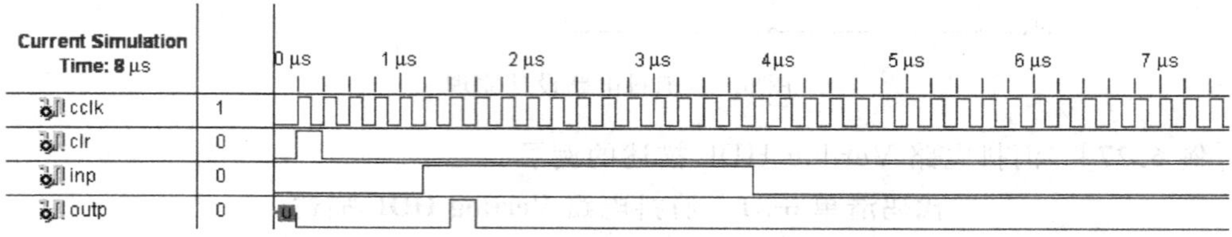

图 6.11　行为仿真图

［例 6.28］　时钟脉冲生成单元 Verilog HDL 描述的例子。

代码清单 6-32　时钟脉冲生成单元 Verilog HDL 描述

```
module clock_pulse(
input wire inp,
input wire cclk,
input wire clr,
output wire outp
);
reg delay1;
reg delay2;
reg delay3;

always @(posedge cclk or posedge clr)
begin
    if(clr == 1)
        begin
            delay1 <= 0;
            delay2 <= 0;
            delay3 <= 0;
        end
     else
        begin
            delay1 <= inp;
            delay2 <= delay1;
            delay3 <= delay2;
```

```
        end
    end
    assign outp = delay1 & delay2 & ~delay3;
    endmodule
```

思考与练习 6-30　定位到本书所提供资料的下面路径/eda_verilog/example6_28/project_1，在 Vivado 集成开发环境中打开 project_1. xprj 工程。查看上面的代码的 RTL 级和综合后的结构，说明 Verilog HDL 代码和具体结构之间的关系。

6.3.4　脉冲宽度调制 PWM 的 Verilog HDL 描述

本节将介绍使用脉冲宽度调制（Pulse-width Modulated，PWM）信号来控制直流电机。

当连接电机或其他负载时，可能向数字电路（CPLD、FPGA 和微处理器）流入很大的电流，因此最安全和最容易的方法是使用一些类型的固态继电器（Solid-state Relay，SSR）。如图 6.12 所示，数字电路将小的电流（5～10mA）输入到引脚 1 和 2，这将开启固态继电器内的 LED，来自 LED 的光将打开 MOSFET，这样将允许引脚 3 和 4 之间流经很大的电流。这种光电耦合电路将数字电路隔离开，从而可以降低电路的噪声并防止对数字电路造成的破坏。

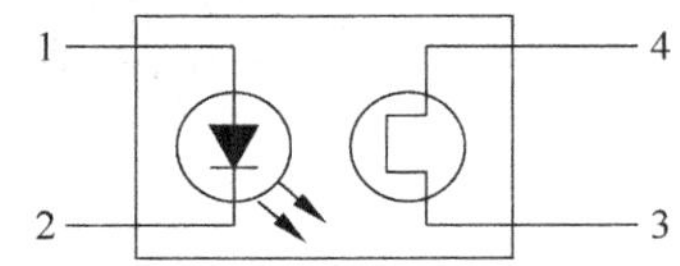

图 6.12　固态继电器

SSR 适合于控制直流负载。然而，一些 SSR 有两个 MOSFET 和背对背的二极管用来控制交流负载。当使用直流或交流 SSR 时，需要确认 SSR 能处理所使用的电压和电流负载。通常，需要为电机提供独立的电源将两个地连在一起。

例如使用 G3VM-61B1/E1 固态继电器 SSR，该 SSR 是欧姆龙公司研发的一个 6 脚的 MOSFET 继电器，能用作直流或交流 SSR。最大的交流负载电压是 60V，最大负载电流是 500mA（将两个 MOSFET 并联后可为直流负载提供 1A 电流）。

直流电机的速度取决于电机的电压，电压越高，电机转动得越快。如果需要电机以恒定的速度旋转，将 4 脚和电源连接起来，将电机连在 3 脚和地之间（也可以将 3 脚连接到地，将电机连接到第 4 脚和电源之间）。连接到电机的电源极性决定了电机的转动方式。如果转动方向错误，只需要改变电机的两个连接端子。如果使用数字电路改变电机的方向，需要使用 H 桥。SN75440 是一个四半桥驱动器，它能管理两个双向的电机，其供电电压可以达到 36V，负载电流可以达到 1A。

使用数字电路来控制电机的速度，通常使用图 6.13 所示的 PWM 信号波形。脉冲周期是恒定的，高电平的时间称为占空是可变的。占空比表示为

$$\text{占空比} = \frac{\text{占空}}{\text{周期}} \times 100\% \tag{1}$$

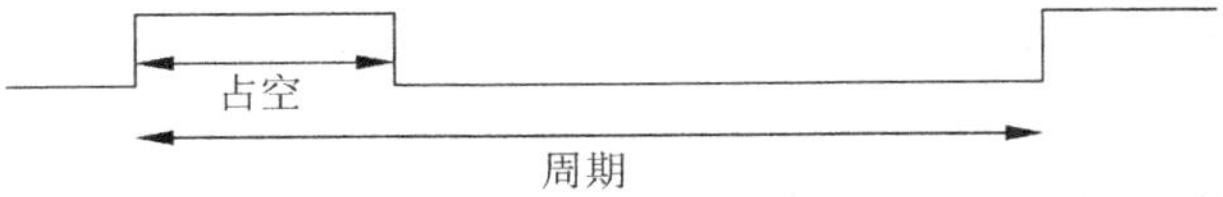

占空

周期

图 6.13　PWM 信号

PWM 信号的直流平均值与占空是成比例的。50%占空比的 PWM 的直流值为 PWM 信号最大值的 1/2。如果通过电机的电压与 PWM 成正比，简单地改变脉冲占空比就可以改变电机的速度。图 6.14 给出了 PWM 用于控制直流电机的电路。

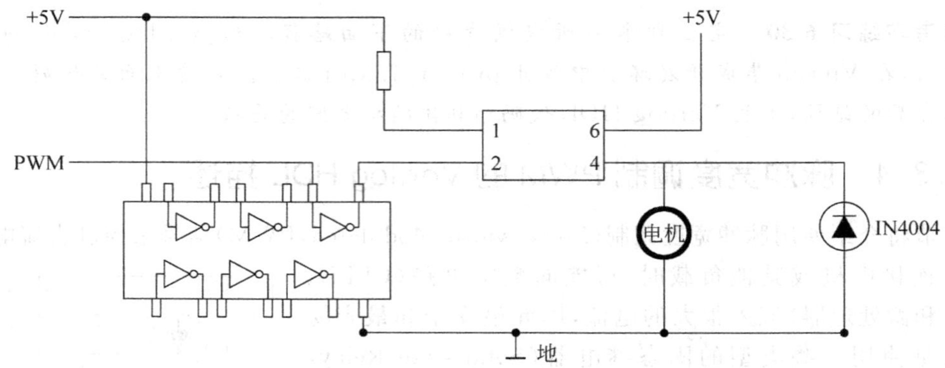

图 6.14　PWM 控制直流电机的电路

［例 6.29］　PWM 控制电机 Verilog HDL 描述的例子。

代码清单 6-33　PWM 控制电机 Verilog HDL 描述

```
module pwmN
#(parameter N  = 4)
(input wire clk,
input wire clr,
input wire [N-1:0] duty,
input wire [N-1:0] period,
output reg pwm
);
reg [N-1:0] count;
always @(posedge clk or posedge clr)
       if(clr == 1)
              count <= 0;
         else if(count == period-1)
              count <= 0;
         else
              count <= count + 1;
always @(*)
       if(count < duty)
              pwm <= 1;
         else
              pwm <= 0;
endmodule
```

思考与练习 6-31　定位到本书所提供资料的下面路径/eda_verilog/example6_29/project_1，在 Vivado 集成开发环境中打开 project_1.xprj 工程。查看上面的代码的 RTL 级和综合后的结构，说明 Verilog HDL 代码和具体结构之间的关系。

6.4 存储器的 Verilog HDL 描述

存储器按类型主要分为只读存储器和随机存储器两种。虽然存储器在工艺和原理上各不相同，但有一点是相同的，即存储器是单个存储单元的集合体，并且按照顺序排列。其中每一个存储单元由 N 位二进制位构成，表示存放的数据的值。

需要注意的是，虽然本节给出了存储器的原理描述和实现方法，但在实际中，尤其是在 FPGA 的设计中，存储器在 FPGA 内作为 IP 核提供给设计人员进行使用，设计人员只需要对这些核进行配置就可以生成高性能的存储器模块。

6.4.1 ROM 的 Verilog HDL 描述

只读存储器的数据被事先保存到了每个存储单元中，在 FPGA 中保存数据的方法有很多。当对 ROM 进行读操作时，只要在控制信号的控制下，对操作的单元给出读取的数值即可。

FPGA 提供了大量的 BRAM 资源，它们可以用于实现 ROM 的功能，其接口符号如图 6.15 所示。

其中，EN 为使能信号，ADDR 为地址信号，CLK 为时钟信号，DATA 为数据信号。

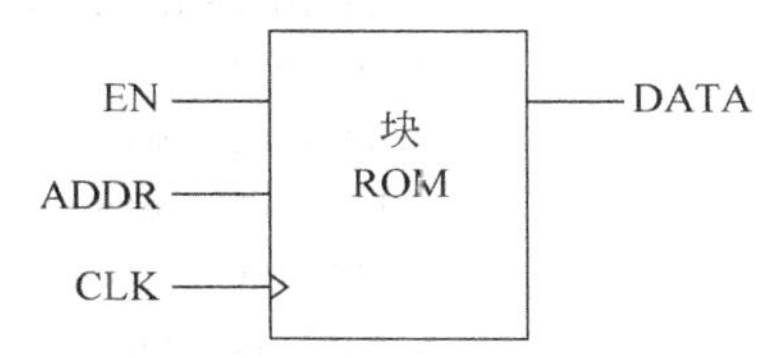

图 6.15　ROM 的结构

［例 6.30］　ROM Verilog HDL 描述的例子。

代码清单 6-34　ROM Verilog HDL 描述

```
module rams_21a(
    input en,
    input [5:0] addr,
    input clk,
    output reg[19:0] data
    );
always @(posedge clk)
  begin
    if(en)
       case(addr)
          6'b000000: data <= 20'h0200A; 6'b100000: data <= 20'h02222;
          6'b000001: data <= 20'h00300; 6'b100001: data <= 20'h04001,
          6'b000010: data <= 20'h08101; 6'b100010: data <= 20'h00342;
          6'b000011: data <= 20'h04000; 6'b100011: data <= 20'h0232B;
          6'b000100: data <= 20'h08601; 6'b100100: data <= 20'h00900;
          6'b000101: data <= 20'h0233A; 6'b100101: data <= 20'h00302;
          6'b000110: data <= 20'h00300; 6'b100110: data <= 20'h00102;
          6'b000111: data <= 20'h08602; 6'b100111: data <= 20'h04002;
          6'b001000: data <= 20'h02310; 6'b101000: data <= 20'h00900;
          6'b001001: data <= 20'h0203B; 6'b101001: data <= 20'h08201;
          6'b001010: data <= 20'h08300; 6'b101010: data <= 20'h02023;
          6'b001011: data <= 20'h04002; 6'b101011: data <= 20'h00303;
```

```
            6'b001100: data <= 20'h08201; 6'b101100: data <= 20'h02433;
            6'b001101: data <= 20'h00500; 6'b101101: data <= 20'h00301;
            6'b001110: data <= 20'h04001; 6'b101110: data <= 20'h04004;
            6'b001111: data <= 20'h02500; 6'b101111: data <= 20'h00301;
            6'b010000: data <= 20'h00340; 6'b110000: data <= 20'h00102;
            6'b010001: data <= 20'h00241; 6'b110001: data <= 20'h02137;
            6'b010010: data <= 20'h04002; 6'b110010: data <= 20'h02036;
            6'b010011: data <= 20'h08300; 6'b110011: data <= 20'h00301;
            6'b010100: data <= 20'h08201; 6'b110100: data <= 20'h00102;
            6'b010101: data <= 20'h00500; 6'b110101: data <= 20'h02237;
            6'b010110: data <= 20'h08101; 6'b110110: data <= 20'h04004;
            6'b010111: data <= 20'h00602; 6'b110111: data <= 20'h00304;
            6'b011000: data <= 20'h04003; 6'b111000: data <= 20'h04040;
            6'b011001: data <= 20'h0241E; 6'b111001: data <= 20'h02500;
            6'b011010: data <= 20'h00301; 6'b111010: data <= 20'h02500;
            6'b011011: data <= 20'h00102; 6'b111011: data <= 20'h02500;
            6'b011100: data <= 20'h02122; 6'b111100: data <= 20'h0030D;
            6'b011101: data <= 20'h02021; 6'b111101: data <= 20'h02341;
            6'b011110: data <= 20'h00301; 6'b111110: data <= 20'h08201;
            6'b011111: data <= 20'h00102; 6'b111111: data <= 20'h0400D;
        endcase
    end
endmodule
```

虽然以上给出的是 ROM 的描述，但是这种写法具有广泛的代表性，尤其是在设计到查找表的问题时，经常采用上面的描述方式。

思考与练习 6-32 定位到本书所提供资料的下面路径/eda_verilog/example6_30/project_1，在 Vivado 集成开发环境中打开 project_1. xprj 工程。查看上面的代码的 RTL 级和综合后的结构，说明 Verilog HDL 代码和具体结构之间的关系。

6.4.2 RAM 的 Verilog HDL 描述

RAM 和 ROM 的区别在于 RAM 有读写两种操作，而 ROM 只有读操作。另外，RAM 对读写的时序也有着严格的要求。一个单端口 BRAM 的结构，如图 6.16 所示。

其中，EN 为使能信号，WE 为写信号，DI 为数据输入信号，ADDR 为地址信号，CLK 为时钟信号，DO 为数据输出信号。

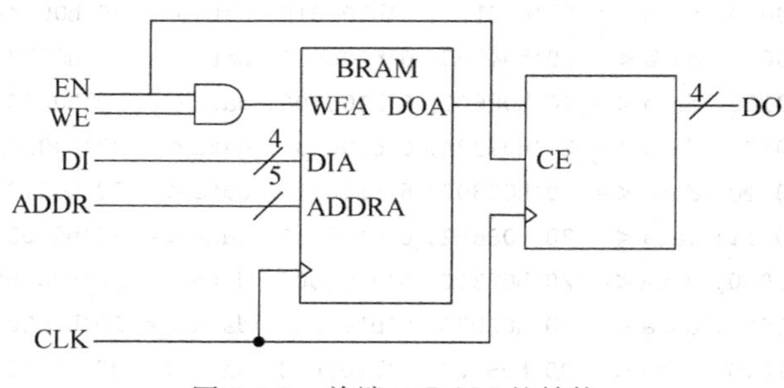

图 6.16 单端口 RAM 的结构

［例 6.31］ 单端口 RAM Verilog HDL 描述的例子。

代码清单 6-35 单端口 RAM Verilog HDL 描述

```
module rams_01(
    input clk,
    input we,
    input en,
    input [5:0] addr,
    input [15:0] di,
    output reg[15:0] do
    );
reg [15:0] RAM [63:0];
always @(posedge clk)
  begin
    if(en)
       begin
         if(we)
            RAM[addr] <= di;
             do  <= RAM[addr];
          end
  end
endmodule
```

思考与练习 6-33 定位到本书所提供资料的下面路径/eda_verilog/example6_31/project_1，在 Vivado 集成开发环境中打开 project_1.xprj 工程。查看上面的代码的 RTL 级和综合后的结构，说明 Verilog HDL 代码和具体结构之间的关系。

6.5 有限自动状态机的 Verilog HDL 描述

有限自动状态机(Finate State Machine, FSM)是复杂数字系统设计中非常重要的一部分，是实现高效率高可靠性逻辑控制的重要途径。大部分数字系统都是由控制单元和数据单元组成的。数据单元负责数据的处理和传输，而控制单元主要是控制数据单元的操作顺序。在数字系统中，控制单元往往通过使用有限状态机实现，有限状态机接受外部信号以及数据单元产生的状态信息，从而产生控制信号序列。

6.5.1 FSM 设计原理

本节介绍 FSM 设计原理，内容包括 FSM 的设计模型、状态定义及编码规则。

1. FSM 的设计模型

有限状态机可以由标准数学模型定义。此模型包括一组状态、状态之间的一组转换以及和状态转换有关的一组动作。有限状态机可以表示为

$$M=(I,O,S,f,h)$$

其中，$S=\{S_i\}$表示一组状态的集合；$I=\{I_j\}$表示一组输入信号；$O=\{O_k\}$表示一组输出信号；$f(S_i,I_j):S\times I\rightarrow S$ 为状态转移函数；$h(S_i,I_j):S\times I\rightarrow O$ 为输出函数。

从上面的数学模型可以看出，如果在数字系统中实现有限状态机，应该包含三部分：状

态寄存器、下状态转移逻辑和输出逻辑。

描述有限状态机的关键是状态机的状态集合以及这些状态之间的转移关系。描述这种转换关系除了数学模型外，还可以用状态转移图或状态转移表来实现。

状态转移图由三部分组成：表示不同状态的状态点、连接这些状态点的有向箭头以及标注在这些箭头上的状态转移条件。

状态转移表采用表格的方式描述状态机。状态转移表由三部分组成：当前状态、状态转移事件和下一状态。

通过比较可以发现，采用状态图可以更加直观地反映状态之间的转换关系，因此在设计FSM时，对于不是特别复杂的状态变换通常采用状态图描述。

有限状态机的设计应遵循以下原则：

(1) 分析控制器设计指标，建立系统算法模型图，即状态转移图；

(2) 分析被控对象的时序状态，确定控制器有限状态机的各个状态及输入、输出条件；

(3) 使用 HDL 语言完成状态机的描述。

采用有限状态机描述有以下优点：

(1) 可以采用不同的编码风格，在描述状态机时，设计者常采用的编码有二进制、格雷码和 one-hot 编码，用户可以根据自己的需要在综合时确定，而不需要修改源文件或修改源文件中的编码格式以及状态机的描述。

(2) 可以实现状态的最小化，(如果为 one-hot 编码，控制信号数量庞大)。

(3) 设计灵活，可将控制单元与数据单元分离开。

2. 状态定义及编码规则

设计者在使用状态机之前应该定义状态变量，并给出它们各自的编码值。

[**例 6.32**] 状态变量定义 Verilog HDL 描述的例子。

代码清单 6-36 状态变量定义 Verilog HDL 描述

```
reg[2:0] present_state,next_state;
parameter s0 = 3'b000, s1 = 3'b001, s2 = 3'b010, s3 = 3'b011, s4 = 3'b100;
```

在 Xilinx 的 Vivado 集成开发工具中提供了 one-hot、Gray、Johnson 和 Sequential 编码方式。表 6.6 给出了典型编码格式，各种编码的含义如下：

表 6.6 典型编码格式

十进制数	二进制数	gray 码	johnson 码	one-hot 码
0	000	000	000	001
1	001	001	001	010
2	010	011	011	100
3	011	010	111	1000
4	100	110		
5	101	111		
6	110	101		
7	111	100		

(1) one-hot 状态编码

one-hot 编码方案对每一个状态采用一个触发器，即 4 个状态的状态机需 4 个触发器。同一时间仅 1 个状态位处于有效电平。在使用 one-hot 状态编码时，触发器使用较多，但逻辑简单、速度快。

(2) gray 状态编码

gray 码编码每次仅一个状态位的值发生变化。在使用 gray 状态编码时，触发器使用较少，速度较慢，不会产生两位同时翻转的情况。采用 gray 码进行状态编码时，T 触发器是最好的实现方式。

(3) johnson 状态编码

johnson 状态编码能够使状态机保持一个很长的路径，而不会产生分支。

(4) sequential 状态编码

sequential 状态编码采用一个可标识的长路径，并采用了连续的基 2 编码描述这些路径，将下一个状态等式最小化。

6.5.2　FSM 的分类及描述

状态机分类很多，主要分为 Moore 状态机、Mealy 状态机和扩展有限状态机。下面就 Moore 状态机、Mealy 状态机的原理和应用进行详细的介绍。

1. Moore 型状态机

Moore 型状态机与 Mealy 型状态机的区别在于，Moore 型状态机的输出仅与状态机的状态有关，与状态机的输入无关，如图 6.17 所示。

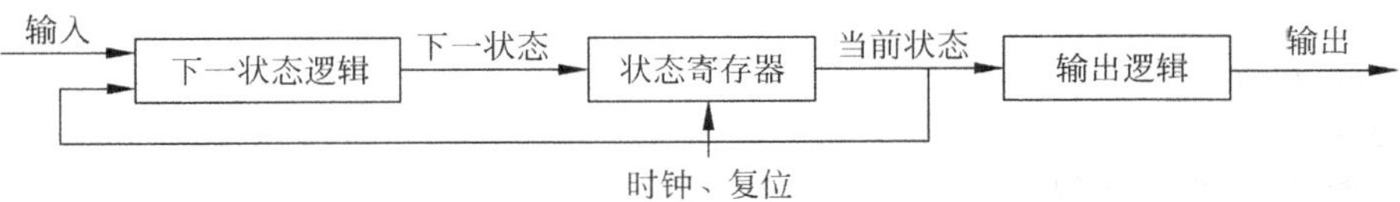

图 6.17　Moore 型状态机

下面以序列检测器为例说明 Moore 状态机的设计。该序列检测器将检测序列“1101”，当检测到该序列时，状态机的输出 z 为 1。Moore 状态机的序列检测器的运行原理，如图 6.18 所示。

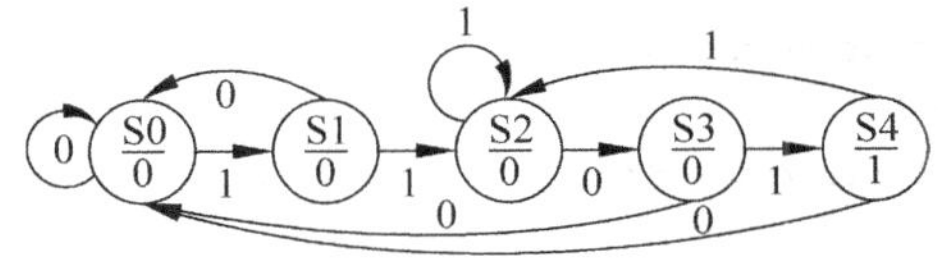

图 6.18　Moore 状态机检测序列

下面对该状态机进行详细说明：

(1) 初始状态为 S0，如果输入为“1”则状态迁移到 S1；否则，等待接收序列的头部。

(2) 在状态 S1，如果输入为“0”，则必须返回状态 S0；否则，迁移状态到 S2(表示接收到“11”)。

(3) 在状态 S2，如果输入为“1”，则停留在状态 S2；否则，迁移状态到 S3(表示接收到序列“110”)。

(4) 在状态 S3，如果输入为“0”，则必须返回到状态 S0；否则，迁移到状态 S4(表示接收到序列“1101”)。

(5) 在状态 S4，状态机输出为“1”。如果输入为“0”，则必须返回到状态 S0；否则，迁移状态到状态 S2(表示接收到序列“11”)。

[**例 6.33**] Moore 型序列检测器 Verilog HDL 描述的例子。

代码清单 6-37 Moore 型序列检测器 Verilog HDL 描述

```
module moore(
input wire clk,
input wire clr,
input wire din,
output reg dout
);
reg[2:0] present_state, next_state;
parameter  S0 = 3'b000, S1 = 3'b001, S2 = 3'b010,
           S3 = 3'b011, S4 = 3'b100;

always @(posedge clk or posedge clr)
  begin
      if (clr == 1)
              present_state <= S0;
       else
              present_state <= next_state;
  end

always @( * )
  begin
    case(present_state)
         S0: if(din == 1)
                   next_state <= S1;
               else
                   next_state <= S0;
         S1: if(din == 1)
                   next_state <= S2;
               else
                   next_state <= S0;
         S2: if(din == 0)
                   next_state <= S3;
               else
                   next_state <= S2;
         S3: if(din == 1)
                   next_state <= S4;
               else
                   next_state <= S0;
         S4: if(din == 0)
                   next_state <= S0;
               else
                   next_state <= S2;
```

```
        default next_state <= S0;
      endcase
    end

  always @( * )
    begin
      if (present_state == S4)
             dout <= 1;
      else
             dout <= 0;
    end

  endmodule
```

思考与练习 6-34 定位到本书所提供资料的下面路径/eda_verilog/example6_33/project_1,在 Vivado 集成开发环境中打开 project_1. xprj 工程。查看上面的代码的 RTL 级和综合后的结构,说明 Verilog HDL 代码和具体结构之间的关系。

2. Mealy 型状态机

如图 6.19 所示,Mealy 型状态机的输出由状态机的输入和状态机的状态共同决定。

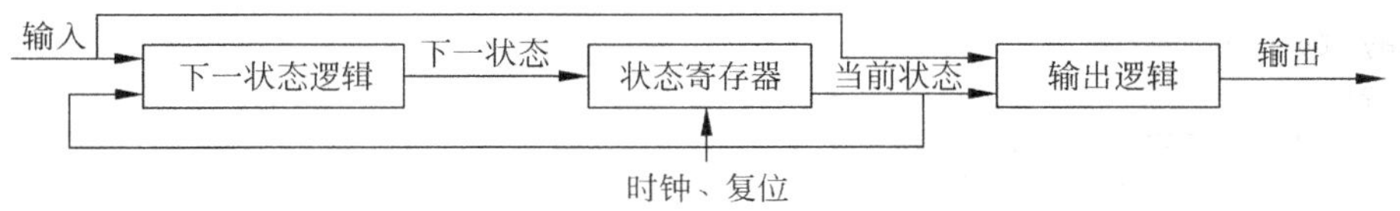

图 6.19 Mealy 型状态机

下面以序列检测器为例,说明 Mealy 状态机的设计。该序列检测器将检测序列"1101",当检测到该序列时,状态机的输出 z 为 1。Mealy 状态机序列检测器的运行原理,如图 6.20 所示。

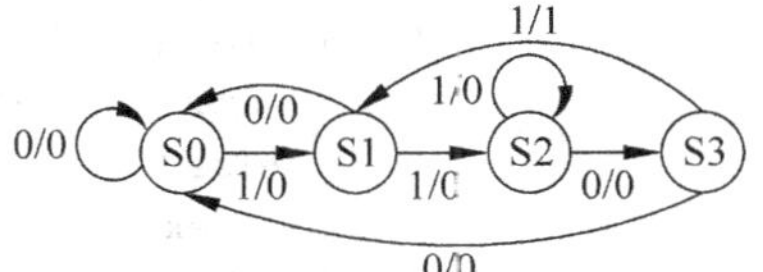

图 6.20 Mealy 状态机检测序列

Moore 状态机检测序列时,使用了 5 个状态,当为状态 S4 时,输出为"1"。

也可以使用 Mealy 状态机检测序列。当为状态 S3 时,且输入为"1"时,输出 z 为"1"。状态迁移的条件表示为当前输入/当前输出。例如当为状态 S3 时(接收到序列 110),输入为"1",输出将变为"1"。下一个时钟沿有效时,状态变化到 S1,输出 z 变为 0。

为了让 z 成为寄存的输出(即状态变化为 S1 时,输出仍然保持"1"),需为输出添加寄存器,即 Mealy 状态机的输出和 D 触发器连接。这样,在下一个时钟有效时,状态仍然变化到 S1,但输出被锁存为"1"(被保持)。

[**例 6.34**] Mealy 型序列检测器 Verilog HDL 描述的例子。

代码清单 6-38 Mealy 型序列检测器 Verilog HDL 描述

```
module seqdetb(
input wire clr,
input wire clk,
input wire din,
output reg dout
```

```
);
reg[1:0] present_state, next_state;
parameter S0 = 2'b00, S1 = 2'b01,
          S2 = 2'b10, S3 = 2'b11;

always @(posedge clr or posedge clk)
begin
  if(clr == 1)
     present_state <= S0;
  else
     if((present_state == S3) & din == 1)
        begin
           dout <= 1;
           present_state <= next_state;
        end
     else
        begin
          dout <= 0;
           present_state <= next_state;
        end
end
always @( * )
  begin
      case(present_state)
           S0: if(din == 1)
                  next_state <= S1;
                 else
                   next_state <= S0;
           S1: if(din == 1)
                  next_state <= S2;
                 else
                   next_state <= S0;
           S2: if(din == 0)
                  next_state <= S3;
                 else
                   next_state <= S2;
           S3: if(din == 1)
                  next_state <= S1;
                 else
                   next_state <= S0;
           default next_state <= S0;
      endcase
end
endmodule
```

思考与练习 6-35 定位到本书所提供资料的下面路径/eda_verilog/example6_34/project_1，在 Vivado 集成开发环境中打开 project_1. xprj 工程。查看上面的代码的 RTL 级和综合后的结构，说明 Verilog HDL 代码和具体结构之间的关系。

注：虽然在这里将两种类型的状态机加以区分，但是在实际的状态机的设计中，设计人员根本不需要理会这些差别，只要满足状态机设计的规则和状态机运行的条件，采用任何一

种状态机都可以实现，并且设计人员可以在实际的设计过程中形成自己独特的状态机的Verilog HDL的设计风格。

3. FSM的描述风格

FSM的描述方式分为三进程、两进程和单进程。下面以图6.21所示的状态图模型为例，说明单进程、两进程和三进程状态机的描述方式。

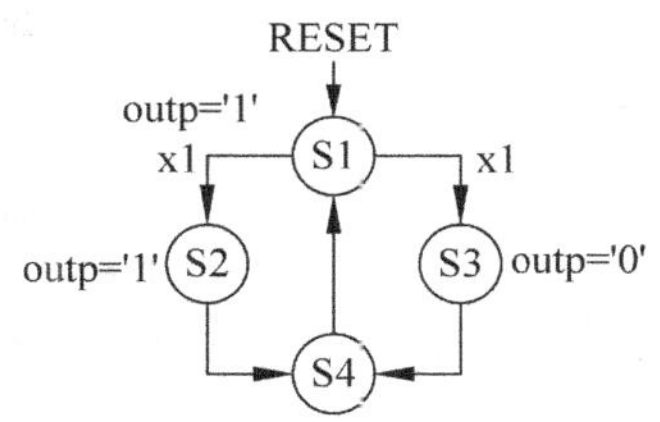

图6.21　状态图模型

该状态机模型包含：

(1) 4个状态：s1、s2、s3和s4。

(2) 5个转移。

(3) 1个输入“x1”。

(4) 1个输出“outp”。

1) 状态机的单进程描述方法

如图6.22所示的单进程的Mealy状态机，采用单进程状态机描述时，状态的变化、状态寄存器和输出功能描述用一个进程进行描述。

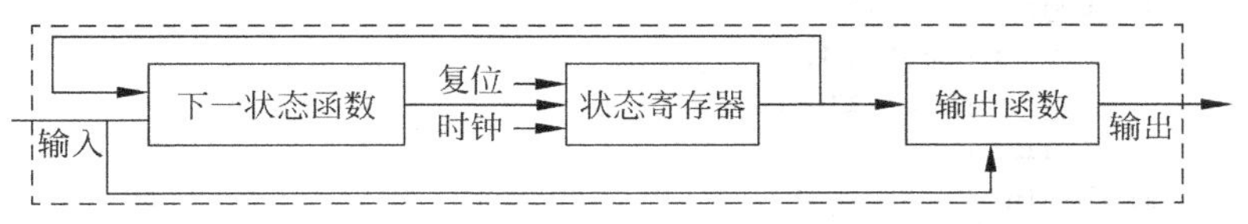

图6.22　单进程Mealy状态机模型

[例6.35]　单进程状态机Verilog HDL描述的例子。

代码清单6-39　单进程状态机Verilog HDL描述

```
module fsm_1(
    input clk,
    input reset,
    input x1,
    output reg outp
    );
reg [1:0] state;
parameter s1  = 2'b00, s2  = 2'b01,
          s3  = 2'b10, s4  = 2'b11;

initial begin
  state  = 2'b00;
end

always @(posedge clk or posedge reset)
begin
  if(reset)
     begin
         state <=  s1;
         outp <=  1'b1;
     end
     else
```

```
        begin
          case(state)
            s1: begin
                  if(x1 == 1'b1)
                        begin
                          state <= s2;
                          outp <= 1'b1;
                        end
                  else
                        begin
                          state <= s3;
                          outp <= 1'b0;
                        end
                  end
              s2: begin
                      state <= s4;
                      outp <= 1'b1;
                   end
              s3: begin
                      state <= s4;
                      outp <= 1'b0;
                   end
              s4: begin
                      state <= s1;
                      outp <= 1'b0;
                  end
           endcase
        end
    end
    endmodule
```

思考与练习 6-36 定位到本书所提供资料的下面路径/eda_verilog/example6_35/project_1，在 Vivado 集成开发环境中打开 project_1. xprj 工程。查看上面的代码的 RTL 级和综合后的结构，说明 Verilog HDL 代码和具体结构之间的关系。

2）状态机的双进程描述方法

与单进程描述状态机不同的是，采用双进程描述状态机时，输出函数用一个进程描述，而状态寄存器和下一状态函数用另一个进程描述，如图 6.23 所示。

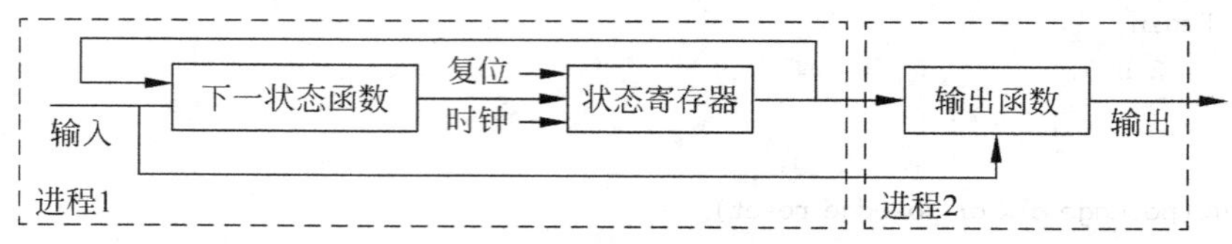

图 6.23 双进程 Mealy 状态机模型

［例 6.36］ 双进程状态机 Verilog HDL 描述的例子。

代码清单 6-40 双进程状态机 Verilog HDL 描述

```
module fsm_2(
```

```
     input clk,
     input reset,
     input x1,
     output reg outp
     );
reg [1:0] state;
parameter s1 = 2'b00, s2 = 2'b01,s3 = 2'b10, s4 = 2'b11;

initial begin
   state = 2'b00;
end

always @(posedge clk or posedge reset)
begin
   if(reset)
       state <= s1;
    else
     begin
       case(state)
          s1: if(x1 == 1'b1)
                  state <= s2;
              else
                  state <= s3;
          s2: state <= s4;
          s3: state <= s4;
          s4: state <= s1;
         endcase
        end
end
always @(state)
begin
   case (state)
       s1: outp <= 1'b1;
       s2: outp <= 1'b1;
       s3: outp <= 1'b0;
       s4: outp <= 1'b0;
    endcase
end
endmodule
```

思考与练习 6-37 定位到本书所提供资料的下面路径/eda_verilog/example6_36/project_1，在 Vivado 集成开发环境中打开 project_1.xprj 工程。查看上面的代码的 RTL 级和综合后的结构，说明 Verilog HDL 代码和具体结构之间的关系。

3）状态机的三进程描述方法

与双进程描述状态机不同的是，采用三进程描述状态机时，输出函数用一个进程描述，而状态寄存器和下一状态函数分别用两个单独的进程描述，如图 6.24 所示。

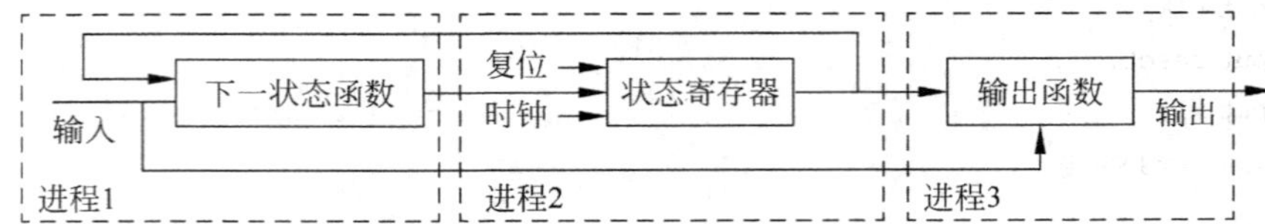

图 6.24 三进程 Mealy 状态机模型

[例 6.37] 三进程状态机 Verilog HDL 描述的例子。

代码清单 6-41 三进程状态机 Verilog HDL 描述

```
module fsm_3(
    input clk,
    input reset,
    input x1,
    output reg outp
    );
reg [1:0] state;
reg [1:0] next_state;
parameter s1 = 2'b00, s2 = 2'b01,
          s3 = 2'b10, s4 = 2'b11;

initial begin
   state <= 2'b00;
end

always @(posedge clk or posedge reset)
begin
     if (reset)
     state <= s1;
   else
     state <= next_state;
end

always @(state or x1)
begin
   case (state)
       s1: if(x1 == 1'b1)
               next_state = s2;
             else
               next_state = s3;
         s2: next_state = s4;
         s3: next_state = s4;
         s4: next_state = s1;
    endcase
end

always @(state)
begin
   case (state)
       s1: outp = 1'b1;
```

```
        s2: outp = 1'b1;
        s3: outp = 1'b0;
        s4: outp = 1'b0;
    endcase
  end
  endmodule
```

思考与练习 6-38 定位到本书所提供资料的下面路径/eda_verilog/example6_37/project_1,在 Vivado 集成开发环境中打开 project_1. xprj 工程。查看上面的代码的 RTL 级和综合后的结构,说明 Verilog HDL 代码和具体结构之间的关系。

第 7 章 Verilog HDL 数字系统设计和实现

CHAPTER 7

本章将通过一个大的设计工程，说明复杂数字系统的实现流程。内容包括设计所用外设的原理、系统设计原理、创建新的设计工程以及 Verilog HDL 数字系统设计流程。

通过本章内容的学习，读者可进一步熟悉 Verilog HDL 描述数字系统的方法，同时熟练掌握 Vivado 集成开发环境的设计流程。

7.1 设计所用外设的原理

本章所用到的外设包括 LED 灯、开关、7 段数码管、VGA 显示器接口和 UART 接口。下面对这些外设的原理进行详细说明。

注： 本书使用的是北京汇众新特科技有限公司开发的 A7-EDP-1 开发平台，详细设计资料请见学习说明。

7.1.1 LED 灯驱动原理

A7-EDP-1 开发平台上 Artix-7 FPGA 与 LED 灯的接口，如图 7.1 所示。

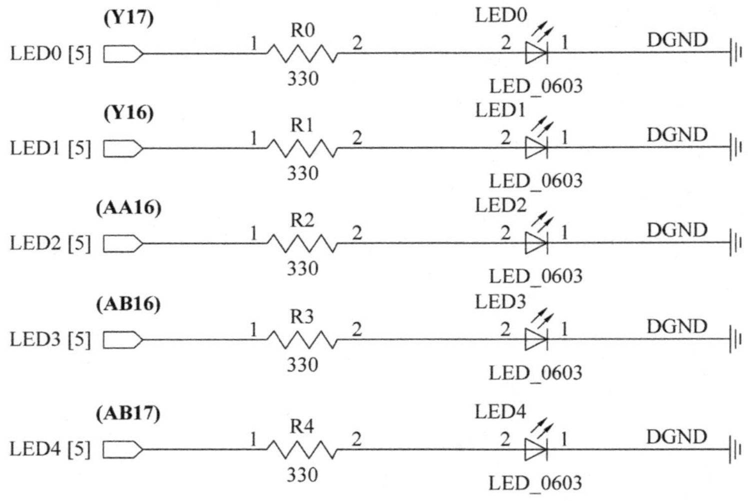

图 7.1 A7-EDP-1 开发平台上 FPGA 和 LED 灯的接口

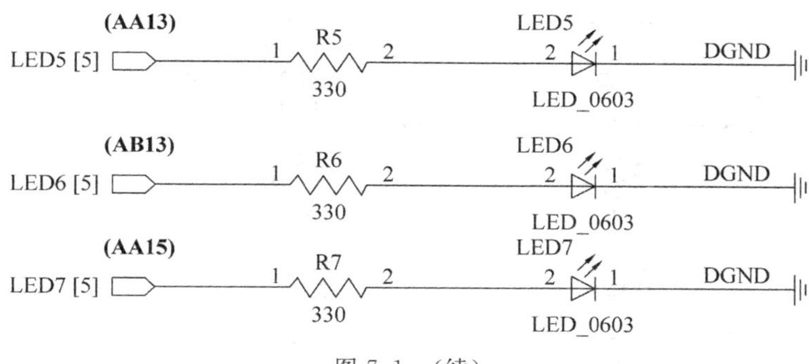

图 7.1 （续）

A7-EDP-1 开发板平台上的 XC7A75TFGG484-1 器件的八个引脚 Y17、Y16、AA16、AB16、AB17、AA13、AB13 和 AA15，分别通过 8 个限流电阻与 8 个 LED(LED0～LED7)连接。当 FPGA 上相应的引脚置高电平时，所对应的 LED 灯亮；否则，所对应的 LED 灯灭。

7.1.2 开关驱动原理

A7-EDP-1 开发平台上 Artix-7 FPGA 与开关的接口，如图 7.2 所示。A7-EDP-1 开发板平台上的 XC7A75TFGG484-1 器件的八个引脚 T5、U5、W6、W5、U6、V5、R6 和 T6，通过 8 个限流电阻与 8 个开关(SWITCH0～SWITCH7)连接。

当开关触点在上方时，接入 VCC3V3(3.3V)，通过限流电阻，连接到对应的 FPGA 引脚；当开关触点在下方时，接入 DGND(地)，通过限流电阻，连接到对应的 FPGA 引脚。

7.1.3 七段数码管驱动原理

A7-EDP-1 开发平台上包含两个四位共阳极七段数码管，四位七段数码管每个段的阳极连接在一起，因此是共阳极的连接方式，如图 7.3 所示。如果要在某位七段数码管上显示正确的值，则需要给共阳极端提供高电平，给相应段 CA～CG 段施加低电平即可。表 7.1 给出了数字 0～9 和 A～F 所对应的 CA～CG 段的值。

表 7.1 十六进制数和不同段的对应关系

	CA	CB	CC	CD	CE	CF	CG
0	0	0	0	0	0	0	1
1	1	0	0	1	1	1	1
2	0	0	1	0	0	1	0
3	0	0	0	0	1	1	0
4	1	0	0	1	1	0	0
5	0	1	0	0	1	0	0
6	0	1	0	0	0	0	0
7	0	0	0	1	1	1	1
8	0	0	0	0	0	0	0
9	0	0	0	0	1	0	0
A	0	0	0	1	0	0	0
B	1	1	0	0	0	0	0
C	0	1	1	0	0	0	1
D	1	0	0	0	0	1	0
E	0	1	1	0	0	0	0
F	0	1	1	1	0	0	0

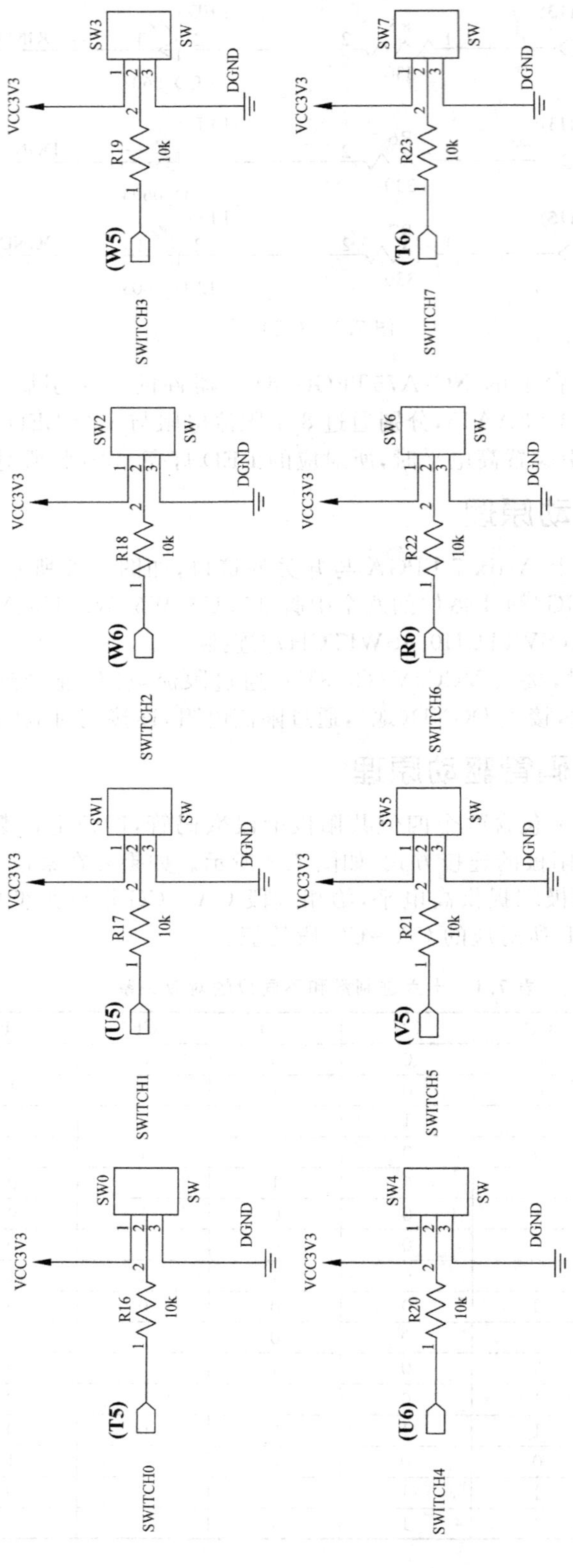

图 7.2 A7-EDP-1 开发平台上 FPGA 和开关的接口

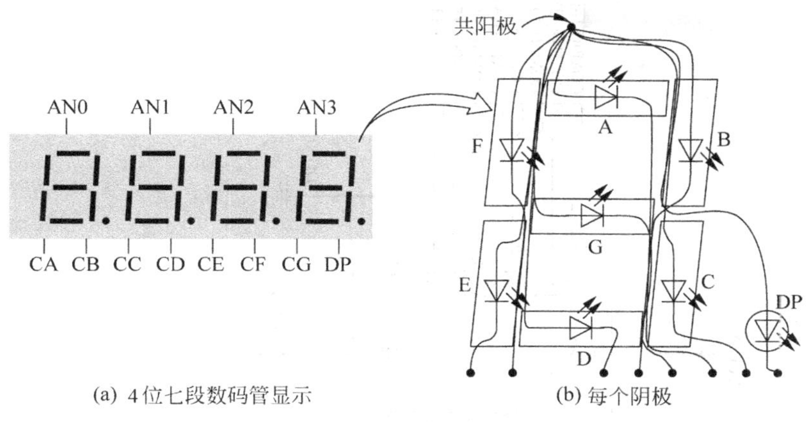

(a) 4位七段数码管显示　　(b) 每个阴极

图 7.3　A7-EDP-1 上的 4 位七段数码管

A7-EDP-1 开发平台上两个四位七段数码管与 XC7A75TFGG484-1 的接口，如图 7.4 所示。

图中：

(1) FPGA 的 8 个引脚 A16、A15、C13、B13、B16、D14、A15 和 B15 分别连接到七段数码管的 CA～CG 和 DP 段。

(2) FPGA 的 8 个引脚 F16、E17、C14、E16、D16、E14、C15 和 E13 分别连接到七段数码管的 COM0～COM7 选择端。

(3) 图中的 74LVC244 是数据缓冲区，用于增强对两个七段数码管的驱动能力。

从前面四个数码管的结构可以看出，四个数码管共享 CA～CG。即如果同时给 COM0～COM3、COM4～COM7 引脚同时施加高电平，并且按照表 7.1 给 CA～CG 不同的值时，在四个数码管上会显示相同的值。为了让四位数码管中的每位数码管显示不同的值，则需要轮流导通四个数码管。如图 7.5 所示，首先导通 COM0，维持一个数位周期；然后，依次导通 COM1、COM2 和 COM3，周而复始不断循环。这样，在一个时刻只导通一个数码管。很明显，当刷新周期足够快时，由于人眼的滞后效应，看上去像是多个数码管"同时"显示不同的数字。为了实现这个效果，需要在七段数码管中，设计扫描电路。

7.1.4　VGA 显示器原理

注：(1) 本节给出的 VGA 的时序是 640x480 的驱动模式。

(2) VGA 信号时序规范由 VESA 组织(http://www.vesa.org)制定。

阴极射线管(Cathode Ray Tube，CRT)的结构，如图 7.6 所示。基于 CRT 的 VGA 显示原理是通过调幅将电子束(或者阴极射线)移动到荧光屏上显示信息。LCD 显示使用了一个阵列开关，它们用于在少量的液晶上施加一个电压。因此，基于每个像素来改变通过晶体的光介电常数。尽管本节所介绍的显示原理基于 CRT 结构，但是 LCD 显示也使用和 CRT 显示相同的时序。彩色 CRT 使用了三个电子束，包括红、蓝和绿，用于给磷施加能量，其附着在阴极射线管显示末端的内侧。电子枪所发出电子束精确地指向加热的阴极，阴极放置在靠近称为"栅极"的正电荷的环形板旁。由栅极施加的静电力拖动来自阴极所施加能量的电子射线，并且这些射线由电流驱动到阴极。一开始这些粒子射线朝着栅极加速，但是

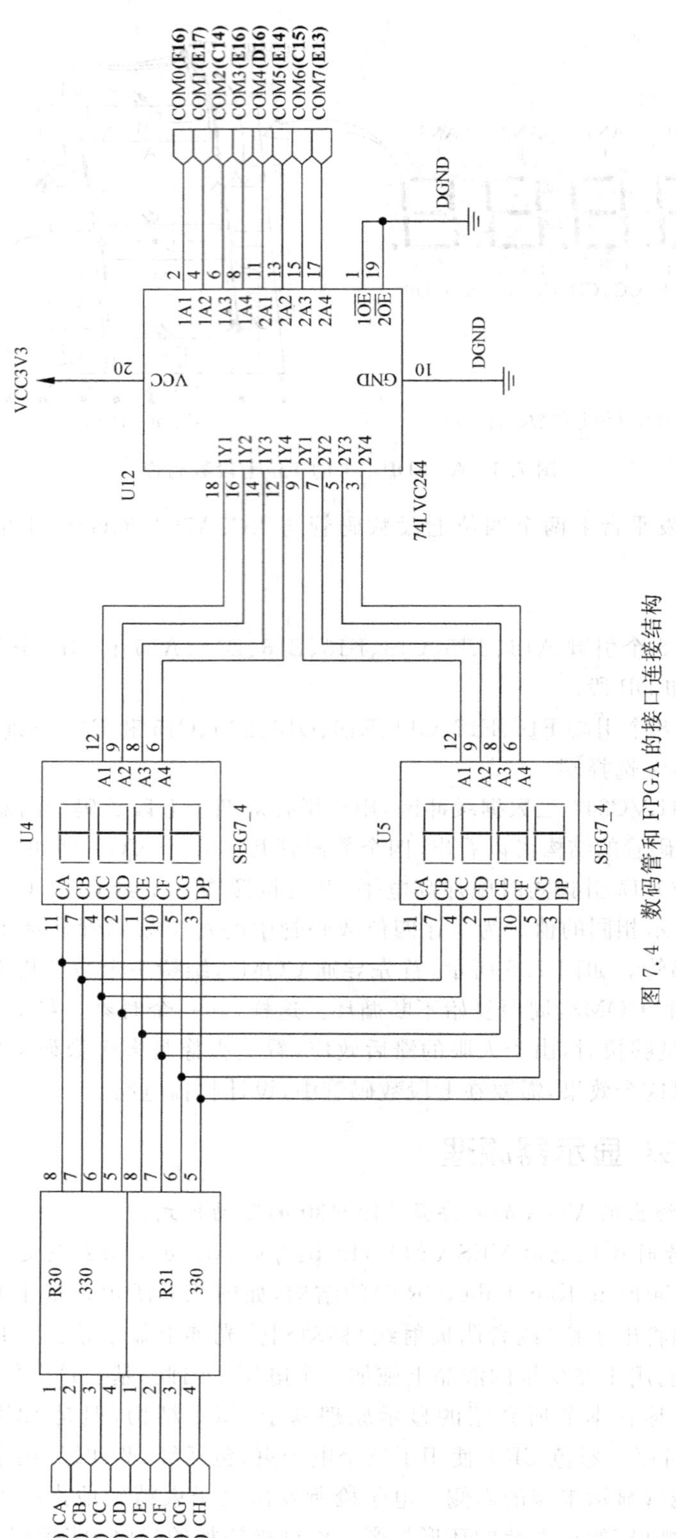

图 7.4 数码管和 FPGA 的接口连接结构

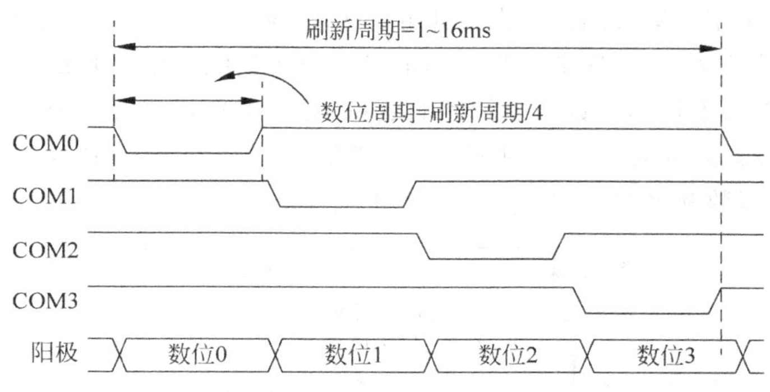

图 7.5 数码管的扫描周期

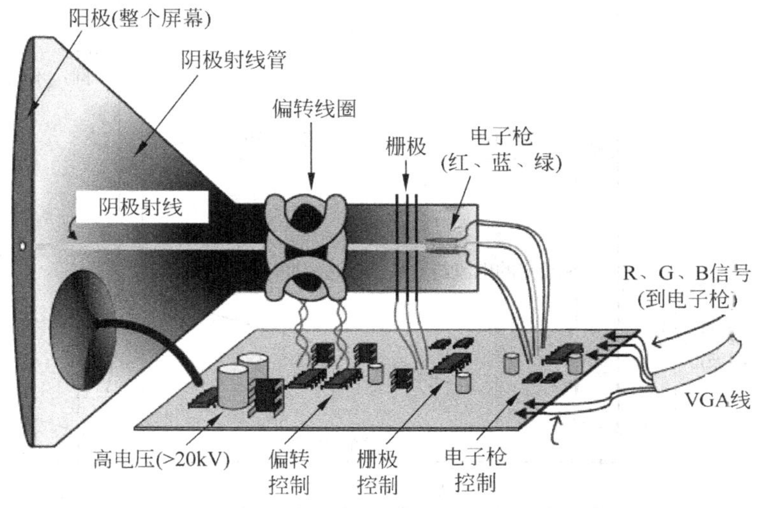

图 7.6 VGA 显示器的原理

在更大的静电力的影响下衰减，导致涂磷的 CRT 表面充电到 20kV（或者更高）。当射线穿过栅极时，将其聚焦为一个精准的电子束，然后将其加速碰撞到附着磷的显示表面。在碰撞点的磷涂层表面发光，并且在电子束消失后，持续几百微秒继续发光。送到阴极的电流越大，磷就越亮。

在栅极和显示表面之间，电子束穿过 CRT 的颈部。颈部的两个线圈产生了正交的电磁场。由于阴极射线带有电荷粒子（电子），因此它们被磁场偏转。通过线圈的电流产生磁场，与阴极射线相互作用，使其以光栅模式方式从左到右，从上到下贯穿显示器表面。由于阴极射线在显示器表面不停移动，因此增加/减少进入电子枪的电流就可以改变在阴极射线碰撞点的显示亮度。

VGA 扫描波形图，如图 7.7 所示。只有当电子束朝前方移动（从左到右、从上到下）时，才会显示信息。在电子束返回显示的左边或者上边时，不会显示信息。因此，当复位电子束，并且稳定开始新的一行或者完成一个垂直显示时，在“空白”周期，就需要额外的显示时间。电子束的强度以及电子束穿过显示的频率等因素决定了显示器的分辨率。现代的 VGA 显示可以实现不同的分辨率。通过产生不同时序来控制光栅模式，VGA 控制器控制

VGA 显示器的分辨率。VGA 控制器必须在 3.3V/5V 电压条件下产生同步脉冲，用于设置电流通过线圈的频率，并且保证视频数据准确地应用到电子枪。光栅视频显示定义了行，其对应于穿过阴极水平行的个数。显示列的数目，对应于每行的每一个区域，一行的每个区域会分配一个图像元素或者像素。典型的，范围在 240～1200 行和320～1600 列之间。总的显示范围，以及行数和列数决定了每个像素的大小。

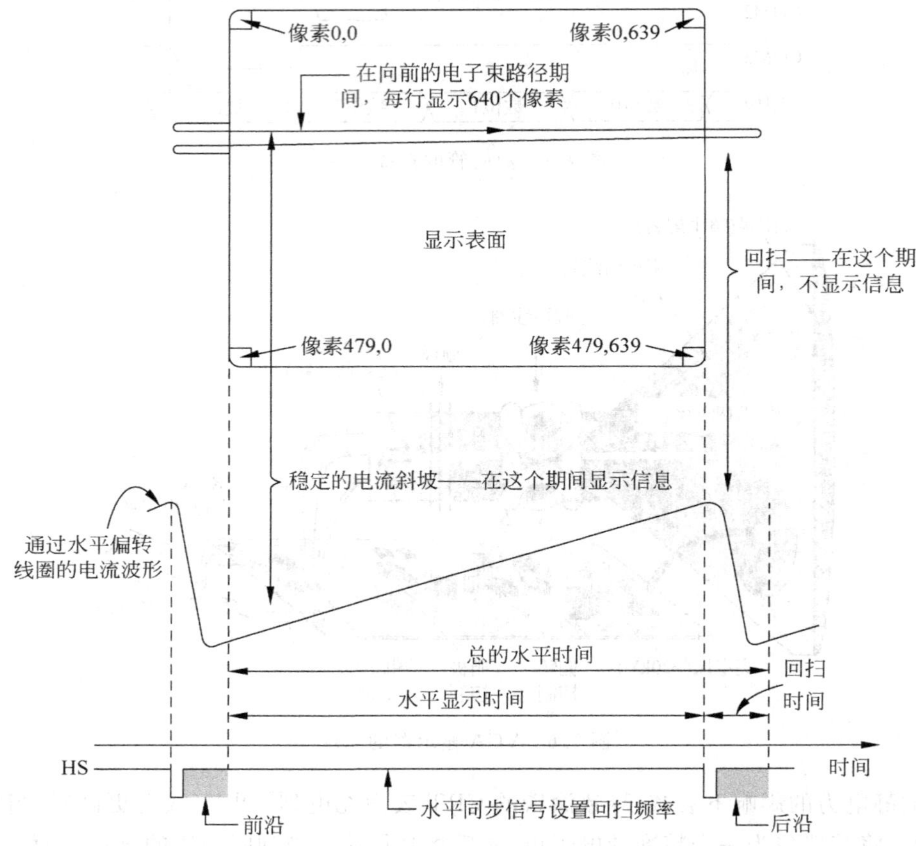

图 7.7　VGA 水平扫描波形

典型的，视频数据来自一个视频刷新存储器，它为每个像素的位置分配一个或者多个字节(用于确定所显示的颜色)。当电子束在显示器上移动时，控制器需要对视频存储器进行检索。然后，在正确的位置上给出一个正确的像素值。

注：在 A7-EDP-1 开发平台上，使用 4 个比特位来确定每个像素(R、G、B)。

VGA 控制器逻辑必须正确地产生行同步信号(HS)和场同步信号(VS)控制时序，并且基于像素协调视频数据的正确传输。像素时钟用于确定显示一个像素信息所需要的时钟频率。VS 定义了显示器的刷新频率，即以该频率重新绘制可显示的所有信息。最小的刷新频率是显示器的磷元素和电子束密度的函数。实际上，显示器的可选择刷新频率在50～120Hz 之间。在一个给定刷新频率内可显示的行数，定义了垂直回扫的频率。对于640×480 分辨率来说，使用 25MHz 的像素时钟和(60±1)Hz 的刷新频率。

640×480 显示模式下的时序，如图 7.8 所示，时序的详细说明如表 7.2 所示。

图 7.8 640x480 模式下的时序图

表 7.2 640×480 显示模式的时序说明

符号	参数	垂直同步 VS			水平同步 HS	
		时间	时钟个数	行	时间	时钟个数
T_s	同步脉冲	16.7ms	416800	521	32μs	800
T_{disp}	显示时间	15.36ms	384000	480	25.6μs	640
T_{pw}	脉冲宽度	64μs	1600	2	3.84μs	96
T_{fp}	前沿	320μs	8000	10	640ns	16
T_{bp}	后沿	928μs	23200	29	1.92μs	48

VGA 控制器对像素时钟驱动的行同步计数器进行解码，以产生正确的 HS 时序。该计数器用于定位在一个给定行内任意像素的位置。类似地，用每个 HS 脉冲所递增的一个垂直同步计数器的输出生成 VS 信号时序，该计数器用于定位给定的任意行。这两个连续运行的计数器构成了视频 RAM 的地址。对于 HS 脉冲的起始和 VS 脉冲的起始，没有说明时序关系。这样，使得设计者可以很容易地设计计数器，用于生成视频 RAM 地址，或减少生成同步脉冲的译码逻辑。

A7-EDP-1 开发平台上 FPGA 的引脚与 VGA 接口的连接关系，如图 7.9 所示。

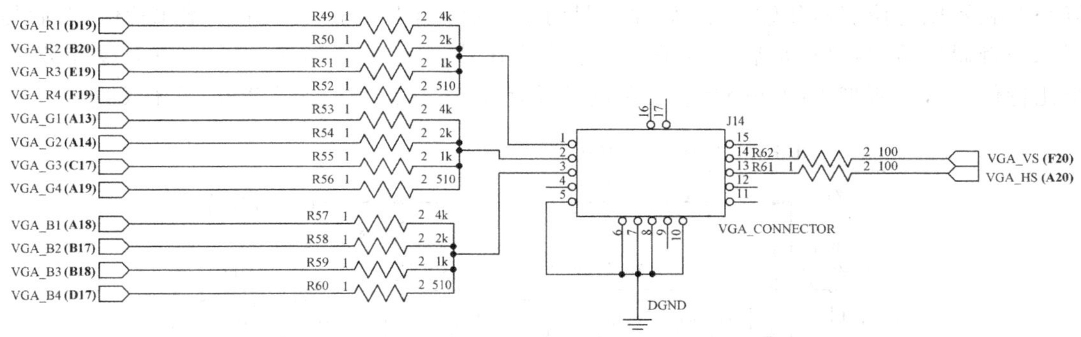

图 7.9 A7-EDP-1 开发平台上 FPGA 和 VGA 接口关系

其中：

(1) 红色分量 R 由 FPGA 的四个引脚 D19、B20、E19 和 F19 确定。

(2) 绿色分量 G 由 FPGA 的四个引脚 A13、A14、C17 和 A19 确定。

(3) 蓝色分量 B 由 FPGA 的四个引脚 A18、B17、B18 和 D17 确定。

(4) VS 信号由 FPGA 的引脚 F20 确定。

(5) HS 信号由 FPGA 的引脚 A20 确定。

7.1.5 通用异步接收发送器原理

RS-232是美国电子工业联盟(EIA)制定的串行数据通信的接口标准，原始编号全称是EIA-RS-232(简称232,RS232)。它被广泛用于计算机串行接口外设连接。

RS-232C标准中的EIA(Electronic Industry Association)代表美国电子工业联盟，RS(Recommended Standard)代表推荐标准，232是标识号，C代表RS232的第三次修改(1969年)。在这之前，还有RS232B和RS232A。

目前，最新版本是由美国电信工业协会(TIA，即Telecommunications Industry Association，由EIA所分出的一个组织)所发布的TIA-232-F，它同时也是美国国家标准ANSI/TIA-232-F-1997 (R2002)，此标准于2002年进行再次确认。在1997年由TIA/EIA发布当时的编号则是TIA/EIA-232-F与ANSI/TIA/EIA-232-F-1997。在此之前的版本是TIA/EIA-232-E。

TIA-232-F规定连接电缆和机械、电气特性、信号功能及传送过程。其他常用电气标准还有EIA-RS-422-A、EIA-RS-423A和EIA-RS-485。

目前，在PC/笔记本电脑上的COM1和COM2接口，就是RS-232C接口。RS-232对电气特性、逻辑电平和各种信号线功能都作了详细描述。

注：*在最新的PC/笔记本电脑中已经不提供串口，需要使用USB-UART芯片在PC/笔记本电脑上虚拟出串口。*

由于RS-232-C的重大影响，即使IBM PC/AT开始改用9针连接器，目前已几乎不再使用RS-232中规定的25针连接器，但大多数人仍然普遍使用RS-232C来代表此接口。

如图7.10所示，在RS-232标准中，字符是以一串行的比特流来一位接一位地串行传输，优点是传输线少，配线简单，传送距离可以较远。最常用的编码格式是异步起停格式，它以一个起始比特位表示传输开始，后面紧跟用于表示一个字符的7/8个数据比特位，然后是可选的奇偶校验比特位，最后一位是1/2个停止比特位。所以，发送一个字符至少需要10个比特位。这样所带来的好处是使全部的传输速率、发送信号的速率以10进行划分。

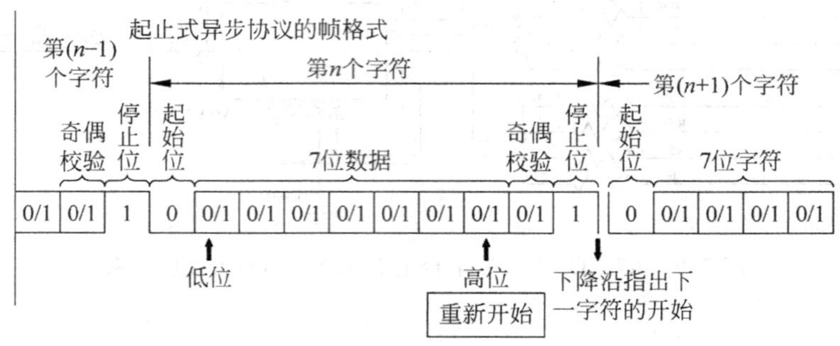

图7.10 UART的数据格式

在RS-232标准中定义了逻辑“1”和逻辑“0”电平标准，以及标准的传输速率和连接器类型。信号电平值在+3～+15V和−15～−3V之间。在RS-232标准中规定接近0的电平是无效的，将逻辑“1”规定为负电平，有效负电平的信号状态称为传号，它的功能意义为OFF；将逻辑“0”规定为正电平，有效正电平的信号状态称为空号，它的功能意义为ON。根据设备供电电源的不同，±5、±10、±12 和±15 这样的电平都是可能的。

传号和空号来自电传打字机中的术语。电传打字机原始的通信是一个简单的中断直流电路模式，类似于圆转盘电话拨号的中的信号。传号状态表示电路断开，空号状态表示电路接通。一个空号表示开始发送一个字符，一个传号表示停止。当线路中断的时候，电传打字机不打印任何有效字符，周期性地连续收到全零信号。

串行通信在软件设置里需要进行多项设置，最常见的设置包括波特率、奇偶校验和停止位。

1）波特率

波特率是指将数据从一个设备发到另一个设备的速率，即每秒钟传输比特位的个数。典型地，波特率的值可以是 300、1200、2400、9600、19200、115200 等。一般情况下，用于异步通信的两端设备都要设置为相同的波特率，但有些设备也可以设置为自动检测波特率。

2）奇偶校验

奇偶校验用于验证数据的正确性。一般不使用奇偶校验；如果使用它，那么既可以做奇校验也可以做偶校验。奇偶校验是通过修改每一发送字节(也可以限制发送的字节)来工作的。如果不进行奇偶校验，那么数据是不会被改变的。在偶校验中，因为奇偶校验位会被相应地置“1”或“0”(一般是最高位或最低位)，所以会改变数据以使得所有传送的比特位(含字符的各数位和校验位)中“1”的个数为偶数；在奇校验中，所有传送的数位(含字符的各数位和校验位)中“1”的个数为奇数。接收设备可以通过奇偶校验来判断数据在传输的过程中是否发生错误。如果某个字节中“1”的个数发生了错误，那么这个字节在传输中一定有错误发生。如果奇偶校验正确，则没有发生错误或发生了偶数个错误。

3）停止位

在传输每个字节之后发送停止位，它用来协助接收信息的设备重同步。在传送数据时，RS-232 并不需要另外使用一条专用的传输线来传送同步信号，就可以正确地将数据正确地传送到对方，因此叫作异步接收发送器(Universal Asynchronous Receiver Transmitter，UART)，不过必须在每个传输数据的前后都加上同步信号，把同步信号与数据混合之后，可以使用同一条传输线来传输。例如传输数据“11001010”时，数据的前后就需加入起始位(低)以及停止位(高)。

注：起始位固定为一个比特，而停止比特则可以是 1、1.5 或者是 2 比特，它由使用 RS-232 的传送与接收两方自行选择，但需注意传送与接收两者的选择必须一致。

在串行通信软件设置中，D/P/S 是常规的符号表示。常见的，8/N/1 年表示数据为 8 比特，没有奇偶校验，1 个停止比特位。数据位可以设置为 5、6、7 或者 8 位(不可以大于 8 或小于 5)；奇偶校验位可以设置为无校验、奇校验或者偶校验。

4）流量控制

当需要发送握手信号或检测数据完整性时，需要进行其他设置，公用的组合有 RTS/CTS，DTR/DSR 或者 XON/XOFF(实际中不使用连接器管脚而在数据流内插入特殊字符)。

接收方把 XON/XOFF 信号发给发送方来控制发送方发送数据的时间，这些信号与发送数据的传输方向相反。XON 信号告诉发送方接收方准备好接收更多的数据，XOFF 信号告诉发送方停止发送数据直到知道接收方再次准备好。一般不推荐使用 XON/XOFF，推荐使用 RTS/CTS 控制流来代替它们。XON/XOFF 是一种工作在终端间的带内方法，要求两端都同时支持该协议，而且在突然启动的时候会有混淆的可能。XON/XOFF 可以工作于 3 线的接口。RTS/CTS 最初是为电传打字机和调制解调器半双工协作通信设计的，每次只能一方通过调制解调器发送数据。终端必须发送请求发送信号，然后等待调制解调器回应清除发送信号。尽管需要通过硬件实现 RTS/CTS 信号握手，但是在某些实际应用中具有独特优势。

注：在 Z7-EDP-1 开发平台上，通过板上的 UART-USB 转换芯片将 UART 信号转化成 USB 信号，然后与 PC/笔记本计算机上的 USB 连接。这样，对于很多不提供传统 RS232 9 针/25 针串口的 PC/笔记本计算机来说，省去了需要进行 UART-USB 转接的过程，简化了系统的设计。

7.2 系统设计原理

本节将介绍所给出设计实例的设计原理。如图 7.11 所示，该图给出了该设计的构成模块。下面对设计原理进行说明：

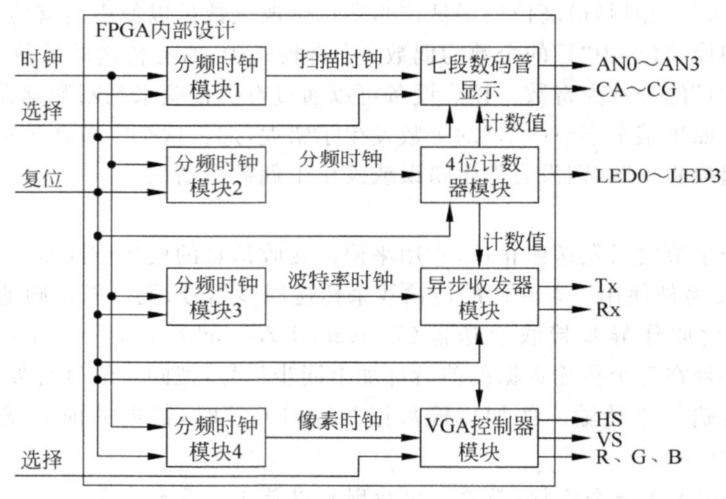

图 7.11　系统设计结构

1. 分频时钟模块 1

该模块用于将 A7-EDP-1 开发平台上提供的 100MHz 时钟进行分频，为七段数码管提供扫描时钟，时钟频率为 kHz。

2. 分频时钟模块 2

该模块用于将 A7-EDP-1 开发平台上提供的 100MHz 时钟进行分频，为 4 位计数器模块提供 Hz 扫描。在该设计中，时钟频率为 1Hz。

3. 分频时钟模块 3

该模块用于将 A7-EDP-1 开发平台上提供的 100MHz 时钟进行分频，为异步收发器模块提供波特率时钟。在该设计中，将异步收发器的波特率设置为 9600bps。

4. 分频时钟模块 4

该模块用于将 A7-EDP-1 开发平台上提供的 100MHz 时钟进行分频，为 VGA 控制器提供像素时钟。在该设计中，像素时钟的频率设置为 25MHz。

5. 七段数码管模块

该模块所实现的功能包括：

(1) 动态显示计数器的值，显示范围由计数器的计数范围确定。动态显示方式为循环左移。

(2) 通过数组保存一组值，并且显示所保存的值。动态显示方式为循环左移。

(3) 通过外部的选择开关，七段数码管显示计数器的值或者保存的一组值。

(4) 为两个外部七段数码管产生驱动信号。

6. 4 位计数器模块

该模块所实现的功能包括：

(1) 在 1Hz 分频时钟的作用下，实现计数操作。在该设计中，N＝13，即计数的范围从 0～C。

(2) 将计数器的值送到外部 LED 上显示。

(3) 将计数器的值送到外部七段数码管上显示。

7. 异步收发器模块

该模块所实现的功能包括：

(1) 实现 RS-232 串口通信协议转换。

(2) 以 9600bps 的波特率，将计数器的值发送到 PC/笔记本计算机的虚拟串口上显示，并通过串口调试软件显示接收到的数据。

8. VGA 控制模块

该模块所实现的功能包括：

(1) 产生正确的 HS 和 VS 时序。

(2) 在 VGA 显示器上显示一个以对角线轨迹移动的圆，其中圆的颜色为红色，背景色为绿色。

7.3 创建新的设计工程

本节将介绍建立新的设计工程的方法，其主要步骤包括：

(1) 启动 Vivado 2015.4 集成开发环境。

(2) 在 Vivado 主界面主菜单下，选择 File→New Project...。

(3) 出现 New Project-Create a New Vivado Project 对话框界面。

(4) 单击 Next 按钮。

(5) 出现 New Project-Project Name 对话框界面。在该界面中，设置参数如下：

① Project name：top_verilog。

② Project location：e:/eda_verilog。

(6) 单击 Next 按钮。

(7) 出现 New Project-Project Type 对话框界面。在该界面中，默认选择 RTL Project

选项。

(8) 单击 Next 按钮。

(9) 出现 New Project-Default Part 对话框界面。在该界面中，选择 xc7a75tfgg484-1。

(10) 单击 Next 按钮。

(11) 出现 New Project-New Project Summary 对话框界面。

(12) 单击 Finish 按钮。

7.4 Verilog HDL 数字系统设计流程

本节将介绍基于 Verilog HDL 的复杂数字系统的设计实现，包括设计分频器时钟模块 2、设计和仿真计数器模块、设计顶层模块、设计和例化分频时钟模块 1、设计七段数码管模块、设计和例化分频时钟模块 3、设计和例化通用异步收发器模块、设计和例化分频时钟模块 4、设计和例化 VGA 控制器模块。

7.4.1 设计分频时钟模块 2

本节将添加并实现分频时钟模块 2 的设计，设计分频时钟模块 2 的主要步骤包括：

(1) 在 Sources 窗口中，选择 Design Sources 文件夹右击，出现浮动菜单。在浮动菜单内，选择 Add Sources...。

(2) 出现 Add Sources-Add Sources 对话框界面。在该界面中，默认选择 Add or create design sources。

(3) 单击 Next 按钮。

(4) 出现 Add Sources-Add or Create Design Sources 对话框界面。在该界面中，单击 Create File 按钮。

(5) 出现 Create Source File 对话框界面。在该界面中，File name 右侧的文本框中输入 divclk2(该名字为时钟分频器模块 2 的文件名 divclk2.v)。

(6) 单击 OK 按钮。

(7) 单击 Finish 按钮。

(8) 出现 Define Module 对话框界面。在该界面中，设置端口参数，如图 7.12 所示。

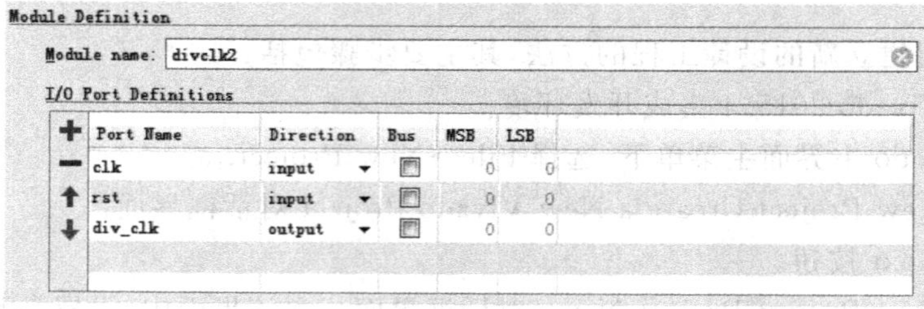

图 7.12 分频器模块 2 端口设置界面

(9) 单击 OK 按钮。

(10) 在 Sources 对话框中的 Design Sources 文件夹下，找到并双击 divclk2，打开

divclk2.v 文件，按如下输入设计代码，如代码清单 7-1 所示。

代码清单 7-1 divclk2.v 文件

```
module divclk2(
    input clk,
    input rst,
    output reg div_clk
    );
reg [31:0] counter;

always @(posedge clk or posedge rst)
begin
if(rst)
    counter <= 32'h00000000;
else
    if(counter == 32'h02faf07f)
       begin
       counter <= 32'h00000000;
       div_clk <= ~div_clk;
       end
     else
       counter <= counter + 1;
end
endmodule
```

(11) 保存文件。

注：(1) 在该设计中，输入时钟为 100MHz，输出时钟为 1Hz，其分频因子计算如下：

$$\frac{\left[\frac{f_{\text{输入时钟}}}{f_{\text{输出时钟}}}\right]}{2}-1=N \qquad (1)$$

经过计算 $N=49999999$，其十六进制表示为 $N=02FAF07F$。

(2) 该设计为高复位。

7.4.2 设计和仿真计数器模块

本节将设计计数器模块，然后通过行为仿真对设计的计数器模块进行验证。

1. 设计计数器模块

下面添加并实现计数器模块的设计，主要步骤包括：

(1) 在 Sources 窗口中，选择 Design Sources 文件夹右击，出现浮动菜单。在浮动菜单内，选择 Add Sources...。

(2) 出现 Add Sources-Add Sources 对话框界面。在该界面中，默认选择 Add or create design sources。

(3) 单击 Next 按钮。

(4) 出现 Add Sources-Add or Create Design Sources 对话框界面。在该界面中，单击 Create File 按钮。

(5) 出现 Create Source File 对话框界面。在该界面中，File name 右侧的文本框中输入

counter4b(该名字为计数器模块的文件名 counter4b. v)。

(6) 单击 OK 按钮。

(7) 单击 Finish 按钮。

(8) 出现 Define Module 对话框界面。在该界面中，设置端口参数，如图 7.13 所示：

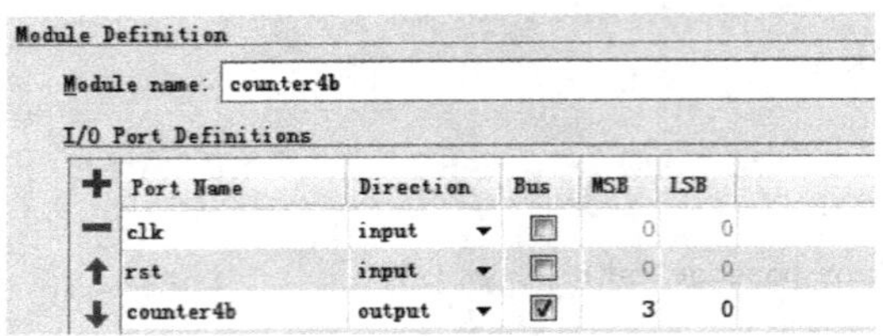

图 7.13　计数器输入端口界面

(9) 单击 OK 按钮。

(10) 在 Sources 对话框中的 Design Sources 文件夹下，找到并双击 counter4b，打开 counter4b. v 文件，输入如下设计代码，如代码清单 7-2 所示。

代码清单 7-2　counter4b. v 文件

```
module counter4b(
    input clk,
    input rst,
    output reg[3:0] counter
    );
always @(posedge clk or posedge rst)
begin
  if(rst)
    counter <= 4'b0000;
  else
    if(counter == 4'b1100)
        counter <= 4'b0000;
    else
        counter <= counter + 1;
end
endmodule
```

(11) 保存文件。

2. 仿真计数器模块

下面将添加模块用于对上面的计数器模块进行行为级仿真。添加计数器仿真模块的主要步骤包括：

(1) 在 Sources 窗口中，选择 Simulation Sources 文件夹，右击，出现浮动菜单。在浮动菜单内，选择 Add Sources...。

(2) 出现 Add Sources-Add Sources 对话框界面。在该界面中，默认选择 Add or create simulation sources。

(3) 单击 Next 按钮。

(4) 出现 Add Sources-Add or Create Simulation Sources 对话框界面。在该界面中，单击 Create File 按钮。

(5) 出现 Create Source File 对话框界面。在该界面中,File name 右侧的文本框中输入 test_counter4b(计数器仿真文件的名字为 test_counter4b. v)。

(6) 单击 OK 按钮。

(7) 出现 Define Module 对话框界面。

(8) 单击 OK 按钮。

(9) 出现 Define Module 对话框界面,在该界面中给出提示信息。

(10) 单击 Yes 按钮。

(11) 在 Sources 窗口中,找到 Simulation Sources 文件夹。在该文件夹下,找到并双击 test_counter4b,打开 test_conter4b. v 文件。在该文件中,按代码清单 7-3 所示添加仿真测试代码。

代码清单 7-3 test_counter4b. v 文件

```
module test_counter4b;

    // Inputs
    reg clk;
    reg rst;

    // Outputs
    wire [3:0] counter;

    // Instantiate the Unit Under Test (UUT)
    counter4b uut (
        .clk(clk),
        .rst(rst),
        .counter(counter)
    );

    initial begin
        // Initialize Inputs
        clk  =  0;
        rst  =  1;
        // Wait 100 ns for global reset to finish
        #100;
        rst  =  0;
        // Add stimulus here
    end
    always
    begin
      clk = 0;
      #20;
      clk = 1;
      #20;
   end
endmodule
```

(12) 按 Ctrl+S 按键,保存修改后的文件。

(13) 再次在 Sources 窗口中选中 test_counter4b. v 文件。

(14) 在 Vivado 主界面左侧的 Flow Navigator 窗口中，找到并展开 Simulation。在展开项中，单击 Run Simulation，出现浮动菜单。在浮动菜单内，选择 Run Behavioral Simulation。Vivado 开始自动执行行为级仿真过程。

(15) 在 Vivado 右侧出现 Untitled 1 标签界面。在该标签窗口中，调整波形的位置，可以看到仿真波形，如图 7.14 所示。

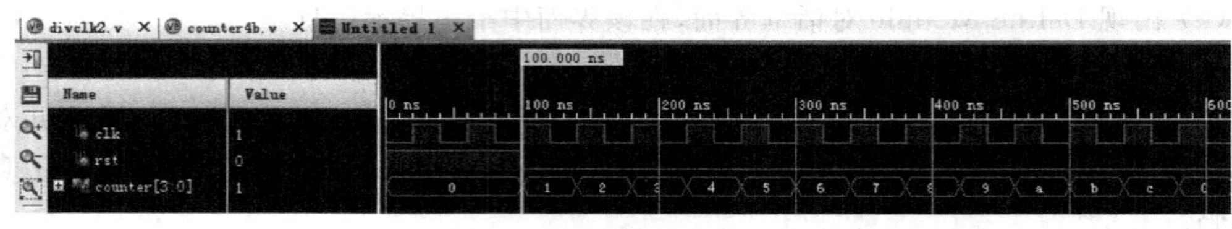

图 7.14　仿真结果图

(16) 关闭仿真界面窗口，退出行为级仿真。

7.4.3　设计顶层模块

本节将添加并完成顶层模块的设计。在顶层设计模块中，例化分频器时钟模 2 和计数器模块。

注：(1) 在 Vivado 中，不提供类似于 ISE 中的直接图形化例化模板的方法，读者可以根据自己的习惯，使用书中介绍的在 Vivado 中生成例化模板的方法，也可以直接输入 Verilog HDL 代码实现元件例化。

(2) 本节标注(*)的内容不要求读者必须掌握。当不使用 Vivado 生成的例化模板时，读者可以直接输入 Verilog HDL 代码实现元件例化。

(3) 如果使用 Vivado Tcl 生成的例化模板，则必须事先安装相关的 Tcl 脚本命令。

1. 安装 TCL 脚本命令(*)

在 Vivado 中需要通过 Tcl 脚本命令生成元件的例化模板，安装 Tcl 脚本命令的主要步骤包括：

(1) 重新打开 Vivado 2015.4 集成开发环境。

(2) 在 Tasks 标题栏下，找到并单击 Xilinx Tcl Store 图标，如图 7.15 所示。

图 7.15　进入 Tcl Store 入口界面

(3) 出现 Install Tcl Application Information 对话框界面。

(4) 单击 OK 按钮。

(5) 出现 Xilinx Tcl Store 对话框界面，如图 7.16 所示。在该界面中找到并单击 Design Utilities 按钮，安装生成元件例化模板所需要的 Tcl 命令。

注：在安装完工具后，重新打开 Vivado 2015.4，并进入到当前的设计环境中。

(6) 在 Vivado 当前设计主界面主菜单下，选择 Tools→Customize Commands→Customize Commands...。

(7) 出现 Customize Commands 对话框界面，如图 7.17 所示。在该界面中，单击 ➕ 按钮，出现浮动对话框。在该对话框中，提示 Enter a menu name 信息。在该界面的文本框中，输入 generate hdl template，作为定制 Tcl 命令的名字。

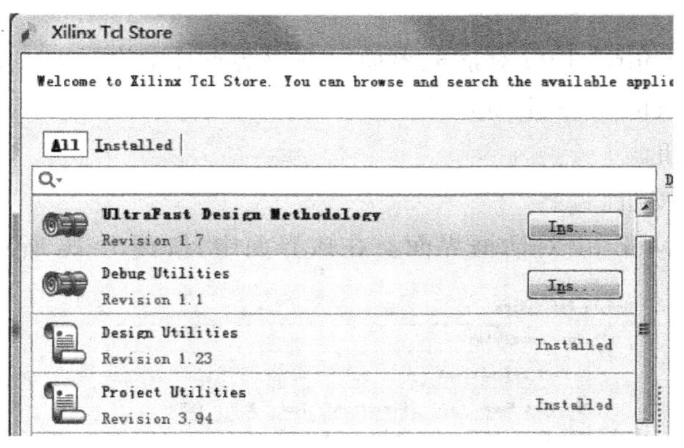

图 7.16 安装 Design Utilities 界面

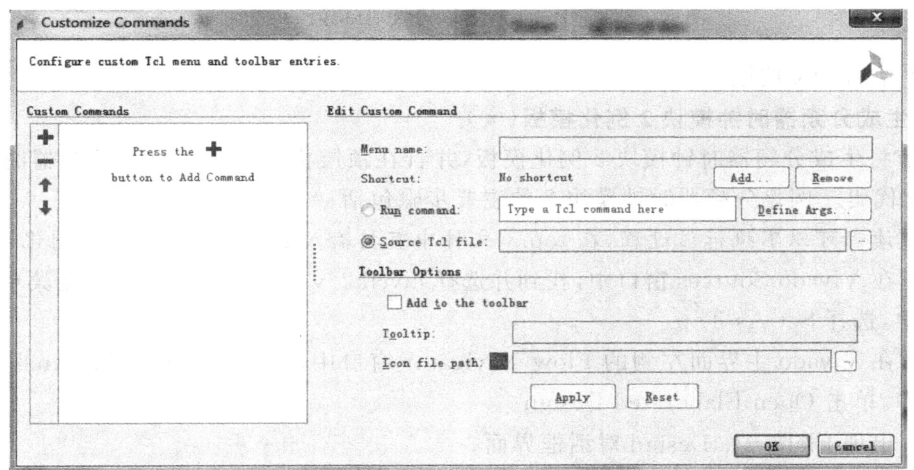

图 7.17 定制 Tcl 命令窗口界面

(8) 按 Enter 按键。

(9) 在 Customize Commands 对话框界面右侧窗口中，选中 Run command 前面的复选框。在右侧文本框中，输入

xilinx::designutils::write_template -verilog

(10) 单击 OK 按钮。

(11) 在 Vivado 主界面工具栏中，出现 TCL 按钮 TCL 。

2. 添加顶层模块文件

本节将添加顶层模块文件。添加顶层模块文件的主要步骤包括：

(1) 在 Sources 窗口中，选择 Design Sources 文件夹，右击，出现浮动菜单。在浮动菜单内，选择 Add Sources...。

(2) 出现 Add Sources-Add Sources 对话框界面。在该界面中，默认选择 Add or create design sources。

(3) 单击 Next 按钮。

(4) 出现 Add Sources-Add or Create Design Sources 对话框界面。在该界面中，单击

Create File 按钮。

（5）出现 Create Source File 对话框界面。在该界面中，File name 右侧的文本框中输入 top（该名字为顶层模块的文件名 top. v）。

（6）单击 OK 按钮。

（7）单击 Finish 按钮。

（8）出现 Define Module 对话框界面。在该界面中，按图 7.18 所示输入端口参数。

Module Definition

Module name: top

I/O Port Definitions

Port Name	Direction	Bus	MSB	LSB
clk	input	☐	0	0
rst	input	☐	0	0
counter	output	☑	3	0

图 7.18　top 模块输入端口界面

（9）单击 OK 按钮。

3. 生成分频器时钟模块 2 例化模板（＊）

本节将生成分频器时钟模块 2 例化模板，并且在顶层模块文件中添加分频器时钟模块 2 的例化代码。例化分频器时钟模块 2 的主要步骤包括：

注：读者可以不执行该过程，在 top. v 文件中直接输入分频器时钟模块 2 例化代码。

（1）在 Vivado Sources 窗口中，找到并选择 divclk2. v 文件，右击，出现浮动菜单。在浮动菜单中，选择 Set As Top。

（2）在 Vivado 主界面左侧的 Flow Navigator 窗口中，找到并展开 RTL Analysis。在展开项中，单击 Open Elaborated Design。

（3）出现 Elaborate Design 对话框界面。

（4）单击 OK 按钮。

（5）Vivado 自动打开详细描述后的 divclk2 模块结构。在 Vivado 主界面工具栏中，单击 TCL 按钮。

注：在 Vivado 主界面下面的 Tcl Console 界面中，出现下面的消息，表示生成了 divclk2 模块的模板，如图 7.19 所示。

（6）在 Tcl Console 界面中的文本框内，输入下面的 Tcl 脚本命令，如图 7.19 所示。

read_verilog C:/Users/Administrator/AppData/Roaming/Xilinx/Vivado/divclk2. v

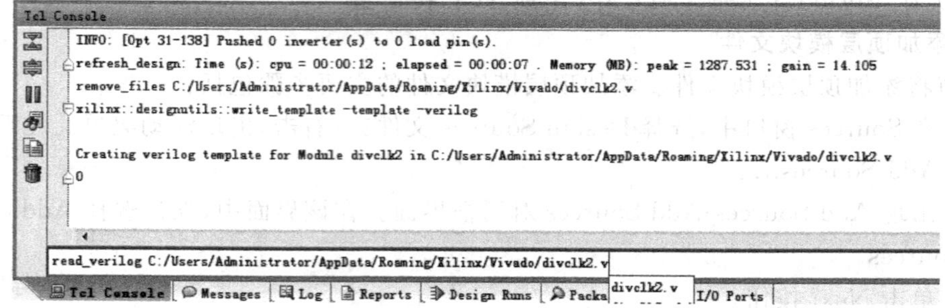

图 7.19　读取 divclk2. v 例化模板界面

（7）按 Enter 按键，读取生成的 divclk2. v 模板。

（8）在 Vivado 主界面的 Sources 窗口中，可以看到新生成了 Non-module Files 文件夹。在该文件夹中找到并双击 divclk2. v，打开该例化模板，如代码清单 7-4 所示。

代码清单 7-4　divclk2. v 例化模板代码

```
divclk2 divclk2_inst (
    // Input Ports - Single Bit
    .clk (clk),
    .rst(rst),
    // Input Ports - Busses
    // Output Ports - Single Bit
    .div_clk (div_clk)
    // Output Ports - Busses
    // InOut Ports - Single Bit
    // InOut Ports - Busses
);
```

（9）再次打开 top. v 文件。按照 Verilog HDL 的例化元件的规则，将代码清单 7-4 给出的元件例化代码，复制粘贴到 top. v 文件相应的位置。

（10）保存 top. v 文件。

（11）删除 Non-module Files 文件夹中的 divclk2. v 文件。

4. 生成计数器模块例化模板（*）

本节将生成计数器模块例化模板，并且在顶层模块文件中添加计数器模块的例化代码。例化计数器模块的主要步骤包括：

注： 读者可以不执行该过程，在 top. v 文件中直接输入计数器模块的例化代码。

（1）在 Vivado Sources 窗口中，找到并选择 counter4b. v 文件，右击，出现浮动菜单。在浮动菜单中，选择 Set As Top。

（2）在 Vivado 主界面左侧的 Flow Navigator 窗口中，找到并展开 RTL Analysis。在展开项中，单击 Open Elaborated Design。

（3）出现 Elaborate Design 对话框界面。

（4）单击 OK 按钮。

（5）Vivado 自动打开详细描述后的 counter4b 模块结构。在 Vivado 主界面工具栏中，单击 TCL 按钮。

注： 在 Vivado 主界面下面的 Tcl Console 界面中出现提示信息，表示生成了 counter4b 模块的模板。

（6）在 Tcl Console 界面中的文本框内，输入

```
read_verilog C:/Users/Administrator/AppData/Roaming/Xilinx/Vivado/counter4b.v
```

（7）按 Enter 按键，读取生成的 counter4b. v 模板。

（8）在 Vivado 主界面的 Sources 窗口中，看到新生成了 Non-module Files 文件夹。在该文件夹中找到并双击 counter4b. v，打开该例化模板，如代码清单 7-5 所示。

代码清单 7-5　counter4b. v 例化模板代码

```
counter4b counter4b_inst (
```

```
    // Input Ports - Single Bit
    .clk          (clk),
    .rst          (rst),
    // Input Ports - Busses
    // Output Ports - Single Bit
    // Output Ports - Busses
    .counter[3:0] (counter[3:0])
    // InOut Ports - Single Bit
    // InOut Ports - Busses
);
```

(9) 再次打开 top. v 文件。按照 Verilog HDL 例化元件的规则，将代码清单 7-5 给出的元件例化代码，复制粘贴到 top. v 文件相应的位置。

(10) 保存 top. v 文件。

(11) 删除 Non-module Files 文件夹中的 counter4b. v 文件。

5. 完成顶层模块设计

本节将完成最终顶层模块的设计，主要步骤包括：

(1) 在 Sources 窗口下，选中 top. v 并右击，出现浮动菜单。在浮动菜单内，选择 Set As Top 选项。

注：该选项用于将 top. v 文件设置为顶层设计文件。

(2) 在 top. v 文件中，添加设计代码完成最终的设计，如代码清单 7-6 所示。

注：去掉例化模板中不需要的注释部分。

代码清单 7-6　top. v 文件

```
module top(
    input clk,
    input rst,
    output [3:0] counter
    );
wire div_clk;
divclk2 Inst_divclk2 (
    .clk(clk),
    .rst(rst),
    .div_clk(div_clk)
    );
counter4b Inst_counter4b(
    .clk(div_clk),
    .rst(rst),
    .counter(counter)
    );
endmodule
```

(3) 按 Ctrl+S 按键，保存并关闭 top. v 文件。

6. 对顶层模块进行综合

下面将对 top. v 进行综合，对设计进行综合的主要步骤包括：

(1) 在 Sources 窗口下，选中 top. v 文件。

(2) 在 Vivado 左侧的 Flow Navigator 窗口中，找到并展开 Synthesis。在展开项中，单

击 Run Synthesis，Vivado 自动开始综合过程。

(3) 综合完成后，出现 Synthesis Completed 对话框界面。在该界面中，选中 Open Synthesized Design 前面的复选框。

(4) 单击 OK 按钮。

(5) 在 Vivado 左侧的 Flow Navigator 窗口中，找到并展开 Synthesis。在 Synthesis 展开项中，找到并展开 Synthesized Design。在 Synthesized Design 展开项中，找到并单击 Schematic，打开综合后的设计结构，如图 7.20 所示。

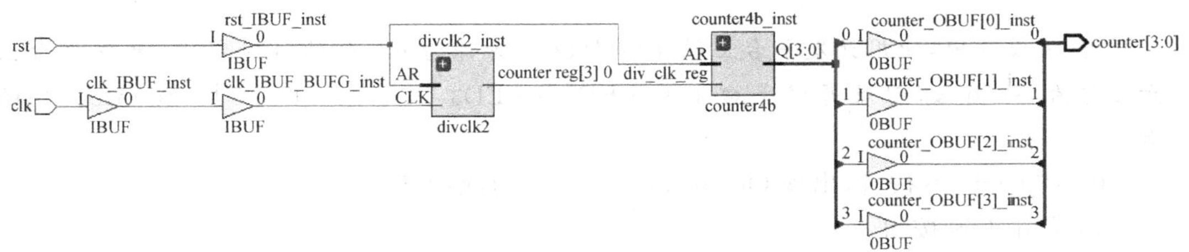

图 7.20 顶层模块的内部设计结构

思考与练习 7-1 如图 7.20 所示，仔细分析该设计的内部结构。

思考与练习 7-2 在图 7.20 所示的界面内，双击 counter4b_inst 符号，进入 counter4b 模块的内部设计结构，分析该设计的内部结构(**提示**：根据状态机的设计原理)。

注：单击原理图内左侧一列工具栏内的 ⬅| 按钮，则可以看到上一层结构．而单击 ➡| 按钮，则可以看到下一层结构。

(6) 关闭图 7.20 的原理图界面，退出查看综合后的结果。

7. 添加 XDC 文件

本节将添加 XDC 文件，并在 XDC 文件中完成对引脚位置的约束。约束引脚位置的主要步骤包括：

(1) 在 Sources 窗口中，找到并选中 Constraints 文件夹，右击，出现浮动菜单。在浮动菜单内，选择 Add Sources…。

(2) 出现 Add Sources-Add Sources 对话框界面。在该界面中，默认选择 Add or create constraints 前面的复选框。

(3) 出现 Add Sources-Add or Create Constraints 对话框界面。在该界面中，单击 Create File 按钮。

(4) 出现 Create Constraints File 对话框界面。在该界面中，在 File name 右侧的文本框中，输入 top，即 XDC 文件的名字为 top. xdc。

(5) 单击 OK 按钮，退回到 Add Sources-Add or Create Constraints 对话框界面。

(6) 单击 Finish 按钮，退出 Add Sources-Add or Create Constraints 对话框界面。

(7) 看到在 Constraints 文件夹的子文件夹 constrs_1 下，新添加了 top. xdc 文件。

(8) 在 Vivado 上方的下拉框中选择 I/O Planning 选项，将 Vivado 再次切换到 I/O 规划界面。

(9) 在 I/O Ports 界面完成 I/O 端口引脚位置的约束，如图 7.21 所示。

注：① 读者可以参考本书附录给出的 A7-EDP-1 开发平台的原理图。

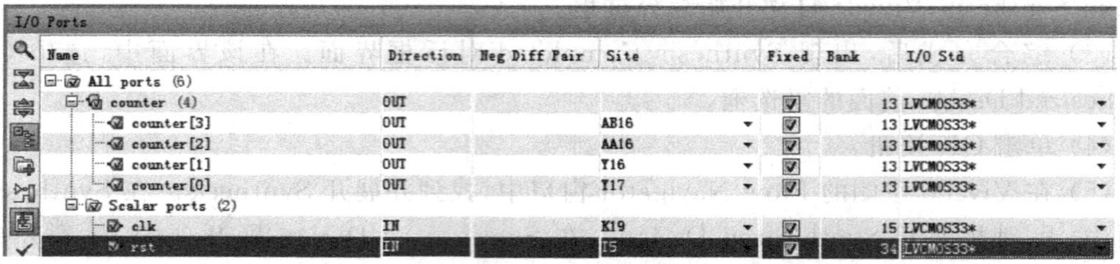

I/O Ports

Name	Direction	Neg Diff Pair	Site	Fixed	Bank	I/O Std
All ports (6)						
counter (4)	OUT			☑	13	LVCMOS33*
counter[3]	OUT		AB16	☑	13	LVCMOS33*
counter[2]	OUT		AA16	☑	13	LVCMOS33*
counter[1]	OUT		Y16	☑	13	LVCMOS33*
counter[0]	OUT		Y17	☑	13	LVCMOS33*
Scalar ports (2)						
clk	IN		K19	☑	15	LVCMOS33*
rst	IN		T5	☑	34	LVCMOS33*

图 7.21　XDC 引脚约束界面

② 在该设计中，使用开发平台上的 100MHz 时钟作为 clk 的输入时钟源，开发平台上的开关作为 rst 输入，以及开发平台上的 LED0～LED3 作为 counter[0]～counter[3]的输出。

(10) 按 Ctrl+S 按键，出现 Out of Date Design 对话框界面。

(11) 单击 OK 按钮。

(12) 出现 Save Constraints 对话框界面，默认选择 Select an exist file 前面的复选框，默认的文件名字 top. xdc。

(13) 单击 OK 按钮。

注：在 Sources 窗口中找到并打开 top. xdc 文件，添加下面一句约束条件：

```
set_property CLOCK_DEDICATED_ROUTE FALSE [get_nets {clk_IBUF}]
```

在 A7-EDP-1 开发平台中，100MHz 时钟没有使用专用的时钟引脚，因此要添加该约束，表示使用非专用时钟布线资源。

(14) 打开 top. xdc 文件，如代码清单 7-7 所示。

代码清单 7-7　top. xdc 文件

```
set_property IOSTANDARD LVCMOS33 [get_ports {counter[3]}]
set_property IOSTANDARD LVCMOS33 [get_ports {counter[2]}]
set_property IOSTANDARD LVCMOS33 [get_ports {counter[1]}]
set_property IOSTANDARD LVCMOS33 [get_ports {counter[0]}]
set_property IOSTANDARD LVCMOS33 [get_ports clk]
set_property IOSTANDARD LVCMOS33 [get_ports rst]
set_property PACKAGE_PIN K19 [get_ports clk]
set_property PACKAGE_PIN T5 [get_ports rst]
set_property PACKAGE_PIN Y17 [get_ports {counter[0]}]
set_property PACKAGE_PIN Y16 [get_ports {counter[1]}]
set_property PACKAGE_PIN AA16 [get_ports {counter[2]}]
set_property PACKAGE_PIN AB16 [get_ports {counter[3]}]
set_property CLOCK_DEDICATED_ROUTE FALSE [get_nets {clk_IBUF}]
```

(15) 关闭并退出约束编辑器界面。

8. 验证顶层设计

下面将设计下载到 A7-EDP-1 开发平台上的 XC7A75TFGG484 FPGA 器件中，对设计进行硬件验证。对设计验证的主要步骤包括：

(1) 在 Vivado 左侧的 Flow Navigator 窗口中，找到并展开 Implementation。在展开项中，找到并单击 Run Implementation，Vivado 自动执行实现过程。

(2) 实现过程结束后，出现 Implementation Completed 对话框界面。在该界面中，选中 Generate Bitstream 前面的复选框。

(3) 单击 OK 按钮，Vivado 自动执行生成比特流的过程。

(4) 出现 Bitstream Generation Completed 对话框界面。在该界面中，选择 Open Hardware Manager 前面的复选框。

(5) 单击 OK 按钮。

(6) 单击 Open target，打开硬件配置界面，将比特流下载到 FPGA 中。

思考与练习 7-3 观察 A7-EDP-1 开发平台上的 LED 灯的变化情况是否满足设计要求。

7.4.4 设计和例化分频时钟模块 1

本节将添加分频时钟模块 1，并将该模块例化到顶层模块中。

1. 设计分频时钟模块 1

设计分频时钟模块 1 的主要步骤包括：

(1) 在 Sources 窗口中，选择 Design Sources 文件夹，右击，出现浮动菜单。在浮动菜单内选择 Add Sources...。

(2) 出现 Add Sources-Add Sources 对话框界面。在该界面中，默认选择 Add or create design sources。

(3) 单击 Next 按钮。

(4) 出现 Add Sources-Add or Create Design Sources 对话框界面，在该界面中单击 Create File 按钮。

(5) 出现 Create Source File 对话框界面。在该界面中，File name 右侧的文本框中输入 divclk1(该名字为时钟分频器模块 1 的文件名 divclk1. v)。

(6) 单击 OK 按钮。

(7) 单击 Finish 按钮。

(8) 出现 Define Module 对话框界面，在该界面中按图 7.22 设置端口参数。

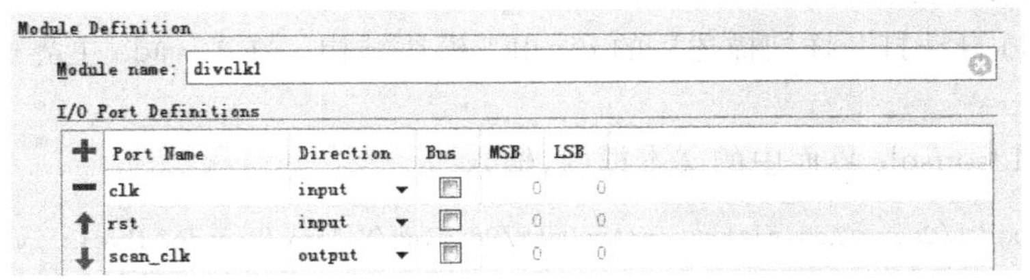

图 7.22 分频器模块 1 端口设置界面

(9) 单击 OK 按钮。

(10) 在 Sources 对话框中的 Design Sources 文件夹下，找到并双击 divclk1，打开 divclk1. v 文件，输入如下设计代码，如代码清单 7-8 所示。

代码清单 7-8 divclk1. v 文件

```
module divclk1(
    input clk,
```

```
        input rst,
        output reg scan_clk
        );
    reg [19:0] counter;

    always @(posedge clk or posedge rst)
    begin
    if(rst)
        counter <= 20'h00000;
    else
        if(counter == 20'h0f07f)
           begin
             counter <= 20'h00000;
             scan_clk <= ~scan_clk;
            end
         else
             counter <= counter + 1;
    end

    endmodule
```

(11) 保存该文件。

2. 生成分频器时钟模块1例化模板(*)

下面将生成分频器时钟模块1例化模板，并在顶层模块文件中添加分频器时钟模块1的例化代码。例化分频器时钟模块1的主要步骤包括：

注：读者可以不执行该过程，在top.v文件中直接输入分频器时钟模块1例化代码。

(1) 在Vivado Sources窗口中找到并选择divclk1.v文件，右击，出现浮动菜单。在浮动菜单中，选择Set As Top。

(2) 在Vivado主界面左侧的Flow Navigator窗口中，找到并展开RTL Analysis。在展开项中，单击Open Elaborated Design。

(3) 出现Elaborate Design对话框界面。

(4) 单击OK按钮。

(5) Vivado自动打开详细描述后的divclk1模块结构。在Vivado主界面工具栏中，单击TCL按钮。

(6) 在Tcl Console界面中的文本框内，输入

```
read_verilog C:/Users/Administrator/AppData/Roaming/Xilinx/Vivado/divclk1.v
```

(7) 按Enter按键，读取生成的divclk1.v模板。

(8) 在Vivado主界面的Sources窗口中，可以看到新生成了Non-module Files文件夹。在该文件夹中找到并双击divclk1.v，打开该例化模板，如代码清单7-9所示。

代码清单 7-9　divclk1.v 例化模板代码

```
divclk1 divclk1_inst (
    // Input Ports - Single Bit
    .clk        (clk),
    .rst        (rst),
```

```
    // Input Ports - Busses
    // Output Ports - Single Bit
    .scan_clk (scan_clk)
    // Output Ports - Busses
    // InOut Ports - Single Bit
    // InOut Ports - Busses
);
```

(9) 删除 Non-module Files 文件夹中的 divclk1.v 文件。

(10) 再次选择 top.v 文件，右击，出现浮动菜单。在浮动菜单内，选择 Set As Top，重新将 top.v 设置为顶层模块。

(11) 打开 top.v 文件，按代码清单 7-10 所示添加设计代码。

代码清单 7-10 top.v 文件

```
module top(
    input clk,
    input rst,
    output [3:0] counter
    );
wire div_clk;
wire scanclk;
divclk2 Inst_divclk2 (
    .clk(clk),
    .rst(rst),
    .div_clk(div_clk)
    );
divclk1 Inst_divclk1 (
    .clk(clk),
    .rst(rst),
    .scan_clk(scan_clk)
    );

counter4b Inst_counter4b(
    .clk(div_clk),
    .rst(rst),
    .counter(counter)
    );
endmodule
```

(12) 保存并关闭 top.v 文件。

7.4.5 设计七段数码管模块

本节将设计和实现在七段数码管上移动显示计数的结果，下面将详细介绍实现该设计的过程。

1. 设计七段数码管控制器模块

本节将添加七段数码管控制器模块，主要步骤包括：

(1) 在 Sources 窗口中，选择 Design Sources 文件夹，右击，出现浮动菜单。在浮动菜单内，选择 Add Sources...。

（2）出现 Add Sources-Add Sources 对话框界面，在该界面中默认选择 Add or create design sources。

（3）单击 Next 按钮。

（4）出现 Add Sources-Add or Create Design Sources 对话框界面，在该界面中单击 Create File 按钮。

（5）出现 Create Source File 对话框界面，在该界面中 File name 右侧的文本框中输入 seg7display（该名字为七段数码管控制器模块的文件名 seg7display.v）。

（6）单击 OK 按钮。

（7）单击 Finish 按钮。

（8）出现 Define Module（定义模块）对话框界面。如图 7.23 所示，输入端口参数。

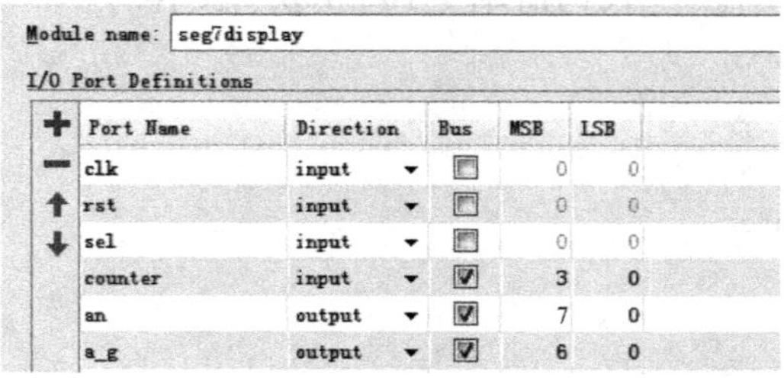

Module name: seg7display

I/O Port Definitions

Port Name	Direction	Bus	MSB	LSB
clk	input	☐	0	0
rst	input	☐	0	0
sel	input	☐	0	0
counter	input	☑	3	0
an	output	☑	7	0
a_g	output	☑	6	0

图 7.23　seg7display 模块端口设置界面

（9）单击 OK 按钮。

（10）在 Sources 对话框中的 Design Sources 文件夹下，找到并双击 seg7display，打开 seg7display.v 文件，按代码清单 7-11 所示输入设计代码。

代码清单 7-11　seg7display.v 文件

```
module seg7display(
    input clk,
    input rst,
    input sel,
    input [3:0] counter,
    output reg[7:0] an,
    output reg[6:0] a_g
    );
reg[2:0] counter1;
parameter N1 = 4;
parameter N2 = 8;
parameter data = 32'h12345678;
reg [N1 - 1 : 0] rom [N2 - 1 :0];
integer i;
function [6:0] seg7;
input [3:0] x;
begin
  case (x)
    0        : seg7 = 7'b0000001;
    1        : seg7 = 7'b1001111;
    2        : seg7 = 7'b0010010;
```

```
      3        : seg7 = 7'b0000110;
      4        : seg7 = 7'b1001100;
      5        : seg7 = 7'b0100100;
      6        : seg7 = 7'b0100000;
      7        : seg7 = 7'b0001111;
      8        : seg7 = 7'b0000000;
      9        : seg7 = 7'b0000100;
      'hA      : seg7 = 7'b0001000;
      'hB      : seg7 = 7'b1100000;
      'hC      : seg7 = 7'b0110001;
      'hD      : seg7 = 7'b1000010;
      'hE      : seg7 = 7'b0110000;
      'hF      : seg7 = 7'b0111000;
      default  : seg7 = 7'b0000001;
      endcase
    end
  endfunction
  initial
  begin
     counter1 = 2'b00;
     for(i = 0;i < N2;i = i + 1)
      rom[i] = data[(31 - 4 * i) - :4];
  end
  always @(posedge clk)
  begin
      counter1 <= counter1 + 1;
  end
  always @( * )
  case(counter1)
    3'b000   :
              begin
                   if(sel)
                      a_g = seg7(rom[0]);
                  else
                      a_g = seg7(counter % 13);
                      an = 8'b10000000;
               end
    3'b001   :
               begin
                  if(sel)
                      a_g = seg7(rom[1]);
                  else
                      a_g = seg7((counter + 1) % 13);
                      an = 8'b01000000;
               end
    3'b010   :
               begin
                  if(sel)
                      a_g = seg7(rom[2]);
                  else
                      a_g = seg7((counter + 2) % 13);
```

```
                    an = 8'b00100000;
      end
    3'b011    :
            begin
                  if(sel)
                    a_g = seg7(rom[3]);
                  else
                    a_g = seg7((counter + 3) % 13);
                    an = 8'b00010000;
            end
    3'b100    :
            begin
                   if(sel)
                     a_g = seg7(rom[4]);
                   else
                     a_g = seg7((counter + 4) % 13);
                     an = 8'b00001000;
            end
    3'b101    :
            begin
                    if(sel)
                      a_g = seg7(rom[5]);
                    else
                      a_g = seg7((counter + 5) % 13);
                      an = 8'b00000100;
             end
    3'b110    :
             begin
                    if(sel)
                      a_g = seg7(rom[6]);
                    else
                      a_g = seg7((counter + 6) % 13);
                      an = 8'b00000010;
              end
    3'b111    :
              begin
                     if(sel)
                       a_g = seg7(rom[7]);
                     else
                       a_g = seg7((counter + 7) % 13);
                       an = 8'b00000001;
              end

    default :
              begin
                       a_g = seg7(0);
                       an = 8'b00000000;
              end
endcase
endmodule
```

(11) 保存并关闭该文件。

思考与练习 7-4 分析该设计的原理以及实现方法。

2. 生成七段数码管控制器模块例化模板(*)

下面将生成七段数码管控制器例化模板,并且在顶层模块文件中添加七段数码管控制器例化代码。例化七段数码管控制器模块的主要步骤包括:

注: 读者可以不执行该过程,在 top.v 文件中直接输入七段数码管控制器模块例化代码。

(1) 在 Vivado Sources 窗口中,找到并选择 seg7display.v 文件,右击,出现浮动菜单。在浮动菜单中,选择 Set As Top。

(2) 在 Vivado 主界面左侧的 Flow Navigator 窗口中,找到并展开 RTL Analysis。在展开项中,单击 Open Elaborated Design。

(3) 出现 Elaborate Design 对话框界面。

(4) 单击 OK 按钮。

(5) Vivado 自动打开详细描述后的 seg7display 模块结构。在 Vivado 主界面工具栏中单击 TCL 按钮。

(6) 在 Tcl Console 界面中的文本框内,输入

```
read_verilog C:/Users/Administrator/AppData/Roaming/Xilinx/Vivado/seg7display.v
```

(7) 按 Enter 按键,读取生成的 seg7display.v 模板。

(8) 在 Vivado 主界面的 Sources 窗口中,可以看到新生成了 Non-module Files 文件夹。在该文件夹中找到并双击 seg7display.v,打开该例化模板,如代码清单 7-12 所示。

代码清单 7-12 seg7display.v 例化模板代码

```
seg7display seg7display_inst (
   // Input Ports - Single Bit
   .clk           (clk),
   .rst           (rst),
   .sel           (sel),
   // Input Ports - Busses
   .counter[3:0] (counter[3:0]),
   // Output Ports - Single Bit
   // Output Ports - Busses
   .a_g[6:0]      (a_g[6:0]),
   .an[7:0]       (an[7:0])
   // InOut Ports - Single Bit
   // InOut Ports - Busses
);
```

(9) 删除 Non-module Files 文件夹中的 seg7display.v 文件。

(10) 再次选择 top.v 文件,右击,出现浮动菜单。在浮动菜单内,选择 Set As Top,重新将 top.v 设置为顶层模块。

(11) 打开 top.v 文件,按照代码清单 7-13 所示添加设计代码。

代码清单 7-13 top.v 文件

```
module top(
```

```
    input clk,
    input rst,
    input sel,
    output [3:0] counter,
    output [7:0] an,
    output [6:0] a_g
    );
wire div_clk;
wire scan_clk;
divclk2 Inst_divclk2 (
    .clk(clk),
    .rst(rst),
    .div_clk(div_clk)
    );
divclk1 Inst_divclk1 (
    .clk(clk),
    .rst(rst),
    .scan_clk(scan_clk)
    );

counter4b Inst_counter4b(
    .clk(div_clk),
    .rst(rst),
    .counter(counter)
    );
seg7display Inst_seg7display (
    .clk(scan_clk),
    .rst(rst),
    .sel(sel),
    .counter(counter),
    .an(an),
    .a_g(a_g)
    );
endmodule
```

（12）保存并关闭 top. v 文件。

3. 添加 XDC 约束

下面将在 top. xdc 文件中添加引脚约束条件，主要步骤包括：

（1）在 Sources 窗口中，选中 top. v 文件。

（2）在 Vivado 左侧的 Flow Navigator 窗口中，找到并展开 Synthesis。在展开项中单击 Run Synthesis，Vivado 自动开始执行综合过程。

（3）出现 Synthesis Completed 对话框界面。在该界面中选中 Open Synthesized Design 前面的复选框。

（4）单击 OK 按钮。

（5）在 Vivado 主界面下面自动打开 I/O Ports 界面，如图 7.24 所示。在该界面中，为 a_g[6]～a_g[0]、an[7]～an[0]和 sel 添加引脚位置约束和电气特性约束。

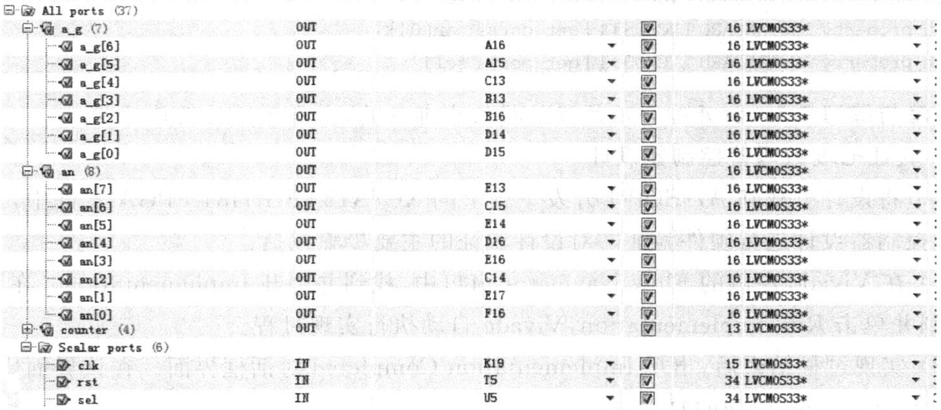

All ports (37)				
a_g (7)	OUT		☑	16 LVCMOS33*
a_g[6]	OUT	A16	☑	16 LVCMOS33*
a_g[5]	OUT	A15	☑	16 LVCMOS33*
a_g[4]	OUT	C13	☑	16 LVCMOS33*
a_g[3]	OUT	B13	☑	16 LVCMOS33*
a_g[2]	OUT	B16	☑	16 LVCMOS33*
a_g[1]	OUT	D14	☑	16 LVCMOS33*
a_g[0]	OUT	D15	☑	16 LVCMOS33*
an (8)	OUT		☑	16 LVCMOS33*
an[7]	OUT	E13	☑	16 LVCMOS33*
an[6]	OUT	C15	☑	16 LVCMOS33*
an[5]	OUT	E14	☑	16 LVCMOS33*
an[4]	OUT	D16	☑	16 LVCMOS33*
an[3]	OUT	E16	☑	16 LVCMOS33*
an[2]	OUT	C14	☑	16 LVCMOS33*
an[1]	OUT	E17	☑	16 LVCMOS33*
an[0]	OUT	F16	☑	16 LVCMOS33*
counter (4)	OUT		☑	13 LVCMOS33*
Scalar ports (6)				
clk	IN	K19	☑	15 LVCMOS33*
rst	IN	T5	☑	34 LVCMOS33*
sel	IN	U5	☑	34 LVCMOS33*

图 7.24 添加七段数码管控制器约束条件

(6) 按 Ctrl+S 按键，保存 top.xdc 文件，新添加的约束条件如代码清单 7-14 所示。

代码清单 7-14 top.xdc 文件新添加的约束条件

```
set_property IOSTANDARD LVCMOS33 [get_ports {a_g[6]}]
set_property IOSTANDARD LVCMOS33 [get_ports {a_g[5]}]
set_property IOSTANDARD LVCMOS33 [get_ports {a_g[4]}]
set_property IOSTANDARD LVCMOS33 [get_ports {a_g[3]}]
set_property IOSTANDARD LVCMOS33 [get_ports {a_g[2]}]
set_property IOSTANDARD LVCMOS33 [get_ports {a_g[1]}]
set_property IOSTANDARD LVCMOS33 [get_ports {a_g[0]}]
set_property PACKAGE_PIN A16 [get_ports {a_g[6]}]
set_property PACKAGE_PIN A15 [get_ports {a_g[5]}]
set_property PACKAGE_PIN C13 [get_ports {a_g[4]}]
set_property PACKAGE_PIN B13 [get_ports {a_g[3]}]
set_property PACKAGE_PIN B16 [get_ports {a_g[2]}]
set_property PACKAGE_PIN D14 [get_ports {a_g[1]}]
set_property PACKAGE_PIND15 [get_ports {a_g[0]}]
set_property PACKAGE_PIN E13 [get_ports {an[7]}]
set_property PACKAGE_PIN C15 [get_ports {an[6]}]
set_property PACKAGE_PIN E14 [get_ports {an[5]}]
set_property PACKAGE_PIN D16 [get_ports {an[4]}]
set_property PACKAGE_PIN E16 [get_ports {an[3]}]
set_property PACKAGE_PIN C14 [get_ports {an[2]}]
set_property PACKAGE_PIN E17 [get_ports {an[1]}]
set_property PACKAGE_PIN F16 [get_ports {an[0]}]
set_property PACKAGE_PIN U5 [get_ports sel]

set_property IOSTANDARD LVCMOS33 [get_ports {an[7]}]
set_property IOSTANDARD LVCMOS33 [get_ports {an[6]}]
set_property IOSTANDARD LVCMOS33 [get_ports {an[5]}]
set_property IOSTANDARD LVCMOS33 [get_ports {an[4]}]
set_property IOSTANDARD LVCMOS33 [get_ports {an[3]}]
set_property IOSTANDARD LVCMOS33 [get_ports {an[2]}]
```

```
set_property IOSTANDARD LVCMOS33 [get_ports {an[1]}]
set_property IOSTANDARD LVCMOS33 [get_ports {an[0]}]
set_property IOSTANDARD LVCMOS33 [get_ports sel]
```

思考与练习 7-5 打开综合后的设计模块内部结构，查看系统的设计结构。

4. 验证七段数码管控制器设计

本节将设计下载到 A7-EDP-1 开发平台上的 XC7A75TFGG484 FPGA 器件中，对七段数码管控制器设计进行硬件验证。对设计验证的主要步骤包括：

(1) 在 Vivado 左侧的 Flow Navigator 窗口中，找到并展开 Implementation。在展开项中，找到并单击 Run Implementation，Vivado 自动执行实现过程。

(2) 实现过程结束后，出现 Implementation Completed 对话框界面。在该界面中，选中 Generate Bitstream 前面的复选框。

(3) 单击 OK 按钮，Vivado 自动执行生成比特流的过程。

(4) 出现 Bitstream Generation Completed 对话框界面。在该界面中，选择 Open Hardware Manager 前面的复选框。

(5) 单击 OK 按钮。

(6) 单击 Open target，打开硬件配置界面，将比特流下载到 FPGA 中。

思考与练习 7-6 观察 A7-EDP-1 开发平台上七段数码管的变化情况是否满足设计要求。

7.4.6 设计和例化分频时钟模块 3

本节将添加分频时钟模块 3，并将该模块例化到顶层模块中。

1. 设计分频时钟模块 3

设计分频时钟模块 3 的主要步骤包括：

(1) 在 Sources 窗口中，选择 Design Sources 文件夹，右击，出现浮动菜单。在浮动菜单内，选择 Add Sources...。

(2) 出现 Add Sources-Add Sources 对话框界面。在该界面中默认选择 Add or create design sources。

(3) 单击 Next 按钮。

(4) 出现 Add Sources-Add or Create Design Sources 对话框界面。在该界面中，单击 Create File 按钮。

(5) 出现 Create Source File 对话框界面。在该界面中，File name 右侧的文本框中输入 divclk3（该名字为时钟分频器模块 3 的文件名 divclk3.v）。

(6) 单击 OK 按钮。

(7) 单击 Finish 按钮。

(8) 出现 Define Module 对话框界面。在该界面中，按图 7.25 设置端口参数。

(9) 单击 OK 按钮。

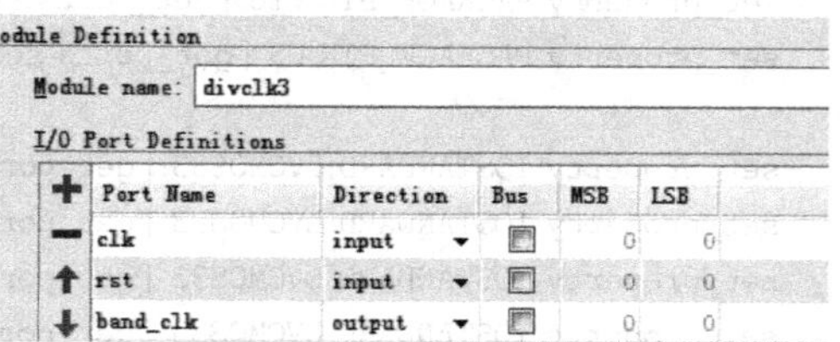

图 7.25 分频器模块 3 端口设置界面

(10) 在 Sources 对话框中的 Design Sources 文件夹下，找到并双击 divclk3，打开 divclk3.v 文件，输入如下设计代码，如代码清单 7-15 所示。

代码清单 7-15　divclk3.v 文件

```
module divclk3(
    input clk,
    input rst,
    output reg band_clk
    );
reg [23:0] counter;

always @(posedge clk or posedge rst)
begin
if(rst)
    counter <= 24'h000000;
else
    if(counter == 24'h001457)
       begin
         counter <= 24'h000000;
         band_clk <= ~band_clk;
       end
     else
        counter <= counter + 1;
end

endmodule
```

(11) 保存该文件。

2. 生成分频器时钟模块 3 例化模板(*)

下面将生成分频器时钟模块 3 例化模板，并且在顶层模块文件中添加分频器时钟模块 3 的例化代码。例化分频器时钟模块 3 的主要步骤包括：

注：读者可以不执行该过程，在 top.v 文件中直接输入分频器时钟模块 3 例化代码。

(1) 在 Vivado Sources 窗口中，找到并选择 divclk3.v 文件，右击，出现浮动菜单。在浮动菜单中，选择 Set As Top。

(2) 在 Vivado 主界面左侧的 Flow Navigator 窗口中，找到并展开 RTL Analysis。在展开项中，单击 Open Elaborated Design。

(3) 出现 Elaborate Design 对话框界面。

(4) 单击 OK 按钮。

(5) Vivado 自动打开详细描述后的 divclk3 模块结构。在 Vivado 主界面工具栏中单击 TCL 按钮。

(6) 在 Tcl Console 界面中的文本框内，输入

```
read_verilog C:/Users/Administrator/AppData/Roaming/Xilinx/Vivado/divclk3.v
```

(7) 按 Enter 按键，读取生成的 divclk3.v 模板。

(8) 在 Vivado 主界面的 Sources 窗口中，看到新生成了 Non-module Files 文件夹。在

该文件夹中找到并双击 divclk3. v，打开该例化模板，如代码清单 7-16 所示。

代码清单 7-16　divclk3. v 例化模板代码

```
divclk3 divclk3_inst (
   // Input Ports - Single Bit
   .clk       (clk),
   .rst       (rst),
   // Input Ports - Busses
   // Output Ports - Single Bit
   .band_clk (band_clk)
   // Output Ports - Busses
   // InOut Ports - Single Bit
   // InOut Ports - Busses
);
```

（9）删除 Non-module Files 文件夹中的 divclk3. v 文件。

（10）再次选择 top. v 文件，右击，出现浮动菜单。在浮动菜单内选择 Set As Top，重新将 top. v 设置为顶层模块。

（11）打开 top. v 文件，按代码清单 7-17 所示添加设计代码。

代码清单 7-17　top. v 文件

```
module top(
     input clk,
     input rst,
     input sel,
     output [3:0] counter,
     output [7:0] an,
     output [6:0] a_g
     );
wire div_clk;
wire scan_clk;
wire band_clk;
divclk2 Inst_divclk2 (
     .clk(clk),
     .rst(rst),
     .div_clk(div_clk)
     );
divclk1 Inst_divclk1 (
     .clk(clk),
     .rst(rst),
     .scan_clk(scan_clk)
     );
div3 Inst_divclk3 (
     .clk(clk),
     .rst(rst),
     .band_clk(band_clk)
     );
counter4b Inst_counter4b(
     .clk(div_clk),
     .rst(rst),
     .counter(counter)
     );
```

```
seg7display Inst_seg7display (
    .clk(scan_clk),
    .rst(rst),
    .sel(sel),
    .counter(counter),
    .an(an),
    .a_g(a_g)
    );
endmodule
```

(12) 保存并关闭 top.v 文件。

(13) 再次将 top.v 设置为顶层模块。

7.4.7 设计和例化通用异步收发器模块

本节将设计通用异步收发器模块,并以 9600bps 的波特率将计数值显示到串口终端,下面详细介绍设计过程。

1. 设计通用异步收发器模块

设计通用异步收发器模块的主要步骤包括:

(1) 在 Sources 窗口中,选择 Design Sources 文件夹,右击,出现浮动菜单。在浮动菜单内,选择 Add Sources...。

(2) 出现 Add Sources-Add Sources 对话框界面。在该界面中默认选择 Add or create design sources。

(3) 单击 Next 按钮。

(4) 出现 Add Sources-Add or Create Design Sources 对话框界面。在该界面中,单击 Create File 按钮。

(5) 出现 Create Source File 对话框界面。在该界面中,File name 右侧的文本框中输入 uart(该名字为通用异步收发器模块的文件名 uart.v)。

(6) 单击 OK 按钮。

(7) 单击 Finish 按钮。

(8) 出现 Define Module 对话框界面。在该界面中,按图 7.26 所示设置端口参数。

(9) 单击 OK 按钮。

(10) 在 Sources 对话框中的 Design Sources 文件夹下,找到并双击 uart,打开 uart.v 文件,按如下输入设计代码,如代码清单 7-18 所示。

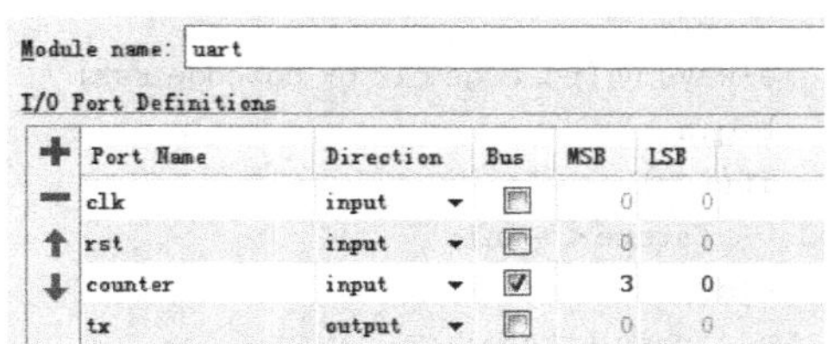

图 7.26 uart 模块端口设置界面

代码清单 7-18 uart.v 文件

```
module uart(
    input clk,
    input rst,
    input [3:0] counter,
    output reg tx
    );
```

```
reg[1:0] state;
reg[3:0] counter_tmp;
reg[7:0] counter_tmp_1;
integer con;
parameter ini = 2'b00,ready = 2'b01,trans = 2'b10, finish = 2'b11;

function [7:0] tran_data;
input [3:0] a;
begin
  case(a)
    4'b0000 :   tran_data = 8'h30;   //0
    4'b0001 :   tran_data = 8'h31;   //1
    4'b0010 :   tran_data = 8'h32;   //2
    4'b0011 :   tran_data = 8'h33;   //3
    4'b0100 :   tran_data = 8'h34;   //4
    4'b0101 :   tran_data = 8'h35;   //5
    4'b0110 :   tran_data = 8'h36;   //6
    4'b0111 :   tran_data = 8'h37;   //7
    4'b1000 :   tran_data = 8'h38;   //8
    4'b1001 :   tran_data = 8'h39;   //9
    4'b1010 :   tran_data = 8'h41;   //A
    4'b1011 :   tran_data = 8'h42;   //b
    4'b1100 :   tran_data = 8'h43;   //c
    4'b1101 :   tran_data = 8'h44;   //d
    4'b1110 :   tran_data = 8'h45;   //e
    4'b1111 :   tran_data = 8'h46;   //f
    default :tran_data = 8'h00;   //off
  endcase
end
endfunction

initial
begin
  con = 0;
end

always @(posedge clk or posedge rst)
begin
if(rst)
    state <= ini;
else
    case (state)
       ini     :
                 begin
                      counter_tmp <= counter;
                      counter_tmp_1 <= tran_data(counter);
                      con <= 0;
                      state <= ready;
                 end
        ready   :
                begin
                      tx <= 1'b0;
                      state <= trans;
```

```
            end
        trans   :
            begin
                con<=con+1;
                tx<=counter_tmp_1[con];
                if(con==7)
                    state<=finish;
                else
                    state<=trans;
                end
        finish :
                begin
                tx<=1'b1;
                if(counter==counter_tmp)
                    state<=finish;
                else
                    state<=ini;
                end
    endcase
end
endmodule
```

(11) 保存 uart.v 文件。

2. 生成通用异步收发器模块例化模板(*)

本节将生成通用异步收发器模块例化模板,并且在顶层模块文件中添加通用异步收发器模块的例化代码。例化通用异步收发器模块的主要步骤包括:

注:读者可以不执行该过程,在 top.v 文件中直接输入通用异步收发器模块的例化代码。

(1) 在 Vivado Sources 窗口中,找到并选择 uart.v 文件,右击,出现浮动菜单。在浮动菜单中,选择 Set As Top。

(2) 在 Vivado 主界面左侧的 Flow Navigator 窗口中,找到并展开 RTL Analysis。在展开项中单击 Open Elaborated Design。

(3) 出现 Elaborate Design 对话框界面。

(4) 单击 OK 按钮。

(5) Vivado 自动打开详细描述后的 uart 模块结构。在 Vivado 主界面工具栏中,单击 TCL 按钮。

(6) 在 Tcl Console 界面中的文本框内,输入

```
read_verilog C:/Users/Administrator/AppData/Roaming/Xilinx/Vivado/uart.v
```

(7) 按 Enter 按键,读取生成的 uart.v 模板。

(8) 在 Vivado 主界面的 Sources 窗口中,可以看到新生成了 Non-module Files 文件夹。在该文件夹中找到并双击 uart.v,打开该例化模板,如代码清单 7-19 所示。

代码清单 7-19 uart.v 例化模板代码

```
uart uart_inst (
```

```
        // Input Ports - Single Bit
        .clk           (clk),
        .rst           (rst),
        // Input Ports - Busses
        .counter[3:0] (counter[3:0]),
        // Output Ports - Single Bit
        .tx            (tx)
        // Output Ports - Busses
        // InOut Ports - Single Bit
        // InOut Ports - Busses
    );
```

(9) 删除 Non-module Files 文件夹中的 uart.v 文件。

(10) 再次选择 top.v 文件，右击，出现浮动菜单。在浮动菜单内选择 Set As Top，重新将 top.v 设置为顶层模块。

(11) 打开 top.v 文件，如代码清单 7-20 所示，添加 uart 例化代码。

代码清单 7-20 top.v 文件

```
module top(
    input clk,
    input rst,
     input sel,
    output [3:0] counter,
     output [3:0] an,
     output [6:0] a_g,
     output tx
    );
wire div_clk;
wire scan_clk;
wire band_clk;
divclk2 Inst_divclk2 (
    .clk(clk),
    .rst(rst),
    .div_clk(div_clk)
    );
divclk1 Inst_divclk1 (
    .clk(clk),
    .rst(rst),
    .scan_clk(scan_clk)
    );
divclk3 Inst_div3 (
    .clk(clk),
    .rst(rst),
    .band_clk(band_clk)
    );
counter4b Inst_counter4b(
    .clk(div_clk),
    .rst(rst),
    .counter(counter)
    );
seg7display Inst_seg7display (
    .clk(scan_clk),
```

```
        .rst(rst),
        .sel(sel),
        .counter(counter),
        .an(an),
        .a_g(a_g)
        );
    uart Inst_uart (
        .clk(band_clk),
        .rst(rst),
        .counter(counter),
        .tx(tx)
        );
    endmodule
```

(12) 保存并关闭 top.v 文件。

3. 添加 XDC 约束

本节将在 top.xdc 文件中添加引脚约束条件。添加引脚约束的主要步骤包括:

(1) 在 Sources 窗口中,选中 top.v 文件。

(2) 在 Vivado 左侧的 Flow Navigator 窗口中,找到并展开 Synthesis。在展开项中,单击 Run Synthesis,Vivado 自动开始执行综合过程。

(3) 出现 Synthesis Completed 对话框界面。在该界面中,选中 Open Synthesized Design 前面的复选框。

(4) 单击 OK 按钮。

(5) 在 Vivado 主界面下面自动打开 I/O Ports 界面,如图 7.27 所示。在该界面中,为 tx 添加引脚位置约束和电气特性约束。

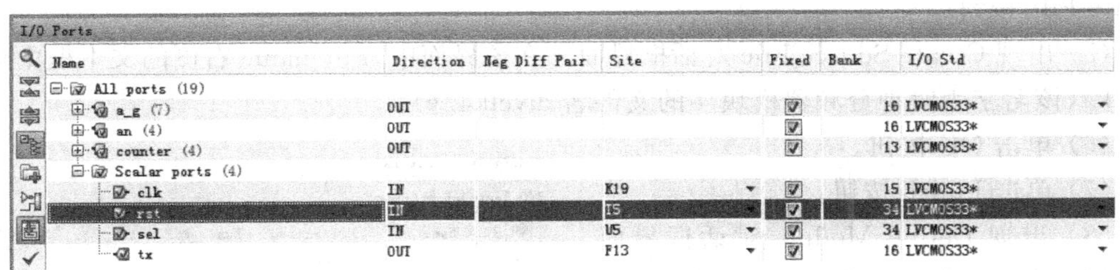

图 7.27 添加 tx 约束条件

(6) 按 Ctrl+S 按键,将约束条件保存到 top.xdc 文件中。

(7) 退出约束编辑器界面。

4. 验证通用异步收发器设计

下面将设计下载到 A7-EDP-1 开发平台上的 XC7A75TFGG484 FPGA 器件中,对通用异步收发器设计进行硬件验证。对设计验证的主要步骤包括:

(1) 在 Vivado 左侧的 Flow Navigator 窗口中,找到并展开 Implementation。在展开项中,找到并单击 Run Implementation,Vivado 自动执行实现过程。

(2) 实现过程结束后,出现 Implementation Completed 对话框界面。在该界面中,选中 Generate Bitstream 前面的复选框。

(3) 单击 OK 按钮,Vivado 自动执行生成比特流的过程。

（4）出现 Bitstream Generation Completed 对话框界面。在该界面中，选择 Open Hardware Manager 前面的复选框。

（5）单击 OK 按钮。

（6）单击 Open target，打开硬件配置界面，将比特流下载到 FPGA 中。

注：（1）需要将 A7-EDP-1 开发平台上的 USB-UART 串口与 PC/笔记本计算机的 USB 接口连接，并安装驱动程序（计算机 Windows 系统一般会自动安装）。

（2）在 PC/笔记本计算机上安装并打开串口调试工具。在串口调试工具中，将数据位设置为 8 位、一个停止位、无奇偶校验、波特率为 9600bps。

思考与练习 7-7 在 PC/笔记本计算机的串口调试工具中，观察接收到的数据是否满足设计要求。

7.4.8 设计和例化分频时钟模块 4

本节将添加分频时钟模块 4，并将该模块例化到顶层模块中。

1. 设计分频时钟模块 4

设计分频时钟模块 4 的主要步骤包括：

（1）在 Sources 窗口中，选择 Design Sources 文件夹，右击，出现浮动菜单。在浮动菜单内，选择 Add Sources...。

（2）出现 Add Sources-Add Sources 对话框界面。在该界面中默认选择 Add or create design sources。

（3）单击 Next 按钮。

（4）出现 Add Sources-Add or Create Design Sources 对话框界面。在该界面中单击 Create File 按钮。

（5）出现 Create Source File 对话框界面。在该界面中，File name 右侧的文本框中输入 divclk4（该名字为时钟分频器模块 4 的文件名 divclk4. v）。

（6）单击 OK 按钮。

（7）单击 Finish 按钮。

（8）出现 Define Module 对话框界面。在该界面中，按图 7.28 设置端口参数。

（9）单击 OK 按钮。

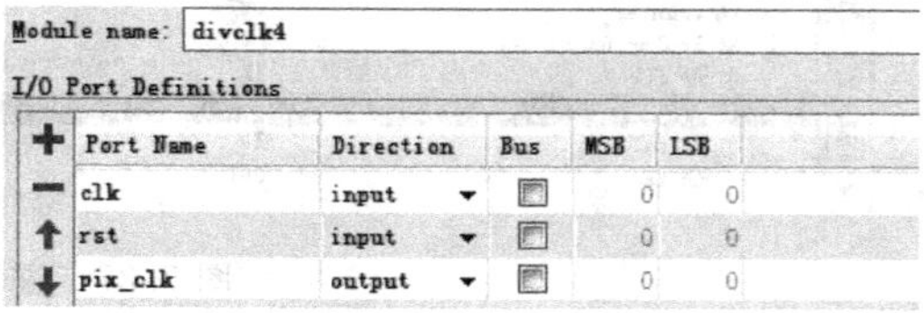

（10）在 Sources 对话框中的 Design Sources 文件夹下，找到并双击 divclk4，打开 divclk4. v 文件，输入如下设计代码，如代码清单 7-21 所示。

Module name: divclk4

I/O Port Definitions

Port Name	Direction	Bus	MSB	LSB
clk	input	☐	0	0
rst	input	☐	0	0
pix_clk	output	☐	0	0

图 7.28 分频时钟模块 4 端口设置界面

代码清单 7-21 divclk4. v 文件

```
module divclk4(
    input clk,
    input rst,
    output reg pix_clk
    );
reg clk1;
always @(posedge clk or posedge rst)
begin
```

```
if(rst)
   clk1 <= 1'b0;
else
   clk1 <= ~clk1;
end

always @(posedge clk1 or posedge rst)
begin
if(rst)
   pix_clk <= 1'b0;
else
   pix_clk <= ~pix_clk;
end
endmodule
```

(11) 保存该文件。

2. 生成分频器时钟模块4例化模板(*)

本节将生成分频器时钟模块4例化模板,并且在顶层模块文件中添加分频器时钟模块4的例化代码。例化分频器时钟模块4的主要步骤包括:

注: 读者可以不执行该过程,在top.v文件中直接输入分频器时钟模块4例化代码。

(1) 在Vivado Sources窗口中,找到并选择divclk4.v文件,右击,出现浮动菜单。在浮动菜单中选择Set As Top。

(2) 在Vivado主界面左侧的Flow Navigator窗口中,找到并展开RTL Analysis。在展开项中单击Open Elaborated Design。

(3) 出现Elaborate Design对话框界面。

(4) 单击OK按钮。

(5) Vivado自动打开详细描述后的divclk4模块结构。在Vivado主界面工具栏中单击 TCL 按钮。

(6) 在Tcl Console界面中的文本框内,输入

```
read_verilog C:/Users/Administrator/AppData/Roaming/Xilinx/Vivado/divclk4.v
```

(7) 按Enter按键,读取生成的divclk4.v模板。

(8) 在Vivado主界面的Sources窗口中,可以看到新生成了Non-module Files文件夹。在该文件夹中找到并双击divclk4.v,打开该例化模板,如代码清单7-22所示。

代码清单7-22 divclk4.v例化模板代码

```
divclk4 divclk4_inst (
    // Input Ports - Single Bit
    .clk      (clk),
    .rst      (rst),
    // Input Ports - Busses
    // Output Ports - Single Bit
    .pix_clk (pix_clk)
    // Output Ports - Busses
    // InOut Ports - Single Bit
    // InOut Ports - Busses
);
```

（9）删除 Non-module Files 文件夹中的 divclk4. v 文件。

（10）再次选择 top. v 文件，右击，出现浮动菜单。在浮动菜单内选择 Set As Top，重新将 top. v 设置为顶层模块。

（11）打开 top. v 文件，按代码清单 7-23 所示添加设计代码。

代码清单 7-23 top. v 文件

```
module top(
    input clk,
    input rst,
    input sel,
    output [3:0] counter,
    output [7:0] an,
    output [6:0] a_g,
    output tx
    );
wire div_clk;
wire scan_clk;
wire band_clk;
wire pix_clk;
divclk2 Inst_divclk2 (
    .clk(clk),
    .rst(rst),
    .div_clk(div_clk)
    );
divclk1 Inst_divclk1 (
    .clk(clk),
    .rst(rst),
    .scan_clk(scan_clk)
    );
div3 Inst_divclk3 (
    .clk(clk),
    .rst(rst),
    .band_clk(band_clk)
    );
divclk4 Inst_divclk4 (
    .clk(clk),
    .rst(rst),
    .pix_clk(pix_clk)
    );

counter4b Inst_counter4b(
    .clk(div_clk),
    .rst(rst),
    .counter(counter)
    );
seg7display Inst_seg7display (
    .clk(scan_clk),
    .rst(rst),
```

```
    .sel(sel),
    .counter(counter),
    .an(an),
    .a_g(a_g)
    );
uart Inst_uart (
    .clk(band_clk),
    .rst(rst),
    .counter(counter),
    .tx(tx)
    );
endmodule
```

(12) 保存并关闭 top. v 文件。

7.4.9 设计和例化 VGA 控制器模块

本节将添加 VGA 控制器模块，并将该模块例化到顶层模块中。

1. 设计 VGA 控制器模块

设计 VGA 控制器模块的主要步骤包括：

(1) 在 Sources 窗口中，选择 Design Sources 文件夹，右击，出现浮动菜单。在浮动菜单内，选择 Add Sources...。

(2) 出现 Add Sources-Add Sources 对话框界面。在该界面中默认选择 Add or create design sources。

(3) 单击 Next 按钮。

(4) 出现 Add Sources-Add or Create Design Sources 对话框界面。在该界面中，单击 Create File 按钮。

(5) 出现 Create Source File 对话框界面。在该界面中，File name 右侧的文本框中输入 vga(该名字为 VGA 控制器模块的文件名 vga. v)。

(6) 单击 OK 按钮。

(7) 单击 Finish 按钮。

(8) 出现 Define Module 对话框界面。在该界面中，按图 7.29 所示，设置端口参数。

(9) 单击 OK 按钮。

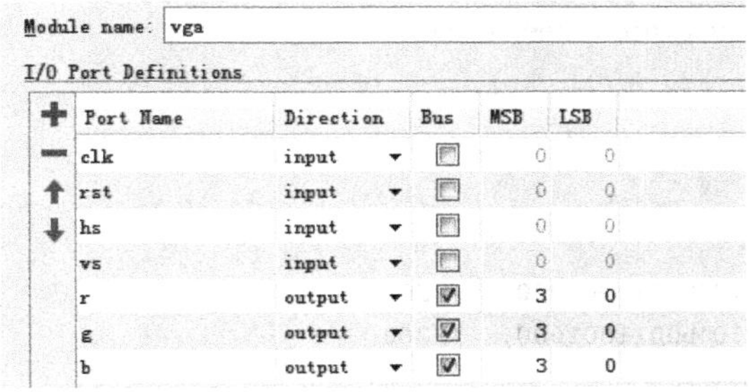

Module name: vga

I/O Port Definitions

Port Name	Direction	Bus	MSB	LSB
clk	input	☐	0	0
rst	input	☐	0	0
hs	input	☐	0	0
vs	input	☐	0	0
r	output	☑	3	0
g	output	☑	3	0
b	output	☑	3	0

图 7.29 VGA 控制器模块端口设置界面

(10) 在 Sources 对话框中的 Design Sources 文件夹下，找到并双击 vga，打开 vga. v 文件，输入如下设计代码，如代码清单 7-24 所示。

代码清单 7-24　vga. v 文件

```
module vga(
    input clk,
    input clk1,
    input rst,
    output reg hs,
    output reg vs,
    output [3:0] r,
    output [3:0] g,
    output [3:0] b
    );
//maximum value for the horizontal pixel counter
parameter HMAX = 10'b1100100000;     // 800
//maximum value for the vertical pixel counter
parameter VMAX = 10'b1000001101;     // 525
//total number of visible columns
parameter HLINES = 10'b1010000000; // 640
// value for the horizontal counter where front porch ends
parameter HFP = 10'b1010010000;      // 648
//value for the horizontal counter where the synch pulse ends
parameter HSP = 10'b1011110000;      // 744
//total number of visible lines
parameter VLINES = 10'b0111100000; // 480
// value for the vertical counter where the front porch ends
parameter VFP = 10'b0111101010;      // 482
//value for the vertical counter where the synch pulse ends
parameter VSP = 10'b0111101100;      //484
//polarity of the horizontal and vertical synch pulse
// only one polarity used, because for this resolution they coincide.
parameter SPP = 1'b0;

// horizontal and vertical counters
reg [9:0] hcounter = 10'b0000000000;
reg [9:0] vcounter = 10'b0000000000;

// active when inside visible screen area.
wire video_enable ;
reg vidon;
reg [12:0] color;
reg [9:0] x_zone;
reg [9:0] y_zone;
reg [9:0] x_center = 10'b0011001000;   //200
reg [9:0] y_center = 10'b0011001000;   //200
assign r = color[11:8];
assign g = color[7:4];
assign b = color[3:0];
// increment horizontal counter at pixel_clk rate
```

```
// until HMAX is reached, then reset and keep counting
always @ (posedge clk1)
begin
if(x_center <= 400)
    x_center <= x_center + 10;
else
    x_center <= 200;
end
always @ (posedge clk1)
begin
if(y_center <= 400)
    y_center <= y_center + 10;
else
    y_center <= 200;
end
always @(posedge clk or posedge rst)
begin
if(rst)
    hcounter <= 10'b0000000000;
else
   if(hcounter  ==  HMAX)
       hcounter <= 10'b0000000000;
    else
       hcounter <=  hcounter + 1;
end

//increment vertical counter when one line is finished
//(horizontal counter reached HMAX)
//until VMAX is reached, then reset and keep counting
always @(posedge clk or posedge rst)
begin
if(rst)
    vcounter <= 10'b0000000000;
else
     if(hcounter  ==  HMAX)
        if(vcounter  ==  VMAX)
            vcounter <= 10'b0000000000;
        else
            vcounter <=  vcounter  +  1;
end
//The HS is active (with polarity SPP) for a total of 96 pixels.
always@(posedge clk)
begin
  if((hcounter >=  HFP) && (hcounter < HSP))
        hs <= SPP;
  else
        hs <= ~SPP;
end

// The VS is active (with polarity SPP) for a total of 2 video lines
//  =  2 * HMAX  =  1600 pixels.
```

```
always@(posedge clk)
begin
  if((vcounter >= VFP) && (vcounter < VSP))
            vs <= SPP;
  else
            vs <= ~SPP;
end

//enable video output when pixel is in visible area
assign video_enable = ((hcounter < HLINES) && (vcounter < VLINES))? 1'b1: 1'b0;
always@(posedge clk)
begin
  vidon <= ~video_enable;
end

always @(hcounter)
begin
if(hcounter <= x_center)
     x_zone = x_center - hcounter;
else
     x_zone = hcounter - x_center;
end

always@(vcounter)
begin
if(vcounter <= y_center)
     y_zone = y_center - vcounter;
else
     y_zone = vcounter - y_center;
end

always @(*)
begin
if(vidon == 1'b0)
  if((x_zone * x_zone + y_zone * y_zone)<= 10000)
    color = 12'b110000000000;
  else
    color = 12'b000111000000;
else
    color = 12'b000000000000;
end

endmodule
```

(11) 保存该文件。

思考与练习 7-8 仔细分析该设计，说明在 VGA 实现画圆的方法。

思考与练习 7-9 仔细分析该设计，说明在 VGA 上实现对角线移动的方法。

2. 生成 VGA 控制器模块例化模板(*)

本节将生成 VGA 控制器模块例化模板，并且在顶层模块文件中添加 VGA 控制器模块的例化代码。例化 VGA 控制器例化模板的主要步骤包括：

注：读者可以不执行该过程，在 top. v 文件中直接输入 vga 控制器模块的例化代码。

(1) 在 Vivado Sources 窗口中，找到并选择 vga. v 文件，右击，出现浮动菜单。在浮动菜单中，选择 Set As Top。

(2) 在 Vivado 主界面左侧的 Flow Navigator 窗口中，找到并展开 RTL Analysis。在展开项中，单击 Open Elaborated Design。

(3) 出现 Elaborate Design 对话框界面。

(4) 单击 OK 按钮。

(5) Vivado 自动打开详细描述后的 vga 模块结构。在 Vivado 主界面工具栏中，单击 TCL 按钮。

(6) 在 Tcl Console 界面中的文本框内，输入

```
read_verilog C:/Users/Administrator/AppData/Roaming/Xilinx/Vivado/vga.v
```

(7) 按 Enter 按键，读取生成的 vga. v 模板。

(8) 在 Vivado 主界面的 Sources 窗口中，可以看到新生成了 Non-module Files 文件夹。在该文件夹中找到并双击 vga. v，打开该例化模板，如代码清单 7-25 所示。

代码清单 7-25　vga. v 例化模板代码

```
vga vga_inst (
   // Input Ports - Single Bit
   .clk     (clk),
   .clk1    (clk1),
   .rst     (rst),
   // Input Ports - Busses
   // Output Ports - Single Bit
   .hs      (hs),
   .vs      (vs),
   // Output Ports - Busses
   .b[3:0] (b[3:0]),
   .g[3:0] (g[3:0]),
   .r[3:0] (r[3:0])
   // InOut Ports - Single Bit
   // InOut Ports - Busses
);
```

(9) 删除 Non-module Files 文件夹中的 vga. v 文件。

(10) 再次选择 top. v 文件，右击，出现浮动菜单。在浮动菜单内，选择 Set As Top，重新将 top. v 设置为顶层模块。

(11) 打开 top. v 文件，按代码清单 7-26 所示添加设计代码。

代码清单 7-26　top. v 文件

```
module top(
      input clk,
      input rst,
      input sel,
      output [3:0] counter,
```

```
            output [7:0] an,
            output [6:0] a_g,
            output tx,
            output hs,
            output vs,
            output [3:0] r,
            output [3:0] g,
            output [3:0] b
        );
    wire div_clk;
    wire scan_clk;
    wire band_clk;
    wire pix_clk;
    divclk2 Inst_divclk2 (
        .clk(clk),
        .rst(rst),
        .div_clk(div_clk)
        );
    divclk1 Inst_divclk1 (
        .clk(clk),
        .rst(rst),
        .scan_clk(scan_clk)
        );
    div3 Inst_divclk3 (
        .clk(clk),
        .rst(rst),
        .band_clk(band_clk)
        );
    divclk4 Inst_divclk4 (
        .clk(clk),
        .rst(rst),
        .pix_clk(pix_clk)
        );

    counter4b Inst_counter4b(
        .clk(div_clk),
        .rst(rst),
        .counter(counter)
        );
    seg7display Inst_seg7display (
        .clk(scan_clk),
        .rst(rst),
        .sel(sel),
        .counter(counter),
        .an(an),
        .a_g(a_g)
        );
    uart Inst_uart (
        .clk(band_clk),
        .rst(rst),
        .counter(counter),
```

```
        .tx(tx)
        );
    vga Inst_vga(
    .clk(pix_clk),
    .clk1(div_clk),
        .rst(rst),
        .hs(hs),
        .vs(vs),
        .r(r),
        .g(g),
        .b(b)
        );
    endmodule
```

(12) 保存并关闭 top.v 文件。

3. 添加 XDC 约束

本节将在 top.xdc 文件中添加引脚约束条件,添加引脚约束的主要步骤包括:

(1) 在 Sources 窗口中,选中 top.v 文件。

(2) 在 Vivado 左侧的 Flow Navigator 窗口中找到并展开 Synthesis。在展开项中,单击 Run Synthesis。Vivado 自动开始执行综合过程。

(3) 出现 Synthesis Completed 对话框界面。在该界面中,选中 Open Synthesized Design 前面的复选框。

(4) 单击 OK 按钮。

(5) 在 Vivado 主界面下面自动打开 I/O Ports 界面,如图 7.30 所示。在该界面中为 hs、vs、r、g、b 添加引脚位置约束和电气特性约束。

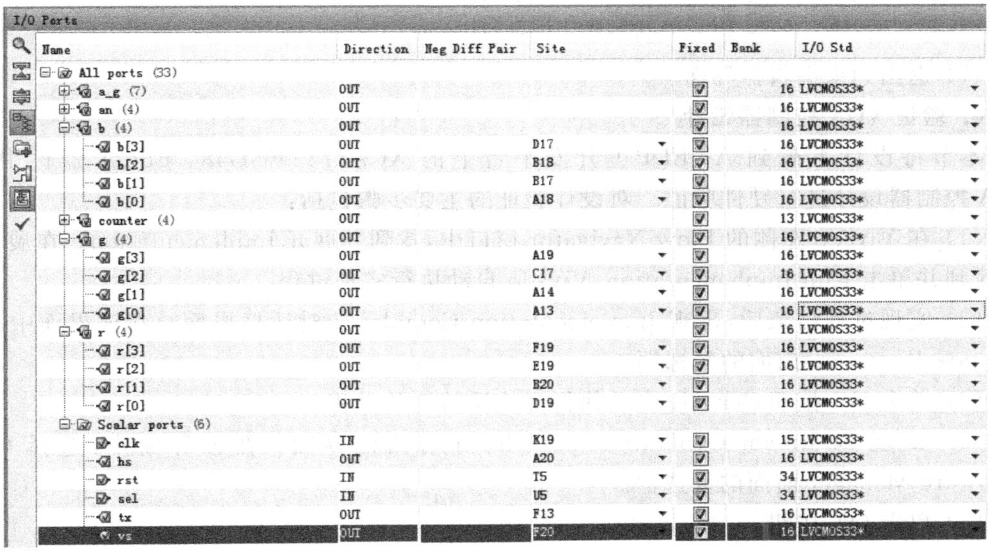

I/O Ports

Name	Direction	Neg Diff Pair	Site	Fixed	Bank	I/O Std
All ports (33)						
a_g (7)	OUT			☑	16	LVCMOS33*
an (4)	OUT			☑	16	LVCMOS33*
b (4)	OUT			☑	16	LVCMOS33*
b[3]	OUT		D17	☑	16	LVCMOS33*
b[2]	OUT		B18	☑	16	LVCMOS33*
b[1]	OUT		B17	☑	16	LVCMOS33*
b[0]	OUT		A18	☑	16	LVCMOS33*
counter (4)	OUT			☑	13	LVCMOS33*
g (4)	OUT			☑	16	LVCMOS33*
g[3]	OUT		A19	☑	16	LVCMOS33*
g[2]	OUT		C17	☑	16	LVCMOS33*
g[1]	OUT		A14	☑	16	LVCMOS33*
g[0]	OUT		A13	☑	16	LVCMOS33*
r (4)	OUT			☑	16	LVCMOS33*
r[3]	OUT		F19	☑	16	LVCMOS33*
r[2]	OUT		E19	☑	16	LVCMOS33*
r[1]	OUT		B20	☑	16	LVCMOS33*
r[0]	OUT		D19	☑	16	LVCMOS33*
Scalar ports (6)						
clk	IN		K19	☑	15	LVCMOS33*
hs	OUT		A20	☑	16	LVCMOS33*
rst	IN		T5	☑	34	LVCMOS33*
sel	IN		U5	☑	34	LVCMOS33*
tx	OUT		F13	☑	16	LVCMOS33*
vs	OUT		F20	☑	16	LVCMOS33*

图 7.30 添加 vga 控制器引脚约束条件

(6) 按 Ctrl+S 按键,将约束条件保存到 top.xdc 文件中,如代码清单 7-27 所示。

代码清单 7-27　top. xdc 文件（新加）

```
set_property IOSTANDARD LVCMOS33 [get_ports hs]
set_property IOSTANDARD LVCMOS25 [get_ports vs]
set_property PACKAGE_PIN A20 [get_ports hs]
set_property PACKAGE_PIN F20 [get_ports vs]
set_property IOSTANDARD LVCMOS33 [get_ports {b[3]}]
set_property IOSTANDARD LVCMOS33 [get_ports {b[2]}]
set_property IOSTANDARD LVCMOS33 [get_ports {b[1]}]
set_property IOSTANDARD LVCMOS33 [get_ports {b[0]}]
set_property IOSTANDARD LVCMOS33 [get_ports {g[3]}]
set_property IOSTANDARD LVCMOS33 [get_ports {g[2]}]
set_property IOSTANDARD LVCMOS33 [get_ports {g[1]}]
set_property IOSTANDARD LVCMOS33 [get_ports {g[0]}]
set_property IOSTANDARD LVCMOS33 [get_ports {r[3]}]
set_property IOSTANDARD LVCMOS33 [get_ports {r[2]}]
set_property IOSTANDARD LVCMOS33 [get_ports {r[1]}]
set_property IOSTANDARD LVCMOS33 [get_ports {r[0]}]
set_property PACKAGE_PIN D19 [get_ports {r[0]}]
set_property PACKAGE_PIN B20 [get_ports {r[1]}]
set_property PACKAGE_PIN E19 [get_ports {r[2]}]
set_property PACKAGE_PIN F19 [get_ports {r[3]}]
set_property PACKAGE_PIN A18 [get_ports {b[0]}]
set_property PACKAGE_PIN B17 [get_ports {b[1]}]
set_property PACKAGE_PIN B18 [get_ports {b[2]}]
set_property PACKAGE_PIN D17 [get_ports {b[3]}]
set_property PACKAGE_PIN A13 [get_ports {g[0]}]
set_property PACKAGE_PIN A14 [get_ports {g[1]}]
set_property PACKAGE_PIN C17 [get_ports {g[2]}]
set_property PACKAGE_PIN A19 [get_ports {g[3]}]
```

（7）退出约束编辑器界面。

4. 验证 VGA 控制器设计

本节将设计下载到 A7-EDP-1 开发平台上的 XC7A75TFGG484 FPGA 器件中，对 VGA 控制器设计进行硬件验证。对设计验证的主要步骤包括：

（1）在 Vivado 左侧的 Flow Navigator 窗口中，找到并展开 Implementation。在展开项中，找到并单击 Run Implementation，Vivado 自动执行实现过程。

（2）实现过程结束后，出现 Implementation Completed 对话框界面。在该界面中选中 Generate Bitstream 前面的复选框。

（3）单击 OK 按钮，Vivado 自动执行生成比特流的过程。

（4）出现 Bitstream Generation Completed 对话框界面。在该界面中，选择 Open Hardware Manager 前面的复选框。

（5）单击 OK 按钮。

（6）单击 Open target，打开硬件配置界面，将比特流下载到 FPGA 中。

注：将 A7-EDP-1 开发平台上的 VGA 接口与 VGA 显示器进行连接，并打开 VGA 显示器。

第8章 CHAPTER 8 创建和封装用户IP设计与实现

本章介绍通过Vivado集成开发环境内所提供的IP核封装器工具(IP Packager)实现用户IP的定制,并通过调用用户IP对用户定制IP进行验证。内容包括Vivado定制IP流程导论、封装用户定义IP核设计流程、调用用户自定义IP实现流程、系统行为级仿真、系统设计综合以及系统实现和验证。

通过本章内容的学习,读者掌握封装用户自定义IP核和调用IP核的设计流程,体会Vivado集成开发环境基于IP的设计思想。

8.1 Vivado定制IP流程导论

Vivado设计套件为设计者提供了一个以IP为中心的设计流程,以帮助设计者快速将自己的设计和算法转换成可重用的IP。Vivado IP目录是一个统一的IP容器,它为以IP为中心的设计流程提供设计模板,如图8.1所示。

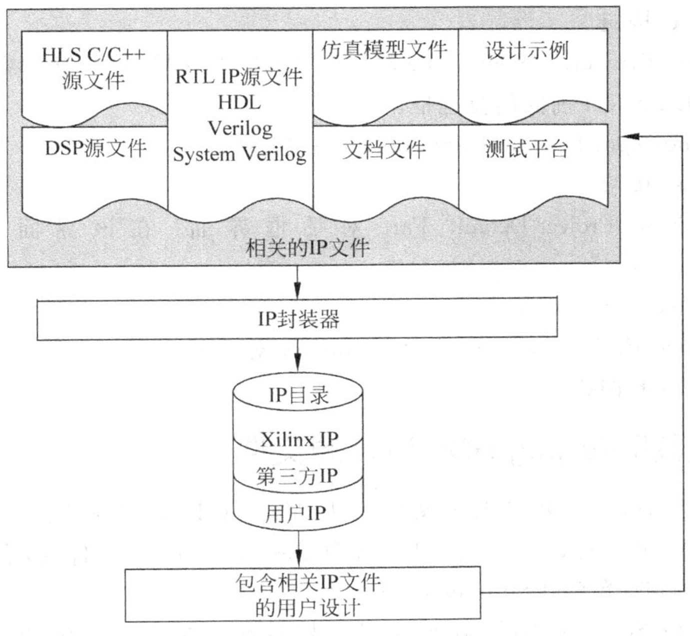

图8.1 Vivado设计套件IP设计流程

这个目录将来自下面的IP统一到一个环境中，这些IP包括Xilinx的IP、第三方的IP和用于重用IP的终端用户的设计。

基于IP-XACT标准，Vivado IP封装器工具提供了独一无二的“重用”特性。IP封装器为Vivado的用户提供了一种能力，即将设计流程任意阶段的一个设计进行封装，然后将该IP作为一个系统级的IP使用。

8.2 封装用户定义IP核设计流程

本节将详细介绍封装IP核的过程，内容包括建立新的设计工程、设置定制IP的库名和目录、封装定制IP的实现。

8.2.1 创建新的封装IP设计工程

本节将创建一个新的工程，在该工程中创建并封装一个新的IP。创建新工程的主要步骤包括：

(1) 启动Vivado 2015.4集成开发环境。

(2) 在Vivado主界面的Quick Start标签栏下，单击Create New Project图标按钮；或者在Vivado主界面主菜单下选择File→New Project命令。

(3) 出现New Project-Create a New Vivado Project对话框。

(4) 单击Next按钮。

(5) 出现New Project-Project Name对话框界面。在该界面中设置参数如下：

① Project name：IPI。

② Project location：E:\eda_verilog。

③ 选中Create project subdirectory复选框。

(6) 单击Next按钮。

(7) 出现New Project-Project Type对话框界面。在该界面中，设置参数如下：

① 选中RTL Project前面的复选框。

② 选中Do not specify sources at this time复选框。

(8) 单击Next按钮。

(9) 出现New Project-Default Part对话框界面。在该界面中，选择器件：xc7a75tfgg484-1。

(10) 单击Next按钮。

(11) 出现New Project-New Project Summary对话框。

(12) 单击Finish按钮。

8.2.2 添加Verilog HDL设计源文件

本节将添加Verilog HDL设计源文件，添加Verilog HDL源文件的主要步骤包括：

(1) 在Vivado主界面Sources窗口下选中Design Sources文件夹，右击，出现浮动菜单。在浮动菜单内，选择Add Sources选项。

(2) 出现Add Sources-Add Sources对话框界面。在该界面中选中Add or create

design sources 复选框。

(3) 单击 Next 按钮。

(4) 出现 Add or Create Design Sources 对话框界面。在该界面中单击 Create File 按钮。

(5) 出现 Create Source File 对话框界面。在 File name 右侧的文本框中输入 logic。

(6) 可以看到在 Add Sources-Add or Create Design Sources 对话框中，添加了 logic. v 文件。

(7) 单击 Finish 按钮。

(8) 出现 Define Module 对话框。在该界面中，如图 8.2 所示，输入端口参数。

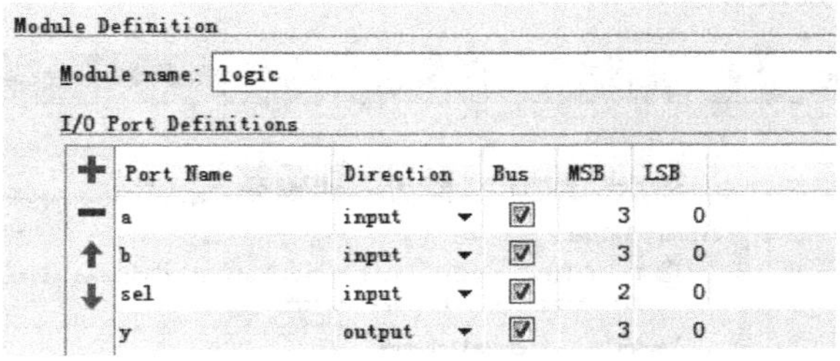

Module Definition

Module name: logic

I/O Port Definitions

Port Name	Direction	Bus	MSB	LSB
a	input	☑	3	0
b	input	☑	3	0
sel	input	☑	2	0
y	output	☑	3	0

图 8.2　logic 模块的端口参数设置对话框

(9) 单击 OK 按钮。

(10) 可以看到在 Vivado 主界面 Sources 窗口的 Design Sources 文件夹下，新添加了 logic. v 文件。

(11) 双击 logic. v 打开该文件，在该文件中，按代码清单 8-1 所示，添加设计代码。

代码清单 8-1　logic. v 文件

```
module logic(
    input [3:0] a,
    input [3:0] b,
    input [2:0] sel,
    outputreg [3:0] y
    );
parameter DELAY = 3;
always @( * )
case (sel)
3'b000  :  y = #DELAY (a & b);
3'b001  :  y = #DELAY ~(a & b);
3'b010  :  y = #DELAY (a | b);
3'b011  :  y = #DELAY ~(a | b);
3'b100  :  y = #DELAY (a ^ b);
default :  y = #DELAY (a ^~ b);
endcase
endmodule
```

(12) 按 Ctrl＋S 键保存该文件。

8.2.3　设置定制 IP 的库名和目录

本节将设置库名和目录。设置库名和目录的主要步骤包括：

（1）在 Vivado 当前工程主界面左侧 Flow Navigator 窗口中，展开 Project Manager 选项。在展开项中，单击 Project Settings 选项。

（2）出现 Project Settings 对话框界面，如图 8.3 所示。在该对话框界面左侧窗口中，选择并单击 IP 图标。在该对话框右侧窗口中，选择 Packager 标签。在该标签窗口中，按下面参数设置：

① Vendor：gpnewtech. com。

② Library：HEBIN。

③ Category：HEBIN_LIB。

④ 其余按默认参数设置。

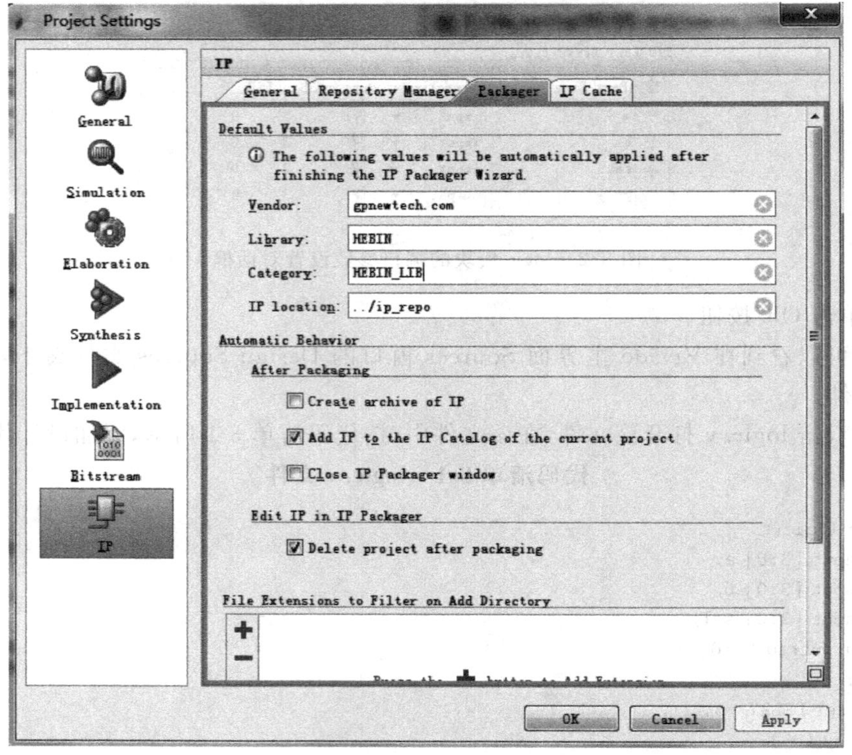

图 8.3　IP 标签窗口

（3）单击 OK 按钮，退出 Project Settings 对话框界面。

8.2.4　封装定制 IP 的实现

本节将 logic. v 文件封装为用户自定义的 IP。封装用户 IP 的主要步骤包括：

（1）在 Vivado 当前工程主界面主菜单下，选择 Tools→Create and Package IP...。

（2）出现 Create and Package New IP-Create and Package IP 对话框界面。

（3）单击 Next 按钮。

（4）出现 Create and Package New IP-Create Peripheral，Package IP or Package a Block Design 对话框界面。在该界面中选中 Package your current project 前面的复选框。

（5）单击 Next 按钮。

（6）出现 Create and Package New IP-Package Your Current Project 对话框界面。在该界面中按默认参数设置。默认 IP 路径为

```
E:/eda_verilog/IPI/IPI.srcs/sources_1/new
```

（7）单击 Next 按钮。

（8）出现 Create and Package New IP-New IP Creation 对话框界面。

（9）单击 Finish 按钮。

（10）在 Vivado 主界面右侧窗口中，出现 Package IP 标签界面，如图 8.4 所示。

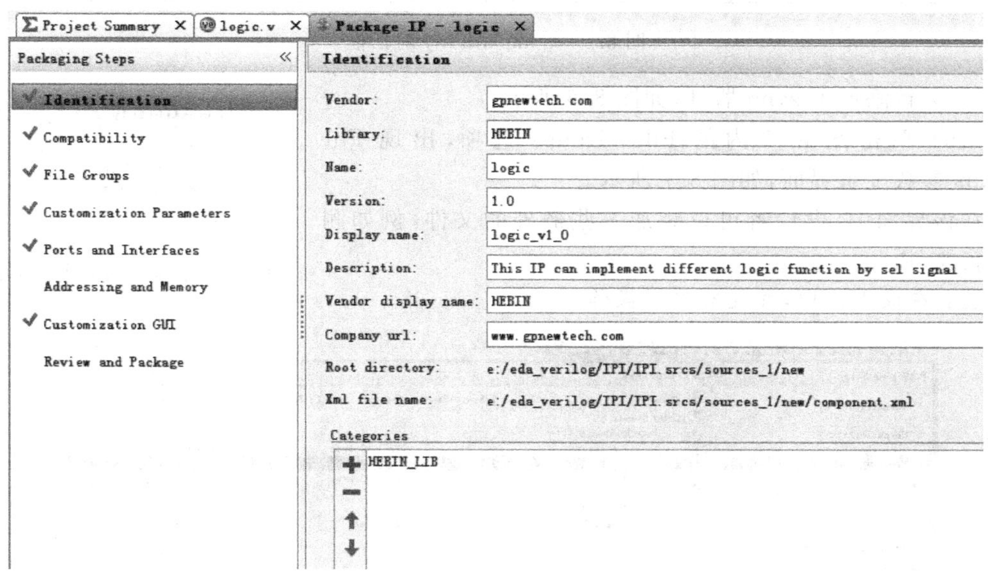

图 8.4　Identification 对话框

在该界面中，设置参数如下：

① Library：HEBIN（与前面声明的库名称一致）。

② Display name：logic。

③ Description：This IP can implement different logic function by sel signal。

④ Vendor display name：HEBIN。

⑤ company url：www.gpnewtech.com。

⑥ 其余按默认参数设置。

（11）在图 8.4 左侧窗口中，选择 Compatibility 选项。

（12）出现 Compatibility 参数配置界面，如图 8.5 所示。该配置界面用于确认该 IP 所支持 FPGA 的类型。在该设计中，除了 artix7 器件外，还可以添加 zynq 器件等。在该界面中，右击，出现浮动菜单。在浮动菜单内，选择 Add Family 选项。

（13）出现 Choose Family Support-Pre-Production 对话框界面。在该界面中，选中 zynq 前面的复选框，该选项表示该 IP 也支持 zynq 器件。

（14）单击 OK 按钮。

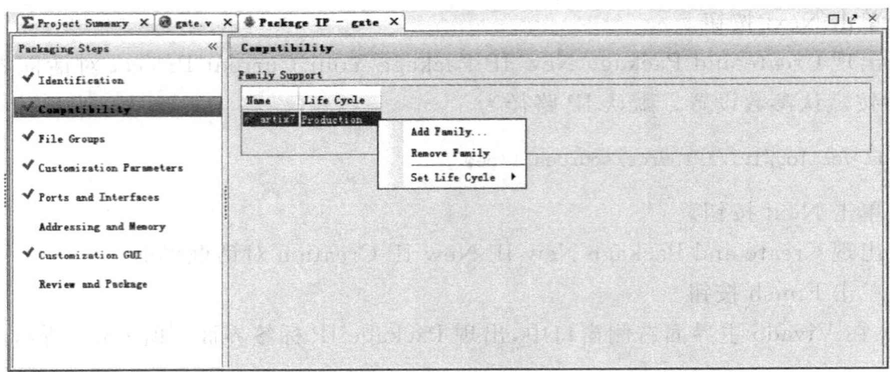

图 8.5　Compatibility 对话框

(15) 新添加了 zynq 器件，如图 8.6 所示。

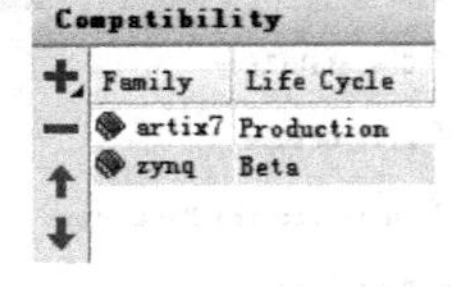

图 8.6　添加了新的支持器件

(16) 单击图 8.5 内的 File Groups 选项，出现 File Groups 参数配置界面，如图 8.7 所示。

在该界面中，设计者可以添加一些额外的文件，例如测试平台文件。

注：在该设计中，并没有这样操作。

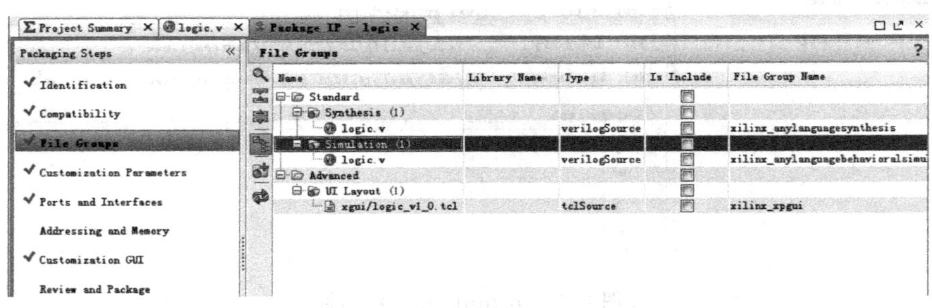

图 8.7　File Groups 对话框

(17) 单击图 8.7 界面左侧窗口内的 Customization Parameters 选项。出现 Customization Parameters 参数配置界面，如图 8.8 所示。从图中可以看出，Vivado 工具从 logic.v 文件中提取了参数 DELAY。

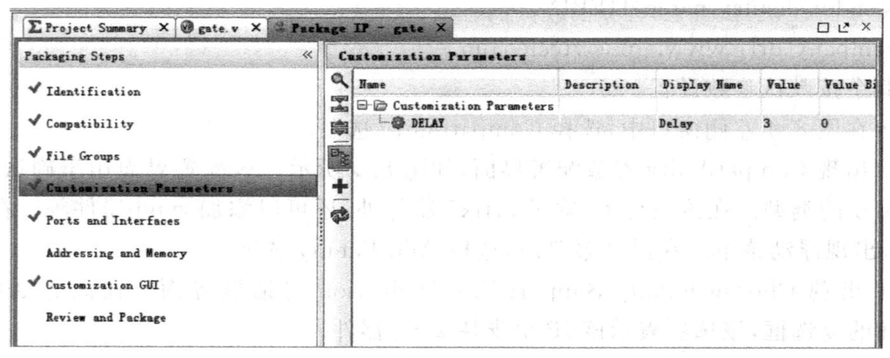

图 8.8　Customization Parameters 对话框

(18) 双击图中 Delay 一行，出现 Edit IP Parameter 对话框界面，如图 8.9 所示。

注：读者也可以选择 Delay 一行，右击，出现浮动菜单。在浮动菜单内，选择 Edit Parameter 选项。

① Visiable in Customization GUI 复选框，确定在配置 IP 核界面中，是否显示参数 DELAY。当选中时，显示；否则，不显示。

② Format 下拉框用于确定值的数据格式，选项有 long、float、bool、bitstring 和 string。

注：读者可以通过右侧下拉框修改数据格式的值。

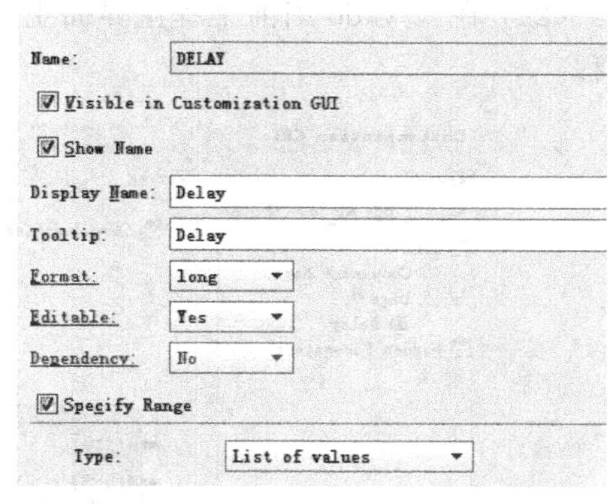

图 8.9　Edit IP Parameter 对话框

③ Editable 下拉框用于确定是否可以修改 DELAY 的值，选项有 Yes、No 和 Dependent。

注：读者可以通过右侧下拉框修改数据格式的值。

④ Specify Range 复选框用于确定是否有范围限制。当选中前面的复选框时，有范围限制；否则，没有范围限制。

注：在该设计中，选中 Specify Range 复选框。

⑤ Type 在下拉框，选择 List of values。

注：该选项表示 DELAY 的取值为有限个。

Should the value be restricted? 该选项用于确定其值是不是有限制？在该设计中，选择 Yes，表示 Delay 可选的值是有限个。

⑥ 在 Type 下面的界面中单击 ✚ 按钮。在 List of values 下面新出现名字为 value 的一行，单击 value，将其改为 3。按照该方法，再输入 5、7、9 三个数。图 8.10 给出输入完四个值后的界面。

注：该设置表示 Delay 的值只有 3、5、7、9 四个值。

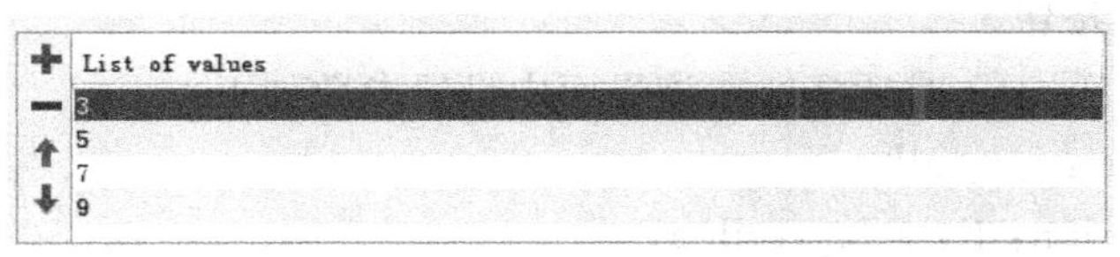

图 8.10　设置有限个值对话框

(19) 单击 OK 按钮。

(20) 单击图 8.8 界面中的 Customization GUI 选项，出现 Customization GUI 界面，如图 8.11 所示。该界面给出了输入/输出端口以及带有默认值的参数选项。

(21) 单击图 8.8 界面中的 Review and Package 选项。在 Review and Package 界面中单击 Package IP 按钮。

(22) 出现 Package IP-Finished packaging successfully 对话框，提示封装 IP 成功。

(23) 单击 OK 按钮。

（24）在 Vivado 当前工程主界面主菜单下，选择 File→Close Project 命令，关闭当前的工程。

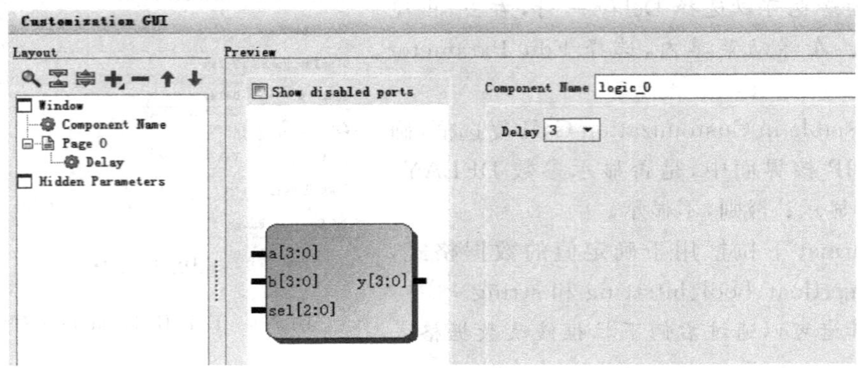

图 8.11　Customization GUI 对话框

8.3　调用用户自定义 IP 实现流程

本节将调用用户自定义 IP 核实现流程，内容包括创建新的调用 IP 工程、设置包含调用 IP 的路径以及创建基于 IP 的系统。

8.3.1　创建新的调用 IP 工程

本节将创建一个新的工程，并在该工程中调用一个新的 IP。创建新工程的主要步骤包括：

（1）启动 Vivado 2015.4 集成开发环境。

（2）在 Vivado 主界面的 Quick Start 标签栏，单击 Create New Project 图标按钮；或者在 Vivado 主界面主菜单下，选择 File→New Project 命令。

（3）出现 New Project-Create a New Vivado Project 对话框。

（4）单击 Next 按钮。

（5）出现 New Project 对话框。在该界面中设置参数如下：

① Project name：ipi_call。

② Project location：E:\eda_verilog。

③ 选中 Create project subdirectory 前面的复选框。

（6）单击 Next 按钮。

（7）出现 New Project-Project Type 对话框。在该界面中，设置参数如下：

① 选中 RTL Project 前面的复选框；

② 选中 Do not specify sources at this time 选项。

（8）单击 Next 按钮。

（9）出现 New Project-Default Part 对话框。在该界面中，选择器件 xc7a75tfgg484-1。

（10）单击 Next 按钮。

（11）出现 New Project-New Project Summary 对话框。

(12) 单击 Finish 按钮。

8.3.2 设置包含调用 IP 的路径

本节将设置库名和目录。设置包含调用 IP 路径的主要步骤包括：

(1) 在 Vivado 当前工程主界面左侧 Flow Navigator 窗口中，展开 Project Manager 选项。在展开项中，单击 Project Settings 选项。

(2) 出现 Project Settings 对话框。在该对话框界面左侧窗口中，选择并单击 IP 图标；在该对话框界面右侧的 IP 窗口中，选择 Repository Manager 标签，在标签界面中，单击 ➕ 按钮。

(3) 出现 IP Repositories 对话框。在该界面中，将 Directory 指向下面的路径

```
E:\eda_verilog\IPI
```

(4) 单击 Select 按钮。

(5) 出现 Add Repository 对话框。

(6) 单击 OK 按钮。

(7) 可以看到在 IP Repositories 标题栏下面的窗口中，新添加了 IP 的路径。

(8) 单击 OK 按钮，退出 Project Settings 对话框。

8.3.3 创建基于 IP 的系统

本节将创建基于用户定制 IP 的块设计。创建基于 IP 块设计的主要步骤包括：

(1) 在 Vivado 当前工程主界面左侧的 Flow Navigator 窗口中，找到并展开 IP Integrator 选项。在展开项中，单击 Create Block Design 选项。

(2) 出现 Create Block Design 对话框。在该界面中，在 Design name 右侧的文本框中输入 design_1。

(3) 单击 OK 按钮。

(4) 在 Vivado 当前工程主界面右侧窗口中出现名字为 Diagram 的空白设计界面。在该设计界面中单击按钮。

(5) 出现 IP 目录对话框。在该界面 Search 右侧的文本框中输入 logic，在下方列表中，找到并单击 logic_v1_0。

(6) 可以看到在 Diagram 设计界面中，新添加了名字为 logic_0 的块符号，如图 8.12 所示。

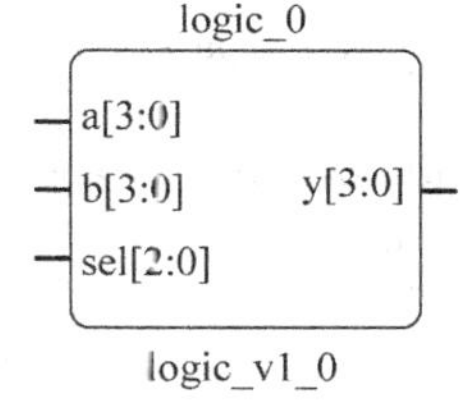

图 8.12 新添加名字为 logic_0 的块符号

(7) 双击该块符号，出现 Re-customize IP 对话框。在该界面中，将 Delay 值改为 5。

(8) 单击 OK 按钮。

(9) 在名字为 logic_0 的 IP 端口 a[3:0]的引出线上右击，出现浮动菜单。在浮动菜单内，选择 Make External 选项。

(10) 在名字为 logic_0 的 IP 端口 b[3:0]的引出线上右击，出现浮动菜单。在浮动菜单内，选择 Make External 选项。

(11) 在名字为 logic_0 的 IP 端口 sel[2:0]的引出线上右击，出现浮动菜单。在浮动菜

单内，选择 Make External 选项。

(12) 在名字为 logic_0 的 IP 端口 y[3:0]的引出线上右击，出现浮动菜单。在浮动菜单内，选择 Make External 选项。

引出外部端口后的设计界面，如图 8.13 所示。

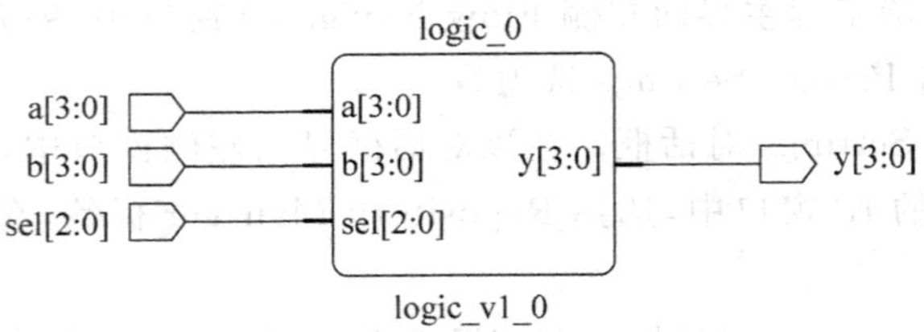

图 8.13 logic_0 IP 核引出端口后的设计界面

(13) 保存该设计界面。

(14) 按 F6 按键进行设计有效性检查。

(15) 出现 Validate Design 对话框。在该界面中，提示通过设计有效性检查。

(16) 单击 OK 按钮。

(17) 在 Vivado 的 Sources 窗口，找到并选择 design_1. bd 文件，右击，出现浮动菜单。在浮动菜单内，选择 Generate Output Products 选项。

(18) 出现 Generate Output Products 对话框。在该界面中使用默认选项。

(19) 单击 Generate 按钮。

(20) 出现 Generate Output Products 对话框。在该界面中，提示成功信息。

(21) 单击 OK 按钮。

(22) 在 Vivado 的 Sources 窗口下，找到并选择 design_1. bd 文件，右击，出现浮动菜单。在浮动菜单内选择 Create HDL Wrapper 选项。

(23) 出现 Create HDL Wrapper 对话框。在该界面中，选中 Let Vivado manage wrapper and auto-update 复选框。

(24) 单击 OK 按钮。

生成的 designer_1_wrapper. v 文件，如代码清单 8-2 所示。

代码清单 8-2 designer_1_wrapper. v 文件

```
'timescale 1 ps / 1 ps

module design_1_wrapper
   (a,
    b,
    sel,
    y);
input [3:0]a;
input [3:0]b;
input [2:0]sel;
output [3:0]y;

wire [3:0]a;
```

```
wire [3:0]b;
wire [2:0]sel;
wire [3:0]y;

design_1 design_1_i
       (.a(a),
        .b(b),
        .sel(sel),
        .y(y));
endmodule
```

8.4　系统行为级仿真

本节将添加行为仿真测试文件,并对该系统进行行为级的仿真。添加测试文件并执行行为仿真的主要步骤包括:

(1) 在 Vivado 当前工程界面的 Source 窗口下,选中 Simulation Sources 文件夹,右击,出现浮动菜单。在浮动菜单内,选择 Add Sources 选项。

(2) 出现 Add Sources-Add Sources 对话框,默认选中 Add or create simulation sources 复选框。

(3) 单击 Next 按钮。

(4) 出现 Add Sources-Add or Create Simulation Sources 对话框,单击 Create Files 按钮。

(5) 出现 Create Source File 对话框,在 File name 右侧的文本框输入 test。

(6) 单击 OK 按钮。

(7) 返回 Add Sources-Add or Create Simulation Sources 对话框,单击 Finish 按钮。

(8) 出现 Define Module 对话框。

(9) 单击 Cancel 按钮。

(10) 出现 Define Module 对话框。

(11) 单击 Yes 按钮。

(12) 在 Sources 窗口展开 Simulation Sources 文件夹。在 Simulation Sources 展开项中,找到并展开 sim_1 文件夹。在 Sim_1 展开项中,找到并展开 Non-module Files 文件夹。在 Non-module Files 展开项中,找到并双击 test. v,打开该文件。在该文件中,输入以下代码,如代码清单 8-3 所示。

代码清单 8-3　test. v 文件

```
'timescale 1ns/1ps

module test;
reg [3:0] a;
reg [3:0] b;
reg [2:0] sel;
wire [3:0] y;
design_1_wrapperuut(
```

```
        .a(a),
        .b(b),
        .sel(sel),
        .y(y)
        );
integer i;
integer j;
integer k;
always
begin
for (i = 0;i <= 5;i = i + 1)
  for(j = 0;j <= 15;j = j + 1)
    for(k = 0;k <= 15;k = k + 1)
        begin
          a = k;
          b = j;
          sel = i;
          #10;
        end
end
endmodule
```

(13) 按 Ctrl＋S 键，保存该文件。

思考与练习 8-1 分析 test.v 文件，理解和掌握仿真测试文件的编写方法。

(14) 在 Vivado 主界面左侧窗口中，展开 Simulation。在展开项中，单击 Run Simulation，出现浮动菜单。在浮动菜单内，选择 Run Behavioral Simulation 选项。

仿真后的波形，如图 8.14 所示。

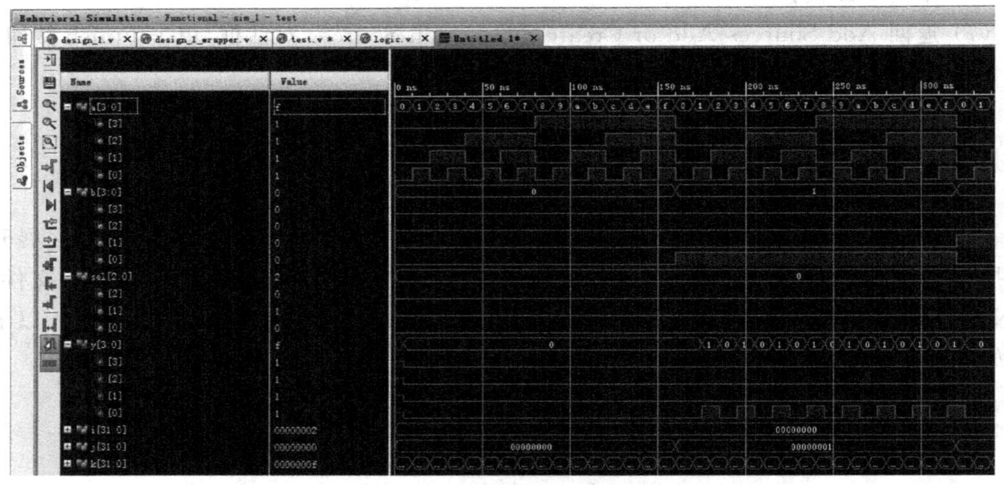

图 8.14 行为仿真后的波形界面

思考与练习 8-2 从波形窗口界面中看到逻辑输入 a 和 b 的变化需要 5ns 后，才能反映到输出 z[5:0]，请说明原因。

提示：查看 logic.v 设计文件中的 DELAY 参数，并且在构建系统时，将 Delay 的值从 3 改成 5。

8.5　系统设计综合

本节将对设计进行综合，并对综合后的结果进行分析。设计综合的主要步骤包括：

（1）在 Vivado 当前工程主界面左侧的 Flow Navigator 窗口中，找到并展开 Synthesis 选项。在展开项中，选择并单击 Run Synthesis，启动综合过程。

（2）综合完成后，打开综合后的原理图界面，如图 8.15 所示。

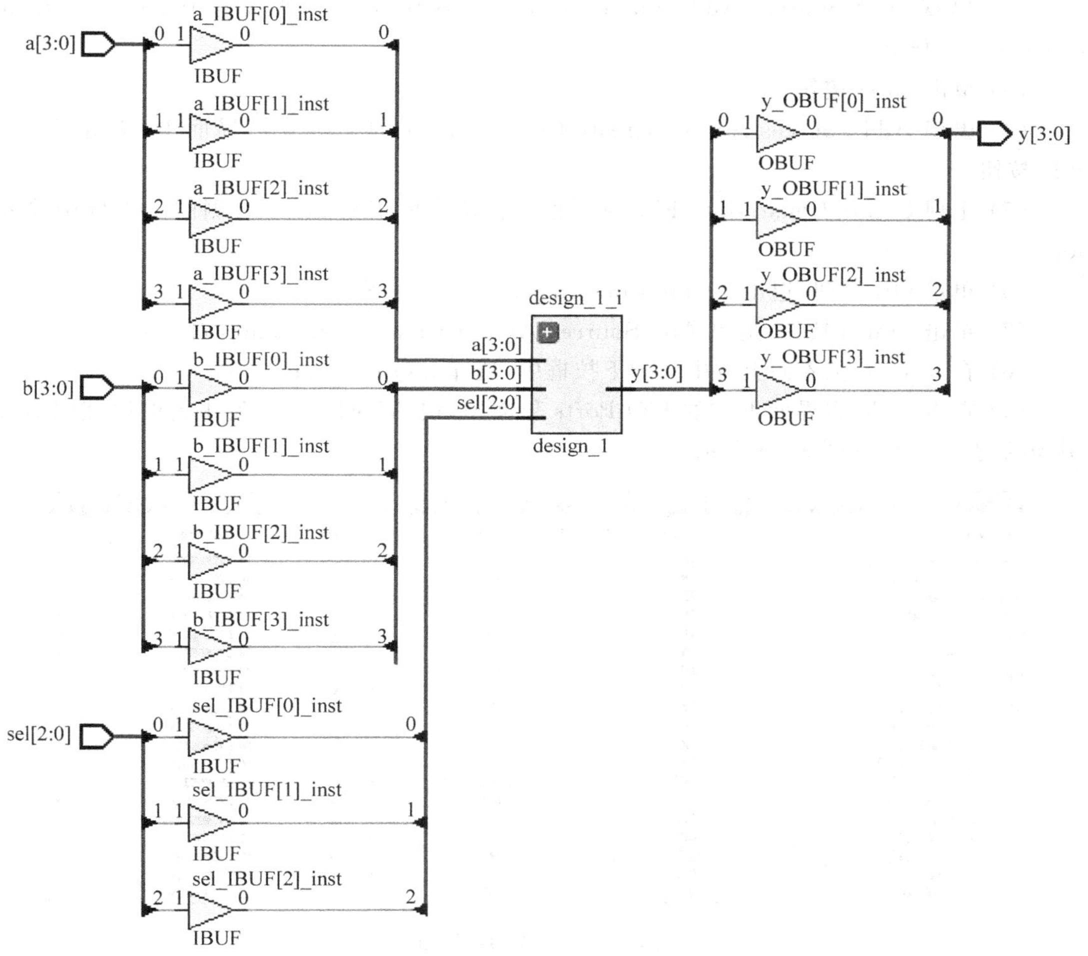

图 8.15　综合后的原理图

思考与练习 8-3　查看图 8.15，分析将 logic 封装为 IP 后整个系统的组成结构。

提示：名字为 logic 的 IP 以黑盒的形式出现。

思考与练习 8-4　双击 design_1_i 块图符号，查看该 IP 核的内部结构。

8.6 系统实现和验证

本节将修改系统约束文件并对该系统进行验证。修改系统约束文件并对系统进行验证的主要步骤包括：

(1) 在 Vivado 当前工程主界面的 Sources 窗口中，找到并展开 Constaints 文件，右击，出现浮动菜单。在浮动菜单内，选择 Add Sources 选项。

(2) 出现 Add Sources-Add Sources 对话框。在该界面中默认选中 Add or create constraints 复选框。

(3) 单击 Next 按钮。

(4) 出现 Add Sources-Add or Create Constraints 对话框。在该界面中，单击 Create File 按钮。

(5) 出现 Create Constraints File 对话框。在该界面 File name 右侧的文本框中输入 logic。

(6) 单击 OK 按钮，退出 Create Constraints File 对话框。

(7) 单击 Finish 按钮，退出 Add Sources-Add or Create Constraints 对话框。

(8) 在 Vivado 主界面上方中间的下拉框中，选择 I/O Planning 选项。

(9) 在 Vivado 主界面下方的 I/O Ports 界面中，按 A7-EDP-1 开发平台的原理图输入引脚的约束条件，如图 8.16 所示。

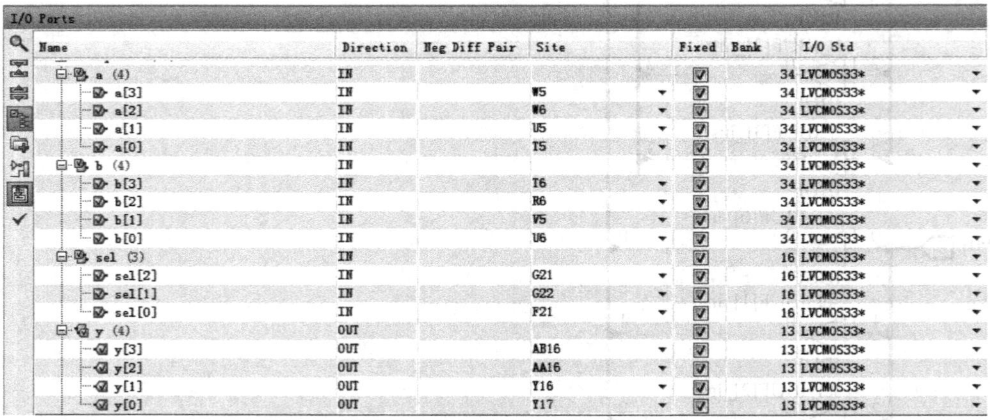

I/O Ports

Name	Direction	Neg Diff Pair	Site	Fixed	Bank	I/O Std
a (4)	IN			☑	34	LVCMOS33*
a[3]	IN		W5	☑	34	LVCMOS33*
a[2]	IN		W6	☑	34	LVCMOS33*
a[1]	IN		U5	☑	34	LVCMOS33*
a[0]	IN		T5	☑	34	LVCMOS33*
b (4)	IN			☑	34	LVCMOS33*
b[3]	IN		T6	☑	34	LVCMOS33*
b[2]	IN		R6	☑	34	LVCMOS33*
b[1]	IN		V5	☑	34	LVCMOS33*
b[0]	IN		U6	☑	34	LVCMOS33*
sel (3)	IN			☑	16	LVCMOS33*
sel[2]	IN		G21	☑	16	LVCMOS33*
sel[1]	IN		G22	☑	16	LVCMOS33*
sel[0]	IN		F21	☑	16	LVCMOS33*
y (4)	OUT			☑	13	LVCMOS33*
y[3]	OUT		AB16	☑	13	LVCMOS33*
y[2]	OUT		AA16	☑	13	LVCMOS33*
y[1]	OUT		Y16	☑	13	LVCMOS33*
y[0]	OUT		Y17	☑	13	LVCMOS33*

图 8.16 引脚约束界面

(10) 按 Ctrl+S 键，保存该约束条件。

(11) 出现 Out of Date Design 对话框。

(12) 单击 OK 按钮。

(13) 出现 Save Constraints 对话框。在该界面中，默认选择 Select an existing file 复选框(默认文件名 logic. xdc)。

(14) 单击 OK 按钮。

(15) 在 Vivado 上方中间的下拉框中重新选择 Default Layout 选项。

(16) 在 Sources 窗口中展开 Constraints 文件夹。在展开项中，双击 logic. xdc 文件，约束条件如代码清单 8-4 所示。

代码清单 8-4 logic. xdc 文件

```
set_property PACKAGE_PIN W5 [get_ports {a[3]}]
set_property PACKAGE_PIN W6 [get_ports {a[2]}]
set_property PACKAGE_PIN U5 [get_ports {a[1]}]
set_property IOSTANDARD LVCMOS33 [get_ports {a[3]}]
set_property IOSTANDARD LVCMOS33 [get_ports {a[2]}]
set_property IOSTANDARD LVCMOS33 [get_ports {a[1]}]
set_property IOSTANDARD LVCMOS33 [get_ports {a[0]}]
set_property PACKAGE_PIN T5 [get_ports {a[0]}]
set_property PACKAGE_PIN T6 [get_ports {b[3]}]
set_property PACKAGE_PIN R6 [get_ports {b[2]}]
set_property PACKAGE_PIN V5 [get_ports {b[1]}]
set_property PACKAGE_PIN U6 [get_ports {b[0]}]
set_property IOSTANDARD LVCMOS33 [get_ports {b[3]}]
set_property IOSTANDARD LVCMOS33 [get_ports {b[2]}]
set_property IOSTANDARD LVCMOS33 [get_ports {b[1]}]
set_property IOSTANDARD LVCMOS33 [get_ports {b[0]}]
set_property IOSTANDARD LVCMOS33 [get_ports {sel[2]}]
set_property IOSTANDARD LVCMOS33 [get_ports {sel[1]}]
set_property IOSTANDARD LVCMOS33 [get_ports {sel[0]}]
set_property IOSTANDARD LVCMOS33 [get_ports {y[3]}]
set_property IOSTANDARD LVCMOS33 [get_ports {y[2]}]
set_property IOSTANDARD LVCMOS33 [get_ports {y[1]}]
set_property IOSTANDARD LVCMOS33 [get_ports {y[0]}]
set_property PACKAGE_PIN AB16 [get_ports {y[3]}]
set_property PACKAGE_PIN AA16 [get_ports {y[2]}]
set_property PACKAGE_PIN Y16 [get_ports {y[1]}]
set_property PACKAGE_PIN Y17 [get_ports {y[0]}]
set_property PACKAGE_PIN G21 [get_ports {sel[2]}]
set_property PACKAGE_PIN G22 [get_ports {sel[1]}]
set_property PACKAGE_PIN F21 [get_ports {sel[0]}]
```

(17) 在 Vivado 主界面左侧的 Flow Navigator 窗口中，展开 Program and Debug。在展开项中单击 Generate Bitstream。

(18) 出现 Synthesis is Out-of-date 对话框。在该界面中，提示综合过程过期以及是否重新综合。

(19) 单击 Yes 按钮，Vivado 自动执行实现和生成比特流文件的过程。

(20) 当生成比特流后，下载比特流文件到 Z7-EDP-1 开发平台中，对设计进行验证。

思考与练习 8-5 将 A7-EDP-1 开发平台上的高 4 位开关作为 b 输入，低 4 位开关作为 a 输入，开发平台上的 3 个按键作为 sel 输入，结果显示在开发平台的 LED3～LED0 共 4 个 LED 灯上，查看结果是否满足设计要求。

第 9 章 Vivado 调试工具原理及实现

CHAPTER 9

本章调用 Vivado 提供的 IP 核生成用户定制的 IP，并通过 Verilog HDL 语言进行例化；然后，通过 Vivado 提供的调试功能对设计进行调试，并分析调试结果。内容主要包括：设计调试原理和方法、FIFO IP 的生成和调用、网表插入调试探测流程方法及实现、使用添加 Verilog HDL 属性调试探测流程以及使用 Verilog HDL 例化调试核调试探测流程。

通过本章内容的学习，读者可以掌握在 Vivado 集成环境中对设计进行调试的方法，从而实现正确的设计。

9.1 设计调试原理和方法

FPGA 的调试是一个反复迭代直到满足设计功能和设计时序的过程。对于 FPGA 这样比较复杂的数字系统的调试，就是将其分解成一个个很小的部分，然后通过仿真或者调试，对设计中的每个很小的部分进行验证。这样，比在一个复杂设计完成后，再进行仿真或者调试的效率高得多。设计者可以通过使用下面的设计和调试方法，来保证设计的正确性：

(1) RTL 级的设计仿真。

(2) 实现后的设计仿真。

(3) 系统内调试。

对于前面两种方法，本书前面的章节已经进行了详细的说明。本章将通过一个设计实例，详细介绍系统内调试方法。

1) 系统内逻辑设计调试

Vivado 集成设计环境包含逻辑分析特性，这使得设计者可以对实现后的 FPGA 器件进行系统内调试。在系统内对设计进行调试可以在真正的系统环境下，以系统要求的速度，调试设计的时序准确性和实现后的设计。但是与使用仿真模型相比，系统内调试降低了调试信号的可视性，潜在延长了设计/实现/调试迭代的时间。

注：(1) 该迭代时间取决于设计的规模和复杂度。

(2) Vivado 工具提供了不同的方法用于调试设计，设计者可以根据需要，使用这些方法。

2）系统内串行 I/O 设计调试

为了实现系统内对串行 I/O 的验证和调试，Vivado 集成开发环境包括一个串行的 I/O 分析特性。这样，设计者可以在基于 FPGA 的系统中，测量并优化高速串行 I/O 连接。该特性可以解决大范围的系统内调试和验证问题：从简单的时钟和连接问题到复杂的松弛分析和通道优化问题。与使用外部测量仪器技术相比，使用 Vivado 内的串行 I/O 分析仪的优势在于设计者可以测量接收器对接收信号进行均衡后的信号质量。这样，就可以在 Tx 到 Rx 通道的最优点进行测量，因此可以确保真实和准确的数据。

Vivado 集成开发环境提供的系统内串行 I/O 工具可用于生成设计。该设计用于应用吉比特收发器端点和实时软件进行测量，以帮助设计者优化高速串行 I/O 通道。

系统内调试包括三个重要阶段：

(1) 探测阶段，用于标识设计中需要探测的信号，以及进行探测的方法。

(2) 实现阶段，实现设计，包括将额外的调试 IP 连接到被探测的网络。

(3) 分析阶段，通过与设计中的调试 IP 进行交互，调试和验证功能问题。

注：本节介绍探测设计用于系统内调试，关于实现过程和分析方法，在后面会详细介绍。

探测阶段包括下面两个步骤：

(1) 识别需要探测的信号或者网络。

(2) 确认将调试核添加到设计中的方法。

在设计阶段，设计者确定需要探测的信号以及探测这些信号的方法。通过手工添加调试 IP 元件，将其例化到设计源代码中（称为 HDL 例化探测流程），或者设计者让 Vivado 工具自动插入调试核到综合后的网表中（称为网表插入探测流程）。表 9.1 给出了不同调试方法的优势和权衡。

表 9.1　调试策略

调试目标	推荐的调试编程流程
在 HDL 源代码中识别调试信号，同时保留灵活性，用于流程后面使能或者禁止调试	(1) 在 HDL 中，使用 mark_debug 属性标记需要调试的信号； (2) 使用 Set up Debug 向导引导设计者通过网表插入探测流程
在综合后的设计网表中识别调试网络，不需要修改 HDL 源代码	(1) 使用 Mark Debug，通过右击菜单选项，选择在综合设计的网表中需要调试的网络； (2) 使用 Set up Debug 向导引导设计者使用网表插入探测流程
使用 Tcl 命令，自动调试探测流程	(1) 使用 set_property Tcl 命令，在调试网络上设置 mark_debug 属性； (2) 使用网表插入探测流程 Tcl 命令创建调试核，并将其连接到调试网络
在 HDL 语言中，显式地将信号添加到 ILA 调试核中	(1) 识别用于调试的 HDL 信号； (2) 使用 HDL 例化探测流程产生和例化一个集成逻辑分析仪(ILA)核，并将它连接到设计中的调试信号

9.2 FIFO IP 的生成和调用

本节将使用 Vivado 的 IP 生成工具生成一个 FIFO IP 核，并在顶层文件中例化该 IP。内容包括创建新的工程、添加 FIFO IP 核、添加顶层设计文件和添加 XDC 文件。

9.2.1 创建新的工程

本节将创建一个新的 FIFO 调试工程。创建新工程的主要步骤包括：

（1）打开 Vivado 2015.4 集成开发环境。

（2）在 Vivado 主界面主菜单下，选择 File→New Project。

（3）出现 New Project-Create a New Vivado Project 对话框。

（4）单击 Next 按钮。

（5）出现 New Project-Project Name 对话框，参数设置如下：

① Project name：fifo_debug。

② Project location：E:/eda_verilog。

（6）单击 Next 按钮。

（7）出现 New Project-Project Type 对话框，在该界面内选择 RTL Project，选中 Do not secify source at this time 复选框。

（8）单击 Next 按钮。

（9）出现 New Project-Default Part 对话框，在该界面内选择 xc7a75tfgg484-1。

（10）单击 Next 按钮。

（11）出现 New Project-New Project Summary 对话框。

（12）单击 Finish 按钮。

9.2.2 添加 FIFO IP 核

本节将使用 IP 生成器例化一个 FIFO IP，添加 FIFO IP 到设计中的主要步骤包括：

1）在 Vivado 主界面左侧的 Flow Navigator 窗口下，找到并展开 Project Manager。在展开项中，单击 IP Catalog 选项。

2）在 Vivado 主界面右侧出现 IP Catalog 标签，如图 9.1 所示。在该标签窗口中列出了可供使用的 IP 核，在该窗口界面中 Search 右侧文本框中输入 fifo，在下面窗口中列出了可用的 FIFO IP 核资源。

3）在下面的窗口中，找到并双击 FIFO Generator。

4）出现 Customize IP-FIFO Generator(13.0)对话框，如图 9.2 所示。在该界面中设置参数如下：

（1）在 Basic 标签窗口中设置：

① Interface Type：Native。

② Fifo Implementation：Common Clock Block RAM。

（2）在 Native Ports 标签窗口中设置：

① Read Mode(读模式)：Standard FIFO。

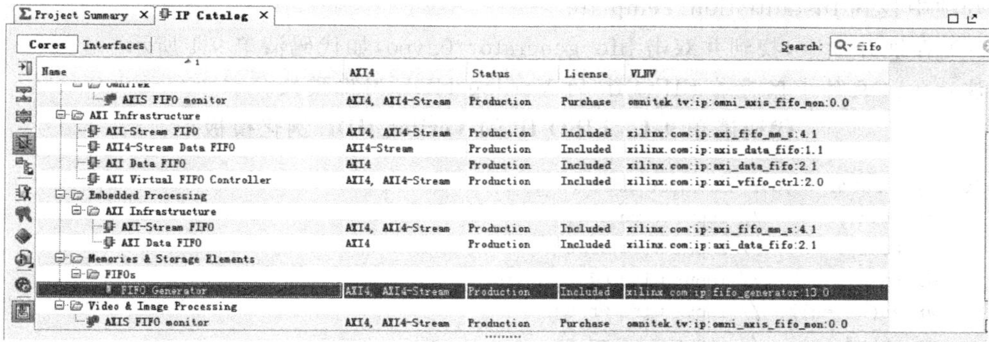

图 9.1 生成 FIFO IP 核入口

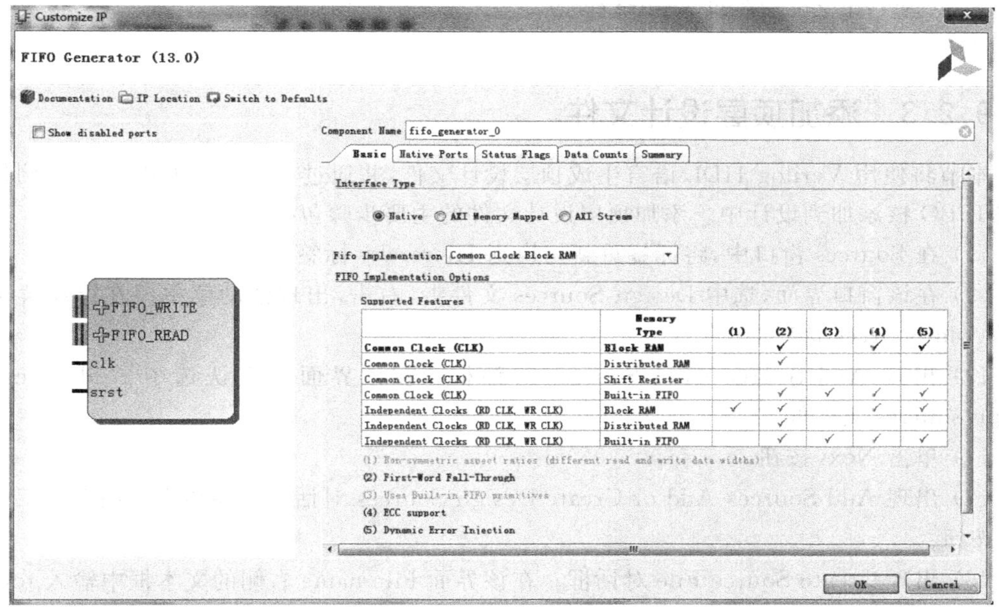

图 9.2 FIFO IP 核生成器界面

② Write Width(写宽度):8。

③ Write Depth(写深度):16。

④ Reset Type:Asynchronous Reset。

⑤ 其余按默认参数设置。

5）单击 OK 按钮。

6）出现 Generate Output Products 对话框。在该界面中，提示生成名字为 fifo_generator_0.xci 的 IP 核例化，同时生成例化模板、综合后的检查点、结构化的仿真以及修改日志。

7）单击 Generate 按钮。

8）在 Sources 窗口内，添加了名字为 fifo_generator_0 的 IP 核。

9）在源文件窗口中，单击 IP Sources 标签。在该标签窗口下，单击并展开 fifo_generator_0，在展开项中找到 Instantiation Template。

10）在展开项中，找到并双击 fifo_generator_0.veo，如代码清单 9-1 所示。

注：.veo 文件中保存着 FIFO IP 的 Verilog HDL 例化模板。

代码清单 9-1　FIFO IP 的 Verilog HDL 例化模板

```
fifo_generator_0 your_instance_name (
   .clk(clk),         // input wire clk
   .rst(rst),         // input wire srst
   .din(din),         // input wire [7 : 0] din
   .wr_en(wr_en),     // input wire wr_en
   .rd_en(rd_en),     // input wire rd_en
   .dout(dout),       // output wire [7 : 0] dout
   .full(full),       // output wire full
   .empty(empty)      // output wire empty
);
```

9.2.3 添加顶层设计文件

本节将使用 Verilog HDL 语言生成顶层设计文件，并通过 Verilog HDL 语言的例化语句将 FIFO 核添加到设计中。添加顶层设计文件的主要步骤包括：

(1) 在 Sources 窗口中，将标签重新切换到 Hierarchy 标签。

(2) 在该窗口界面，选中 Design Sources 文件夹，右击，出现浮动菜单。在浮动菜单中选择 Add Sources 选项。

(3) 出现 Add Sources-Add Sources 对话框。在该界面内默认选中 Add or create design sources 复选框。

(4) 单击 Next 按钮。

(5) 出现 Add Sources-Add or Create Design Sources 对话框。在该界面内单击 Create File 按钮。

(6) 出现 Create Source File 对话框。在该界面 File name 右侧的文本框中输入 top。

(7) 单击 OK 按钮。

(8) 返回 Add Sources-Add or Create Design Sources 对话框。在该界面中添加了 top.v 文件。

(9) 单击 Finish 按钮。

(10) 出现 Define Module 对话框，在本设计中不预先输入任何端口参数。

(11) 单击 OK 按钮。

(12) 出现 Define Module 对话框。

(13) 单击 Yes 按钮。

(14) 在 Sources 窗口下，选择并双击打开 top.v 文件，如代码清单 9-2 所示，添加设计代码。

代码清单 9-2　top.v 代码

```
module top(
input wire rd_trig,
```

```
input wire rst,
input wire clk,
input wire wr_trig,
output wire [7:0] dout,
output wire empty,
output wire full
    );
reg [7:0] data_in [15:0];
initial
begin
data_in[15] = 8'h0f; data_in[14] = 8'h0e; data_in[13] = 8'h0d; data_in[12] = 8'h0c;
data_in[11] = 8'h0b; data_in[10] = 8'h0a; data_in[9] = 8'h09;  data_in[8] = 8'h08;
data_in[7] = 8'h07;  data_in[6] = 8'h06;  data_in[5] = 8'h05;  data_in[4] = 8'h04;
data_in[3] = 8'h03;  data_in[2] = 8'h02;  data_in[1] = 8'h01;  data_in[0] = 8'h00;
end
reg [1:0] next_state;
parameter ini = 2'b00,  wr_fifo = 2'b01, ready = 2'b11, rd_fifo = 2'b10;
reg wr_en;
reg rd_en;
reg[7:0] din;
reg[3:0] j;
fifo_generator_0 Inst_fifo1 (
       .clk(clk), // input clk
       .rst(rst), // input rst
       .din(din), // input [7:0] din
       .wr_en(wr_en), // input wr_en
       .rd_en(rd_en), // input rd_en
       .dout(dout), // output [7 : 0] dout
       .full(full), // output full
       .empty(empty) // output empty
    );
always @(posedge rst or posedge clk)
begin
  if(rst)
     begin
        next_state <= ini;
        j <= 0;
        rd_en <= 1'b0;
        wr_en <= 1'b0;
     end
   else
     begin
        case (next_state)
          ini :
            begin
                  j <= 0;
                  rd_en <= 1'b0;
               if(wr_trig == 1'b1)
                  next_state <= wr_fifo;
            end
           wr_fifo:
```

```
                begin
                   din <= data_in[j];
                    if(j == 15)
                      next_state <= ready;
                    else
                      begin
                         j <= j + 1;
                         wr_en <= 1'b1;
                         next_state <= wr_fifo;
                      end
                end
              ready:
                begin
                  j <= 0;
                  wr_en <= 1'b0;
                   if(rd_trig == 1'b1)
                     next_state <= rd_fifo;
                   else
                     next_state <= ready;
                end
              rd_fifo:
                begin
                  if(j == 15)
                     next_state <= ini;
                  else
                    begin
                      j <= j + 1;
                      rd_en <= 1'b1;
                      next_state <= rd_fifo;
                    end
                end
            endcase
      end
end
endmodule
```

思考与练习 9-1 说明 9-2top.v 代码实现的功能。

（**提示**：从 FIFO 的一个端口写数据，从另一个端口读数据。）

思考与练习 9-2 说明在对 FIFO 读写的过程中，实现"握手"的方法。

（**提示**：使用计数的方法。）

思考与练习 9-3 分析用于 FIFO 的读写使能信号 rd_en 和 wr_en 信号与读写数据之间的关系。

9.2.4 添加 XDC 文件

本节将为设计指定引脚约束，该引脚约束参考 AT-EDP-1 开发平台的设计图纸和相关资料。添加约束条件的主要步骤包括：

（1）在 Sources 窗口中，选择 Constraints 文件夹，右击，出现浮动菜单。在浮动菜单中，选择 Add Sources 选项。

(2) 出现 Add Sources 对话框。在该界面下默认选中 Add or create constraints 复选框。

(3) 单击 Next 按钮。

(4) 出现 Add Source-Add or Create Constraints 对话框。

(5) 在该界面下，单击 Create File 按钮。

(6) 出现 Create Constraints File 对话框。在该界面 File name 右侧的文本框中输入 top。

(7) 单击 OK 按钮。

(8) 返回 Add Sources-Add or Create Constraints 对话框。在该对话框中，可以看到已添加名字为 top. xdc 的约束文件。

(9) 单击 Finish 按钮，退出 Add Sources-Add or Create Constraints 对话框。

(10) 在 Sources 窗口的 Constraints 文件夹下，新添加了名字为 top. xdc 的文件。

(11) 在 Vivado 左侧的 Flow Navigator 窗口中，展开 Synthesis。在展开项中，单击 Run Synthesis 选项。Vivado 自动执行综合的过程。

(12) 出现 Synthesis Completed 对话框，选中 Open Synthesized Design 复选框。

(13) 单击 OK 按钮。

(14) 在 Vivado 上方中间的下拉框中，选择 I/O Planning 选项。

(15) 在 Vivado 下方出现 I/O Ports 对话框，如图 9.3 所示，在 Site 下输入每个逻辑端口，在 FPGA 上的引脚位置，以及在 I/O Std 下为每个逻辑端口定义其 I/O 电气标准。

注：该设计使用 A7-EDP-1 开发平台上的开关 SWITCH0 作为复位输入；开关 SWITCH1 作为 FIFO 写触发信号 wr_trig；开关 SWITCH2 作为 FIFO 读触发信号 rd_trig；板载 100MHz 晶振作为 clk 输入；对于 dout 信号、full 和 empty 信号，可以根据需要进行相应的处理，在此将 dout 信号连接到 A7-EDP-1 开发平台上的 8 个 LED 灯，full 和 empty 信号连接到 A7-EDP-1 开发平台上的 FMC 插座上。

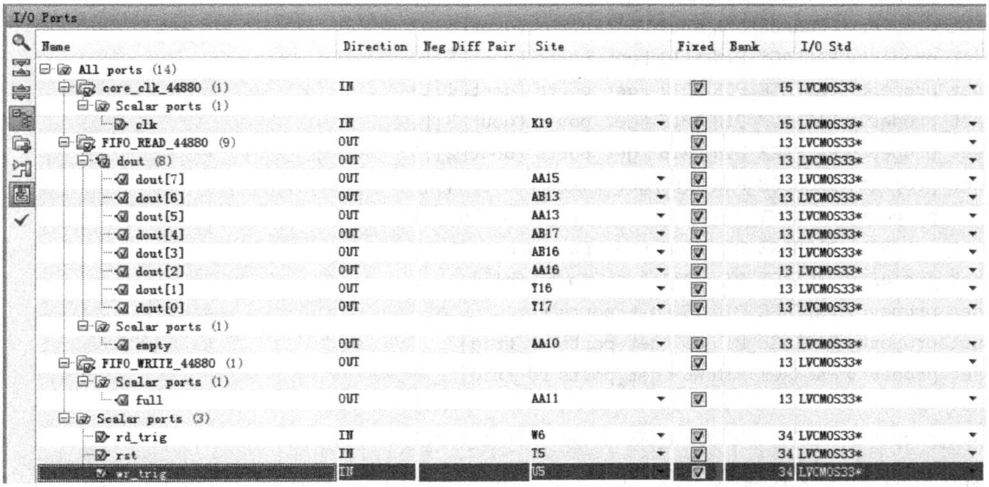

I/O Ports

Name	Direction	Neg Diff Pair	Site	Fixed	Bank	I/O Std
All ports (14)						
core_clk_44880 (1)	IN			☑	15	LVCMOS33*
Scalar ports (1)						
clk	IN		K19	☑	15	LVCMOS33*
FIFO_READ_44880 (9)	OUT			☑	13	LVCMOS33*
dout (8)	OUT			☑	13	LVCMOS33*
dout[7]	OUT		AA15	☑	13	LVCMOS33*
dout[6]	OUT		AB13	☑	13	LVCMOS33*
dout[5]	OUT		AA13	☑	13	LVCMOS33*
dout[4]	OUT		AB17	☑	13	LVCMOS33*
dout[3]	OUT		AB16	☑	13	LVCMOS33*
dout[2]	OUT		AA16	☑	13	LVCMOS33*
dout[1]	OUT		Y16	☑	13	LVCMOS33*
dout[0]	OUT		Y17	☑	13	LVCMOS33*
Scalar ports (1)						
empty	OUT		AA10	☑	13	LVCMOS33*
FIFO_WRITE_44880 (1)	OUT			☑	13	LVCMOS33*
Scalar ports (1)						
full	OUT		AA11	☑	13	LVCMOS33*
Scalar ports (3)						
rd_trig	IN		W6	☑	34	LVCMOS33*
rst	IN		T5	☑	34	LVCMOS33*
wr_trig	IN		U5	☑	34	LVCMOS33*

图 9.3 I/O 端口约束界面

（16）按 Ctrl＋S 按键保存 XDC 文件。

（17）出现 Out of Date Design 对话框。

（18）单击 OK 按钮。

（19）出现 Save Constraints 对话框。在该界面中默认选中 Select an existing file 复选框，默认的文件名 top. xdc。

（20）单击 OK 按钮。

（21）将 Vivado 上方中间的下拉框中的选项重新设置为 Default Layout。

（22）在 Sources 窗口中的 Constraints 文件夹下，双击 top. xdc，打开该文件。在该文件的最后，添加下面一行额外的代码对时钟进行约束。完整的约束条件如代码清单 9-3 所示。

```
set_property CLOCK_DEDICATED_ROUTE FALSE [get_nets {clk_IBUF}]
```

代码清单 9-3　top. xdc 文件

```
set_property IOSTANDARD LVCMOS33 [get_ports clk]
set_property IOSTANDARD LVCMOS33 [get_ports {dout[7]}]
set_property IOSTANDARD LVCMOS33 [get_ports {dout[6]}]
set_property IOSTANDARD LVCMOS33 [get_ports {dout[5]}]
set_property IOSTANDARD LVCMOS33 [get_ports {dout[4]}]
set_property IOSTANDARD LVCMOS33 [get_ports {dout[3]}]
set_property IOSTANDARD LVCMOS33 [get_ports {dout[2]}]
set_property IOSTANDARD LVCMOS33 [get_ports {dout[1]}]
set_property IOSTANDARD LVCMOS33 [get_ports {dout[0]}]
set_property IOSTANDARD LVCMOS33 [get_ports empty]
set_property IOSTANDARD LVCMOS33 [get_ports full]
set_property IOSTANDARD LVCMOS33 [get_ports rd_trig]
set_property IOSTANDARD LVCMOS33 [get_ports rst]
set_property IOSTANDARD LVCMOS33 [get_ports wr_trig]
set_property PACKAGE_PIN K19 [get_ports clk]
set_property PACKAGE_PIN AA15 [get_ports {dout[7]}]
set_property PACKAGE_PIN AB13 [get_ports {dout[6]}]
set_property PACKAGE_PIN AA13 [get_ports {dout[5]}]
set_property PACKAGE_PIN AB17 [get_ports {dout[4]}]
set_property PACKAGE_PIN AB16 [get_ports {dout[3]}]
set_property PACKAGE_PIN AA16 [get_ports {dout[2]}]
set_property PACKAGE_PIN Y16 [get_ports {dout[1]}]
set_property PACKAGE_PIN Y17 [get_ports {dout[0]}]
set_property PACKAGE_PIN AA10 [get_ports empty]
set_property PACKAGE_PIN AA11 [get_ports full]
set_property PACKAGE_PIN T5 [get_ports rst]
set_property PACKAGE_PIN U5 [get_ports wr_trig]
set_property PACKAGE_PIN W6 [get_ports rd_trig]

set_property CLOCK_DEDICATED_ROUTE FALSE [get_nets {clk_IBUF}]
```

注：为了本章后续讲解方便，在 eda_verilog 文件夹内再新建名为 fifo_debug1 和 fifo_debug2 的文件夹，并将 fifo_debug 文件夹内的所有文件分别复制到文件夹 fifo_debug1 和文件夹 fifo_debug2 中。

9.3 网表插入调试探测流程方法及实现

本节首先介绍网表插入调试探测流程,然后基于该设计例子详细介绍其实现过程。

9.3.1 网表插入调试探测流程的方法

在分层的设计时,可插入 Vivado 工具中的调试核,用于解决 Vivado 设计者的不同需求:

(1) 最高层次:根据所选择用于调试的网络集合,使用简单的向导,自动创建和配置集成逻辑分析仪(Integrated Logic Analyzer,ILA)V2.1 核。

(2) 第二层次:在 Vivado 主界面主菜单下选择 Window→Debug 选项。在该窗口内,允许控制单个调试核、端口和它们的属性。

(3) 最低层次:Tcl 调试命令集合,设计者可以手工输入或者作为脚本反复使用。

对于设计者来说,可以根据情况混合使用这三种模式插入和定制调试核。

1. 标记用于调试的 Verilog HDL 信号

在综合前,通过使用 mark_debug 约束,设计者可以在 Verilog HDL 源文件中标识用于调试的信号。在 Verilog HDL 中,用于调试的信号所对应的网络将在 Debug 窗口中自动列出。

用于调试所标记网络的过程,取决于基于 RTL 级的工程还是综合后的网表工程。

1) 对于 RTL 网表工程

(1) 在 Verilog HDL 源文件中,使用 mark_debug 约束标记用于调试的 Verilog HDL 信号。用于 mark_debug 约束的有效值是 TRUE 或者 FALSE。

注:Vivado 综合特性不支持 SOFT 值。

(2) 使用 Xilinx 综合技术(Xilinx Synthesis Technology,XST),读者可以在 Verilog HDL 源文件中使用 mark_debug 约束标记用于调试的网络。此外,有效值是 TRUE 或者 FALSE。如果可能的话,SOFT 值允许软件优化指定的网络。

2) 对于综合后的网表工程

(1) 使用 Synopsys Synplify 综合工具,设计者可以在 Verilog HDL 文件内使用 mark_debug 和 syn_keep 约束;或者在 SDC 文件中单独使用 mark_debug 约束标记用于调试的网络。

注:当该行为由 syn_kepp 属性控制时,Synplify 不支持 SOFT 值。

(2) 使用 Mentor Graphics Precision 综合工具,设计者可以在 Verilog HDL 文件中使用 mark_debug 约束标记用于调试的网络。

2. 标记用于调试的 Verilog HDL 信号示例

(1) Vivado 综合 mark_debug 语法 Verilog HDL 描述方法:

```
( * mark_debug = "true" * ) wire [7:0] char_fifo_dout;
```

(2) XST mark_debug 语法 Verilog HDL 描述方法:

```
( * mark_debug = "true" * ) wire [7:0] char_fifo_dout;
```

(3) Synplify mark_debug 语法 Verilog HDL 描述方法：

```
(* syn_keep = "true", mark_debug = "true" *) wire [7:0] char_fifo_dout;
```

(4) Precision mark_debug 语法 Verilog HDL 描述方法：

```
(* mark_debug = "true" *) wire [7:0] char_fifo_dout;
```

9.3.2 网表插入调试探测流程的实现

本节将介绍网表插入调试探测流程的实现过程。

1. 添加测试点

本节将为调试添加测试点。添加测试点的主要步骤包括：

(1) 在 Sources 窗口中，选中顶层 top.v 文件。

(2) 执行综合过程。如果前面已经执行了综合过程，可以忽略该步。

(3) 在 Sources 窗口中，单击 Netlist 标签，如图 9.4 所示。在 Netlist 窗口中，列出了当前设计中存在的所有网络节点。

(4) 如图 9.4 所示，在 Netlist 窗口下展开 Inst_fifo1。在展开项中选中 dout(8)，右击，出现浮动菜单，选择 Mark Debug 选项。

(5) 出现 Confim Debug Net(s)对话框，单击 OK 按钮。

(6) 分别选择 din、rd_en 和 wr_en，将它们分别设置为 Mark Debug。

(7) 添加完调试端口后的 Netlist 窗口，如图 9.5 所示。

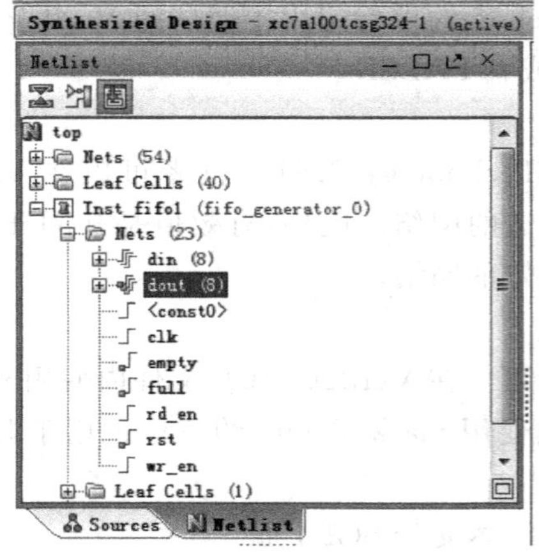

图 9.4 Netlist 窗口

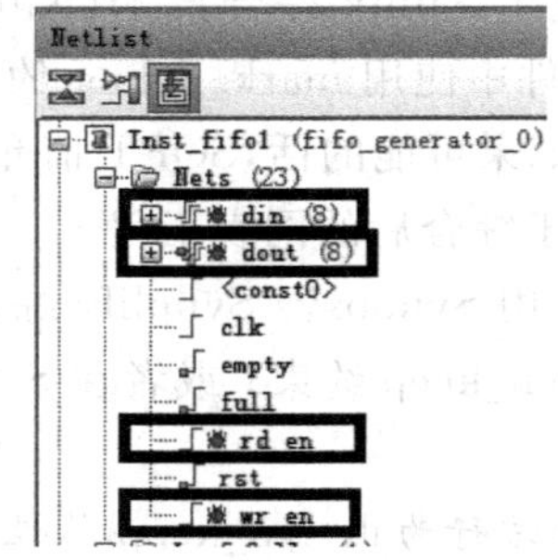

图 9.5 添加完成调试端口的界面

2. 设置调试内核参数

下面将设置调试内核参数。设计调试内核参数的主要步骤包括：

(1) 在 Vivado 主界面主菜单下，选择 Tools→Set up Debug 命令。

(2) 出现 Set up Debug 对话框。

(3) 单击 Next 按钮。

(4) 可以看到 din 所对应的 Clock Domain 显示红色的 partially defined，如图 9.6 所示。

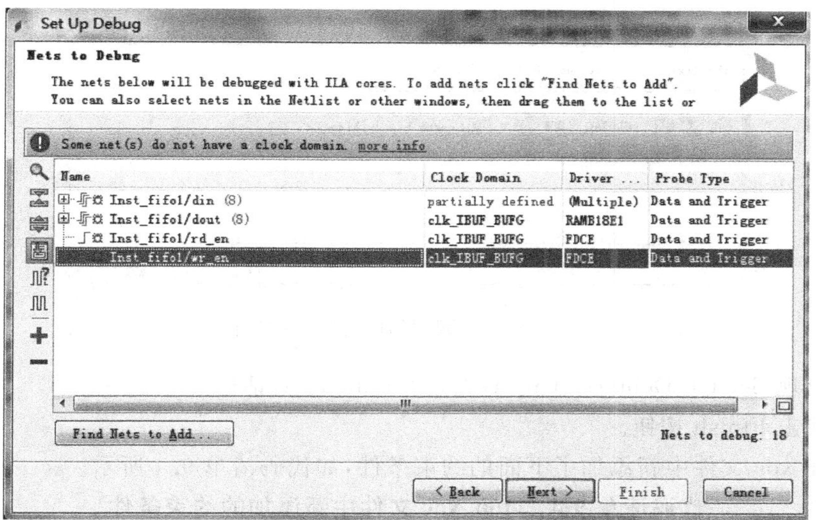

图 9.6　指定需要调试的网络

(5) 选中标有红字且名字为 Inst_fifo1/din(8)的一行，即需要调试的网络信号，然后右击，出现浮动菜单。在浮动菜单内，选择 Select Clock Domain...选项，如图 9.7 所示。

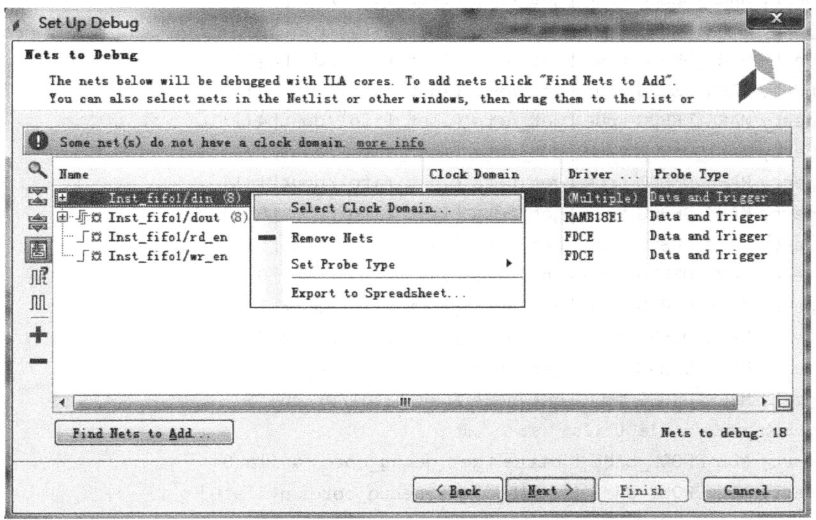

图 9.7　指定时钟网络入口界面

(6) 出现 Select Clock Domain 对话框，如图 9.8 所示。在列表中选择 clk_IBUF_BUFG。

(7) 单击 OK 按钮。

(8) 可以看到，已为每个调试网络都分配了名字为 clk_IBUF_BUFG 的时钟域。

(9) 单击 Next 按钮。

(10) 出现 Set up Debug-ILA Core Options 对话框。

(11) 单击 Next 按钮。

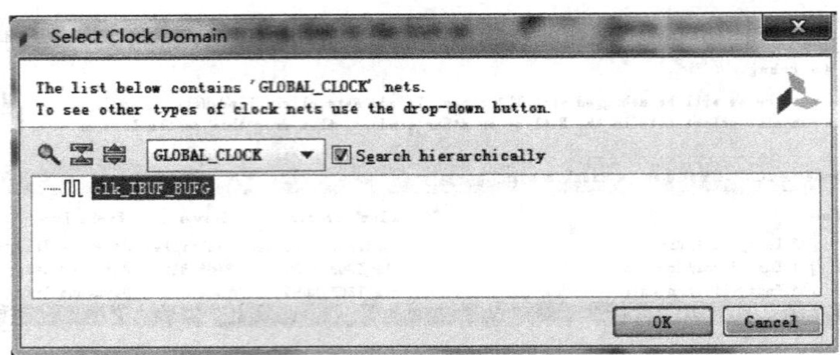

图 9.8　为需要调试的网络指定时钟网络

(12) 出现 Set Up Debug-Set up Debug Summary 对话框。

(13) 单击 Finish 按钮。

(14) 在 xdc 文件中新添加了下面的约束条件，如代码清单 9.4 所示。

代码清单 9-4　top.xdc 文件中新添加的约束条件

```
set_property MARK_DEBUG true [get_nets {Inst_fifo1/din[0]}]
set_property MARK_DEBUG true [get_nets {Inst_fifo1/din[1]}]
set_property MARK_DEBUG true [get_nets {Inst_fifo1/din[2]}]
set_property MARK_DEBUG true [get_nets {Inst_fifo1/din[3]}]
set_property MARK_DEBUG true [get_nets {Inst_fifo1/din[4]}]
set_property MARK_DEBUG true [get_nets {Inst_fifo1/din[5]}]
set_property MARK_DEBUG true [get_nets {Inst_fifo1/din[6]}]
set_property MARK_DEBUG true [get_nets {Inst_fifo1/din[7]}]
set_property MARK_DEBUG true [get_nets {Inst_fifo1/dout[4]}]
set_property MARK_DEBUG true [get_nets {Inst_fifo1/dout[3]}]
set_property MARK_DEBUG true [get_nets {Inst_fifo1/dout[1]}]
set_property MARK_DEBUG true [get_nets {Inst_fifo1/dout[6]}]
set_property MARK_DEBUG true [get_nets {Inst_fifo1/dout[5]}]
set_property MARK_DEBUG true [get_nets {Inst_fifo1/dout[0]}]
set_property MARK_DEBUG true [get_nets {Inst_fifo1/dout[2]}]
set_property MARK_DEBUG true [get_nets {Inst_fifo1/dout[7]}]
set_property MARK_DEBUG true [get_nets Inst_fifo1/rd_en]
set_property MARK_DEBUG true [get_nets Inst_fifo1/wr_en]
create_debug_core u_ila_0 ila
set_property ALL_PROBE_SAME_MU true [get_debug_cores u_ila_0]
set_property ALL_PROBE_SAME_MU_CNT 1 [get_debug_cores u_ila_0]
set_property C_ADV_TRIGGER false [get_debug_cores u_ila_0]
set_property C_DATA_DEPTH 1024 [get_debug_cores u_ila_0]
set_property C_EN_STRG_QUAL false [get_debug_cores u_ila_0]
set_property C_INPUT_PIPE_STAGES 0 [get_debug_cores u_ila_0]
set_property C_TRIGIN_EN false [get_debug_cores u_ila_0]
set_property C_TRIGOUT_EN false [get_debug_cores u_ila_0]
set_property port_width 1 [get_debug_ports u_ila_0/clk]
connect_debug_port u_ila_0/clk [get_nets [list clk_IBUF_BUFG]]
set_property PROBE_TYPE DATA_AND_TRIGGER [get_debug_ports u_ila_0/probe0]
set_property port_width 8 [get_debug_ports u_ila_0/probe0]
connect_debug_port u_ila_0/probe0 [get_nets [list {Inst_fifo1/dout[0]} {Inst_fifo1/dout[1]}
{Inst_fifo1/dout[2]} {Inst_fifo1/dout[3]} {Inst_fifo1/dout[4]} {Inst_fifo1/dout[5]} {Inst_
```

```
fifo1/dout[6]} {Inst_fifo1/dout[7]}]]
create_debug_port u_ila_0 probe
set_property PROBE_TYPE DATA_AND_TRIGGER [get_debug_ports u_ila_0/probe1]
set_property port_width 8 [get_debug_ports u_ila_0/probe1]
connect_debug_port u_ila_0/probe1 [get_nets [list {Inst_fifo1/din[0]} {Inst_fifo1/din[1]}
{Inst_fifo1/din[2]} {Inst_fifo1/din[3]} {Inst_fifo1/din[4]} {Inst_fifo1/din[5]} {Inst_
fifo1/din[6]} {Inst_fifo1/din[7]}]]
create_debug_port u_ila_0 probe
set_property PROBE_TYPE DATA_AND_TRIGGER [get_debug_ports u_ila_0/probe2]
set_property port_width 1 [get_debug_ports u_ila_0/probe2]
connect_debug_port u_ila_0/probe2 [get_nets [list Inst_fifo1/rd_en]]
create_debug_port u_ila_0 probe
set_property PROBE_TYPE DATA_AND_TRIGGER [get_debug_ports u_ila_0/probe3]
set_property port_width 1 [get_debug_ports u_ila_0/probe3]
connect_debug_port u_ila_0/probe3 [get_nets [list Inst_fifo1/wr_en]]
set_property C_CLK_INPUT_FREQ_HZ 300000000 [get_debug_cores dbg_hub]
set_property C_ENABLE_CLK_DIVIDER false [get_debug_cores dbg_hub]
set_property C_USER_SCAN_CHAIN 1 [get_debug_cores dbg_hub]
connect_debug_port dbg_hub/clk [get_nets clk_IBUF_BUFG]
```

3. 下载和调试设计

本节将下载和调试设计。下载和调试设计的主要步骤包括：

(1) 在 Vivado 主界面左侧的 Flow Navigator 窗口下，选择并展开 Implementation。在展开项中双击 Run Implementation，Vivado 自动运行设计实现过程。

注：在实现过程中提示一些信息，请读者根据需要进行选择。

(2) 实现结束后，出现 Implementation Completed 对话框，选中 Generate Bitstream 复选框。

(3) 单击 OK 按钮，等待生成比特流文件。

(4) 出现 Bitstream Generation Completed 对话框，选中 Open Hardware Manager 复选框。

(5) 单击 OK 按钮。

(6) 给 A7-EDP-1 开发平台上电，并且连接 PC/笔记本电脑之间的 USB-JTAG 下载电缆。

(7) 单击 Hardware Manager 界面上方的 Open target，出现浮动菜单。在浮动菜单内单击 Auto Connect 选项。

(8) 当检测到器件时，在 Hardware 窗口内显示 xc7a75t_0，选中该器件，右击，出现浮动菜单。在浮动菜单内选择 Program Device 选项。

(9) 出现 Program Device 对话框，如图 9.9 所示。在该界面中选择所要下载的比特流文件 top.bit 和调试探测文件 debug_net.ltx。

(10) 单击 Program 按钮。

(11) 下载比特流到 FPGA 中。下载完比特流文件后出现调试器界面。

注：此时，将 rst 所对应的开关置位为低，表示系统当前不处于复位状态，同时将 wr_en 和 rd_en 所对应的开关置位为高，表示外部读写触发信号有效。

(12) 在调试器界面右侧窗口中，找到 Trigger Setup 窗口，如图 9.10 所示。在该界面

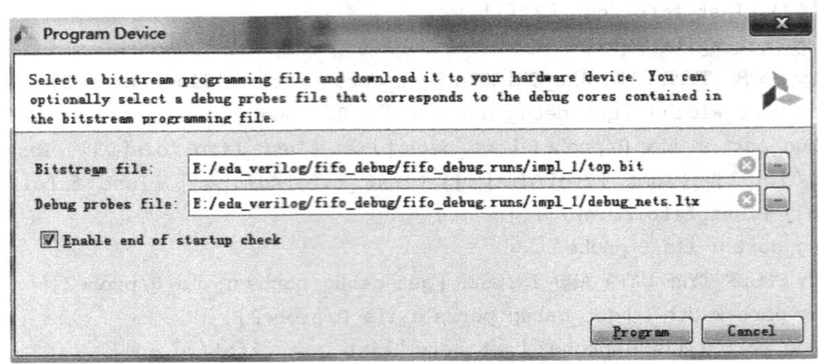

图 9.9　下载比特流和调试探测文件界面

中单击 ✚ 按钮，出现浮动窗口。在浮动窗口中按 Shift 并单击，高亮选中 rd_en 和 wr_en 信号。

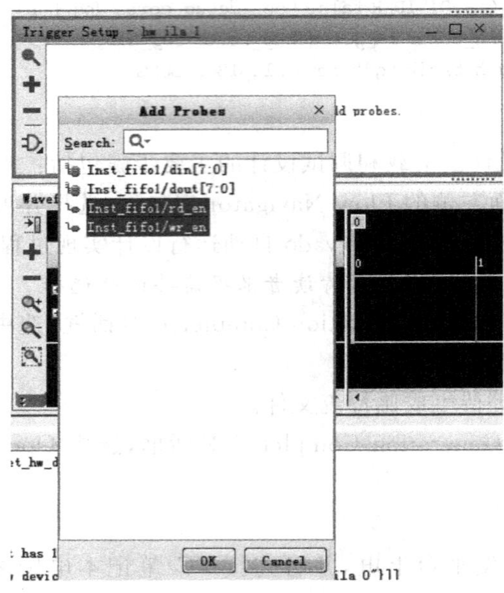

图 9.10　添加触发信号窗口界面

(13) 单击 OK 按钮。

(14) 如图 9.11 所示，在 Trigger Setup 界面中，单击图标，出现浮动菜单。在浮动菜单内选择 Set Trigger Condition to ‘Global OR’选项。

(15) 如图 9.11 所示，单击 Inst_fifo1/wr_en 一行所对应的 Compare Value 一列，出现浮动菜单，在浮动菜单内设置参数如下：

① Radix：[B]。

② Value：1。

(16) 如图 9.11 所示，单击 Inst_fifo1/rd_en 一行所对应的 Compare Value 一列，出现浮动菜单，在浮动菜单内设置参数如下：

① Radix：[B]。

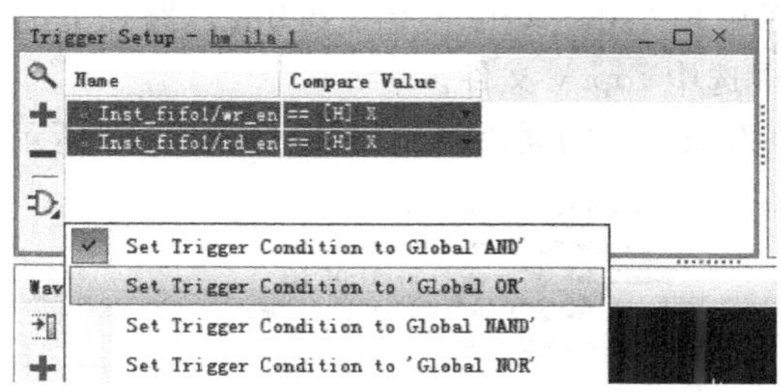

图 9.11 修改触发条件组合关系界面

② Value:1。

注:该选项表示当 rd_en= '1'或者 wr_en= '1'时满足触发条件,用于捕获数据。

(17) 在 Hardware 窗口中,再次找到并选中名字为 hw_ila_1(u_ila_0)的一行,右击,出现浮动菜单。在浮动菜单内,选择 Enable Auto Re-trigger 选项。

注:该选项使能 Vivado 自动不断地执行重触发过程,而不需要读者一次次地人工执行触发。

(18) 在 Hardware 窗口中,单击 ▶| 按钮,使在线逻辑分析仪自动执行触发和捕获数据的过程。

(19) 出现波形窗口,如图 9.12 所示。在该界面中,单击 按钮和 按钮,将波形调整到合适的位置。调整后的波形窗口如图 9.13 所示。

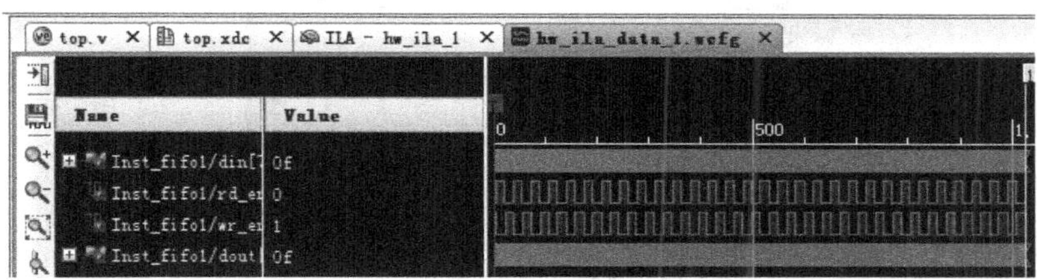

图 9.12 波形窗口

(20) 关闭当前设计工程。

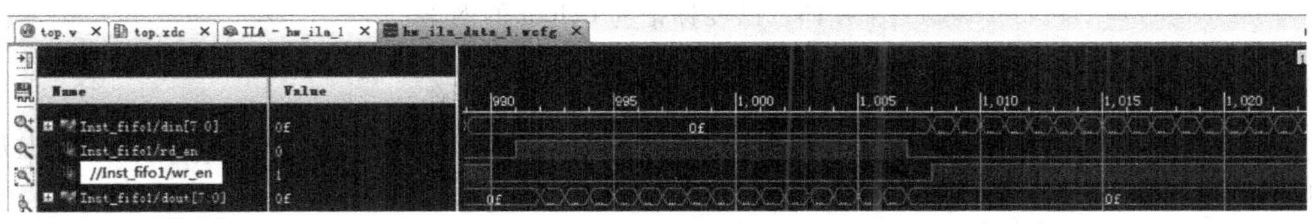

图 9.13 调整后的波形窗口

思考与练习 9-4 分析调试的结果与预先设计的要求是否一致。

9.4 使用添加 Verilog HDL 属性调试探测流程

本节将在设计中添加 Verilog HDL 属性设置参数。添加 Verilog HDL 调试属性设置参数的主要步骤包括:

(1) 在 Vivado 中，打开 E:\eda_verilog\fifo_debug1\路径下的 fifo_debug. xpr 工程。

(2) 在 Source 窗口中选中 top. v 文件。

(3) 在 top. v 文件中添加下面的属性声明语句，如图 9.14 所示。

```
(*mark_debug="true"*)reg wr_en;
(*mark_debug="true"*)reg rd_en;
(*mark_debug="true"*) reg[7:0] din;
(*mark_debug="true"*) wire [7:0] dout_tmp;
assign dout=dout_tmp;
```

图 9.14　添加属性声明语句

注：① 此外，在 fifo 例化语句中将. dout(dout)修改为. dout(dout_tmp)。如图 9.14 所示添加 assign dout＝dout_tmp，将 dout_tmp 关联到 dout 端口上。

② 该属性声明语句表示将 rd_en、wr_en、din 和 dout_tmp 网络添加到在线逻辑分析中。

(4) 保存文件。

(5) 在 Vivado 主界面左侧的 Flow Navigator 窗口内，展开 Synthesis。在展开项中选择并单击 Run Synthesis。

(6) 等待综合完成后，打开综合后的设计。

(7) 在 Netlist 界面内展开 Nets。可以看到 din、dout_tmp、rd_en 和 wr_en 网络标记为调试状态，如图 9.15 所示。

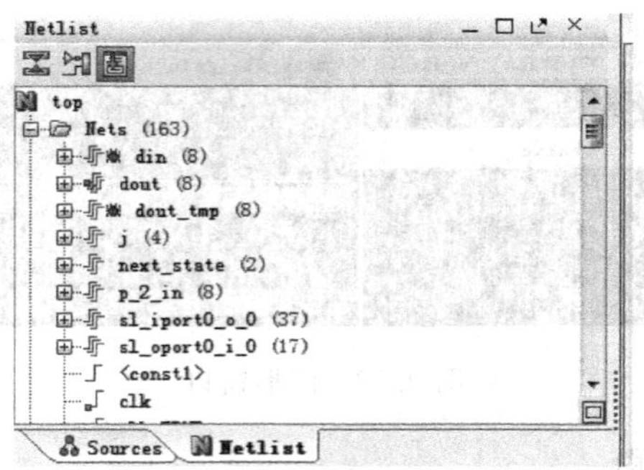

图 9.15　已经标记为 debug 的网络

(8) 按照 9.3 节介绍的方法设置调试所需要的时钟网络。

(9) 按照 9.3 节介绍的方法添加约束文件，对设计进行综合，对设计进行实现，生成设计的比特流文件，下载比特流文件. bit 和探测调试文件. ltx 到 FPGA 器件中。

(10) 按照前面的方法添加 rd_en 和 wr_en 触发条件，并将触发条件设置为“1”。

(11) 按照前面的方法启动调试器，调整 A7-EDP-1 开发平台上的开关，观察满足触发条件后的波形界面。

9.5　使用 Verilog HDL 例化调试核调试探测流程

本节将使用 Verilog HDL 例化调试核调试探测。使用 Verilog HDL 例化调试核的主要步骤包括：

(1) 打开本书提供的 e:\eda_verilog\fifo_debug2 目录下的 fifo_debug.xpr 工程。

(2) 在 Vivado 主界面左侧的 Flow Navigator 窗口下，单击 IP Catalog。

(3) 在 Vivado 主界面右侧出现 IP Catalog 标签窗口。

(4) 在 Search 右侧文本框中输入 ila。在下面的窗口中给出所搜到的相关 IP 核列表，如图 9.16 所示。在列表窗口中双击 ILA(Integrated Logic Analyzed)。

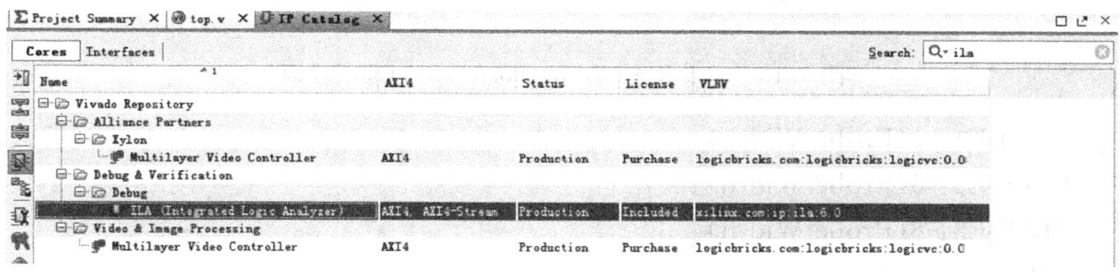

图 9.16 ILA IP 核入口

(5) 弹出 Customize IP-ILA(Integrated Logic Analyzer)对话框，如图 9.17 所示。将 Component Name 后面的名字改为 fifo_debug0。

(6) 选择 General Options 标签，如图 9.17 所示，参数设置如下：

① Number of Probes：4。

② 不选中 Trigger Out Port 和 Trigger In Port 复选框。

③ 其余按默认参数设置。

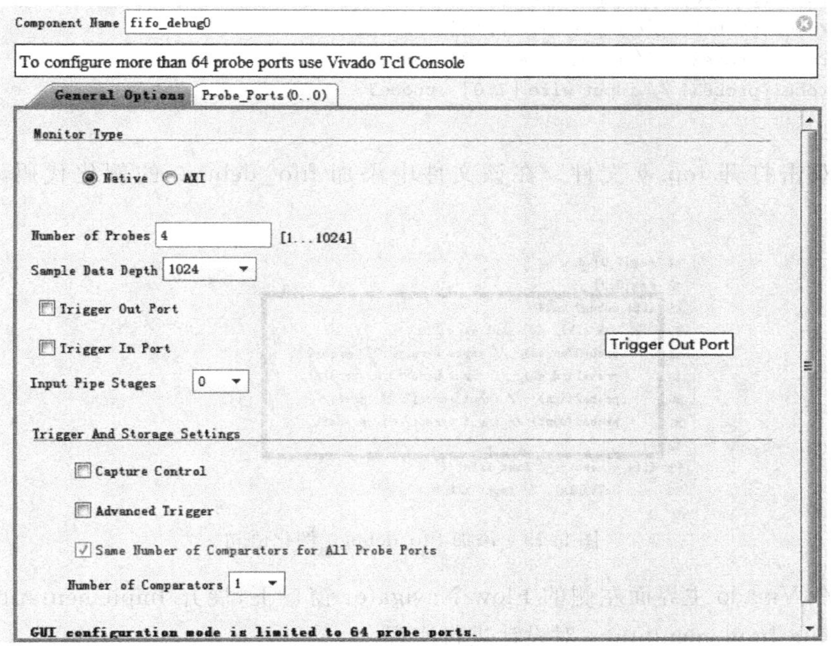

图 9.17 ILA IP 核 General Options 选项界面

(7) 选择 Probe_Ports(0...3)标签，如图 9.18 所示，参数设置如下：

① PROBE0：1(Probe Width)。

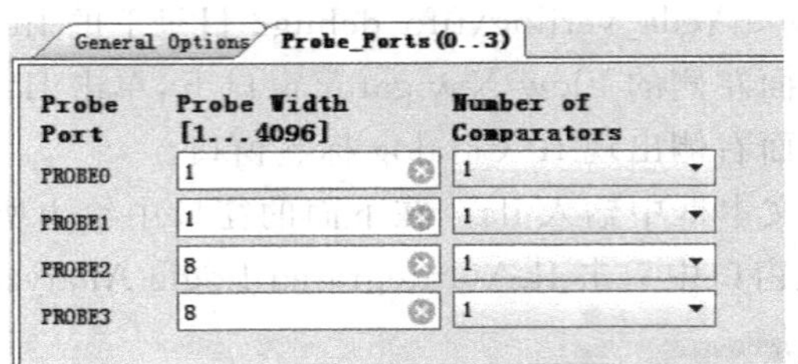

图 9.18　ILA IP 核 Probe_Ports(0...3)选项界面

② PROBE1：1(Probe Width)。

③ PROBE2：8(Probe Width)。

④ PROBE3：8(Probe Width)。

(8) 单击 OK 按钮。

(9) 出现 Generate Output Products 对话框。

(10) 单击 Generate 按钮。

(11) 在 Sources 窗口内选择 IP Sources 标签。在该标签界面内双击 fifo_debug0.veo，打开该文件，fifo_debug0 的 Verilog HDL 模板如代码清单 9-5 所示。

代码清单 9-5　fifo_debug0.veo 文件

```
fifo_debug0 your_instance_name (
    .clk(clk), // input wire clk
    .probe0(probe0), // input wire [0:0]  probe0
    .probe1(probe1), // input wire [0:0]  probe1
    .probe2(probe2), // input wire [7:0]  probe2
    .probe3(probe3) // input wire [7:0]  probe3
);
```

(12) 双击打开 top.v 文件。在该文件中添加 fifo_debug0 的例化代码，如图 9.19 所示。

```
reg[7:0] din;
reg[3:0] j;
fifo_debug0 uut(
    .clk(clk), // input wire clk
    .probe0(wr_en), // input wire [0:0] probe0
    .probe1(rd_en), // input wire [0:0] probe1
    .probe2(din), // input wire [7:0] probe2
    .probe3(dout) // input wire [7:0] probe3
);
fifo_generator_0 Inst_fifo1 (
    .clk(clk), // input clk
```

图 9.19　添加 fifo_debug0 例化语句

(13) 在 Vivado 主界面左侧的 Flow Navigator 窗口下，展开 Implementation。在展开项中双击 Run Implementation，对设计进行实现。

(14) 实现结束后，出现 Implementation Completed 对话框。在该对话框内选中 Generate Bitstream 复选框。

(15) 单击 OK 按钮，等待生成比特流文件。

（16）出现 Bitstream Generation Completed 对话框。在该对话框中选中 Open Hardware Manager 复选框。

（17）单击 OK 按钮。

（18）当下载完 bit 文件和 ltx 文件后，出现调试器界面。

注：此时，将 rst 所对应的开关置位为低，表示系统当前不处于复位状态；同时将 wr_en 和 rd_en 所对应的开关置位为高，表示外部读写触发信号有效。

（19）添加 rd_en 和 wr_en 触发条件，并将触发条件设置为"1"。

（20）启动调试器，调整 A7-EDP-1 开发平台上的开关，观察满足触发条件后的波形界面。

第 10 章 数字系统高级设计方法

CHAPTER 10

本书前面介绍的内容是实现复杂数字系统所需要的最基本的知识，这些知识对于设计没有性能要求的数字系统来说是足够的，但是，当读者面对的是有高性能低成本要求的复杂数字系统设计时，这些基础知识是远远不够的。因此，需要读者掌握设计高性能复杂数字系统的其他方法。

本章内容将帮助读者进一步掌握设计复杂数字系统的技巧，内容包括数字系统设计目标、时序基本概念、逻辑复制和复用、并行和流水线、同步和异步单元处理、逻辑结构处理。

10.1 数字系统设计目标

无论使用什么方法描述数字系统，其设计目标总是在速度、面积和功耗之间进行权衡。为什么说权衡呢？这是因为这三个目标实际上是互相矛盾的。对于一个设计者来说，数字系统的设计总是在这三个目标之间进行权衡。因此，明白速度、面积和功耗的本质非常重要。

1）速度和面积问题

“面积”是指设计数字系统时所消耗的 FPGA 逻辑资源个数，一般是指消耗的触发器和查找表数目。“速度”是指所设计的数字系统在 FPGA 芯片上稳定运行时能够达到的最高工作频率。

面积和速度这两个指标始终贯穿着 FPGA 的设计过程，是评价设计性能的两个最重要的指标。在数字系统设计中，面积和速度呈反比关系。如果提高速度，就需要消耗更多的资源，即需要更大的硅片面积；如果减少了所占用的硅片面积，就会使系统的处理性能降低。所以，在数字系统设计中，不可能在显著提高 FPGA 器件的工作频率同时，又显著减少所占用的 FPGA 逻辑资源的个数。

在实际设计时，需要在速度和面积之间进行权衡，使得设计达到面积和速度的最佳结合点。通过采用逻辑复制和复用、并行和流水线、同步和异步单元处理、逻辑结构处理等方法，在速度和面积之间进行权衡，满足最佳的性能和资源要求。

2）功耗问题

随着 FPGA 工作频率的不断提高，功耗成为一个引起数字系统设计人员密切关注的问题。由于 FPGA 工作频率的提高，逻辑单元的切换频率也相应提高，因此会增加 FPGA 的功耗。这样，频率和功耗之间就存在着矛盾。当采用先进的 FPGA 制程工艺时，会显著降低 FPGA 的静态功耗和动态功耗。

此外，通过设计者对设计的优化，可以减少逻辑单元不必要的切换。这样，可以进一步降低数字系统的动态功耗。

10.2 时序的基本概念

理解和掌握时序的基本概念，对于读者理解时序报告，以及进行正确的时序约束至关重要。本节将对时序基本概念进行介绍。

10.2.1 基本术语

本节对一些和时序相关的基本术语进行介绍，包括：

(1) 发送沿(Launch Edge)：指发送数据的源时钟的活动边沿。

(2) 捕获边沿(Capture Edge)：指捕获数据的目的时钟的活动边沿。

(3) 目的时钟(Destination Clock)：指捕获时钟。

(4) 建立要求(Setup Requirement)：指所定义的最苛刻建立约束的发送沿和捕获沿之间的关系。

(5) 建立关系(Setup Relationship)：指由时序分析工具验证的建立检查。

(6) 保持要求(Hold Requirement)：指定义了最苛刻保持约束的发送沿和捕获沿之间的关系。

(7) 保持关系(Hold Relationship)：指由时序分析工具验证的保持检查。

10.2.2 时序路径

时序路径由设计实例之间的连接所定义。在数字系统设计中，时序路径是由相同时钟或者两个不同时钟控制的一对时序元件(如触发器)构成。在任何设计中的公共时序路径是指：

1) 从输入端口到内部时序单元的路径

数据首先由电路板上时钟所控制的器件发出，然后经过一个输入延迟(由 SDC 文件定义)后到达器件端口。在到达目的时钟所控制的一个时序单元之前，通过器件内部逻辑传输逻辑信号。

2) 从时序单元到时序单元的内部路径

在 FPGA 器件内部，由源时钟所驱动时序单元发出数据。在到达目的时钟所控制的一个时序单元之前，通过内部逻辑传输逻辑信号。

3) 从内部时序元件到输出端口的路径

在 FPGA 器件内部，由源时钟驱动时序单元发出数据。在到达输出端口前，通过内部的一些逻辑传输逻辑信号。在经过额外延迟(也称为输出延迟)后，由 PCB 板上的时钟捕获逻辑信号。

4) 从输入端口到输出端口的路径

在数据从输入端口到输出端口的传输路径中没有锁存器，这样数据就直接穿过 FPGA

内部。因此，这种类型的路径通常称为数据输入到数据输出路径。在这种情况下，用于输入和输出延迟的参考时钟可以是一个虚拟时钟或者一个设计时钟。

一个时序路径的含义如图 10.1 所示，该图对上面所介绍的时序路径概念进行了详细说明。在该例子中，设计时钟 CLK0 可以用作板级时钟，用于对 DIN 和 DOUT 的延迟进行约束。

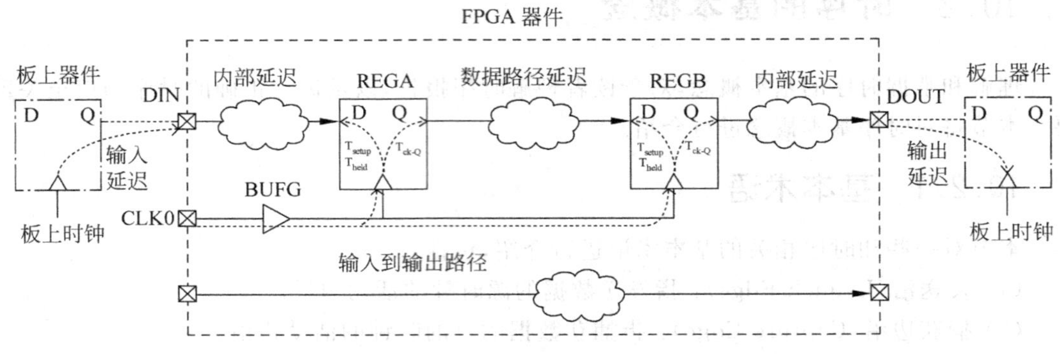

图 10.1 时序路径的例子

如图 10.2 所示，每个时序路径由下面三部分构成：

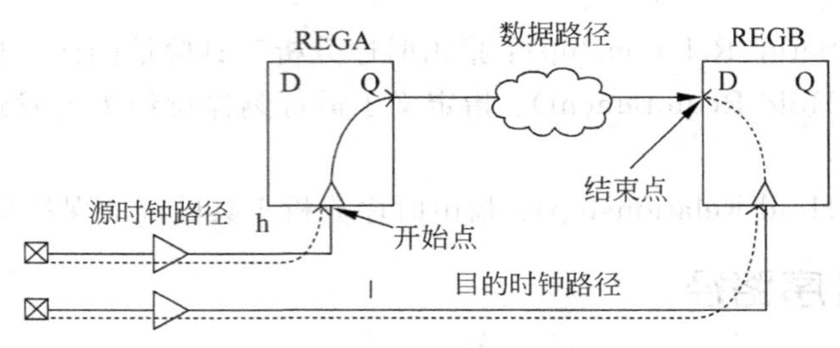

图 10.2 典型的时序路径

1）源时钟路径

源时钟路径起始于源点（如一个输入端口）的源时钟，结束于发出时序单元的时钟引脚。

2）数据路径

数据路径是时序路径的一部分，位于路径的开始点和路径的结束点。

（1）一个路径的开始点是一个时序单元的时钟引脚或者是一个数据输入端口。

（2）一个路径的结束点是一个时序单元的数据输入引脚或者一个数据输出端口。

3）目的时钟路径

目标时钟路径起始于源点（如一个输入端口）的目的时钟，结束于用于正在捕获的时序单元时钟引脚。

10.2.3 建立和保持松弛

术语 Slack 英文本身的意思是松弛，它的取值对于判定时序关系非常重要：

（1）当建立时间/保持时间松弛度的值为正数时，表示当前的时序关系满足建立/保持时间的要求，并且还有充分的时间裕度。

(2) 当建立时间/保持时间松弛度的值为负数时，表示当前的时序关系不满足建立/保持时间要求，并且所给出的时间裕度明显不够。

如图 10.3 所示，建立松弛表示为

建立松弛＝数据所要求的建立时间－数据到达的时间

注：图中 T_{su} 表示所要求的建立时间。

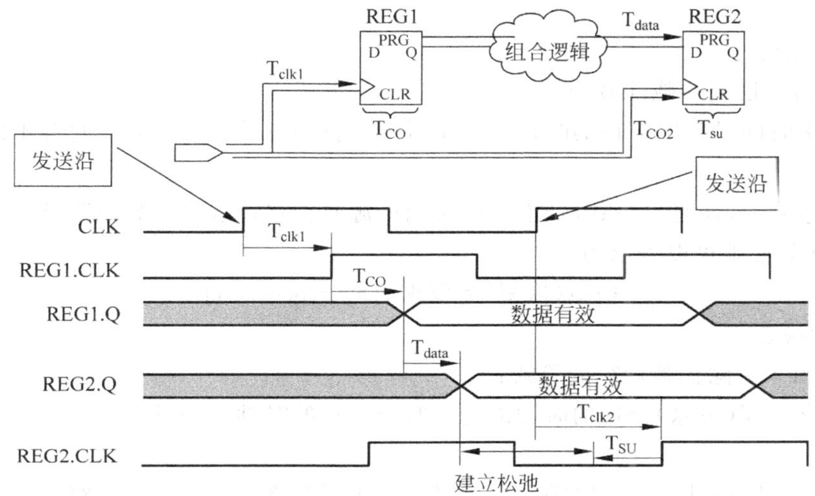

图 10.3　建立松弛的定义

如图 10.4 所示，保持松弛表示为

保持松弛＝撤除数据的时间－数据所要求的保持时间

注：图中 T_h 表示数据所要求的保持时间。

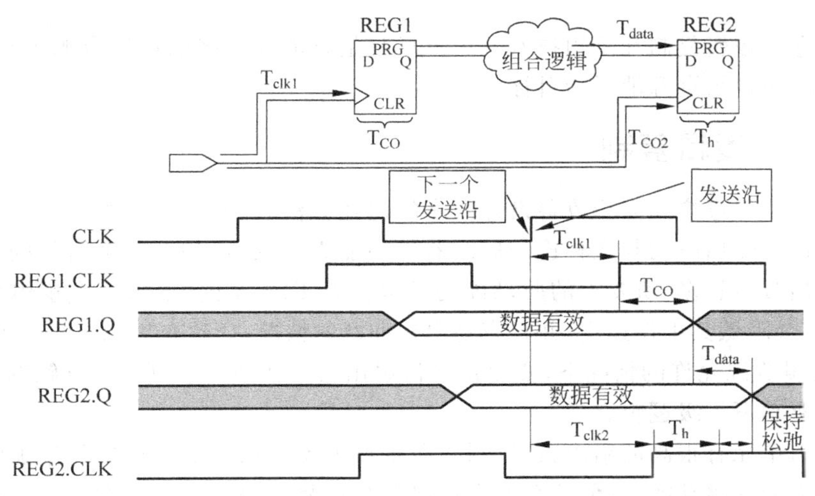

图 10.4　保持松弛的定义

10.2.4　去除和恢复检查

恢复和去除时序检查类似于建立和保持检查，但是它们应用于异步引脚，如置位(Set)

和复位(Reset)。

对于包含有异步复位的一个寄存器来说：

(1) 恢复时间是指把异步复位信号切换到不活动状态后，下一个活动时钟沿之前的最小时间。这个时间用于安全地锁存一个新的数据。

(2) 去除时间是在一个活动时钟沿后，在异步复位信号可以安全切换到不活动状态前的最小时间。

1. 恢复检查

下面给出了恢复松弛计算的等式：

(1) 要求时间(恢复)＝目的时钟沿起始时间＋目的时钟路径延迟－时钟不确定性－恢复时间。

(2) 到达时间(恢复)＝源时钟沿开始时间＋源时钟路径延迟＋数据路径延迟。

因此，恢复松弛可以表示为

松弛(恢复)＝要求时间－到达时间

2. 去除检查

下面给出了去除松弛计算的等式：

(1) 要求时间(去除)＝目的时钟沿起始时间＋目的时钟路径延迟＋时钟不确定性＋去除时间。

(2) 到达时间(去除)＝源时钟沿起始时间＋源时钟路径延迟＋数据路径延迟。

因此恢复松弛可以表示为

松弛(去除)＝到达时间－要求时间

10.3 逻辑复制和复用

本节将介绍逻辑复制和复用技术。逻辑复制是以消耗更多的逻辑资源为目标，而逻辑复用则是以减少逻辑资源消耗为目标。

10.3.1 逻辑复制

逻辑复制是通过增加面积改善设计时序的优化方法，经常用于调整信号的扇出。扇出是指某一器件的输出驱动与之相连的后续器件的能力。众所周知，一个器件的扇出数是有限制的。扇出数目越多，所要求的驱动能力越高。在FPGA内，如果一个逻辑单元的扇出数过多的话，会降低其工作速度，并且容易出现拥塞的情况，导致布局和布线的失败。因此，在FPGA逻辑资源允许的情况下，要尽量降低扇出数。如图10.5所示，D触发器需要一个很大的扇出驱动下一级逻辑。

如果逻辑单元有很高的扇出数目，则要在逻辑单元的输出部分相应的添加输出缓冲器来增强输出部分的驱动能力，但这会增大输出部分信号传输时延。如图10.6所示，通过逻辑复制后，D触发器的扇出数目大大降低。通过逻辑复制，使用多个相同的信号分担驱动任务。这样，每路信号的扇出就会降低，不需要额外的缓冲器增强驱动，即可减少信号的路径延迟。

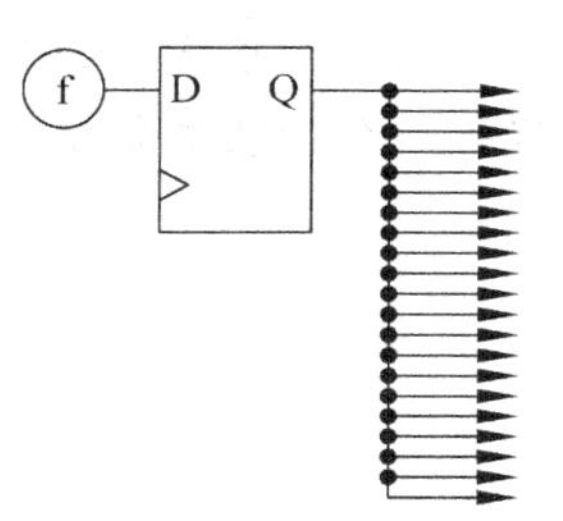

图 10.5　未采用逻辑复制的单 D 触发器扇出

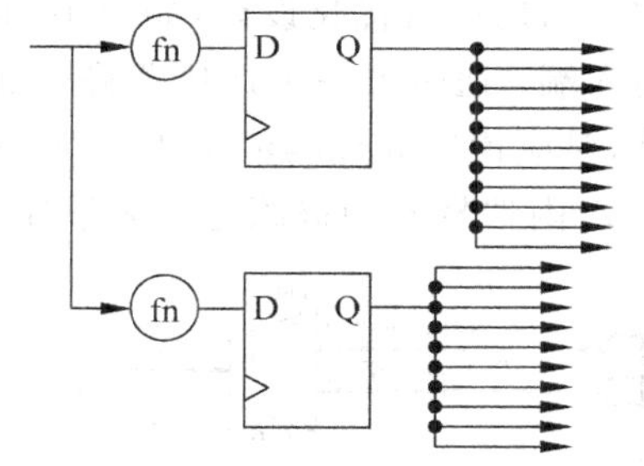

图 10.6　采用逻辑复制后的双 D 触发器扇出

通过逻辑单元复制技术可以减少逻辑单元的扇出数，因此有以下两方面优势：

(1) 减少网络延迟。

(2) 多个模块分布在 FPGA 内的不同区域，这样可以显著降低布线阻塞的情况。

注： *在使用逻辑复制技术减少扇出数目时必须注意，如果涉及异步单元，必须对该单元进行同步处理。*

在 Xilinx 的 Vivado 工具的综合属性设置选项中，提供了调整扇出个数的功能，如图 10.7 所示。

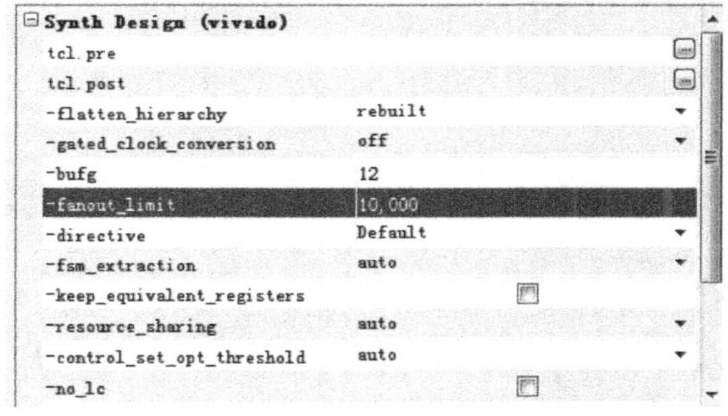

图 10.7　调整扇出个数选项

10.3.2　逻辑复用

逻辑复用是指在完成相同功能时减少所使用的逻辑单元数目。先加法后选择的结构如图 10.8 所示，在实现这样一个功能时需要使用两个加法器和一个选择器，对应的代码如代码清单 10-1 所示。

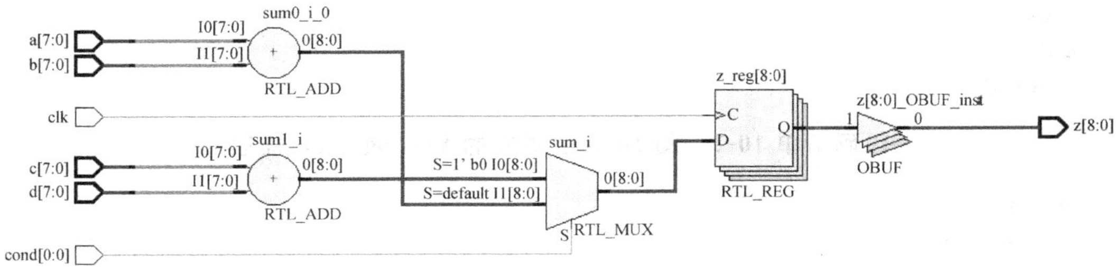

图 10.8　先加后选择的结构

对该结构进行优化设计，如图 10.9 所示，通过一个选择器将加数 a 和 b 送到加法器的一个输入端；通过另一个选择器将被加数 b 和 d 送到加法器的另一个输入端，然后进行加法运算，对应代码如代码清单 10-2 所示。这样的设计可以节省一个加法器资源，这是因为在 FPGA 内选择器的资源远远多于加法器资源。

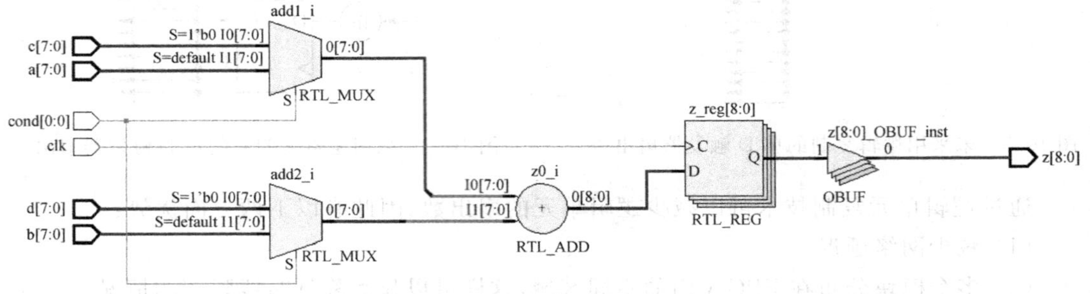

图 10.9　先选择后加的结构

因此，在不影响设计性能的情况下，逻辑复用可以显著降低对逻辑资源的消耗。

代码清单 10-1　图 10.8 所对应的 Verilog HDL 描述

```
module top(
    inputclk,
    input [7:0] c,
    input [7:0] d,
    input [0:0] cond,
    input [7:0] a,
    input [7:0] b,
    outputreg[8:0] z
    );
reg [8:0] sum;
  always@( * )
  begin
  case (cond)
    1'b0   :   sum = c + d;
    default :   sum = a + b;
endcase
end
always@(posedgeclk)
begin
  z <= sum;
end
endmodule
```

代码清单 10-2　图 10.9 所对应的 Verilog HDL 描述

```
module top(
    inputclk,
    input [7:0] c,
    input [7:0] d,
```

```
        input [0:0] cond,
        input [7:0] a,
        input [7:0] b,
        output reg[8:0] z
        );
    reg [7:0] add1;
    reg [7:0] add2;
    always@( * )
    begin
    case (cond)
        1'b0 : begin
                    add1 = c;
                    add2 = d;
              end
        default : begin
                    add1 = a;
                    add2 = b;
                  end
    endcase
    end
    always@(posedgeclk)
    begin
       z <= add1 + add2;
    end
    endmodule
```

10.4 并行和流水线

在进行数字系统设计时，为了提高 FPGA 的运行效率，在完成相同的逻辑功能的情况下，还需采用并行和流水线设计技术。

10.4.1 并行设计

串行设计是最常见的处理数据流的设计方法。当一个功能模块对输入数据的处理是分步骤进行的，而且后一步骤与前一步骤有数据关联时，功能模块的设计就需要采用串行设计思想。

并行处理就是用多个处理流程同时处理到达的数据流，提高对多数据流的处理能力。并行处理要求这些处理任务之间无相关性，即这些任务之间没有数据依赖关系。如果数据流之间存在相互依赖，那么用并行处理的方法就很难提高对数据流的处理效率。下面以一个复杂的乘法运算为例，说明并行处理技术的使用。

首先给出该运算的数学表达式：

$$y = a_0 \cdot b_0 + a_1 \cdot b_1 + a_2 \cdot b_2 + a_3 \cdot b_3$$

实现该功能的并行结构如图 10.10 所示，该结构对应的代码如代码清单 10-3 所示。通过使用多个乘法器，使得四个乘法运算可以同时进行。需要注意的问题是这种速度的提高是以牺牲面积为代价的。

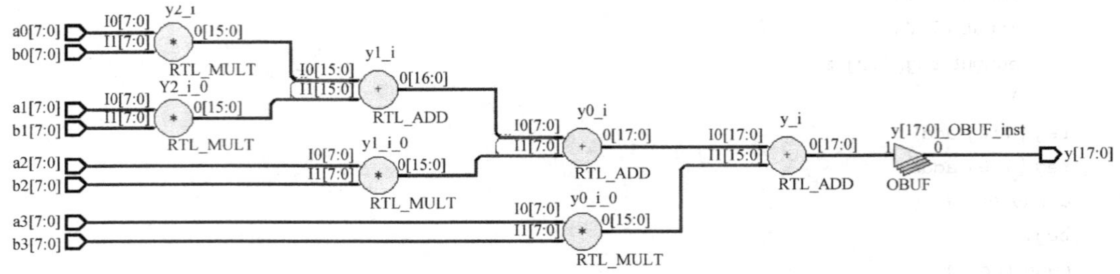

图 10.10　并行乘法的实现结构图

代码清单 10-3　并行乘法的 Verilog HDL 描述

```
module top(
    input [7:0] a0,
    input [7:0] b0,
    input [7:0] a1,
    input [7:0] b1,
    input [7:0] a2,
    input [7:0] b2,
    input [7:0] a3,
    input [7:0] b3,
    output [17:0] y
    );
assign y = a0 * b0 + a1 * b1 + a2 * b2 + a3 * b3;
endmodule
```

10.4.2　流水线设计

流水线设计类似于生产流水线，即生产线上的工人按照一定的顺序在规定的时间内完成相应的工作任务。采用流水线设计方法，从宏观上来看，每一个事件的平均处理时间为一个基本时间单位。流水线的设计要求事件所分成的 N 个处理步骤在处理时间上具有同样的数量级，这样的处理规则是为了保证流水线不会因处理时间的差异而发生阻塞。流水线处理的结构如图 10.11 所示。

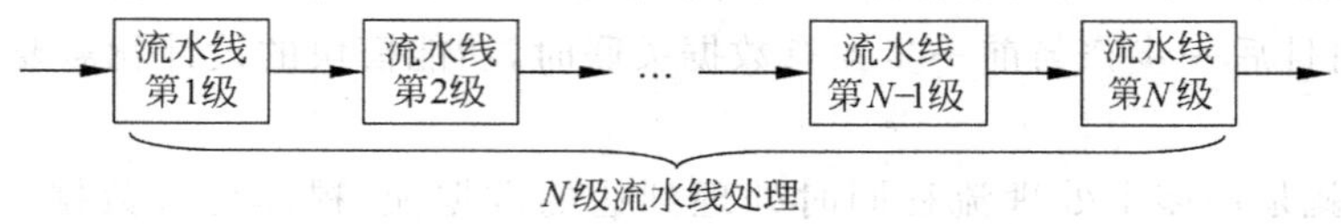

图 10.11　流水线处理结构图

采用流水线设计可以在不提高系统运行频率的情况下，获得更好的处理性能。如果假设在串行设计中系统处理性能与系统运行频率呈正比关系，那么对于流水线设计，在不提高系统运行频率的情况下，N 级流水线的处理性能可以用下式描述：

$$处理效能=系统运行频率\times流水线级数$$

由此可见，在不提高系统运行频率的情况下，提高流水线的级数将成倍地提高系统处理的性能。流水线的设计应遵循下面的规则：

（1）只有对那些能分成 N 个步骤完成，并且对每个步骤都使用固定相同处理时间的操作来说，才能采用流水线设计；

（2）由于硬件资源是有限的，因此流水线的级数也是有限的；

（3）对于存在处理分支预测流水线设计，流水线处理效能还要取决于分支预测算法设计。

流水线能动态地提升器件性能，它的基本思想是对经过多级逻辑的长数据通路进行重新构造，把原来必须在一个时钟周期内完成的操作分成在多个周期内完成。这种方法允许更高的工作频率，因而提高了数据吞吐量。由于 FPGA 内的寄存器资源非常丰富，所以对 FPGA 设计而言，流水线是一种先进的而又不耗费过多器件资源的结构。但是采用流水线后，数据通道将会变成多时钟周期，所以要特别考虑设计的其余部分，解决增加通路带来的延迟。

流水线的基本结构是将适当划分的 N 个操作步骤串联起来。流水线操作的最大特点是数据流在各个步骤的处理从时间上看是连续的；其操作的关键在于时序设计的合理安排、前后级接口间数据的匹配。如果前级操作的时间等于后级操作的时间，直接输入即可；如果前级操作时间小于后级操作时间，则需要对前级数据进行缓存，才能输入到后级；如果前级操作时间大于后者，则需要串并转换等方法进行数据分流，然后再输入到下一级。

下面以流水线乘法器的实现为例，如图 10.12 所示。在每个时钟节拍下，该流水线乘法器均可以得到一个乘法结果的输出，乘法器的效率大大增加，该结构对应的代码如代码清单 10-4 所示。

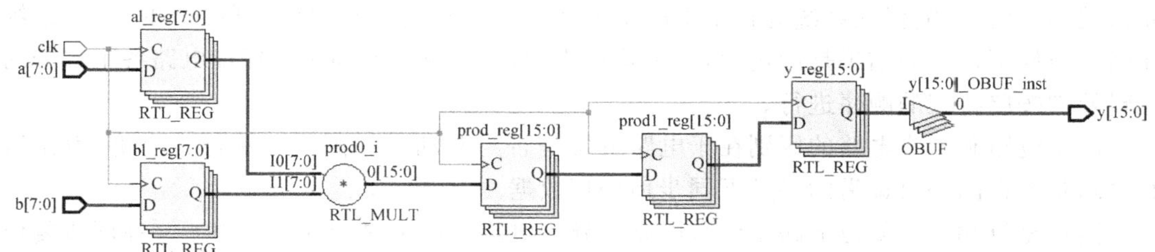

图 10.12　流水线乘法器的结构图

代码清单 10-4　流水线乘法器的 Verilog HDL 描述

```
module top(
    input [7:0] a,
    input [7:0] b,
    input clk,
    output reg [15:0] y
    );
reg [7:0] a1,b1;
reg [15:0] prod,prod1;
always @(posedge clk)
begin
  a1 <= a;
  b1 <= b;
```

```
    prod <= a1 * b1;
    prod1 <= prod;
    y <= prod1;
  end
endmodule
```

10.5 同步和异步单元处理

本节将介绍同步单元和异步单元的处理方法，这对于改善同步和异步数字系统的性能非常重要。

10.5.1 同步单元处理

在复杂数字系统中，FPGA器件通常完成一些复杂的计算工作，如复杂的数字信号处理和逻辑行为。虽然FPGA内部由大量的逻辑宏单元组成，但是这些宏单元基本上是由有限的几种不同的逻辑单元或是逻辑门构成的。每一种逻辑单元包含输入信号以及输出信号，输出信号又作为其他逻辑单元的输入信号。

从逻辑层面的抽象看，一个FPGA器件可看作是数量众多的逻辑门构成的网络，这些逻辑门的输入和输出通过金属导线相连构成了完成特定逻辑功能或算法的网络。在FPGA芯片内部，成百上千万的逻辑门之间的信号传递决定了逻辑门的时延以及系统最后的运行速度。

集成电路系统中有些信号的传递可以同时进行，但是有些信号的传递必须遵循严格的先后关系，这样才能保证系统运行结果的正确性(即系统运行的结果是可以被重复的，系统在确定条件下运行的结果是确定的，而不是随机的)。这就需要同步来保证电路各个部分的逻辑处理按照特定的顺序进行。

同步电路和异步电路的区别在于电路触发是否与驱动时钟同步。从行为上讲，就是所有电路是否在同一时钟沿的触发下同步地处理数据。

同步复位和异步复位电路是同步电路和异步电路中两个典型的逻辑单元。在同步复位的Verilog HDL进程描述代码中，敏感向量表中只有一个时钟作为敏感输入信号；而在异步复位的Verilog HDL进程描述代码中，敏感向量表中有复位和时钟两个敏感输入信号。在同步复位电路中，当复位信号有效时，必须要等到时钟的沿有效时，才能处理复位信号相关逻辑行为；而在异步复位电路中，当复位信号有效时，立即处理复位信号相关逻辑行为。

在实际的数字系统中常存在多时钟源驱动多逻辑单元的情况，因此实际的数字系统应该是一个异步的系统。对于这样的系统可以采用先局部同步处理，然后对全局异步单元加入异步单元同步化处理机制来实现。

通常情况下，同步电路采用的都是全同步，图10.13(a)给出了同步系统的状态机模型，该模型的第一部分称为组合逻辑部分，它由若干的组合逻辑电路构成；第二部分称为时钟驱动存储单元，简单的说就是寄存器，用于存储组合逻辑的输出结果；第三部分是时钟分配网络，它不参与任何实际的逻辑行为，只产生并分配参考时钟，这一单元的任务是产生控制整个同步电路的时钟，并将时钟正确地分配到每一个寄存器。

同步系统中包括由组合逻辑部分完成的逻辑运算以及由存储单元对于逻辑运算结果的

保存，由时钟信号控制实际的存储过程，并发生在信号从逻辑门的输出端输出稳定之后。在该模型中每个时钟周期的开始时，输入信号以及存储单元保存的数据输入到组合逻辑，经过一定逻辑门以及传输时延后，输出组合逻辑产生的结果并保持稳定，在该时钟周期结束时输出组合逻辑的结果，并将该结果保存到存储单元，以便在下一个时钟周期重新参加组合逻辑的操作。

数字系统可以看作由一系列同时执行的计算单元组成，而这些计算单元又由组合逻辑构成。本地数据通路就是对模型的抽象，如图 10.13(b)所示。从图中可以看出，将组合逻辑的时延限制在一个时钟周期内。在本地数据通路的始端，前端寄存器 Rs 是存储单元，用于在时钟周期开始的时候给组合逻辑提供部分或全部的输入信号，同时在本地数据通路的末端，在时钟周期的结束时刻被正确地锁存于末端寄存器 Rd 中。在本地数据通路中，每一个寄存器既是组合逻辑的输入端即数据的源，也是组合逻辑的输出端即输出数据的目的。由于它们在电路中所处的位置不同，因此同样的寄存器，其功能也不尽相同。

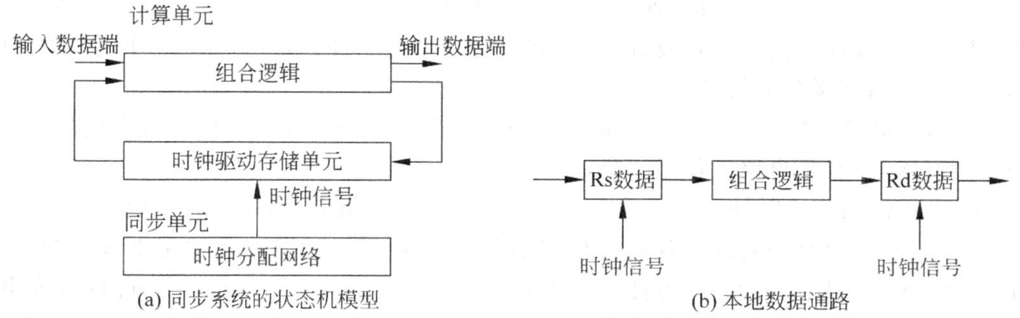

图 10.13 同步系统的结构原理

为了使同步系统具有良好的可控性，系统时钟提供了一种时间窗的机制保证有足够的时间让信号在逻辑门以及逻辑门之间的连线上传播，并最后成功锁存于寄存器，实际上这个时间窗就是数据信息的建立和保持时间。

在设计数字系统和选择时钟工作频率时，要满足以下两个方面的要求：

(1) 系统的时钟频率尽可能的高，这样在固定的时间内逻辑电路可以完成更多的运算。

(2) 有足够的时间窗，以保证组合逻辑的输出信号都能在当前时钟周期结束前以及下一个时钟周期开始前到达目标寄存器。

综合上述，同步电路具有以下方面的优点：

(1) 同步系统易于理解和描述，并且同步系统中的各个参数以及变量定义都十分明确。

(2) 同步系统可以减少非确定因素诸如组合逻辑时延对系统的影响，这就保证了系统按照确定的行为运行，并且保证系统正确执行所设计的算法。

(3) 同步系统可以很好地处理组合逻辑电路所产生的“毛刺”，只要进行合理的采样，就可以消除组合逻辑电路中的“毛刺”。

(4) 同步系统的状态完全由存储单元中所存储的数据决定，这就简化了系统的设计、调试及测试。

正如任何事物都存在着缺点，同样在数字系统设计中也必须认识到同步电路也存在着以下的缺点：

(1) 同步系统的最高工作频率取决于这些通路上具有最大时延的组合逻辑(称为关键路径)的工作频率。同步系统要求系统中的所有通路以最坏情况下的关键路径工作频率来工作。在基于 FPGA 的数字系统设计中,绝大多数的路径都具有很小的时延,也就是可以使用更小的时钟周期,而那些极少数的具有最大时延的路径限制了系统的最高工作频率。

(2) 在同步系统中,需要将时钟信号分配到数以万计的分布于系统不同地方的存储寄存器中。因此,同步系统需要很大的面积分配时钟网络,并且产生额外的功耗。

(3) 同步系统的可靠性依赖于对系统时延要求的正确评估(这种评估可以通过 Vivado 软件中的时序分析工具计算得到),当系统的时延大于系统的工作周期时,同步系统将变得不稳定甚至不可用。

经过上面的分析,数字系统中的同步电路的设计应遵循以下准则:

(1) 尽量在设计中使用单时钟,且走全局时钟网络。在单时钟设计中,很容易就将整个设计同步于驱动时钟,使设计得到简化。全局时钟网络的时钟是性能最优,最便于预测的时钟,具有最强的驱动能力,不仅能保证驱动每个寄存器,且时钟漂移可以忽略。在多时钟应用中,要做到局部时钟同步。在设计中,应将时钟信号通过 FPGA 芯片的专用全局时钟引脚送入以获得低抖动的时钟信号。

(2) 尽量避免使用混合时钟沿采样数据或驱动电路。使用混合时钟沿将会使静态时序分析变得复杂,并导致电路工作频率降低。

(3) 避免使用门控时钟。如果一个时钟节点由组合逻辑驱动,那么就形成了门控时钟,如图 10.14 所示,该结构对应的代码如代码清单 10-5 所示。门控时钟常用来减少功耗,但其相关的逻辑不是同步电路,即可能带有毛刺,而任何一点小毛刺都可以造成 D 触发器误翻转;此外,门控逻辑会降低时钟的质量,产生毛刺,并降低偏移和抖动等性能指标,所以应尽可能地避免地使用门控时钟。

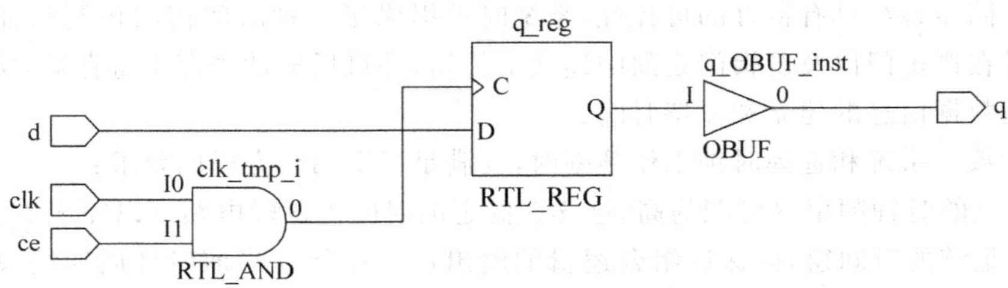

图 10.14 门控时钟电路结构

代码清单 10-5 门控时钟结构的 Verilog HDL 描述

```
module top(
    input  d,
    input clk,
    input ce,
    output reg  q
    );
wire clk_tmp;
assign clk_tmp = clk & ce;
always @(posedge clk_tmp)
begin
```

```
    q<=d;
end
endmodule
```

非门控时钟电路结构如图 10.15 所示，该结构对应的代码如代码清单 10-6 所示。

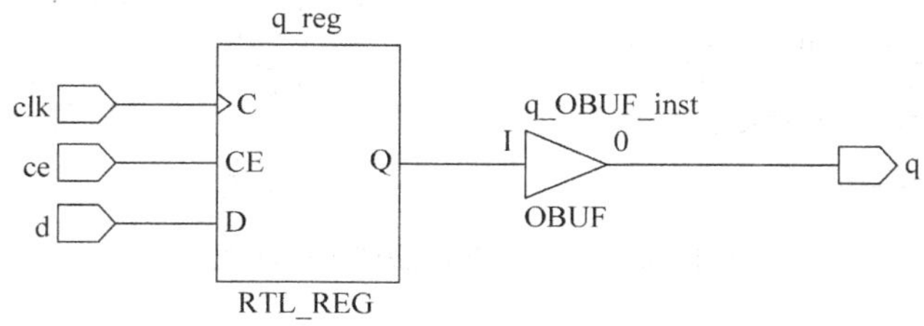

图 10.15　非门控时钟电路结构

代码清单 10-6　非门控时钟结构的 Verilog HDL 描述

```
module top(
    input  d,
    input clk,
    input ce,
    output reg  q
    );
always @(posedge clk)
begin
  if(ce)
      q<=d;
end
endmodule
```

(4) 尽量不要在模块内部使用计数器分频产生所需时钟。各个模块内部各自分频会导致时钟管理混乱，使得时序分析变得复杂，产生较大的时钟漂移，浪费宝贵的时序裕量，降低设计可靠性。其功能可以通过时钟使能电路实现。

当然，在一些时钟频率不高的设计中，仍然可以通过使用计数的方法实现分频的功能。

10.5.2　异步单元处理

在实际的设计过程中，不可避免地要接触到异步单元，例如在设计模块与外围芯片的通信中，不可避免地会遇到跨时钟域的情况。

异步时序单元指的是在设计中有两个或两个以上的时钟，且时钟之间是不同频率或同频不同相的关系。异步时序设计的关键就是使数据或控制信号正确地进行跨时钟域传输，也就是在异步单元之间引入局部同步化的处理机制。

在异步电路的处理中，主要是对数据的建立和保持时间参数的处理。在 FPGA 内的每一个触发器都有给定的建立和保持时间参数。在这个时间参数内，不允许数据变化。如果违反这个规则，那么将出现数据的亚稳定状态。

当一个信号在过渡到另一个时钟域时，如果仅仅用一个触发器将其锁存，那么用 b_clk 进行采样的结果将可能是亚稳态，如图 10.16 所示。这也是信号在跨时钟域时应该注意的问题。

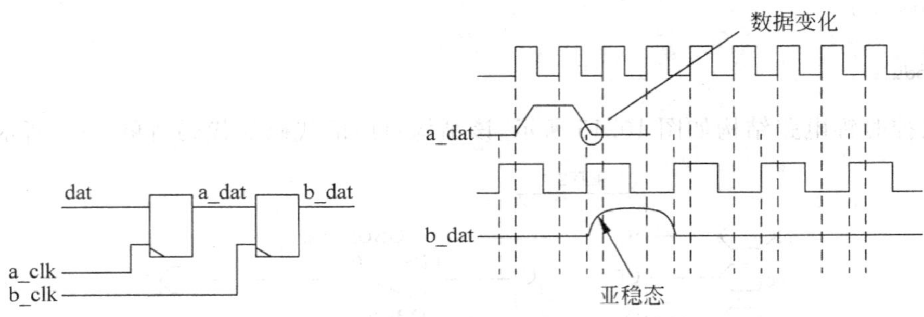

图 10.16　单锁存器法产生的问题

为了避免亚稳态问题，通常采用的方法是双锁存器法，即在一个信号进入另一个时钟域之前，将该信号用两个触发器连续锁存两次，最后得到的采样结果就可以消除亚稳态问题，如图 10.17 所示。

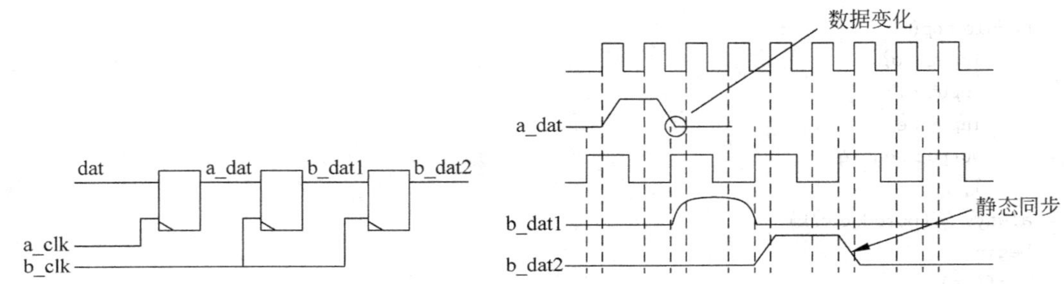

图 10.17　双锁存器法解决亚稳态问题

在异步电路中，经常使用的另一种方法是使用异步 FIFO 对跨越不同时间域的数据信息进行处理，该处理方法的结构如图 10.18 所示。其中：输入数据以 clk1 为基准，而输出数据以 clk2 为基准。当使用异步 FIFO 单元时，只要合理地控制数据输入和数据输出的流量(常用的方法是用 FIFO 的满、空标志)，那么就可以使得跨越不同时间域的数据能以不同的数据率在系统内完成信息的处理和数据交换的任务。

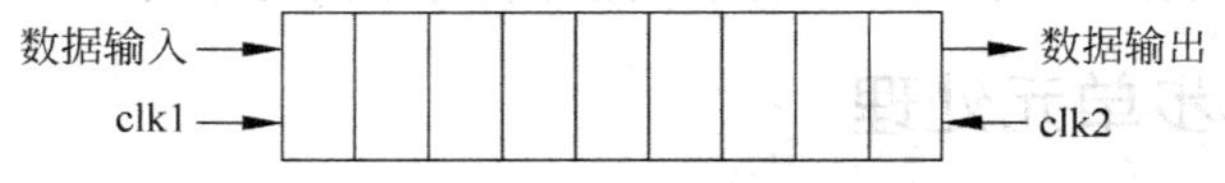

图 10.18　异步 FIFO 处理跨不同时钟域的数据

10.6　逻辑结构处理

本节将介绍逻辑结构的处理方法，不同的逻辑结构处理方法对关键路径有重要的影响。

10.6.1　逻辑结构设计方法

逻辑结构主要分为链状结构和树状结构。一般来讲，链状结构具有较大的时延，而树状结构具有较小的时延。链状结构是指程序是串行执行的，而树状结构是串并结合的模式。

下面以 $z=a+b+c+d$ 运算过程为例说明树状结构和链状结构。该运算过程链状结构如图 10.19 所示，其对应的代码如代码清单 10-7 所示。

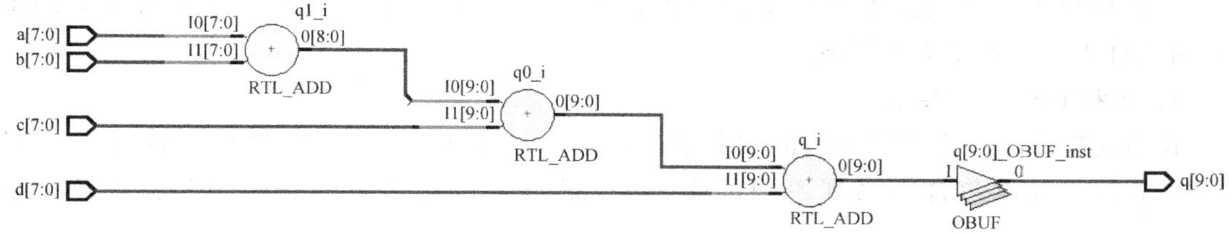

图 10.19 链状结构图

代码清单 10-7 链状结构 Verilog HDL 描述

```
module top(
    input  [7:0] a,
    input  [7:0] b,
    input  [7:0] c,
    input  [7:0] d,
    output [9:0] q
    );
assign q = a + b + c + d;
endmodule
```

该运算过程树状结构如图 10.20 所示，对应的代码如代码清单 10-8 所示。

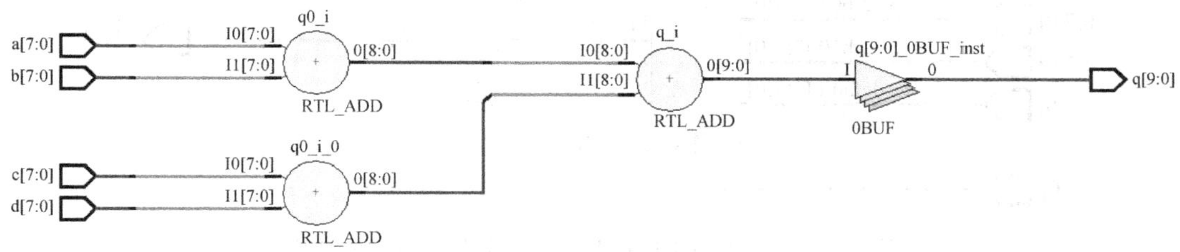

图 10.20 树状结构图

代码清单 10-8 树状结构 Verilog HDL 描述

```
module top(
    input  [7:0] a,
    input  [7:0] b,
    input  [7:0] c,
    input  [7:0] d,
    output [9:0] q
    );
assign q = (a + b) + (c + d);
endmodule
```

从上面可以看出，采用树状结构比链状结构的关键路径要短；但是采用树状结构时，对数据的到达时间要求要比链状结构苛刻一些。

10.6.2 if 和 case 语句的使用

if 语句和 case 语句虽然都用于控制数据流方向，但是两者在实现效果上有很大的不同，对设计性能也有很大的影响。

1. if 和 case 语句特点

if 语句指定了一个有优先级的编码逻辑，而 case 语句生成的逻辑是并行的，不具有优先级。if 语句可以包含一系列不同的表达式，而 case 语句比较的是一个公共的控制表达式。

if-else 结构速度较慢，但占用的面积小，如果对速度没有特殊要求而对面积有较高要求，则可用 if -else 语句完成编解码。case 结构速度较快，但占用面积较大，所以可用 case 语句实现对速度要求较高的编解码电路。

嵌套的 if 语句如果使用不当，就会导致更大的设计延时。为了避免较大的路径延时，最好不要使用特别长的嵌套 if 结构。当使用 if 语句实现对延时要求苛刻的路径时，应将最高优先级给最迟到达的关键信号。

总之，与 case 语句相比，if 语句会产生较长的关键路径。对于一个 4∶1 的多路选择器而言，使用 case 语句描述生成的结构，如图 10.21 所示，所对应的代码如代码清单 10-9 所示。

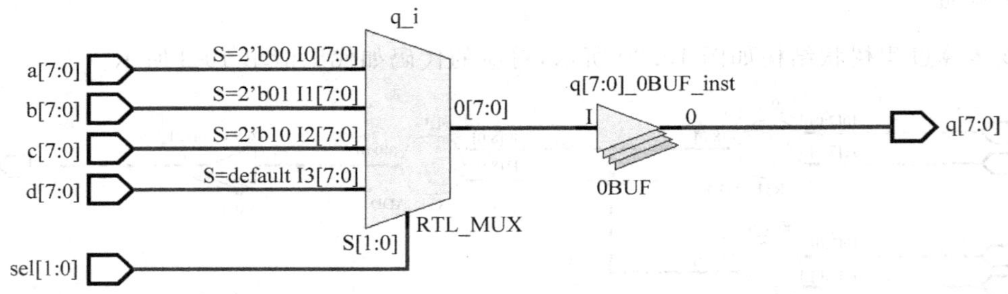

图 10.21 4∶1 多路选择器 case 语句描述生成的结构

代码清单 10-9 4∶1 多路选择器 case 语句 Verilog HDL 描述

```
module top(
    input  [7:0] a,
    input  [7:0] b,
    input  [7:0] c,
    input  [7:0] d,
    input  [1:0] sel,
    output reg [7:0] q
    );
always @( * )
begin
  case (sel)
    2'b00    :  q = a;
    2'b01    :  q = b;
    2'b10    :  q = c;
```

```
    default  :  q = d;
  endcase
  end
  endmodule
```

对于一个 4∶1 的多路选择器使用 if 语句描述生成的结构，如图 10.22 所示，所对应的代码如代码清单 10-10 所示。

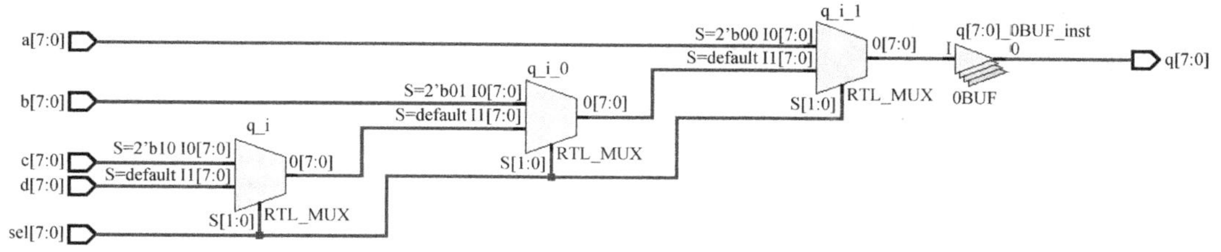

图 10.22　4∶1 多路选择器 if 语句描述生成的结构

代码清单 10-10　4∶1 多路选择器 if 语句 Verilog HDL 描述

```
module top(
    input  [7:0] a,
    input  [7:0] b,
    input  [7:0] c,
    input  [7:0] d,
    input  [1:0] sel,
    output reg [7:0] q
    );
always @( * )
begin
  if(sel == 2'b00)  q = a;
  else if(sel == 2'b01) q = b;
  else if(sel == 2'b10) q = c;
  else  q = d;
end
endmodule
```

2. 避免出现锁存器

锁存器是电平触发的存储器，触发器是边沿触发的存储器，在同步电路设计中要尽量避免出现锁存器。在 Verilog HDL 设计中，很容易由于条件判断语句表述的不完整，而造成设计中出现锁存器。锁存器和 D 触发器的逻辑功能相似，都可存储数据，且锁存器的资源更少，具备更高的集成度。但锁存器对毛刺敏感，不能异步复位，因此在上电后处于不确定的状态。

此外，锁存器还会使静态时序分析变得非常复杂，不具备可重用性。在 FPGA 芯片中，基本的单元是由查找表和触发器组成的，若生成锁存器反而需要更多的资源。因此，在设计中应避免产生锁存器。

思考与练习 10-1　说明逻辑复制和复用技术的原理和应用方法。

思考与练习 10-2　说明并行和流水线的概念，并举例说明其应用。

思考与练习 10-3 说明同步单元和异步单元的概念。

思考与练习 10-4 说明同步单元的优点、缺点及设计规则。

思考与练习 10-5 说明异步单元的处理方法。

思考与练习 10-6 说明 if 和 case 语句的区别和应用。

思考与练习 10-7 说明在使用 if 和 case 语句中防止产生锁存器的方法。

第11章 数模混合系统设计

CHAPTER 11

本章介绍了数模混合系统的设计和实现方法，内容包括模数转换器原理、数模转换器原理、基于XADC的信号采集和处理原理及实现、基于DAC的信号发生器的原理及实现。

数模混合系统设计是FPGA的一个重要应用，通过该章内容的学习，读者可进一步掌握基于FPGA的数模混合系统的设计方法和设计技巧，为将来设计复杂高性能的数模混合系统打下基础。

11.1 模数转换器原理

模数转换器(Analog-to-digital Converter)，简称为ADC或者A/D，用于将连续的模拟信号转换为数字形式的离散信号。典型地，模数转换器将模拟信号转换为表示一定比例电压值的数字信号。然而，有一些模数转换器并非纯的电子设备，如旋转编码器，也被视为模数转换器。在应用中，在输出数字信号时，不同的ADC可能使用不同的编码格式。

11.1.1 模数转换器的参数

下面介绍ADC中几个重要的参数，主要包括分辨率、响应类型、误差和采样率。

1. 分辨率

模数转换器的分辨率是指对于所允许输入的模拟信号范围，它能输出离散数字信号值的个数。通常用二进制数表示输出的离散信号值，因此分辨率经常用比特作为单位，且这些离散值的个数是2的幂次方。例如，一个具有8位分辨率的模数转换器可以将模拟信号编码成256个不同的离散值，从0到255(即无符号整数)或从−128到127(即带符号整数)，至于使用哪一种，取决于具体的应用。

也可以用电气性质描述分辨率，使用伏特表示，如图11.1所示。使得输出离散信号产生一个变化所需的最小输入电压的差值被称作最低有效位(Least Significant Bit, LSB)电压。这样，模数转换器的分辨率Q等于LSB电压。模数转换器的电压分辨率由下面等式确定：

$$Q=\frac{V_{\text{RefHi}}-V_{\text{RefLow}}}{2^N}$$

其中，V_{RefHi}和V_{RefLow}是转换过程允许电压的上下限；N是ADC的分辨率，以比特为单位。

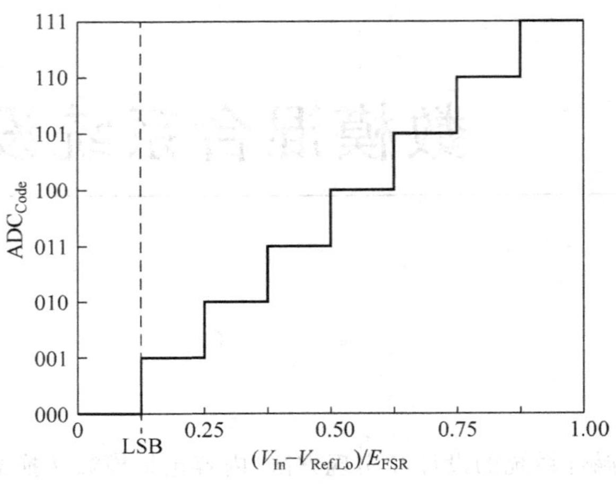

图 11.1 ADC 分辨率的表示

2. 响应类型

大多数模数转换器的响应类型为线性，这里的线性是指输出信号的大小与输入信号的大小呈线性比例。一些早期的转换器的响应类型呈对数关系，由此执行 A-律算法或 μ-律算法编码。

3. 误差

模数转换器的误差有若干种来源，量化误差和非线性误差(假设这个模数转换器标称具有线性特征)是任何模数转换中都存在的内在误差。

4. 采样率

模拟信号在时域上是连续的，可以将它转换为时间上离散的一系列数字信号。这就要求定义一个参数表示获取模拟信号上每个值并表示成数字信号的速度，通常将该参数称为 ADC 采样率或采样频率。

根据奈奎斯特采样定理，当采样频率大于所采样模拟信号最高频率的两倍时，信号才不会发生混叠失真。

11.1.2 模数转换器的类型

本节介绍典型的 ADC 的内部结构和工作原理。

1. Flash ADC

Flash ADC 的内部结构如图 11.2 所示。该 ADC 内部提供了比较器，以及电阻分压网络。通过电阻分压网络和比较器，将外部输入的模拟信号 V_{in} 转换为二进制编码的数字信号，最后通过 8-3 线优先级编码器转换成三位二进制编码输出。

2. 逐次逼近寄存器型 ADC

逐次逼近寄存器型(Successive Approximation Register，SAR)ADC 内部结构，如图 11.3 所示。在该结构内部提供了一个数字模拟转换器(Digital-to-analog Converter，DAC)。SAR 产生二进制数字编码送到 DAC，DAC 产生所对应的模拟信号，然后送到比较器与输入信号 V_{in} 进行比较。如果送入比较器的电压小于 V_{in}，则递增 SAR 的值，直到与 V_{in} 相等为止。当 DAC 产生的模拟电压等于输入信号 V_{in} 时，将送到 DAC 的二进制编码通过 SRG 输出。

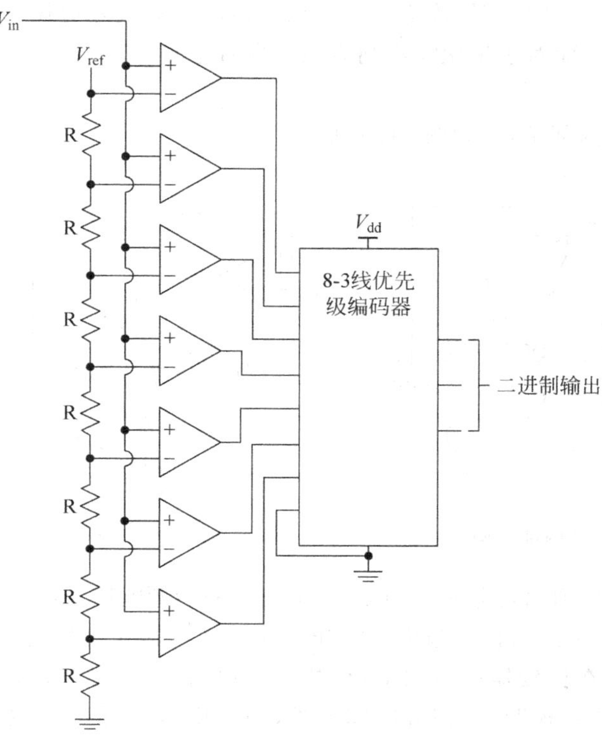

图 11.2 Flash ADC 内部结构

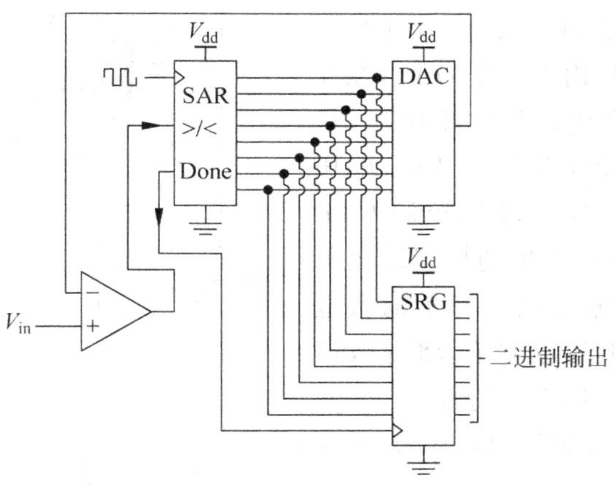

图 11.3 SAR ADC 内部结构

3. Σ-Δ ADC

Σ-Δ ADC 全称为 Sigma-delta ADC，其内部结构如图 11.4 所示。该类型 ADC 的本质就是通过积分求误差的方法得到所对应的二进制编码。该类型 ADC 内部包含积分器、比较器、1 比特触发器和差分放大器，这些功能单元构成一个闭环系统。

触发器作为一位 DAC，其作用使得积分器的平均输入电压接近于比较器的参考电平。调制器输出中“1”的密度与输入信号的大小成正比关系。如果输入电压升高，则比较器将产生更多数量的“1”，反之，则“1”的数量减少。积分器用于对误差电压求和，对于输入信号表现为一个低通滤波器，而对于量化噪声则表现为高通滤波。

4. 积分型 ADC

积分型 ADC 的内部结构，如图 11.5 所示。

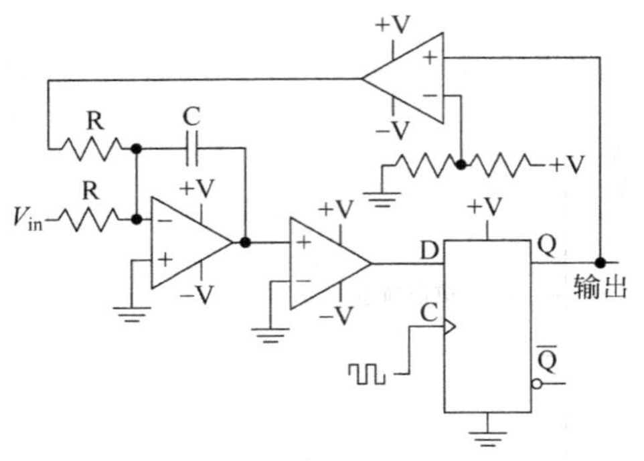

图 11.4　Σ-Δ ADC 内部结构

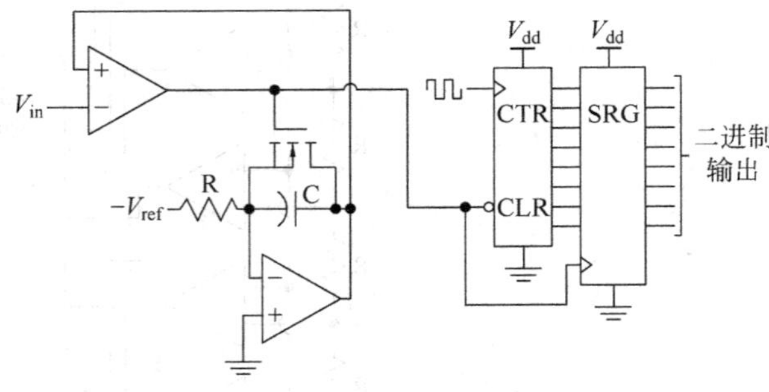

图 11.5　积分型 ADC 内部结构

输入电压 V_{in} 连接到比较器的反相端，一个已知的参考电压 $-V_{ref}$ 输入到积分器，该积分器由比较器的输出控制。当积分输出的电压小于输入电压 V_{in} 时，比较器的输出为 0，积分器持续积分。此时，在比较器的控制下，计数器 CTR 持续递增计数，直到输入电压和积分器输出电压相同为止。很明显，积分时间越长，积分型 ADC 的分辨率越高。但是，这种类型的 ADC 工作速度较慢。

5. 数字跃升型 ADC

数字跃升型 ADC 的内部结构，如图 11.6 所示。在该类型的 ADC 内有一个 DAC，在计数器 CTR 的控制下，产生模拟输出电压，送到比较器与 V_{in} 进行比较，当 DAC 输出电压小于输入电压 V_{in} 时，比较器输出控制 CTR 持续递增计数，这样 DAC 产生的模拟输出电压不断升高。当 DAC 输出电压等于输入电压 V_{in} 时，在比较器输出的控制下，将计数值送到 SRG 中输出，同时将 CTR 清零。

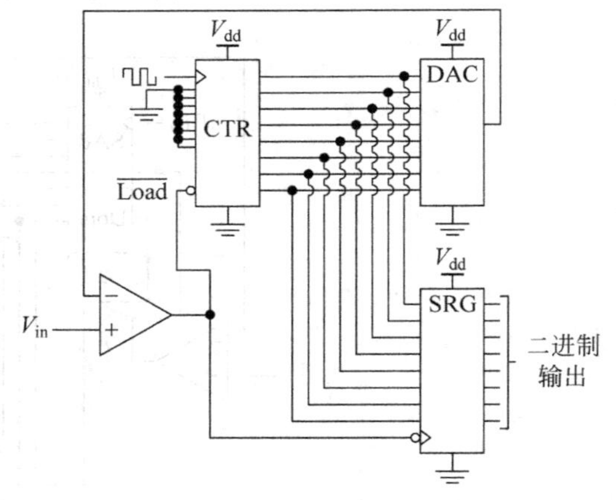

图 11.6　数字跃升型 ADC 内部结构

思考与练习 11-1　说明 ADC 的典型参数及其含义。

思考与练习 11-2　分析上面所给出 ADC 的内部结构，并说明其工作原理。

11.2　数模转换器原理

数字模拟转换器（Digital to Analog Converter，DAC）是一种将抽象的有限精度数据（例如固定小数点的二进制数）数字信号转换为模拟信号（以电流、电压或电荷的形式）的器件。特别地，数字模拟转换器常用于将有限精度时间序列转换成连续的物理信号。数字模拟转换器以均匀的时间间隔输出模拟电压值。

如图 11.7 所示，输入值以一定时序输入并锁存在转换器中，每完成一次转换，转换器的输出值都迅速从上一个输出值更新为当前锁存数值所对应的模拟信号。这样，输出电压在一小段时间内保持恒定值，直到下一个新的输入值转换完成，会迅速变成另一个恒定的值。因此，从效果上看输出信号类似于阶跃函数，这就相当于一个零阶保持器的功能。由于存在跳变，所以存在高频分量，这将对还原模拟信号的频率响应造成影响。

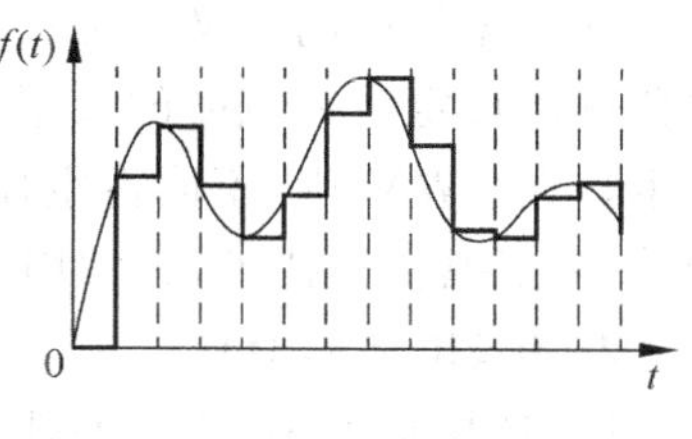

图 11.7 DAC 输出波形图

数模转换器输出阶跃函数序列或方波脉冲造成了奈奎斯特频率以上的谐波。在需要使用 DAC 的应用场合中，通常可通过低通滤波器消除这些成分。

11.2.1 数模转换器的参数

数模转换器的主要指标包括分辨率、最大采样率、单调性、总谐波失真和动态范围。

1. 分辨率

分辨率是指设计的转换器输出可能值的个数，也可以通过转换器使用的位数表示(等于以 2 为底数，所有可能输出值个数为对数)。例如，一个 1 位的数模转换器只能产生 2 个输出电平值，而 8 位的数模转换器则可以产生 256 个输出电平值。数模转换器的分辨率与其达到的有效位有关。

2. 最大采样率

数模转换器能够正常工作并产生正确输出的最大工作速率，奈奎斯特采样定理定义了采样率与被采样信号带宽之间的关系。

3. 单调性

单调性是指转换器的模拟输出与数字输入值具有相同方向的变化，例如当输入信号增加，其输出值在产生正确的输出信号之前绝不会下降。这一性质对于转换器工作在低频信号源或作为数字可编程器件时非常关键。

4. 总谐波失真

总谐波失真参数描述了数模转换器信号失真和噪声情况。它由所需信号中的谐波失真、噪声功率占总功率的百分比值表示。它在动态和小信号数模转换应用中是个重要参数。

5. 动态范围

动态范围描述了数模转换器能够输出的最大和最小信号的差值，以 dB 表示。这个参数还与分辨率和噪声有关。

其他参数还包括相位失真和抖动，这些参数在某些应用中也十分关键，例如无线数据传输和复合视频技术等。

11.2.2 数模转换器的类型

DAC 的常见类型包括脉冲宽度调制、R-2R 网络 DAC、过采样/插值 DAC 和二进制加权 DAC。

1. 脉冲宽度调制

脉冲宽度调制 PWM 是一种最简单的数模转换器。恒定的电流或电压通过低通模拟滤波器输出特定脉冲宽度的波形。在 PWM 中，脉冲宽度通常通过 MCU 等处理器部件控制产生。在 PWM 中，不同占空比波形的平均值就形成了连续变化的电压值。作为一种简单的数字-模拟转换技术，它常用于电机的调速以及其它相关领域。

2. R-2R 梯形 DAC

R-2R 梯形 DAC 是一种阻值为 R 和 $2R$ 的电阻反复级联结构的二进制加权数字模拟转换器，其结构如图 11.8 所示。这种结构能够改善转换的精确度，然而转换过程所需的时间相对更长，这是由于每一个 R-2R 结构连接将导致更大的 RC 时间常数。

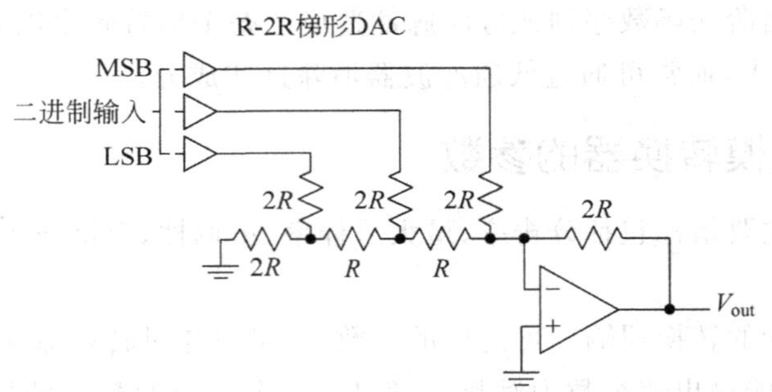

图 11.8　R-2R 梯形 DAC 内部结构

3. 过采样/插值 DAC

过采样/插值 DAC 采用了脉冲密度转换技术。过采样技术使得应用低分辨率数模转换器成为现实。

4. 二进制加权 DAC

这种类型的转换器的每一位都具有单独的电子转换模块，然后进行求和，其结构如图 11.9 所示，通过这种结构对电压或电流求和后输出。这是速度最快的一种转换方法，但是这种方法以牺牲一定的精确度为代价，这是因为必须要求每一位的电压或电流的精确度都很高。即使能够满足上述要求，这样的设备也很昂贵。因此，这类转换器的分辨率通常限制在 8 位。

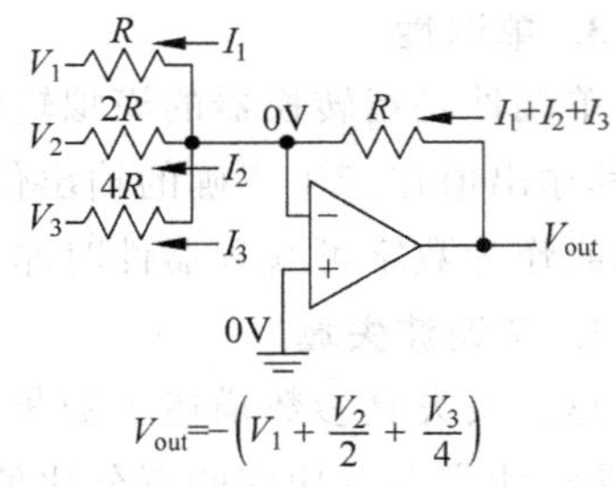

图 11.9　二进制加权 DAC 内部结构

其他的 DAC 类型还包括逐次逼近或循环数模转换器、元编码数模转换器以及混合数模转换器。

思考与练习 11-3　说明 DAC 的典型参数以及含义。

思考与练习 11-4　分析图 10.8 给出的 R-2R 梯形 DAC 的结构和工作原理。

11.3　基于 XADC 的信号采集和处理原理及实现

在 Xilinx 的 7 系列 FPGA 内提供了 XADC 模块，该模块包含一个双 12 位、采样率为 1MSPS 的 ADC，以及片上传感器。该 ADC 为不同的应用提供了通用、高精度的模拟接口。在 XADC 内的两个 ADC 支持不同的工作模式，如外部触发模式和同步采样模式。此外，还支持不同类型的模拟输入信号，如单极性和差分信号。ADC可以访问最多17个外部模拟输入通道。

本节将使用7系列内部提供的XADC模块测量外部输入的电压信号，并在LCD上显示测量的结果。

11.3.1 XADC模块原理

XADC的内部结构，如图11.10所示。ADC的转换结果被保存在状态寄存器中，通过FPGA互联，使用动态可重配置DRP的16位动态读和写端口就可以访问这些寄存器。在对XADC的配置前后，也可以通过JTAG TAP访问转换结果。当使用JTAG TAP时，不要求例化XADC。当一个设计中没有例化XADC时，器件将工作在预定义模式，它将监视片上温度和供电电压。

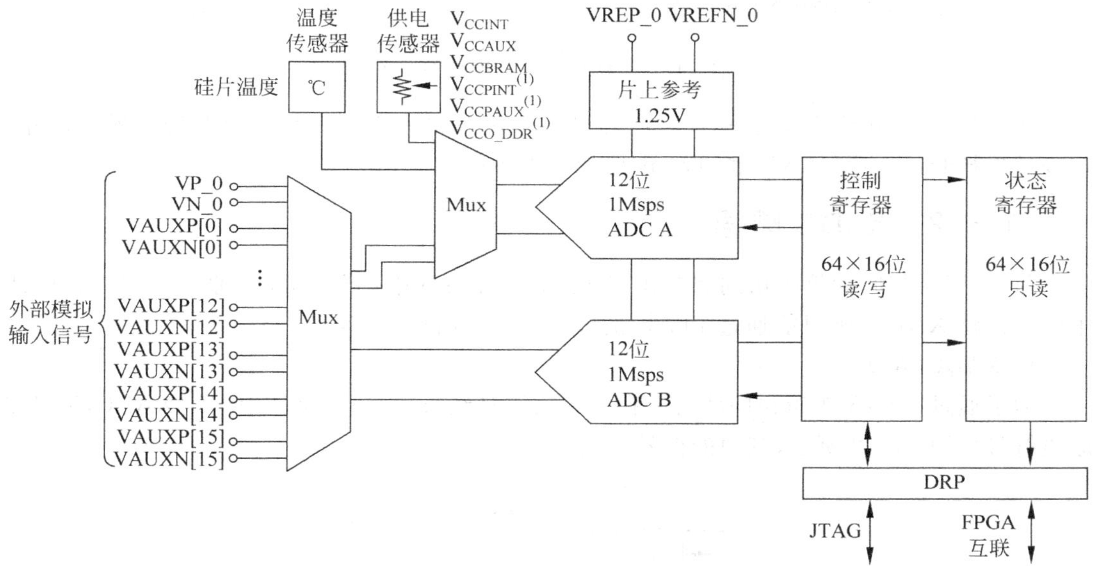

图11.10 XADC模块内部结构

所有XADC的专用引脚被分配在7系列FPGA的bank0上，读者可参见设计原理图。对于XADC的电路设计，Xilinx给出两种推荐的配置方法，如图11.11所示。图11.11(a)采用V_{CCAUX}(1.8V)供电，并且使用了外部1.25V参考源；图11.11(b)采用V_{CCAUX}(1.8V)供电，并且使用了内部1.25V参考源。当使用片上参考源时，V_{REFP}引脚接地。

注：在所使用的A7-EDP-1开发平台上，使用了片外的参考源。

在7系列的FPGA中，除了提供一对专用的模拟输入引脚(V_P/V_N)外，还提供了可复用的I/O引脚。当在设计中例化XADC模块时，这些引脚就作为模拟信号输入引脚。这些引脚上带有ADXP或者ADXN标记。在7系列FPGA中，提供了AD0P/AD0N～AD15P/AD15N，最多16个辅助的模拟输入，这些辅助I/O分配在BANK15和BANK35。通过设计顶层，将这些模拟输入连接到XADC原语。当用作模拟输入时，不可以用于数字I/O。所有的模拟输入通道均为差分输入。

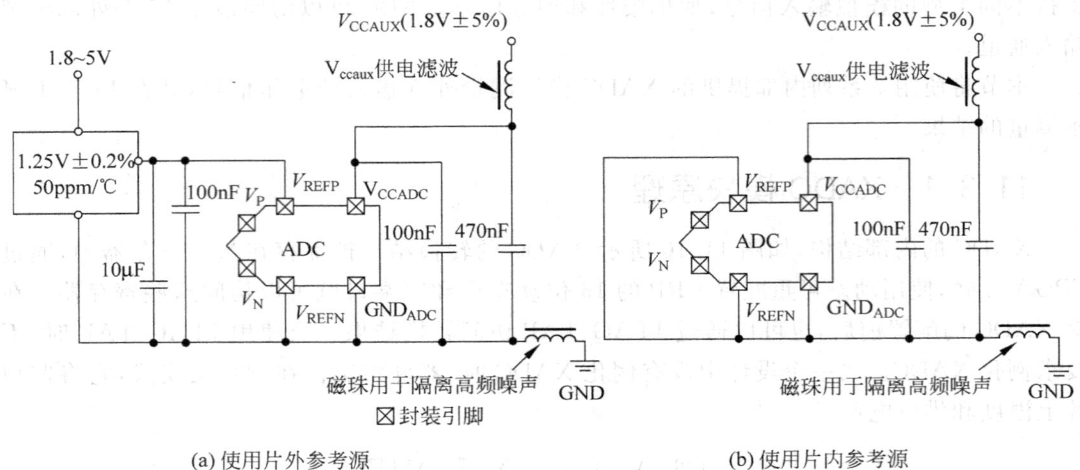

图 11.11　使用外部和内部参考源

注：在 Vivado 设计工具中，必须将辅助模拟输入信号分配到相关的引脚位置。此外，也必须选择和该 I/O BANK 相同的 IOSTANDARD。

11.3.2　XADC 原语

前面已经提到，如果想访问 XADC 模块，必须在设计中例化 XADC 原语。如果在设计中没有例化 XADC，则只能通过 JTAG 的 TAP 端口访问 XADC。

1. XADC 端口

为了通过 FPGA 逻辑访问状态寄存器中的转换结果，必须在设计中例化 XADC，XADC 原语符号如图 11.12 所示，其中的信号如表 11.1 所示。

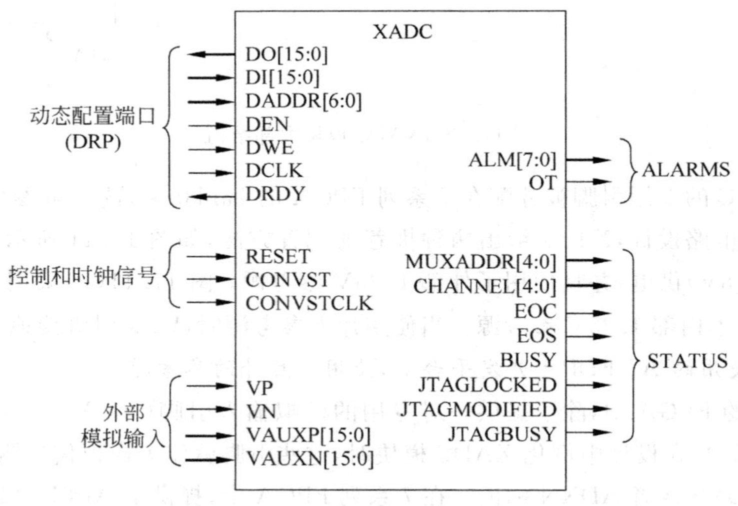

图 11.12　XADC 原语符号

表 11.1　XADC 原语信号说明

端　口	I/O	描　述
DI[15:0]	输入	用于 DRP 的输入数据总线
DO[15:0]	输出	用于 DRP 的输出数据总线
DADDR[6:0]	输入	用于 DRP 的地址总线
DEN	输入	用于 DRP 的使能信号
DWE	输入	用于 DRP 的写使能信号
DCLK	输入	用于 DRP 的时钟输入信号
DRDY	输出	用于 DRP 的数据准备信号
RESET	输入	用于 XADC 控制逻辑的异步复位信号
CONVST	输入	转换开始。该信号控制 ADC 输入的采样时间，只用于事件模式。该信号来自 FPGA 逻辑的通用互联
CONVSTCLK	输入	转换开始时钟。该输入连接到一个时钟网络，类似 CONVST。该信号来自 FPGA 逻辑的时钟分配网络。因此，为了更好的控制采样时间(延迟和抖动)，全局时钟输入应作为 CONVST 源
VP/VN	输入	专用的模拟输入对。XADC 提供专用的模拟输入引脚，它提供了差分模拟输入。当不使用该专用模拟输入对时，VP/VN 接到地
VAUXP[15:0]/VAUXN[15:0]	输入	16 个辅助的模拟输入对
ALM[0]	输出	温度传感器报警输出
ALM[1]	输出	V_{CCINT} 传感器报警输出
ALM[2]	输出	V_{CCAUX} 传感器报警输出
ALM[3]	输出	V_{CCBRAM} 传感器报警输出
ALM[4]	输出	V_{CCPINT} 传感器报警输出
ALM[5]	输出	V_{CCPAUX} 传感器报警输出
ALM[6]	输出	V_{CCO_DDR} 传感器报警输出
ALM[7]	输出	对 ALM[6:0]的逻辑或，可以用于标识任何一个报警
OT	输出	过温度报警输出
MUXADDR[4:0]	输出	这些输出用于外部多路选择器模式。它们用于标识序列中的下一个通道的地址，它们为一个外部多路选择器提供通道地址
CHANNEL[4:0]	输出	通道选择输出。在一个 ADC 转换结束时，用于当前 ADC 转换的 ADC 输入 MUX 通道选择出现在这些输出上
EOC	输出	转换结束信号。在 ADC 转换结束，测量结果写到状态寄存器时，这个信号变为高
EOS	输出	序列结束。在一个自动通道序列的最后一个测量数据写到状态寄存器时，该信号变为高
BUSY	输出	ADC 忙信号。在 ADC 转换期间，该信号为高，在一个 ADC 或者传感器标定过程中，该信号也为高
JTAGLOCKED	输出	标识 JTAG 接口有一个 DRP 端口锁定请求。该信号也用于标识准备访问 DRP
JTAGMODIFIED	输出	用于标识 JTAG 写到 DPR 的事件
JTAGBUSY	输出	用于标识 JTAG DRP 交易正在进行

2. XADC 属性

上面已经提到 XADC 内的控制寄存器用于定义 XADC 的操作。XADC 共提供了 32 个 16 位的控制寄存器。通过 DRP 或 JTAG 端口，读者读写这些寄存器。在配置 FPGA 的过程中，可以初始化这些寄存器的内容。这样，当配置完 FPGA 后，XADC 就可以工作在用户所定义的工作模式。在 XADC 原语中，提供了 32 个属性用于初始化这些寄存器，如表 11.2 所示。这些属性称为 INIT_xx，xx 对应于 DRP 的寄存器地址，如 INIT_40 对应于 DRP 的控制寄存器地址 40h。

表 11.2 XADC 原语属性

属性	名字	控制寄存器地址	描述
INIT_40	配置寄存器 0	40h	XADC 配置寄存器
INIT_41	配置寄存器 1	41h	
INIT_42	配置寄存器 2	42h	
INIT_43～INIT_47	测试寄存器	43h～47h	用于厂商的 XADC 测试寄存器，默认初始值为 0000h
INIT_48～INIT_4F	序列寄存器	48h～4Fh	用于对 XADC 通道顺序进行编程的序列寄存器
INIT_50～INIT_5F	报警限制寄存器	50h～5Fh	用于 XADC 报警功能的报警门限寄存器

3. 转换结果的计算

ADC 的输入范围 0～1V。在单极性模式下，ADC 的模拟输入 1V 产生满量程的 FFFh。因此，如果在单极性模式下输入 200mV 的模拟信号，则输出的数字量为

$$[(0.2/1.0)\times \text{FFFh}]=891/333\text{h}$$

在双极型模式下，ADC 使用二进制的补码。在 +0.5V 模拟输入时，输出的数字量为 7FFh，而 −0.5V 模拟输入时，输出的数字量为 800h。

对于温度传感器的温度计算，使用下面的公式：

$$测量温度(^\circ\text{C})=(输出数字量\times 503.975)/4096-273.15$$

对于 XADC 供电传感器，3V 的输入电压产生满量程的 ADC 输出数字量 FFFh。

4. 转换结果寄存器

在 XADC 中，提供状态寄存器用于保存转换结果，如图 11.13 所示。

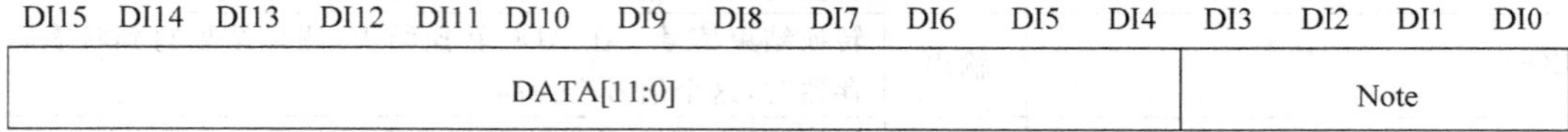

图 11.13 状态寄存器

其中，DADDR[6:0]=(00h～07h,10h～2Fh)。ADC 总是产生 16 位的转换结果。12 位数据对应状态寄存器的高 12 位。没有引用的最低有效位，用于通过平均或者滤波减少量化效应或者改善分辨率。

5. XADC 寄存器集

XADC 模块内提供的寄存器集，如图 11.14 所示。

状态寄存器(00h~3Fh)
只读

Temp(00h)
V_{CCINT}(01h)
V_{CCAUX}(02h)
V_P/V_N(03h)
⋮
V_{CCPINT}(0Dh)
V_{CCPAUX}(0Eh)
$V_{CCO\ DDR}$(0Fh)

VAUXP[0]/VAUXN[0](10h)
VAUXP[1]/VAUXN[1](11h)
⋮
VAUXP[12]/VAUXN[12](1Ch)
VAUXP[13]/VAUXN[13](1Dh)
VAUXP[14]/VAUXN[14](1Eh)
VAUXP[15]/VAUXN[15](1Fh)

Temp Max(20h)
V_{CCINT} Max(21h)
V_{CCAUX} Max(22h)
V_{CCBRAM} Max(23h)
Temp Min(24h)
V_{CCINT} Min(25h)
V_{CCAUX} Min(26h)
V_{CCBRAM} Min(27h)
V_{CCPINT} Max(28h)
V_{CCPAUX} Max(29h)
V_{CCO_DDR} Max(2Ah)
Unassigned(2Bh)
V_{CCPINT} Min(2Ch)
V_{CCPAUX} Min(2Dh)
V_{CCO_DDR} Min(2Eh)
Unassigned(2Fh)
Undefined(3Dh)
Undefined(3Eh)
Flag(3Fh)

控制寄存器(40h~7Fh)
读和写

Config Reg.#0(40h)
Config Reg.#1(41h)
Config Reg.#2(42h)
Test Reg.#0(43h)
Test Reg.#1(44h)
Test Reg.#2(45h)
Test Reg.#3(46h)
Test Reg.#4(47h)

Alarm Reg.#0(50h)
Alarm Reg.#1(51h)
Alarm Reg.#2(52h)
⋮
Alarm Reg.#13(5Dh)
Alarm Reg.#14(5Eh)
Alarm Reg.#15(5Fh)

Sequence Reg.#0(48h)
Sequence Reg.#1(49h)
Sequence Reg.#2(4Ah)
Sequence Reg.#3(4Bh)
Sequence Reg.#4(4Ch)
Sequence Reg.#5(4Dh)
Sequence Reg.#6(4Eh)
Sequence Reg.#7(4Fh)

Undefined(60h)
Undefined(61h)
Undefined(62h)
⋮
Undefined(7Dh)
Undefined(7Eh)
Undefined(7Fh)

图 11.14　XADC 内的状态寄存器和控制寄存器

注：关于寄存器更详细的含义，可参考 Xilinx 提供的 UG480(v1.7)《7 Series FPGAs and Zynq-7000 All Programmable SoC XADC Dual 12-Bit 1 MSPS Analog-to-Digital Converter User Guide》。

11.3.3　1602 模块原理

本节介绍 1602 字符 LCD 原理，内容包括 1602 字符 LCD 指标、1602 字符 LCD 内部显存、1602 字符 LCD 读写时序、1602 字符 LCD 命令和数据。

1. 1602 字符 LCD 指标

1602 字符 LCD 的特性指标，如表 11.3 所示。

表 11.3　1602 字符 LCD 主要技术参数

显示容量	16×2 个字符，即可以显示 2 行字符，每行可以显示 16 个字符
工作电压范围	4.5～5.5V。推荐 5.0V
工作电流	2.0mA@5V
屏幕尺寸	2.95mm×4.35mm(宽×高)

注：工作电流是指液晶的耗电，没有考虑背光耗电。一般情况下，背光耗电大约为 20mA。

2. 1602 字符 LCD 内部显存

1602 液晶内部包含 80 个字节的显示 RAM 用于存储需要发送的数据，如图 11.15 所示。

第一行存储器地址范围 0x00～0x27；第二行存储器地址范围为 0x40～0x67。其中，第一行存储器地址范围 0x00～0x0F 与 1602 字符 LCD 第一行位置对应；第一行存储器地址范围 0x40～0x4F 与 1602 字符 LCD 第二行位置对应。

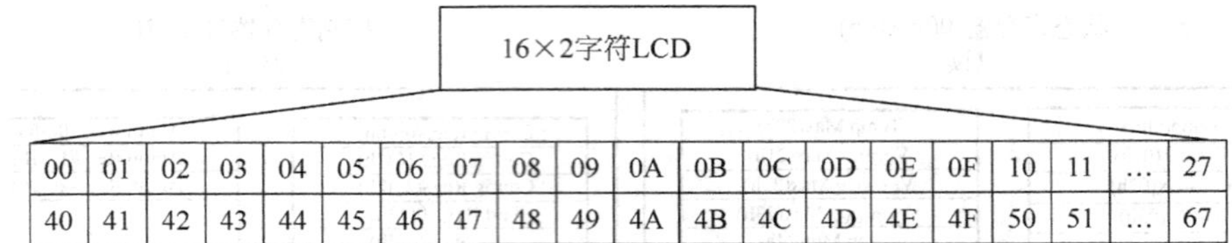

00	01	02	03	04	05	06	07	08	09	0A	0B	0C	0D	0E	0F	10	11	…	27
40	41	42	43	44	45	46	47	48	49	4A	4B	4C	4D	4E	4F	50	51	…	67

图 11.15　1206 内部 RAM 结构图

每行多出来的部分是为了显示移动字幕设置。

3. 1602 字符 LCD 读写时序

本节介绍在 8 位并行模式下，1602 字符 LCD 各种信号在读写操作时的时序关系。

1）写操作时序

FPGA 对 1602 字符 LCD 进行写数据/命令操作时序，如图 11.16 所示。

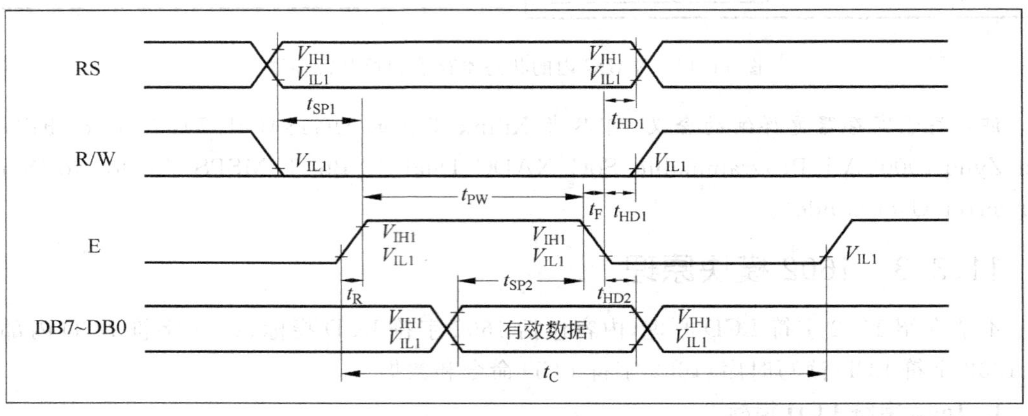

图 11.16　STC 单片机对 1206 写操作时序

（1）将 R/W 信号拉低。同时，给出 RS 信号，该信号为 1 或者 0，用于区分数据和命令。

（2）将 E 信号拉高。当 E 信号拉高后，FPGA 将写入 1602 字符 LCD 的数据放在 DB7～DB0 数据线上。当数据有效一段时间后，首先将 E 信号拉低。然后，数据继续维持一段时间 t_{HD2}。这样，数据就写到 1602 字符 LCD 中。

（3）撤除/保持 R/W 信号。

至此，FPGA 完成对 1602 字符 LCD 的写操作过程。

2）读操作时序

FPGA 对 1602 字符 LCD 进行读数据/状态操作时序，如图 11.17 所示。

（1）将 R/W 信号拉高。同时，给出 RS 信号，该信号为 1 或者 0，用于区分数据和状态。

（2）将 E 信号拉高。当 E 信号拉高，并且延迟一段时间 t_D 后，1602 字符 LCD 将数据放在 DB7～DB0 数据线上。当维持一段时间 t_{pw} 后，将 E 信号拉低。

（3）撤除/保持 R/W 信号。

至此，FPGA 完成对 1602 字符 LCD 的读操作过程。

将上面的读和写操作总结，如表 11.4 所示。

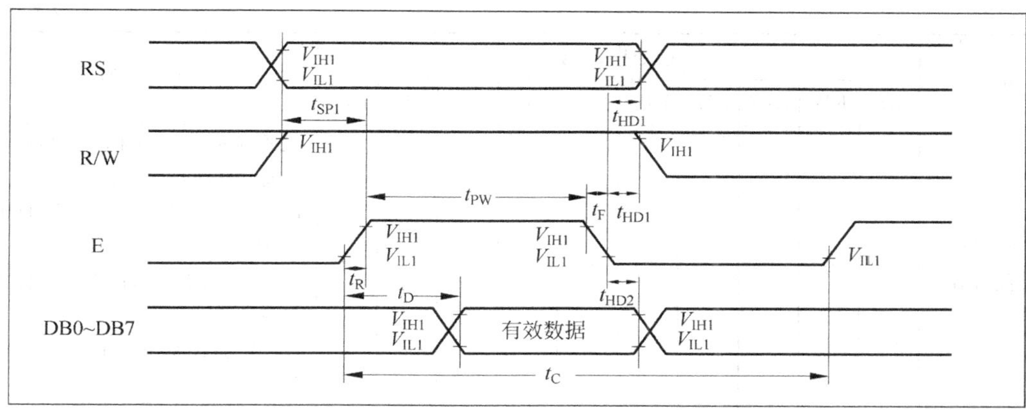

图 11.17 STC 单片机对 1206 读操作时序

表 11.4 读和写操作总结

RS	R/W	操 作 说 明
0	0	写入指令寄存器(清屏)
0	1	读 BF(忙)标志,以及读取地址计数器的内容
1	0	写入数据寄存器(显示各字型等)
1	1	从数据寄存器读取数据

4. 1602 字符 LCD 命令和数据

在 FPGA 对 1602 字符 LCD 操作的过程中,会用到表 11.5 所示的指令。

表 11.5 1602 字符 LCD 指令和数据

指令	指令操作码										功 能
	RS	RW	DB7	DB6	DB5	DB4	DB3	DB2	DB1	DB0	
清屏	0	0	0	0	0	0	0	0	0	1	将"20H"写到 DDRAM,将 DDRAM 地址从 AC(地址计数器)设置到"00"
光标归位	0	0	0	0	0	0	0	0	1	-	将 DDRAM 的地址设置为"00",光标如果移动,则将光标返回到初始的位置。DDRRAM 的内容保持不变
输入模式设置	0	0	0	0	0	0	0	1	I/D	S	分配光标移动的方向,使能整个显示的移动 I=0,递减模式;I=1,递增模式 S=0,关闭整个移动;S=1,打开整个移动

续表

指令	指令操作码										功　能
	RS	RW	DB7	DB6	DB5	DB4	DB3	DB2	DB1	DB0	
显示打开/关闭控制	0	0	0	0	0	0	1	D	C	B	设置显示(D),光标(C)和光标闪烁(B)打开/关闭控制 D=0,显示关闭；D=1,打开显示 C=0,关闭光标；C=1,打开光标 B=0,关闭闪烁；B=1,打开闪烁
光标或者显示移动	0	0	0	0	0	1	S/C	R/L	-	-	设置光标移动和显示移动的控制位及方向,不改变 DDRAM 数据 S/C=0,R/L=0,光标左移 S/C=0,R/L=0,光标右移 S/C=1,R/L=0,显示左移,光标跟随显示移动 S/C=1,R/L=1,显示右移,光标跟随显示移动
功能设置	0	0	0	0	1	DL	N	F	-	-	设置接口数据宽度及显示行的个数 DL=1,8 位宽度；DL=0,4 位宽度 N=0,1 行模式；N=1,2 行模式 F=0,5×8 字符字体；F=1,5×10 字符字体
设置 CGRAM 地址	0	0	0	1	AC5	AC4	AC3	AC2	AC1	AC0	在地址计数器中，设置 CGRAM 地址
设置 DDRAM 地址	0	0	1	AC6	AC5	AC4	AC3	AC2	AC1	AC0	在计数器中，设置 DDRAM 地址
读忙标志和地址计数器	0	1	BF	AC6	AC5	AC4	AC3	AC2	AC1	AC0	读 BF 标志,判断 LCD 屏内部是否正在操作。也可以读取地址计数器的内容
将数据写到 RAM	1	0	D7	D6	D5	D4	D3	D2	D1	D0	写数据到内部 RAM (DDRAM/ CGRAM)
从 RAM 读数据	1	1	D7	D6	D5	D4	D3	D2	D1	D0	从内部 RAM（DDRAM/CGRAM)读取数据

5. 1602 字符 LCD 初始化和操作流程

将上面的指令表进行总结,得到 1602 字符 LCD 的初始化和操作流程,如图 11.18 所示。

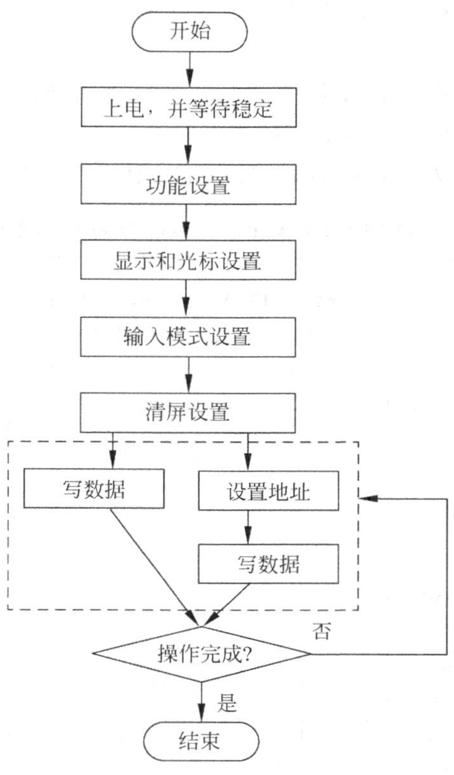

图 11.18 1602 初始化和读写操作流程

6. 1602 硬件接口

在该设计中，+3.3V 供电的 1602 字符屏通过单排插针(共 16 个引脚)与 A7-EDP-1 开发平台上标记为 J7 的双排插座连接，如图 11.19 所示，它们的信号定义如表 11.6 所示。

图 11.19 1602 与 A7-EDP-1 开发平台的连接

注：(1) A7-EDP-1 开发平台标记为 J7 插座上的 I/O 信号由 FPGA 引脚引出，这些 I/O 为+3.3V 供电。因此，必须选择+3.3V 供电的 1602 字符 LCD 屏。

(2) A7-EDP-1 开发平台上标记为 J7 的插座还可以外接 12864 图形点阵 LCD 屏和 3.2 寸 TFT 屏。

(3) A7-EDP-1 开发平台上标记为 J7 的插座为双排插座，对于 1602 和 12864 来说，可以连接双排插座中内侧的单排插座(上方标记为 40)。

(4) 更详细的信息，可以参考本书给出的 A7-EDP-1 开发平台的原理图。

表 11.6　A7-EDP-1 开发平台和 1602 字符 LCD 引脚定义

A7-EDP-7 开发平台 J7 插座引脚号	信号名字	与板上 FPGA 引脚连接关系	1602 LCD 引脚号	信号名字	功　　能
40	GND	地	1	VSS	地
39	VCC3V3	+3.3V 电源	2	VCC	+3.3V 电源
38	VO	—	3	VO	LCD 驱动电压输入
37	TFT_RS/LCD_RS	Y1	4	RS	寄存器选择。RS=1，数据；RS=0，指令
36	TFT_RD/LCD_RW	U3	5	R/W	读写信号。R/W=1，读操作；R/W=0，写操作
35	TFT_WR/LCD_E	V3	6	E	芯片使能信号
34	TFT_DB0/LCD_DB0	T1	7	DB0	1602 屏的 8 位数据总线信号
33	TFT_DB1/LCD_DB1	U1	8	DB1	
32	TFT_DB2/LCD_DB2	U2	9	DB2	
31	TFT_DB3/LCD_DB3	V2	10	DB3	
30	TFT_DB4/LCD_DB4	R3	11	DB4	
29	TFT_DB5/LCD_DB5	R2	12	DB5	
28	TFT_DB6/LCD_DB6	W2	13	DB6	
27	TFT_DB7/LCD_DB7	Y2	14	DB7	
26	VCC3V3	—	15	LEDA	背光源正极，接+3.3V
25	DGND	—	16	LEDK	背光源负极，接地
24	TFT_TOUCH_DOUT	Y3			
23	TFT_TOUCH_DIN	AB2			
22	TFT_TOUCH_CS	AB3			
21	TFT_TOUCH_DCLK	AB1			

11.3.4　信号采集、处理和显示的实现

在该设计中，通过外接的可调电位器将+3.3V 分压得到的 0～1V 直流电压，通过 A7-EDP-1 开发平台上 J1 插座连接到 XC7A75T FPGA 的 AD0P/AD0N 模拟引脚。通过使用 XC7A75T 内部的 XADC 模块采集直流电压，显示在 1602 字符 LCD 屏上。实现信号的采集、处理和显示，主要包括建立新的设计工程、设计用于 1602 字符 LCD 屏的分频模块、设计用于 XADC 的分频模块、设计 XADC 控制器模块、设计 1602 字符 LCD 控制器模块、建立顶层设计模块、添加 XDC 文件以及设计下载和验证。

1. 建立新的设计工程

下面将建立新的设计工程。建立新工程的主要步骤包括：

(1) 启动 Vivado 2015.4 集成开发环境。

(2) 在 Vivado 主界面主菜单下，选择 File→New Project 命令。

(3) 出现 New Project-Create a New Vivado Project 对话框。

(4) 单击 Next 按钮。

(5) 出现 New Project-Project Name 对话框界面。在该界面中，设置参数如下：

① Project name：adc。

② Project location：e:/eda_verilog。

(6) 单击 Next 按钮。

(7) 出现 New Project-Project Type 对话框。在该界面中默认选择 RTL Project 选项。

(8) 单击 Next 按钮。

(9) 出现 New Project-Default Part 对话框。在该界面中选择 xc7a75tfgg484-1 选项。

(10) 单击 Next 按钮。

(11) 出现 New Project-New Project Summary 对话框。

(12) 单击 Finish 按钮。

2. 设计用于 1602 字符 LCD 屏的分频模块

下面将设计用于 1602 字符 LCD 屏的分频模块，主要步骤包括：

(1) 新建一个名字为 clk_1602.v 的 Verilog HDL 源文件。

(2) 在该文件中添加设计代码，如代码清单 11-1 所示。

代码清单 11-1　clk_1602.v 文件

```
module clk_1602(
    input clk,
    input rst,
    output reg div_clk
    );
reg [11:0] counter;
always @(posedge clk or posedge rst)
begin
  if(rst)
      counter <= 12'h000;
  else
      if(counter == 12'h4f3)
        begin
          counter <= 12'h000;
          div_clk <= ~div_clk;
        end
      else
          counter <= counter + 1;
end
endmodule
```

（3）保存该设计文件。

3. 设计用于 XADC 的分频模块

下面将设计用于 XADC 的分频模块，主要步骤包括：

（1）新建一个名字为 clk_adc.v 的 Verilog HDL 源文件。

（2）在该文件中添加设计代码，如代码清单 11-2 所示。

代码清单 11-2　clk_adc.v 文件

```
module clk_adc(
    input clk,
    input rst,
    output reg div_clk
    );
always @ (posedge clk or posedge rst)
begin
  if(rst)
      div_clk<=1'b0;
  else
      div_clk<=~div_clk;
end
endmodule
```

（3）保存该设计文件。

4. 设计 XADC 控制器模块

下面将设计用于控制 xc7a75t 内部 XADC 模块的控制器模块，主要步骤包括：

（1）新建一个名字为 adc_module.v 的 Verilog HDL 源文件。

（2）在该文件中添加设计代码，如代码清单 11-3 所示。

代码清单 11-3　adc_module.v 文件

```
module adc_module(
    input clk, // Clock input for DRP
    input rst,
    input vauxp, vauxn,   // Auxiliary analog channel inputs
    output reg [11:0] measured_aux
    );

    wire busy;
    wire drdy;
    reg [6:0] daddr;
    reg [15:0] di;
    wire [15:0] do;
    wire [15:0] vauxp_active;
    wire [15:0] vauxn_active;
    reg  den;
    reg  dwe;
    reg [1:0]   state;
    parameter init_read = 8'h00,r     ead_ready = 8'h01,finish = 8'h02;
    assign vauxp_active = {14'h000,vauxp};
    assign vauxn_active = {14'h000,vauxn};
```

```
always @(posedge clk or posedge rst)
        if (rst)
          begin
            state <= init_read;
            den <= 1'b0;
            dwe <= 1'b0;
            di <= 16'h0000;
            measured_aux <= 12'h000;
          end
        else
          case (state)
            init_read :
                        begin
                              daddr <= 7'h10;
                              den <= 1'b0;
                              state <= read_ready;
                        end
            read_ready :
                        begin
                            if (drdy == 1'b1)
                                begin
                                  den <= 1'b0;
                                  measured_aux <= do[15:4];
                                  state <= finish;
                                end
                            else
                                begin
                                  den <= 1'b1;
                                  state <= read_ready;
                                end
                        end
            finish:
                      begin
                        if(drdy == 1'b0)
                                state <= init_read;
                        else
                                state <= finish;
                      end
            endcase

XDADC #(// Initializing the XADC Control Registers
     .INIT_40(16'h9810),// averaging of 16 selected for external channels
     .INIT_41(16'h3ef0),// Continuous Seq Mode, Disable unused ALMs, Enable calibration
     .INIT_42(16'h0400),// Set DCLK divides
     .INIT_48(16'h0000),// CHSEL1 - disable Temp VCCINT, VCCAUX, VCCBRAM, and calibration
     .INIT_49(16'h0001),// CHSEL2 - enable aux analog channels 0
     .INIT_4A(16'h0000),// SEQAVG1 disabled
     .INIT_4B(16'h0000),// SEQAVG2 disabled
     .INIT_4C(16'h0000),// SEQINMODE0
     .INIT_4D(16'h0000),// SEQINMODE1
     .INIT_4E(16'h0000),// SEQACQ0
```

```
    .INIT_4F(16'h0000),// SEQACQ1
    .INIT_50(16'hb5ed),// Temp upper alarm trigger 85V
    .INIT_51(16'h5999),// Vccint upper alarm limit 1.05V
    .INIT_52(16'hA147),// Vccaux upper alarm limit 1.89V
    .INIT_53(16'hdddd),// OT upper alarm limit 125V - see Thermal Management
    .INIT_54(16'ha93a),// Temp lower alarm reset 60V
    .INIT_55(16'h5111),// Vccint lower alarm limit 0.95V
    .INIT_56(16'h91Eb),// Vccaux lower alarm limit 1.71V
    .INIT_57(16'hae4e),// OT lower alarm reset 70V - see Thermal Management
    .INIT_58(16'h5999),// VCCBRAM upper alarm limit 1.05V
    .SIM_MONITOR_FILE("design.txt")// Analog Stimulus file for simulation
)
XADC_INST (// Connect up instance IO. See UG480 for port descriptions
    .CONVST (1'b0),// not used
    .CONVSTCLK  (1'b0), // not used
    .DADDR  (daddr),
    .DCLK   (clk),
    .DEN    (den),
    .DI     (di),
    .DWE    (dwe),
    .RESET  (rst),
    .VAUXN  (vauxn_active),
    .VAUXP  (vauxp_active),
    .ALM    (),
    .BUSY   (busy),
    .CHANNEL(),
    .DO     (do),
    .DRDY   (drdy),
    .EOC    (),
    .EOS    (),
    .JTAGBUSY   (),// not used
    .JTAGLOCKED (),// not used
    .JTAGMODIFIED   (),// not used
    .OT     (),
    .MUXADDR(),// not used
    .VP     (),
    .VN     ()
);
endmodule
```

（3）保存该设计文件。

注：XADC模块工作在单通道（使能AD0P/AD0N）连续采样模式。

5．设计1602字符LCD控制器模块

下面将设计用于控制1602字符LCD的控制器模块，主要步骤包括：

（1）新建一个名字为disp_1602.v的Verilog HDL源文件。

（2）在该文件中添加设计代码，如代码清单11-4所示。

代码清单11-4　disp_1602.v文件

```
module disp_1602(
```

```
        input   clk,
        input   rst,
        input   [11:0] v,
        input [7:0] data_to_fpga,
        output reg rs_1602,
        output reg rw_1602,
        output reg e_1602,
        output reg [7:0] data_to_1602,
        output reg T
    );
function [39:0] measured_value_string;
input [11:0] value;
integer i,j;
begin
    if(value == 12'hfff)
        measured_value_string = 40'h312e303030;           //"1.000"
    else
      begin
        measured_value_string[39:32] = 8'h30;             //"0"
        measured_value_string[31:24] = 8'h2e;             // "."
        measured_value_string[23:16] = (value * 10)/12'hfff + 8'h30;
        i = (value * 10) % 12'hfff;
        measured_value_string[15:8] = (i * 10)/12'hfff + 8'h30;
        j = (i * 10) % 12'hfff;
        measured_value_string[7:0] = (j * 10)/12'hfff + 8'h30;
      end
    end
    endfunction
    reg [3:0] state;
    reg [2:0] sel;
    parameter N1 = 8;
    parameter N2 = 4;
    parameter N3 = 20;
    parameter N4 = 5;
    integer i,j;
    parameter idle = 4'b0000,busy = 4'b0001,ready = 4'b0010;
    parameter cmd_dat_ini = 4'b0011,cmd_con = 4'b0100;
    parameter addr_con_1 = 4'b0101,dat_con_1 = 4'b0110;
    parameter addr_con_2 = 4'b0111,dat_con_2 = 4'b1000;
    parameter com = 32'h380c0601;                         // data is used to init 1602
    parameter string_ini = "Measured Voltage is:";
    reg[N1 - 1:0] ini_command [N2 - 1:0];
    reg[N1 - 1:0] disp_string[N3 - 1:0];
    reg[N1 - 1:0] disp_value[N4 - 1:0];
    //T = 1'b0 data_to_1602 is effective;
    //T = 1'b1 data_to_fpga is effective.
    initial
    begin
```

```
    j = 0;
    for(i = 0;i < N2;i = i + 1)
        ini_command[i] = com[(31 - 8 * i) - :8];          //4 word, a word 8 bit
    for(i = 0;i < N3;i = i + 1)
        disp_string[i] = string_ini[(159 - 8 * i) - :8];  //38 word,,a word 8 bit
end
always @(posedge clk or posedge rst)
begin
  if(rst)
    begin
    j <= 0;
    sel <= 3'b000;
    state <= idle;
  end
else
    case (state)
      idle :
            begin
              rs_1602 <= 1'b0;
              rw_1602 <= 1'b1;
              e_1602 <= 1'b1;
              T <= 1'b1;
              state <= busy;
            end
      busy :
            begin
              if(data_to_fpga[7] == 1'b1)
                  state <= busy;                          //1602 is busy,wait
              else
                  state <= ready;
            end
      ready :
            begin
              T <= 1'b0;                                  //ready to contrl 1602
              e_1602 <= 1'b1;
              state <= cmd_dat_ini;
            end
      cmd_dat_ini   :
            begin
                rw_1602 <= 1'b0;
                e_1602 <= 1'b1;
                  case (sel)
                      3'b000 :                            //initial command
                          begin
                            rs_1602 <= 1'b0;              //command
                            data_to_1602 <= ini_command[j];
                            state <= cmd_con;
                          end
```

```
                    3'b001 :
                      begin
                        rs_1602 <= 1'b0;               // first address
                        data_to_1602 <= 8'h80;         //
                        state <= addr_con_1;
                      end
                    3'b010 :                           //first row of data
                      begin
                        rs_1602 <= 1'b1;               //data
                        data_to_1602 <= disp_string[j];
                        state <= dat_con_1;
                      end
                    3'b011 :                           // second address
                      begin
                        rs_1602 <= 1'b0;
                        data_to_1602 <= 8'hc0;         //second address
                        state <= addr_con_2;
                      end
                    3'b100 :                           //second row of data
                      begin
                        rs_1602 <= 1'b1;               //data
                        data_to_1602 <= disp_value[j];
                        state <= dat_con_2;
                      end
                  default :  ;
              endcase
          end
cmd_con:
      begin
          e_1602 <= 1'b0;
          j = j + 1;
          if(j == N2)                                  //N2 = 4
              begin
                sel <= 3'b001;                         //first row of address
                j = 0;
              end
              state <= idle;
      end
addr_con_1:
      begin
          e_1602 <= 1'b0;
          sel <= 3'b010;
          state <= idle;
      end
dat_con_1:
      begin
          e_1602 <= 1'b0;
          j = j + 1;
          if(j == N3)                                  //N3 = 20
          begin
```

```
                        sel <= 3'b011;
                        j = 0;
                    end
                    state <= idle;
                end
            addr_con_2:
                begin
                    e_1602 <= 1'b0;
                    sel <= 3'b100;
      {disp_value[0],disp_value[1],disp_value[2],disp_value[3],disp_value[4]}<=
      measured_value_string(v);
                    state <= idle;
                end
            dat_con_2:
                begin
                    e_1602 <= 1'b0;
                    j = j + 1;
                    if(j == 5)
                        begin
                          sel <= 3'b011;
                          j = 0;
                          state <= idle;
                        end
                      state <= idle;
                  end
            endcase
    end
endmodule
```

(3) 保存该设计文件。

注：(1) 函数 measured_value_string 用于将 XADC 得到的 12 位数字量转换为对应的字符串所表示的浮点数。如 0x3FF，对应的三位小数 0.249，转换为对应的字符串"0.249"，这是因为在 1602 字符 LCD 上只能显示字符。由于输入电压在 0～1V 之间，因此浮点数的范围在 0～1 之间。将(0x3FF×10)/4095 得到对应的第一位小数，通过(0x3FF×10)%4095 得到余数，(该余数×10)/4095 得到对应的第二位小数。

(2) 对于 1602 字符 LCD 屏需要进行初始化操作，发送 4 个命令，分别是 0x38(设置 1602 为两行模式，5×8 点阵，8 位宽度)、0x0c(打开显示，关闭光标)、0x06(文字不移动，地址自动加 1)和 0x01(清屏)。

(3) 当写显示数据之前，需要确定所写数据的位置(地址)。第一行的地址为 0x00，第二行的地址为 0x40。在写地址命令时，将第一行和第二行的地址与 0x80 进行逻辑或运算。

(4) 在 1602 字符 LCD 的第一行显示字符串"Measured Voltage"，第二行以伏为单位显示测量的直流电压值。

6. 建立顶层设计模块

下面将设计顶层模块，该模块将包含前面的模块，主要步骤包括：

(1) 新建一个名字为 top.v 的 Verilog HDL 源文件。

(2) 在该文件中添加设计代码，如代码清单 11-5 所示。

代码清单 11-5　top.v 文件

```
module top(
        input clk,
        input rst,
        input vauxp,vauxn,   //auxiliary analog channel inputs
        output rs_1602,
        output rw_1602,
        output e_1602,
        inout [7:0] db_1602
    );
wire [11:0] measured_aux;
wire [7:0] data_to_fpga;
wire [7:0] data_to_1602;
wire div_clk_1602;
wire div_clk_adc;

wire T;
  genvar k;
    for(k = 0;k < 8;k = k + 1)
      begin :  IOBUF_MAP
          IOBUF IOBUF_Inst(data_to_fpga[k],db_1602[k],data_to_1602[k], T);
      end
clk_1602 Inst_clk_1602(
          .clk(clk),
          .rst(rst),
          .div_clk(div_clk_1602)
          );
clk_adc Inst_clk_adc(
          .clk(clk),
          .rst(rst),
          .div_clk(div_clk_adc)
              );
adc_module Inst_adc_module(
        .clk(div_clk_adc), // Clock input for DRP
        .rst(rst),
        .vauxp(vauxp),
        .vauxn(vauxn),
        .measured_aux(measured_aux)
        );
disp_1602 Inst_disp_1602(
            .clk(div_clk_1602),
            .rst(rst),
            .data_to_fpga(data_to_fpga),
            .v(measured_aux),
            .rs_1602(rs_1602),
            .rw_1602(rw_1602),
            .e_1602(e_1602),
            .data_to_1602(data_to_1602),
            .T(T)
        );
endmodule
```

(3) 保存该设计文件。

7. 添加 XDC 文件

下面将添加 XDC 文件，主要步骤包括：

(1) 新建一个名字为 top.xdc 的 XDC 文件。

(2) 在 I/O Ports 界面中添加约束条件，如图 11.20 所示。

I/O Ports

Name	Direction	Neg Diff Pair	Site	Fixed	Bank	I/O Std	Vcco	Vref	Drive Strength	Slew Type	Pull Type
All ports (15)											
db_1602 (8)	INOUT			☑	34	LVCMOS33*	3.300		12	SLOW	PULLUP
db_1602[7]	INOUT		Y2	☑	34	LVCMOS33*	3.300		12	SLOW	PULLUP
db_1602[6]	INOUT		W2	☑	34	LVCMOS33*	3.300		12	SLOW	PULLUP
db_1602[5]	INOUT		R2	☑	34	LVCMOS33*	3.300		12	SLOW	PULLUP
db_1602[4]	INOUT		R3	☑	34	LVCMOS33*	3.300		12	SLOW	PULLUP
db_1602[3]	INOUT		V2	☑	34	LVCMOS33*	3.300		12	SLOW	PULLUP
db_1602[2]	INOUT		U2	☑	34	LVCMOS33*	3.300		12	SLOW	PULLUP
db_1602[1]	INOUT		U1	☑	34	LVCMOS33*	3.300		12	SLOW	PULLUP
db_1602[0]	INOUT		T1	☑	34	LVCMOS33*	3.300		12	SLOW	PULLUP
Scalar ports (7)											
clk	IN		K19	☑	15	LVCMOS33*	3.300				NONE
e_1602	OUT		V3	☑	34	LVCMOS33*	3.300		12	SLOW	PULLUP
rs_1602	OUT		Y1	☑	34	LVCMOS33*	3.300		12	SLOW	PULLUP
rst	IN		T5	☑	34	LVCMOS33*	3.300				NONE
rw_1602	OUT		U3	☑	34	LVCMOS33*	3.300		12	SLOW	PULLUP
vauxn	IN		G13	☑	15	LVCMOS33*	3.300				NONE
vauxp	IN		H13	☑	15	LVCMOS33*	3.300				NONE

图 11.20　I/O 端口约束界面

(3) 保存该约束文件。

8. 设计下载和验证

下面将设计下载到 FPGA 中，并对设计进行验证，主要步骤包括：

(1) 对设计进行综合、实现，并且生成比特流文件。

(2) 通过一个三端的电位器连接到 A7-EDP-1 开发平台上，如图 11.21 所示。三端电位器的两个固定端分别连接到名字为 J1 插座的 +3.3V 和 GND 端子上，第三个可变电阻端连接到 J1 插座的 AD0P 端子，J1 插座上的 AD0N 端子连接到 J1 插座的 GND 端子上。这样，当调整三端电位器的旋钮时，三端电位器的可变电阻端就会产生 0～1V 的可变电压送到 AD0P 端子。

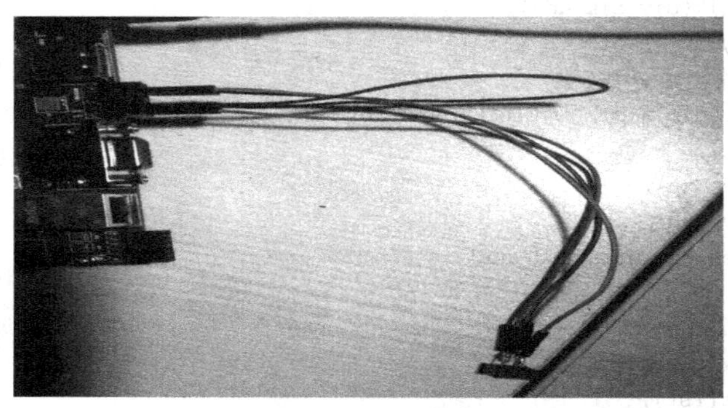

图 11.21　外接三端电位器和 A7-EDP-1 开发平台的连接

(3) 通过 USB 连接 A7-EDP-1 开发平台和 PC/笔记本电脑的 USB 接口。

(4) 给 A7-EDP-1 开发平台上电。

(5) 将比特流下载到 A7-EDP-1 开发平台的 XC7A75TFGG484 FPGA 中。

(6) 在 Vivado 界面的 Hardware Manager 窗口中，展开 xc7a75t_0。在展开项中，选择 XADC(System Monitor)，如图 11.22 所示。在下面的 System Monitor Core Properties 窗

口中，可以看到在 VAUXP0_VAUXN0 一行显示出采集的直流电压值。

(7) 同时可以看到，1602 字符 LCD 屏上所显示出的信息，如图 11.23 所示。

思考与练习 11-5　修改上面的设计代码，输入交流信号，测量并显示交流信号的频率。

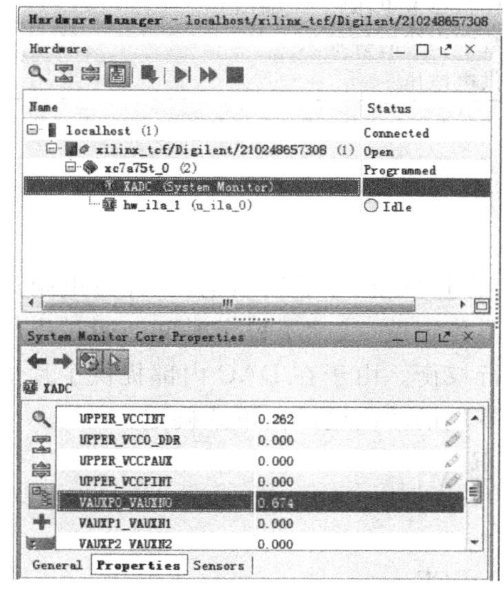

图 11.22　系统监控器核属性界面

图 11.23　1602 字符 LCD 屏上所显示的信息

11.4　基于 DAC 的信号发生器的设计原理及实现

本节将介绍函数信号发生器的原理，并通过 DAC 器件生成正弦波、三角波和方波，然后在硬件平台上进行验证。

11.4.1　D/A 转换器工作原理

本书以美国德州仪器(TI)公司的 TLV5638 为模型，介绍 DAC 转换器的原理和使用方法，如图 11.24 所示。TLV5638 是一款 12 位双通道电压输出的 DAC 芯片，可以通过三线串口的 SCLK、CS 和 DIN 信号与数字器件的 SPI 进行无缝连接。

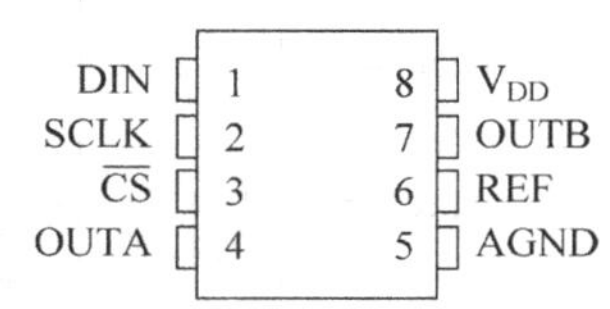

图 11.24　TLV5638 接口符号

1. 接口信号

通过数字器件的 SPI 接口可以控制 TLV5638 的工作模式，其接口信号如表 11.7 所示。

表 11.7　TLV5638 接口信号定义

名　字	引脚编号	方　向	描　述
AGND	5	—	地
CS	3	输入	片选。数字输入低有效，用于使能/禁止输入
DIN	1	输入	数字串行数据输入
OUT A	4	输出	DAC A 模拟电压输出

续表

名　　字	引脚编号	方　　向	描　　述
OUT B	7	输出	DAC B模拟电压输出
REF	6	输入/输出	模拟参考电压输入/输出
SCLK	2	输入	数字串行时钟输入
V_{DD}	8	—	供电电压

注：(1) 在该设计中，V_{DD}为＋3.3V供电。

(2) 在该设计中，使用内部的1.024V参考电源。

2. 内部结构

该DAC的内部结构，如图11.25所示。12位的DAC锁存器输出电压，经过电阻后放大一倍，最后送到输出缓冲级，经过缓冲级后改善了稳定性，减少了稳定时间。通过串行接口对DAC内部的控制，可以在速度和功耗之间进行权衡。由于在DAC内部提供了片上参考电压，简化了外部的电路设计。OUTA和OUTB端的输出电压由下式确定：

$$2 \cdot \mathrm{REF} \cdot \frac{\mathrm{CODE}}{\mathrm{X1000}}[\mathrm{V}]$$

其中，(1) REF为参考电压的值。

(2) CODE为输入的数字量，范围为0x000～0xFFF。

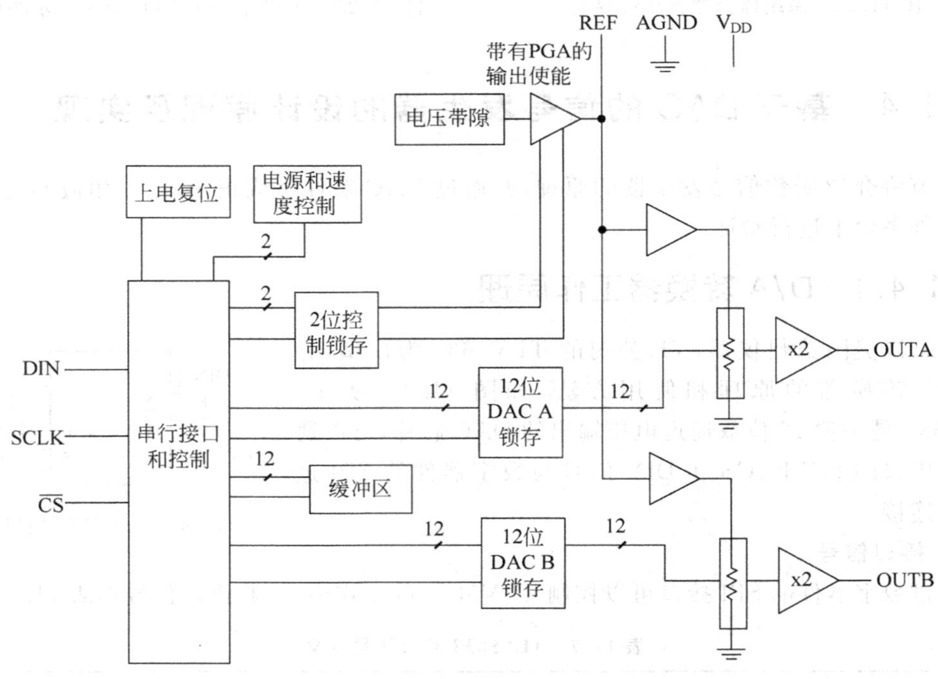

图11.25　TLV5638内部结构

3. 接口时序

TLV5638三线制数字接口遵从SPI接口标准时序，如图11.26所示。

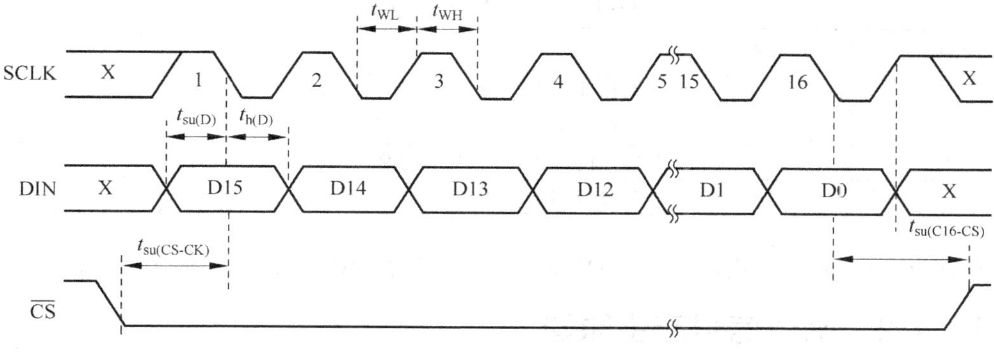

图 11.26 TLV5638 的 SPI 接口时序

4. 数据格式

用于控制 TLV5628 的控制字由 16 个比特位构成，如表 11.8 所示。

表 11.8 数据格式

D15	D14	D13	D12	D11	D10	D9	D8	D7	D6	D5	D4	D3	D2	D1	D0
R1	SP0	PWR	R0	12 个数据位											

其中，

(1) D15～D12 为编程位。

(2) D11～D0 为新数据。

(3) SP0：速度控制位。当该位为 0 时，为慢速模式(3.5μs)；当该位为 1 时，为快速模式(1μs)。

(4) PWR：电源控制位。当该位为 0 时，为正常模式；当该位为 1 时，为断电模式。

(5) R0 和 R1 的含义如表 11.9 所示。

表 11.9 R0 和 R1 的含义

R1	R0	寄 存 器
0	0	将数据写到 DAC B 和缓冲区
0	1	将数据写到缓冲区
1	0	将数据写到 DAC A，同时更新 DAC B，包含缓冲区的内容
1	1	将数据写到控制寄存器

(6) 根据寄存器确定 12 位数据的含义。如果选择一个 DAC 寄存器或者缓冲区，则 12 位数据确定新的 DAC 值。如果选择控制器，则 12 位数据中的 D1 和 D0 用于选择参考源，如表 11.10 和表 11.11 所示。

表 11.10 D1 和 D0 位的含义

D15	D14	D13	D12	D11	D10	D9	D8	D7	D6	D5	D4	D3	D2	D1	D0
×	×	×	×	×	×	×	×	×	×	×	×	×	×	REF1	REF0

表 11.11 REF0 和 REF1 的含义

REF1	REF0	功 能
0	0	选择外部参考源
0	1	选择内部＋1.024V 参考源
1	0	选择内部＋2.048V 参考源
1	1	选择外部参考源

在该设计中，将使用内部＋1.024V 参考源，只使用 DAC A 的电压输出通道。

11.4.2 函数信号产生原理

本设计要求使用 TLV5638 产生三种波形：正弦波、三角波和方波。下面介绍 3 种波形的产生原理：

(1) 三角波产生的原理比较简单，可以采用 0～255～0 的循环/加减法计数器实现。

(2) 方波的产生原理是让计数器在 0 和 255 时各保持输出半个周期。

(3) 正弦波一般采用查表法实现，正弦表值可以用 MATLAB 和 C 等程序语言生成。在一个周期取样点越多则输出波形的失真度越小，但是取样点越多存储正弦波表值所需要的空间就越大，编写就越复杂。在要求不是很严格的条件下取 64 点即可。可以编写 C 语言产生正弦表。

11.4.3 设计实现

本节将给出产生正弦信号系数的 C 语言程序以及信号发生器的 Verilog HDL 设计代码。

1. 生成正弦信号系数的 C 语言代码

生成正弦信号系数的 C 语言代码，如代码清单 11-6 所示。

代码清单 11-6 sine.c 文件

```
#include <stdio.h>
#include "math.h"
main ( )
{
  int i; float s ;
  for(i = 0; i< 64;i + + )
    {
     s = sin (atan(1) * 8 * i/64);
     printf(" %d : %d;\n", i,(int)((s + 1) * 4095/2));
    }
}
```

2. 建立新的设计工程

下面将建立新的设计工程，主要步骤包括：

(1) 启动 Vivado 2015.4 集成开发环境。

(2) 在 Vivado 主界面主菜单下，选择 File→New Project 命令。

(3) 出现 New Project-Create a New Vivado Project 对话框界面。

(4) 单击 Next 按钮。

(5) 出现 New Project-Project Name 对话框界面。在该界面中，设置参数如下：

① Project name：dac。

② Project location：E:/eda_verilog。

(6) 单击 Next 按钮。

(7) 出现 New Project-Project Type 对话框。在该界面中默认选择 RTL Project 选项。

(8) 单击 Next 按钮。

(9) 出现 New Project-Default Part 对话框。在该界面中选择 xc7a75tfgg484-1 选项。

(10) 单击 Next 按钮。

(11) 出现 New Project-New Project Summary 对话框。

(12) 单击 Finish 按钮。

3. 设计用于 DAC 的分频模块

下面将设计用于 DAC 的分频模块，主要步骤包括：

注：产生的 SCLK 时钟频率为 10MHz。

(1) 新建一个名字为 clk_dac.v 的 Verilog HDL 源文件。

(2) 在该文件中添加设计代码，如代码清单 11-7 所示。

代码清单 11-7 clk_dac.v 文件

```
module clk_dac(
    input clk,
    input rst,
    output reg div_clk
    );
reg [2:0] counter;
    always @(posedge clk or posedge rst)
    begin
    if(rst)
        counter <= 3'b000;
    else
        if(counter == 3'b100)
        begin
            counter <= 3'b000;
            div_clk <= ~div_clk;
        end
        else
            counter <= counter + 1;
    end
endmodule
```

(3) 保存该设计文件。

4. 设计 DAC 控制器模块

下面将设计用于控制 DAC 的控制模块，主要步骤包括：

(1) 新建一个名字为 dac_control.v 的 Verilog HDL 源文件。

(2) 在该文件中添加设计代码，如代码清单 11-8 所示。

代码清单 11-8　dac_control. v 文件

```
module dac_control(
    input clk,
    input rst,
    input [1:0] sel,
    output sclk,
    output reg cs,
    output reg din
    );
parameter N1 = 12;
parameter N2 = 64;
parameter N3 = 16;
parameter cmd = 2'b00,gen_wave = 2'b01,spi = 2'b10;
integer add;
integer i;
reg[1:0] state;
reg[5:0] count;
reg[11:0] trw;
reg dir;
reg[0:N1-1] rom [0:N2-1];
reg[0:N3-1] cmd_dat;
initial begin
rom[0] = 12'h7ff; rom[1] = 12'h8c8; rom[2] = 12'h98e; rom[3] = 12'ha51;
rom[4] = 12'hb0f; rom[5] = 12'hbc4; rom[6] = 12'hc71; rom[7] = 12'hd12;
rom[8] = 12'hda7; rom[9] = 12'he2e; rom[10] = 12'hea5; rom[11] = 12'hf0d;
rom[12] = 12'hf63; rom[13] = 12'hfa6; rom[14] = 12'hfd7; rom[15] = 12'hff5;
rom[16] = 12'hfff; rom[17] = 12'hff5; rom[18] = 12'hfd7; rom[19] = 12'hfa6;
rom[20] = 12'hf63; rom[21] = 12'hf0d; rom[22] = 12'hea5; rom[23] = 12'he2e;
rom[24] = 12'hda7; rom[25] = 12'hd12; rom[26] = 12'hc71; rom[27] = 12'hbc4;
rom[28] = 12'hb0f; rom[29] = 12'ha51; rom[30] = 12'h98e; rom[31] = 12'h8c8;
rom[32] = 12'h7ff; rom[33] = 12'h736; rom[34] = 12'h670; rom[35] = 12'h5ad;
rom[36] = 12'h4ef; rom[37] = 12'h43a; rom[38] = 12'h38d; rom[39] = 12'h2ec;
rom[40] = 12'h257; rom[41] = 12'h1d0; rom[42] = 12'h159; rom[43] = 12'h0f1;
rom[44] = 12'h09b; rom[45] = 12'h058; rom[46] = 12'h027; rom[47] = 12'h009;
rom[48] = 12'h000; rom[49] = 12'h009; rom[50] = 12'h027; rom[51] = 12'h058;
rom[52] = 12'h09b; rom[53] = 12'h0f1; rom[54] = 12'h159; rom[55] = 12'h1d0;
rom[56] = 12'h257; rom[57] = 12'h2ec; rom[58] = 12'h38d; rom[59] = 12'h43a;
rom[60] = 12'h4ef; rom[61] = 12'h5ad; rom[62] = 12'h670; rom[63] = 12'h736;
end
assign sclk = clk;
always @(posedge clk or posedge rst)
begin
    if(rst)
        begin
            state <= cmd;
            cs <= 1'b1;
            dir <= 1'b0;
            din <= 1'b0;
            i = 0;
        end
```

```
else
    case (state)
      cmd :
        begin
            cs <= 1'b1;
            cmd_dat <= 16'hd001; //fast mode,normal operation, internal +1.204V
            state <= spi;
        end
      gen_wave:
        begin
          cs <= 1'b1;
          case (sel)
              2'b00:
              begin            //generate sine waveform
                  count <= 6'b000000;
                  trw <= 12'h000;
                  cmd_dat <= {4'b1100,rom[add]};
                  if(add == 63)
                       add <= 0;
                  else
                       add <= add + 1;
                  state <= spi;
              end
            2'b01:
              begin
                trw <= 12'h000;
                add <= 0;
                count <= count + 1;
                if(count < 6'b100000)
                    cmd_dat <= {4'b1100,12'h000};
                else if(count < 6'b111111)
                    cmd_dat <= {4'b1100,12'hfff};
                else if(count == 6'b111111)
                  begin
                    cmd_dat <= {4'b1100,12'hfff};
                    count <= 0;
                  end
                state <= spi;
              end
            2'b10:
            begin
                add <= 0;
                count <= 6'b000000;
                if(dir == 1'b0)
                    begin
                        if (trw == 12'hfff)
                          begin
                            trw <= 12'hffe;
                            dir <= 1'b1;
                          end
                        else
```

```
                        trw <= trw + 1;
                    end
                  else
                    begin
                      if(trw == 12'h000)
                        begin
                          trw <= 12'h001;
                          dir <= 1'b0;
                        end
                      else
                        trw <= trw-1;
                      end
                        cmd_dat <= {4'b1100,trw};
                        state <= spi;
                  end
              default : cmd_dat <= 16'h0000;
          endcase
      end
    spi :
      begin
        cs <= 1'b0;
        din <= cmd_dat[i];
        i <= i + 1;
        if(i == 15)
          begin
            i <= 0;
            state <= gen_wave;
          end
          else
            state <= spi;
      end
  endcase
end
endmodule
```

（3）保存该设计文件。

5. 建立顶层设计模块

下面将设计顶层模块，该模块将包含前面的模块，主要步骤包括：

（1）新建一个名字为 top. v 的 Verilog HDL 源文件。

（2）在该文件中添加设计代码，如代码清单 11-9 所示。

代码清单 11-9　top. v 文件

```
module top(
    input clk,
    input rst,
    input [1:0] sel,
    output sclk,
    output cs,
    output din
    );
```

```
wire div_clk;
clk_dac Inst_clk_dac(
        .clk(clk),
        .rst(rst),
        .div_clk(div_clk)
        );
dac_control Inst_dac_control(
        .clk(div_clk),
        .rst(rst),
        .sel(sel),
        .sclk(sclk),
        .cs(cs),
        .din(din)
        );
endmodule
```

(3) 保存该设计文件。

6. 添加 XDC 文件

下面将添加 XDC 文件，主要步骤包括：

(1) 新建一个名字为 top.xdc 的 XDC 文件。

(2) 在 I/O Ports 界面中添加约束条件，如图 11.27 所示。

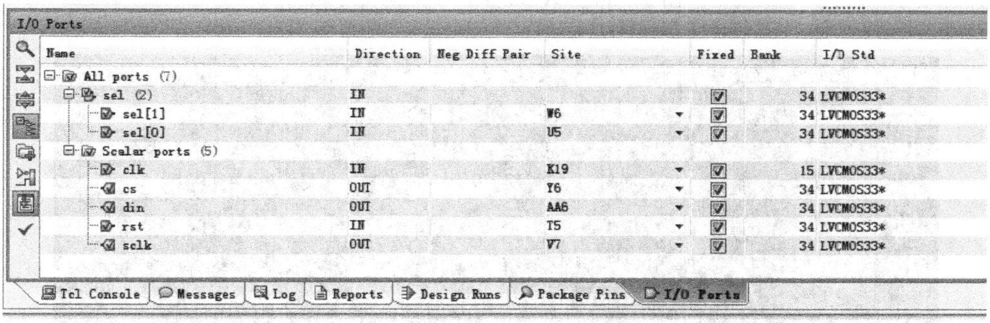

I/O Ports

Name	Direction	Neg Diff Pair	Site	Fixed	Bank	I/O Std
All ports (7)						
sel (2)	IN			☑	34	LVCMOS33*
sel[1]	IN		W6	☑	34	LVCMOS33*
sel[0]	IN		U5	☑	34	LVCMOS33*
Scalar ports (5)						
clk	IN		K19	☑	15	LVCMOS33*
cs	OUT		Y6	☑	34	LVCMOS33*
din	OUT		AA6	☑	34	LVCMOS33*
rst	IN		T5	☑	34	LVCMOS33*
sclk	OUT		V7	☑	34	LVCMOS33*

Tcl Console | Messages | Log | Reports | Design Runs | Package Pins | I/O Ports

图 11.27　I/O 端口约束界面

(3) 保存该约束文件。

注：(1) 在该设计中，将配套的 GPNT-DAM-1 模块插入 A7-EDP-1 开发平台的 J5 插座上，如图 11.28 所示。因此，将 cs、din 和 sclk 的引脚约束在 J5 插座上，读者可根据情况修改引脚的位置。

(2) 在该设计中，使用 A7-EDP-1 开发平台上的 SW0 开关作为 rst 信号的输入，SW1 开关作为 sel[0]的输入，SW2 开关作为 sel[1]的输入。

(3) 在 top.xdc 文件中，额外添加下面的约束条件：

```
set_property CLOCK_DEDICATED_ROUTE FALSE [get_nets {clk_IBUF}]
```

7. 设计下载和验证

下面设计下载到 FPGA 中，并对设计进行验证，主要步骤包括：

(1) 对设计进行综合、实现，并且生成比特流文件。

(2) 将配套的 GPNT-DAM-1 模块连接到 A7-EDP-1 开发平台的 J5 插座上。

(3) 通过 USB 连接 A7-EDP-1 开发平台和 PC/笔记本电脑的 USB 接口。

(4) 给 A7-EDP-1 开发平台上电。

(5) 将比特流下载到 A7-EDP-1 开发平台的 XC7A75TFGG484 FPGA 中。

(6) 用示波器测量 ADC-M-1 模块的通道 A 的输出波形，如图 11.29、图 11.30 和图 11.31 所示。

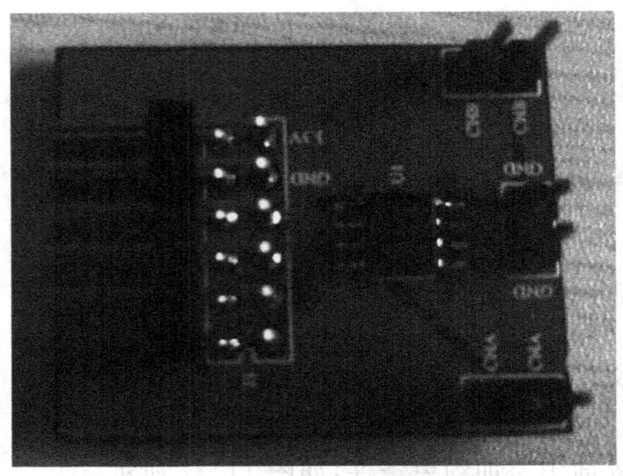

图 11.28 GPNT_DAM_1 模块外观

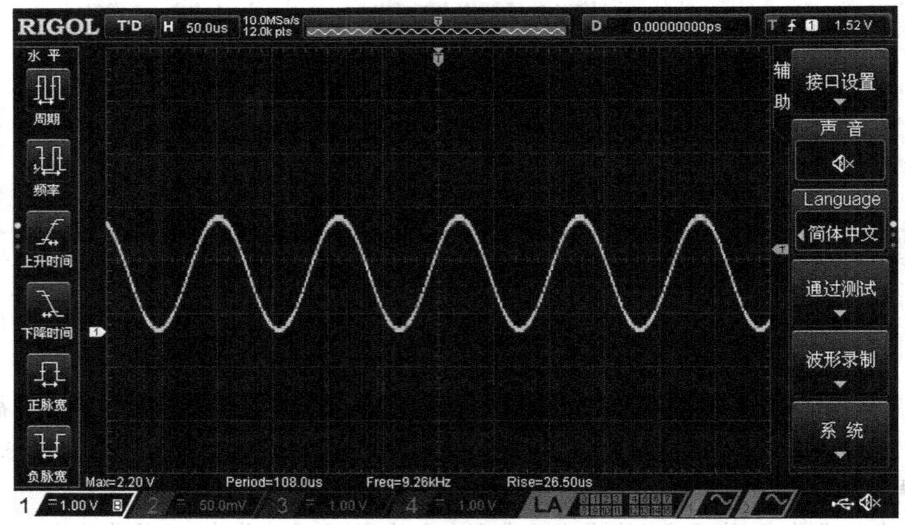

图 11.29 正弦信号波形

思考与练习 11-6 改变开关设置，测量正弦信号、方波信号和三角波信号的频率。

思考与练习 11-7 修改设计，产生可变频率的正弦信号、方波信号和三角波信号。

思考与练习 11-8 修改设计，产生调幅 AM 信号。

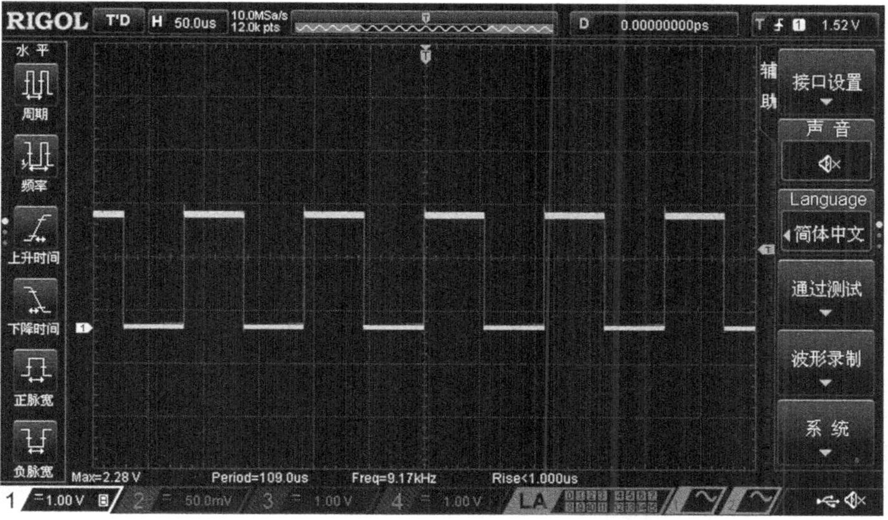

图 11.30　方波信号波形

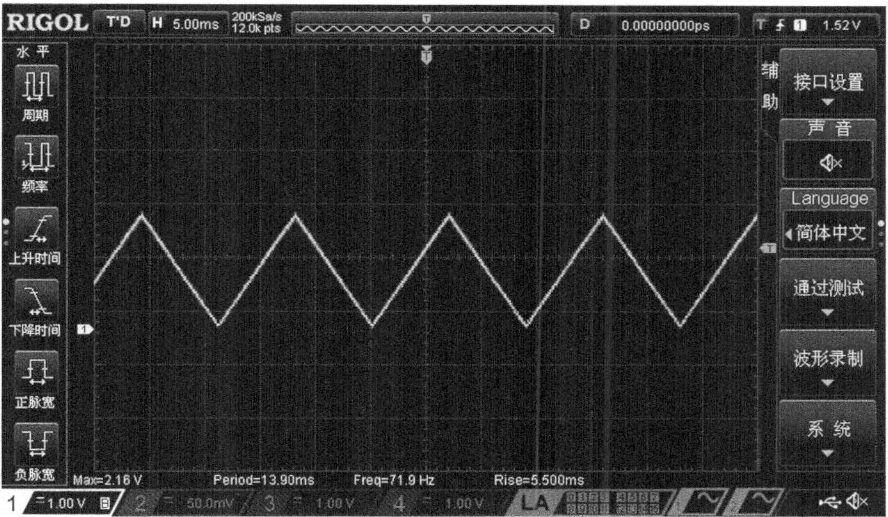

图 11.31　三角波信号波形